日中両国から見た「満洲開拓」

体験・記憶・証言

寺林伸明・劉含発・白木沢旭児 編

御茶の水書房

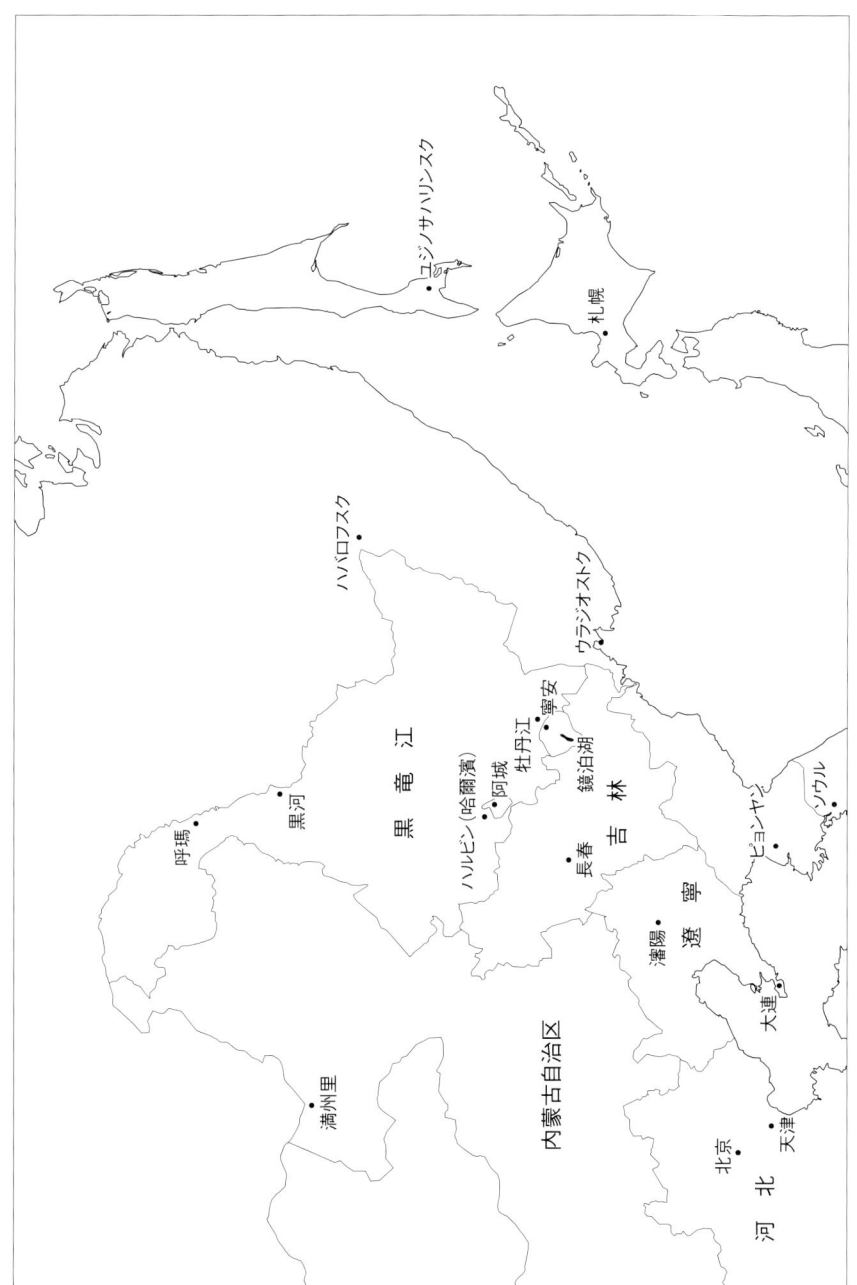

中国東北部と北海道の位置関係

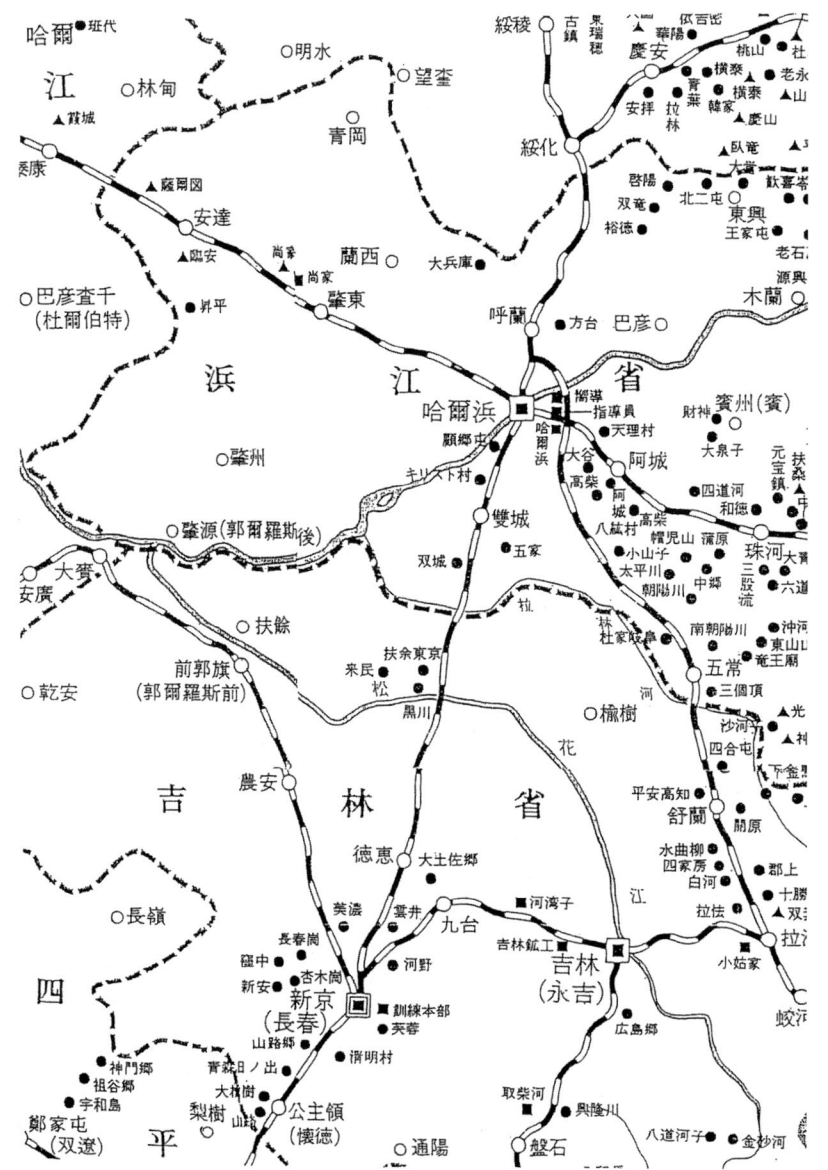

「満洲国」当時の哈爾濱・牡丹江周辺（満洲開拓史復刊委員会企画編集

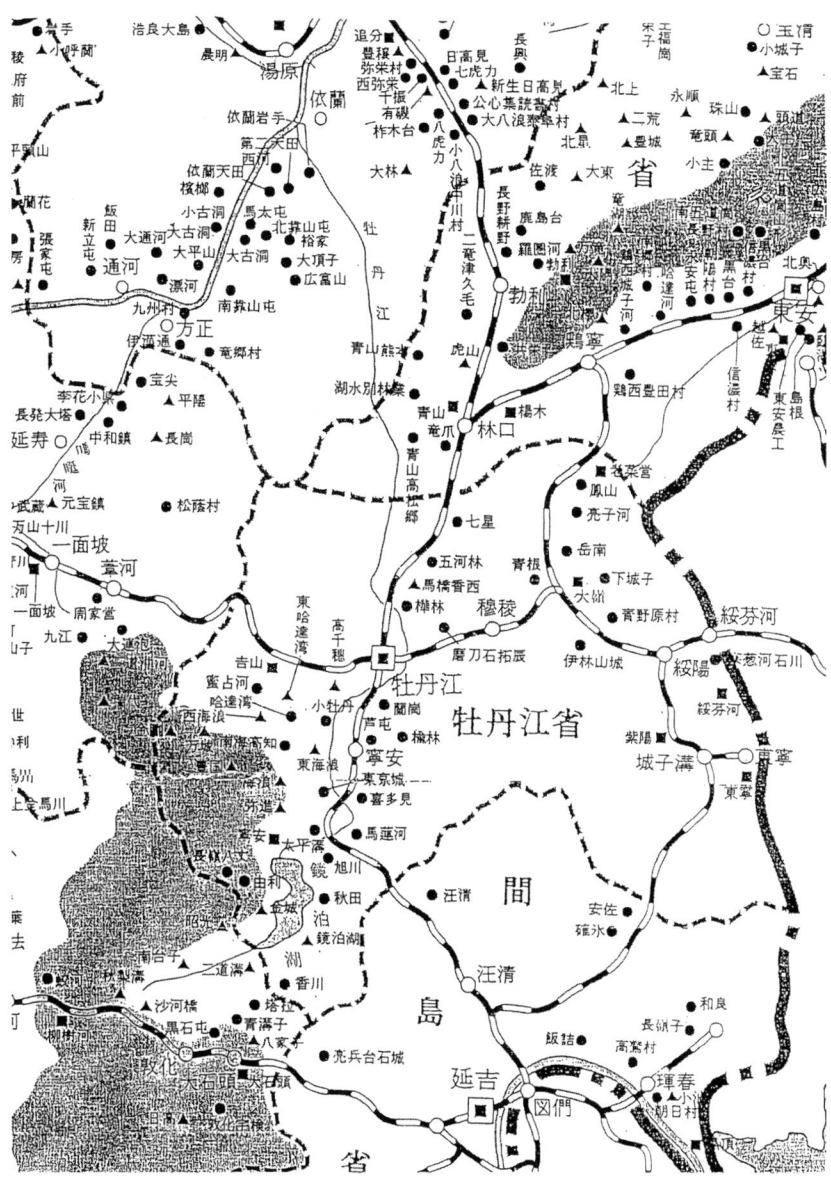

（『満洲開拓史』全国拓友協議会、1980年、付録の「満洲開拓民入植図」より引用）

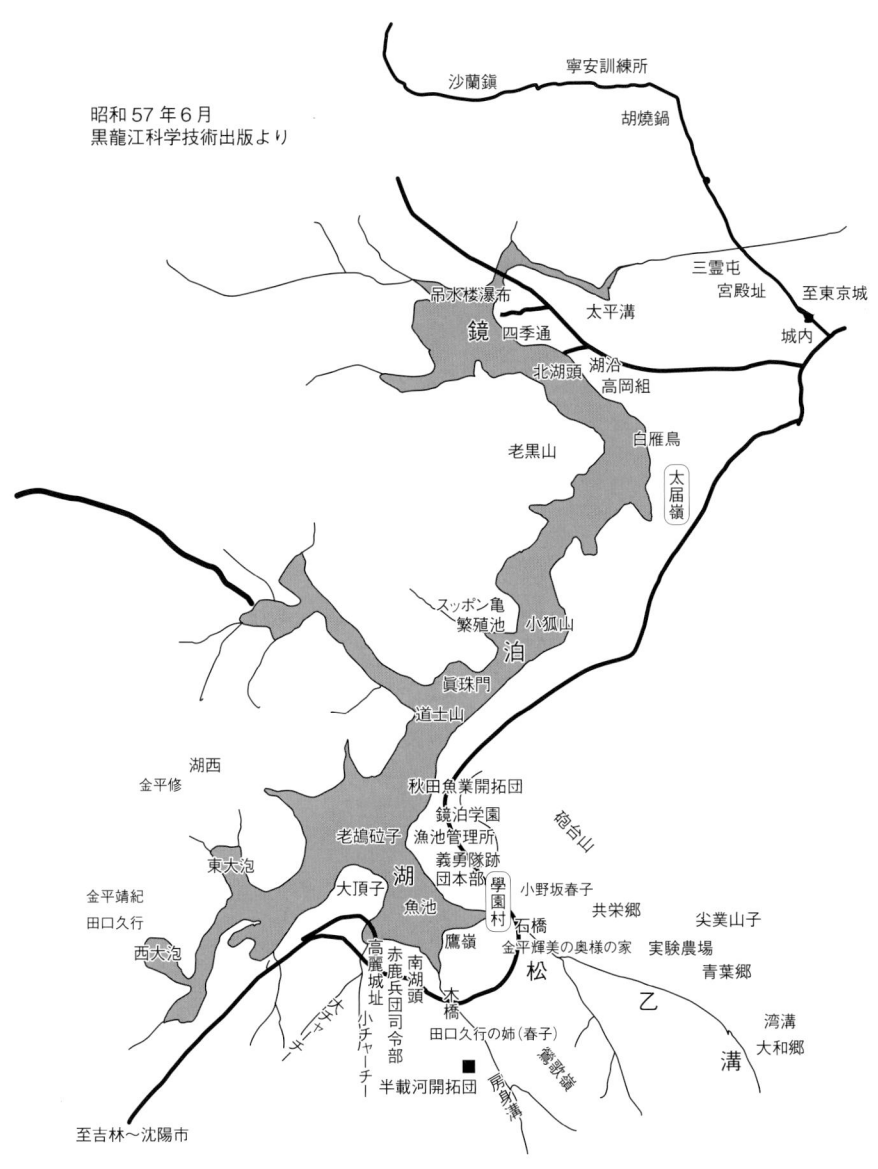

鏡泊学園、鏡泊湖義勇隊開拓団周辺図 (『鏡泊の山河よ永遠に』付図より)

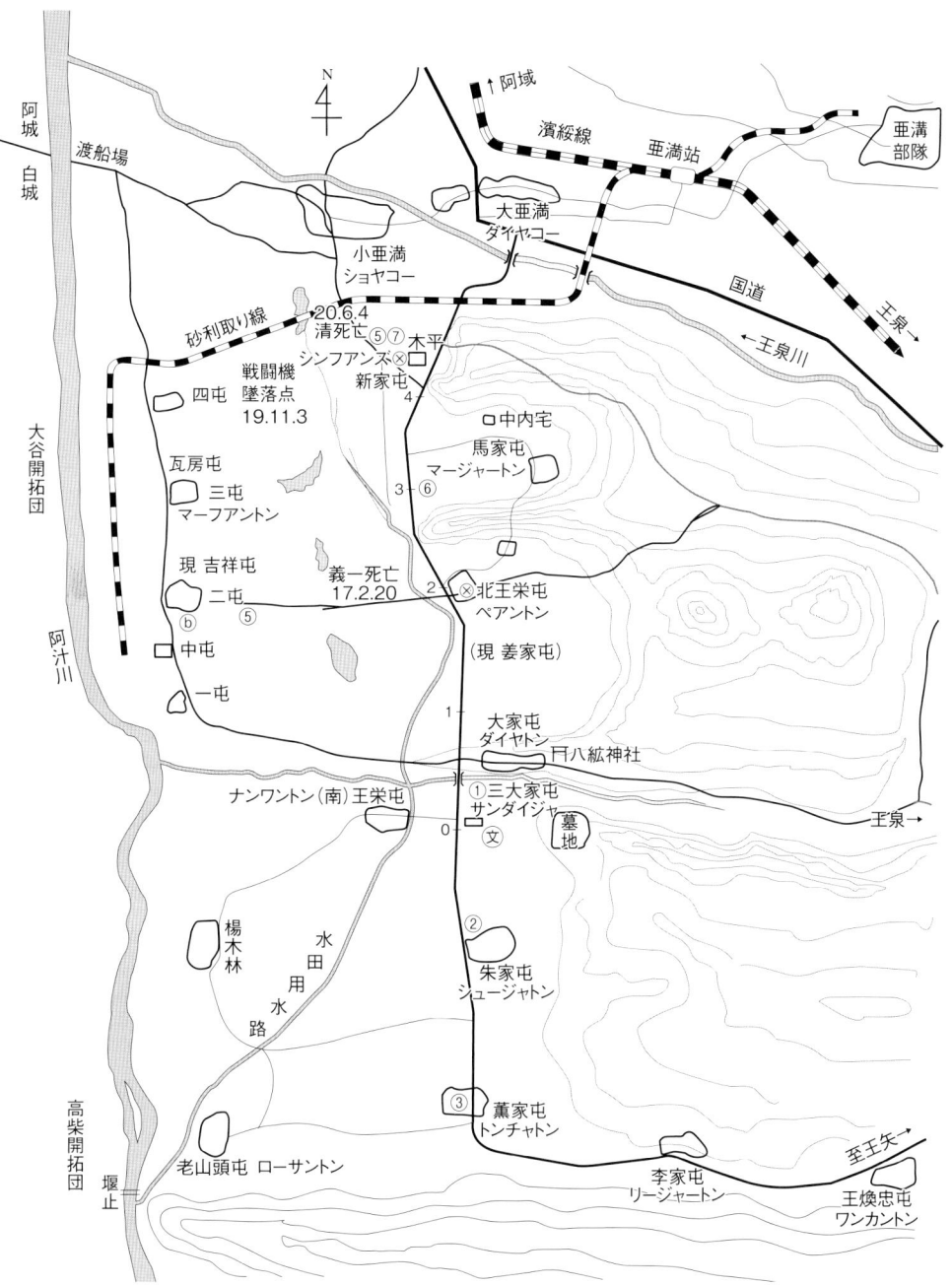

八紘開拓団周辺図（木平博作図「玉泉村大亜溝区略図」）

協力いただいた黒竜江省文化庁、哈爾浜市文化局の各関係者（2004年）

哈爾浜市平房区の侵華日軍第七三一部隊罪証陳列館

東寧要塞跡の坑内展示（2004年）

義勇隊開拓団の大和郷があった鏡泊郷湾溝村（2004年）

湾溝村で取材した蔡清満氏（左端）、通訳の馬天竜氏（左2人目）、黒竜江省文化庁外聯処の李艶麗氏（右2人目）（2004）

八紘開拓団の本部があった亜溝鎮吉祥村三大家屯（2004年）

通りに集まった三大家屯の住民（2004年）

2004年調査に同行した哈爾浜市の劉雲才氏（前右端）と亜溝鎮の王艶麗氏（前左端）

吉林省社会科学院（2006）

吉林省社会科学院東北淪陥十四年史編委会の皆さんと（2006年）

偽満皇宮博物院（2006年）

東北淪陥史陳列館（2006年）

鏡泊村の丘から朝霞の湖を望む（2007年）

鏡泊湖移住間もない頃の現地住民集落（集屯の学園屯か）

現地住民集落の現在（2007年）

慶豊村の通りで（杖の方が李平文氏、2007年）

慶豊村の王珍氏（2007年）

鏡泊学園の施設跡地で（2007年）

吉林市郊外に建設された豊満ダム（2007年）

豊満万人坑の慰霊碑

豊満万人坑の労工苦難史展庁（2007年）

豊満万人坑の死骨庁（2007年）

死骨庁内部の出土遺骨（2007年）

旅順の丘に今も残る日本軍の忠霊塔（2007年）

ix

日軍侵占寧安罪行実物展の外景

日軍侵占寧安罪証

（鏡泊学園旗か）

（義勇隊訓練所）

満州国紙幣、軍用手票、学習読本ほか

瓦斯マスク、科学製剤ほか

砲弾類ほか

日本軍憲兵の外套

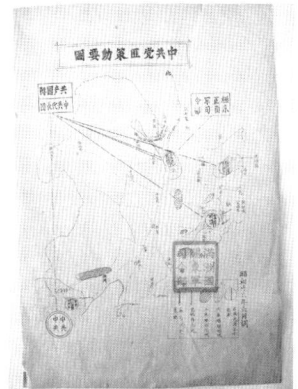
中共党匪策動要図

寧安軍民による党指導下の英雄抗戦

東北抗日聯軍の1932-1945活動区域

観覧風景

xi

黒竜江省社会科学院の表敬訪問（2008年）

阿城区亜溝鎮政府（2008年）

在満八紘国民学校・青年学校の在校生

舗装された三大家屯（2008年）

住宅建設が進む三大家屯（2008年）

団の日本人墓地があったという三大家屯奥の丘陵地（右側中央のこんもりとした草地、2004年）

三大家屯長のお宅で昼食（2008 年）

屯長を囲んで調査手順の相談（2008 年）

李財氏（2008 年）

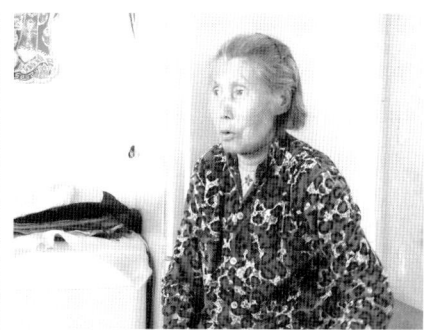
白秀欄氏（2008 年）

常国氏（2008 年）

劉子芳氏（2008 年）

はしがき

寺林伸明

　2002年9月、哈爾浜市図書館で資料閲覧のおり、とつぜん大音量のサイレンがなった。日本で正午に鳴るような短いものでなく、異様に長く感じられた。走行中の車からもクラクションが呼応していた。その日が何日か意識しないのははなはだ迂闊だった。71年前の9月18日、奉天（現瀋陽）郊外で、駐留日本軍の関東軍が満鉄線路を爆破し、それを口実に中国軍を攻撃して「満洲事変」がはじまった。半年後、関東軍は傀儡「満洲国」をつくり、日本は早々に承認して、中国東北の14年におよぶ占領時代、東北住民にとってぬぐい去ることのできない偽満時代がはじまる。その発端となった柳条湖事件、正にその日だった。東北三省の各地では、日本の侵略を忘れないため、いまも繰り返される光景である。

　日本各地でも、毎年8月15日の終戦記念日には、戦争犠牲者を悼む行事がある。国家の戦争犠牲者という意味では、戦争に直接、間接に関わった軍人、軍属を対象とする政治的な色彩がある。一方、東京、大阪などの大都市や地方の空襲被災地、広島、長崎の原爆被災地、国内唯一の地上戦があった沖縄などでは、おおくの一般犠牲者の存在を無視できず、政治的な色彩はむしろ薄れ、平和の尊さを再認識する機会となっている。国や地方がおこなう終戦行事のほかに、NHKや民放、新聞各紙が"終戦"特集として、さまざまな体験の証言や事件取材など、隠されてきた戦争のシリーズ企画をおこなう。また、各地の平和博物館や歴史系博物館、文書館、図書館なども関連する企画展示をおこなう。政治的に挙行される終戦行事の色彩と、テレビ、新聞の戦争企画、さらに日本人一般の戦争観は必ずしも同調せず、政府、閣僚の姿勢、見解とも一致するものでない。それでは、今日の日本で、傀儡「満洲国」や「満洲開拓」について、あるいは近代の対中国、対アジア政策について、軍隊と政治の関係について知られているかといえば、否というほかない。

アジアの解放を大義としつつ、台湾、朝鮮、中国東北を植民地とし、アジア太平洋戦争へと巻き込んで、みずからも瓦解することになった大日本帝国。
　明治国家が採用した富国強兵政策が、日清戦争では台湾に、日露戦争では朝鮮に支配をおよぼし、連合国として参戦した第一次世界大戦では、山東省と満蒙の利権を拡大する21ヵ条を中国に要求する。大戦後も、ロシア革命に干渉するシベリア出兵、昭和初頭には山東出兵と、膨張主義の軍事行動が繰り返された。国家予算の3倍を費消した日露戦争であったが、大正になっても、日本は4分の1以上の国家予算を軍事費に向けた。莫大な軍事費が国政、国民生活を圧迫しただけでなく、大戦後の不況、関東大震災、金融危機がつづく。さらに昭和恐慌では、全国の倒産と失業、東北北海道の婦女子身売りが社会問題となった。右翼や青年将校等による、政財界人へのテロ、クーデター、関東軍による「満洲事変」が起きるのも、こうした国内危機に対する軍国主義の反応の一つであった。
　しかし、ヨーロッパを主戦場とした第一次世界大戦の破壊と犠牲は、世界の平和と安定をめざす国際機関を誕生させ、戦争による国際紛争の解決を抑止し、戦争の危機を回避しようとする国際環境が整えられつつあった。こうした大正後半から昭和にかけてもなお、日本は外地部隊の独断行動を追認し、国家総動員を求める軍部の要求を拒否できず、戦争と崩壊の道をいくことになった。傀儡「満洲国」ができ、国連の不承認決議に連盟脱退を表明した日本では、疲弊した全国自治体の再建策として農山漁村の経済更生運動が取り組まれつつあった。役場、住民ぐるみの運動のなかに、やがて戦争支援や「満洲開拓」の国策が浸透していき、満蒙開拓青少年義勇軍や「満洲開拓団」の募集、地域ごとの勧誘が強引に進められていくことになった。
　公刊の戦史は、いわば国家の戦争の正史である。そこには、国軍の正義や戦闘の正当性が書かれても、都合の悪い軍事行動や国際的に非難された事件などは、伏せられるか止むを得ないことと合理化されるのが常である。住民を戦闘に巻き込んだ沖縄戦についても、非戦闘員であるはずの一般住民の側から触れるのは稀だ。現在も、住民の「集団自決」に軍命があったかが争われる。日本軍が沖縄県民をスパイ視した証言は多々ある。このように、戦場となった国内

の住民達にさえ、さまざまな問題が語り継がれている。

　まして交戦国や占領地、植民地において、軍隊が住民にどのように対したかの問題は、計り知れないものがあったと考えられる。身分改めでは、曖昧な受け答えや些細な態度だけでも、"不良分子"、"抗日分子"の疑いで"処分"された例は枚挙にいとまがない。いつ、どこで、何人を"検証"し、どのように処理したかなどを、「戦時日誌」や「戦闘詳報」に記載していても、公刊戦史に取り上げられることは期待できない。

　中国東北に対する侵略戦争や植民地支配の実態を公刊の戦史から知ることは困難でも、現地にいた日本移民、「満洲開拓団」として送り込まれた農業移民や、徴兵検査前の義勇軍（隊）、さらに向き合った中国人住民など、末端に生きた日中の当事者ならば、証言を得られるはずと考えたことが、この研究の着想であった。

　日本の戦争責任は、一方的に侵略され、戦地、占領地、植民地とされたアジア太平洋の諸国地域、および住民に対して償われるべきものである。しかし、その前提を確認したい。近代日本が対外政策の最初に想定したのが、中国とロシアの大陸国家であり、その大陸政策の拠点として天皇の軍隊を展開したのが朝鮮と「満洲」であったことである。日本が大国の仲間入りをし、韓国（朝鮮）併合を可能とした日露戦争こそは、「満洲事変」からはじまる日中の15年戦争（中国では14年戦争）とアジア太平洋戦争への起点、画期であった。その日露戦争に反対し、大逆事件で刑死した幸徳秋水、関東大震災の朝鮮人虐殺についで、憲兵大尉・甘粕正彦に殺された大杉栄、治安維持法改悪に反対し、右翼に刺殺された山本宣治、特高の拷問で殺されたプロレタリア作家・小林多喜二など、日本の軍国主義は、影響力のある言論人、社会運動家をはじめ、国民の反戦や民主化の声を圧殺していった。国内における民主化の圧殺と、国外における軍国主義の暴走、侵略戦争は表裏の関係にあったことから、抵抗し、弾圧された国民に対しても、大日本帝国の後継である日本国は、国家権力の当事者として責任を果たすべきだとわたしは考える。戦場訓練の銃剣刺突を拒絶して殺された新兵も、サイパンや沖縄、「満洲」で集団自決させられた一般国民も、そして末期の空襲で被災した各地の住民も、尊厳を回復すべき歴史的な

対象と考える。

　近代日本の実像は、国内だけでは影響の広がりを見渡せないし、国外だけでも日本国、日本人の主体性を見極められない。戦争の国際関係史は、またとない研究実験でもある。

　本書は、平成18〜21年度（2006〜09）科学研究費補助金（基盤研究（B）（海外学術調査））『日中戦争下の中国東北農民と日本人「開拓団」との関係史、および残留帰国者の研究』（研究代表者：寺林伸明）の研究成果である。

日中両国から見た「満洲開拓」

目　次

目 次

地図　i
口絵　vi
はしがき……………………………………………………寺林伸明…xv
目次　xix

第一部　日中両国における研究成果

序………………………………………………………………白木沢旭児…3

第1章　日本人「開拓団」の入植による中国人の被害
　　　　……………………………………………………劉含発…9
　　1. 日本人移民の土地取得　9
　　2. 日本人移民の家屋取得状況　14
　　3. 日本人移民の入植による現地住民の強制移住　18

第2章　満洲拓植公社の事業展開………………白木沢旭児…35
　　はじめに　35
　　1. 満洲拓植公社の資金調達　36
　　2. 土地買収の方法　52
　　おわりに　61

第3章　満洲開拓における北海道農業の役割………白木沢旭児…65
　　はじめに　65
　　1. 北海道農業の貢献　67
　　2. 増産至上主義のもたらした矛盾　73
　　おわりに　82

第4章 「満洲国」成立以降における土地商租権問題
……………………………………………………………秋山淳子…89
はじめに　89
1. 満洲国の成立と商租権保護政策　90
2. 商租権整理法令の策定　94
3. 商租権整理の展開過程　101
むすび　105

第5章 北海道で語られてきた「満洲」体験………湯山英子…113
はじめに　113
1. 分類にあたって　114
2. 記念誌　114
3. ルポルタージュにおける貢献　116
4. 体験談集　118
5. 北海道大学卒業生の満洲体験者　121
まとめ　122

第6章 八紘開拓団の戦後における生活の再構築
――北海道静内町高見地区を事例に………………湯山英子…125
はじめに　125
1. 戦後開拓事業と静内町　126
2. 入植時の状況　127
3. 社会基盤整備　128
4. 離農の理由　129
5. 高見地区住民の離散と高見会　132
6. 移動経路とその後の移住先　133
まとめと課題　135

第 7 章　史料紹介　北海道釧路地方の
　　　　　馬産家神八三郎の満洲・朝鮮視察日記
　　　　　　　　　………………………………………………三浦泰之…139
　　1. 解題　139
　　2. 史料　150

第 8 章　中日共同研究における
　　　　　日本開拓移民問題に関する思考について
　　　　　　　　……………………朱宇・笪志剛（翻訳　胡（猪野）慧君）…173
　　はじめに　173
　　1. 研究における"開拓"という概念についての中日の学者の理解　174
　　2. 中日の共同調査研究において注意すべきいくつかの問題　177
　　3. "共通点を求め相違点を保留する"中で中日共同研究を強化する　182

第 9 章　日本北海道から中国東北へのかつての移民と
　　　　　二つの開拓団の情況に関する日本の学者との
　　　　　共同調査研究報告書
　　　　　　　　………………………………辛培林（翻訳　胡（猪野）慧君）…187
　　はじめに　187
　　1.　188
　　2.　189
　　3.　191
　　4.　194

第 10 章　日本の移民政策がもたらした災難
　　　　　——日本"残留婦人"についての調査
　　　　　　　　………………………高暁燕（翻訳　胡（猪野）慧君）…197
　　1. "残留婦人"が発生した背景　197
　　2. "残留婦人"の調査実録　200
　　3. "残留婦人"という現象に対する認識　207

目次

第11章　ハルビン市日本残留孤児養父母の生活実態調査研究
　　　　　　………………………………杜穎（翻訳　胡（猪野）慧君）…211
　はじめに　211
　1. 調査研究の経過と方法　212
　2. 日本残留孤児の養父母の現状および残留孤児を引き取った当時の概況
　　213
　3. 日本残留孤児帰国後の養父母の生活実態調査　215
　4. 調査に関するいくつかの課題　225

補論　日本の中国東北に対する移民の調査と研究
　　　　　　………………………………孫継武（翻訳　胡（猪野）慧君）…229
　1. 日本の中国東北への移民の概況　229
　2. 日本移民地の実地調査におけるいくつかの問題について　233

第12章　傀儡満洲国「新京」特別市周辺の日本開拓団
　　　　　　………………………………李茂杰（翻訳　胡（猪野）慧君）…243
　1. 「新京」近郊の日本開拓団の分布　243
　2. 何家屯「浄月開拓団」の部分的実情　245
　3. その他の「開拓団」の概況　249

第13章　占領時期の中国東北における農業経済の植民地化
　　　　　　………………………………鄭敏（翻訳　胡（猪野）慧君）…253
　1. 日本の傀儡は公然と土地を略奪し、植民統治の基礎を築いた　253
　2. 植民地主と現地の売国地主は搾取のために結託し、多くの貧しい農民を
　　圧迫した　256
　3. 農産物に対して実行された全面的な経済統制　259
　4. 「糧穀出荷」政策を推進し、狂ったように農産物を略奪した　262

第 14 章　満鉄と日本の中国東北への移民
　………………………………………孫彤（翻訳　胡（猪野）慧君）…269
　1. 満鉄は移民政策の調査の実施に参与した　269
　2. 満鉄の投資で移民会社を設立した　271
　3. 鉄路（道）自警村、満鉄輔導義勇隊開拓団およびその他　275

第二部　日中関係者調査の研究報告

第 1 章　鏡泊学園、鏡泊湖義勇隊、八紘開拓団の概要について
　………………………………………………………寺林伸明…281
　はじめに　281
　1. 鏡泊学園　282
　2. 北海道の第一次満蒙開拓青少年義勇軍　288
　3. 鏡泊湖義勇隊〜開拓団　290
　4. 八紘開拓団　297
　5.『寧安県志』と『阿城県志』の関連記載　309

第 2 章　「満洲開拓団」の日中関係者に見る"五族協和"の実態
　………………………………………………………寺林伸明…319
　はじめに　319
　1. 鏡泊学園と鏡泊湖義勇隊についての補足　320
　2.「満洲開拓団」における日中関係者の状況　322
　まとめに代えて　336

第 3 章　阿城・八紘開拓団の日本人引揚者…………湯山英子…347
　はじめに　347
　1. 聞き取り M さん（女性）　348
　2. 聞き取り T さん（女性）　357
　3. 聞き取り U さん（女性）　361
　4. 聞き取り 名児耶幸一さん・名児耶養吉さん　366

補論　瓦房屯の朝鮮族関係者について ……………………朴仁哲…375

第4章　阿城・八紘開拓団の日本人残留帰国者
　　　　………………………………………………胡(猪野)慧君…379
　　はじめに　379
　　1. 鎌田進さんについて　380
　　2. 平下貞子さんについて　387
　　おわりに　390

第5章　鏡泊学園、鏡泊湖義勇隊の日本人関係者（鏡友会員）
　　　アンケート調査…………………………………寺林伸明…391
　　はじめに　391
　　1. アンケート回答の分析　393
　　2. アンケート調査結果　398
　　日中関係者調査一覧　442

第6章　鏡泊学園、鏡泊湖義勇隊の日本人移民
　　　　……………………………………………寺林伸明・村上孝一…445
　　1. O.K　男性　85歳　445
　　2. T.G　男性　81歳　445
　　3. H.M　男性　81歳　455
　　4. U.T　男性　74歳　458
　　5. T.M　男性　73歳　466
　　6. W.M　男性　72歳　466
　　7. I.T　男性　72歳　479
　　8. S.Y　男性　71歳　488
　　9. T.K（旧姓：S.K）男性　65歳　498
　　付・北海道出身北支従軍者の戦中・戦後体験…10. K.K　男性　72歳　511

xxv

第7章　黒竜江省寧安市鏡泊郷の中国人在住者
　　　　……… 寺林伸明・劉含発・白木沢旭児・辛培林、(通訳)劉含発…525

1. 趙海臣　525
2. 李平文　525
3. 王珍　525
4. 張井芬　529
5. 韓福生　530
6. 趙徳新　533
7. 宋会臣　535

付・抗日活動で犠牲となった宋会臣の姉について　539

8. 李増財　542
9. 劉淑珍　544
10. 王占成　546

付・"日軍侵占寧安罪行実物展"の紹介　548

第8章　黒竜江省哈爾浜市阿城区亜溝鎮、交界鎮の中国人在住者
　　　　寺林伸明・劉含発・竹野学・三浦泰之・辛培林、(通訳)劉含発…553

1. 李財　553
2. 白秀蘭　556
3. 常国　557
4. 馬鳳林　561
5. 姜文　564
6. 趙文　566
7. 劉子芳　567
8. 王鳳雲　571
9. 劉玉　572

あとがき ……………………………………………………… 寺林伸明…575
索引(人名・事項)　579
執筆者一覧〔奥付〕

第一部
日中両国における研究成果

序

白木沢旭児

　日本がかつて中国東北地方を「満蒙特殊権益」と称し、事実上の植民地としていたことはよく知られている。1932年には傀儡政権である「満洲国」を建国し、日本国内からは広大な土地を求めて農業移民が渡っていった。日本ではこれを「満洲開拓」と称している。「満洲開拓」の本当の姿について、日本人には誤解が多い。しばしば北海道開拓のように「未開の原野を開拓した」というイメージで語られることもあるが、中国における「満洲開拓」の実態を知れば知るほど、「開拓」の文字がいかに空虚なものであったのかを実感することができるだろう。満州移民史研究会, 1976、山田昭次, 1978などは早くから中国において農民が耕作している既耕地を強制的に買収したことを問題にしていたが、日本人移民が入り込んだ先の中国東北農村で現地住民たちはどこへ行ったのか、いかなる運命をたどったのかについては、未だに全貌が明らかにされていない。先行研究では、満洲拓植公社（1937年設立）が大規模な土地買収を行ったこと、中国人農民の多くが土地を失い、満洲拓植公社の小作人になったことにはふれられている。ただし、土地・家屋を失った中国人農民が内国開拓民としてさらに遠方に追いやられたことは、劉含発, 2000、同, 2001、同, 2003により明らかにされたが、日本人研究者の研究ではほとんどふれられていなかった。「開拓」の名の下に、中国東北地方では何が起きていたのか？このことを明らかにするのが本書の第一の課題である。

　ちなみに白取道博, 2008によれば、満洲「開拓」という用語は満洲「移民」の語に対する移民団長たちからの抗議によって1939年から政策的に切り替えられたものである。これ以後、公的な文書・文献は、すべて「開拓」「開拓団」「開拓民」に統一される。本書は、そのタイトルあるいは個別の章のタイトルに「開拓」の語を用いているが、これは言葉の真の意味での開拓ではなく、満洲移民を開拓民と言い換えたものが公式な文書、文献に用いられていることを受けて使っている。

　本書の日本側執筆者は北海道在住者を中心としているが、これは北海道民と

第一部　日中両国における研究成果

「満洲開拓」との関わりを調べる、という目的があったからである。そもそも広大な土地の「開拓」に向かったのは、土地が狭い日本内地の農民であったはずだが、実際には北海道の篤農家・大農場主や農業技師、農機具メーカーが大挙して満洲に渡ったのである。これは、満洲移民に北海道農法を伝えて大規模経営を実現する、という目的があったからである。また、鏡泊学園や八紘学園のように若者を集めて、農民教育を行い、優れた農業移民として育成しようという試みもあった。「満洲開拓」にも北海道開拓のような側面があったのだろうか？　北海道民と「満洲開拓」との関わりを明らかにすることが本書の第二の課題である。

　「満洲開拓」は忘れ去られた過去のできごとではない。というのは終戦時の混乱により多数の残留孤児、残留婦人が生み出され、中国人養父母に育てられ成長した孤児たちが残留帰国者として続々と日本に帰国してきた、ということがあるからである。この残留帰国者は、日本での生活をするにあたって言葉や習慣などさまざまな困難を抱えている。また、生死の狭間にあった乳幼児をさまざまな困難が予想されたなかで引き取り、育て上げた中国人養父母たちの姿も、本書では明らかにされている。残留帰国者および養父母の姿を正しく認識し、現在直面している問題を明らかにし、その解決に少しでも資すること、これが本書の第三の課題である。

　本書は、日中両国の研究者および「満洲開拓」体験者の手による、「満洲開拓」の実像を明らかにした実証研究の書である。本書に結実した研究の方法上の特徴を二点指摘しておきたい。

　第一には、本書は、日中両国の研究者による共同研究の成果であるということである。編者の寺林伸明と山形在住の劉含発、辛培林をはじめとする黒竜江省社会科学院（中国・ハルビン市）の研究者、孫継武をはじめとする吉林省社会科学院・東北淪陥十四年史総編室（中国・長春市）の研究者の間の研究交流は、2006年度から日本学術振興会科学研究費基盤研究（B）（海外学術調査）「日中戦争下の中国東北農民と日本人「開拓団」との関係史、および残留帰国者の研究」（研究代表者、寺林伸明）の交付を受け、本格的な共同研究へと発展した。ほぼ毎年のように相互に訪問しながら、双方の研究成果の交換や「満

洲開拓」に関する意見交換、資料情報の交流を積み重ね、2007年度、2008年度には黒竜江省において現地聞き取り調査も実現した。こうした、日中両国の研究者の研究成果を集大成したということが本書の第一の特徴である。

第二には、文献資料、文書のみならず体験者からの聞き取り調査を大規模に行い、それらに依拠した研究論文を収録するとともに、聞き取り調査結果そのものを可能な限り文章化したこと、しかも聞き取り調査の対象は移民として中国に渡った日本人はもとより日本人移民を迎え入れた村に住んでいた中国人住民、さらに残留帰国者および残留孤児の養父母など、きわめて広範囲にわたることである。

満洲移民に関する歴史研究において体験者からの聞き取り調査という手法を用いる研究は、日本側、中国側双方で進められてきた。日本側、すなわち日本人研究者による日本人体験者への聞き取り調査としては先駆的な取り組みとして歴史教育者協議会大学部会満州移民研究会が1971年から行っており、山田昭次, 1978に収録されている。1990年代には蘭信三が始めており（蘭信三, 1994）、これ以後、森武麿, 2001、寺林伸明, 2005などがある。また、山本有造, 2007、蘭信三, 2008、蘭信三, 2009には猪股祐介、小都晶子、藤原辰史など若手研究者による満洲移民関係者（体験者および推進運動家）への聞き取り調査に基づく研究論文が収録されている。

中国側、すなわち中国人研究者による中国人体験者（目撃者）への聞き取り調査は、本書収録の孫継武論文、劉含発論文、高暁燕論文によれば、1980年代末から行われていた。研究書としては孫玉玲・趙済時, 1996、孫継武・鄭敏, 2002などがあり、後者は西田勝・孫継武・鄭敏, 2007、長野県歴史教育者協議会, 2007として日本語訳が刊行されている。

移民体験者からの聞き取りは、本来であればもっと早く行うべきだっただろう。日本側について言えば、かつては日本史研究におけるオーラルヒストリーの位置づけが低かったこと、近年になって社会学的手法の導入や人々の「記憶」の再評価という風潮のなかで、聞き取り調査という手法が脚光をあびていること、などが近年の聞き取り調査隆盛の要因として指摘できるだろう。とりわけ本書に収録した2007年度黒竜江省寧安県、2008年度黒竜江省阿城県にお

第一部　日中両国における研究成果

ける聞き取り調査は、日中両国の研究者が中国農村在住の古老から話をうかがう、という方法で行われた画期的な調査である。

　本書を執筆した結果、あらためて日本人研究者と中国人研究者との間に、あるいは日本人体験者と中国人体験者（開拓団を目撃し、関わりを持った人々）との間には認識のギャップがあることが明らかになった。たとえば、日本人研究者は論文表題に「満洲国」の語を用いるが、中国人研究者はこの言葉を用いることはない。また、本書の表題に含まれる「開拓」の語も日本人研究者は頻繁に用いているが、中国人研究者は使用すること自体を拒絶する傾向にある。「満洲国」が関東軍の手になる傀儡政権であったこと、あるいは「満洲開拓」が未開地の開拓ではなかったことは日中双方の歴史学界の共通認識ではあるものの、その上でもなお、具体的な歴史叙述の過程で言葉遣いの相違が生じるのである。

　本書では、共通の課題を日中双方の研究者が追究することに重きを置き、その研究成果の発表に際しては、表記や用語の統一をあえて行わなかった。日中それぞれの学界において形成されてきた通説や合意があることを尊重しつつ、むしろ言葉遣いの違いを相互に認識することが重要だと考えたからである。このような相違点を相互に認めながら共同の歴史認識へと少しずつ接近することが、今後の課題である。

●参考文献
蘭信三『「満州移民」の歴史社会学』行路社、1994年
蘭信三編著『日本帝国をめぐる人口移動の国際社会学』不二出版、2008年
蘭信三編『中国残留日本人という経験――「満洲」と日本を問い続けて――』勉誠出版、2009年
蘭信三他『帝国崩壊とひとの再移動　引揚げ、送還、そして残留』勉誠出版、2011年
白取道博『満蒙開拓青少年義勇軍史研究』北海道大学出版会、2008年
孫玉玲・趙済時「日本"開拓団"入侵遼寧省大窪県情況的調査」『東北淪陥史研究』創刊号、1996年（西田勝編『近代日本と「偽満州国」』不二出版、1997年に日本語訳。）

孫継武・鄭敏主編『日本向中国東北移民的調査与研究』吉林文史出版社、2002年

寺林伸明「黒竜江省における北海道送出「開拓団」と現地農民——鏡泊湖義勇隊開拓団と阿城・八紘開拓団の事例報告——」『18世紀以降の北海道とサハリン州・黒竜江省・アルバータ州における諸民族と文化——北方文化共同研究事業研究報告——』2005年

長野県歴史教育者協議会編『中国の人々から見た「満州開拓」・「青少年義勇軍」』2007年（孫継武、鄭敏／主編 東北淪陥十四年史双書）

西田勝、孫継武、鄭敏編『中国農民が証す「満洲開拓」の実相』小学館、2007年（『日本向中国東北移民的調査与研究』（吉林文史出版社、2002）の調査部分の過半を翻訳、再構成したもの）

満州移民史研究会『日本帝国主義下の満州移民』龍渓書舎、1976年

森武麿「満州移民——帝国の裾野——」（歴史科学協議会編『歴史が動く時——人間とその時代——』青木書店、2001年、所収）

山田昭次編『近代民衆の記録6 満州移民』新人物往来社、1978年

山本有造編『「満洲」記憶と歴史』京都大学学術出版会、2007年

劉含発「満洲移民用地の獲得形態と特徴」『現代社会文化研究』第19号、2000年

劉含発「満洲移民の入植による現地中国農民の強制移住」『現代社会文化研究』第21号、2001年

劉含発「日本人満洲移民用地の獲得と現地中国人の強制移住」『アジア経済』第44巻第4号、2003年

第1章

日本人「開拓団」の入植による中国人の被害

劉　含発

1. 日本人移民の土地取得

(1) 初期移民の土地取得状況

　1932年9月、第一次武装移民団が吉林省依蘭県（のち樺川県に編入、現在の樺南県である）に入植した。1932年の第一次移民から1936年の第五次移民までは、日本人満洲移民の初期移民（試験移民期とも言う）である。

　1933年3月28日、樺川県永豊鎮で「第一次特別移民用地議定書」を作成した。議定書の主な内容は次のとおりである。

　　一、方　針
　　　…第二条現在耕作中ノ満洲人ノ生活ニ脅威ヲ及ボサザルコト。第三条未耕地ヲ主トシテ選定スルコト。
　　（中略）
　　三、用地内現住民ノ処置
　　　第七条私有地ハ屯墾軍ニ買収ス。第八条耕作代地ヲ向陽山及ビ八虎力河岸地区ニ与フ。第九条移住スル者ニ対シテハ別ニ委員ヲ設ケ之レガ指導補助ヲ行

フ。第十条当分用地内ニ居住ヲ希望スル者ニ対シテハ現耕地ノ約半部ノ耕作ヲ許可ス。但シ耕地及ビ期間決定ニ関シテハ屯墾隊長ノ承認ヲ受ケルモノトス。[1]

　この協議書には多くの問題が見られる。まず、現地住民は他所へ移住せざるをえなかったことになる。また、残された現地住民は、これまで自分の土地を耕作していた自作農から、移民団の所有地を耕作する小作農となった。「既墾地は約七百町歩あつたが熟地（耕作している土地——筆者）は五百町歩前後で、居住民は九十九戸、約五百人であつた。之等住民の大部分は土地協定の成立と同時に希望を入れて、右地区の西方及南方地区に移転さしてやり、大、小人の別を問はず一人当り五円の移転料を給した。四月下旬には全部の移転を終了して、協定地区内に一人の満人営農者もなくなつた。議定書に依る私有地の買収は同年八月一杯で完了した」とされている[2]。

　「第一次特別移民用地議定書」の調印および用地買収手続きの終了によって、第一次移民用地が確保された。第一次移民用地の獲得形態は、後の移民用地獲得に基本的な形態として受け継がれた。武装移民（第一次から第四次まで）は１万7,262垧[3]（１万2,428町歩）の土地を買収した。そのうち既耕地は１万2,290垧（8,848町歩）で、総面積の71.2％を占めている。

　移民用地の買収に反対する土龍山事件のため、関東軍は土地買収から手を引いて、東亜勧業株式会社および満洲国政府が行うこととしたのである。

　初期移民では、拓務省の組織した集団移民のほかに、自由移民[4]として、1933年３月興安南省通遼県銭家店に入植した天照園移民、1934年11月濱江省阿城県阿什河右岸に入植した天理村移民、1934年２月東満総省寧安県鏡泊地区に入植した鏡泊学園移民や満鉄が組織した鉄道自警村移民もあった。

　『満洲開拓史』は、初期移民の土地買収状況について、次のように述べている。「日本人移住用地の大量取得が開始されたことが、原住民[5]に大きな衝撃を与えたことは、先づ間違いがなかろう」[6]。

　初期移民用地獲得の特徴は次の３点にまとめられよう。（1）関東軍は軍事的目的で日本人移民を満洲支配の協力者として入植させた。（2）満鉄の子会社である東亜勧業株式会社は移民用地買収の際に、具体的な買収業務を担当したが、

実際に関東軍がその背後で立案および買収地域などを決めていた。(3) 土地買収価格は極端に廉価であり、強制的な買収であったこと。現地住民の不満の声を全く聞かず、関東軍、そして東亜勧業株式会社が一方的に買収地域と買収価格を決定した。

(2) 大規模移民期の土地取得状況

1936年8月25日、広田内閣は国策移民計画としての「二十ヵ年百万戸移民送出計画」を決定した。「二十ヵ年百万戸移民送出計画」によると、1937年〜1956年の20年間で100万戸500万人（1戸平均5人——筆者）の日本人農家を満洲に送り出すことである。農業移民の用地を1戸当たり20町歩の基準[7]で計算すれば、計画を実行した際には、合計2,000万町歩の土地が必要となる。そのうちの1,000万町歩の放牧採草地に不可耕地を充当するとしても、ほかに1,000万町歩の農業用地を獲得しなければならないことになる。満洲国の既耕地と可耕未墾地面積を合せて3,700万陌[8]耕地のうち、27％が日本人移民用地にあてられることになる。

次に移民用地の獲得方法については、拓務省の「満洲農業移民百万戸移住計画」の中では土地整備の方針を次のように規定している。「移民用地は国土開発、国防上の要求、交通、治安状況、耕作物等の関係を考慮して選定し主として満洲国政府において之を整備する。移民用地としては左記のものを優先的に充当し努めて先住民に悪影響を及ぼさざる様考慮するものとす。一、国有土地（逆産地[9]を含む）、二、公有地、三、不明地主の土地、四、其他未利用地」[10]。ここでいわれている土地整備は「開拓民の入植すべき土地を取得すること」[11]をさしている。そして、国有地、公有地などの土地をあげている。しかし、実際にこの移民用地整備方針には、矛盾がある。先住民に「悪影響を及ぼさざる」ことはその例である。土地を買収することが現地住民に悪影響を与えることは避けられないことであった。

1936年11月10日、「日本人移民用地整備要綱案」が関東軍参謀長通牒として作成された。土地整備方針をさらに詳細に規定して、「一、日本人移民用地の整備については、原則として成るべく速かに土地所有権を取得する方法によ

り、尚必要ある場合においては法規に依る留保等適当なる方法を講じ、土地の確保を図ること。二、移民用地の取得は迅速、確実且つ廉価ならしむること。三、移民用地の整備については現住民に悪影響を及ぼさざる如くすること。四、移民用地の整備については、努めて地方において特に必要とする土地開発の進展を阻害せざるやう、適当の処置を講ずること」[12)]とされている。一方、日本政府は、1939年満洲開拓のもっとも重要な政策文書である「満洲開拓政策基本要綱」を決定した。「基本要綱」は移民用地の整備について、「開拓用地ノ整備ニ関シテハ原則トシテ未利用地開発主義ニ依リ之ヲ国営トス。右ノ開拓用地ハ之ヲ国家ニ於イテ管理シ其ノ方法ニ付テハ適宜有効適切ナル措置ヲ講ズルモノトス」[13)]とされている。この「基本要綱」には、初めて移民用地取得の方針として「未利用地開発主義」が明記された。『満洲開拓年鑑』は現地住民に与える悪影響を配慮した土地整備方針をより具体的に解説している。「(1)開拓用地は未利用地開発主義により原則として未利用地を整備し、(2) 整備は自由売買とし地主と協議懇談し民生を危怡ならしむる如き強制的買収をせず、公平妥当なる地価を支払ひ地域も原住民と協議の上決定する」[14)]。しかし、土地整備方針が『満洲開拓年鑑』の解説どおりに実行されれば、すなわち、土地の所有者と買収地域を協議し、強制的買収によらない自由売買を行い、公平妥当な地価を支払うことなどの方法で移民用地を買収したとすると、おそらく現地住民の民生に危怡をもたらすことはなかったし、現地住民による反対運動も少なかっただろう[15)]。

「二十ヵ年百万戸移民送出計画」にもとづいて、1937年度から実施された満洲移民第一期五ヶ年計画の「第一期計画実施要領」は、1941年度をもって一応終了した。1941年満洲国開拓総局は「満洲開拓第二期五ヶ年計画実行方策案」を作成した。そこでは、「開拓地ノ設定並ニ施設ノ充実方策」について、「用地整備ハ未利用地開発主義ヲ本則トスルモ軍事上其ノ他特別ノ必要ナル場合ニ在リテハ未利用地ニ非ザル場合ト雖モ之ヲ開拓用地ト為シ得ル如クナスト共ニ必要ニ依リ公用収買ノ方途ニ付考究スルモノトス」[16)]とされている。この規定では、「未利用地開発主義」を強調しながら、それまでの既耕地買収の追認および今後の既耕地の買収方針を示している。これによって、移民用地の

既耕地買収は正当化されるようになる。

　土地買収の問題点については、満洲国最高検察庁も次のように指摘している。「一、買収価格ノ低廉。二、熟地ノ買収。三、未使用地ヲ買収スルト称シナカラ其ノ実多数ノ熟地ヲ買収スルコト。四、被買収地主、農民ノ転職、転住等ニ対スル保護ノ不充分。五、買収地ノ選定ニ対スル不服」[17]などである。移民用地の獲得方針では、「未利用地開発主義」を規定していたが、実際の実施状況はこの規定を無視して、大量の既耕地を買収していたのである。

　また、移民用地の買収機関については、満洲移民の初期には、満鉄の子会社である東亜勧業株式会社が移民用地の買収業務を担当していた。東亜勧業は現地農民との間で土地の買収手続きを行い、1934年末までに吉林省東北部の約100万町歩の土地を買収した[18]。

　1935年12月、満洲国開拓事業の政府代行機関として、満洲拓植株式会社（以下、満拓と略す）が満洲国の首都新京に設立された。満拓は、大量の日本人農業移民を受け入れるために、移民用地の買収業務を満洲国全土に拡大して、膨大な移民用地を獲得した。

　「二十ヵ年百万戸満洲移住計画」を実施するために、1937年9月1日満洲拓植株式会社を廃止して、満洲拓植公社が設立された。移民用地の調査、買収、管理、移民の入植、営農指導、融資、生活支援などを業務範囲とした。満拓は日本政府の満洲移民代行機関としての役割を果たした。満拓は創設以来、1940年度末までに786万9,000晌余りの土地を買収した[19]。

　満洲国政府は移民関係機関を整備した。1935年4月、満洲国政府は民政部地方司に拓政科を設け、7月には拓政司に格上げし、拓政司を民政部から産業部に移した。1939年1月1日、大量の移民を受け入れるために、満洲国産業部（1940年6月1日興農部と改称）の拓政司は開拓総局に改組された。また、開拓総局の下に、各省に開拓庁、県（旗）に開拓科または開拓股が置かれた。1940年度末までに、開拓総局は722万3,000晌余りの移民用地を準備した[20]。開拓総局が新設されたことによって、満洲国現地では、満拓と開拓総局が満洲移民の業務を担当するようになった。開拓総局は移民用地の買収を主な業務とし、満拓は既買収移民用地の管理と移民事業の支援を主な業務としていた。

移民用地の買収の際に開拓総局によって作成された土地買収計画は開拓委員会の審議決定を経て、開拓総局が主体となり、満拓が協力するという形で施行された。開拓総局から地方の省、県へと指令を出して、満拓の出張所と県の開拓科によって買収手続きが行われた。移民用地の買収手順は通常、次のように行われる。(1) 県長の名義で、買収地区、土地等級、地価を明記する土地買収の公示を発表する。(2) 該当する土地所有者は県の土地買収機関に土地の所有状況を申告する。(3) 土地所有者は地券を県の土地買収機関に提出する。(4) 土地買収機関はその土地の所有権と土地状況を確認する。(5) 土地買収手続きを行う。(6) 土地の代金を支払う[21]。

1939年度までに、満洲国と満拓が獲得した土地の総面積は1960万2,200陌で、そのうち熟地（既耕地）面積は151万6,000陌であり、総面積の7.7%を占めている。そのほかは放牧採草地などの不可耕地であると考えられる。

大規模移民期の移民用地の獲得において、以下の4つの特徴が見られる。(1) 満洲国開拓総局と満拓が協力して土地を獲得したこと。(2) 移民用地を満洲全土に広げたこと。(3) 日本人農業移民のためとして必要以上の土地を獲得したこと。(4) 既耕地が多かったこと。

2. 日本人移民の家屋取得状況

日本人移民が入植するための農業用地は確保されたが、住居の獲得過程は、三つのタイプに分けられる。一つは現地の移民管理機関によって、現地農民の家屋を買収しておいて、先遣隊の入植を待つ。もう一つは先遣隊が入ってから、先遣隊によって、現地農民の家屋を選択して買収しておいて、本隊の入植を迎える。最後に、先遣隊が先に入って、家を建築して、本隊の入植のために準備しておく。前の二つのタイプが主流であった。

土地の買収価格と買収状況については、多くの現存資料が残されているが、家屋についての現存資料はなく、旧移民地に入って行なった聞取調査および移民経験者の回想録など断片的な資料しか利用できない。

第一次移民団の場合は、先遣隊は永豊鎮に120戸の家屋を修繕して500人の

隊員の宿営設備とした。第四次の永安屯開拓団の場合は入植最初に現在の中国農民の家屋をそのまま使った。

「正面の建物は五間房子で仮りに正房子と称す。側面にやはり五間房子で仮りに側面房子と称すことにする。五間房子は真中の入口を入ったところは土間、両側に二室つづの房子がある。これが決った型である。側面房子は図の様に若干土間と部室の配置が異なっている。馬小屋は正面には壁体はなく直接飼料をやる様になっている。周囲三方は土痘子で十尺位の高さにつんだ土塁で囲まれ、正面は丸太木で柵をめぐらしてあった。西北隅に保塁が築いてある。門外の隅に丸太木で組んだ包米貯蔵庫がある。この家屋は相当大きく農業をしていた農家から買収したものである」[22]。

この記述によると、広い面積の土地を持っている現地中国人大地主は土地が買収されただけでなく、住んできた住宅も日本人移民に取り上げられたことがわかる。次の記述も、現地住民の住宅利用が多かったことを示している。

「満人はこの穆稜川を南から来て、はいあがる様にしてこの台地にあがり、匪賊に襲はれながら開墾して定着したのであった。後に先遣隊、本隊の人々が分散して入ったところはいづれも原住者の住居を買収して入ったものである。（略）五間房子を二棟ももち、土壁で塀をつくっている農家は大百姓であり、先遣隊が入居した房子は大抵五間房子の家が多かった」[23]。

1941年5月熊本県来民町から送出された来民開拓団は吉林省扶余県五家站に入植した。ある団員は住居の問題について、「三、四世帯が住んでいたと思われる富豪の家に、開拓団員が住むようになり、それまでの住人は掘っ建て小屋同然の家に住まなければならなかった。数十世帯が立ち退きを迫られ、王家屯（移民の入植地——筆者）を離れなければならなかった」[24]と述べている。

ハルビン憲兵隊の報告では、「肇洲県臨安開拓団は現在先遣隊50人が入植した。該当開拓団は土地と家屋を買収しし、満拓で立案した。原住民の土地を時価200元の1/3の価格で、家屋と地上物（木など）は時価の1/5の価格で、強制買収した。原住民はこれに対して、不満を漏らした」[25]。これによると、土地が不当な廉価で買収されたのであるが、家屋などの場合はもっと安い価格で強制買収された。

第一部　日中両国における研究成果

　なお、近年の共同調査によって、現地住民から多くの証言を得た。「日本人がこの村に来てから、家を新しく建てたことは無かった。前の人から家を買収した。私が働いた人（日本人移民）のところは王さんから家を買ったのです。敗戦後に王さんは居なくて日本人が家を空けたとたんに私がその家に住んできた。その直後に共産党が入ってきて土地と家屋を分配する。私はそのまま残されて、家を私に分配してくれたのです」[26]。また、「開拓団が来る前に私たちの家族はここにすんでいたのです。開拓団がこっちに入る前に私の家には何も財産がなかった。開拓団がこっちに入ってきて家屋とか全部買収して、土地と家屋を持っている人たちはその財産を全部開拓団に売却して、そのお金を持って、別のところに移ったわけです。うちは何も無かったので、そのまま残ったのです」[27]。

　筆者は吉林省舒蘭県に入植した日本移民について現地調査を行った。1937年2月16日、舒蘭県水曲柳に入植した水曲柳集合開拓団12人が今村清組合長に率いられ、あらかじめ買い上げた村の入口にある5軒の現地住民の家に住みこんだ。その後に第二回、第三回、第四回にわたって本隊が入植した。1939年7月まで、76戸、244人で、耕地面積は414.59陌である。団員は各屯に分散していたので、屯によって、家屋の状況が違ったのである。

　崗街屯では、北海道農法を実施するために、北海道実験農家が入ってきた。実験農家が入植する前に、満拓は、移民用家屋をすでに買収していた。ただし、元地主の家屋が買収されたが、家をそのまま使って、移民が到着した時点で家を明渡して、他所に移ったのである。現地の元地主の安永泉（1992年11月12日調査）は

　　「日本人がここに来た時、農具と生活用品を馬車で、多く持ってきた。私の家は二十人ぐらいの大家族で、土地は全部満拓に買収された。私の五軒の家は村でわりによくできているので、真っ先に決められた。私の家にすむのは大森と言う四人家族（妻と娘二人）だ。急に明渡しが迫られたので、家具などの荷物を搬出することに手間がかかって遅かった。大森が私の家に入って、家の大きなたんすを持ち出すことを許さなくて、喧嘩になった。この時に部落長の大塚了と隣人が来て、止められたが、結局そのたんすは大森のものにされた」

と証言した。

　崗街屯と隣り合っている二里九屯では、孟慶財、林貴珍の話によると、両家族は家が日本人に占拠されたので、近くの陽水泡子と言う立地条件の悪いところに移転させられた。日本敗戦後に両家族は元の自分の家に戻った。1950年代に洪水によって、陽水泡子屯が全滅となった。現在住んでいる人がいなくて、畑となった。

　王家屯では、開拓団長今村清の家族も中国人の家屋を使ったのである。柴家屯では、孫貴芳の話によると、柴家屯に入植した日本人は敗戦まで家を新築したことはなく、全部元の現地住民の家を利用していた。また、この屯に住んでいた現地住民は、二つの家族だけが残されて、ほかはすべて移転させられた。孫貴芳一家も陽水泡子に移転した。

　以上のほかに林家油房、張家油房、四大家、小梗屯、靠山屯、龍王廟などにおいても日本人移民による家屋の新築はなかった。開拓団の小学校だけは新築の煉瓦作りの綺麗な建物であった。

　また、舒蘭県四家房に入植した大日向分村開拓団の場合、団本部の所在地では、まず現地住民の家屋を利用して、その後に煉瓦作りの団本部などを建てた。1942年の秋、小学校が現地住民の家屋を改造して開校した。医務室も中国人の家屋を使ったのである。

　大日向開拓団の一部落（現在の舒郊郷青春村）では、李春の話によると、「自分の耕地と家が開拓団に占められたので、自分は家のすぐ左側の小屋に移った」という。また、靠山屯では、辛海春の話によると、耕地と家は満拓に買収されたが、「日本敗戦までに、日本人が私たちの屯に来なかったので、私たちはずっと自分の家に住んでいた」という。

　舒蘭県平安高知開拓団では、団本部と精米所を新築したのであるが、移民の住宅はすべて現地住民の家屋を使った。

　なお、中国の現存家屋を改造した場合には、日本風と中国式を折衷したものが多かった。外形は中国在来様式であるが、中は床の間、押し入れが設置され、お風呂を作った家もある。また、上下に開ける窓を左右に開けるように直した例もあった。もう一つ付け加えておけば、家屋だけでなく、地上付属物も一緒

に買収した開拓団も多かった。1936年4月、30戸84人の舒蘭県小城鉄道自警村開拓民が任家街に入植した。村の耕地と家屋を買収した時に、村の井戸、石臼なども買収された。村民全員が荒地に移住させられて、新たに任家街を作った。

　以上の他に、舒蘭県に入植した上金馬開拓団、下金馬開拓団、四合開拓団、黒龍江省通河県第八次上久堅新立屯開拓団などに対する実地調査によれば、土地買収と家屋買収の状況は大差がなかった。このような家屋の買収を可能としたのは、主に日本人移民の入植地が、ほとんど既耕地なので、多くの現地住民がそこに住んでいたからである。そこで、既耕地と一緒に現地住民の家屋をも買収した。また、入植当初には、すぐに家屋を建築する余裕はなく、多くの現存家屋をそのまま使った。広い土地を持っていた地主は裕福なので、家もよく出来ている。このような家は真っ先に買収されることになった。

3. 日本人移民の入植による現地住民の強制移住

(1) 日本人移民の既耕地への入植

　満洲移民は、ほとんど農業移民であったため、農業用地を必要とした。移民が既耕地に入植したことによって、現地住民は他の場所へ移住することを余儀なくされた。移民の現地入植と現地住民の移住は、ほぼ同時に発生した。

　第一次移民から、移民用地には現地住民の既耕地が多く含まれていた。「第一次特別移民用地議定書」によると、移民用地の総面積は4,500町歩であったが、そのうち既墾地は約700町歩であり、総面積の15.5％を占めている。現地住民は99戸約500人であった。これらの現地住民は長年生活してきた土地を追われることになった。

　第二次移民団では、移民用地の総面積は1万7,262垧（1万2,428町歩）で、そのうち既耕地は1万2,290垧（8,848町歩）、総面積の71.2％を占めている。既耕地の面積から見て、第一次移民団よりずっと多くなっている。第三次移民団は、移民用地総面積1万9,710町歩で、そのうち970町歩の不可耕地を除い

て、すべて可耕地であった。第三次移民団は既耕地の比率がもっとも高い開拓団であった。第四次哈達河開拓団の場合は、「開拓団入植時に既耕地には三千人ばかりの中国人と朝鮮人が住んでいた」[28]とされている。日本人移民がこの既耕地に入ったあとに、その3,000人の中国人と朝鮮人はどうなったか。哈達河開拓団に隣接する第四次城子河開拓団長佐藤修は、次のように述べている。

「大体地区内の満人は逐次立退きを求める方針です。私の移住地と隣りの哈達河移民地との間に介在する哈達崗に移すことになっております。それは斯ういう方法でやって居ます。満洲国が土地買収の際に買戻証明書を与えました。それに依って移住地内に在住する満人を移す場合に満人が土地を買うのです。満人に土地の私有を認める訳です。この満人に対する工作をどうするかということは日本人移民を入れることに付て一番難関になっております」[29]。

第四次移民団は永安屯に300戸、朝陽屯に300戸、黒台に200戸、黒台信濃村に200戸、合計1,000戸が入植した。

国策移民期の既耕地買収については、満洲国最高検察庁編『満洲国開拓地犯罪概要』の「北安省克山県下農民ノ動向」によると、「克山県下ニ於ケル開拓用地ハ第一次康徳七年□月、五万三千垧ヲ買収シテ農民ニ多大ノ衝動ヲ与ヘタルガ更ニ同年七月第二次買収ヲ発表シタル為県外強制移住ノ止ムナキニ至ルニ非ズヤ又□他ニ永住ノ地ヲ求ムルガ得策ナラズヤト称シ一般ニ動揺シ、買収政策□不満ヲ表シ居レリ」[30]（□字は判読不能——原注）とある。このように克山県では、移民用地の買収によって、多くの現地住民がよそへ移住させられて離村せざるをえなかった。

満洲移民の全期を通して見れば、現地住民の被害は彼らの経済状況によって、相当異なっている。また、「買収した開拓用地内には、原住民の自作農が存在しておらず、開拓民との間には小作関係または雇傭関係しかない」[31]という原則があったため、開拓団の入植地域内の現地住民の誰もが開拓団の入植による被害から免れることはなかったのである。

まず、地主の損害がもっとも大きかった。買収価格が不当に廉価であったために、現地住民の土地所有面積が広ければ広いほど、損失は大きかった。吉林省舒蘭県水曲柳鎮岡街村の安永泉一家は、水曲柳開拓団の入植により、広大な

耕地と 4 軒の家屋が買収されたので、その代金を持って他所に移住して、自作農の生活を始めた[32]。大地主から、中小地主に転落したケースである。自作農の場合には、地主の場合と同じように経済力も低下するが、もともと所有した土地面積は地主ほど広くなかったので、土地代金も当然少なかった。このため、自作農の地位を維持出来ず、小作農に転落した例もある。水曲柳鎮錦徳村林家油房の林権一家は、水曲柳開拓団の入植により、土地を買収されて、自作農から小作農に転落した[33]。小作農と雇農の場合には、もともと経済力が弱く、農村社会の最底辺にあったうえに、それまで耕作していた現地地主の土地が買収されたり、または、雇われていた富農が破産したりしたために、よそへ生計を求めるか、そのまま地元に残った場合にも日本人開拓団の小作農、雇農になるしかなかった。水曲柳鎮岡街村の柴国清は水曲柳開拓団が入植する前は先の安永泉家の雇傭人であったが、開拓団入植後には日本開拓団員沢柳家の雇傭人になった[34]。

(2) 現地住民による土地買収への抵抗

移民農業用地の買収は、現地住民の各階層に大きな被害をもたらしたため、現地住民によるさまざまな形の反対運動が起きた。その反対運動の原因および反対方法について、『満洲国開拓地犯罪概要』は次のように指摘している。

「土地買収ヲ廻ル問題中ノ主ナルモノヲ次ニ例示スルカコレ等ヲ通シテ考ヘラレル点ハ

一、買収価格ノ低廉

二、熟地（既耕地——筆者）ノ買収

三、未利用地ヲ買収スルト称シナガラ其ノ実多数ノ熟地ヲ買収スルコト

四、被買収地主、農民ノ転職、転住等ニ対スル保護ノ不充分

五、買収地ノ選定ニ対スル不服

等カ主ナルコトテ又買収反対ノ方法トシテハ県、省ニ対スル陳訴嘆願ハ勿論ノコト国務総理ニ陳訴シ、或ハ直接面会ヲ求メテ嘆願スルコト等ハ注目ニ値スル」[35]。

反対運動の形態は裁判から武装蜂起にいたるまで、さまざまであったが一番

よく見られたのは陳情である。

　陳情の実例は、中国に現存する資料に多数見ることができる。また、日本の官製資料にも多く載せられている。次は「牡丹江憲兵隊長より関東軍司令官宛ての報告」（1937年3月14日、牡憲高201号）である。

　「第六次移民団は湯原県で42万垧の移民用地を買収したが、1垧当たりの買収価格は次のとおりであった。一等熟地32元、二等熟地25元、三等熟地12元、一等荒地8元、二等荒地4元、三等荒地2元、四等荒地1元である。（中略）3月2日、第一次土地買収協定を作成して、鉄道沿線の農耕地3万9,679垧を買収することを決定した。しかし、現地の地主代表は買収価格が安すぎるという理由で、湯原県および三江省公署に対して価格を上げることを要求する陳情書を提出した。3月6日の交渉によって、既耕地の買収価格は後回しにして、荒地の買収価格はそのまま変えないとする和解となった」[36]。このように現地住民は土地買収に反対して、県から省へと陳情を行った。地方政府に出した陳情が棄却されたあと、直接に中央官庁に陳情した例も多い。『満洲国開拓地犯罪概要』は、中央政府に訴え出た21件を収録している。次の例を見よう。

　「鉄嶺県に於いて開拓用地を買収する件については、前に報告したとおりである。（中略）最大の被害者呉敬烈が2月26日、日本駐満大使館、開拓総局長、奉天省長、鉄嶺地方検察院、鉄嶺憲兵分隊、鉄嶺警務科長に土地返還を求める旨の陳情書を提出した。同時に鉄嶺県長に土地売買契約を解除するよう申し出た」[37]。「関東憲兵隊司令官より関東軍司令官宛ての報告（1940年3月15日関憲高第204号）」

　呉敬烈の「陳情書」には、買収価格に触れていないことから見て、買収価格ではなく、売るか売らないかが争点であった。呉のような農民は強制買収に対して自分の土地を堅く守ろうとしたのである。

　また、『満洲共産匪の研究』は「日本農業移民と治安問題の関係」の節で、三江省地方の治安混乱要因の一つとして、次のように記している。「此所に此等の社会層を基礎とする政治匪の反満抗日運動が拡大尖化して行つた理由があるのであるが、これに加へて、もう一つ大きな作用を及ぼしたのは日本農業移民による日本民族の進出である。（中略）政治匪を中心とする匪団の襲撃の目

標になつたのは第一次及び第二次移民であつた」[38]。それに加えて当時、抗日勢力を絶滅するために、民間の武器を没収していたことが背景にあった。これは自衛力を保とうとする現地豪農の強い抵抗を招いた。また、現地住民に種痘をするのは中国人の根を絶つことと認識された。このように、民間からの武器の没収および現地住民に対する種痘が武装蜂起に拍車をかけた。

1934年3月9日、謝文東を総司令とする吉林省依蘭県土龍山の民衆は東北民衆救国軍を組織して蜂起した。まず、土龍山警察署を襲撃して、警察官20余名を武装解除した。10日には、第十師団歩兵第六十三連隊長飯塚朝吾大佐以下17人を殺害した。その後、永豊鎮の第一次移民団および七虎力の第二次移民団を襲撃した。第二次移民団は当初の入植地である七虎力地区放棄を余儀なくされ、湖南営に集中したが、蜂起した民衆は湖南営を20日間にわたって包囲した。蜂起民衆の勢力は最盛期には3000人にも上った[39]。これがいわゆる土龍山事件である。

土龍山農民蜂起は、第一次と第二次日本移民団に大きな衝撃を与えた。第二次移民団は、「昭和八年七月、永豊鎮の南方約十邦里の七虎力河地方に入植したのであるが、翌年三月土龍山事件に起因する匪襲を受け、終に其処を放棄し、永豊鎮に数里接近した湖南営地区に移転の止むなきに至つた」[40]。この事件による移民団員の戦死は3人、負傷は5人である。しかし、そのような直接的被害以上に、移民団員に与えた精神的打撃は大きく、動揺を引き起こし、事件の直後に退団者が続出した。「第二次移民団では、すでに80余名の退団者がでていたが、この事件落着後、前途に絶望し70余名の退団者がでて、戦死19名病死8名を加えると200名をこえる脱落者をだし、残留者は半減した。第一次の場合、すでに前年の7月大量の退団者がでていたが、今回の退団者と合計すると200名近くになった。ここで、残留者数は半減したわけである」[41]と指摘されている。土龍山農民蜂起鎮圧後、大規模な武装蜂起は無かった。

現地住民による土地買収反対運動は初期移民期から、日本の敗戦までさまざまな方法で続けられた。

（3）現地住民の強制移住状況

　現地住民の反対運動は土地の買収を阻止することが出来なかった。現地住民の強制移住状況を見よう。

　第一次移民団長市川益平は1932年6月29日東亜会で行った講演において次のように述べている。「農場内に支那人が耕作をやつて居つたのでありまして、支那人の家が点在して居るのであります。其の支那人を移さなければならぬ、移す為に屯墾隊の方で移転料を出したのであります。大人子供に拘らず一人当たり五元宛出しましたら之を非常に支那人は喜びました」[42]と述べている。この資料から、第一次移民団の入植のため、現地住民99戸400人は既耕地を日本人移民に明渡して、一人あたり5元の移転料を支払われて、よそへ移住したことが分かる。

　1936年東安省密山県永安屯に入植した第四次永安屯開拓団の場合を例にとって、入植前後の現地住民の状況を検討する。

　永安屯開拓団地域内の現地住民人口5,526人中の77.6％、4,291人が農業に携わっている。永安屯開拓団の入植後、「彼等は開拓団入植と共に開拓団の直接管理する小作地の小作人か、部落の小作人或は傭人となった。開拓団の自作面積が拡大するにつれて、他に転住しなければならないことになっていたが、密山県の方針としては開拓団の状況と関連せしめ乍ら漸進的な移転方針をとっていた。それは既耕地の荒地防止、食糧、飼料、労働力供給の安定化、移転に要する官民の資金運用の制約、開拓団社会と原住民社会との民族的融合を図る等の理由に基くものである」[43]。永安屯開拓団が入植した当初において、現地住民は小作人としてしばらく現地に残り、その後に漸次移住することになっていたことが分かる。

　中華人民共和国建国後、各地の人民政府によって満洲国期の日本の犯罪に対する調査が行われ、満洲移民による現地中国人の被害も調査の対象となった。次はその一つである。「密山県政府による日本移民団の九洲屯入植に関する調査報告」によると、「康徳3年3月、日本移民団は密山県九洲屯（現在の民主屯）で土地と家屋を強制的に買収した。農民が耕作していた既耕地1万5,000

垧と多くの未耕地が買収された。既耕地は時価垧当たり 120 元であるが、移民団は 8.2 元だけを支払った。未耕地は時価毎垧 40 元であるが、2 元だけを払った。このほかに、30 軒ぐらいの家屋が一軒 30 元で買収された。康徳 4 年の春、日本国内から 260 人ぐらいの開拓団員が来た。全部男で、軍服を着て 1 人あたり 1 丁の鉄砲を持っていた。その年の秋に、彼らの家族も日本から来た。現地に住んでいた中国農民は康徳 7 年の春から追い出された。第 1 回では 60 戸が追われた。土地と家屋がなくなった中国農民は山奥に入って、新しく開墾作業をし家作りをした。第 2 回は康徳 8 年の春、100 戸ぐらいの農民が追われて、前回と同じく無人地帯に入ったのである。特に康徳 7、8 年の春と秋に、100 軒ぐらいの中国人の家屋が日本人によって壊された。ここは既に開拓団に買われたと言う。土地と家屋がなくなった中国農民はここを追われて、苦しい生活が始まった」[44]。これは被害を蒙った現地住民の生々しい証言である。

来民開拓団は吉林省扶余県五家站に入植したが、その先遣隊員谷川竹行は、開拓地を初めて見た時の驚きを次のように述べている。

「荒野を開拓するつもりでいたとです。それが行ってみると、すでにもう土地、家屋、すべて関東軍の方から買収済みで、農地から住宅全部買い上げてあるもんですから、もうそのままの形で入植するということで、びっくりしたとです。一番苦労したのは、買収した後、家屋から現地の人を移転することでした。県から来て追い出しよったが、後ろに関東軍がおるもんだけん、抵抗もでけんで、しょんなしゃ出て行きよったですもん。買収は県の開拓課から来て、やりよったです。出て行かんと県から二、三名来て、町の警察に言うもんだけん、町の警察がワッと来ておいて、"早よう出ろ、早よう早よ"と追い出しよったです。特に、男より女のほうが未練が強かったごたるですな。出て行くとぎゃ涙ぐんで（中略）。あの時ゃ、自分ながら心を打たれたです」[45]。

このように、多くの現地住民は土地および家屋が買収されて、よそへ強制移住させられた。その悲惨な移住光景を見た日本人移民も「心を打たれた」のである。

また、旧移民地に関する聞取り調査も、この現地住民の強制移住状況を明らかにした。以下は遼寧省大窪県に入植した日本人開拓団に関する調査である。

「日本開拓団は大窪地区の 30 万余畝の土地を掠奪した。掠奪された土地は大窪県県内総面積の 5 分の 1 を占め、(中略) 開拓団に土地を奪われた農民たちはその後、大部分が故郷から追い払われてしまった。例えば、王家郷常家屯には 40 戸あったが、最後には一家族しか残されなかった。姚家屯は 35 戸から 12 戸に減って、蛤暢唐屯は 15 戸から宣という家族の一戸だけが残った。王家倫屯の 25 戸は全部追い払われた。東西柳屯の 50 戸も全員転居せざるを得なかった」[46]。

日本人移民の入植によって現地住民は生活していた村を追われて、新しい未耕地へ送り出された。彼らは 1939 年から、内国開拓民と呼ばれるようになった。移民機関は内国開拓民について、次のように解説している。「日本人の入植地は、原則として未利用地主義を採用して居るのであるが、一箇集団の開拓団が入植するために数千町歩の土地を必要とする関係上、既住地帯を包含することは往々にして避け難いのであつて、斯かる場合に日本開拓民と原住民が混淆雑居し、同一環境と生活条件を通じて融和し、民族協和を如実に具現するのが理想的ではあるが、言語、風俗、習慣及び各種施設等を全く異にする両民族が、直ちにかゝる理想的境地に達するものと期待するは困難である。また開拓団にては原住農民を包擁することに因り益々其の地域を拡大すること、なつて、団の統一とか、各種施設の建設上の障害に逢着する場合が生じてくる」[47]。すなわち、移民地域内に在住している現地住民は、移民団の障害となるため、いずれ他のところに移住させられることになった。このために満洲国政府は「内国開拓民」の制度を創設した。満洲国政府は、「所謂内国開拓民として、農業開発に動員せられる原住民は自作農、自作兼小作農及小作農を指し、彼等は日本開拓民の耕地拡張と共に計画的に逐次、政府の指定未利用地に入植するのである」[48]と説明している。多くの日本人移民が入植するにつれて、内国開拓民となった現地住民も次第に増加した。

(4) 内国開拓民の状況

中国現地住民の移住を一般に内国開拓民と呼ぶ。その移動状況によって、内国開拓民は一般内国開拓民と勘領実施開拓民の二つに分けられている。一般内国開拓民は現地住民中の小作農をさしており、勘領実施開拓民は開拓用地内の

現地住民の自作農をさしている。

内国開拓民を管理する機関は開拓総局（1938 年 12 月 12 日設立）招墾処第三科であり、「原住民の補導、内国開拓民関係」を担当していた。そして、開拓総局の管理の下に、各省の開拓庁、各県の開拓科があった。しかし、これらの移民管理機関は当初から現地住民の被害をほとんど考慮せず、土地の買収と現地住民の移住を強いた。各地のさまざまな移民用地買収の反対運動を経て、満洲国政府は 1939 年度から、内国開拓民政策を実施し、現地住民に対する助成を始めた。「原住農民は数十年又は数百年に亘る住み慣れた土地を離れ、転住を余儀なくされるのであつて、その心情たるや同情に余りあり、国策に協力するの深き犠牲的精神の発露なくしては考へ得られない事実である。政府はこの点に留意し原住民を内国開拓民として助成してゐるわけである」[49]とされた。

1940 年度には内国開拓民助成事業特別会計が設けられた。「本事業は原住小作農を以て計画的に未利用地の開発運営に当らしめ一定年限後に於て彼等を自作農に更正せしめ」るとされている[50]。助成内容は次のとおりである。「各戸に分配する用地は空地及び農耕地として平均七垧（五町歩乃至七町歩）。基本施設補助は一戸平均四一〇元を二ヵ年分割して、各農民に支給する。営農資金は六三〇元を二ヵ年に分割融資する。これを五ヵ年以内の据置とし据置期間経過後十ヵ年以内に年賦無利子均等償還の方法により償還させる」[51]。満洲国政府が公表した 1943 年までの一般内国開拓民実施状況によると一般内国開拓民戸数は 4 万 771 戸である。当時中国人 1 戸当たりの平均家族数は 6 人であった[52]。この平均家族数から、内国開拓民総数は約 24 万 5,000 人に達した。

吉林省舒蘭県小城郷四合村の張春に対する聞取り調査によると、集団内国開拓民の一人としての張春は「私たちは土地と家屋を残して、原野の南蛮溝に移住させられて、村には鄭、佻、趙、王という 4 家族しか残らなかった」と述べている[53]。同じ吉林省舒蘭県小城郷自景村の李樹春は、「日本人が来る前に、村の土地、家屋、井戸などが買収されて、もらったお金は少なく、ほとんど何もできなかった。私たちは任家街を追われた。新しいところには、もう家屋が建てられ、私たちはそこに住み込んで、開墾作業を始め、新しい任家街を作った。日本降伏まで誰も私たちの面倒を見てくれたことはなかった」と述べてい

る[54]。これらのことから、多くの現地住民が無援助のままで移住した。

　勘領実施開拓民は1940年から始まった。勘領とは「勘丈承領の略語にして所謂買戻と換地分譲の両者の場合を包括した意味に於て使用して居る」[55]。つまり、勘領というのは、一旦買収された土地をそのまま買い戻すこと、または買収されたことによって得た土地代金で他所で新たに土地を購入することである。勘領を実施する目的は、「開拓用地内の自作農が開拓政策実施の過程において、耕地を買収せられたため小作農に転落し、或は離散の悲境に陥るが如きは絶対に防止しなければならないので、政府としても、これ等自作農に対しては、生活安定に必要なる土地を勘領せしめ」[56]ることであったとされる。

　勘領実施開拓民は、旧地勘領、換地勘領、移転勘領という3つの種類に分けられる。旧地勘領とは土地家屋とも原状のまま勘領する場合である。「これは土地買収当時の原状を基準として、政府の買収原価により土地家屋を買い戻し、旧態を回復せしめるもので、原住民としては何等の犠牲を払ふことなく開拓民としての意味も生ぜず、従って何等の助成をも考慮する必要はないのである」[57]。すなわち、旧地勘領とは、現地住民が買収される前の価格で土地を買戻すことによって、現地に残って、土地買収される前の状態に戻ることである。換地勘領とは家屋を移転せず、他の耕地を勘領する場合である。「これは原住民の耕地が日本開拓民の入植用地に指定せられたため、その隣接地区において換地を勘領せしめるのである」[58]。この換地勘領は、未耕地の場合もあり、地価差額が大きい時もある。いずれにしても対象となった現地住民には大きな負担が生じた。移転勘領とは他の土地に移転する場合である。現地住民は、それまでの生活の地を離れて、日本人開拓民の入植用地に指定されていないところに移住する。移転勘領においては、現地住民は耕地だけでなく、家屋などの地上物件もすべて日本人開拓民に買収されて、現地を追われる。勘領の面積については、「現在実施して居るのは大体満洲における自作農の耕地面積として、理想的であると認められてゐる一戸当たり七町歩程度を基準として」配分するとされていた[59]。

　第二次日本移民は七虎力に入植して、「450戸2,250人の現地農民が嘉陰県に強制移住させられた」[60]。これが第二次移民団の入植による現地住民の行方で

ある。

『満洲開拓年鑑』昭和17年版によると、内国開拓民の「入植地は原則として日本開拓民の入植に適しない可耕未利用地が選ばれ、それは概ね無住地帯である」[61]とされている。その際に「内国開拓民の県外あるいは省外の送出は出来る限りこれを避けしめ、同一県内において処理せしめるを原則とする。(中略)内国開拓民の入植地区は国又は満拓に於て整備した開拓用地中の日本人開拓民の入植に適していない零細可耕未利用地が選ばれる」[62]とされて、大体立地条件の悪い地域、または未耕地が選ばれたことが分かる。

1940年4月16日に入植した高柴開拓団[63]の元開拓団員加藤信雄は、「開拓という名とは縁遠く、満人の耕作していた土地をとって彼らを追い出して、山のほうに追いやって、軍事力をバックにとったんだから」[64]と述べている。現地住民を「山のほうに追いやった」ということは、未開墾の丘陵地帯や山岳地帯に入植させたことを指している。

1939年、日本の転向プロレタリア作家島木健作は、満洲旅行を行ったときに、入植2年目の大日向村を訪れた。大日向村の素晴らしい立地条件を見て、次のような感想を書いている。

「鉄道の線に近く、交通に便であること、入植ただちに一戸当たり一町歩余りの水田既耕地を持つといふこと、この二つはこの団に恵まれた条件であらう。(中略)しかし、日本人入植以前に、それだけの水田があつたといふことは、少からぬ鮮人農民がゐたことを意味する。彼等と、さうして今開拓民が住んでゐる満人農家のもとの住民たちは?「今年は、鮮人、満人二百五十戸ほどが立ち退きました。以前の村長(満人)は今団に雇はれ、団と在来民との交渉の間に立つてゐます。」立ち退いたものは、どのやうにしてどこへ行つたのであるか?ここの人々からはそれについてほとんど聞くことはできない」[65]。

1938年に大日向分村移民が吉林省舒蘭県四家房に入植したことにより、現地住民は移住せざるを得なかった。日本人移民は現地住民の行方に対しては、無関心であった。次に掲げる記録によれば、現地住民は山中へ追われたことが分かる。「先遣隊としていった土地の買上げはすっかりすんでいた。入植前に耕作していた朝鮮人の一部はまだ私たちのところに残っていましたが、もう全

28

部土地では会場（原文のまま――筆者）を設け移る準備をしていた。彼らは、しかるべき山の中へ追いやられた恰好ですね。行った人達は、今までそこで小作していた人たちと自分で地主としてそこにいた人です。全部土地を買収されてちがうところに移ったのです」[66]。

現地住民はそれまで居住していたところに比べると、立地条件の悪い土地へ移住したことは間違いない。また、内国開拓民の移住地での生活状況については、当時の資料がないため、日本敗戦後に行われた調査や経験者の回想に頼らざるをえない。次の調査を見よう。

1939年10月三江省樺川県に入植した日高見開拓団の場合は、「原住民は2ヶ屯に約100戸居住していたが、県の斡旋にて一部の農民は国境県の方面に移転せしめ、大部分は山林及び採金事業者として付近で働き一部の農民は村として東方山地の耕作適地に開拓部落を新設する等の方法にて民生安定を図り民族協和の推進に努めた」[67]と述べられている。

次は聞き取り調査の例である。「1942年、黒龍江省寧安県石頭嫺地区8つの村3,000人が銃剣のもとで、黒河の辺鄙な地区に追われた。そこには家がなく、自分で藁で小屋を作って、集団生活を始めた。政府から1人当たり1日300グラム足らずの食料が配給された。日本敗戦までの3年間で、これらの内国開拓民は粗い布6尺、防寒服一着、毎年大豆油100グラムしか支給されなかった。この間に餓死した人は全体の18.1％を占め、そのなかの20戸ぐらいは家族全員が餓死、または凍死した」[68]。1981年11月玄照発は黒龍江省方正県の挑灶溝で、内国開拓民の生活状況について聞取り調査を行った。次はその調査の一例である。「日本開拓団が来て、ここの土地を全部買い上げた。現地住民は西部の山岳地帯に追い出されて、そこで、新たに部落を作り、"県内開拓民"になった。（中略）1939年と1940年に、日本政府は方正県に二つの開拓団を入植させた。大羅勒密と伊漢通の1万8,000垧余りの土地が買収された。3,000人余りの現地住民が追い出された。その結果、"挑灶溝"と言う悪条件のところで、7つの部落を作った。（中略）当時の内国開拓民の周喜発、張喜才、厳魁、楊文義の話によると、家は自分で作って、耕地も自分で開墾した。日本人と開拓科の人は全く協力してくれなかった。この"県内開拓民"の部落建設を監督

第一部　日中両国における研究成果

した日本人は永山一郎といい、20 歳ぐらいの中国人は高通訳だったことを今も覚えている。永山一郎は 1944 年にここを去ったが、高通訳は今もここに住んでいる。高通訳は高仁田といい、通訳ではなく、開拓股（開拓科より小規模の行政機関——筆者）の役人であると、後に分かった。高の話によると、この 7 つの部落作りは 1940 年に着工して、1943 年に完成した。1940 年に 3 つの部落を作った。すなわち、第一部落（現在の珠河郷新濱村）、第二部落（現在の珠河郷永安東屯）、第三部落（現在の珠河郷永安西屯）である。1941 年には第四部落（現在の珠河郷六甲南屯）を建設した。1942 年には第五部落（珠河郷六甲村の永谷屯）を建設した。1943 年には第六部落（新安郷六合村）、第七部落（新安郷靠山村）を建設した。

　部落の建設は春から始まった。雪が完全に解けないうちに、開拓股の役人は大羅勒密と伊漢通の 100 名の丈夫な移住原住民を先遣隊として組織して、方正県から徒歩でここに来させた。到着するとすぐ、木を切って、小屋を作る。小屋は四本の丸太で四方に支えられて、周りは草で覆われる。中は丸木で敷かれて、その上に藁を敷く。先遣隊はこのような小屋に住んでいたのである。先遣隊には二つの任務があった。一つは木を切って、建築の材料を用意する、もう一つは開墾の準備をすることである。雪どけを待って、家族を呼んだ。一部落は、最初は 70 戸だったが、のちに 100 戸に増加した。一棟の家に 3 つの部屋があり、二つの家族が住む。部落の周りには高い塀が作られ、東だけに門を残し、警備所を設け、通行人を検問する。部落の中では連座制が取られ、厳しい警察管理を取ったのである」[69]。

　これまで内国開拓民の生活状態はあまり知られていないが、これらの調査によって、内国開拓民の悲惨な生活状況が明らかになった。

●註
1) 喜多一雄『満洲開拓論』明文堂、1944 年、121 頁～ 122 頁。
2) 同上、123 頁。
3) 垧は中国の土地面積の単位で、「晌」とも書く。当時の東北では 1 垧は 0.72 ヘクタールである。

4) 初期には、これらの自由移民に対して日本政府は補助金を与えず、民間団体の活動に任せた。後の大規模移民期に入ってからは、自由移民に対する政府の補助金はあったが、集団移民および集合移民より少なかった。

5) 「原住民」とは日本移民が入植した時に在住していた中国人をさす。これは適切な呼称ではないが、戦前の日本側のほとんどの資料では、それを原住民と呼んでいた。本論文では引用文の場合にはそのまま使う。原住民のほか、先住民、現住民、現地民などの言い方も当時の資料では使われているが、本論文では引用文以外では現地住民を使う。

6) 満州開拓史復刊委員会『満洲開拓史』全国拓友協議会、1980 年、115 頁。

7) 関東軍第三課「北満に於ける移民の農業経営標準案」(1935 年 3 月) には、耕地 10 町歩 (畑 8 町歩、水田 2 町歩)、放牧採草地 9 町歩、除地 (宅地、菜園、作道) 1 町歩、合計 20 町歩と規定していた。満鉄経済調査会『満洲農業移民根本方策』(立案調査書類第二編第一巻第七号、1936 年) 288 頁を参照。

　また、拓務省「北満に於ける移民の農業営農標準案」も同じように規定している。満鉄経済調査会『満洲農業移民根本方策』(立案調査書類第二編第一巻第七号) 309 頁を参照。

8) 陌はヘクタールの当て字で、約 1.0083 町歩である。町歩と陌はほぼ同じであるため、当時混用の場合もある。

9) 逆産地とは抗日者の所有地である。日本軍は抗日運動に参加した中国人の所有地を没収して、移民用地に当てた。移民用地の獲得方法は、満洲国国有地の無償提供、逆産地の没収、民間私有地の買収などであった。

10) 拓務省「満洲農業移民百万戸移住計画」(1936、5、9) (小林龍夫・島田俊彦・稲葉征夫編『現代史資料 (11)』みすず書房、1965 年) 949 頁。

11) 満洲国通信社『満洲開拓年鑑』昭和 15 年版 273 頁。

12) 喜多一雄、前掲書、351 頁。

13) 日本政府「満洲開拓政策基本要綱」、満州開拓史復刊委員会『満洲開拓史』845 頁。

14) 満洲国通信社『満洲開拓年鑑』昭和 16 年版、60 頁。

15) 移民用地買収に対する反対運動は至るところで、いろいろな方法で行われた。反対運動については、黒龍江省档案館・黒龍江省社会科学院歴史研究所編『日本向中国東北移民』(1989 年)、中央档案館・中国第二歴史档案館・吉林省社会科学院編『日本帝国主義侵華档案資料選編・東北経済略奪』を参照。

16）満洲国開拓総局「満洲開拓第二期五ヶ年計画実行方策案」（『満州移民関係資料集成』第 5 巻）235 頁。
17）満洲国最高検察庁「満洲国開拓地犯罪概要」1941 年（山田昭次編『近代民衆の記録 6 満州移民』新人物往来社、1978 年）450 頁。
18）喜多一雄、前掲書、356 頁。
19）同上、357 頁。
20）同上、357 頁。
21）満洲国通信社『満洲開拓年鑑』昭和 15 年版 273 頁。
22）永安屯開拓団史刊行会『満洲永安屯開拓団史』93 頁。
23）同上、10 頁。
24）高橋幸春『絶望の移民史』毎日新聞社、1995 年、125 頁。
25）黒龍江省档案館・黒龍省社会科学院歴史研究所編『日本向中国東北移民』1989 年、483 頁。
26）2008 年 9 月 7 日哈爾浜市阿城区亜溝鎮吉祥屯村祥屯屯馬鳳林（男、調査当時 81 歳）満洲族、八紘開拓団の年工。
27）2008 年 9 月 7 日哈爾浜市阿城区亜溝鎮吉祥屯村祥屯屯常国（男、調査当時 83 歳）漢族、八紘開拓団の年工。
28）中村雪子『麻山事件』草思社、1983 年、38 頁。
29）同上、38 頁。
30）満洲国最高検察庁「満洲国開拓地犯罪概要」（山田昭次編、前掲書）459 頁。
31）満洲調査機関連合会「開拓民与原住民関係調査報告」（康徳 10 年）黒龍江省档案館・黒龍江省社会科学院歴史研究所編『日本向中国東北移民』287 頁、筆者訳。
32）1992 年 11 月 12 日吉林省舒蘭県水曲柳鎮岡街村の安永泉（男、調査当時 88 歳）に対する聞き取り調査である。
33）1995 年 4 月 16 日水曲柳鎮錦徳村林家油房の林権（男、調査当時 75 歳）に対する聞き取り調査である。
34）1992 年 11 月 12 日水曲柳鎮岡街村の柴国清（男、調査当時 74 歳）に対する聞き取り調査である。
35）満洲国最高検察庁「満洲国開拓地犯罪概要」（山田昭次編、前掲書）450 頁。
36）「牡丹江憲兵隊長致関東軍司令官報告」、中央档案館・中国第二歴史档案館・吉林省社会科学院編『日本帝国主義侵華档案資料選編・東北経済略奪』719 頁、

第 1 章　日本人「開拓団」の入植による中国人の被害

筆者訳。
37)「関東憲兵隊司令官致関東軍司令官的報告」、中央档案館・中国第二歴史档案館・吉林省社会科学院編『日本帝国主義侵華档案資料選編・東北経済略奪』728 頁〜 729 頁、筆者訳。
38) 満洲国軍政部顧問部編『満洲共産匪の研究』(第二輯) 106 頁。
39) 王楓林「土龍山抗日暴動親歴記」(政協黒龍江省委員会文史資料委員会・政協方正県委員会文史資料委員会編『夢砕「満洲」——日本開拓団覆滅前後』黒龍省出版社、1991 年) 所収、270 頁。この事件に対しては、日本側は謝文東事件あるいは依蘭事件、依蘭事変と言う。中国側では土龍山事件、または土龍山農民暴動と称する。現在、事件が起こったところに、「土龍山農民暴動記念碑」が建てられているが、そこには、謝文東の名前は記されていない。1939 年、謝文東は日本支配者に帰順し、さらに、1945 年以降の国共内戦の際に、共産党と敵対し、解放後に処刑された。
40) 満洲国軍政部顧問部編、前掲書、122 頁。
41) 山田豪一「満州における反満抗日運動と農業移民」『歴史評論』143 号、1962 年 7 月、75 頁。
42) 東亜経済調査局『佳木斯移民の実況』1933 年、16 頁。
43) 永安屯開拓団史刊行会、前掲書、93 頁。
44)「密山県政府関於日寇移民団強占九洲屯的状況調査」、中央档案館・中国第二歴史档案館・吉林省社会科学院編『日本帝国主義侵華档案資料選編・東北経済略奪』735 頁、筆者訳。
45) 高橋幸春、前掲書、102 頁。
46) 孫玉玲、趙東輝「遼寧省大窪県に侵入した日本人開拓団に関する調査」、西田勝編集代表『近代日本と「偽満洲国」』不二出版、1997 年、243 頁。
47) 満洲国通信社『満洲開拓年鑑』昭和 16 年版、68 頁。
48) 同上、68 頁。
49) 同上、69 頁。
50) 満洲国通信社『満洲開拓年鑑』昭和 17 年版、73 頁。
51) 満洲国通信社『満洲開拓年鑑』昭和 16 年版、71 頁。
52) 満洲国国務院統計処「満洲国面積及人口」、満鉄会『南満洲鉄道株式会社第四次十年史』1966 年 10 月、1019 頁を参照。
53) 1990 年 11 月 17 日吉林省舒蘭県小城郷四合村の張春（男、当時 60 歳）に対

する聞取り調査である。
54）1990年11月17日調査した吉林省舒蘭県小城郷自景村の李樹春（男、当時78歳）に対する聞き取り調査である。
55）満洲国通信社『満洲開拓年鑑』昭和16年版、69頁。
56）同上、69頁。
57）同上、69頁。
58）同上、69頁。
59）同上、70頁。
60）張伝傑・馮堤他著『日本略奪中国東北資源史』大連出版社、1996年、108頁。
61）満洲国通信社『満洲開拓年鑑』昭和16年版、71頁。
62）満洲国通信社『満洲開拓年鑑』昭和17年版、74頁。
63）山形県西村山郡高松村と柴橋村が合同して編成した阿城県高柴集合開拓団である。
64）松田國男「聞き書き・満州開拓」私家版、発行年不明、31頁～32頁。
65）島木健作『満洲紀行』創元社、1940年、104頁。
66）歴史教育者協議会大学部会満州移民研究会編「大日向村満州移民聞き書き——長野県南佐久郡大日向村（現佐久町）——」（山田昭次編、前掲書）343頁。
67）武藤竜三「日高見のこと」、武藤竜三等編『日高見開拓団誌』私家版、1998年、67頁～68頁。
68）王希亮「試論日本向中国東北移民的幾個問題」『東北史研究導報』1988年第二期、32頁、筆者訳。
69）玄照発「挑灶溝」、政協黒龍江省委員会文史資料委員会・政協方正県委員会文史資料委員会編『夢砕「満洲」——日本開拓団覆滅前後』240頁～244頁、筆者訳。

第 2 章

満洲拓植公社の事業展開

白木沢　旭児

はじめに

　満洲開拓において、日本人移民のために土地を買収し管理していたのは満洲拓植公社（以下では満拓と略す場合もある）であった。戦前期において、拓殖（拓植）を社名に掲げた会社としては、東洋拓殖、南洋拓殖などがあるが、この両者と比べても満洲拓植公社は最も設立が新しく（1937年8月）活動期間が短い企業であった。満拓に関する本格的な研究としては、君島和彦論文[1]をあげることができる。君島は、関東軍の満洲移民構想にまでさかのぼり、関東軍の「あるべき会社」に合致するものとして満拓が設立されたこと、短時日のうちに巨大な面積の土地を確保し、満拓が「巨大地主」化していたこと、移民への資金・物資助成の面で、満拓が唯一のルートとなったが、戦争が拡大する過程で移民助成が行き詰まったことなどを実証的に明らかにしている。

　本稿は、君島論文が明らかにした諸点を継承しつつ、なぜ、満拓は短時日のうちに巨大な面積を確保することが可能だったのか、という問題について、満拓の資金調達および土地取得の具体的な活動の分析を通して実態を明らかにすることを課題としている。資料という点では、君島論文は、『帝国議会説明資

料』、『業務概要』などを活用して、満拓の全体像を描くことに成功している。本稿は、近年、公開された閉鎖機関文書をはじめ、満拓の各期『営業報告』に依拠しつつ上述の課題に取り組むことにしたい。

1. 満洲拓植公社の資金調達

(1) 満洲拓植公社の設立

すでに日本人移民のための移住地斡旋、移民への金融を担当する機関としては満洲拓植株式会社が1935（康徳2）年12月に資本金1,500万円をもって設立されていた。しかし、翌年、満洲移民が国策として確立され、二十ヵ年百万戸移民計画が策定されると、満洲拓植株式会社は、「移民国策決定ニ至ル迄取リ敢ズ移住用既商租地百万町歩ノ管理ヲ為スコトヲ主タル目的トシテ設立セラレタル暫行的性質ノモノ」[2]であったため「機構的に不便不充分であり、且つは同社が満洲国法人たるために、その国策遂行上種々の不便支障も存したため」[3]これを改組・強化することが必要となった。1937（康徳4）年8月2日、日本と満洲国との間に「満洲拓植公社ノ設立ニ関スル協定」が締結され、日満両国の合弁企業として、日満両国籍の満洲拓植公社が設立されるにいたったのである[4]。

満洲拓植公社定款には同社の事業が次のように定められていた。

　第一条　本公社ハ昭和十二年八月二日即チ康徳四年八月二日大日本帝国政府及満洲帝国政府間ニ於テ締結シタル満洲拓植公社ノ設立ニ関スル協定ニ依リ設立シタル日満合弁ノ株式会社ニシテ満洲拓植公社ト称ス
　第二条　本公社ハ満洲国ニ於ケル移住ヲ助成シ満洲国国土ノ開発ヲ為ス為左ノ業務ヲ営ムコトヲ以テ其ノ目的トス
　　一　移住者ニ必要ナル施設及其ノ経営
　　二　移住者ニ必要ナル資金ノ貸付
　　三　移住用土地ノ取得、管理及分譲
　　四　移住者ニ必要ナル事業ノ経営ヲ目的トスル会社又ハ組合ニ対スル出資及金

第 2 章　満洲拓植公社の事業展開

　融

　　五　前各号ノ事業ニ付帯スル業務[5]

とりわけ満洲移民の国策化に対応して、二十ヵ年百万戸移民計画に見合った土地の確保が最重要課題であった。この点に関して満拓は事業目論見書のなかで次のような事業計画を明らかにしていた。

　　四　事業計画
　　3、第一期土地取得面積予定表
　　年次　　　取得面積
　　一　　　二、〇〇〇、〇〇〇町歩
　　二　　　二、〇〇〇、〇〇〇町歩
　　三　　　二、〇〇〇、〇〇〇町歩
　　四　　　二、〇〇〇、〇〇〇町歩
　　五　　　二、〇〇〇、〇〇〇町歩
　　計　　　一〇、〇〇〇、〇〇〇町歩
　　註　右ノ外現満拓会社ヨリ引継グモノ約一、〇〇〇、〇〇〇町歩アリ
　　4、第一期所要資金
　　イ　土地買収費　　　　　　　　　一億七百余万円
　　現満拓社有地　　　　　　　　　　七百万円
　　新規買収地　　　　　　　　　　　一億円
　　（中略）
　　備考　(2)　新規買収地ニ付テハ買収費一町歩当拾円ト予定ス[6]

すなわち、当初 5 ヶ年の土地取得（合計 1,000 万町歩）のために新規買収費が 1 億円必要だとされていたのである。

　また、満拓は移民に対する金融の機能も有していた。移民に対する金融は長期金融とならざるを得ないので、その原資調達のために払込資本金額の十倍までの社債を発行できること、その社債の元利保証を日本政府と満洲国政府が連帯して保証する、という特権も与えられていた[7]。

37

(2) 営業状況

　満拓の営業報告書は、第1回～第4回、第6回～第7回までが雄松堂発行の『営業報告書集成』第4集に収録されており、第5回は管見の限り、日本国内には見あたらず、吉林省社会科学院満鉄資料館所蔵のものを使用した。まず、満拓の資本金は、設立時には日本政府および満洲国政府それぞれ1,500万円、南満洲鉄道株式会社1,000万円、東洋拓殖株式会社375万円、三井関係250万円、三菱関係250万円、住友本社125万円、計5,000万円でスタートした。1942年度には満洲国政府が2,250万円に、朝鮮総督府が新規に750万円、合計で6,500万円に増資し、43年度には日本政府4,750万円、満洲国政府5,500万円、合計で1億3,000万円へと増資している[8]。朝鮮総督府が株を持つにいたったのは、満鮮拓植株式会社と41年6月1日をもって合併したことによるものと思われる[9]。

　なお、終戦時の株主が判明するので、表1を作成した。表1は払込済み株式の数値だが、先述した43年度の公称資本金の内訳と比べて大きな違いはないようである。ただし、43年度には全く見られなかった個人株主が、監事の3名はじめ7名見られることが特徴である。このように、満拓の株主は、基本的に政府及国策会社、財閥であり、株式を多数の市中投資家に購入させることはしていなかった。

　表2「満洲拓植公社の貸借対照表」を作成した。37年度（初年度）から43年度にかけて資産（負債）合計は4,766万円から8億1,707万円へと17.1倍化した。その原資は何か。払込資本金は3,000万円から8,125万円へと2.7倍化したにとどまっており、43年度の資産（負債）合計に占める比率は9.9％にすぎない。初年度には銀行借入金と特殊借入金が大きな比率を占めているが、前者は満洲中央銀行当座借越金であり、後者は「株主ヨリ借入金四件」[10]である。ところが、38年度に社債が初めて登場し、それ以後年々急激な膨張を見せている。39年度には借入金をはるかに凌駕し、資産（負債）合計の過半を占め、43年度には資産（負債）合計の81.6％を占めるにいたった。満拓の急激な資産膨張・事業拡張を資金面で支えたのは社債であった。社債発行の経緯につい

第 2 章　満洲拓植公社の事業展開

表 1　満洲拓植公社の株主（1945 年）

株主氏名	住所	株数	払込額（円）	備考
経済部大臣	新京特別市順天街	1,099,800	46,865,000	
日本大蔵大臣	東京都	950,000	39,375,000	
南満洲鉄道㈱	大連市東公園町	199,900	9,995,000	総裁山崎元幹名義
朝鮮総督	京城府	150,000	7,500,000	
東洋拓殖㈱	東京都千代田区内幸町	74,890	3,744,600	総裁渡辺龍一名義
㈱三井本社	東京都中央区室町	49,900	2,495,000	代表取締役宮崎清名義
㈱三菱本社	東京都千代田区丸の内	49,900	2,495,000	取締役社長岩崎小弥太名義
㈱住友本社	大阪市東区北浜	24,900	1,245,000	代表取締役古田俊之助名義
榮廉	奉天市大東関華家胡同	200	10,000	監事
島崎静馬	大連市東公園町 30 満鉄内	100	5,000	監事
山沢和三郎	京城府黄金町 2-195 東拓朝鮮支社内	100	5,000	監事
高見二郎	新京特別市大同大街 201 三井物産新京支店内	100	5,000	
高垣勝次郎	新京特別市東朝陽 501	100	5,000	
中沢英三	新京特別市大同大街 301 住友本社新京事務所	100	5,000	
長尾精	新京特別市大同大街 401 東拓新京支店内	10	500	
総計		2,800,000	113,750,000	

資料　満洲拓植公社『稟議書綴　昭和 27 年 8 月～10 月』（閉鎖機関文書 9-15）

ては次節で扱うことにする。

　表 2 の借方について検討しよう。『営業報告書』中の財産目録には、各勘定科目の具体的な説明が付されている。表 2 の借方に掲げた勘定科目の内容は以下の通りである。

　　土地…移住用地
　　助成施設…機械作業、伐材、製材、利用、工務其他移民助成ニ必要ナル設備一切
　　土地管理施設…小作収納所、糧石保管所ニ必要ナル設備一切
　　雑施設…本社、支社、各地方事務所ニ於ケル事務所及社員宿舎設備一切
　　出資金…満洲畜産株式会社株式三〇、〇〇〇株、払込済一株ニ付二五円
　　移民貸付金…集団移民集団、自由移民集団其他ニ対スル長短期貸付金

39

第一部　日中両国における研究成果

表2　満洲拓植公社の貸借対照表

単位：円

	勘定科目	1937.9～1938.3	1938	1939	1940	1941	1942	1943
借方	土地	26,214,859	82,811,628	98,985,676	110,231,304	127,956,381	171,990,683	200,778,571
	助成施設	1,270,620	2,272,187	5,004,483	5,322,676	6,358,250	6,690,947	2,103,848
	土地管理施設	129,154	105,063	171,644	291,119	444,121	815,359	1,512,746
	雑施設	413,750	982,281	3,468,495	6,193,740	16,565,891	24,139,481	28,215,497
	出資金	750,000	2,750,000	4,000,000	4,087,500	5,837,500	2,677,500	3,455,000
	移民貸付金	7,702,039	-	-	-	-	-	-
	開拓団貸付金	-	23,053,887	53,519,622	91,646,036	163,559,094	244,593,012	325,415,652
	小作貸付金	-	125,702	325,479	1,078,017	1,765,436	3,282,175	5,763,959
	訓練本部勘定	-	-	-	69,351,217	89,378,074	88,112,551	
	訓練所勘定	92,217	12,429,930	39,071,428	14,605,538	-	-	-
	未収金	1,463,500	1,309,551	4,000,732	8,914,227	11,165,729	10,948,641	20,980,642
	仮払金	8,377,669	6,569,853	18,775,188	15,871,764	22,052,650	19,700,707	53,777,172
	欠損金	-	-	-	-	3,830,444	1,900,081	2,547,416
	その他	1,246,376	8,564,458	16,992,014	31,690,610	82,784,124	87,821,070	172,518,304
	合計	47,660,184	140,974,540	244,314,761	359,283,748	531,697,694	662,672,207	817,068,807
貸方	払込資本金	30,000,000	33,300,000	50,000,000	50,000,000	57,500,000	65,000,000	81,250,000
	利益金	240,339	905,550	2,062,559	1,393,862	-	-	-
	社債金	-	45,000,000	155,000,000	240,000,000	408,850,000	546,110,000	666,790,000
	銀行借入金	4,954,991	45,003,780	26,656,962	19,543,960	795,948	24,268,510	22,946,038
	特殊借入金	12,000,000	10,020,000	-	-	-	-	-
	開拓団預り金	-	3,309,955	3,466,932	2,718,412	2,376,956	3,880,404	6,075,891
	未払金	348,326	1,883,610	3,411,118	5,523,052	7,250,272	8,386,039	15,884,614
	仮受金	105,428	655,798	1,057,783	14,858,328	20,444,255	11,067,435	19,470,493
	その他	11,100	895,847	2,659,407	25,246,134	34,480,263	3,959,819	4,651,771
	合計	47,660,184	140,974,540	244,314,761	359,283,748	531,697,694	662,672,207	817,068,807
払込資本金利益率(%)		0.8	2.7	4.1	2.8	-6.7	-2.9	-3.1

1. 開拓団貸付金は1940年から開拓民貸付金、1943年から開拓貸付金
2. 開拓団預り金は1940年から開拓民預り金
3. 銀行借入金は1942年から借入金

資料　満洲拓植公社『営業報告書』各期

第 2 章　満洲拓植公社の事業展開

表3　満洲拓植公社の土地取得

		1941	1942	1943
日本内地人用地	土地面積（陌）	64,376	67,681	54,533
	土地価格（円）	3,057,522	4,873,582	3,471,162
朝鮮人用地	土地面積（陌）	5,505	5,038	4,960
	土地価格（円）	903,655	882,517	819,313
開拓用地合計	土地面積（陌）	69,881	72,719	59,493
	土地価格（円）	3,961,177	5,756,099	5,240,314
小作管理用地	土地面積（陌）	23	316	1,997
	土地価格（円）	21,724	66,193	340,787
満鮮拓植から譲り	土地面積（陌）	589,141	-	-
受けた土地	土地価格（円）	14,802,140		
合計	土地面積（陌）	728,926	73,035	61,490
	土地価格（円）	22,746,218	5,822,292	4,631,261

1. 陌はヘクタールのこと。
資料　満洲拓植公社『営業報告書』各期

　　開拓団貸付金…集団開拓団及集合開拓団ニ対スル長短期貸付金

　　小作貸付金…小作満鮮農ニ対スル長短期貸付金

　　訓練本部勘定…基本訓練所創設費其ノ他

　　訓練所勘定…青年義勇隊訓練所特別会計ニ対スル融通金

　　未収金…牡丹江木材工業株式会社ニ対スル供給原木代金貸付金、経過利息其他

　　仮払金…立替金、社内前渡金其他未決算高[11]

　37年度から40年度までの間の借方における最大の科目は土地である。これに次ぐ地位にあった移民貸付金（開拓団貸付金）[12]、は、41年度以降は最大の科目となっている。しかも、土地は37年度から43年度にかけて7.7倍化したにすぎないが、移民貸付金・開拓団貸付金は同期間に42.3倍化しているのである。

　土地の取得状況を見ることにしよう。37年度には旧満洲拓植株式会社から約100万ヘクタールの土地を引き継ぎ、かつ事業年度中に約130万ヘクタールの土地を取得したため、年度末には235万9,272ヘクタールの土地を保有していた[13]。39年度から開拓団用の土地取得を満洲国政府・開拓総局が行うこととなり、満拓は、「ソレ以前ニ着手セル地域ノ継続整備及政府ヨリ特ニ依頼ヲ

表 4　満洲拓植公社の開拓団への貸付

単位：円

	1937年度	1938年度	1939年度	1940年度	1941年度	1942年度	1943年度
新規貸付	5,848,000	17,236,000	28,380,000	53,868,000	77,124,000	114,183,087	99,970,618
旧満拓会社貸付	3,622,000	-	-	-	-	-	-
政府補助金繰入返還等	1,700,000	1,146,000	7,125,000	15,782,000	17,743,000	57,345,551	31,264,500
朝鮮人開拓民貸付	-	-	-	-	6,539,000	26,424,663	16,344,700
朝鮮人開拓民返済	-	-	-	-	2,257,000	6,612,941	3,156,994
残高	7,702,000	23,053,000	53,519,000	91,646,000	163,559,000	246,128,336	325,415,653

資料　満洲拓植公社『営業報告書』各期

受ケタル土地並地上物件等ノ整備等ニ従事セル」状況となった[14]。表3「満洲拓植公社の土地取得」を見ると、まず、41年度は6月に満鮮拓植株式会社と合併したために、満鮮拓植の保有していた土地、およそ58万9,000ヘクタールが加わり、これ以外の新規取得も行っている。42年度、43年度にも新規取得が行われていたことがわかる。表2の借方の土地は、40年度以降も増加を続けているのである。ただし、増加のテンポは、資産（負債）合計や開拓団貸付金に及ばないことは、先述した通りである。満拓の土地取得の具体的な姿については、次章で取り上げることにしたい。

　移民貸付金・開拓団貸付金の推移を表4にまとめた。表の上から3つの項目は内地からの移民（開拓団）に対する貸付であり、下段は朝鮮人開拓民への貸付で、満鮮拓植株式会社を吸収したことから満拓の事業に加えられている。新規貸付額は、内地人、朝鮮人ともに43年度に初めて前年比減少を見せる。しかし毎年の返済はごく一部にとどまっているので、貸付残高は43年度も増加した。満拓の定めた一戸当たり貸付標準額が39年度について判明する。それによると、集団開拓団の場合、各戸施設費として2,690円、共同利用農具費・公共施設費・共同宿舎費として569円、流通資金として1,000円、合計4,388円（その他を含む）とされていた。そして「流通資金ハ可及的補助金程度ヲ以テ抑ヘルノ方針ヲトリ従ツテ公社ノ貸付ハ一戸当リ集団約三千四百円」とされているので、流通資金は、いわば生活費を支給しているような格好になってお

第 2 章　満洲拓植公社の事業展開

表 5　満洲拓植公社の損益計算書

単位：円

		1937.9〜1938.3	1938	1939	1940	1941	1942	1943
利益	総務	32,405	15,548	14,811	77,889	319,102	241,410	-
	土地管理	781,298	2,208,324	3,871,736	5,078,884	4,842,485	10,416,437	9,633,991
	農場	-	-	-	-	-	770,875	-
	附業	-	-	-	-	-	-	998,892
	利息	687,989	3,799,223	8,395,789	12,501,203	21,697,387	25,732,193	32,631,376
	別途会計繰入	-	-	-	-	699,236	512,592	-
	雑収入	-	-	-	-	-	-	291,772
	合計	1,501,693	6,023,095	12,282,337	17,657,977	27,558,210	37,673,509	43,556,032
損失	総務	381,179	1,434,662	1,670,418	3,410,165	3,879,127	3,857,343	-
	本社	-	-	-	-	-	-	4,028,427
	地方	-	-	-	-	-	-	7,781,142
	助成	873,082	1,502,361	2,325,153	2,432,892	7,424,302	8,117,575	-
	土地管理	-	-	-	-	-	4,040,181	4,395,892
	農場	-	-	-	95,128	3,117,127	1,397,753	-
	附業	-	-	-	-	-	-	1,165,847
	利息	7,092	2,180,522	6,224,206	10,325,929	17,835,054	22,160,735	26,755,558
	社債差額償却金	-	-	-	-	-	-	9,700,383
	建設輔導	-	-	-	-	-	-	1,006,196
	合計	1,261,354	5,117,546	10,219,778	16,264,116	31,388,654	39,573,589	46,103,449
当年度損益	利益金	240,338	905,549	2,062,558	1,393,861	-	-	-
	損金	-	-	-	-	3,830,444	1,900,080	2,547,460

1. 表示していない項目もあるので、各項目の合計と合計欄の数値が一致しない場合がある。
資料　満洲拓植公社『営業報告書』各期

り、望ましくないとの見方を読み取ることができよう[15]。

　表 2 の払込資本金利益率の欄をみると、40 年度までは利益を計上していたものの、41 年度以降は赤字を出していることがわかる。そこで表 5 を検討することにしたい。38 年度以降、利益の部と損失の部の両方において、利息が最大の項目であり、これに次ぐのは利益の部では土地管理、損失の部では助成である。42 年度、43 年度の損失の部にそれ以前にはなかった土地管理が計上されているが、これは 41 年度までが差引利益を利益の部に計上していたものを、42 年度、43 年度には粗利益と粗支出を双方に計上する記載方式に変更されているためである。利益の部の土地管理の数値から損失の部の土地管理の数

43

表6 満洲拓植公社の事務所、出張所

地方および省		1937年度	1938年度	1939年度	1940年度	1941年度	1942年度	1943年度
北東部	三江	佳木斯事務所*	佳木斯地方事務所					
	三江	宝清事務所*	宝清出張所					
	三江	勃利事務所*	勃利出張所					
	三江	林口事務所*	林口出張所					
	三江		通河出張所					
	三江		鶴立鎮出張所					
	三江			富錦出張所				
	三江					千振出張所		
	三江					依蘭出張所		
	三江					湯原出張所		
	牡丹江	牡丹江事務所*	牡丹江地方事務所					
	牡丹江	密山事務所*	密山地方事務所					
	牡丹江					寧安出張所		
	牡丹江					東京城出張所		
	牡丹江					海林出張所		
	牡丹江					穆稜出張所		
	東安					鶏寧出張所		
	東安						虎林出張所	
北部	浜江	哈爾浜事務所*	哈爾浜地方事務所					
	浜江		慶城出張所					
	浜江		五常出張所					
	浜江				巴彦出張所			
	浜江				一面坡出張所			
	浜江					珠河出張所		
	浜江					葦河出張所		
	浜江					肇東出張所		
	浜江					安達出張所		
	浜江					木蘭出張所		
	龍江		斉斉哈爾地方事務所					
	龍江					訥河出張所		
	龍江					甘南出張所		
	龍江						白城子出張所	
	北安			北安地方事務所				

第 2 章　満洲拓植公社の事業展開

地方および省		1937年度	1938年度	1939年度	1940年度	1941年度	1942年度	1943年度
北部	北安				嫩江出張所			
	北安					海倫出張所		
	北安					鉄驪出張所		
	北安					龍鎮出張所		
	北安					綏稜出張所		
	黒河			黒河出張所			黒河地方事務所	
	黒河						遜河出張所	
	興安東				扎蘭屯出張所	扎蘭屯地方事務所		
	興安北				海拉爾出張所			
	興安							興安地方事務所
中部	吉林		吉林地方事務所					
	吉林				新京出張所			
	吉林					新京需品事務所		
	吉林		磐石出張所					
	吉林		敦化出張所					
	吉林		舒蘭出張所					
	吉林			樺甸出張所				
	吉林					蛟河出張所		
	奉天		奉天出張所			奉天地方事務所		
	奉天					奉天需品事務所		
	奉天						興京出張所	
	奉天					呉家荒出張所**		
	奉天					永陵出張所**		
	奉天					紅廟子出張所**		
	奉天					旺清門出張所**		
	奉天					鉄嶺出張所**		
	興安南					通遼出張所**		
東部	通化					三源浦出張所**		
	通化					安口鎮出張所**		
	通化					五道溝出張所**		

第一部　日中両国における研究成果

地方および省		1937年度	1938年度	1939年度	1940年度	1941年度	1942年度	1943年度
東部	通化					姜家店出張所**		
	通化					三棚甸子出張所**		
	通化						柳河出張所	
	通化						通化出張所	
	間島					明月溝出張所**		
	間島					安図出張所**		
	間島					両江口出張所**		
	間島					大沙河出張所**		
	間島					大甸子出張所**		
	間島					大興溝出張所**		
	間島					天橋嶺出張所**		
	間島					羅子溝出張所**		
	間島						汪清出張所	
	間島						琿春出張所	
南部	錦州					関家出張所**		
	錦州					栄興出張所**		
	錦州					田荘台出張所		
	錦州						錦州地方事務所	
	四平					四平出張所		
	安東						安東出張所	
内モンゴル	科爾沁左翼中旗					富有出張所**		
朝鮮		清津事務所*	北鮮地方事務所					
朝鮮				清津出張所				
朝鮮							京城支社	
朝鮮							釜山出張所	
関東州		大連事務所*	大連出張所					

1. 支社、地方事務所、出張所の開設状況を示した。
2. 1943年度末には支社2（東京、京城）、地方事務所13、出張所56とされている。
3. *は満洲拓植株式会社から継承したもの。
4. **は満鮮拓植株式会社統合に伴い設置したもの。
資料　満洲拓植公社『営業報告書』各期

値を引くと、41 年度までと連続した差引利益の数値が得られる[16]。利益の部の利息の数値から損失の部の利息の数値を引き算しても常にプラスとなるので、経営全体として、いわゆる逆鞘にはなっていないことがわかる。欠損を出した原因を求めるとすると、損失の部にのみに計上されている助成の額が急増していることと、利益の部、損失の部双方に計上されている総務の差額がマイナスとなっていること[17]に注目したい。まず、41 年度の助成事業をみると、日本人開拓団に対する経営指導、開拓協同組合の経営指導、生産物の販売斡旋、各種調査、朝鮮人開拓民の輔導、農産輔導（採種事業、改良農具の大量配給）、畜産輔導（日本馬の移植、家畜の購買斡旋）、林産輔導（伐採、植樹）などが列挙されている[18]。第 3 章「「満洲開拓」における北海道農業の役割」でふれたように、41 年度から改良農法の普及が本格的に始まり、開拓団への営農指導が強化されたが、このことが助成事業の支出を増大させた可能性は高い。

総務については、41 年度に提唱された「現地重点主義」のもと、地方の出張所を増設していることが注目できる。「表 6 満洲拓植公社の事務所、出張所」によると、北東部（北満あるいは東満）、北部、中部（吉林省）から始まった満拓の地方拠点は、41 年度には満鮮拓植株式会社の統合に加えて、「現地重点主義」のかけ声のもと、一気に増設していること、地方別にみても、従来の北東部、北部に加えて中部（奉天省）、東部、南部にまで地方拠点を広げていることがわかる。満鮮拓植株式会社統合により新たに設置した出張所は在満朝鮮人農家が集積する地域であろう。満拓は内地人・朝鮮人をすべて対象とした、全満洲国規模の開拓事業を受け持つことになったのである。

（3）社債の発行

先に満拓は払込資本金の 10 倍までの金額の社債を発行できること、満拓の事業拡張を資金面で支えたものは社債の発行であることを指摘した。39 年度の社債発行について、満拓は次のようなことを理由としていた。

六年度社債発行額一億五千三百万円、此ノ内訳銀行借入金償還八百万円、五年度資金不足五千三十四万円（土地買収基金不足三千七百五十九万円、訓練所関係不足一千二百七十五万円）、六年度新規事業ニ伴フ資金九千四百六十六万円

第一部　日中両国における研究成果

表7　満洲拓植公社の社債発行状況

単位：円

		1938年度	1939年度	1940年度	1941年度	1942年度	1943年度
新規発行高	日本	45,000,000	58,000,000	50,000,000	124,000,000	92,000,000	82,000,000
	満洲国	-	52,000,000	35,000,000	45,000,000	46,000,000	41,000,000
	計	45,000,000	110,000,000	85,000,000	169,000,000	138,000,000	123,000,000
発行残高		45,000,000	155,000,000	240,000,000	409,000,000	547,000,000	670,000,000

資料　満洲拓植公社『営業報告書』各期

（土地買収二千二百万円、移民貸付金三千一百六十五万円、訓練関係三千四百二十五万円其ノ他六百七十六万円）右ニ付テハ目下委員会其ノ他関係方面ニ対シ説明諒解ヲ求メツツアリ。[19]

資料中の「委員会」とは、満洲拓植公社法により満拓の事業を監督するために設置された満洲拓植委員会のことである。これ以後の社債発行状況を表7にまとめた。これをみると、38年度、40年度を除き各年度1億円以上の社債が日本および満洲国において発行されていたことがわかる。

さて、戦時期という資金統制がきびしい時期に満拓は巨額の社債を毎年発行したわけだが、いかなる方法で消化したのだろうか。これについて、第1回社債および第2回社債に関する満拓自身の調査・分析を紹介しよう。

38年度の第1回社債は3,000万円であった。これを大蔵省預金部が1,000万円、産業組合中央金庫が500万円、日本勧業銀行が500万円、シンジケート銀行および信託会社が500万円、計2,500万円が「親引」として引き受けられた[20]。残りの500万円が市場に出たことになり、これは

市場ニ於ケル公社々債ノ人気及消化力ノ予想外ニ良好ナリシコトハ客月二十五日ノ発売当時既ニ十銭ノプレミアムヲ生ジタルコトニ依リ容易ニ之ヲ察知シ得ル処ナルガ今般各証券会社業務責任者ヨリノ聞込ミニ依レバ発売ト同時ニ一口ニテ一百五十万円ノ申込ヲナシタルモノアリシガ如キ有様（浜松信用組合連合会ヨリ山一証券会社及野村證券会社ニ申込ミタルモノトノコトナリ）ニシテ当時ノ人気ニヨレバ山一証券及野村證券ノ両会社ハ三百万乃至五百万円ノ申込ヲ受ケタルモ募入額ガ僅カ百万円以内ナリシヲ以テ一口当リノ売却額ヲ出来得ル限リ少額ニシテ各方面ニ広ク行渡ル様努メタルガ結局自己募入額以外ニモ手ヲ

第 2 章　満洲拓植公社の事業展開

表 8　証券会社引受満拓社債の購入先（第 1 回社債）

単位：円

購入先	山一証券	野村證券	藤本ビルブローカー	日興證券	共同証券	小池証券	合計
産業組合	260,000	400,000	210,000	500,000	95,000	219,600	1,684,600
地方銀行	260,000	400,000	210,000	340,000	150,000	140,300	1,500,300
二流信託会社	130,000	-	31,000	70,000	-	61,000	292,000
貯蓄銀行	50,000	-	310,000	30,000	-	42,700	432,700
保険会社	-	-	-	-	141,000	103,700	244,700
個人	50,000	30,000	37,500	60,000	84,000	42,700	304,200
手持	240,000	-	31,500	-	-	-	271,500
合計	990,000	830,000	830,000	1,000,000	470,000	610,000	4,730,000

資料　満洲拓植公社『社債関係書類綴（第 1 回）自昭和 13 年 11 月至 12 月』閉鎖機関文書 9-98（国立公文書館つくば分館所蔵）

　染メ山一証券ニテハ安田銀行、安田信託会社及三菱銀行ヨリ各三十三万円宛合計九十九万円、野村證券ニ於テハ銀行二口ヨリ二十万円宛計四十万円ヲ譲受クルノ盛況ニアリシヲ以テ当時ニ於テハ市場ノミニテ裕ニ一千五百万円程度ノ消化力アリシモノト推察セラル。[21]

　このように市場の満拓社債に対する評価は大変好評であり、市場消化が順調になされたことがわかる。戦時期の金融市場が意外に遊休資金をもっていることを示す一例であろう。さらに調査者は、各証券会社からの聞き込みを続け、市場消化分の購入先を突き止めている。それをまとめたのが「表 8 証券会社引受満拓社債の購入先（第 1 回社債）」である。証券会社別には、もっとも取扱額が多い日興證券、次いで山一証券、野村證券・藤本ビルブローカーと続いている。購入先では、産業組合が最多で、次いで地方銀行、貯蓄銀行、個人と続いている。地方農村において遊休資金が存在し、満拓社債購入につながっているものと推察できる。

　調査者は、第 1 回社債消化を総括して、次のように述べている。

　　二、売行良好ナリシ理由

　　第一ニ発行ノ時機宜シキヲ得タルコト、第二日満両国政府ノ元利支払保証アリシコト、第三親引額多ク従ツテ市場ニハ僅カ五百万円程度ヨリ出デザリシコト、第四関係筋ニテハ満拓ニ関シ認識ヲ有スルモノ予想外ニ多カリシコト等之ナリ。

　　第一　募債技術上時機ヲ誤ラサルコトノ肝要ナルハ言ヲ俟タス。此ノ点ニ関シ

テハ興銀其ノ他関係者ノ常ニ深甚ナル注意ヲ払ヒ居ル処ニシテ公社々債ノ売行良好ナリシ理由モ募債当時ノ金融緩慢ニシテ社債吸収力大ナリシ所以ニヨルモノナルガ本件ノ調査ハ之ヲ省略シ別ニ調査ノ上報告致度。

第二　社債発行ニ際シ元利支払ニ政府ノ保証アルハ最大ノ強味ナリ。公社々債以外ニ政府保証アルモノトシテハ興業債券ヲ始メトシテ東北振興社債（中略）、満州興業債券（中略）及北樺太債アリシカ何レモ好人気ニテ最モ極端ナル例トシテ現今ノ如ク日蘇間ノ風雲急ナル秋ニ当リ北樺太石油債（中略）ガ相当人気ヲ維持シ得ルハ一ニ政府保証アルガ為メニシテ公社々債ノ消化力大ナリシ理由ハ一ニコノ点ニ存ス。

第三　社債ノ発行額及市場放出額少ナル為消化力大トナルコトニ関シテハ既述スル所アリタレバ此処ニテハ之ヲ省略ス。

第四　従来内地ニ於テハ相当有識者間ニ於テスラ公社ニ関シ無智ナル者多ク…遺憾ノ点少カラサリシカ今回募債ニ際シテハ幸ニモ応募者中三五・五六％ヲ占ムル信用組合ヲ始メ公社ニ関シ正当ナル認識ヲ有シ之カ為社債売却上甚ダ便宜ナリシト云フ。[22]

理由として、第一に、当時の金融緩慢・社債吸収力が大であること、第二に、日満両国政府による元利保証があること、第三に親引が多く市中消化が少なかったこと、第四に満拓が意外に認識されていること、を指摘している。資料中の「応募者中三五・五六％ヲ占ムル信用組合」とは表8の産業組合を指しており、農村の各産業組合に予想外に好評であったことが指摘されているのである。

同年の第2回社債（1,500万円）の引受状況について、表9を参照していただきたい。表の最上段の産業組合中央金庫から住友信託銀行までの1,000万円が「親引」であり、証券業者団以下が市場消化と見なしてよいだろう。地方銀行および産業組合は北陸、山陰に集中していることがわかる。最多の産業組合中央金庫と合わせて地方遊休資金、農村遊休資金の吸収に成功した、と評価してよいだろう。

〈小括〉

短期間のうちに巨大な土地所有者となった満拓の資金調達は、資本金、借入

表9　満洲拓植公社第2回社債引受状況

引受先	申込額（円）
産業組合中央金庫	5,000,000
日本勧業銀行	3,000,000
日本国有鉄道共済組合	1,500,000
住友信託銀行	500,000
証券業者団	
日興證券	944,500
山一証券	943,000
野村證券	787,500
藤本ビルブローカー	787,500
小池証券	585,000
共同証券	450,000
小計	4,497,500
地方銀行	
六十九銀行	150,000
福井銀行	120,000
米子銀行	70,000
氷見銀行	35,000
小計	375,000
産業組合（小杉信用購買販売利用組合）	30,000
個人（38名）	97,500
合計	15,000,000

資料　満洲拓植公社『社債関係書類綴（第2回）自昭和14年1月至4月』閉鎖機関文書9-99（国立公文書館つくば分館所蔵）

金よりも社債発行によるものであった。満拓は内地の政府、金融機関に加えて、地方・農村部の資金をも含む遊休資金を広汎に吸収することに成功し、これによって満洲における膨大な土地の獲得と内地人・朝鮮人開拓団への融資を行ったのである。本章の最後に、戦後の清算時における資産状況を記しておこう。資本金は1億3,000万円のままで、払込資本金は1億1,375万円、社債発行残高は8億2,769万5,000円に達していた。固定資産は3億2,631万円、流動資産（主に貸付金と思われる）は1億6,851万円であった[23]。

2. 土地買収の方法

(1) 移住用地整備事業の概要

　前節で明らかにしたように、満拓は日本人移民用地買収のために巨額の資金を調達していた。しかし、実際の土地買収過程においては、中国人農民・地主から極めて低い地価で強引に土地買収を進めたことが知られている。満拓設立時の移民（開拓民）用地取得は、次のような方針であった。

> 移住用土地ノ整備ニ関シテハ国務院内ニ設置セラレタル招墾地整備委員会ニ於テ拓政司ヲ中心トシテ実施セル移民適地調査ノ結果ヲ基礎トシ土地取得ニ関スル根本方針ヲ決定シ更ニ此ノ方針ニ基キ現地各省県ノ招墾地整備委員会ニ於テ具体的ニ協議決定セル処ニ基キテ取得ニ著手スルモノナルガ、土地ノ取得整備ハ移民事業達成上重要ナル意義ヲ有スルモノナルヲ以テ原住民トノ摩擦ヲ少カラシムル為メ未墾地重点主義ヲ採リ整備上必要止ムヲ得サル既墾熟地ノ買収ニ際シテハ特ニ国策移民ノ趣旨、本質ヲ宣明徹底セシムルト共ニ換地ノ提供、移転費ノ補償ヲナス等万遺漏無キヲ期シツツアリ。[24]

これによると、国務院内に設けられた招墾地整備委員会および拓政司が移民適地調査の結果をもとに方針を決定し、現地において組織した招墾地整備委員会において決定する、というのである。また、「原住民トノ摩擦ヲ少カラシムル為メ」に未墾地重点主義が掲げられていたことも注目したい。やむをえず既耕地、熟地を買収するときには、「国策移民ノ趣旨、本質ヲ宣明徹底セシムル」とともに代替地を提供し、移転費を補償するということも謳っていた。

　満拓は、現地における招墾地整備委員会の運営に深く関わっていたようである。満拓が作成した『招墾地整備業務須知』1938年刊、は招墾地整備委員会等における満拓社員の説明などが収録された資料であり、社員の土地買収業務に役立つように作成されたものである。本章では、本資料を用いて、満拓の土地買収業務の方法を明らかにすることにしたい。まず、満拓が掲げた基本方針は次の如くである。

（一）移民用地ノ整備ハ民族協和ノ精神即チ本国主義ヲ排除シ対手国現住民ノ生活安定ヲ計ル主旨ノ下ニ敢行セラルベキモノナルヲ以テ現住民ノ生活ニ対シ比較的関係少ナキ土地タル国有地、公有地、不明地主ノ土地及其他未墾地等ヲ優先的ニ整備スル方針ナルモ最初ヨリ直チニ無住地帯ニ入植スルハ、交通、安全、治安、衛生等ノ不完全ナル今日到底不可能事ナルヲ以テ中間地帯即チ居住地ト無住地帯ノ境目ヨリ無住地帯ニ順次拡張スル方針ノ下ニ整備セラレツツアリ。

（二）略

（三）略

（四）移民入植ニ際シ移転ノ余儀ナキニ至リタル場合ハ其ノ移転先ヲ斡旋シ移転費其ノ他ノ費用ヲ補償シ原住民ノ生活ニ脅威ヲ感ゼシメズ業ヲ楽ミ居ニ安ンゼシムルガ如ク計ル。

（五）地主又ハ自作農ニシテ買戻ヲ希望スル者ニ対シテハ整備業務終了後、其ノ家族ノ生活ニ必要ナル限度ニ於テ買戻ヲ認ム。

（註）買戻トハ原領戸ノ売却セル自己所有土地ノ一部又ハ全部ヲ買戻スト云フノ謂ヒニアラズ、招墾地整備委員会ニ於テ選定セラレタル土地ヲ買戻サシムルノ意ナリ。

（六）略

（七）略

（八）地目ハ熟地、二荒地、荒地ノ三ツニ区分シ各地目毎ニ等級ヲ付ス。熟地、二荒地ノ区別ハ実地調査当時ノ現況ニヨル。二荒地トハ休耕三農年以内ノ土地ヲ指称ス。（以下略）[25]

資料中に出てくる現住民、原住民は中国人農家・朝鮮人農家を指して用いられている。現と原とで使い分けているかどうかは、わからなかった。先にふれた未墾地重点主義は、ややトーンダウンしているようで、日本人移民が「最初ヨリ直チニ無住地帯ニ入植スルハ…到底不可能事」というのが本音であり、実際にこの線で土地買収が行われていったことは、本書第1章に示された通りである。また、（五）で中国人地主または自作農（本稿ではこれらをまとめて地権者と称する）の買戻にふれていることは注目に値する。ただし、自己の売却した土地を買戻せるのではなく、別の場所の土地を買戻すという意味である。地

目の区分も重要である。「二荒地」という語は、しばしば満洲開拓関係資料に登場するが、現に作付されていないものの、既耕地の一種である。

　39年度以降、土地買収業務は満拓から満洲国開拓総局に移されたが、40年度末において満拓が所有し地価を支払い済みの土地が592万5,176ヘクタール、開拓総局が所有し地価を支払い済みの土地が487万5,754ヘクタール、合わせて1,080万930ヘクタールに達していた。このほかに地価未払い面積として満拓が579万4,824ヘクタール、開拓総局が343万246ヘクタール、合わせて922万5,000ヘクタールを所有しており、地価支払済みと合わせると、満洲国全域で2,002万6,000ヘクタールを所有することになったのである[26]。次に満拓が具体的に行った土地買収の方法を検証することにしたい。

(2) 招墾地整備委員会の活動

　省に設けられた招墾地整備委員会は「省長ヲ委員長、省次長ヲ副委員長トシ、委員ハ拓政司、省公署、協和会省本部ノ職員並ニ満拓公社々員ヲ以テ之ニ充」てている[27]。県に設けられた招墾地整備委員会は「現住民ノ宣撫輔導、整備地域ノ確定、地価決定、地目等級査定」など土地買収の実務に当たる重要な機関であり、構成員は「県長ヲ委員長、副県長ヲ副委員長トシ、委員ハ拓政司、省公署、県公署及ビ協和会県本部ノ職員、地方機関団体主脳者、地主代表満拓公社々員並ニ当該地区内ニ居住スル名望達識アル者ノ中ヨリ委員長ガ任命又ハ委嘱スルモノ」である[28]。県招墾地整備委員会は、構成員に中国人地主等も含めており、買収される土地の決定、地価の決定、等級の決定など実務的かつ重要な業務を担当していたのである。

　招墾地整備業務に先立ち、まず宣撫工作が行われる。地権者に対して「移民国策ノ本義並ニ招墾地整備業務ノ趣旨ヲ徹底諒解セシメ土地買収ノ方針及ビ招墾地整備後ニ於ケル原住民ノ生活保証方針ヲ明示シ買収ニ関スル一切ノ相談ニ応ジ不安ヲ抱クガ如キコトナキ様努ムベキナリ」[29]とされている。宣撫が終了すると、県では地目等級、買収地価を算出し、県布告を発し整備地域の地券提出方針と提出期限を周知させ、地券を集める。受理した地券を鑑定公簿と照合の上、地価を算出し地価支払の準備を完了後、支払期日と交付場所等を県布

第2章　満洲拓植公社の事業展開

告などによって周知させるのである[30]。

　中国人農民、地権者にとって、土地買収に応ずることは、いかなる意味があるのだろうか。宣撫工作の際、当局側が地権者・農民に訴えた論点は次のようなことであった。

> （一）日本移民ノ犠牲的精神ニ依リ、其警戒力ノ優秀ナルカ為、自衛的治安維持頓ニ増大スベク、従テ警察力モ充実シ数年ヲ出デズシテ当該地方ノ粛清ハ期シテ待ツベキモノアリ。
>
> （二）…市場ノ拡大等ニ依リ、農作物需要増大シ、大豆、小麦、高粱等ノ価上リ、鶏、卵、豚、其ノ他副業生産物ノ騰貴等ニヨリ農村ノ経済的向上ヲ期スルコトヲ得ベシ。
>
> （三）有力ナル日本農民ノ農業労働需要、道路、鉄道ノ敷設改修ニ要スル労働需要、其ノ他一般的ニ労働力ノ需要増大スルニ至ラハ農民ニシテ余剰労力アル者ハ之等労働ニ従事シ相当ノ賃金ヲ収得スルニ至ルベシ。
>
> （中略）
>
> （六）整備地区ノ土地管理ニ当ル満洲拓植公社ハ…徴収スル処ノ小作料ハ合理的即チ各地方ニ於ケル従来ノ慣行小作料ヲ綜合勘案シ、農作物ノ収穫高及農民ノ生活状況等調査研究ノ上、農耕者ノ忍ビ得ル程度ニ決定セラレタルモノナルヲ以テ極メテ低ニシテ、従来ノ如ク地主ニ依ル搾取的苦悩ヨリ脱シ得ラル。（以下略）[31]

この資料は、宣撫工作のマニュアルに当たるものだが、満拓に土地を売った暁には、農業収入および兼業収入・副業収入が増えることを説いているのである。

（3）地券を集める

　宣撫工作が完了すると、地券を集めることになる。37年9月8日開催の敦化県招墾地整備委員会における当局側の説明は次の通りであった。

> 土地ノ売買契約ハ手数ヲ省ク見地カラ地方有力者、主トシテ保甲長ヲ煩ハシテ締結スル。保長ノ手ニヨリ集メラレタ地券ニハ熟地、二荒地、荒地ノ区分面積ヲ明記シ、其ノ提出ヲ俟ツテ等級ヲ査定シ、表ヲ作リ明細ニ記入シテ一目瞭然タラシムル。[32]

55

第一部　日中両国における研究成果

あくまでも地権者と満拓との契約なのだが、地券を保長が集めて、県公署に届け、一括して売買契約が行われるのである。地権者が県外に居住している場合、いわゆる不在地主の場合には「新聞広告ニ依リ周知セシムル」が「何時マデモ待ツ訳ニハ行カヌカラ…地券ノ提出ナキ時ハ是ヲ不在地主扱トシ、県公署ニ於テ代売契拠ヲ作成発行シ当該土地代金ヲ県公署へ支払ヒ県長対満拓総裁間ニ売買契約ヲ締結スル」[33)]というのである。

地券に基づく作業という点においては私有財産制度に則して買収が行われているが、地権者一人一人の同意を得ているとは、とうてい思えない。宣撫工作を通じて大方の地権者の諒解を取り付け、後は地券に基づき実務を進めるということなのだろう。地権者を前にした招墾地整備委員会では、土地を満拓に売り渡すことに同意させるために、さまざまな論理が用いられている。その一つが所有権の王有観念である。

> 地価ノ問題ニ就テ余リ兎ヤ角言ハルヽ前ニ、先ヅコンナ事ヲ考ヘテ貰ヒ度ヒト私ハ或地ノ招墾地整備委員会ニ於テ述ベタ事ガアル。即チ従来支那ニ於テハ王者ヲ以テ国土全般ノ司権者トナシ詩経ニモ「普天ノ下王土ニ非ザルハ莫ク、率土ノ濱王臣ニ非ザル莫シ」トテ王者観念、上天思想ニ因リ個人ノ私スベキ土地ハ寸毫モナイノデアル、故ニ支那全域ノ土地ハ凡テ王土デアル、論ヨリ証拠各自ガ所持保管サレテ居ル執照ニモ明カニ佃戸、業戸、管業主ト記載サレテアツテ所有権者ト記レタ地券ハ未ダ曾テ見当ラヌ。…故ニ斯ク理論ヅケラレ又次ノ如ク観念シ得ルコトモ出来得ヨウ「自分等ガ従来使用収益シ来ツタ土地ガ王土即チ皇天又ハ上天ノ司権下ニ還元シタノデアル、然シ使用収益ハ依然付与サレ生活上ノ脅威ハ毫モ被ルコトハナイ、ノミナラズ四囲ノ各種情勢ハ一層好転向上シ得ル様ナ条件モアルカラ寧ロ感謝スベキデアル」ト。以上ハ土地買収業務ニ当ル者ヨリノ言トシテハ多少我田引水的ノ理論カモ知レヌガ土地ニ対スル往古ノ所有形態ヨリ見テ結論ツケラレル様ニモ想ハレル。[34)]

本人も「我田引水的」と言っているように、かなり強引な論法であり、中国人地権者達の納得を得られたのか否かはまったくわからない。ちなみに、「所有権者ト記サレタ地券ハ未ダ曾テ見当ラヌ」とされているが、写真1のように42年の地券（宅地）には「所有権人」と明記されているのである。

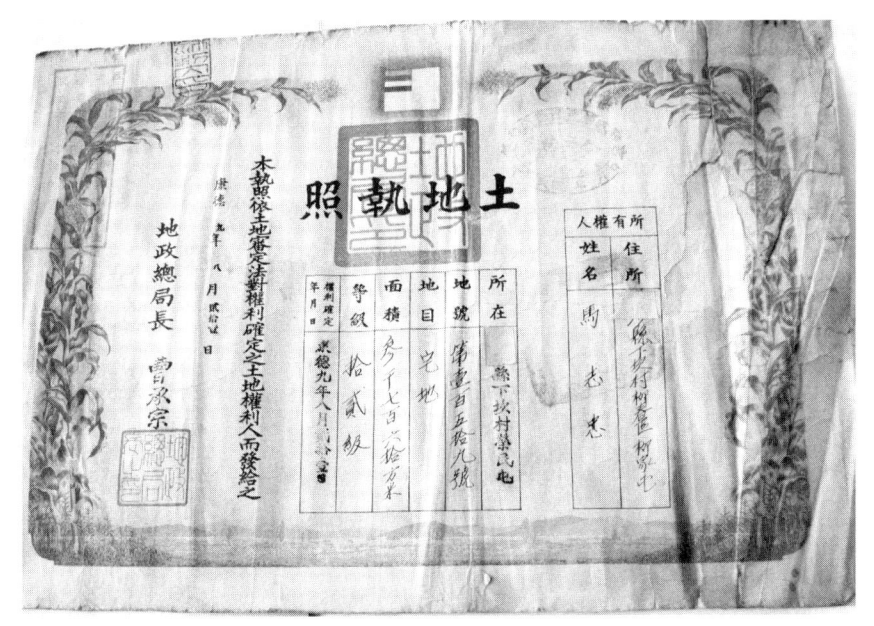

写真1 満洲国が作成した地券（2007年9月、寧安市にて筆者撮影）

（4）地主の不平不満

　『招墾地整備業務須知』によると、地権者から出された不満・異論は買収地価をめぐってのものであった。買収地価が安い、という批判に対して、満拓側は「現ニ協定セラレタル地価ガ嘗テ買得セル自己所有地地価ニ比シ低位ニ在ルノ故ヲ以テ、直チニ安価ナリト強調スルハ敢テ当ラズ」と批判する。その理由は、地価は時代、社会情勢を踏まえて比較すべきものであること、いったん買収した土地は「必要限度ノ土地ハ所定ノ地区ニ於テ買回ヲ許可セラルヽノ制度ヲ設ケラレ居ル」ので「事実上損得ヲ超越シ普ク王道治下ノ徳政ニ浴シツヽアルモノト見ルヲ得ベシ」[35]というのである。あまり、説得力がないので、最後には「地価ノ高下ヲ云為シ種々ノ不平不満ヲ洩シ流言蜚語ノ策源者トモ目スベキハ特殊階級地主タル所謂旧政権時代ノ土豪劣紳ナリ」と断ずるのである[36]。

　満拓社員は、実際に地権者を目の前にして、土地買収を説得しなければなら

57

第一部　日中両国における研究成果

なかった。37年11月29日に開催された寧安県招墾地整備委員会懇談会の模様が記録されている。県招墾地整備委員会の構成メンバーに中国人地主は含まれているが、懇談会となっているので、おそらく参加者を拡大して行われているものと推察する。満拓に対し不平不満を述べ、土地買収に応じない地権者たちを前に、満拓社員が果敢に説得を試みているのである。表題に「招墾地整備業務ニ対シ県公署科局長、協和会事務長及保甲長地主代表等ノ反逆的暴論ニ対シ応答」とあるので、寧安県の場合、地元側（中国人側）はかなりの人々が土地買収に反対し、満拓と対峙している可能性がある。満拓社員の応答は次の如くであった。まず中国人側の意見が判明する。

> 特ニ開催サレタ此席上ニ於テ保長地主代表各位ノ腹蔵ナキ意見ヲ充分拝聴シタ、然ルニ各位ノ要求ハ集団部落ヲ中心トシテ円形ニ各十満里ヲ残セトカ春耕貸款トシテハ一晌(シャン)（1晌は0.72ha）当四、五円ナルモ時価ニヨツテ買収セヨトカ、買戻ニ対シテハ売却同様面積ヲ其儘地価ニ依リ付与シ付帯経費ヲ全免セヨトカ、利己本位ニ立脚シタ勝手ナ言分ノミマデハ未ダシモ、日本移民ハ勇敢ダカラ全部ヲ無住地帯及周囲ノ丘陵、林野地帯ニ居住セシメ治安ノ維持、荒地ノ開墾、道路、河川ノ改修ニ当ル様ニシテクルレバ現住民ハ真ニ王道楽土ノ境地ニ安住スルコトヲ得ルトノ言分デアル。[37]

集団部落は、満洲国期に治安対策上から強制的に集住させられたものであって、そこに対する満拓の土地買収は、彼等の再移転にもつながりかねないために、反対意見が根強かったのだろう。そして、満拓社員が激昂した中国人側の意見、日本人移民は無住地帯に住んで開墾せよ、はある意味では満洲開拓を文字通り受け取った正しい解釈であると言えよう。逆に言うと無住地帯であれば日本人が移住してもよい、という意見でもあるので、寛大であるとも評価できる。これに対する満拓社員の反論は次の通りである。

> 而ラバ借問スルガ日本移民ヲ番犬視スル積リナルヤ、日本移民ヲシテ防壁ノ役ヲ勤メヨトノ要求ナルヤ。各位ハ互譲精神ニ欠如シ人間ラシキ温情ヲ持合セガナイ、満洲建国ノ歴史経緯、日本移民招来ニ対スル本来ノ意義ト言フコトヲ没却サレテ居ル、各位ノ言行態度ヨリ推断シテ、昨日以来県長、参事官、拓政科長又私ガ縷々トシテ述ベタ趣旨目的等ニ対シ毫モ耳ヲ藉サレテハ居ナイ、日満

一体不可分、日満一徳一心、渾然融和ノ真諦ヲ長時間ニ亙ツテ説イタ吾人ハ全ク情ケ無クナル。[38]

このあと、集団部落を建設してきた苦労を十分認識していること、現住民を立ち退かせるつもりはまったくないことを表明した後、次のように展開している。

　日本移民モ人間タル限リハ食ツテ行カナケレバナラヌ、現住民ガ放棄シテ顧ミナイ無住地帯ヤ山岳地帯ニ之等移民ヲ追込ンデハ生キテ行ク事ハ出来ナイ、入植初年度ニハ相当ノ熟地ガ必要デアル、其処ヲ拠点トシテ無住地帯ナル山岳地帯ノ開拓モ可能デアラウガ先ヅ住ムコト、食フ事ノ安定ヲ得タル後ニ非ザレバ如何ニ善良ナル国民、優秀ナル移民ト雖モ土地ノ開拓為シ得ナイコトデアル、又日本人移民デモ文明ノ空気ニ浴シタイノデアル、鉄道モ見タカラウ、電灯ノ光ニモ接シタイ、各位ハ之等ニ対スル温情ノ持合セガ毫モ無イ。[39]

満拓社員の反論は、鉄道沿線の既耕地を用意して日本人移民を受け入れる、という満洲開拓のあり方を如実に示している。開拓（開墾）が目的ではないのである。別稿においてふれるが、まずは既耕地に拠点を定め、無住地帯、山岳地帯を開墾するということも、実際にはほとんど行われなかった。満拓としては、中国人地権者の「温情」に訴えて土地買収への諒解を求めるしかなかったのである。

(5) 自作農から小作農へ

　ところで、地権者が地主である場合には、土地買収によってその地主の貸付面積が減ることになるが、地権者が自作農である場合には、農業経営面積が減ってしまい生活が困難になってしまう。満拓は、これに対して満拓の小作農として農業経営を続けることを推奨している。37年11月28日開催の寧安県招墾地整備委員会では次のように説明されている。

　要スルニ自作農カラ小作人ニ転落シタ等ト片意地ナ虚栄的名望欲ヲ脱却シ、一時満拓公社ノ小作人トナル事ニ於テ従来ノ万年小作人ト雖モ奴隷ノ域ヲ脱シ一躍一個ノ地方農民トシテノ人格ヲ顕出シ得ラレ、又自作農ト雖モ満拓ノ小作人又ハ移民団ノ助勢者タル地位ニ甘ンズレバ生活ハ現在ヨリモ遙カニ裕福トナリ蓄財モ増加シ、従ツテヨリ以上良好ナル土地ノ取得モ亦必ラズ容易トナル時節

59

第一部　日中両国における研究成果

　　ガ到来スルデアラウ。[41]

　自作農は満拓に自己の所有地を売却するわけだが、開拓団はすぐにはやってこない。満拓は先行して開拓用地を取得しているので、当面は、元の地権者が耕作を続けることを、むしろ期待しているわけである。その場合、自作農は満拓の小作農となるわけだが、これを「転落した」と思ってはいけない、生活はむしろ向上する、そして蓄財の暁には再び、より良好な土地を取得することができるだろう、というのである。土地所有の如何を気にせず、生活の向上如何が問題だ、と主張する前半と生活が向上すれば（蓄財すれば）再び土地所有者になれるという後半は論理的には矛盾している。

　37年9月8日に開催された敦化県招墾地整備委員会では満拓の小作人となることのメリットが次のように展開されている。

　　旧政権時代カラ非常ニ高イ税金ヲ課セラレテ居タ小地主ハ今尚ホ滞納税金、罰款等ノ完納ニ困憊シテ居ル、満洲国成立後ハ多少税率ヲ改正サレタガ国民ノ義務トシテ其ノ督促ハ厳重デアル…満拓ノ所有ニ移ツタ後ハ農耕地面積ニ対シ期限内ニ完納スル、滞納税金モ本工作ヲ限界トシテ従来ノモノハ其納税ヲ免除サレタ県モアル、爾後ハ地主モ責務ヲ解除サレ県ノ歳入ハ手数ヲ労セズシテ一定ノ収入ガ増加シ所謂一挙両得トナル訳デアル。[42]

地権者が負担している租税をすべて満拓が引き受け、過去の滞納分もこれ以後は追及しない、という点を指摘して、自作農・小地主よりも満拓の小作農となった方が経済的には有利となる、と主張している。

　なお、買収に応じた地権者が、その後土地を買い戻すことができることについて、37年11月29日の寧安県招墾地整備委員会懇談会の場で説明がなされている。地主の「暴論」に対する応答の前の場面なので、満拓社員の言葉使いも丁寧で穏やかであった。

　　現在此問題（買戻……筆者注）ニ就テハ密山、虎林以外ニ未ダ採リ来リシ実例ガアリマセン為メ満足ナル具体方針ヲ示シ得ザルヲ遺憾トシマスガ手続ニ就テハ本県ノ情況ニ応ジテ決定シタイト思ヒマス。土地買戻希望者ハ地券提出ノ際（用紙ハ満拓公社ニ於テ準備ス）買戻希望面積ヲ申告シテ戴キ之ヲ審査シマス。審査ノ方法ハ省県満拓ガ参加ノ上申告用紙記載面積ヲ一応公平ニ戸数、人口等

ニ依ツテ審査シ以テ買戻ヲ実施スルノデアリマス。[43]
買戻の実例はさほど多くなかったようである。買戻をしなくとも、満拓の小作人として、開拓団の農業労働者として十分に豊かな生活が送れると満拓社員は強調していたのである。

さて、1939年度から土地買収業務は開拓総局に移され、土地買収は県レベルでは県長を中心として実行されるという方針だった。宣撫工作も県旗職員主体となり行うこととされ、満拓の関わりは薄くなったように思われる。[44]

〈小括〉
開拓団用地を先行して取得することを任務としていた満拓は招墾地整備委員会を拠点として地権者に対する宣撫工作に努め、地券を保長を通して集める、という方法により土地買収を推進していった。売り渡しに同意しない地権者に対しては満拓の小作人になることの経済的メリットを説くなどの説得工作がなされた。満拓の土地買収過程が、日本人開拓団のために既耕地を用意する、という満洲開拓の性格をもっともよく表していると言えるだろう。

おわりに

本稿は、満洲拓植公社の事業展開を分析することによって、満拓の性格と役割を明らかにするとともに、満洲開拓の実態を明らかにすることをも課題としていた。本稿が到達した結論は、満拓の急成長を支えたのは、内地の遊休資本であること、満拓の現地における土地買収事業は、既耕地・熟地を狙っていることに特徴があり、満拓小作人になることをも含めて、中国人農民の生活向上、経済的上昇だと考えられていたことを明らかにした。しかし、自作農よりも小作農の方が経済的に有利だという論理は、中国人には通じなかったであろうし、論理的破綻も見せていた。また、実際の満拓および開拓総局による土地買収の過程は、実に多様であったと思われる。本稿で明らかにしたのは、あくまでも満拓の論理と行動である。

第一部　日中両国における研究成果

●註
1)「満州農業移民関係機関の設立過程と活動状況──満州拓植会社と満洲拓植公社を中心に──」(満州移民史研究会編『日本帝国主義下の満州移民』龍渓書舎、1976 年)。
2) 満洲拓植公社「満州拓植公社設立趣意書、事業目論見書」(『営業報告書集成』第 4 集 R360)。
3) 高田源清『満洲国策会社法論』東洋書館、1941 年、122 頁。
4) 同上、122 頁。
5) 満洲拓植公社「満州拓植公社定款」(『営業報告書集成』第 4 集 R360)。
6) 満洲拓植公社「満州拓植公社設立趣意書、事業目論見書」(『営業報告書集成』第 4 集 R360)。
7) 高田源清『満洲国策会社法論』(前掲)、123 頁。
8) 満洲拓植公社『営業報告書』各回。
9) 満洲拓植公社『第 5 回営業報告書』。
10) 満洲拓植公社『第一回定時株主総会報告書』1938 年 6 月。
11) 表 2 の各勘定科目初出時の『営業報告書』中の財産目録による。
12)「移民」の語は、39 年 12 月決定の満洲開拓政策基本要綱においてすべて「開拓民」に改訂・代替されているので(白取道博『満蒙開拓青少年義勇軍史研究』北海道大学出版会、2008 年、84 頁〜 85 頁)、移民貸付金と開拓団貸付金は基本的に同一のものである。
13) 満洲拓植公社『第一回定時株主総会報告書』1938 年 6 月。
14) 満洲拓植公社『第五回営業報告書　自昭和十六年四月一日至昭和十七年三月三十一日)』(吉林省社会科学院満鉄資料館所蔵)。
15) 二宮治重(満洲拓植公社総裁)『公社事業概況報告』1940 年 6 月(京都大学農学部図書館所蔵)、6 頁〜 7 頁。
16) 42 年度は粗利益と粗支出を並記、差引利益は 637 万 6 千余円、43 年度は粗利益と粗支出を並記、差引利益は 5,921,314 円となる。なお、土地管理面積は、37 年度は約 9 万ヘクタール、38 年度は約 30 万ヘクタール、39 年度は約 57 万ヘクタール、40 年度は約 44 万ヘクタール、41 年度は約 41 万ヘクタール、42 年度は約 32 万ヘクタール、43 年度は約 31 万ヘクタールと推移している。減少するのは、開拓団に譲渡しているからである。
17) 43 年度では利益の部から項目がなくなり、損失の部には本社、地方という

項目として立てられている。
18）満拓『第五回営業報告書　自昭和十六年四月一日至昭和十七年三月三十一日』（吉林省社会科学院満鉄資料館所蔵）。
19）坪上総裁→生駒支社長、1938 年 8 月 18 日付電報、満拓『社債関係書類綴（第 1 回）自昭和 13 年 11 月至昭和 14 年 12 月』（閉鎖機関文書 9-98）。
20）東京支社経理係　佐々木「第一回公社々債消化状況ニ関スル調査報告」満洲拓植公社『社債関係書類綴（第 1 回）自昭和 13 年 11 月至昭和 14 年 12 月』（閉鎖機関文書 9-98）。
21）東京支社経理係　佐々木「第一回公社々債消化状況ニ関スル調査報告」（前掲）。
22）同上。
23）満洲拓植公社『稟議書綴　昭和 27 年 8 月〜10 月』（閉鎖機関文書 9-15）。
24）満洲拓植公社『第一回定時株主総会報告書　昭和十三年康徳五年六月』（『営業報告書集成』第 4 集 R360）。
25）満洲拓植公社『招墾地整備業務須知』1938 年、5 頁〜6 頁。
26）喜多一雄『満洲開拓論』明文堂、1944 年、364 頁。
27）満洲拓植公社『招墾地整備業務須知』（前掲）、4 頁。
28）同上、4 頁。
29）同上、4 頁。
30）同上、4 頁〜5 頁。
31）同上、39 頁〜40 頁。
32）同上、163 頁。
33）同上、163 頁。
34）同上、162 頁。
35）同上、42 頁。
36）同上、44 頁。
37）同上、186 頁。
38）同上、186 頁。なお、この部分において、県長、参事官、拓政科長は土地買収を推進する立場であったことが確認できる。
39）同上、186 頁。
40）もちろん、これは寧安県招墾地整備委員会懇談会のあるひとこまにすぎない。地権者が納得しない場合、このような論法で切り返せばよい、という社内マ

ニュアルの文章なので、実際に地権者の同意を得ることに務めたかどうかはまったく別問題である。地権者の同意を得ずに、地券だけを保長を通して入手し、買収を進めるということが一般的であった可能性は高い。地券さえ手に入れば買収はできたのである。

41）満洲拓植公社、『招墾地整備業務須知』（前掲）、180 頁。
42）同上、160 頁。
43）同上、183 頁。
44）喜多一雄、前掲書、362 頁。

第 3 章

満洲開拓における北海道農業の役割

白木沢　旭児

はじめに

　北海道と満洲開拓との関わりを考える場合、まず第一に重要なことは、開拓団への北海道農法の導入問題である。この問題について、最初に体系的な研究を発表したのは玉真之介であった[1]。玉によると、満洲において北海道農法を導入することの是非をめぐっては論争がおこり、その結果、1941 年から組織的に北海道農法（改良農法）が実施されることになった。そもそも北海道農法とはプラウ（plow、plough、鋤）、ハロー（harrow、馬鍬）などの畜力用農具による耕種法を採用した有畜農業と定義することができる[2]。従来の満洲在来農法は、これとは対照的に、伝統的な農具、犁丈を用いて畑を高畝に作り、夏に大量の除草労働を必要とし、肥料の節約、輪作方式によって地力維持をはかるということを特徴としていた。日本人開拓団は、家族労働を基本としながら、1 戸当たり 10 町歩を自作することを目標として掲げていたが、在来農法では、特に除草労働に大量の日工（日雇い労働者）を必要としたため、労賃支払いが農業経営を圧迫し、自作面積拡大の桎梏ともなっていた。満洲国全域で地力低下も進んでいたので、これらを抜本的に解決する方法として、北海道農法に注

目が集まったのである。

　玉によると、当初、加藤完治らの反対論によって抑制されていた北海道農法導入が、北学田の成功や北海道から満洲に移住した実験農家の成功によって、1941年1月、開拓民営農指導要領により改良農法の名で開拓団の農法として正式に認知される。その結果、開拓団1戸当たり耕作面積は増大し、北海道農法（改良農法）は普及した、とされる。

　これに対して、近年、今井良一が批判を行っている。今井によると、モデルケースとされた北学田について1943年度の実績を検討すると、畜力用農具の使用によって雇用労働力がやや節減した程度であり、北海道農法を実践しているとは評価しがたいこと、などを根拠に北海道農法は普及しなかった、という結論を出している[3]。玉説に対しては「物資・指導員供給体制や開拓民農業経営の評価が過大だと思われる」と批判している[4]。

　また、別の視角から北海道と満洲開拓の関わりを捉えたものとして高嶋弘志の研究がある[5]。高嶋によると、内地府県からの移民の減少と戦時経済化にともなう労働力不足に悩まされていた北海道は、満洲移民に対してきわめて消極的であり、とりわけ満蒙開拓青少年義勇軍に関しては全国一律の割当に反発していた。満洲開拓における北海道農法採用問題についても、当初は実験農家派遣などに消極的であったが、41年以降、満洲開拓民を北海道にて訓練する拓殖実習生制度導入や東北地方からの労働力確保と引き替えに満洲への農家送出に積極的となった、ということを明らかにした。太平洋戦争期には、満蒙開拓青少年義勇軍も再開し、分村移民も43年に初めて実施しているというのである。

　本稿は、これらの先行研究の成果を踏まえて、満洲開拓において北海道農法がいかなる経緯で採用されるに至ったのか、という問題に関して若干の新資料・新知見を付け加えるとともに、40年代の日本帝国全体の食糧危機のもとに、満洲開拓における食糧問題・農法問題がいかなる結末を迎えたのか、について考察することとしたい。

1. 北海道農業の貢献

（1） 北海道出身官僚・技術者の満洲転勤

1939年に満洲国政府に開拓総局が設置されると、満洲拓植公社（以下満拓と略）と並んで、日本人移民政策の推進機関として機能していった。開拓総局、満拓には北海道庁から多数の官僚・技術者が赴任していった。自身も満拓に勤務していた須田政美の回想によれば[6]、開拓総局の技正として松野伝[7]、技佐として安田泰次郎[8]がおり、このほか樋口幸男、東海林、安孫子、川辺、和田、諸留、横内、岡田、小幡、前島が北海道庁旧殖民課あるいは北海道拓殖実習場関係から開拓総局はじめとする満洲の農業関係機関に赴任していた。満拓には出納陽一[9]、山本武四郎、古川洋といった「元老格」をはじめ多数渡満し、「その数だけでも二百名に上ろう」というものであった。

（2） 北海道農業者の満洲開拓観—鈴木重光の場合—

39年秋、北海道から農民であり技師でもある鈴木重光が、満洲国北部地方の開拓団を視察した。その視察後の講演記録がまとめられているので、紹介することにしたい。講演は39年12月2日哈爾濱鉄道倶楽部にて、12月4日満拓公社にて行われ、両方がそれぞれ別の冊子にまとめられている[10]。まず、講演の冒頭で、鈴木は「私は皆さんの様に学問のある者でなく、本当の百姓であります。それで申上げることが元来学理には合はないか知れない、理論から云ふと外れて居るかも知れませんが、私は今日迄三十数年間百姓をやつてきた」[11]と自己紹介を行っているので、基本的に農民と見なしてよいと思われる。ただ、満拓本の冒頭には「鈴木重光氏は現在興農公社の技師であるが、以前北海道の種畜場に勤務された北海道農業の権威者である」と紹介されており、技師経験があり、43年時点では満洲国にあって興農公社の技師となっていたことがわかる[12]。

鈴木は、開拓団を10ヶ所ほど視察して次のような感想を抱いている。

資本金を約六十万円から百万円使つてゐる。その中の約三分の一が中央施設に使はれてゐる。事務所を建てるとか学校、病院を建てるとか、或は農事試験場、種畜場、農産加工場を建てると云ふやうな大きいものに使つてゐる。…それで全額の約三分の一が団員の手許に行つてゐることになり、この金額のうち住宅を建てることに一番多い資本を使つてゐる。…それじや他の施設はどうなつてゐるかと云ふと…自分の腕の代りになる動物は一軒に一頭行亘つてゐない。…農具はと云ふと犁丈や鍬鎌位は入つてゐるがこれで以て土地を耕して行くんだと云ふことになると農具は一つもない。[13]

開拓団は、満拓からさまざまな貸付を受けることができたが、それらは団の中央施設に使われ、個々の団員に行き渡った場合も、まずは住宅建設に使われていて、農業に投資されていない、というのである。中央施設偏重は、人材の面にも現れていた。

さうしてその団員はどうかと云ふと団員の中で最も頭脳のよい、思考力のある実力のある人間はみんな中央にひつぱり寄せて、お前も来い、お前も来いと云ふ有様である。そしてその人数は少い所で二割五分、多い所では三割も中央に集められてゐる。さうしてお前は農産加工をやれ、お前は購買の方を、お前は事務を取れと云ふ状態で第一線に立つて農業に従事するものは謂はば役に立たぬ頭脳のない、実行力の少ないのが農業に従事してをり、その前身を調べて見ますと内地で床屋さんをやつて居たとか或は自転車屋とか外交員をやつてゐたと云ふやうな人が多いやうであります。又農業をやつてゐた人もありますがこれは内地で五、六反の水田を作つて居つたと云ふ人で大きい畑を見せたらどうしていゝか分からぬやうな人達である。[14]

開拓団員が農業技術をほとんど持たないことを鈴木は鋭く見抜いていたのである。農業経験も乏しく、技術も持たない開拓民は、畑作を行うに際して、近隣の中国人農家のやり方を見よう見まねで模倣するしかなかった。結果として、満洲在来農法が開拓団員のなかに普及していたのである。在来農法を身につけて自作ができたものはまだよかった。在来農法では除草労働などに多数の日工を雇うことを余儀なくされたが、日本人開拓民の経営管理の下に農業労働者を雇用するのは、当初、満洲開拓政策が意図した家族経営には合致しないものの、

自作には違いなかった。ところが、経営そのものを中国人に委ねる貸付（小作に出す）も広範に行われていた。

> 団員は仕方がないから頼るのは自分より他にないことになる。あゝだかうだと相談したつて頼りにならない。この土地を預けられたら自分で何とかしなければならないと云ふのが彼等の現状であり、色々とやつて見るがいゝ方法がない。隣の満人は秩序整然とうまくやつてゐるのでその見習ひをやつてゐるのが現在の状態である。さうして自分でやつて見たのと満人のやつてゐるのを比較して見ると彼等は生まれながらにして百姓、自分は満洲へ渡つてからの百姓、この間の差が大きい。それでは満人を傭つて来たらどうかと云つて傭つてくるとうまく行く。結局傭つて農業をやるか彼等に耕作させるかと云ふことになり、満人にやらせるのが一番うまく行く。[15]

これが、先行研究で明らかにされている、開拓民の地主化という現象である[16]。

実は、鈴木の抱いた満洲開拓観は、中国人農民の抱いたそれと同一のものであった。鈴木は視察途上の汽車のなかで同席した70町歩所有、35町歩経営を行っているという「地主」[17]と通訳を介して話をしている。日本人開拓民をどう思っているのか尋ねたところ、「朝鮮人の水田作りは上手だが日本人の畑作りは全く下手だ」と言われる。鈴木が「もう四、五年見ていらつしやい。貴方が驚くやうな立派な農業を日本人はやるから」と言ったところ、中国人地主は笑いながら「いやさうじやありませぬ、五年も十年も経つたら恐らく満人に近い農業をやるやうになるだらう」と言ったのである。そして、これに対して鈴木は「私の今来て見た眼が彼満農の見方と同一なのである。ぴたり合つたことを云つたので、私は彼等がさう考へてゐるかと思つたら実に残念で堪らなかつた」と感想を述べている。[18]

満洲開拓民の営農実態は、きわめて多くの問題を抱えており、中国人農民からも、その問題点は見抜かれていた。また、鈴木が満洲開拓の実態を1回の視察で見抜くことができたのは、彼自身が北海道の農民であり、開拓の経験と知見があったからであろう。鈴木は講演を少なくとも2回行い、2回とも、速記録が活字化されて、関係者に配布された。満洲国日本人官僚側も、満洲開拓の

第一部　日中両国における研究成果

表1　北海道・樺太出身者による開拓団（1941年12月末現在）

所在地		団名	入植時期	種別	現在戸数（戸）	現在人口（人）	出身地
省	県						
三江	依蘭	依蘭樺太	1940年4月	集合一次	30	146	樺太
三江	依蘭	南靠山	1939年4月	集合一次	103	368	北海道樺太
三江	依蘭	依蘭北見	1940年3月	分散	38	59	北海道その他
三江	湯原	筑紫	1940年7月	分散	13	13	熊本北海道
東安	密山	密山釧路	1940年3月	分散	24	97	北海道
東安	林口	青山共栄	1939年3月	分散	35	180	北海道樺太
牡丹江	寧安	金坑旭川	1939年11月	分散一次	39	119	北海道
牡丹江	寧安	寧安喜多見	1940年4月	分散一次	47	253	北海道
牡丹江	穆稜	磨刀石拓辰	1940年7月	分散一次	25	76	北海道
牡丹江	寧安	鏡泊湖	-	義勇隊移行	267	267	北海道
浜江	阿城	八紘	1939年2月	分散一次	120	525	北海道
浜江	木蘭	源興	-	義勇隊移行	235	235	北海道
吉林	舒蘭	十勝	1939年4月	分散一次	36	194	北海道
北安	鉄驪	桃山	1938年4月	分散一次	57	246	樺太
北安	鉄驪	鉄驪畜産	1939年7月	分散酪畜農	29	111	北海道樺太
計					1,098	2,889	

1. 原資料では、鏡泊湖義勇隊開拓団と源興義勇隊開拓団の現在人口が空欄となっているが、義勇隊からの移行なので、1戸1名と仮定して数値を挿入した。

資料　松野伝『満洲と北海道農法——採用の経緯とその発展進度——』北海道農会、1943年

問題点を認識し、北海道農法の導入による解決を模索していた時期であったために、鈴木の指摘は真摯に受け止められたものと思われる。

(3) 北海道出身農家の貢献

すでに玉論文、高嶋論文によって、北海道農家の北海道農法導入に際しての貢献は明らかにされているので、若干の事例を付加することにしよう。「表1　北海道・樺太出身者による開拓団」を作成した。満洲北東部、北部にかけて39年、40年に入植していること、集団移民ではなく、分散移民がもっとも多い形態であることがわかる。戸数の合計は1,098戸であるが、人口合計は、義勇隊移行の2つの団の推定を含めて2,889人となる[19]。

また、北海道庁が戦後の1953年末の時点でまとめた資料によると、終戦時、満洲開拓民として記録された北海道・樺太出身者は4,195人にのぼり、このう

ち帰還した者は 2,354 人、引揚過程において死亡した者は 1,067 人、未帰還者は 774 人となっている[20]。

　実験農家の一人である三谷正太郎は琴似町（現札幌市）出身で、北海道からプラウ、ハロー、カルチベーターなどの畜力農具および乳牛 2 頭を持参して満洲に渡っている。農法については「北満の開拓地に於てプラウ農法をやると云ふ問題に就きましては先輩諸氏からも非常に危険であると色々忠告を受け、土質と気候の関係上どうしても北満地帯は犂丈農法でなければいけないと云ふことを承つた」が、世界の農業国各地の話や指導者の意見を聞きプラウ農法をやり通した、という。しかし「その当時は加藤先生等から非常にお叱りを受けた者の一人であります」と北海道農法をめぐる満洲国・満拓の官僚・技術者たちの論争が、実験農家をも巻き込んでいたことがわかる[21]。

　実験農家ではない浜江省阿城県八紘開拓団も北海道農法を実践していた。八紘村集合開拓団農家の一人である黒田清は、39 年 4 月 28 日に先遣隊として入植し、団員はほとんどが北海道出身者で一部、樺太から志願した者もいたという。「北海道から来た我々でございますのでどうも経営面積がピッタリ致しませず満拓や開拓総局の規則に背いて申訳無いやうな次第ですが昨年から先遣隊本隊とも六八戸揃つて一〇町歩経営を陳情しましたところこれが実現したのであります」と報告している。開拓団一般には 10 町歩という経営（自作）面積が過大であったことは、次にふれるが、北海道から来た八紘開拓団は自ら申請して 10 町歩経営を実現しているのである。41 年には戸数がおよそ 110 戸程度に増えたが、全員が 10 町歩経営を行っている、という。黒田家の労働力は、黒田清（46 歳）に長男（20 歳）、それに見習い程度の長女（15 歳）がおり、「満人年工一人」を雇っている。これだけだとすると、雇傭労働が著しく少ない、家族労働中心の経営であると言えるだろう[22]。

　弥栄開拓農業実験場指導農家である小田保太郎は弥栄村のみならず、各地開拓団への北海道農法普及のために尽力していた。北海道農法の普及に際して「満拓から入れたプラウがどうも反転が悪いとか、或は岩城商店から購入したプラウは余り反転が良くないとか云ふ様な、反転の具合に関する苦情が相当喧しかつた」状況であった。小田はハルビンで鏡泊湖開拓団長、岩崎安忠に会っ

第一部　日中両国における研究成果

表2　北海道から満洲への移駐農機具工場（1941年度決定）

氏名	事業	出身地	移駐予定地	機械台数	従業人員	操業年月	1ヶ年生産予想量（組）	備考
坂井武	農機具	空知郡中富良野町	慶城	20	5	1942年2月	500	三者合同
元井千里	農機具	留萌郡小平蘂村						
尾下静雄	農機具	上川郡当麻村						
猪股一郎	農機具	上川郡美瑛町	通北	26	11	1942年5月	500	四者合同
辻村勘七	農機具	上川郡美瑛町					木柄10,000本	
藤村次郎	農機具	上川郡美瑛町						
横尾綾三郎	農具用木工	上川郡美瑛町						
荒木定勝	農機具	網走郡美幌町	拉哈	11	3	-	-	
伊藤賢太郎	農機具	網走郡美幌町	珠河	11	5	1942年1月	500	二者合同
関久友一	農機具	網走郡女満別村						
高橋藤次郎	農機具	上川郡剣淵村	依蘭	不明	不明	未定	300	二者合同
久光一郎	農機具	上川郡剣淵村						
金子権吉	農機具	標津郡標津村	宝清	7	3	1942年3月	300	
河野素輔	農機具	上川郡上川村	通河	6	2	1942年5月	300	
若杉嘉雄	農機具	空知郡南富良野村	勃利	13	3	1942年3月	500	三者合同
若杉嘉忠	農機具	空知郡南富良野村						
南部与三郎	農機具	上川郡多寄村						

資料　松野伝『満洲と北海道農法―採用の経緯とその発展進度―』北海道農会、1943年

た際、鏡泊湖訓練所の農具を見てくれるよう依頼される。さっそく鏡泊湖のプラウを見に行った小田は、岩崎から使えない状態を具体的に説明される。小田の診断は「大部分のものは新墾、再墾兼用のプラウで、多少具合が良くどうにか使へると云ふプラウは、新墾・再墾兼用の物ではありますが、撥土板の造り

が殆んど新墾プラウに近い型」であった。小田は、この地域では「兼用型そのまゝよりも幾分撥土板の造りを新墾型に近くした方が反転も良く使い易いのではないか」とアドバイスを行ったのである。また、小田が農具購入のため北海道に戻っているときに、北海道庁から千振開拓団がプラウを請求していることを知らされ、千振開拓団に行き団員の前で、新造した4台のプラウを実際に使って見せている[23]。このように、実験場指導農家の活躍は各地の開拓団にまで影響を与えていたのである。

　ところで、満洲で用いるプラウは北海道の農機具工場で製造した物に人気が集まっていたようである。40年度の移駐工場は、合わせて1ヶ年1万9,000組の改良農具を生産し得る見込みで、技術水準も高く、北海道庁のプラウ比較審査成績が優良な者として山田（清）、山田（嘉）、田中、菅野、石丸、阿部、黒田、佐々木、金子などが名を連ねていたという。また、山田一族は8工場を統合して、資本金100万円の国際耕作工業株式会社の技術部門を引受け、プラウ年産100万台を目指して作業を開始したという[24]。41年度に移駐が決定した北海道農機具工場の一覧を表2として掲げている。

2. 増産至上主義のもたらした矛盾

（1）開拓団の作付面積は増えたか？

　玉論文[25]には「開拓団1戸当たり耕作面積」が示されており、そこに表示されている4つの開拓団（第六次五福堂新潟村、第六次静岡村、第七次大日向村、第八次興隆川開拓団）の1戸当たり耕作面積が、とりわけ41年以降増大傾向にあることをもって、北海道農法（改良農法）の普及が結論づけられていた。その原資料は満洲開拓史刊行会編『満洲開拓史』1966年刊である。原資料をみると、各開拓団ごとに、それぞれの概況を記した部分があり、そのなかの上記4開拓団の概況記事のなかに「1戸当たり営農面積」が掲げられている。ただし、1966年刊行の本書に収録された営農面積データが、いつ誰が作成したものかはわからず、開拓団の概況記事は開拓団ごとに表記がまちまちであっ

第一部　日中両国における研究成果

表3　集団開拓民の1戸当たり作付面積

単位：ha

年度	第一次	第二次	第三次	第四次	第五次	第六次	第七次	第八次	第九次
1933	0.80	-	-	-	-	-	-	-	-
1934	0.88	0.41	-	-	-	-	-	-	-
1935	1.90	1.57	1.46	-	-	-	-	-	-
1936	3.23	3.36	3.65	1.09	-	-	-	-	-
1937	3.38	5.29	6.65	2.07	1.34	-	-	-	-
1938	9.15	6.65	8.20	3.65	4.13	1.60	0.83	-	-
1939	9.21	9.40	7.40	5.70	5.78	2.85	2.52	2.61	-
1940	11.98	12.46	9.86	7.73	6.26	4.63	3.12	3.31	1.39

1．原資料は満拓企画委員会の調査。
資料　喜多一雄『満洲開拓論』明文堂、1944年

た。とりわけ、耕作面積や営農面積に関しては、自作地と貸付地を区分して掲げている開拓団と、その区別がまったくない開拓団とがある。そして、4開拓団はすべて貸付地の表記がなく、自作として一括りにされている。開拓団の耕作面積、営農面積とは何を意味するのか、検討しよう。

満拓による調査に基づく「表3 集団開拓民の1戸当たり作付面積」を作成した。開拓団の入植年次別に第一次、第二次となっており、第一次開拓団について、年次ごとの作付面積の変化を表の上から下へ見ていくと、年々作付面積が増加していることが確認できる。第二次以下の開拓団についても、すべて同様の傾向を見せている。開拓団の1戸当たり作付面積は、確かに増加していたのである。ただし、この表は、北海道農法が本格的に採用される41年以前についての事実であるから、北海道農法の採用の影響を示すものではない。

同じく満拓による調査に基づく「表4 開拓団の耕地利用状況（1戸当たり）」を検討しよう。平均では、11.83町と当初の目標であった10町歩を超えていること、第六次東北を除いて8町から22町の間に分布していることが確認できる。ところが、その内訳を見ると、平均では宅地0.22町、自作地6.47町、貸付地5.14町となっており、半分近くが小作に出されているのである。第三次瑞穂では貸付地が17.11町と、耕地の過半を占めるにいたっている。このことを満拓の喜多一雄は「注目すべき事態として、入植年次の古きものとなるに伴れ所謂貸付地の面積が際立ちて多量となる現象を見る」[26]と指摘していた。

74

第 3 章　満洲開拓における北海道農業の役割

表 4　開拓団の耕地利用状況（1 戸当たり）

単位：町

開拓団名	宅地	自作地	貸付地	計
第一次弥栄	0.40	6.80	3.71	10.91
第二次千振	0.22	11.62	6.55	18.39
第三次瑞穂	-	4.87	17.11	21.98
第五次永安	0.60	5.60	6.20	12.40
第六次熊本	0.11	6.09	2.55	8.75
第六次東北	-	2.22	1.77	3.99
第六次龍爪	0.20	8.70	0.84	9.74
集合・水曲柳	0.19	5.82	2.37	8.38
平均	0.22	6.47	5.14	11.83

資料　喜多一雄『満洲開拓論』明文堂、1944 年

　その理由は、「古き農家は当時の指導方針たる在来農法にて一貫し、夥しき労力を要する其農法は、次項に示す如き貧弱なる開拓農家の自家労力を以てしては到底経営面積の作付を完成し難かりしため、先住民雇傭労力の導入を招来し、その労銀の逐年昂騰の結果、採算の限界点に達せし末は遂に雇傭労働者を自己の地積内に於ける小作農に転化せしめることにより、辛くも経済的破局を回避せんとの苦肉策に出づるに至つた」[27)]と説明されている。ここで、注目したいことは、満拓が、開拓民が貸付けた（小作に出した）耕地をも含めて開拓団の「作付面積」として捉えていることである。玉論文で用いられている 4 つの開拓団の「営農面積」は、満拓調査による作付面積（貸付地を含む）ときわめて近似している。41 年以降の開拓団の 1 戸当たり耕作面積の増加、という現象は、貸付地を含む数値である可能性があることを指摘しておきたい。

　ところで、表 3 のように開拓団の作付面積は年々増加するのが一般的だったが、開拓団の作付面積となる以前は、その土地はどのような状態だったのだろうか。満洲開拓で土地買収を行ったのは満洲拓植公社と満洲国開拓総局である。両者は 1941 年末頃には満洲国全土で約 2,000 万ヘクタールの土地（このうち既耕地は 351 万ヘクタール）を獲得（買収）していた[28)]。このなかから開拓団が入植する場所が決まると、順次開拓団に分譲され、開拓団は順次開拓民に分譲する。既耕地の場合、開拓団が入植するまでの間、満洲拓植公社が地元の中国人に小作させるケースが多かった。したがって開拓団の作付面積が増えた

のは、満拓小作地→開拓団所有地に変わったからである。非耕地が耕地になった（開墾した）わけではないことは確認しておきたい。

（2）開拓と増産の矛盾

本書第13章鄭敏論文が明らかにしているように、1940年以降、満洲国では農産物の増産が農業政策の最重要課題に浮上してきた。満洲開拓政策も、農産物増産という政策に適合すべく再編されなければならなかった。そのことを如実に示すのが、43年12月14日に満洲国立開拓研究所の主催で行われた篤農家座談会である。参加者は以下のような人々であった[29]。

篤農家

斎藤三郎（宮城県出身）	三江省千振開拓協同組合
上原時敬（長野県出身）	北安省瑞穂村開拓協同組合
笛田道雄（北海道出身）	東満総省哈達河開拓協同組合
荒井澄夫（長野県出身）	東満総省信濃村開拓協同組合
木我忠治（新潟県出身）	北安省新潟村開拓協同組合
佐藤信重（福島県出身）	龍江省北学田開拓協同組合
伝野正文（東京府出身）	興安総省一棵樹開拓協同組合

関係機関

宗光彦	満洲協和会開拓部会本部長
松下俊雄	満洲拓植公社哈爾浜地方事務所長
内藤晋[30]	満洲国開拓総局技正
佐藤健司[31]	満洲国開拓総局技正
中村孝二郎[32]	満洲国立開拓研究所所長

（以下略）

集まった篤農家たちは、一人を除いて北海道農法（改良農法）を実践していた。北海道農法が、実験農家や北海道出身開拓団の枠を離れて、篤農家レベルには浸透していたことが推測できる。ところが、座談会参加者で唯一、北海道出身である笛田道雄だけは北海道農法を実践していなかった──正確に言えば北海道農法をやめてしまっていたのである。笛田は「私が今頃こんな場所で改良

農法の是非を云々するといふことは、一面から言ひますと非常に時代遅れだといふ風に考へられますが、私の過去五年間の農業経営は実にプラウとの闘ひでありました」[33)]と言うのである。笛田は北海道で23年間農業に従事した後、ハルビンの王兆屯にある日本国民高等学校分校[34)]で「在来農法の真髄といふものを叩き込まれた」後に開拓団に入った。共同経営を終え、個人経営の段階となって、北海道の重粘土地帯として知られる北見地方西別の鍛冶屋からプラウを取り寄せ、新京の岩城農具店の金牌プラウも取り寄せて北海道農法を始めた、という。しかし、4年間失敗を続け、ついに北海道農法をやめ、在来農法に切り替えた、というのである[35)]。座談会では、開拓総局、満拓、開拓研究所側から、なぜプラウがうまくいかなかったか、について質問がなされたものの、もはや北海道農法の是非がこの座談会のメインテーマではなかった。

座談会をリードした内藤技正は
> 日本人開拓民による満洲の開拓は従来は国土の開発を第一義として参つた関係上、農産物の増産は第二義的に考へられてをつた事は御承知の通りです。ところが昨年当りから開拓の目標を増産第一に置くと云ふ立場に段々変つて参りました。日本に於ける来年の食糧事情より満洲国に非常に大きな増産上の責任が課せられた為め、開拓部門に於きましても開拓と増産との併進より一歩を進めて増産に重きを置かねばならぬと云ふ要請が強くなつたのであります。[36)]

と42年頃からの増産に重きを置く政策(これを本稿では「増産至上主義」とよぶことにする)への転換を説明している。

それでは、従来の満洲開拓政策(これを「開発第一主義」とよぶことにしよう)とはどのような違いがあったのだろうか。内藤技正は、上述の部分に続けて、従来の満洲開拓政策を増産至上主義の線で是正することを次のように説明していた。「第一は開拓民の労働の強化或は農法の改善によつて…増産を強行して行く」こと、第二に、「補充入植の確保」に努め、補充された開拓民の労力を増産に振り向けること、この二点は、開拓民による増産という方策である。そして、第三には「従来は開拓そのものに重きを置いて来たため」与えられた面積が過大であっても「労力の雇傭は極力避ける方針」であったが「来年度辺りからは或程度雇傭労力を使用しても増産を行ふ」という方針である。そして、

労力雇傭の見込みがないときは「止むを得ませんから団内の余剰面積は之を団内の原住民に耕作せしめて増産に協力せしむる」こと、これが第四の方策であり、「第五には、団内に相当の余剰面積がある場合には団外から或程度の集団原住民を移住せしめ増産に協力せしめる」というのである。従来の北海道農法導入過程の議論からするならば、雇傭労力および貸付（小作に出すこと）をも許容した根本的な政策転換なのである[37]。

　内藤の説明した増産方策の第一、第二までは従来の開拓政策の延長であったが、第三以降は従来好ましくない、と言われてきたことを推奨するものであった。座談会をリードしたもう一人の人物である中村孝二郎開拓研究所長の次の発言に、その背景にある認識が示されている。

　　来年の作付面積を決定される際に除草も収穫もこの位なら出来ると云ふ間違ひない面積を決められて実行されたのでは開拓団全体を通じて増産にはならないと思ひます。作付は手一杯にやつておくと収穫期なり除草期にはどうしても労力不足を来しますが、其の時は労力を何所からでも雇つて来て迄もやり遂げると云ふ積極的方針に出て頂かなくては来年度の増産は出来ないと思ひます。[38]

まず、開拓団は在来農法で営農していることが話の前提となっており、除草および収穫に大量の労力を必要としている、との認識がみられる。作付面積の決定について注文をつけているが、このことの意味は次の通りである。日本内地では一般に作付面積＝耕作面積＝収穫面積であり、用語としては作付面積もしくは耕作面積が通例用いられ、収穫面積という用語は用いられない。ところが、開拓総局が作成した開拓団の国勢調査に当たる『第一次開拓団勢調査報告書康徳九年三月三十一日現在』（1942年）には「12. 作付面積」という表題の統計表の項目として、図1のような小項目が立てられていた。

　一番上に書かれた表題としての作付面積は、いわば広義の作付面積であり、その内部には貸付地をも含んでおり、直営地のなかの不作付面積をも含んでいた。これは作付可能な、あるいは作付すべき耕地（熟地）、とでも理解したらよいだろう。そして、直営地（つまり貸付に回していない）のなかに含まれる作付面積が狭義の作付面積であるが、このなかに放棄面積と収穫面積が設けられているので、作付をしたが途中で農耕を放棄して収穫に至らなかった、とい

第 3 章　満洲開拓における北海道農業の役割

図 1　作付面積の概念

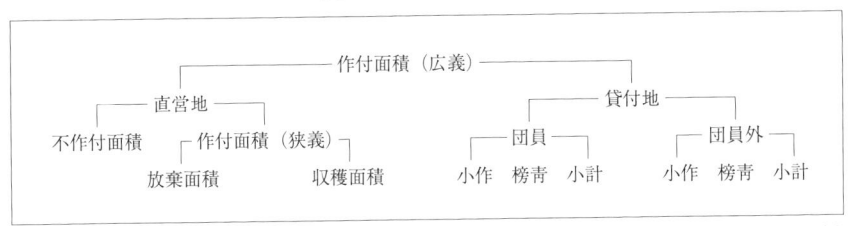

```
                    ┌──────── 作付面積（広義）────────┐
            ┌─── 直営地 ───┐              ┌──── 貸付地 ────┐
                                      ┌── 団員 ──┐   ┌── 団員外 ──┐
   不作付面積  作付面積（狭義）           小作  榜青  小計    小作  榜青  小計
            放棄面積  収穫面積
```

注1．榜青は捊青とも書き分益小作を意味している（日満農政研究会新京事務局『満洲農業要覧』1940 年、291 頁）。
資料　開拓総局内開拓統計委員会編『第一次開拓団勢調査報告書　康徳九年三月三十一日現在』1942 年刊

うことが想定されている。実際の数値を見ると、ほとんどの開拓団において収穫面積は狭義の作付面積よりも少なくなっており、放棄面積が生じていたのである[39]。これは作付をしたものの除草および収穫の労力が不足したために収穫を放棄したことを示している。そのことを「学習した」開拓団は除草および収穫労力に見合った作付面積へと下方修正していたわけである。上記の中村所長の発言は、作付の下方修正はやめて、目一杯作付し、後は労力を雇ってやり遂げよ、ということであった。

中村所長の発言を受けて、上原時敬（瑞穂村開拓協同組合）は、「本年度瑞穂村では延二千名の臨時苦力が必要」だったが「何処からも苦力が来なかつた」ので適期収穫ができずに2割くらいの減収となった、という[40]。これを受けて中村所長は、「不熟練労働者例へば協和義勇奉公隊員、学生、都会の俸給生活者といつた農事に経験のない人が応援に来て除草作業をやつたんでは草を残して作物を除つてしまうと云ふ様な事もあり得る訳です」[41]と述べているのも注目できる。実は、日本人の発言あるいは書き残した資料には苦力という用語が頻繁に用いられている。在来農法で除草労働に従事するのは苦力であった。ところが、これを協和奉公隊などで代替させたところ、除草がうまくできないことが判明した。逆に言うと、苦力は除草の技術をもつ労働者集団だったのである。これについては、次節でふれることにしたい。

先ほど、苦力二千名が来なかったことを問題にした上原も、協和奉公隊では困る、ということに同意した後、

第一部　日中両国における研究成果

　　瑞穂村の原住満農の労力利用について、政府の方針として県の方へ指示された
　　としたならば県としても今までの方針は中止されると思ひますから、来年度の
　　私の計画も時局に応じて耕作面積拡張の方針をとる考へであります。[42]

前の議論の経過を踏まえないと、理解しにくいが、「今までの方針」というのは瑞穂村に従来から住んでいた中国人農民を強制的に他に移住させる、という方針を指している。日本人開拓団による家族労作経営、自作経営を第一義とする開発第一主義においては、「原住満農」は不必要な存在であり、強制移住の方策もとられていた。ところが、増産至上主義のもとでは「原住満農」こそが基幹労働力であり、日本人開拓団の作付面積＝収穫面積となるか否かは彼等の働きにかかっていた、と言っても過言ではない。中村所長から、強制移住の方針が変更されるだろう、との情報を聞いた上原が、それならば耕作面積拡張の方針がとれる、と答えているのである。

　また、北海道農法のもう一つの利点である有畜農業による地力維持については、荒井澄夫（信濃村開拓協同組合）の「穀物の生産を唯一の目標にして土地を搾るのは結局一種の掠奪農法とも考えられます。農民が自分の土地を愛すと云ふことは本能的であります。現在の様な非常時には仲々土地を愛し大切に使つて行くと云ふ事が困難になりますので、時局に対する認識が充分でないと矛盾に苦しむ事になります」[43]という悩みに対し、中村所長は次のように解明してみせた。

　　…独り農法ばかりでなく林業でも木造船を造る為めには鎮守の森までも伐ると
　　云ふ覚悟であり同時に其伐採跡には直ちに植樹をしなければならぬ。それと同
　　じく農法もこの決戦の間は無理を承知の上で増産に努め、そうして戦争が済ん
　　でから理想的経営法に戻り、土地を肥沃にし植林もやらなければなりませ
　　ん。[44]

中村所長のこの発言は、満洲在来農法に対する北海道農法の優位性であった地力維持が、増産至上主義のもとでは追求されなくともよい、という扱いであることを如実に示していた。雇傭労力依存、掠奪農法であっても短期的な増産に寄与するならばよし、とする増産至上主義は、必然的に満洲在来農法の再評価へと向かっていくのである。

（3）在来農法の再評価

　北海道から満洲に移った官僚や技師たちは、満洲在来農法をきびしく批判してきた。代表的なものとして松野伝の見解を紹介すると、
　　今日満洲に於ける在来農法なるものは、満洲の地に発祥し、こゝに発達せるものでなく、北支より漢民族によつて齎されたるものゝ換骨奪胎である。故に科学的に之を検討するに、至る所に矛盾と弱点を暴露し、部分的に利用すべき点あるも、根本的には極めて原始的なる農法であつて、明かに是正を要するものである。[45]

増産至上主義に転じた42年夏、日満農政研究会技術委員会では在来農法の一斉調査を行い、研究成果を『満洲在来農法ニ関スル研究』其ノ一から其ノ五として発表している。

　まず、上述の満洲在来農法は北支農法である、という見解について、吉川忠雄はそれを真っ向から否定している。
　　在来農法ハ、既ニ五百年前即チ明ノ遼東経営時代ニ北支カラ先ヅ南満ニ持込マレタモノデ、ソレガ満洲各地ニ普及サレタノデアル。従ツテ南満地方ノ農法ト北支ノソレハ可成似通ツテキルモノト一般ニ信ジラレテイルガ、実際ハ両者間ニ大キナ開ガ存在シテキル。ツマリ元ハ北支カラ持込マレタモノニ相違ナイガ、ソノ後長イ年数ガ農民ヲシテ徐々ニラ南満ノ自然条件ニ適応シタ農法ヲ作上ゲサセタノデアル。[46]

さらに北満と南満も異なっており「北支ノ農法ヲ乾燥地農法トスレバ、南満ノソレハ半乾燥地農法デ、北満ハ寧ロ雨季ノ為ニ湿潤農法ヲ採ツテキルモノト見ルベキデアラウ」[47]と位置づけているのである。

　満洲在来農法において注目を集めたのは、その労働組織である。従来から年工（年雇）、月工（月雇いの労働者）、日工（日雇い労働者）という概念は認識されていたが、『満洲在来農法ニ関スル研究』において発見されたのは、それらの労働組織と労働編成である。
　　中農層以上ニ於テハ常備労力ノ大部分ヲ年、月工ニ依テ編成セネバナラナイ。従テ農家ハ大頭的老板子、跟倣的等ノ耕作労働者及ビ大師夫、打更的、放猪的

第一部　日中両国における研究成果

図2　満洲在来農法のイメージの変化

旧	新
地主	農業経営者（労働者の管理をする）
苦力	農業労働者（除草はじめさまざまな技術をもつ）
華北に由来	満洲で発達、地域により異なる

等ノ非耕作労働者ノ中ヨリ必要ナモノヲ適当数選ビ、所謂常備労力ヲ編成シ、之ニ組織的活動ヲ為サシメ、労力比ノ節約ト労働能率ノ高揚ヲ図ルト云フ仕組ヲ採ツテヲル。[48]

これらの常備労力はたとえば播種の場合には「一チームノ進行ニヨツテ播種作業ガ一辺ニ完了サレル仕組デ、各作業ガ職分ニヨツテ分担サレ、全体ノ能率ヲ高上セシムルヤウニシテキル」[49]のである。吉川は、「組織」、「編成」「能率」という用語を用いながら、満洲在来農法における労働の具体的姿を描いている。日本人が農業労働者とよぶなかに「才能、技倆、体力、年齢等ノ相異カラ多種多様ノモノニ分類サレ、各ノ職分ニ基イテ分業ト協業ガ行ハレルノデアル」[50]というのである。

　満洲の多様な農業労働者に対して農業労働者という単一の集団として認識するのは不十分であるならば、すべて苦力と表現することも見当違いである。『満洲在来農法ニ関スル研究』では、村落の住民構成にも目が向けられ、満洲農村には農家（農業経営者）世帯と農業労働者世帯が存在すること、農家（農業経営者）は、とりわけ中農層以上であれば、労働台帳を作成し、多数のしかも職分・職能が異なる労働者を最も能率的に組織・編成し使用していることを明らかにした。もはや、農家（農業経営者）は、ヨーロッパ大農場制の農場主のような位置づけで見られていたのである。ここにおいて、地主と苦力から成る満洲農村というイメージは、見事に塗り替えられている（図2を参照）。

おわりに

　満洲開拓は生産力を度外視して実行されてきた。そのことは当局者にも認識され、北海道農法の採用となったわけだが、北海道農法の長所は家族労作経営、

自給自足経営に適しているということであり、短期的な生産増に結びつくものではなかった。冒頭紹介したの玉論文は、北海道農法の導入過程の政策史・技術史として大変優れた研究だが、実際の普及の度合は実証できていない。今井論文は、開拓団の農業経営の側から見ており、北海道農法普及の限界を主張していることは正しいだろう。

在来農法を否定し北海道農法を推進するために日工（日雇）の雇用労働が批判されたが、経済史の教科書的理解に立つならば、家族経営よりも雇用労働を用いる富農経営の方が高い段階にあるともいえるだろう。しかも短期的に増産を果たそうとするときには、掠奪農法的ではあるが人海戦術による満洲在来農法は有効であった。増産至上主義の結果、在来農法は労働組織の合理性を含めて高く評価されるにいたったのである。

さて、このような結末を踏まえて、あらためて北海道農業の満洲開拓への影響ということを考えてみると、北海道農法の導入という問題に加えて、もう一つの貢献があるのではないか、と思う。開拓実験場農家（三谷正太郎、小田保太郎など）や農業経験を有する技師たち（出納陽一、鈴木重光など）の活躍は、「農法や農業経営については農民に聞く」ということを満洲国の日本人官僚に教えたのではないだろうか。1940年頃から篤農家を交えての座談会や講演会というスタイルが定着し、農法について農家に語らせる、ということが行われるようになった。日満農政研究会による『満洲在来農法ニ関スル研究』も中国人農家への徹底した聞き取り調査の成果である。日本人が中国農業を見る際、地主が農業経営者に、苦力が農業労働者に見えてきたのは、北海道農業を見ることを媒介として可能になったことではないかと考える。

●註
1）玉真之介「満州開拓と北海道農法」『北海道大学農経論叢』第41集、1985年。
2）同上、11頁および『世界大百科事典』平凡社、1988年。
3）田中耕司、今井良一「植民地経営と農業技術——台湾・南方・満洲——」（田中耕司責任編集『岩波講座「帝国」日本の学知　第7巻　実学としての科

学技術』岩波書店、2006年）、今井良一「「満洲」における地域資源の収奪と農業技術の導入――北海道農法と「満洲」農業開拓民――」（野田公夫編）『農林資源開発史論Ⅱ日本帝国圏の農林資源開発――「資源化」と総力戦体制の東アジア――』京都大学学術出版会、2013年、所収）。

4）田中耕司、今井良一前掲論文、137頁。

5）髙嶋弘志「満州移民と北海道」『釧路公立大学地域研究』第12号、2003年。

6）須田政美『辺境農業の記録』北海道農山漁村文化協会、1957年初版、1958年第二刷、99頁。同書の略歴欄によると、須田は1934年北海道帝大農業経済学科卒業、樺太で移民指導員を務め、38年満洲に渡り満洲拓植公社経営部に勤務した。戦後は岩手県・青森県の農業研究部門を経て51年北海道農地開拓部勤務、著書刊行時は農地課長であった。

7）松野伝は、1895年、青森県生まれ、東北帝大農科大学（北大）卒業、北海道庁産業技手、同技師、農事試験場根室支場長、拓殖実習場十勝実習場長、奉天農業大学教授、1941年5月満洲国興農部技正兼開拓総局技正。奉天市在住（『大衆人事録第十四版　外地・満支・海外篇』1943年、帝国秘密探偵社）。主な著書に『北海道に於ける新植民地更生の一事蹟――根釧原野農業開発五箇年計畫の実績――』（奉天農業大学、1938年）、『日本人開拓農家の適正規模に関する研究』（奉天農業大学、1940年）、『満洲開拓と北海道農業』（生活社、1941年）、『開拓農業とプラウ問題』（生活社、1942年）、満洲帝国開拓総局拓進会編、松野伝著『改良農法指導書』（1943年）、『満洲と北海道農法――採用の経緯とその発展進度――』（北海道農会、1943年）などがある。

8）安田泰次郎は北海道帝大卒業、北海道庁拓殖課にて北海道移民事務に従事し、1939年3月、満洲国政府勤務のため渡満している（安田泰次郎『北海道移民政策史』生活社、1941年による）。主な著書に『北海道移民政策史』（生活社、1941年）、『満洲開拓民農業經營と農家生活』（大同印書館、1942年）などがある。

9）出納陽一は、1890年、大分県生まれ、1916年、東北帝大農科大学（北大）卒業、宇都宮仙太郎の女婿となり宇納牧場を経営、デンマークに酪農研究のため滞在し、帰国後には北海道における酪農普及活動を行う。1940年、満洲拓植公社参与（『大衆人事録第十四版　外地・満支・海外篇』（前掲）、雪印乳業史編纂委員会編『雪印乳業史第1巻』1960年）。主な著書は水谷国一、出納陽一『如何にして酪農を北満の農業に取入るべきか』（南満洲鉄道株式会社調

第 3 章　満洲開拓における北海道農業の役割

査部、1940 年）、『満洲開拓と酪農経営』（満洲事情案内所、1944 年）、『グルンドビー』（酪農学園通信教育出版部、1949 年）などがある。『グルンドビー』の序を賀川豊彦が書いており、「満州拓殖事業が、まさに失敗せんとした時、北海道農法を以つて、その失敗を挽回した功績者の一人に出納陽一氏のあつたことを忘れてはならない」と記している（同書、序）。

10) 12 月 2 日講演が南満洲鉄道株式会社北満経済調査所『在満邦人の営農法について――鈴木重光氏北満視察報告座談会速記録――』1940 年 1 月、12 月 4 日講演が満洲拓植公社『開拓地農業について――鈴木重光氏北満視察報告座談会速記録――』1943 年である。

11) 南満洲鉄道株式会社北満経済調査所、前掲書、1 頁。

12) 『開拓地農業について――鈴木重光氏北満視察報告座談会速記録――』（前掲）。

13) 同上、7 頁

14) 同上、7 頁～8 頁

15) 同上、8 頁

16) 「日本人農業移民の最大の経営方針とされた自作農主義は、農業移民の富農化ないし地主化によって全面的な崩壊の危機に直面していた。それは、日本人農業移民に配分された一〇町歩の耕地（入植後直ちに一〇町歩の耕地が配分されるわけではないが）を満州在来農法に依存しながら、夫婦二人の自家労働力で耕作することが不可能であったからである。したがって、自己に配分された耕地を経済的に利用するために、日本人農業移民の一部は、多数の中国人農業労働者を雇傭して農業経営を行なう富農となった。また、農業移民の大部分は、自己の耕作しえない余分の耕地を中国人ないし朝鮮人の農民に貸し付けて地主となった。こうして、日本人農業移民は自作農主義とはまさに逆に富農化ないし地主化したのである。」（浅田喬二「満州農業移民政策史」（山田昭次編『近代民衆の記録 6　満州移民』新人物往来社、1978 年）563 頁～564 頁）。

17) 鈴木は最初、苦力だと思ったが、話をしたら地主だったという。ただし、35 町歩を経営（自作）しているので、むしろ農場主とみた方が実態に合っているように思う。中国人地主および農場主の区別の問題については、本稿の最後に改めてふれることにする。

18) 『開拓地農業について――鈴木重光氏北満視察報告座談会速記録――』（前

掲)、9頁。
19) なお、鏡泊湖義勇隊開拓団には名簿が残されており、それによると先遣隊122人、第一次本隊100人、計222人となっている。
20) 北海道「北海道送出開拓団等一覧表」。
21) 第二回開拓農法研究会(1941年12月19日開催)における三谷正太郎(瑞穂村)満拓試験農家の発言。南満洲鉄道株式会社調査部『改良農法の実績報告——第二回開拓農法研究会記録——』1942年、8頁〜9頁。
22) 第二回開拓農法研究会(1941年12月19日開催)における黒田清(八紘村)の発言。『改良農法の実績報告——第二回開拓農法研究会記録——』(前掲)、32頁〜33頁。
23) 第二回開拓農法研究会(1941年12月19日開催)における小田保太郎(弥栄開拓農業実験場指導農家)の発言。『改良農法の実績報告——第二回開拓農法研究会記録——』(前掲)、126頁〜127頁。
24) 松野伝『満洲と北海道農法——採用の経緯とその発展進度——』北海道農会、1943年、80頁。
25) 玉真之介、前掲論文。
26) 喜多一雄『満洲開拓論』明文堂、1944年、520頁。
27) 同上、520頁〜521頁。
28) 田中耕司、今井良一、前掲論文。
29) 開拓研究所『篤農家座談会速記録』1944年、1頁。
30) 資料には内藤技正とのみ記されているが、別の資料により姓名・経歴が判明する。内藤晋、開拓総局技正兼開拓研究所研究官。1887年奈良県に生まれる。1913年東京帝大農学部卒業、地方技師、沖縄県農事試験場長を経て41年2月現職、42年開拓研究所研究官兼任。『大衆人事録第十四版　外地・満支・海外篇』(前掲)による。
31) 資料には佐藤技正とのみ記されているが、別の資料により、姓名・経歴が判明する。佐藤健司、開拓総局技正兼開拓研究所研究官、地政総局技正、開拓総局土地処調査科長。1899年栃木県に生まれる。1927年東京帝大農学部農業経済学科卒業、農林省副業調査嘱託、同家畜保健事務取扱嘱託、地方農林主事、新潟県勤務等を経て満洲国に転じ臨時産業調査局技佐、調査部第一科弁事兼総務部資料科弁事、産業部技佐、農務司弁事等歴職、38年12月開拓総局技佐、39年10月技正。『大衆人事録第十四版　外地・満支・海外篇』(前

掲）による。
32）資料には中村所長とのみ記されているが、別の資料により姓名・経歴が判明する。中村孝二郎、陸軍少尉、開拓研究所研究官、同副所長。1890 年東京府に生まれる。1915 年東京帝大農学部卒業、農商務省農務局住友倉庫係、東洋畜産興業専務、朝鮮総督府臨時露支貿易調査嘱託、京城家畜常務、拓務省拓務技師、満洲拓植公社理事、同経営部長歴職、42 年現職。『大衆人事録第十四版　外地・満支・海外篇』（前掲）による。なお、座談会開催時には所長となっている。
33）『篤農家座談会速記録』（前掲）、18 頁。
34）茨城県・内原の日本国民高等学校長は加藤完治である。臼井勝美他編『日本近現代人名辞典』吉川弘文館、2004 年。
35）『篤農家座談会速記録』（前掲）、18 頁。
36）同上、66 頁。
37）同上、66 頁。
38）同上、72 頁。
39）開拓総局内開拓統計委員会編『第一次開拓団勢調査報告書　康徳九年三月三十一日現在』1942 年刊。なお、①開拓団の作付面積は増えたか？において、満拓の捉える作付面積に貸付地が含まれていることを指摘したが、それが広義の作付面積である。
40）『篤農家座談会速記録』（前掲）、72 頁～73 頁。なお、田中耕司、今井良一、前掲論文もこの箇所を引用して、瑞穂村において北海道農法が定着していないことの論拠としていたが、適切な解釈である。ただ、本稿で付け加えたいのは、もはや増産至上主義のもと、北海道農法の是非をめぐる議論が、吹き飛んでしまっていることである。
41）同上、73 頁。
42）同上、73 頁。
43）同上、79 頁。
44）同上、79 頁。
45）日満農政研究会新京事務局『日本内地人農業人口受容力並に招墾保持に関する研究――満洲部会第二専門委員会研究中間報告書――』1940 年、68 頁、松野伝執筆部分。
46）吉川忠雄による浜江省双城県尚勤村廂紅四屯調査。日満農政研究会新京事

務局『満洲在来農法ニ関スル研究（其ノ五）』1943 年、61 頁。
47）同上、61 頁。
48）同上、42 頁。
49）同上、42 頁。
50）同上、42 頁。

第4章

「満洲国」成立以降における土地商租権問題

秋山　淳子

はじめに

　「満洲」[1]における日本人の土地商租権は、1910〜20年代を通じた日中間の懸案事項であった。土地商租権は1915年の「南満洲及東部内蒙古ニ関スル条約」(南満東蒙条約) 第二条および交換公文により日本人が獲得した、いわゆる「特殊権益」の一つである[2]。これは基本的に日本人にのみ南満洲で認められた特殊な土地権利であり、その内容は多様かつ曖昧なものであった。そのため法的解釈をめぐって、実質的所有権と賃貸借権とで議論が紛糾し、また日本人の朝鮮人・中国人名義利用に対する制限などをめぐって対立が激化するなど、商租権は1920年代を通じ、日中外交上の争点となっていた。こうして満洲事変前の日本側では、商租権が実質的に「条約上ノ権利ハ遂ニ一箇ノ空文ニ帰スルノ状況」[3]であるとの認識をもつに至る。

　しかし1932年3月に、日本によって独立国家の形式を用いた傀儡政権「満洲国」が設立され、これを通じた満洲経営が開始されると状況は大きく転換を遂げる。土地商租権問題は「日満間で解決」すべき課題となり、いかにしてより強固な権利（所有権）へと転化をさせるのか、その実質化の方法が問題と

なったのである。

これまでに土地商租権に関する研究としては、浅田喬二「満州における土地商租権問題」がある[4]。浅田氏は土地商租権の発生から、1920年代の中国側による抗日民族運動とその成果としての空権化、そして満洲国による所有権転化までを分析し、これを日本帝国主義の土地侵略過程として実証的に跡づけている。しかし長期的視野からの帝国主義研究という問題関心からは、日本帝国主義「内部」での政策論理は検討されず、満洲国成立以降を20年代の懸案の解消過程とのみ位置づけている。

そこで本稿では、浅田氏の成果をふまえつつ、満洲国の成立以降に対象をしぼり、商租権問題が外交問題から満洲国政府による土地政策の一環へと転化し、満洲国を成立させた日本が、いかなる論理によって商租権問題をとらえ、どのような手法によって整理政策をすすめたのかに着目したい。とくに日本が占領地経営において、満洲国という独立国家の形式をとった点を重視する。日本の手によって創出された満洲国は、形式的であれ「国家」運営を遂行する必要に迫られた。その結果、日本人官僚を実行主体[5]として、日本本国からの直接的な政治干渉からは比較的自由な立場で、各種の中央集権化・「近代化」政策が立案され実行に移されていった。本稿で対象とする土地政策もその一つであり、日本人土地権利の転換である商租権整理が、満洲国政府による地籍整理事業[6]を中心とした「国内」政策と、「日満間外交」の重要施策となった治外法権撤廃との関連のなかで処理されていったことを、政策論理・手法の策定過程に注目しつつ明らかにしたい。

1. 満洲国の成立と商租権保護政策

（1）満洲国の成立と「日満間外交」の開始

前述のように、土地商租権問題は1920年代を通じて日中間の外交上の懸案であった。しかし、日本が満洲国を成立させたことによって状況は大きく変化し、土地商租権問題の交渉の場に「日満間外交」という枠組みが持ち込まれる

ことになる。

　1932年9月15日に日本が満洲国を承認する「日満議定書」が締結され、日満間に「外交」関係が形成された。満洲国政府は、第一条で「両国間ニ別段ノ約定ヲ締結セザル限リ」満洲国領域内における従来の条約、協定および「其ノ他ノ取極及公私ノ契約」によって日本人が獲得した「一切ノ権利利益」を確認尊重すると言明する。これによりいわゆる満蒙特殊権益が承認されるとともに、日本人の私的契約に基づく商租権も満洲国政府が尊重すべき対象としての権利利益に入れられることとなった。

　そこで、商租権の処理について、33年初頭に日本大使館と満洲国政府（司法部・外交部・土地局等）間で協議が重ねられ、次のような「実体的の取極」・「申合せ」が成立した[7]。その骨子は、①商租権に関してはすべて満洲国の法令に従うこと、②商租権に関する民事訴訟・競売手続等は満洲国法院の管轄とすること、③満洲国は商租期間が三十年かつ無条件更新約定のある商租権を所有権、三十年未満のものを民法中の各種類似権利と見なす旨の法規を制定すること、の三点である。これらは当該問題を満洲国国内法で処理する方針を示している。すなわち日満議定書締結によって満洲国政府が日本政府に対して負うことになった「外交上」の責任に対して、「国内」政策によって保障する構造が形成された。こうした論理的枠組みに基づき、満洲国政府は具体的対応策を検討することとなる。

　さらに、後述するように34年後半期以降は、満洲国に対する日本治外法権を撤廃するという「外交」施策が想定されるに至り、それへの保障として国内法体系を整備するという具体的課題へと展開していく。

(2) 商租権保護政策の着手

　商租権問題の手はじめとして、満洲国政府は取得地域・手続の確認を行った。まず33年3月財政部・民政部の合同訓令で、奉天・吉林両省公署にあてて「日本人土地商租暫行弁法」[8]が示達された。これは、一般の不動産物件の設定・移転の手続に準拠した形式で商租権を登記、証書を発給し、借地人（商租権者）の側で契約に際しての契税・商租地に対する国税・地方税を負担する規

定である。さらに同日付で黒竜江省公署へも示達され[9]、この結果、訓令での処置ではあるが、日本人は登記の経費および租税を負担するならば、奉天・吉林・黒竜江の三省での商租権取得が認められることとなった。商租権の対象地域は、南満東蒙条約で曖昧に規定されていた「南満洲」から、占領が完了した満洲国内全域へと事実上拡大されたのである。

つづいて登記手続上の規則を法制化した「暫行商租権登記法」[10]が、同年6月に公布される。これは本文七条・附則三条からなる簡易な法令で、一般の不動産登記に準拠しつつ商租権登記に必要な手続事項を規定したものであるが、商租権者単独での登記に有利となる各種措置がもりこまれた[11]。そして同年11月に「登記法施行細則」[12]が制定（12月施行）、登記が開始され、証明の困難な商租権に対する法的裏付けが進んだのである。

さらに、翌34年2月に「商租執照発給規則」[13]が制定され、商租権の証明書類である執照の発給が可能となった。同時に、満洲国成立以前の権利についても「商租ノ実情ヲ証明スル」証明書さえあれば申請が可能とし、満洲事変以前に日本人の執照発給を事実上禁じていた「商租須知」を廃止した。

こうして土地商租権は満洲国の国内法令によって登記が可能となり、さらに権利証書の発給も開始された。しかし、これらの法令はあくまでも訓令や教令による「弁法」や「暫行」を冠したものであり、同様の国内法令に準拠しつつ権利を保護する役割のものであった。そのため、満洲国としての商租権に対する定義付けや最終的な国内諸権利との調整方法は先送りした状態で、政府としてはひとまず権利の裏付けを急いだのである。

(3) 日本人土地権利取得の拡大

こうした政策の背景には、満洲事変後の日本人による土地取得の伸展や、それ以前に取得していた利権の法的裏付けの獲得に対する積極的な展開があった。前述した33年3月の「日本人土地商租暫行弁法」については、その制定理由に「日本人土地商租ノ処理ニ関シ屡地方各機関ヨリ示達ヲ申請セリ」との説明があり、この時点ですでに満洲各地で日本人による土地取得への動きが活発化していたため、各省でその処理に苦慮していた状況がうかがわれる。これに関

第4章 「満洲国」成立以降における土地商租権問題

表1 商租権登記取扱地一覧（1933年9月：高等法院所属別）

高等法院	地域数	取扱地
奉天	50	瀋陽・遼陽・営口・安東・錦県・鉄嶺・洮南・海龍・遼源・復県・撫順・開原・西安・通化・新民・法庫・新賓・北鎮・黒山・彰武・海城・本渓・遼中・台安・蓋平・岫巌・鳳城・盤山・寛甸・義県・綏中・興城・錦西・西豊・昌図・懐徳・梨樹・瞻楡・安広・東豊・柳河・輝南・金川・康平・双山・通遼・荘河・清原・桓仁・集安
吉林	42	永吉・濱江・依蘭・延吉・双陽・樺甸・濠江・五常・舒蘭・磐石・敦化・額穆・扶余・農安・伊通・楡樹・長嶺・徳恵・乾安・賓県・双城・寗安・阿城・珠河・延寿・穆稜・葦河・東寗・樺川・方正・勃利・密山・虎林・富錦・同江・撫遠・饒河・宝清・琿春・汪清・和龍・六道溝
黒竜江	5	龍江・拝泉・呼蘭・海倫・綏化
北満特別区	4	特別区・横道河子・海拉爾・満洲里

出典）奉天・黒龍江・吉林・北満特別区各高等法院宛「司法部訓令第567号」（1933年9月21日付）、『満洲国政府公報日訳』第231号（1933年10月6日）、4-6頁より作成。

し、同年9月現在で登記申請の事務取扱を準備していた地域を示したのが表1である。これをみると、すでに日本人の商租権登記の対象となる土地権利が、奉天・吉林両省の広域（松花江以南が中心）に加え、黒竜江省・北満特別区へも及んでいたことが確認できる。

さらに北満特別区や商埠地においても、従来も認められていた租権のほかに、国有地化した土地（いわゆる「逆産」となった租権を含む）に対し、新規に商租権の設定が可能となっていた[14]。これらを契機に、日本人の権利取得が活発化していたと推測される。

また、商租権問題の解決に対しては、日本人が直面していた金融上の要請も大きかった。満洲国設立当初は商租権の性格が曖昧であるため、それを担保とする抵押権（抵当権）設定が出来ず、商租権を担保とする直接金融をうけることは非常に困難であった。そのため、信託譲渡（売渡担保）などが利用されていた。これは中国人から土地の商租を受け、これを債権者に移転登記し、債務が完済した後に返還をうける（再度登記を行う）形式で、登記の度に登記料と契税が必要となり、手続きが煩雑かつ費用も高く、その解決は切実な問題と認識されていた[15]。

こうした満洲国成立後の日本人をめぐる状況が、前述のような暫定的ではあるものの早急な満洲国政府の保護政策を必要とした背景であった。

第一部　日中両国における研究成果

2. 商租権整理法令の策定

　商租権問題の整理・解決方法が最終的に決定されたのは、1936年9月の「商租権整理法」制定であった。本節ではこの方針決定に至る各種法令立案過程について、商租権の再定義の必要性、所有権等を取得可能にする方法、商租権の設定可能地域の各点に着目しつつ整理したい。

(1) 関東軍特務部による保護法令立案

　満洲国設立当初、関東軍では特務部を中心に、主に満鉄と提携しつつ各種政策の基本方針を検討していた。土地政策についても同様で、1934年に作成された商租権「保護」に関する法案と、審議研究会の議論から、この段階での関東軍の考えを知ることができる[16]。

　まず、法令制定構想を示した「商租権に関する法令制定に関する件」（4月作成）によれば、「商租権の内容、限界に関する実体法関係及不動産執行等に関する手続法関係を明確にして商租権の保護及商租権取引の円滑を期し、他面商租権の期間、取得原因及商租施行区域を拡張し、且其他の必要事項を整備」するため、満洲国法令を制定するとしている。

　内容については商租権の定義として、ほぼ南満東蒙条約の条文を踏襲した表現に加え、「従前取得したる商租権」へも適用すること、対象者は条約上商租権を享有しうる「外国人」となっており、日本人が取得したすべての土地権利を示すものとなっている。また権利の効力区分については、20年以上もしくは無条件更新約定のものを所有権、その他を地上権・承租権（貸借権）とする基準を定めている。さらに「商租権は他の私権の目的たることを得る」という条項が入れられ、商租権に対する抵当権の設定が可能である旨を明記している。

　ここから関東軍の構想を整理すると、商租権の再定義については、これまで日中間の争点であった商租権の解釈問題にたいし、日本側の主張した所有権として満洲国政府に肯定させ、解決を図るとともに、その内容を「拡充」し、従来の条約上の権利を包含するものの実質的に「全然別個」の概念を設定するも

のである。そのために実定法の策定が必要であり、あわせて実施のための手続法を制定するとしている。さらにそれを「専ら満洲国の国内法」により実施し、他国への最恵国約款による均霑を防ぐことも視野に入れていた。また所有権化と設定地域については、この日本人のみを対象とした一連の法令制定によって、商租権に実質的な土地所有を包括させ、担保金融への途を開くとともに、それを満洲国全域に拡大する考えである。総合すれば、従来の法解釈の議論から離れ、満洲国に付与された「近代法治国家」としての機能を利用して、商租権を独立特殊な権利として法令により保護・保障するとともに、できるだけ広範な内容へ直接的に読みかえようとする関東軍の意図がみえる。

　しかし同時に、満洲国国内法規の体系でいう所有権や借地権などの区分を、依然として混在させたまま商租権として強化・拡大することになり、国内土地権利との統合化とは相反する政策となる。この点については、立案の出発点での見解として、「将来ハ建国宣言ノ趣旨ニモ鑑ミ外国人モ平等ニ又ハ互恵的ニ土地所有権ヲ享有スルコトヲ得ルニ至リ、商租権モ之ニ伴ヒ所有権等ニ整理セラルルニ至ルベキコトハ予想スルニ難カラズト雖モ、其ノ間暫行弁法トシテ本法ヲ施行」[17]して、商租権の保護と取引の円滑化をはかることを重視していたことが示されている。とくに、権利の定義が曖昧であることや、黒竜江省での設定を可能とする根拠が主務官庁の訓令にすぎない点をあげ、取引や担保物件設定に大きな支障があるため、その保護を急いでいた。すなわち、将来的な「互恵的な共有化」を想定しつつも、その実現の見通しがない状況であるため、保護を実効化する手法として、商租権単独での補強政策を構想していたのである。その意味では、前述の1-(2)で検討した、状況を対処療法的に解決する一連の保護政策と目的が共通しており、商租権の解決・整理よりも現実的「保護」を重視し、これを裏付ける「弁法・暫定法」段階の法令立案と位置づけることができる。

(2) 満洲国政府における立案──土地局による「商租権審定法」案

　つぎに、満洲国政府における商租権整理への取組みと法令立案に対する考えをみていきたい。満洲国政府の土地政策は「建国」当初から、国内の地籍整理

を中心に、土地権利の主体や諸権利の関係性整理をはじめ、清朝期からつづく「皇産」・「蒙地」の処理[18]など大きな課題を抱えていた。そのため早い段階から取組みが開始され、32年5月に民政部外局として土地局を設置し、商租権問題についても関係各部との連携のもと、前述の保護対策が執られていた。なお、この時期の土地局における政策は、各地で頻発する問題への対処策が中心で、諸権利の整理・統合化に向けての中央集権化政策は基礎調査の段階を脱しておらず、法令立案までは行えなかったと推定される。

その後、34年9月に土地行政の中心人物となる加藤鉄矢[19]の入局を契機に、土地行政の近代化・中央集権化への基本法立案を含む政策検討が本格的に開始された。審議機関としては35年8月に臨時土地制度調査会[20]が設置され、日本人官僚・軍人・土地問題専門家によって、8～12月にかけて委員会等（研究会）を頻繁に開催、土地政策全般をめぐって議論を重ねていった[21]。

満洲国政府において土地商租権問題は、現状への対処策は逐次実施するものの、根本的な解決は近代化・中央集権化を目的とする包括的な土地政策の一つとして、その連動のなかで処理されるべきものと認識していたと考えられる。土地制度改革検討の中核であった臨時土地制度調査会の中心議題は、地籍整理の大綱「地籍整備事業要綱」の策定・法案作成および関連事業の方針決定であり、このなかで商租権問題は一般の整理計画とは切り離され、第一期事業（初年より五ヶ年）に併行して行う必要のある「緊急事業」に指定されるものの、整理の一環であるという大前提は崩されなかった。区別の要因は、日本人独自の権益であるという傀儡政権としての重要性と、関東軍とも共有していた緊急性にもとづくものであろう。この点において、法制化を含めて単独処理を推し進めようとした関東軍とは、政策の位置づけそのものに相違があった。そこで、主管官庁である土地局が作成し、35年10月に臨時土地制度調査会に提出した勅令案「商租権審定法」・「同審定委員会官制」[22]から、法制化に対する土地局の認識・手法を確認したい。

その立案経緯は、加藤土地局総務処長によると、6月に満洲国政府関係当局で合議の結果、「商租権審定法竝同委員会」を制定・設置して審定整理を行う方針がまとまり、具体案を作成して日本大使館からも黙認を得ていると説明し

ている[23]。すなわち、満洲国政府が主導して、日本側（大使館）からの了承をえた方針であることがわかる。

　同法案の主旨は、すべての日本人土地契約を対象とはせず、権利の存否と範囲に紛議が生じたもののみ申告を受付け、審定委員会で「商租権」として権利を確定・保障することである。内容的には申告から調査・審決・裁決（二審相当）・確定・登記までの具体的規定を定めた手続法であった。その立案理由は、前年の関東軍の場合と異なり、35年10月時点の「治外法権の撤廃を極めて近き将来に期する現状」において、頻発・増大する紛議について「迅速なる解決を期する特別の手続」が必要であるが、現行の条約では日満両国の共同審判による訴訟で確定する形式であるため日数を要し、満洲国政府としては満洲国単独での審定を可能にしたいということであった[24]。そのため、すべての商租権を対象とした根本的解決は、一連の国内土地関連法制の整備と歩調をあわせて治外法権撤廃後に送り、その前提状況を整理するにとどめる手続法として立案したのである。

　ここから土地局の認識を整理すると、商租権そのものの再定義はせず（実体法制定はしない）、あくまでも曖昧な契約を「商租権」として認定するにとどめ、所有権等への転換は、治外法権撤廃を契機とした各種土地法令の整備と連動させる考えである。また、設定可能地域については、撤廃による土地所有権解放に先がけて、旧東三省以外の熱河・錦州省、北満特別区・商埠地などへも同法を適用させ、あわせて設定可能地域を拡張しようと考えていた。すなわち、あくまでも手続法である同法の適用によって、満洲国全域の日本人各種権利を商租権という形式で「オーソライズ」[25]し、それを撤廃後に円滑に国内権利へと転換するシナリオを想定していたのである。ここには、地籍整理事業という包括的な土地制度改革の遂行をめざす土地局が、商租権を重視しつつも権利拡張へ独走させず、各種の国内法整備との連動のなかで整理・解決しようとする姿勢が見てとれる。そうした土地改革政策遂行の円滑化のため、治外法権撤廃実施前に少しでも個別案件の状況整理を進めておきたいという、主管官庁の意図がこの法案に込められていた。

(3) 治外法権の撤廃と「商租権整理法」の制定

このように、商租権整理の方針決定には治外法権撤廃が大きく作用していた。満洲国に対する日本治外法権撤廃は、成立直後から関東軍幹部や民間団体を含め、各方面から言及されていたものの、満洲国法令の未整備を理由に、その進展を待つとして棚上げされていた。再度この実現に向けて具体的検討が始まるのは、1934年7月に満洲国政府内に準備委員会が設置[26]されたことを嚆矢とし、35年2月に日本本国政府および現地に委員会が設置され検討が本格化した[27]。そして8月に「満洲国ニ於ケル帝国ノ治外法権ノ撤廃及南満洲鉄道附属地行政権ノ調整乃至移譲ニ関スル件」[28]が閣議決定され、実現への具体的日程がつめられていくこととなる。そして36年7月と翌37年12月の二段階で実施に移されたのである。商租権問題に関しては、第一次撤廃に際し、満洲国による対日本人課税を容認する際の反対給付として、満洲全域における土地所有権が承認された[29]。さらに同「附属協定」第一条で「満洲国政府ハ従来日本国臣民ノ有スル商租権ヲ其ノ内容ニ応ジ土地所有権其ノ他ノ土地ニ関スル権利ニ変更スル為速ニ必要ノ措置ヲ執ルベシ」と明記され、満洲国政府にとって商租権整理が条約上の義務を負う「国内」政策へと位置づけられる。そして、日本人が新規に土地所有権を取得することが可能となったことをうけ、以後の商租権の新規設定を禁止し、国内権利への転換作業が開始された。この基本法規として36年9月に制定されたのが「商租権整理法」および附属諸法令であり、方針・具体的手法の検討が決着し、実際の整理に着手されることとなるのである。

では、ここに至る過程を前述の各法令案へふりかえって、その処遇に即して跡づけ、整理基本方針の決定過程として詳細に検討したい。

まず、(1) の関東軍による商租権保護法令であるが、34年4月25日に特務部で開催された「商租権に関する法令制定に関する連合研究会」で審議され、関東軍側と満洲国側出席者間で激しい質疑応答が展開された[30]。前述のように実体法を含む個別国内法令を制定して、包括的な性格を残したまま「商租権」として権利強化・拡張を指向した関東軍に対し、満洲国側は、むしろ従来

の条約上の商租権の内容を明確にした上で、「其の運用上の不備を補足する意味に問題を限」って立案すべきだと反論した。満洲国政府としては、土地局を主務官庁として同様の目的の「保護」政策は展開しているが、あくまで個別的対処は暫定的措置であり、その整理は地籍整理など他の土地政策との連携のなかで処理しようという考えであった。さらにこの段階では、まだ治外法権撤廃が具体化しておらず、日本人への所有権付与実現への目算がたてられていなかった。両者のあいだでは、そうした状況での暫定的施策の必要性は共有しつつも、その手法に対する認識は大きく異なっていたのである。

　その結果、研究会では合意・結論に至らず、以後の同法案をめぐる具体的な展開過程は不明であるものの、「保護」内容の満洲国法令は制定されず、成案には至らなかったと推測される。むしろその後の商租権問題に関する法令立案は、満洲国側の機関へと主軸が移行し[31]、同時に保護を目的とした個別・弁法的解決から、中央集権化を目的とする土地政策の一環として商租権を処理する政策へと基本方針が転換していったと考えられよう。

　そして、この延長に位置づけられるのが（2）の満洲国土地局による「商租権審定法案」である。この法案は、1935年10月という治外法権撤廃に向け具体的検討が進展しつつある状況での立案であるため、その後に実施されるべき土地関連法令整備・制定に備え、日本人権利を商租権に揃えて状況を整理し、新体制移行を円滑化しようとするものであった。その意図するところは、撤廃を推進力とする総合的な土地制度改革に商租権処理を包含させ、その一環として他の国内権利整理と連動して処理するための準備施策という位置づけである[32]。

　この法案が審議された臨時土地制度調査会での論点は、基本的な整理方針（再定義が不要であること・個別的解決を指向しないこと）ではなく、同法案の手続法としての必要性であった。審議が行われた10～12月は、治外法権撤廃の各項目における基本政策を定めた各種要綱が、満洲国内および日本の関係各省との間で審議決定される時期に合致しており、第一次撤廃で満洲国の課税が日本人にも適用されることと併せ、土地所有権が認められることとも既定化していた。こうした撤廃関係の要綱策定に参加していた財政・外交両部の委員

からは、この段階での「事実上の商租権のやうなものを改めて商租権」とすることは「煩鎖になり負担も多くなる」と危惧し、「一足跳びに所有権に変へ」ればよいとして、同法の満洲国全域への適用による設定地域の拡張も不要であると主張したのである[33]。満洲国政府内で撤廃準備を主導していた財政部などでは、商租権の曖昧性も、各地で頻発している紛議も現状のまま看過し、撤廃により所有権取得可能な状況が現出すれば、「一足跳び」に権利転換に持ち込むことができると認識していたと考えられる。すなわち、財政部等の満洲国政府主流は、撤廃で発生する国政上の政策推進力を最大限に利用し、ドラスティックな方法論での解決を選択したのである。こうして、主務官庁として土地制度改革へむけ各方面で施策を積み上げつつ、撤廃以前にも漸進的整理を進めようとしていた、土地局の思惑は退けられる結果となった[34]。

　そして、36年7月に第一次撤廃が行われ、日本人の土地所有権取得が可能となったことをうけ、これ以後の商租権は新規設定を禁止し[35]、所有権以下の国内権利転換へと移行していく。この基本法規として、36年9月に「商租権整理法」および附属諸法令が制定されるのである[36]。

　内容的には「商租権審定法案」と同様、各種権利をもれなく転換させるための手続法としての性格が強いが、次の点が大きく異なっていた[37]。それは、商租権についての権利解釈と保証を棚上げする選択をしたために、この法令による整理対象を明確にする定義づけが必要となったことである。そこで、第一条で「本法ニ於テ商租権ト称スルハ帝国ノ領域内ニ於テ日本国臣民ノ有スル一切ノ土地権利ニシテ康徳三年六月三十日以前ニ設定シタルモノヲ謂フ」とし、対象区域を満洲国全域に拡大しつつ、治外法権撤廃に至るまでに締結された、すべての日本人土地権利を「商租権」と位置づけたのである。これにより、関東軍や土地局が「建国」以来腐心してきた、設定地域の拡大と権利の正当性付与の手続きは、一つの国内法によるやや強引な手法によって決着をつけられる結果となった[38]。このように満洲国成立以来の懸案事項であった土地商租権の解釈と整理の方法論検討は、治外法権撤廃という一大画期による所有権解放と法令整備義務という政策推進力を得て、劇的な解決がはかられたのである[39]。

3. 商租権整理の展開過程

（1）申告受付と促進活動の展開

　最後に、法制定を受け開始された整理の実態と、それを補完するため重ねて実施された施策を検証し、土地商租権問題の整理「完了」までの過程を明らかにする。

　法令制定による整理方針の決定と並行して、土地行政担当機関も改組された。民政部土地局は治外法権撤廃に先行する3月26日に廃止となり、国務総理大臣直属の地籍整理局へと拡充され、商租権整理についても専管部署として審定科内に商整股が設けられた。この機構改革と同時に地籍整理事業の基本法「土地審定法」が制定され[40]、土地政策は地籍整理計画を実行に移す新たな段階に入る。

　「商租権整理法」は1936年9月21日に公布され、即日施行となった。同法の主旨は、治外法権撤廃以前に取得されたすべての日本人土地権利を対象に、一年期限の申告制（無申告の場合は抛棄と見なされる）で、各権利を地籍整理局長による審定（さらに不服の場合は商租権整理委員会による裁定）によって所有権以下の国内各権利へと転換するというものである。

　これに基づき、公布即日より申告受付が開始された。これに合わせ地籍整理局では無申告による権利抛棄を避けるべく、多様な申告推進の広報活動を展開する[41]。まず公布直後に、加藤総務処長による趣旨および具体的手続説明のラジオ放送が行われ、協和会の協力のもと各省・県の協和会本部に地籍整理局分会が設置され、申請用紙の有償頒布が開始された[42]。さらに11月には「商租権に関する土地主務者打合会議」を開催し、各省及び新京特別市・北満特別区の担当者に対し整理事業の趣旨徹底を図るとともに、1ヶ月間にわたり国内17ヶ所の主要都市で一般商租権者を対象とした講演会を開催した。

　しかし、こうした精力的な広報にもかかわらず、当初、申告件数の伸びは低調であった（表2）。そこで37年以降には申告書受理班として奉天・安東・吉

表2　整理申告受理状況

年	月	受理件数	(％)
1936	9	1	0.00 (注
	10	14	0.02
	11	45	0.07
	12	72	0.11
1937	1	393	0.57
	2	386	0.56
	3	498	0.73
	4	731	1.07
	5	3,383	4.94
	6	1,237	1.81
	7	32,209	47.01
	8	3,706	5.41
	9	25,840	37.71 (注
合計		68,515	100

出典）地籍整理局「商租権整理中間報告書」(1937年11月) 30-31頁より作成。
注）36年9月は21日から、37年9月は20日までの件数。

林・延吉・哈爾浜に職員を派遣[43]するとともに、ポスター作成、新聞記事の利用、官庁公示事項としての定期ラジオ放送が開始され、各地の依頼に応じ講演会の追加開催も実施している。それでも「申告期間ノ半ヲ経過セル康徳四年六月中旬ニ至ルモ一般商租権人ノ申告ハ甚微々タルモノ[44]」であった。とくに整理の対象に組み入れられた朝鮮人[45]に比べ、日本人権利者の申請が低調であった。そのため地籍整理局では、このままでは期間満了後に権利放棄と見なされ「不測ノ損害ヲ蒙ル者多数発生スベキハ想像ニ難カラズ」と危惧を抱いた。

そこで6月以降、日本領事館の取りまとめによる申告を実施することとした[46]。奉天・安東・吉林・間島・哈爾浜の総領事館に対し「領事館ノ認証ナキモ商租権ナルコト明ナル土地権利」も含め、「管内ノ判明セル商租権人ニ対シ商租権申告ノ促進ヲ為シ且其ノ申告ヲ取纏メ随時之ヲ本局又ハ最寄商租権申告受理班ニ送致」させたのである。現実的にはこれが奏功し、7月の実績につながったと考えるのが妥当であろう。

（2）救済措置と整理の「完了」

　申告につづく審査・国内権利への転換は、比較的作業が容易かつ緊急性が高いとされた国都建設局関係および特殊申告から着手された[47]。前者では国都建設局払下地内の商租権と、「国都建設融資補償法」による抵押権（抵当権）申告の処理が行われたが、これらは日本人に対する不動産担保金融上の法的保障を与える点で重要であった[48]。また特殊申告は満洲拓植公社・満鮮拓植・満鉄・昭和製鋼所によるもので、これらはすべて主要大口申告者であり（総申告件数の約60％）、一般の整理とは別に整理方針を立て処理が行われた[49]。また一般の地籍整理事業が実施された地域では、10月より商租権整理にも一般の整理を規定する「土地審定法」が適用となり、同法の簡易な手続で処理するよう便宜がはかられた[50]。そして翌37年9月20日の申告締切りとともに整理も本格化し、機構も38年8月に商租権整理科へ格上げされた。さらに40年2月には地籍整理局が拡大改組され地政総局となり、商租権整理科も規模を拡大し、引き続き処理にあたった。

　これらと並行し、期限内に申告をしなかった土地権利に対する救済措置的施策が執られる。まず、38年3月の「無申告商租権ノ処理ニ関スル件」[51]である。同令により期限内に申告のなかった所有権に該当する土地権利は、一旦国有地とした上で所有権に転換し、「已ムヲ得ザル事由ニ因リ」申告ができなかった従前の商租権人は一年以内の払下げ申請が可能となった。その後、40年の地政総局設置に際し、これらの国有地管理が経済部から移管されたことをうけ、10月に「地政総局所管国有財産取扱規程」（院令第44号）を制定し、「適正妥当の取扱を以て低価に払下」るとした[52]。さらに42年2月に外国人土地租権が地政総局の管掌事項に追加されると、直後に「外国人土地租権整理法」を制定し、所有権以外の未申告権利を外国人土地租権として再度申告の対象に取り込み、救済の機会を与えた[53]。

　そしてついに、43年9月21日に「土地商租権整理事業完了報告式」を迎える[54]。ここで地政総局審査処長小木貞二によって「商租権整理事業経過報告」がなされており、その内容から事業の「完了」について確認したい（表3）。

第一部　日中両国における研究成果

表3　商租権審定結果

区分	件数	%：(A)	(B)
商租権申告総数	68,785		
取り下げ	4,737		6.9
審決数	64,048	100	93.1
商租権ありと審定	62,913	98.2	
内訳）所有権	58,714	91.7	
抵押権	2,061	3.2	
典権	1,159	2.0	
賃借権	673	1.1	
地上権	165	0.3	
耕種権	141	0.2	
商租権を有せず	1,135	1.8	

出典）小木貞一「商租権整理事業経過報告」（『地政』8-6、1943年12月）17頁より作成。
注）％（A）は審決数全体に対する結果別内訳比率、（B）は申告総数に対する審決率を示す。

　まず、最終申告総数は 68,785 件で、中間報告（申請期限終了時）に比べ若干の増加が見られる。その後実際に審決が為されたのが 64,048 件で、さらに商租権と審定されたものが 62,913 件あり、申告の大半が認定をうけたかたちとなった。そしてその内訳をみると、9 割超が所有権へ転換されていることがわかる。これはあくまでも件数ベースでの分析であり、実際は一件当りの面積など複合的な判断を必要とするが、日本人土地所有の法的保証を確立するという、事業自体の基本的性格を確認することは可能であろう。しかし整理および裁決の申立はこれ以後も「相当数行われた」が、終戦により集計には至っていないとの記述もみられ[55]、地政総局が「事業完了報告」の記念式典で表明した成果は広報的な意味合いを考慮する必要がある[56]。それでも、地籍整理をはじめ、事業の進展が低位に終わることが多かった土地政策においては、商租権整理は特筆すべき成果と位置づけられよう[57]。それは当該問題がもっていた、日本人の土地所有権の保護・保障という緊急性と重要性に裏打ちされたものであり、傀儡政権としての満洲国政府が最優先するべき課題であったことを示している。

第 4 章　「満洲国」成立以降における土地商租権問題

むすび

　1920年代からの懸案事項であった土地商租権問題は、日本による満洲国成立をうけて大きく変質した。すなわち、満洲国が独立国家の形式をとったことで「日満間外交」という枠組みが創出されたのである。そこで商租権問題をはじめとする従来の日中間懸案事項の解決は、満洲国の対日「外交上」の義務となり、「国内」政策として処理・整備されるべきものへと転換され、政府はその対応に主体的に取り組んでいく。そして、1934年後半期以降は、日本治外法権撤廃という「外交」施策が想定されるに至り、国内法体系の整備（近代化・中央集権化）という具体的課題へと展開していった。
　こうした構造から、商租権問題は一連の土地制度改革に包摂され、日本人土地権利の整理問題として、地籍整理などの施策と関連して処理するべき重要課題の一つと位置づけられた。
　当初は、日本人による権利取得の活発化に対処するため、「弁法」や「暫行」を冠した法令によって登記や権利証書発給を可能とする保護政策を展開した。そのため、満洲国としての商租権定義や、国内諸権利との調整方法論の検討が課題として残された。
　これを解決する方針検討が、関東軍や満洲国政府内部でも行われ、各種の法令案として立案、審議が行われた。当初、関東軍を中心に日本人権利保護の観点から、商租権を個別的に解釈・処理する考えが提示された。しかし、満洲国政府は近代化・中央集権化政策を推進する立場から批判し、かわって立案の中核的役割を果たすようになる。そして土地局を中心に具体的施策の検討を積み重ね、一連の土地改革政策を進めていたが、治外法権の撤廃が現実的となった段階で、状況が変化する。
　1936年に実施される第一次撤廃で、対日本人課税を実施することにあわせ、土地所有権の取得可能化が決められると、日本人権利の整理・転換は、これと連動して処理を急ぐ「義務」となった。そのため撤廃を控えた段階で、満洲国の態度も主務官庁が進めてきた段階的政策展開から、財政部など主流派官僚が

第一部　日中両国における研究成果

主導する治外法権撤廃を契機とする急進的なものへと方針が転換した。満洲国政府は「国家」としての近代化・中央集権化を指向しつつも、最終的には、一大政治的画期による政策推進力を最大限に利用した、強行的手法を選択したのである。

こうして商租権処理の具体的方策は、36年の「商租権整理法」の制定に結実した。これに基づき整理が着手され、申告手続きの便宜など手厚い待遇のもとで受付・審査が行われた。その後、地籍整理事業を構成する他の権利整理処理とも一体化しつつ、補完的施策を実施し、日本人権利の最大限の擁護を目的に進展した。そして、大半の商租権を所有権として法的保証を与えるかたちで43年に一応の事業「完了」を迎えたのである。

こうした土地商租権をめぐる政策展開からは、満洲国のおかれた「外交」構造と、「国策」遂行の拮抗的関係が明らかとなった。すなわち、近代的な法治国家体制の構築を指向し、その具体的政策検討を重ねつつも、日本人土地権利保全への格別の配慮が基調にあり、治外法権撤廃という「外交」事案を前にして、その政策方針すら強行的なものへと変化させた。このような政策論理には、満洲国がもつ「独立性」と「従属性（傀儡性）」の両面が含まれ、当該期日本の満洲経営の特徴が強く反映されたものであったといえよう。

なお、本稿では商租権問題が「どのように処理されたのか」に着目したが、「どのようなものが処理されたのか」という、対象としての商租権の実態を分析することができなかった。商租権問題はこの両面からの理解が不可欠であり、稿を改めてこれを検討した上で、再度商租権整理の総合的評価を行うこととしたい。

●註
1) 中国東北地方。以下、本稿では「満洲国」など、地名・組織等の名称を歴史的用語として当時のものを用い、本来ならば「　」を付して表現すべきであるが煩雑となるので省略している。
2) 具体的な条文は「日本国臣民ハ南満洲ニ於テ各種商工業上ノ建物ヲ建設スル為又ハ農業ヲ経営スル為必要ナル土地ヲ商租スルコトヲ得」（第二条）で、

この商租につき交換公文にて「三十箇年迄の長き期限附にて且無条件にて更新し得へき租借を含む」とされた（外務省編『日本外交年表並主要文書　上』406頁、原書房、1978年）。

3）土地局「『治外法権撤廃満鉄附属地行政権委譲ニ対スル満洲国側ノ準備』ニ関スル資料」、1935年11月（臨時土地制度調査会「第一回在京委員打合会議事」資料第4号）。

4）浅田喬二「満州における土地商租権問題——日本帝国主義の植民地的土地収奪と抗日民族運動の一側面」（満州史研究会編『日本帝国主義下の満州』御茶の水書房、1972年）、325～370頁。

5）満洲国における政策立案に際しては関東軍の主導性が指摘されているが（例えば原朗「一九三〇年代の満州経済統制政策」満州史研究会、前掲書、所収）、本稿では具体的政策の立案・遂行を担当した日本人官僚を中心とする「満洲国政府」の活動に注目する。

6）地籍整理事業の概要については、江夏由樹「満洲国の地籍整理事業——「蒙地」と「皇産」の問題からみる——」（『一橋大学研究年報　経済学研究』37、1996年3月）、広川佐保『蒙地奉上——「満洲国」の土地政策——』（汲古書院、2005年）43～65頁で立案過程の分析を行っている。

7）地籍整理局「商租権整理中間報告書」（1937年11月）2頁、経済調査会第五部外事班「満洲国成立後に於ける商租権」（満鉄経済調査会編『立案調査書類第四編第一巻　満洲国土地方策』1935年、所収）19頁。

8）「財政部第57号・民政部第109号訓令」、『満洲国政府公報日訳』第106号（1933年3月15日）。

9）「財政部第59号・民政部第111号訓令」、同前。

10）「教令第46号」、『満洲国政府公報日訳』第145号（1933年6月14日）。

11）商租契約の無条件更新約定がある場合、商租権者単独で期間延長の申請が可能（第五条）、同法令制定以前に取得した商租契約についても同様の措置を適用（第十条）、出租人（中国人・朝鮮人）が所在不明もしくは登記に協力できない場合は、「実状ヲ証明シタル村区長及四隣ノ保証書」を添附すれば商租権者単独での申請が可能（第九条）としている。

12）「司法部令第4号」、『満洲国政府公報日訳』第267号（1933年11月18日）。なお前述の優遇条項も、代理人申請において「原権利者ノ署名捺印ヲ要セズ」と明記され、登記簿作成では「原権利ノ登記ナキカ又ハ登記ノ有無不明」の

場合、無条件更新約定及び「永租」は原登記よりも新規登記を優先するよう規定している。

13)「財政部令第5号・民政部令第6号」、『満洲国政府公報日訳』第337号（1934年2月21日）。

14) 北満特別区・商埠地における日本人土地権利については、満鉄産業部「商租権整理ト之ニ伴フ在満邦人ノ土地権利取得ニ就テ」1936年1月（吉林省社会科学院満鉄資料館蔵）、34〜42頁、47〜53頁を参照。

15) 満洲中央銀行調査課「商租権に就て」（前掲、『満洲国土地方策』所収）69〜70頁など。なお、日本人向けの不動産担保金融問題は非常に重要な論点であるので、稿を改めて詳細に検討したい。

16) 特務部案として確認できるものは、34年2月第五委員会作成「商租権保護ニ関スル法律制定ノ件」及び4月の第二・第五委員会作成「商租権保護に関する法令制定に関する件」・「商租権に関する法令制定に関する件」（これが最終案と考えられる）の各法律案があり、特務部・満鉄での商租権保護法令立案の動きをうかがうことができる。満鉄経済調査会編「満洲国土地商租権対策」1935年8月（『満鉄経済調査会』、前掲書、所収）1〜8頁。

17) 第五委員会作成「商租権保護ニ関スル法律制定ノ件」（2月作成）、同前。

18) 帝室財産である「皇産」問題については江夏由樹「満洲国の地籍整理事業から見た『皇産』の問題」（石橋秀雄編『清代中国の諸問題』山川出版社、1995年）、蒙地の処理については広川、前掲書の論考が詳しい。

19) 1933年東京帝大法学部卒、陸軍経理部・関東軍調査科長を経て、土地局・地籍整理局総務処長に就任。

20) 同会の構成・活動概要については先行研究（江夏、広川両氏の論考）に詳しいので、本稿では商租権問題にのみ焦点をあてて分析する。

21) 臨時土地制度調査会「幹事会議事要」（1935年8月）、地籍整理局「臨時土地制度調査会第二回委員会議事速記録」（1936年4月）。以下、議論の詳細についても同史料によるものとする。

22) 同案は第二次案であり、第一事案（作成日不明）では登記済もしくは「国力設定」した商租権以外総てを対象に6ヶ月期限の申告制として、無申告権利は消滅するとの内容であったが（前掲「商租権整理中間報告書」4頁）、現実性を考慮して改正されたと考えられる。

23) 加藤土地局総務処長説明（1935年10月16日）、「第一回在京委員打合会議

第4章 「満洲国」成立以降における土地商租権問題

事」、前掲「幹事会議事概要」所収。
24)「第一回在京委員打合会議事資料」第四号、(土地局「『治外法権撤廃満鉄附属地行政権委譲ニ対スル満洲国側ノ準備』ニ関スル資料」、1935年10月10日)。
25) 加藤説明(12月18日)、前掲「臨時土地制度調査会第二回委員会議事速記録」160頁。
26) 満洲帝国国務院総務庁長発実業部総務司長宛「治外法権竝満鉄附属地行政権撤廃ニ関スル件」1934年7月12日(一橋大学経済研究所付属日本経済統計情報センター蔵「美濃部洋次満洲関係文書」B-2-1-18)。
27) 詳細は治外法権撤廃現地委員会幹事「治外法権撤廃及満鉄附属地行政権の調整乃至移譲に関する機関(諸委員会)竝に決定要綱」1936年3月(国会図書館憲政資料室蔵「大野緑一郎文書」996)を参照。
28) 同上、「治外法権撤廃及満鉄附属地行政権の調整乃至移譲に関する機関(諸委員会)竝に決定要綱」所収。
29)「満洲国における日本国臣民の居住及満洲国の課税等に関する条約」・「同附属協定」(条約局法規課『関東州租借地と南満洲鉄道附属地』前編「外地法制誌」第六部、1966年)。
30) 満鉄経済調査会第五部「商租権に関する法令制定に関する連合研究会の件」、満鉄経済調査会、前掲書9～13頁。なお具体的な参加者は不明であるが、立案に関わった関東軍及び満鉄関係者と満洲国政府関係者と推定される。
31) 特務部では満鉄が立案に大きく関与していたが、満洲国政府への日本人官僚の進出などにともない、満鉄の政治的影響力が低下したことも関係していると考えられる。
32) こうした一連の土地関連法規の立案が連動して進められていたことの証左として、地籍整理の基本法規である「土地審定法」があわせて審議されており、後述するように36年3月の土地行政機構改革(地籍整理局へ発展)にあわせ制定に至っている。
33) 財政部総務司長星野直樹発言、前掲「臨時土地制度調査会第二回委員会議事速記録」162頁。
34) 設定可能区域の拡張については、北満鉄路の接収にともない、すでに行政上の整理が開始されていた北満特別区にのみ合意に至った。
35) 民政部第279号・財政部第140号・司法部第682号・蒙政部第385号訓令「康徳三年七月一日以降ニ於ケル日本人ノ土地権利取得手続ニ関スル件」(『地

籍整理局報』第 6 号、1936 年 9 月 15 日）。

36)「商租権整理法」・同法「施行令」・同法「施行細則」・「商租権整理委員会官制」（『地籍整理局報』第 7 号、1936 年 9 月 30 日）

37)「商租権整理法」の具体的立案経緯は不明な部分もあるが、内容的にも「商租権審定法案」を基礎として、地籍整理局を主体として作成されたものと考えられる。

38) さらに執照未発給の契約に対しては、同法「施行令」第二条で「申告人商租執照ヲ有セザルトキハ申告書ニ戸籍ノ謄本、抄本其ノ他日本国籍ヲ証明スベキ書面ヲ、又法人ニ在リテハ其ノ登記簿ノ謄本若ハ抄本ヲ添附」すれば権利として承認するという規定を盛り込んでいる。また書面での申告制を執ったことも日本人に対して有利に働いたとの指摘もなされている。前掲、浅田（1972）385 頁を参照。

39) しかし、こうしたドラスティックな政策実施の素地として、主務官庁を中心に進めてきた土地制度の近代化・中央集権化への各種施策と、国内法令整備への動きが重要な役割を果たしたと評価できるだろう。

40) 同時に、調査諮問機関である臨時土地制度調査会も土地制度調査会へと発展改組した。

41) 前掲、「商租権整理中間報告書」9 〜 29 頁。以下、広報活動については同史料による。

42)「商租権申告用紙頒布ノ件」（『地籍整理局局報』第 8 号、1936 年 10 月 15 日）。

43) 従来は新京本局での受付および郵送受付であったが、これらの受理班全体で約 10,600 件を受付けた。

44) 前掲、「商租権整理中間報告書」29 頁。

45) 朝鮮人の土地権利に関しては、間島協約により取得した所有権等は整理の対象には含まないが、無国籍朝鮮人の土地権利は領事館警察の朝鮮人証明を国籍証明と見なし整理の対象に入れた（柿沼育也「商租権整理雑感」、『地政』8-6、98 〜 99 頁、国務院地政総局、1943 年 12 月）。

46) 同上。

47) 前掲、柿沼「商租権整理雑感」、98 頁。

48) 抵当権処理は主に、大興公司の子会社で新京日本人向け住宅供給会社の大徳不動産股份公司（後に満洲房産株式会社へ吸収）の申告によるものである。なお、日本人向け不動産担保金融問題については、商租権整理法第二十五条

49) また旧北満特別区（36年1月解消）内の日本人土地権利に関しては、37年1月財政部訓令「租権を民法上の権利に転換せしむるの件」によって国有財産法を準用する形式で先行的に処理が行われていた（前掲、柿沼「商租権整理雑感」102頁）。
50)「商租権整理法施行令」第21条および、前掲、満鉄産業部「商租権整理ト之ニ伴フ在満邦人ノ土地権利取得ニ就テ」、9〜10頁。
51) 勅令第33号（国務院法制処編『満洲国法令輯覧』第3巻、土地建築物篇所収）。
52) 前掲、『満洲建国十年史』209〜210頁。
53) 前掲、柿沼「商租権整理雑感」102頁。
54) 前掲、『地政』8-6。なお同号は「商租権整理完了記念号」として発行されたものである。
55) 満洲国史編纂刊行会編『満洲国史』各論（満蒙同胞援護会、1971年）、55頁。
56) 地籍整理局では申告を「約十二萬余件」（内訳：満鉄3万件／東拓1万／その他日本人・法人5万2千／朝鮮人2万8千）と予想し、三年の整理計画を立てていたが、実際には大きく異なる結果となった（地籍整理局「土地制度調査会第一回委員会議事速記録」（1937年6月）、23頁）。
57) 地政総局の広報・交流誌である『地政』が、1943年末の商租権整理完了記念号で終刊となっていることは、そのひとつの証左と考えられる。

第 5 章

北海道で語られてきた「満洲」体験

湯山 英子

はじめに

　戦後、日本人の「満洲」（以下「　」は省略。）体験は多くの当事者によって回想されて活字となり、あるいはインタビューによって当事者以外の人たちによってまとめられてきた。近年、それらによる引揚げまでの悲惨な状況、残留孤児・婦人らの経験を、日本帝国と植民地経験という枠組みの中で分析しようという歴史研究が盛んに行われている。特に地域研究として長野県飯田市が先駆的な調査・研究を重ねてきた[1]。しかし、他地域でも個々の研究者や歴史研究家が、それぞれ満洲体験の実態を明らかにしようとしているものの、都道府県レベルの地域と満洲との関係を対象とした研究は少ないのが現状である。北海道においても同様で、個々の研究者レベルで北海道と満洲との関係を調査・分析はしているが、まだ実態の把握のための初期段階であるといえる[2]。
　そこで本稿では、北海道と満洲との関係を明らかにするうえで、満洲体験がどう北海道という地域で語られてきたのかを整理し、検討する。北海道は満洲への送出地域でもあり、引揚げ後の受入れ地域でもあった。こうした北海道と満洲との関係把握に関し、少しでも貢献したいと考えている。

第一部　日中両国における研究成果

　最初に、時系列および分野ごとに回想された文献を整理する。分類は、初期段階に発行された記念誌、1970年代後半から現在までのルポルタージュ、体験談集、北海道大学卒業生の体験談に区分し、それぞれの傾向と特徴を示す。ルポルタージュにおいてはその時代にどう影響を与えたのかを検討する。

1. 分類にあたって

　井村哲郎が資料の種類、所在を整理した[3)]。その中で、「伝記・回想録」の項目においては、1、軍人・満洲国関係者の伝記・回想録、2、満洲国経済関係者の伝記・回想録、3、満鉄関係者の伝記・回想録、4、会社・学校など団体の回想録、5、その他、6、写真集・画集の6つに分類している。但し、これ以外に「農業移民、開拓団関係者による回想録」は、数が多いため省略している。また、回想録を資料として使う場合、その使い方について「回想録にありがちな思い込みの強いものもあり、利用する際には充分な史料批判が必要であることはいうまでもない」[4)]という注意を促している。

　本稿では資料としての信憑性というよりも、北海道に関連した個人の伝記や回想録が、どの時代にどういう意図で発表されたのかに重点を置くことにした。そこで、井村が省略した「農業移民、開拓団関係者による回想録」も範囲に加える。これは北海道の場合、北海道農法の指導農家として渡満した家族、引揚げ後の戦後開拓事業で北海道に入植した家族などの存在が大きく、北海道との関連性を知る上で重要と考えこれらも対象とする。さらに、体験者の声を代弁するという意図でまとめられたルポルタージュについてもその発刊の時代性を検討し、北海道という地域にどう貢献したのかを示したい。

　引揚げ者が戦後最初に始めた活動として、記念誌の発行がある。現在、把握できている記念誌を次で取り上げたい。

2. 記念誌

「開拓団の記録を残す」という目的で、回想録が出されたのは1980年代に

なってからである。例えば、北海道から参加した開拓団に関しては、次のような記念誌がある。

　①『赤い夕日 満洲八紘村開拓団生徒の記録』満洲八紘村開拓団同窓会、1986 年。
　②『鏡泊の山河よ永遠に』第一次鏡泊湖義勇隊鏡友会、1985 年。
　③松下光男編『弥栄村史 満洲第一次開拓団の記録』弥栄村史刊行委員会、1986 年。
　④『柳毛会の回想』柳毛釧路開拓団、1986 年。

　これらは順に八紘開拓団、鏡泊湖義勇隊開拓団、柳毛釧路開拓団、弥栄開拓団で、北海道に関連した開拓団である。

　①の八紘開拓団は、札幌の開拓民養成学校の八紘学園[5]が母体となり北海道や樺太から人を集めて入植した開拓団である。②の鏡泊湖義勇隊開拓団は、牡丹江省寧安県の鏡泊湖沿岸に設立された開拓団で、北海道、長崎県、静岡県出身者から成る開拓団である。ここに北海道出身者は、1938 年の第一次で 222 人参加している[6]。

　③の弥栄開拓団は、1940 年 3 月に北海道から 59 戸（7 戸の指導実験農家含む）が入植した開拓団である[7]。弥栄開拓団の引揚者たちは、戦後開拓事業地である北海道川上郡標茶町字上多和原野に入植した。ここには、新潟県出身者も加わり、入植地の標茶町には満洲での弥栄開拓団の名前にちなみ「弥栄」を地区名や開拓農協名に残した[8]。

　④の柳毛釧路開拓団の正式名称は、東安省鶏寧県滴道街柳毛河屯第一次釧路開拓団で、1941 年に釧路、北見、石狩を出身地とする 56 戸、172 人が入植した開拓団である[9]。

　いずれも開拓団での生活や、逃避行および引揚げまでの悲惨な状況について語られているのが共通している。語られた背景には、戦後 40 年にして生活も落ち着き、ようやく過去を振り返る余裕が出てきたことによる。語るまでには 40 年の歳月が必要だった。

　①の八紘開拓団の『赤い夕日』発行に向けて、元団員に原稿を募集したときの文書「発刊の趣意」を次に紹介する。

　　八紘村をわが五族共和の王道楽土として建設に努力したるも中途において大戦

に突入することとなり、前線基地としての役割も更に重く挙団一致、必勝の信念を以て奮闘したのに遺憾にも敗戦となり、団は解散の憂きめを見るに至りました。脱出しそして帰国に至る途上幾多の事件は筆舌に尽くし難いものがあります。

　今、四十年を迎えるに当たり、当時の事情に思いを馳せ、われわれの八紘村がどのような途を経過して参ったか、この際検討を加えながら八紘村の存在の意義を明らかにしておきたいと考えております。[10]

それまで、慰霊祭が札幌の八紘学園で執り行われてきたという経緯がある。引揚げ者たちの集まりなどが定期的に開催されてきた。『赤い夕日』発行の理由として、引揚げ者が高齢となり、すでに亡くなった人も出てきたことで記録に残そうという機運が高まったことによる。さらに、定住先での生活の安定のほかに、各地へ散らばった人たちに連絡を取るといったとりまとめ役の存在も大きい。戦後40年というのは一つの節目でもあったと考えられる。

また、第一次鏡泊湖義勇隊鏡友会の『鏡泊の山河よ永遠に』も同様に、戦後40年の節目に合わせて編集作業が行われた。「あとがき」には、戦後40年の慰霊祭のときに永住帰国した中国残留孤児の参加があったことが記されている。この時期に、中国残留孤児の永住帰国受入れが始まったことも記念誌発行の追い風になったのであろう。この記念誌の編集を担当した高畑信は、その「あとがき」で「生活の安定を計るにも引揚者としての立ち遅れを如何に埋めていくかが先決で暇があるわけではない気持ちがあれど遅々として進まず今日迄延引した次第である」と発行に至るまでの事情を語っている。引き揚げてずっと何かの形で満洲体験を振り返る機会を望んでいたことがうかがえる。

次に、当事者以外によってまとめられたルポルタージュについて検討してみよう。

3. ルポルタージュにおける貢献

北海道において満洲からの引揚げを題材にした代表的なルポルタージュとして、合田一道の『満州開拓団二十七万人 死の逃避行』[11]があげられる。これ

第 5 章　北海道で語られてきた「満洲」体験

は、1978 年 4 月に発行され、同じ年に続編として『証言 満州開拓団死の逃避行』[12)]が発表された。この 2 冊が書かれたいきさつは、次のような理由による。

　1977 年に北海道で初めて日中友好帰国者援護会と日中友好手をつなぐ会北海道支部が主催する満洲開拓団、義勇隊の三十三回忌法要が札幌西本願寺別院で催されるにあたり、直前に帰国者援護会長宅に「北満農民救済記録」のノート 7 冊が届けられことによる。そのノートが著者の合田の手に渡ったことが執筆の契機になった[13)]。そして、このノートをもとに各開拓団の崩壊の様子を綴ったのが、先に出された『満州開拓団二十七万人 死の逃避行』である。当時、合田は地方新聞の記者をしていた。

　最初の『満州開拓団二十七万人 死の逃避行』発行後、著者のもとに多くの反響が寄せられた。2 冊目の『証言 満州開拓団死の逃避行』にその反響の一部が掲載されている。戦後、33 年が経過して出された本であるが、当事者が本の内容に共感し、記憶が蘇ることで自身の満洲体験を語りたいという欲求が顕在化した。それが続編へとつながり、多くの体験者の証言が取り上げられた。

　合田一道は、届いた手紙を頼りに全国を取材して歩き、多くの体験者の証言を紹介した。たとえば、満洲哈達河開拓団の集団自決での生存者である鈴木幸子の所在を読者から知らされ、合田が鈴木の居住地を訪ねてインタビューをした内容が記載されている[14)]。

　合田の上記著書 2 冊は、北海道における最初の満洲関連のルポルタージュであり、体験者の声を代弁し、その体験を広く道民に知らせたという意味においては貢献した。その後、次の世代が発表する本格的ルポルタージュは、戦後 60 年の節目となる 2005 年になってからである。

　その間に、1980 年代には満洲哈達河開拓団の集団自決での生存者に聞き取りを行った中村雪子のルポルタージュ『麻山事件』が発刊された[15)]。これには、哈達河開拓団の先遣隊として渡満した北海道出身者が数名、登場している。たとえば、北海道から家族で渡満した岩崎スミの引揚げまでの状況が語られている。

　これらを引継いだ形で、簑口一哲が『開拓団の満州 語り継ぐ民衆史Ⅲ』を 2005 年に発表した[16)]。冒頭には哈達河開拓団の集団自決「麻山事件」につい

て書かれており、合田の 2 冊目に登場した鈴木幸子（敗戦当時小学生）と、『麻山事件』に登場した小学校教師だった岩崎スミの両者の体験が掲載されている。合田、中村によって取り上げられた生徒と先生との関係が紹介されている。両者は今も、自身の体験をそれぞれが地元で語り継いでいる。こうした背景があって、蓑口によって再び取り上げられたのである。

蓑口一哲は戦後世代であり、戦争体験はしていない。現在、高校教師として教鞭をとっている。彼は、戦争および平和教育に熱心であり、麻山事件の生存者 2 人と巡り会ったことで、一緒に中国東北地方を旅し、その内容をまとめた。蓑口を突き動かすものは、「戦争とは、何だろう」「人間とは、何だろう」という問いであると、著書「あとがき」で語っている。合田と同じように彼もまた、自身の足で戦争体験者の元を訪れ、それを本にまとめた。合田、蓑口によって、こうした体験が次世代へと引き継がれている。

4. 体験談集

北海道各地に散在する満洲体験者は、どのように満洲体験を語ることができたのだろうか。自費出版などによる回想録、地域記念誌、文芸誌での発表を次に紹介する。

『語りつごう戦争の体験』札幌市白石区老人クラブ連合会、1988 年（札幌市白石区）。
渡辺芙美子編『松花江物語 残照編』フォーユー出版、2000 年（伊達市）。
渡辺芙美子編『松花江物語 朝靄編』フォーユー出版、2000 年（伊達市）。
渡辺芙美子編『赤い夕陽』フォーユー出版、2004 年（伊達市）。

札幌白石区老人クラブ連合会が、創立 50 周年を機に記念誌の一部として発行したのが『語りつごう戦争の体験』である。「従軍体験」「銃後の守り」「引揚げの苦難」「敗戦後の生活」の 4 部門に分けられ 111 人が投稿している。その一部に満洲と樺太からの引揚者が自らの体験を綴っている。

渡辺芙美子の『松花江物語』の残照編と朝靄編には、編者の渡辺芙美子を含め 36 人の体験談が紹介されている。その続編として 2004 年に出版された『赤

い夕陽』には 17 人の体験談が集められた。著者の渡辺芙美子自身も、満洲からの引揚者であり、手記を発表したのは戦後 50 年の節目となる 1995 年の『佳木斯 追憶』[17]が最初である。その発表後の反響を受けて満洲での体験を新聞紙上で募集し、集まった体験談をまとめたのが『松花江物語』の残照編と朝霞編の 2 冊であり、続く『赤い夕陽』につながった。そのほかに、次のような体験談がある。

並松成憲『賭けた青春 青年義勇隊鏡泊湖訓練所 北海道・長崎・静岡混成隊実録』1980 年（旭川市）。

佐藤弘『零からの再出発 満蒙開拓青少年義勇軍生還の自分史』2001 年（比布町）。

佐藤弘『続・零からの再出発』2005 年（比布町）。

並松成憲は、満蒙開拓青年義勇隊に 18 歳で入り、茨城県の内原で軍事訓練を終えた後に渡満した。北海道を出発したときから、現地での警備と開墾の様子が自身の青春時代と重ね合わせて綴られている。佐藤弘は著書の中で、「1938 年 5 月に北海道から茨城県の内原に向かった」[18]と記述している。並松成憲と同じ時期に出発したのだった。並松によると、自分を含めた北海道出身者が北海道庁職員に引率されて内原に到着したと記している。佐藤弘は、内原から渡満、そして引揚げまでを自分史としてまとめた。続編は、前回では語り切れなかった満洲体験に戦後の部分を加筆して発刊された。

　一方で、各地の女性史研究会の会報誌で、体験談および聞き書きとして取り上げられるケースが散見できる。たとえば、十勝の女性史研究コスモスの会で発行する『コスモス女性史研究』[19]では、手記として柴田弘子「私の戦争体験」（創刊号、1979 年）、聞き書き「片見イソさん・戦前戦後をたくましく生き続けて」（3 号、1983 年）などが掲載されてきた。また、道南女性史研究会が発行する『道南女性史研究』[20]には、聞き書きとして四ッ柳敦子「ふるさと『満洲』を後にして─中田さん母娘の引揚げ体験」（6 号、1988 年）、四ッ柳敦子「平和をねがって─村口ヨシさんの引揚げ体験から」（7 号、1989 年）が掲載されている。また珍しいケースとしては、大場小夜子「異国で生きた四十年」（8 号、1991 年）があり、これは、函館に帰国した中国残留婦人の聞き書きをまとめたものである。こうした満洲体験が、女性史のなかでの戦争体験の

第一部　日中両国における研究成果

題材として、いち早く取り上げられてきた。

また、地方の文芸誌に満洲での体験を当事者自身が地元の文芸誌に投稿するケースが見うけられる。次にいくつか紹介する。

　古川きゑ「生涯忘れ得ぬ満洲引揚」『町民文芸樹炎』10号、1987年（浦幌町）。
　田浦良子「私の満洲引揚げ」『町民文芸まくべつ』11号、1995年（幕別町）。
　小里つる子「引き揚げ船」『新得町民文芸』16号、1987年（新得町）。
　若井千家子「私の故郷」『新得町民文芸』16号、1987年（新得町）。
　久保田二三夫「野の花よ咲け」『新得町民文芸』19号、1990年（新得町）。
　菊川寿夫「肉親眠る旧満州を訪ねて」『忠類村郷土誌ふるさと』8号、1988年（忠類村）。
　小野寺牧子「満洲の憶い出」『芽室町文芸誌』11号、1985年（芽室町）。
　山田順子「満洲国と敗戦」『静内文芸』6号、1985年（静内町）。
　山田順子「引き揚げ者」『静内文芸』14号、1994年（静内町）。

近年では、中国帰国者支援・交流センターによる『二つの国の狭間で 中国残留邦人聞き書き集（1～5）』（2005～2010）がある。これは、中国残留孤児、残留婦人をはじめその関係者への聞き取りをまとめたものである。この体験談を読んだ満洲体験者からは「辛い体験は自分だけではない」[21]と言った感想が聞かれた。同センター北海道の向後洋一郎氏は、「日本に永住帰国しても自分たちの経験した辛い過去を誰にも聞いてもらえない。それを話すことで、彼らの存在を認めることにつながり、心の傷を軽減することもあります」と語る[22]。「記録として残す」だけでなく、当事者間での体験の共有が行われている。聞き書き集の北海道関係分を次に整理した。

　松本とし「空を見つめて日本を思う」（第1集、2005年）。
　大山口ヤヱ子「北海道から樺太、そして満洲へ」（第2集、2008年）
　東山良昭「栗畑に残された少年」（第3集、2009年）
　中澤槇子「全てに感謝して生きる」（第4集、2009年）
　鈴木幸子「心の支え」（第4集、2009年）
　岩崎スミ「いつも気になるのは教え子や残留孤児たちのこと」（第4集、2009年）

山本孝子「今は幸せです」(第 5 集、2010 年)
垣本久美子「お母さん、ごめんね」(第 5 集、2010 年)
村山美都子「人生を振り返ると「坎坷」」(第 5 集、2010 年)

5. 北海道大学卒業生の満洲体験者

　北海道大学(以下、北大)と満洲に関しては、長岡新吉、田中愼一らが札幌農学校期の植民学、および北大における満蒙研究の特質を検討した。それを引継ぐ形で竹野学が北大植民学と満洲移民論に至るまでの系譜を整理し、どのように継承されていったのかを明らかにした[23]。これらの研究は、植民学と満洲研究、移民論に至るまでの検討はなされているが、技術者あるいは別の形で渡満した卒業生が、どう植民学を現地で実践したかについての検討はなされていない。

　蝦名賢造が、「満洲国建国当時の北大農学部卒業者の在満者は 70 〜 80 人程度と推測される」[24]と述べているが、その実態の把握は出来ていない。近年、北海道大学出身者の植民地体験に関する調査が始まったばかりで、渡満までの経緯やその目的の解明は、これからの課題となっている。

　ここでは、近年刊行された 2 つの文献を紹介し、その特徴を整理したい。

　　横田廉一『私の人生航路』(横田重彦) 私家版、1998 年。
　　須田政美『辺境農業の記録 部分復刻版』(須田洵)、2008 年。

『私の人生航路』は横田廉一の子息、横田重彦らが父親の遺稿となった満洲での生活を綴ったものをまとめたものである。『辺境農業の記録 部分復刻版』も同様に、子息の須田洵らが「満洲開拓の問題点を今の時代だからこそ本書で読み直してほしい」と『辺境農業の記録』(1958 年出版) から樺太と満洲の部分を抜き出し部分復刻版として自費出版した。

　横田廉一は 1912 年、滋賀県彦根市生まれ。北大農学部在学中に公主嶺農事試験場で実習し、現地で卒論を執筆した。1936 年に満鉄入社、1937 年に公主嶺農事試験場、1941 年に克山農事試験場に転勤、その後に南満洲工業専門学校勤務、終戦後は技術者として留用され、1948 年に引揚げている。引揚げ後

は鳥取農業専門学校、鳥取大学を経て 1959 年に北大農学部に勤務し、1976 年に退官した。1994 年に死去。退官前に『満州農業地理』を出版している[25]。

須田政美は、1914 年生まれ。1934 年に北大農学部を卒業し、樺太で移民指導員、1938 年に満洲拓植公社経営部に勤務し、北満日本人開拓民の経営指導に当たる。終戦後は、岩手、青森県の農業研究部門で働き、1951 年から北海道庁農地開拓部、農務部において開拓、農政の仕事に従事した。1990 年死去。『辺境農業の記録』は 1958 年に北海道農山漁村文化協会から出版された。

両者に共通しているのは、北海道大学卒業後に国策会社である満鉄や満拓に入社し、農業経営、農業指導に深く関わったことにある。そして、そのときの記録を著書として残し、死後になってから子息らによって再度、記録および体験談として発表されているところにある。

まとめ

本稿では、北海道と満洲との関係を明らかにするうえで、満洲体験がどう北海道という地域で語られてきたのかを整理した。まず大きな節目として、1980 年代後半以降、戦後 40 年を機に開拓団記念誌が発行された。すでに亡くなった人も出てきたことや定住先での生活の安定、さらに編集作業など取りまとめ役の存在によって、記録として残すに至った。戦後 40 年というのは一つの節目だったと考えられる。

また、北海道の場合、合田一道のルポルタージュの発表による貢献が大きい。1978 年に発表された『満州開拓団二十七万人 死の逃避行』によって、体験者自身の満洲体験を語りたいという欲求が顕在化した。それが続編の『証言 満洲開拓団死の逃避行』につながった。これは、1 冊目の体験内容に当事者が共感し、彼らの記憶が蘇ることで自身の体験を発言したいという欲求につながった。

そして戦後 60 年を機に、戦後世代によるルポルタージュとして蓑口一哲の『開拓団の満州 語り継ぐ民衆史Ⅲ』に引継がれていった。一方、北海道大学卒業生の満洲体験は、近年、当事者の遺族による再編集によって記録および体験

談が発表されるようになった。また、1990年代はじめには女性史研究から残留婦人への聞き書き、続いて2000年代に中国残留孤児や婦人への聞き書きがまとめられるようになった。

本稿では、北海道で発表された主な体験談を整理することで、時代ごとにどう満洲体験が語られてきたのか概観し、その特徴を示した。個々の内容による検討については、今後の課題としたい。

●註

1) 飯田市歴史研究所が中心となって『満州移民――飯田下伊那からのメッセージ』(2009年改訂版)、『下伊那のなかの満洲』(聞き書き報告集1〜10集)(2003〜2012年)などを発行している。

2)「日中戦争下の中国東北農民と日本人「開拓団」との関係史、および残留帰国者の研究」北海道開拓記念館・寺林伸明(科研、研究課題番号18401018)、「北東アジアにおける帝国のプレゼンスと地域社会」北海道大学大学院文学研究科、白木沢旭児(科研、研究課題番号:23320133)。

3) 井村哲郎「「満洲国」関係資料解題」山本有造編『「満洲国」の研究』京都大学人文科学研究所、1993年。

4) 同上、558頁。

5) 1930年に八紘学園として設立許可が下りる。1934年に佐藤昌介が学院長として八紘学院となり、1946年に月寒学院に改称、1971年に八紘学院、1976年に学校法人八紘学園北海道専門学校となる。ここでは、八紘学園に統一して使用する。

6) 寺林伸明「黒竜江省における北海道送出「開拓団」と現地農民――鏡泊湖義勇隊開拓団と阿城・八紘開拓団の事例報告」『18世紀以降の北海道とサハリン州・黒竜江省・アルバータ州における諸民族と文化――北方文化共同研究事業研究報告書』北海道開拓記念館、2005年、抜刷12頁。但しこの人数は、並松成憲『賭けた青春 青年義勇隊鏡泊湖訓練所北海道・長崎・静岡混成隊実録』1980年、に記載された数字に依拠したものと思われる。

7) 玉真之助「満洲への北海道農法の導入」『戦後50年、いま「満蒙開拓団」を問う シンポジウム報告論文集』「満蒙開拓団」調査研究会 1996年、23頁。

8)『北海道戦後開拓農民史』(北海道開拓者連盟、1976年)によると、弥栄開

第一部　日中両国における研究成果

拓農業協同組合は 1948 年 7 月 3 日に設立、組合員数 59 戸となっている。
9) 簑口一哲『開拓団の満州 語り継ぐ民衆史Ⅲ』新生出版、2005 年、99 頁。
10) 1984 年頃に安江幸六の名で関係者に通知した。名児耶幸一氏所蔵。
11) 合田一道『満州開拓団二十七万人 死の逃避行』富士書苑、1978 年。
12) 合田一道『証言 満州開拓団死の逃避行』富士書苑、1978 年。合田一道はその後も取材を続け、『開拓団崩壊す』(北海道新聞社、1991 年)、『検証 1945 年満州夏』(扶桑社、2000 年) など、精力的に満洲関連の書籍を発表している。
13) 合田一道『証言 満州開拓団死の逃避行』(前掲) 7-8 頁。
14) 同上、150-166 頁。
15) 中村雪子『麻山事件』草思社、1983 年。
16) 簑口一哲『開拓団の満州 語り継ぐ民衆史Ⅲ』新生出版、2005 年。
17) 渡辺芙美子『佳木斯 追憶』フォーユー出版、1995 年。
18) 佐藤弘『零からの再出発 満蒙開拓青少年義勇軍生還の自分史』2001 年、15 頁。
19) 女性史研究コスモスの会 (帯広・十勝)『コスモス女性史研究』創刊号 (1979 年 11 月)、2 号 (1981 年 1 月)、3 号 (1983 年 11 月)、4 号 (1988 年 12 月)。
20) 道南女性史研究会 (函館)『道南女性史研究』1 号 (1977 年 7 月) から継続して発行。
21) 鈴木幸子氏、2010 年 4 月 18 日電話。中野美重子氏、2010 年 5 月 2 日聞き取り。
22) 2009 年 11 月 11 日中国帰国者・支援交流センターでのインタビュー。
23) 長岡新吉「北大における満蒙研究」、田中愼一「植民学の成立」『北大百年史』北海道大学、1982 年。竹野学「植民地開拓と北海道の経験」『北大百二十五年史』北海道大学、2003 年。
24) 蝦名賢造『札幌農学校』図書出版社、1980 年、265 頁。
25) 横田廉一『満州農業地理』みやま書房、1972 年。
＊本稿は『日中戦争下の中国東北農民と日本人「開拓団」との関係史、および残留帰国者の研究』報告書 (科研、研究課題番号 18401018) の提出原稿に加筆して『東海大学国際文化部紀要』第 4 号 (2012 年 3 月) に研究ノートとして発表したものである。

第6章

八紘開拓団の戦後における生活の再構築
──北海道静内町高見地区を事例に──

湯山　英子

はじめに

　本稿では、終戦後、満洲八紘開拓団の引揚者が、満洲からの引揚者ゆえに日本でどのように生活の再構築を図ったのかを戦後開拓事業[1]による入植地、北海道日高郡静内町高見地区を事例に考察する。近年、日本帝国崩壊の一環として各植民地からの引揚げについての全体的な把握の試みが始まったばかりである。日本帝国崩壊から、日本の戦後体制と人々の生活の再構築過程において、その連続性を見出そうという研究がなされるようになってきた[2]。ここでは、八紘開拓団引揚者の国内定着過程を明らかにし、八紘開拓団および戦後開拓事業における高見地区の特徴を検討してみたい。

　前述したように、戦後68年を経ても、こうした研究はまだ緒についたばかりで、それゆえ先行研究も少なく、戦後入植者の離農が多く追跡が困難なこと、さらに関係資料の喪失などによる資料的制約があるため実態の把握は難しい。本稿では、新聞記事、回想録、記念誌、オーラル資料などから彼らの足跡をたどることにする。

　なお、静内町は、2006年3月31日に三石町と合併して「新ひだか町」と

なったが、入植当時のまま表記する。

1. 戦後開拓事業と静内町

　八紘開拓団に関してはこれまで寺林伸明（2005）が、『満洲八紘開拓団史』（1969）、『濱江省第二回開拓団長会議事録』（1939）などの資料から開拓団の営農状況、中国人との関係について検討を行ってきた[3]。

　戦後の引揚げに関しては、『満洲八紘開拓団史』（1969）の「引揚後の落着き先別状況 1946 年 3 月調べ」によると、十勝更別入植が 119 人、日高入植 42 人[4]、在学院 27 人、道内縁故者をたよった者 147 人、本州縁故者をたよった者 93 人、合計 428 人の所在が明らかになっている。但し、調査時期が「1946 年 3 月調べ」となっていることから、八紘開拓団団員およびその家族の引揚時期が 1946 年 9 月以降のため、調査時期に齟齬が生じている。どの時点での人数かは不明であるが、静内町高見地区の入植は 1947 年 5 月から始まっていることから、それ以降に調査したものであろう。確かな数字の把握が必要である。

　静内町高見地区は、静内川の上流約 40km、日高山脈のペテガリ岳の山麓、海抜 200m に位置している。この土地は、旧土人保護法に基づく旧土人給与地となり、1930 年から耕作が始まったものの、あまりにも僻地のため物資の輸送が困難だったことと、日中戦争の勃発が重なるなどの諸事情で再び国有地となった土地である[5]。

　開拓事業の選定地については、『北海道戦後開拓史・資料編』（1973）によると静内町には 3 ヵ所の適地が選定されていた。以下の表 1 にあるように、田原、上豊畑、高見地区の 3 ヵ所で、高見地区が 1947 年に最も早く選定され、1947 年 5 月から入植が始まった。

　続いて、こうした開拓地区には農林省の「開拓者組織要領」に則った指導によって開拓農業組合が組織されるようになり、北海道では 1948 年以降に急速に開拓農業組合の設立が進められている。高見開拓農業組合は、1948 年 9 月 25 日、組合戸数 30 戸が集まって設立された。初代組合長は、八紘開拓団の引揚団長だった名児耶政四である[6]。

第 6 章　八紘開拓団の戦後における生活の再構築──北海道静内町高見地区を事例に

表 1　静内町の戦後開拓地区

分類	地区	面積	入植戸数	増反	入植開始年
国営地区	田原	557ha	28 戸	79 戸	23 年
代行地区	高見	467ha	24 戸	―	22 年
代行地区	上豊畑	812ha	76 戸	30 戸	23 年

出所：北海道戦後開拓史編纂委員会『北海道戦後開拓史・資料編』（北海道、1973 年）より作成。

　静内町田原と上豊畑地区の 2 地域は、1948 年 12 月 24 日に静内町開拓農業組合を組織している。この両地域も満洲と樺太からの引揚者が入植しているが、八紘開拓団からの入植者はいない。

2. 入植時の状況

　入植に先立ち、1946 年 10 月に名児耶政四ら 3 人が下見を行っている。当初は、新冠町御料牧場の開放を期待して日高を希望したが実現せず、別の土地を探していた。そこへ静内町から提供されたのが高見地区だった。1947 年 1 月に先発隊として札幌から 48 人が静内町双川に移り住み、集団生活を行いながら土地を物色していたのだった。

　高見地区に入植するまでは静内町双川の石綿工場を借り、内部を幾つかに区切って半年ほど集団生活を送っていた。仮住まいだっただけに、落着き先の確保は最重要課題だったのである。高見地区に決めたのは次の理由による[7]。

1、静内付近では高見地区以外に候補地が無かった。
2、気心が知れて協力しやすい。
3、生活が他者から覗かれない（何を食い、何を着て如何にボロ家に住もうとも、特に女世帯が多いので）。
4、土地の将来性が魅力的。
5、「死んだ気になって」「死ぬ覚悟で」という固い決意が共通していた。
6、一日も早く惨めな双川の生活から抜け出したい。

　こうして、満洲から引揚げたいわゆる「気心の知れた人たち」が集まった。記念誌『高見』(1957)[8] によると 1947 年 5 月、20 戸、男性 39 人、女性 27

人が高見地区の入植の始まりとなった。最も多い時で、1950年の34戸、男性85人、女性71人が住んでいた。1948年春に高見地区に入植した中野美重子は、高見への入植理由を次のように語っている。

　　びっくりするほどの山の中なのに、同じようなところにいた人がたくさん集まる。育ったところが同じだと、同じようなことを考えるのかな[9]。
　　誰にも気兼ねなく住むところが欲しかった。そういう意味では、高見は辺鄙なところだったけど、希望があった。[10]

　満洲や樺太出身者が、高見の地を誰にも気兼ねなく生活できる場と考え、同じ境遇の人たちが集まって来たのだった。高見地区は、彼らにとって双川での仮生活を早く抜け出して、共に協力しながら自由に開墾できるという希望の土地だったのである。それには、多少辺鄙でも、一から開墾できる高見地区という土地が「落ち着き先」として魅力的だったと言える。満洲での生活、終戦と長い収容所生活、日本へ引揚げ、日本での仮住まいを経て来た人々にとって、定着先の確保は宿願だったのである。

3. 社会基盤整備

　前述したように高見地区は、静内川の上流に位置し、市街地から約40キロほど離れている。入植に際し、道路が整備されていなかったため入植者が何度も人力で荷物を担いで運んだのだった（通称「だんこ」）。道路や橋の整備については、地区の人々の手によって工事が実施された。しかし、1948年4月に吊り橋が完成したものの、翌年9月には流失、修復、流失が繰り返されている。農道が1947年10月に2.2km、1948年10月に約4kmが整備され、1953年になってようやく高見地区までのトラック道路（林道）が開通したことで町との距離が縮まった[11]。とはいえ、静内町市街地から17キロ地点まではバス、それから高見地区までの24キロは不定期の運材トラックを利用しなければならなかった。これは、全戸が離農する1964年まで改善されてはいない。
　子弟の教育については、高見地区に小学校が開校したのが、入植後早々の6月である。12月には丸太壁と笹屋根12坪の校舎が完成した。続く1950年11

第 6 章　八紘開拓団の戦後における生活の再構築——北海道静内町高見地区を事例に

月には新校舎が完成した。高見開拓農協組合長の名児耶政四が親戚にあたる名児耶喜七郎を東京から呼び寄せ、喜七郎が初代校長となった。中学校は分校として同校舎で教育を行った。1960年1月1日の北海道新聞によると、当時の「部落戸数は25戸、人口は約150人、中学校の生徒は8人、小学校の児童は35人、教員数は4人」となっている[12]。

高等学校進学者は、高見地区からの通学は交通の問題があるため、静内町市街地に下宿するしかなかった。

4. 離農の理由

戦後の開拓事業でよく問題視されるのが、離農の問題である。小野寺正巳 (1983) によると、北海道では1948年の段階ですでに約三分の一の入植者が開拓地を離れていることを指摘している。また、北海道では1953年と1954年の2年続きの冷害・凶作で打撃を受けているが、1955年まではそれほど離農率が高くなかった。しかし、1960年の「過剰入植地等対策要綱」による離農の促進、続く1964年の「開拓者離農助成対策要綱」の離農奨励金の増額

〈高見地区関連写真〉写真提供：中野美重子氏

写真1　北海道新聞社取材
　　　　（撮影：北海道新聞社）年不明

写真2　中野美重子氏家族（1950年代）

写真3　家新築（1959年頃）

129

第一部　日中両国における研究成果

写真4　人力で荷上げ。通称「だんこ」。(1957年)

写真5　ハッカの収穫

写真6　八紘開拓団殉難者23回忌（八紘学園）

が離農を促進させたと離農の理由を政策にあると指摘している[13]。

　これに照らし合わせて見てみると高見地区の場合、入植初期の3年間での離農はない。入植当初は20戸から始まり、1950年までにさらに10戸の入植があり、離農はゼロであった。入植4年目の1951年に8戸という大量の離農があるも、その後1957年まで2戸だけである。1951年の離農について、次のような記述がある[14]。

　　木材景気が押し寄せた。誠に思い掛けない幸運であった筈なのだが……。金はきちんと各個人に分けられた（希望により）個人本位が益々助長されたと言えようし、開拓者なのか？という疑念さえ抱かれる人々も出ていた。間引きの問題で腰が浮き又離農者・転出者も現れた。

　1951年に入植地が開拓者に譲渡された。高見開拓組合では、個々の土地にある木を伐採しそれを販売することで大金を得ることができた。かつて樺太での造材経験者がいたことで、目利きができ、商品価値を高めたようである。得たお金は、各個人に平均20万円が配分された。し

かし、ほとんどが消費に走り大金を一夜でふいにする者もいた。記念誌『高見』によると、「金の使い方に計画性はなく、よく稼ぐがまたよく使う人もいる」と高見地区の人たちの気質を表現している。こうした木材景気は長くは続かず、翌年には多数の離農者が出ている。木材景気に踊らされ、開墾意欲が消失したことに起因する。

その後の離農者は2戸だけである。その理由に換金作物としてハッカの生産が軌道に乗り始めたことがあげられる。1950年からハッカ栽培が試みられ、翌年にはハッカ蒸留釜とその小屋を設置し、共同で使用するようになった[15]。1953年には大豆や小豆と比べても増収が見込まれるようになった。ハッカ蒸留釜の購入については次のようないきさつがある。

> ハッカの蒸留釜は、富良野で使っていた中古のラベンダー蒸留釜を購入して使った。ちょうど富良野のラベンダー栽培が下火になった時期だった。[16]

ハッカ栽培は順調に進み、1955年には、高見地区における農業総収入額の半分にまでなっている。それまでの主要農産物は、イモ・トウモロコシ・野菜、大豆、ヒエなどで、一方では家畜の導入も進められていた。ハッカ栽培は、低収量でも高額で売れたことと、山から下ろすのに蒸留後に出荷するため軽量だったことで、山麓という地理的な不便さが軽減された。そうしたことから、各農家はこぞって栽培を始めた。

ハッカは、高見開拓組合から三石町歌笛の農協に出荷するのが正規の販売ルートだったが、中には非正規ルートで「闇売り」する者や食用油を混入して品質を下げる者も出現した。そうなると高見地区の商品に対する信用が失われる事態に陥った。

一方で、ハッカの栽培による地力の低下が起こり、それが各農家で深刻な問題となっていた。化学肥料を入れようにも、山麓に位置する高見地区まで運ぶには労力と資金面の問題があり、地力低下に対して対処の方法がなかった[17]。

そうした状況が深刻化し始め、次第に離農者が出始めた[18]。理由として地力の低下に加え、成人した子弟が高見地区外に流出したため後継者不足に陥ったこと、さらにダム工事建設による高見地区水没の不安などがある。また、農家収入よりも木材の運搬やダム工事のための測量などの賃労働に移行する者も

多くなっていた。

　そして、1964年に全戸が離農することになった。これは前述した小野寺の指摘による離農奨励金によるところが大きいと考えられる。町史には「離農助成金として一戸あたり45万円が交付」[19] されたとある。中野美重子氏の聞き取りにおいても、「土地を静内町が40万円で買い取り、離農資金が60万円。よその人は100万円もらっている」[20] と述べている。中野美重子は全戸離農の2年ほど前に離農しているため、離農奨励金は受け取っていない。

　当時の関係調書によると、①交通が不便。②火山灰砂壌土で土地の生産性が低い。③山間高地のため耕作時期が短く雨量が多い。稲作に向かない。④農業収入が低いため農外収入に依存。⑤後継者が他産業へ転出。⑥電気導入の見通しが立たない。この6項目があげられている[21]。

　これに加えて、1950年代後半から、高見地区がダム建設にともなって水没するのではないかという問題が浮上し、住民の不安が出始めたことによる。また、開拓組合組織自体も求心力を失い、入植当時のような団結力も薄らいでいた。こうした不安材料が重なったところに、離農奨励金の交付が全戸離農への拍車をかけたのではないかと考えられる。

5. 高見地区住民の離散と高見会

　1947年5月から1964年の離農までの17年の間、地域を共に暮らした住民は離農を機に「高見会」を結成した。年に1回ほど集まり、親睦を深めてきた。不安材料となっていたダム建設は、1978年に着工し、1987年に高見ダムとして完成した。

　離農以降、高見ダム建設が本格化し、高見地区が水没することになったことから、1979年に高見会と静内町の協力により記念碑「高見開拓之碑」が建立された。後に高見ダムの補償林道の建設によって、1985年に道路の山側に移設されている。碑文の内容は次のように記されている[22]。

　　昭和二十二年日高山峡僻遠のこの地に烈々たる開拓魂をいだきて入団せし一団
　　があり、筆舌につきせぬ苦難と闘い理想郷建設に遭遇せし十七星霜。営農まま

第 6 章　八紘開拓団の戦後における生活の再構築——北海道静内町高見地区を事例に

ならず、昭和三十九年集団離農の止むなきに至る。嗚呼老若男女百余名が徒手空拳、血と汗と涙で拓きし三百余ヘクタール。電源開発のため湖底に沈み静内町の礎となる。秀峰ペテカリ岳を仰ぎ、シベチャリ川の流れを想い、わが故郷、高見開拓地を偲びここにこれを建立する。

　高見会会員名簿[23]によると、38 戸、102 人分の消息が記されている。静内町が 21 戸、新冠町 1 戸、白老町 1 戸、札幌市 3 戸、苫小牧市 1 戸、神奈川県 2 戸、東京都 2 戸（一戸のうち重複市町がある）で、半数以上は日高管内に移転した。

　1990 年代後半、高見会のまとめ役だった関一氏は、中野美重子氏の弟にあたる。高見地区および高見会の足跡をまとめるために資料を集めていたが、2006 年に交通事故で死亡したため資料の所在が不明である。一部は中野美重子氏が所有しているが、ほとんどが地元の印刷会社の倉庫に預けられ、現在、所在が不明になっている。

6. 移動経路とその後の移住先

　表 2 は、高見地区の組合員名簿である。渡満前の居住地に樺太が数軒、確認できる。今回、聞き取り調査した八紘開拓団出身者の移動経路を以下に整理した。

　　A さん：朝鮮→樺太→満洲→北海道【静内高見】→東京→神奈川
　　M さん：樺太→満洲→茨城県→北海道【更別→静内高見→静内市街地】
　　T さん：樺太→満洲→福島県→北海道【静内高見→静内市街地】
　　U さん：北海道→満洲→北海道【藻興部村→静内高見】→東京→神奈川

　M さん、T さんについては、親の出身地に一時期引揚げたものの不自由さを感じ、八紘開拓団の送出母体である月寒学院（八紘学園）を目指して北海道にやって来た。また、八紘開拓団を組織した月寒学院理事長の栗林元二郎も健在であったため、そこを頼って集まった人が多かったと考えられる。U さんについても、一時は渡満前の出身地に身を寄せるが、安住の地を求めて八紘開拓団の人たちが多く集まる静内（双川→高見へ）を目指した。

第一部　日中両国における研究成果

表2　高見地区　組合員名簿（1957年5月調）

氏名	出身地	最初の移民先	引揚地	八紘開拓団出身	入植年	家族数
関とね	新潟	樺太	満洲	○	1948.2.15	3
水木とめ		―	満洲	○	1947.5.1	3
名児耶政四	新潟	朝鮮、樺太	満洲	○	1947.5.1	3
名児耶正司	新潟	樺太	海南			
大野重光	北海道	―	樺太		1949.7.8	7
名児耶栄作	新潟		樺太		1948.5.10	8
山岡初男	北海道		満洲	○	1947.5.1	5
小寺虎一	北海道		満洲	○	1947.5.15	7
栗本せき	北海道根室		満洲	○	1947.5.1	4
栗本玖間一	北海道根室		満洲	○	1947.5.1	7
千葉北良	北海道北見		満洲	○	1947.5.1	8
山田嘉市			樺太		1948.5.10	6
大内かん		樺太	満洲	○	1947.5.1	4
名児耶静		樺太・朝鮮	満洲	○	1947.5.1	4
剣持正勝	新潟県	―	内地		1947.5.1	5
林豊	北海道北見	―	満洲	○	1947.5.1	5
松田テル	北海道		満洲	○	1947.5.1	2
野宮たき	福島県	樺太	満洲	○	1947.5.1	3
田中精	福岡県	―	満洲	○	1947.5.1	6
中城敏美		樺太	満洲	○	1947.5.1	8
田中続信	福岡県	―	満洲	○	1947.5.1	6
大野与志美			樺太		1948.11.10	8
伊藤正雄	北海道		満洲		1949.3.30	8
中野安次	新潟県長岡	―	内地	○（家族内）	1947.5.1	5
小寺虎春	北海道根室	―	満洲	○	1947.5.15	5
内山新三郎	北海道三石		―		1952.2.23	5
					合計	135

高見小中学校編『高見』（1957年）および中野美重子氏からの聞き取りにより作成。
注：1957年のデータには「名児耶正司（政四）家族数3」の記載があったが、中野美重子氏によると両者は血縁関係ではないため別枠とした。

134

第 6 章　八紘開拓団の戦後における生活の再構築——北海道静内町高見地区を事例に

離農後は、前述したようにほとんどが北海道に留まって定住した。AさんやUさんのように神奈川県在住者もいる。AさんとUさんは親戚関係にあり、一族を神奈川県に呼び寄せ、そこに定住した。また、月寒学院（八紘学園）が戦後にブラジル開拓を奨励し、多くのブラジル移民を輩出したが、八紘開拓団の引揚者からブラジル移民は出ていない。

まとめと課題

　北海道日高郡静内町高見地区には、満洲や樺太からの引揚者が多数入植した。とくに満洲八紘開拓団出身者が多く集まった。樺太→満洲→本州（一時期）→北海道という経路で北海道にたどり着く事例をいくつか確認した。終戦により満洲から引揚げ、そして流転の民となり、安住の地を求めて静内高見地区に入植したものの、最終的には定住の地とはならなかった。内的要因としては、入植当初のような強い結束力が次第に弱まったこと、子弟の流出などの後継者の問題などがあげられる。外的要因としては、交通の便の悪さが解消されない、ダム工事建設による将来への不安、そうしたところに支払われた離農奨励金によって、全戸離農という結末となった。引揚者にとって、希望に満ちて入植したはずの高見地区も安住の地とはならなかったのである。
　本稿では限られた資料の中で、静内町高見地区における引揚者の17年間の定着過程と離農までの特徴を考察してきたが、北海道農政との関係については資料分析ができておらず、今後の課題としたい。
　最後に補足として、高見地区の人たちは離散したが、今も高見会として毎年親睦が続けられていることを加えておきたい。また、八紘開拓団出身者（高見会員も含む）による中国訪問が2001年に実施された。高見会の会員は、八紘開拓団での満洲体験に加え、高見という「戦後開拓の体験」を通して今も深く結びついている。

●註
　1）1945年11月「緊急開拓事業実施要領」が閣議決定され、1947年11月には

「緊急」の二字が除かれ「開拓事業実施要領」となった。

2）2009年8月に開催された「日本帝国崩壊と人口移動」（北海道開拓記念館シンポジウム）において、戦後との連続性について蘭信三が課題として取り上げている。

3）寺林伸明「黒竜江省における北海道送出「開拓団」と現地農民－鏡泊湖義勇隊開拓団と阿城・八絋開拓団の事例報告」『18世紀以降の北海道とサハリン州・黒竜江省・アルバータ州における諸民族と文化—北方文化共同研究事業研究報告書』北海道開拓記念館、2005年、19頁。

4）日高郡静内町高見地区のことである。静内町史編さん委員会編『静内町史・上巻』1996年、733頁によると「奥高見」という記載もあるが、ここでは高見地区とする。

5）『静内町史・上巻』（前掲）、734頁。

6）北海道戦後開拓農民史編さん委員会『北海道戦後開拓農民史』北海道開拓者連盟、1976年、510頁。

7）高見小中学校編『高見』1957年。

8）『高見』（前掲）では、1947年の入植当初が20戸、1947年度は23戸となっている。

9）中野美重子氏聞き取り調査2009年9月24日。

10）中野美重子氏聞き取り調査2010年5月2日。

11）『高見』（前掲）6頁。

12）北海道新聞1960年1月1日付「僻地通信」。

13）小野寺正巳「北海道における戦後開拓事業の展開と開拓農民」『北海道の研究6 近・現代篇Ⅱ』清文堂、1983年、379-381頁。

14）『高見』（前掲）26頁。

15）『静内町史・上巻』（前掲）737頁。

16）中野美重子氏聞き取り調査2010年5月2日。

17）中野美重子氏聞き取り調査2010年5月2日。

18）『静内町史・上巻』（前掲）738頁によると1960年頃とある。

19）同上、740-741頁。

20）中野美重子氏聞き取り2009年9月24日。

21）『静内町史・上巻』（前掲）738-739頁。

22）『日高報知新聞』1985年7月26日。

23) 中野美重子氏所蔵。夫の中野安次氏か、弟の関一氏が作成。いつ頃の名簿
   かは不明（1970年前後と思われる）。

●参考文献

満洲八紘村開拓団同窓会編『赤い夕日』満洲八紘村開拓団同窓会、1986年。
中内富太郎『藻興部物語』、2001年（私家版）。
桑原真人編『北海道の研究6 近・現代篇Ⅱ』清文堂、1983年。
静内町史編さん委員会『静内町史』静内町、1996年。
静内文芸刊行委員会編『静内文芸』1985年、1994年。
更別村史編さん委員会編『更別村史』北海道更別村役場、1972年。
『18世紀以降の北海道とサハリン州・黒竜江省・アルバータ州における諸民族と
   文化――北方文化共同研究事業研究報告書』北海道開拓記念館、2005年。
高見小中学校編『高見』、1957年。
八紘学園七十年史編集委員会『八紘学園七十年史』八紘学園、2002年。
『日高をひらく――電源開発の30年』北海道電力、1988年。
中野美重子「敗戦の思い出」『福寿草』（静内町）、1999年。
北海道戦後開拓農民史編さん委員会『北海道戦後開拓農民史』北海道開拓者連盟、
   1976年。
本多勝一『北海道探検記』角川書店、1965年。
『満洲八紘開拓団史』月寒学院、1969年。

第 7 章

史料紹介
北海道釧路地方の馬産家神八三郎の
満洲・朝鮮視察日記

三浦　泰之

1. 解題

　本稿では、戦前期の北海道釧路地方を代表する馬産家神八三郎(じんはちさぶろう)が 1934（昭和 9）年 4 月から 6 月にかけて、関東州・「満洲国」（以下「　」は省略。）・朝鮮半島を視察した際の「日記」を紹介する。ペン書きで、タテ 30.7cm×ヨコ 20.5cm の布製カバーのノートに、83 頁にわたって記されている。釧路市大楽毛にある神馬事記念館[1]の保管資料の一つであり、「朝鮮関係」と題された簿冊に一括されている。北海道の一馬産家の目を通して、当時の満洲国内の実状を窺い知ることが出来る点で、史料的な価値は高いと考えられる。
　なお、神馬事記念館の資料は、1971 年の設立以来、神翁顕彰会及び釧路農業協同組合連合会によって管理されてきたが、現在は釧路市に移管されている。
　神八三郎の生涯[2]　神八三郎は、1866（慶応 2）年 2 月、現在の青森県北津軽郡鰺ヶ沢町に生まれた。実家は代々、米屋を営んでいたという。1887（明治 20）年、20 歳の時に釧路へ移住して、初めは道路工事の請け負い、農業経営、馬鈴薯澱粉製造などに従事したが、1899 年に天寧（現在の釧路町）で共同牧場を経営して以来、本格的な馬産に取り組むようになった。1900 年の産牛馬

組合法の公布以降、地域の馬産家の共同体、意思表示の母体として、また国家の馬政を浸透させる拠点として産牛馬組合の設立が各地で行われ、釧路でも1906年に釧路国産牛馬組合が設立された。神は、この組合の創立委員を務めている。

　その後、馬産関係の組合については、法律や組織機構の改正などのために、釧路産牛馬畜産組合（1916年）、釧路畜産組合（1925年）、釧路産馬畜産組合（1942年）、釧路馬匹組合（1944年）、釧路主畜農業協同組合連合会（1948年）と推移した。この組合において、神は、しばらくの間、副組合長を務めて、1932年以降は組合長に就任している。戦後に釧路主畜農業協同組合連合会が設立された後も会長に就任し、1949年に名誉会長となるまでその職にあるなど、要職を歴任した。そして、組合員である釧路地方の馬産家をまとめて、経済生活の向上を目指しながら、日本人の体格に合い、産業用・軍用に役立つ馬づくりに力を注いだのである。その中で、釧路畜産組合では、1932年には小格重輓馬である「日本釧路種」を発表し、1938年には中間種を改良した「奏上釧路種」を発表した。

　また、神は、1932年に農林省が設置した馬政調査会の委員として、満洲事変以降の政府の馬政にも関与している。

　馬づくりに対する彼の情熱と行動力は、頻繁に東京の農林省や陸軍省などに陳情に赴いたこと、全国各地へ、戦前期には満洲国や朝鮮半島といった旧外地にまでも視察旅行に訪れたことなど、残されたさまざまなエピソードから窺うことができる。また、『神八三郎伝』などに収められている、釧路地方の馬産家や政府の役人などの回顧録や座談会の記録からは、そのような行動力に加えて、馬づくりに対する信念の強さ、清貧な人柄などが偲ばれて興味深い。1955年12月、数え年90歳の生涯を閉じている。

　視察の目的　この視察は、複数人による視察団という形で行われたのではなく、神個人の発案による、単独の視察旅行という形で行われた。神八三郎、数え年で69歳の時である。ただ、神に唯一同行した釧路新聞の記者で釧路畜産組合嘱託でもあった斎藤秀三の記事によれば[3]、神は視察前年から農林省や軍部関係へ「工作」を行い、一個人としてではなく、馬政調査会の委員という肩

第 7 章　史料紹介　北海道釧路地方の馬産家神八三郎の満洲・朝鮮視察日記

書による公的な視察旅行という位置付けを得ていた。ちなみに、この視察に神が携帯した名刺には「馬政調査会委員　帝国馬匹協会監事　北海道畜産組合聯合会副会長　北海道釧路畜産組合長　□綬褒賞拝授者〔判読不能〕　□綬褒章拝授者〔判読不能〕　軍事功労者　産馬功労者」の肩書が印刷してあったという[4]。

　神は、視察を発案した理由について、終了直後に社団法人帝国馬匹協会における談話の中で、次のように述べている[5]。

　　私の見る目的は何んであるかと言ひますと、第一番に私共の造つて生産して居る所の馬であります。此の馬が国防上に対しまして如何なる今日の現況であるか、是はもう私から申上ぐるまでもなく、此の馬の改良は明治三十七八年、日露戦争当時露国と戦つた結果、馬が悪いので非常に苦しまれた、斯う云ふ為に戦後馬政局を設けられて、我々が指導を受けて、馬の改良に力を尽したのであります。爾来本年まで二十九箇年になります。さうして居りますけれども、軍の方へ出た場合には、いつも馬がまだ軍馬として満足でない、斯う云ふことで、露骨に申上げれば、大正十二年後、十三年からと云ふもの、軍馬の購買はどうも一定して居らぬ様に見えます。然れども是は農林省の時代になりまして、さうして今日までやつて来ましたが、漸く実際の馬の試験と云ふものは今回の満洲事変に依つて初めて日本で改良した所の馬が用に立つか、立たぬかと云ふことが真に試験されて居る訳で、それまでは馬の善悪の批評を如何に受けても実地に対して試験したことがないのであります。故に此の馬の成績がどう云ふものになつて居るか、実地にあちらに伺ひまして、さうして各軍隊に付きまして実際に使つた結果能力の宜い悪いと云ふことを詳しく御伺ひをしたい、同時に満洲で活動した所の地理、地形も見せて戴きたい、斯う云ふ考の下に実は参つたのであります故に、私の目的は日本の軍馬を見たい、是が主なる目的で参つたのであります。あちらへ参りまして、それと同時に又、満洲国の現在の馬の状況、今後改良してどれだけの馬に出来るものか、其のお話も伺ひたい、斯う思うて参つたのであります。

　日露戦争において、日本の馬が軍馬としての資質に欠けていることを痛感した政府は、1906年に30ヵ年に及ぶ馬政第一次計画を始めて、国内の馬の改良に着手した。その政府の方針や指導の下で、各地域では軍用・産業用に適した

141

馬の生産、育成が模索されていた。神の視察の主な目的は、このような馬の改良の成果を満洲事変という〈初の実戦〉を経た状況の中で実地に確かめることにあったのである。また、あわせて、満洲国における馬の状況や、満洲国内の馬の今後の改良に向けての展望を探ることも意図していた。

視察の日程と内容　視察日程の作製について、斎藤秀三は次のように記している[6]。

> 日程といふのは、馬政調査委員神八三郎として関東州、満洲国及び朝鮮旅行日程を、特に農林省が作製し、其れを陸軍省が関東軍を始め満洲国その他関係方面へ公式通牒を発したものである。

以上から、詳細な視察日程は農林省が作製し、満洲国や軍部関係への連絡調整は陸軍省が中心となって行ったことがわかる。本稿で紹介した神の「日記」や、斎藤による新聞記事から、視察日程を簡単にたどると、以下の通りである。

1934年4月28日…東京発、神戸着。
　　　4月29日…船にて神戸発。
　　　5月 2日…大連着。大連競馬倶楽部経営の柳樹屯保養牧場を視察。大連泊。
　　　5月 3日…満鉄本社等を訪問。大連泊。
　　　5月 4日…金州の関東庁種馬所育成場等を視察。大連泊。
　　　　　　　※この日より「日記」の記載が始まる。
　　　5月 5日…旅順の関東庁等を訪問。大連泊。
　　　5月 6日…大連市内を視察。大連泊。
　　　5月 7日…大連競馬倶楽部や畑俊六第十四師団長等を訪問。大連泊。
　　　5月 8日…新京へ出発。新京泊。
　　　5月 9日…満洲国馬政局や関東軍司令部等を訪問。新京泊。
　　　5月10日…寛城子飛行場で挙行された満洲国皇帝の観兵式に臨席。新京泊。
　　　5月11日…新京の馬市場や、公主嶺の満鉄農事試験場等を視察。新京泊。
　　　5月12日…新京発、鄭家屯泊。
　　　5月13日…鄭家屯の満鉄公所を訪問の後、鄭家屯発、通遼着。騎兵第二十六聯隊本部等を訪問。通遼泊。

第 7 章　史料紹介　北海道釧路地方の馬産家神八三郎の満洲・朝鮮視察日記

5月14日…騎兵第二十六聯隊の吉富三等獣医正の案内で軍馬を視察した後、通遼発、洮南泊。
5月15日…騎兵第四旅団司令部等を訪問。洮南泊。
5月16日…洮南発、斉々哈爾泊。
5月17日…満洲国龍江省第一旅や、歩兵第三十八聯隊・騎兵第二十聯隊等で軍馬を視察。斉々哈爾泊。
5月18日…飛行機にて斉々哈爾発、興安嶺を越えて、海拉爾着。満洲国馬政局第一科長安達誠太郎等と会合。海拉爾泊。
5月19日…自動車で蒙古内陸へ向かうも、砂丘に埋まって引き返す。海拉爾泊。
5月20日…興安北省警備軍司令部等で軍馬を視察。海拉爾泊。
5月21日…海拉爾発、満洲里着。日本領事館や日本警備隊等を訪問。満洲里泊。
5月22日…満洲里市内を視察。満洲里発、海拉爾着。北安へ向かうために斉北線・浜北線経由の夜行列車に乗車。車中泊。
5月23日…昂々渓、斉々哈爾で乗り換え、車窓より「北満の穀倉」地帯を眺めつつ、北安着。同所泊。
5月24日…北安発、哈爾浜泊。
5月25日…哈爾浜特別市公署経営の屠宰総場や孔子廟、極楽寺、ロシア人経営の牧場等を訪問。哈爾浜泊。
5月26日…国立賽馬場、野砲第三聯隊・騎兵第三聯隊等を訪問。哈爾浜泊。
5月27日…哈爾浜発、新京泊。
5月28日…関東軍司令部・特務部を訪問。満洲国馬政局を訪問し、日満官吏に対して視察の感想等について講演。新京泊。
5月29日…新京競馬等を視察。新京泊。
5月30日…新京発、吉林着。吉林市内を視察。新京泊。
5月31日…新京発、奉天着。奉天市内を視察。奉天泊。
6月 1日…奉天競馬倶楽部や満鉄獣疫調査所等を視察。奉天泊。
6月 2日…国立賽馬場や奉天競馬倶楽部等を訪問。奉天泊。
6月 3日…奉天発、錦県着。錦県市内を視察。錦県泊。
6月 4日…飛行機にて錦県発、熱河の山々を越えて、承徳着。満洲国熱

143

第一部　日中両国における研究成果

　　　　　　　　河省警部隊司令部や、第七師団司令部等を訪問。承徳着。
6 月　5 日…承徳郊外の喇嘛寺等を視察。承徳泊。
6 月　6 日…第七師団司令部を訪問。承徳離宮内で行われた「満洲国皇帝
　　　　　　登極記念の日満聯合から成る承徳市民の運動会」を見学。承
　　　　　　徳泊。
6 月　7 日…飛行機にて承徳発、錦県着。錦県郊外小嶺子の奉天省農事試
　　　　　　験場等を視察。錦県より奉天行の夜行列車に乗車。車中泊。
6 月　8 日…奉天着。撫順炭鉱を視察。奉天泊。
6 月　9 日…奉天市内を視察。奉天泊。
6 月 10 日…奉天発の釜山行急行列車に乗車し、朝鮮視察へ。京城着。同
　　　　　　所泊。
6 月 11 日…朝鮮軍司令部や競馬協会、朝鮮総督府、家畜市場等を訪問。
　　　　　　京城泊。
6 月 12 日…競馬協会や李王職等を訪問。京城泊。
6 月 13 日…京城発、金剛着。金剛山を見学。金剛泊。
6 月 14 日…金剛発、李王職牧場視察のために蘭谷へ。
　　　　　　※「日記」の記載はこの日の途中で終了。また、斎藤も、この日、
　　　　　　　一足先に帰路につくために神と別れている。そのためにこれ以降
　　　　　　　の詳細な視察日程は不明。当初の日程では、9 日間ほど朝鮮半島
　　　　　　　内を視察した後、釜山発で東京に向かう予定になっている。

　満洲国内について言えば、北端（黒河省）や東端（牡丹江省以東）を除いて、鉄道や飛行機を利用しながら、広範囲に足を運んだ視察旅行であったことがわかる。概ね、事前に作製された日程に沿って行われているが、例えば、①新京から通遼に直行する予定が乗り継ぎ列車に齟齬があって鄭家屯泊まりとなったこと（5 月 12 日）、②大連で畑師団長を訪れた際に「北満の穀倉にして将来の我が移民発展地たる此の地帯を見るの必要あり」と勧められて、満洲里から哈爾浜へ直行する予定を北安廻りにしたこと（5 月 22 日〜 24 日）等、現地で臨機に組み替えられた場合もあった。
　「日記」を見ると、詰まった日程ながらも、到着した駅での出迎えや、出発する駅での見送り、訪問地での関係施設・機関への案内、歓迎晩餐会の開催な

ど、公的な視察旅行として順調に旅程がこなされたことが窺える。また、具体的な視察内容を知る上で、畑師団長の発言要旨（大連・5月7日）、満洲国実業部松島農務司長の発言要旨（新京・5月9日）、関東軍特務部吉田農学博士の発言要旨（新京・5月28日）など、現地で聴取した談話の要約が記載されていること、自身が5月28日に満洲国馬政局で行った講演の要旨がまとめられていることは興味深い。神は、その講演要旨の中で、「我々日本の馬の改良は急激に行った結果、種に失敗した、失敗したといふは、改良そのものに失敗せず、順調に進行したが、改良の方針は産業に基礎を置かず、競馬、軍馬に偏したにある、一朝事あれば軍馬となるが、平時は産業である、然るに促進し過ぎ、為め今や却って縮めなければならないことになった」として、軍馬として利用するにしても、あくまでも農業や交通運搬といった産業用に適した馬生産[7]に基盤を置くことの重要性を訴えた上で、満洲国内の馬改良について「産業を基礎とし、国防を考慮し、徐々に行はれたい」と記している。

視察後の感想　視察旅行を終えた後に神が語った感想として、東京へ帰着した直後に社団法人帝国馬匹協会において語った内容と、釧路への帰路、7月21日に札幌に立ち寄った際に語った内容とが知られている[8]。以下、北海道と満洲国に関わって、より多くの言及がある後者の内容について引用する。

　〔1〕私は産馬の関係上軍部より非常に便宜を与へられ、殆んど満洲の隅々までも視察する事が出来たので随つて其の見たところ広く且奥行が深く一寸満洲の主なる処を覗いて来たのとは格段の相違あるは云ふ迄もない。

　一度渡満して見ると自分の専門以外の事まで大いに考へさせられるやうになる、満洲の治安は我軍隊の手に依り確保されてゐるが、一方其の背後の涯しなき沃野には邦人の居住するもの実に蓼々たる有様で、此の点非常に淋しさを覚えたと同時に今後は続々移民を送つて其の開発を図る緊要なる事を痛切に感じた次第である。

　満洲の開発は鉱業に林業に其の資源極めて豊富ではあるが、之を大局的に見る時は真に其の一部分たるに過ぎず、要は将来耕地として可能なる一千五百万町歩の開拓であつて、此の面積は本邦農耕地の三倍に当つて居る。

　今や我国人口の自然増加は一時間百六人で昨年の如きは九拾弐万人を増加して

ゐるが、一方従来唯一の海外移民地であつたブラジルの如きは近来其の数に極度の制限を加へると云ふ状態で、年々激増しつゝある人口と食糧の二大問題解決の国策上からも、満洲への移民は大いに之を奨励すべきであらう。満洲に於ける農業生活に就ては尠からず真相が誤伝されてゐるやうだ。

其の最も主なるものは食料の粗悪な点であるが、云ふ迄もなく同地は数千年来主畜農業を以つて今日に至つて居り、何れの農家を訪うても家畜を飼養しない処はない位だ。

如斯実状であるから調理の如何で農業労働に耐ゆる営養は充分に之を摂取する事は容易であつて、専心農務に励むならば洵に住み佳き理想郷となるであらう。さて専門の馬の方はどうかと云ふに、気候風土の関係上美術馬は全然役に立たない。将来本道産馬の満洲進出は殆んど絶対的だと認識した事は頗る愉快であつて本道業界奮起の秋であらうと思ふ。

〔2〕今度の視察の目的は満洲事変と其の後の匪賊討伐に軍馬がどんな成績を示したかを調査するのが主題であつた。飛行機等であの広い満洲を殆んど端から端まで視察し、軍部当局の意見を聞いて来たが、結論として従来の軍馬は殆んど実戦には使ひ物にならず、今後の馬政に大改革を加へねばならぬことを痛感し、馬に関する限り産業と軍備は両立しないといふことを深く考へさせられた。この大胆な断定は満洲の実情を見ぬものにはわかるまいが、軍部ではとつくに考へてゐることなのである。

地勢の関係で従来国内で訓練された乗馬や輓馬は曠野の満洲では殆んど役立たず、皇軍の活動に相当の支障を来たしたもので、今後は頑健などんな山野でも平気な馬を養成しなければならぬ。徴発輓馬の不成績は特に注目すべき問題と思ふ。これは内地の耕馬が所謂肥料汲馬に退嬰して行く結果で、大農式の本道の農耕馬の方がもつと優秀である、重鈍とはいはれるが、若干のペルシユロン系の血液の混じた本道産の重輓馬が、適してゐることを正確に認識し得た。フランスあたりでは農耕馬に優秀なものを選び、軍馬にはそれ以下のものを選ぶ、日本は其の反対だから、一朝有事の際の徴発馬が役に立たぬ。それは馬政上最も考慮すべきことだらう。今後の馬政は道産馬を基礎として満洲に於て訓練、育成することを主張としなければならぬ。

第 7 章　史料紹介　北海道釧路地方の馬産家神八三郎の満洲・朝鮮視察日記

　大満洲を視察して馬の改良よりも更に重要なことを認識した。それは満洲移民政策の確立である。こんなことをいふと北海道の人に撲ぐられるかもしれぬが、国防上からも人口政策からも移民はまづ満鮮からで、本道なぞは後まはしでもよい。私ももう二十年も若けりや満洲開発に一と働きして見たい位だ。産業的に云へば北海道と満洲では全くケタ違ひで、日満経済ブロックの打撃を本道はしのばねばならぬ、満洲に日本人の移民は駄目だと云ふ見解は、私に云はせれば問題にならぬ。根、釧原野で、薯や南瓜を食ふ位なら満洲では立派にやつて行ける。満洲人の生活そのまゝを見るから日本人の移民は駄目なので、満洲生産の食料を改善した調理に依れば本道の移民よりずつと恵まれた生活が出来る。本道から指導的に進出することも考へねばならぬ。朝鮮では燕麦の栽培を見て来たが、北鮮地方に百万石から生産され、本道にとつては確に強敵である。

　感想の要点として、まず第一には、「地勢の関係で従来国内で訓練された乗馬や輓馬は曠野の満洲では殆んど役立たず」「従来の軍馬は殆んど実戦には使ひ物にならず、今後の馬政に大改革を加へねばならぬことを痛感」したことである。これは、「競馬々の如き見栄のある軽い」[9]馬を作ることに重点を置いて軍馬政策を進めてきた日本の馬政への批判と言える。ただ、「実際利用し、用を為したものは巾のある頑丈な、背の大きくないものであつた」[10]という実状を目の当たりし、これは「重鈍とはいはれるが、若干のペルシュロン系の血液の混じた本道産の重輓馬」の特徴と一致することなどから、「今後の馬政は道産馬を基礎として満洲に於て訓練、育成することを主張としなければならぬ」という結論に達してもいる。

　次に第二には、「満洲移民政策の確立」を痛感したことが述べられている。この点は、現地における関係者からの聞き取りや、北安廻りで「北満の穀倉」地帯を視察した経験が大きな影響を与えているのではないかと思われる。「根、釧原野で、薯や南瓜を食ふ位なら」と道東地方への開拓移住者の生活状況との比較から、「満洲生産の食料を改善した調理に依れば本道の移民よりずつと恵まれた生活が出来る」として、「本道から指導的に進出すること」の重要性も指摘している。

　日本政府は、1936 年から、「外地」及び満洲国の馬政との連携を強く意識し

た馬政第二次計画を開始した。神は、継続して馬政調査会委員を務めており、その計画の策定や施行に一定程度関与したと考えられる。また、地元釧路における馬づくりの向上にも組合長として主体的に取り組み続けている。そのような神の活動には、この視察旅行における見聞が何らかの影響を及ぼしていると考えられるが、本稿では考察が及ばなかった。その点の解明については、今後の課題としたい。

　本稿で紹介した史料が、戦前期の日本と満洲国における馬政を考える上での、また、満洲国の実状を探る上での、一史料として活用されれば幸いである。

●註
1) 神馬事記念館の概要については、三浦泰之・山際秀紀「釧路市大楽毛・神馬事記念館について」(『北海道開拓記念館調査報告』第40号、2001年)、北海道開拓記念館第61回特別展『HORSE　北海道の馬文化』図録(北海道開拓記念館、2005年)を参照のこと。
2) 神の生涯に関する主な参考文献としては、吉田十四雄『馬つくり五十年』(札幌講談社、1947年)、『神八三郎伝』(神八三郎翁顕彰会・釧路主畜農業協同組合連合会、1967年)、『光栄に浴する釧路産馬』(釧路産馬畜産組合、1944年)、寺島敏治『馬産王国・釧路』(釧路市、釧路新書19、1991年)、『四十年史』(釧路農業協同組合連合会、1989年)、などがある。
3) 『釧路新聞』(1934年4月26日頃付)「満洲行に際して　贐の言葉に応へ」(神馬事記念館保管資料『満洲関係』(新聞記事のスクラップ帳)に貼付されている新聞記事より)。また、このスクラップ帳によれば、斎藤は同行中の見聞を『釧路新聞』紙上に「満洲視察行」と題した全50回の記事で速報している。ただ、何月何日付の新聞に掲載されたのかという情報がほぼ欠けており、正確な掲載日はよくわからない(北海道立図書館所蔵の『釧路新聞』マイクロフィルム版では、1934年分が欠落しており、原史料での照合をすることも出来なかった)。しかし、6月5日の視察のようすを伝えた「第四十一信」に「6.28」、6月6日の視察のようすを伝えた「第四十二信」に「6.29」と掲載日らしき書き込みがなされており、満洲からの記事は、概ね、3週間ほど後に掲載されたのではないかと推察される。
4) 『釧路新聞』(1934年5月3日頃付)「満洲視察行(2)万歳の声に送られ／

東京駅を出発」
5）前掲註（1）『光栄に浴する釧路産馬』137 ～ 138 頁
6）『釧路新聞』（1934 年 5 月 2 日頃付）「満洲視察行（1）まる二ヶ月を要する／全満洲の視察」
7）この点について、神は視察終了後に社団法人帝国馬匹協会における談話の中で「私が露骨に申上げますれば、自分が生産者として考へるのに、先づ今後の国防と云ふ方面の馬と云ふものは、産業の馬とはどうしても一致しないのである、斯う思ひます。何故と言へば産業の馬はそんな丈夫な馬は必要がありませぬ。それで国防上の馬と産業上の馬とは一致することは出来ないのぢやないかと私は思ひます」と述べている（前掲註（1）『光栄に浴する釧路産馬』148 頁）。
8）前掲註（1）『光栄に浴する釧路産馬』136 ～ 157 頁に所収。なお、〔2〕については、同文が『東京朝日　北海樺太版』1934 年 7 月 24 日付に「本道の産馬と移民に／馬産翁の重大な断定／「撲られる」覚悟で語る」として掲載されている（神馬事記念館保管資料『満洲関係』所収）。
9）本稿で紹介した「日記」1934 年 5 月 28 日条に掲載されている神の満洲国馬政局での講演要旨より。
10）本稿で紹介した「日記」1934 年 5 月 28 日条に掲載されている神の満洲国馬政局での講演要旨より。

2. 史料

神八三郎満洲・朝鮮視察日記

〔欄外注記〕
「大連競馬倶楽部
　穂刈十一郎、
　八代国丸、
　角田慶吉」

【五月四日】
午前九時半、岩朝関東庁種馬所長の案内にて出発、
関東庁種馬所育成場に至る、官有地を利用し用地一〇〇町歩、金州湾に接し、海岸砂地帯、一哩馬場あり、湿地稍や多し、
事業は配合試験、日本式及び支那式飼養方法の比較研究、預託育成試験、
管内の種付所　旅順二ヶ所、大連二ヶ所、
　　金州　本所外二ヶ所、軽い産地、
　　普蘭店四ヶ所、最も良き馬産地、中間種、
　　貔子窩四ヶ所、気候風土、北海道、特に釧路附近に似て輓馬産地、
繋養馬の牽出説明も聴く、
荒馬も関東州に来ると温順となる、
新京附近の濃安馬は重く、配合試験を為さんとす、とも説明、
支那式育成は順調にして、日本式育成はヒョロ長い馬となる、
配合試験は内地より進度早いかも知れない、
ハイラル馬は遺伝力強し、毛色母馬に似る、
再び自働車に金州に至る、家畜市場を視る、―午前十一時半、
昨年、大阪博覧会に行ったといふ張徳鴻も馬を牽いて見せる、
午後一時、金州城内を経て三崎山に至り、桜花爛漫裡に午食、山頂の彰徳碑に参拝、記念撮影、
種馬所の本年度新事業は利用試験を計画、有名な天済廟岱宗寺に詣ブ、
関東庁農事試験場畜産部に至り、豚、馬、羊、鶏を見る、鶏の在来種大骨鶏は卵大、但し産卵数七、八十、牛は北部朝鮮牛で改良、
野草の説明を聴く、羊草反収三百二十貫、最もよし、
棉花の改良種子をこの試験場から全満に配給、
小金山麓の種付所に至る、
農家の高梁、玉蜀黍の間作に大小豆その他のものを付ける、
落花生の殻は最も牛馬太る、残りは豚に食はす、薩摩芋、ビートも作くる、
蒙古馬の種付を見る、
種馬の牽馬を見る、
白馬は強いと支那人が好む、黒竜江軍の騎兵馬は全部白馬、
白に黒の班点ある馬は悍馬、虎色馬もあるとのこと、
去勢に付、支那人は成茎を叩き潰し、去勢より強いといふ、又、去勢は三歳の秋

第 7 章　史料紹介　北海道釧路地方の馬産家神八三郎の満洲・朝鮮視察日記

に行ふ、
帰途、金州農会に立寄り、大驢の種馬を見る、
更に前黒竜江省長韓雲楷のハルピンにても誇った馬を見る、
午後六時、旅館に帰る、
　　　東亜ロシアの産業　ハルピン書店、
　　　　　　商業会議所、
　　　北満産業経済地図　東支鉄道経済調
　　　　　　査部発行（満鉄谷次人）

【五月五日】
午前八時、満電バスにて出発、九時、旅順関東庁着、農林課曽根技手に迎へらる、内務局長日下辰太氏に会見、局長曰く、馬を改良することは実物教訓である、支那人は従来旧慣を墨守し一歩も出でなかったが、馬の改良の実物教訓に依って考へて改良すれば良い物が出来ることが判った、大豆、高梁の改良その他あらゆるものに改良啓発の効果が伴ふ、と、
菱刈長官と会見、
岩朝技師の前任者倉賀野晋氏来り、種馬所創設時代の苦心を語る、
十時四十分、関東庁正門前を自働車にて出発、曽根技手案内役たり、途中、旅順競馬倶楽部理事長竹中延太郎氏加はる、先づ倶楽部経営の騎友倶楽部厩舎に至り、馬を見る、蹄鉄工場の設備あり、之に依って支那人の蹄鉄改良を講習又は実物教訓するものであると、
旅順競馬倶楽部は会員馬を有せず、地方の支那人馬を出場せしむる、出場手当一日二円、賞金一等四円、二等三円、三等二円に過ぎざるも支那人は大喜び、争ふて出場を希望し、優勝旗を昇ぎ、悠々帰るもありて、之が為め支那馬の改良に効果顕著、且つ競馬の旺盛なお蔭にて改良馬の売行きよい為め種付も大歓迎、競馬は三回行って約二万円の基本金出来た為め産馬助成方針を計画中、
奉天、安東は大連公認競馬に準じ、旅順、撫順、鞍山は地方支那人馬の出場を主とする、鞍山にて昨年一円の出場手当を出すと言ふや、鉄道沿線十里に亘り、五、六百頭の馬螺集し来る、此の実情を見て軍部も安心したといふ、
玉の浦宮井農場繋畜馬を見る、
旅順ホテルにて昼食を喫す、
午後一時発、先づ白玉山に登り、忠霊塔を拝し、記念館、東鶏冠山北砲台を参観、水師営旅順開場会見場を見る、
水師営の旅順農会種畜場を見る、旅順管内の馬一千、驢馬二千六百、駛馬三千あり、競馬に依り、改良馬の実物教訓に依り、種付昨年の三倍に上り、駛は未だ一頭も種付希望なし、
駛は支那人に言はせると、改良馬二等の飼料で三頭を飼養し得ると、最高三百七、八十円の値段、改良馬は最高二歳にて一千二百円に達したものあり、
当歳から競馬目当てに買ひ、三百円内外ハ猶ほ適当の馬なし、
其れより博物館を見物、二〇三高地の戦蹟を弔ひ、大正公園の桜を賞し、五時四十分旅順発、七時大連旅館帰着、

【五月六日】

151

大連着当日より視察し、且つ旅順視察二日を一日にて切り揚げ、又、恰も本日日曜にて官衙休日の為め、此の機を利用し、東洋一の大連埠頭を視る、流石に規模雄大なり、

大連神社に詣ブ、御造営間なき神殿、境内崇厳の気満つ、

正午過ぎより恰も霧の如き細雨降り、街路を湿せるも、約二時間位にて晴る、

【五月七日】

大連視察最後の日、朝来曇り寒冷を覚ゆ、午前九時、競馬行案内の為め、民政署の角田技手来る、十時、金州種馬所から特に浦江氏亦来る、然るに此の前後から天候いよ／＼不良にて濃霧となる、此の時、旅順関東庁の曽根技手から電話にて競馬遂に中止せる旨申越し来る、依って競馬行中止し、満洲馬の改良に付意見交換、且つ日本釧路種を写真その他に就て説明、午後零時半出発、山下騎手の厩舎に至り、角田技手所有馬を始め、各種代表馬を見た後、大連競馬倶楽部を訪問、穂刈主事に挨拶し、二時、前夜の電話に基き、老虎灘千勝館に畑第十四師団長閣下を訪問、畑師団長閣下曰く、満洲馬の改良は前途遼遠と思はれる、良い馬は民間にも居なくなった、隊が引き揚げに際し不用馬を払下げたと所、眼の見へない馬が百五十円で売れた、そんな馬をどうするのだと聞いたら、其の内に癒るだらうと言って居た、其れ程良い馬が不足を告げて居るのだ、

ロシヤはオムスク附近に大種馬牧場を持ってるらしいが、国防資源として絶対に輸出禁止である、ロシア馬でも輸入されると改良も比較的容易だが然らざる限りなか／＼困難である、満洲国馬政局も未だ方針樹たぬらしい、

只だ愉快なことは、軍の意見もいよ／＼藝の出来るやうな細い馬は駄目、骨太のがっちりした馬がよいと云ふことに決ったらしい、今は騎兵も砲兵も区別なく骨太の馬がよいことになった、そして持久力を重んずることになった、

支那には眼の全く見へない馬が沢山居る、之は粗食から来るヴィタミン不足の結果で、其の注射をすると癒る、

日本馬も三、四十度の厳冬を越すと痩廃する、眼の見へないものも出る、腰の抜けたのも出る、矢張り、使ふときは使ふのもよいが、平常は大切にする必要ある、チ、ハルの厩舎には最初窓なかったが、硝子を入れさせた、

満洲里の国境は緊張して居る、

斯くて三時辞し、更に師団長閣下の言に基き、錦水ホテルに武富獣医部長を訪問、七時半帰館、

【五月八日】

午前九時発、急行列車はと号にて新京に向ふ、大石橋附近まで例の赤土なるも両側近く山あり、内地風光と大差なし、

松樹に山々に松樹の植へられ、緑化された努力の偉大なるに敬服す、

鞍山製鉄所の溶鉱炉、建築中の昭和製鋼所工場、事務所等、眼を惹く、

車中榊谷組吉賀三郎氏から鉄道工事その

第7章　史料紹介　北海道釧路地方の馬産家神八三郎の満洲・朝鮮視察日記

他土木工事の話を聞く、
奉天駅に満洲国奉天賽馬場事務官高野善之助氏送迎せらる、同氏は馬政局馬政官兼奉天国立賽馬場長陸軍騎兵中佐上原猛雄氏の名刺を持参し来る、
開原、四平街附近に至ると全く大陸的地形と化し一眸広漠たる大原野、耕地は何処までも続き、黒土と化す、
午後七時半、新京着、停車場に堀尾正朔氏、重田恒輔氏、満洲国馬政官王貫三氏、其の他多数出迎へらる、其の案内にて向陽ホテルに入る、間もなく浜田陽児氏、亦来る、陸軍側渡辺獣医部長其他、

【五月九日】
午前八時半頃、堀尾、重田両氏来る、九時、馬政局廻はしの自働車〔ママ〕で馬政局に到り、日満官吏に挨拶し、且つ意見の交換ある、昨年内地を視察した王貫三馬政官からは懇篤な謝辞がある、
馬政局は現在六十五人、局長は軍政部次長の王静修中将、総務科及び第一科より第三科より成る、賽馬関係も略は同数位の官吏が居る、
七月一日に始まる康徳元年度には、海爾拉及び洮南の二ヶ所に種馬所新設の計画、将来海爾拉五十頭、洮南二百頭の繋畜計画、
関東軍司令部に渡辺獣医部長を訪問、菱刈長官に挨拶、渡辺部長より宍戸騎兵聯隊長の写真を示されて騎兵乗馬型の変化に就き話される、
視察上の便宜も得ることになつた、チチハルより海爾拉へは軍の飛行機で送りたいとも言はれて居た、
午後零時半、天平支店にて堀尾、重田両氏から昼食の饗応に預かる、
一旦馬政局に引返し、午後三時、軍政部に多田最高顧問その他を訪問、更に実業部に松島農務司長、高橋総務司長を訪問、松島農務司長曰く、満洲国内の農耕地は明らかでないが、耕地千三百万町歩と言はれ、馬三百三十万頭、牛二百七十万頭、驢、駱各八十万頭、馬一頭当りの耕作面積五町歩とし、将来三千万町歩の耕地とせば牛馬六百万頭、その他合せて千五百万頭の家畜となる、然し其れは人口一億、七、八十年後である、満洲を国らしい国の産業発達を図るとせば、人口一％と増加と同じく一％の移民を入れ、三十五年目に六千万の人口、耕地二千万町歩、家畜一千万頭とせねはならぬ〔ママ〕、畦巾は南が大きく一尺七寸、北に進むに随ひ狭く、一尺五寸、一尺三寸となる、之は地味と気温との関係に依る、蒙古の西に行く、降雨少く、東京の十分の一位となり、牧草収穫少く、随て放馬も水のある所より出来ない、然し鑿井せば一日三十噸位の水は出る、蒙古の放牧地千五、六百万町歩である、
更に興安総署に参与官中村撰一、畜産科長倉重四郎氏を訪問、
午後六時から支那料理大陸春にて王馬政局長主催の歓迎会開かる、関東軍司令部及び馬政局の首脳部二十余名出席、王局長の叮重なる挨拶あり、謝辞を述べ、八時閉会、

153

第一部　日中両国における研究成果

【五月十日】
本日は満洲国皇帝初の観兵式寛城子飛行場にて挙行、陪観す、空高く晴れて無風、絶好の日和、
式後寛城子に於て蒙古馬約四百頭を見、更に寛城子、南嶺等の事変戦蹟を訪ひ、国都建設を視察して、午後六時帰る、

【五月十一日】
堀尾、重田両氏の案内にて満鉄事務所宇戸修次郎氏を訪ひ、更に其の案内にて馬市場を視る、
馬市場は北のハイラルと共に満洲の二大市場、日々一千頭内外集まり、其の内、取引出来は百頭内外、少いときで二、三十頭、
市場は五十年の歴史を有し、鉄道の北、濃安県その他か〔から〕集まる、主として鞍馬系、馬六割に対し、駄四割位、
取引出来したものは必ず馬店に繋畜し、馬店は歩を取り、金融のこと迄取扱ふ、
馬店は私設であるが、役所で之を認めて居る、
馬市場に隣し牛の市場あり、之を視察した後、午前十一時新京発、公主嶺に向ふ、堀尾氏案内の為め同行せらる、
公主嶺に着くや、小松八郎氏の出迎へあり、直に自働車〔ママ〕にて事務所に至り、場長中本保三氏より説明を聴く、
試験場は農耕地五十町歩、牧場百八十町歩にして牧場は羊、豚、馬、牛及び家禽類もある、
農事試験は満洲特産の大豆、小麦、高梁〔ママ〕、粟等を始め、北海道に関係ある小豆、甜菜、亜麻、ホップ等も試験を終はり、只だ会社の成立を俟つのみ、然し薄荷と除虫菊は試験成績不良、
標本室を観る、
馬は大正十五年より始め、現在種牡馬十六頭、内アラブ七頭、其の他はハクニー、ギドラン、内洋等、之等の内十頭は種付けの為め地方に出で、牧場にあるもの六頭、
羊は在来種の毛は二ポンド半、甚だ粗毛、一回雑種にて二倍半、三回雑種にて三倍強となり、血液固定す、
豚は在来種大中小の内、中は最も改良に適す、バークシヤ種に依つて改良、
種羊場三ヶ所、種豚場四ヶ所から改良試験の結果を民間に配付す、
午後七時、新京に帰る、

〈欄外注記〉
「キド
　　　〇九〇号
　　体高一二六・八
　　胸囲一三二・八
　　管囲　一五・五
アラブ
　　　〇八五号
　　体高一二四・四
　　胸囲一二七・〇
　　管囲　一四・五
アラブ種牡馬
　　二頭　管六寸一分」

【五月十二日】
午前九時三十分、新京を発す、停車場に

渡辺獣医部長、堀尾、重田両氏、阿部氏等見送くらる、此の予定は馬政局の作った日程に依り、通遼泊りであったが、発車後間もなく、時間の錯誤から通遼まで行かれず鄭家屯泊りとする、

途中四平街に約四時間待ち、午後六時十七分鄭家屯着、鄭家屯ホテルに入る、

【五月十三日】
午前九時、満鉄公所に松本福次郎氏を訪問、松本氏は満鉄農務課沙里種羊場主任、事変の為め引揚げ、現在欧里に一千二、三百頭の羊を置いてあるが、今回通遼の南約五里の地に一千三百町歩の既耕地を買収し施設中にして、其の完成を俟って移す予定とのこと、

羊はメリノ種を以て在来種の改良に努めて居るが、最近コリデイル種の声も高いが、之は疑問、羊毛の集散は赤峰七十万斤、林西二十万斤、其の他合せて二百五十万斤位、一頭二斤と見て百二十五万頭の羊が居ることになる、

馬はよく判らないが、関東軍獣医部の発表と自分の考へとは稍や違ふ、日本馬は蒙古馬に比し弱くないと言ふが、徴発せられるやうな蒙古馬は皆な悪いものだ、牛は鄭家屯附近小、ウジムチン方面に行くと大となる、其改良はショートホンで沢山、

蒙古人は牛、羊、支那人は八割まで豚を飼育する、

鄭家屯附近は砂丘、又は湿地、

通り一遍の調査では容易に極め難い、例へば雨期に来れば湿地と思ひ、乾燥期に来れば其れと思ふ、数字の調査も全く当てにならならず〔ママ〕、甚だしい調査であると、二十年前のの〔ママ〕数字を其の侭載せてある、云々、

午後零時四十分、鄭家屯発、三時三十分通遼着、駅に吉冨獣医正、斉藤一等獣医、和田二等獣医等の出迎を受け、直に騎兵第二十六聯隊本部を訪問、聯隊長黒谷正忠氏、子爵大島久忠少佐と会見、

黒谷大佐曰く、部隊は一昨年（昭和七年）十月大連に上陸、恰も向寒の時であり、馬はどうかと心配した、熱河作戦の終る半ヶ年は休憩長くも一週間、多くは三、四日に止まり活躍した、而してシベリア事件当時、馬は寒さに弱いとの話を聞いたが、今度は良結果を得た、頗る強い、寒気には大丈夫との確信を得た、支那馬はよい〳〵と云ふが、其れは歩兵のことで騎兵では問題にならない、自分は関東軍司令部に属し、馬の改良に努めたことある、其の時は手つ取り早く輓馬型のものとして直に使用し得るやうとの計画を樹てた、然し満鉄あたりでは内地の馬は血統が乱れたからと言つて居る、満洲国も今日となつては日本と同様乗馬型のもの必要となつて来た、又、内地も乗馬型を取ることは困難のやうであるから、多少前の意見を変へなけばならないかとも考へる、云々、

其れより司令部裏にて将校乗馬、無線班駄馬、支那馬等を見る、

午後六時半より通遼ホテル別室に於て黒谷聯隊長、吉冨、和田、斉藤の諸氏出席し歓迎会催ふさる、席上歓談、黒谷聯隊

155

は原駐地豊橋にして全くの移駐、原駐地には留守隊もないとのこと、
同聯隊は一昨年十月以来、東辺道の討伐を最初とし、北満、熱河策戦、内外蒙古の踏破等活躍し、足跡殆ど全満に及び、里程実に一千七百里に達し、此の間、軍馬五百頭乃至六百頭を使役し、其の内、廃馬となれるもの僅に約四十頭に過ぎず、極めて好成績を収めたとのこと、
蒙古二箇聯隊は鄭通線中の銭家店にあり、同聯隊の馬は十歳から長くも十二、三歳にて廃馬となり、到底日本馬の比でない、是れ全く平常の飼育状態に依るものである、
実戦の結果に依ると、骨太のガッチリした馬最も適当、騎兵の装備は三十五貫より四十貫に達し、今後毒瓦斯防具等益々装備増加するを以て、一層その必要を感ずると、
九時、散会、

〈欄外注記〉
「廃馬中酷寒の為め、二頭腰の抜けたものあり、粟を食はして疝痛起したことあり、黒谷聯隊長乗馬は百四十貫以上の体重を有す、」

【五月十四日】
午前九時、吉冨獣医正の案内にて、第三、第四両中隊に至り、優劣代表各五頭宛を何れも牽出して見る、更に其の内より代表馬を選定して隊から写真の撮影を為す、追つて送附し来る筈、
十一時十分、大島子爵、吉冨、斉藤、和田氏等の見送りを受けて通遼出発、鄭家屯乗換へにて、午後九時洮南着、鈴木獣医正その他の出迎を受けて、南満旅館に投宿、

【五月十五日】
午前八時、鈴木獣医正の案内にて、先づ馬店視察、何等見るべきものなし、
八時半、騎兵第四旅団司令部に小川少将を訪問、同少将は三月赴任とのこと、席上、鈴木獣医正より、実戦の結果、軽いより寧ろ重いのがよい、損徴少く殊に飛節内腫は少く、五百頭中一頭もなく、且つ渡満二ヶ年後の検査に依ると曽つてあったものもなくなった傾きあると、小川少将も日露戦争当時少尉で出征したが其のやうな記憶あると云はれた、［ママ］
鈴木獣医正は東北、北海道馬の中に九州馬を入れると九州馬は疲労する、但し、姫路第十聯隊の馬は九州馬で熱河討伐に従事したが、他に比較し左程の遜色あると思はれないから、之を調査して欲しい、満洲月畜症とも言ふが、通遼部隊には十頭、罹病中のもの二十余頭あり、然るに洮南には一頭もない、又、ハルピンにも居ない、之は水の関係に依るものでないかと、
其れより第二十五聯隊に至り、優劣馬各十余頭宛を観る、
午後零時半から機関銃、自働車両部隊の創立一週年記念式に招かる、席上、前野［ママ］機関銃部隊長の挨拶に対し、小川少将の謝辞あり、招れたもの約三十名、外には兵の余興等にて賑ふ、

第7章　史料紹介　北海道釧路地方の馬産家神八三郎の満洲・朝鮮視察日記

午後一時四十五分、渡辺一等獣医の案内にて騎砲兵中隊に到り、恰も出動準備中の馬を見る、金子中隊長及びその他の人には何も〳〵、中隊百二十頭の馬の内、騎砲馬として従来からのもの五十頭に止まり、他は補充されたものであり、甚だ不揃ひにて困難して居ること、毎年の補充は八分の一にされ度いこと一等を述べて居た、同隊に県公署の岩尾、谷口両氏は洮南に於ける代表馬四頭を持ち来り、写真を撮影せしむ、

其れより渡辺、久保両獣医の案内にて市内一巡、旅館にて鈴木獣医正も加はり、九時近くまで歓談、

【五月十六日】
午前七時五十分、洮南発、駅には鈴木獣医正、渡辺獣医及び県公署谷口氏等見送くらる、
午後三時五十分、斉々哈着、駅に第十六師団獣医部々員一等獣医矢野康夫氏出迎へらる、陸軍自働車にて龍江ホテルに案内せらる、元洮昂鉄道局の経営にて総べて洋式、

【五月十七日】
午前八時半、矢野獣医の案内にて龍江ホテルを出で、第十六師団司令部に至り、小野獣医部長と会ひ、次いで参謀長大嶋子爵、師団長蒲中将その他と会見、大嶋参謀長は多聞師団揮下の第四聯隊長として嫩江戦に参加し、斉々哈爾に乗り込んで来た人、又、大正十一年馬政局の終り頃に於て釧路、十勝の種馬牧場、補充部

支部を視察し、大楽毛市場も視たと言ふ、更に高い馬は乗り降りに困難であるとも言ふ、

小野部長は馬の資源豊富と思ふは誤りで、黒龍江省実業庁の調査に依れば一万五千頭乃至二万頭不足し、農耕に困難を感じて居るとも言ふ、

午前十時、軍用自働車にて黒龍江省騎兵第一旅を訪問、旅長馮広友少将自ら起って案内、恰も検閲の如く、馬は白馬を始め、毛色別に依って列べ、兵は営庭に整列して迎ふ、更に警備司令官張文鋳中将を訪問、挨拶す、張中将は年齢僅に三十六歳といふ、

其れより歩兵第三十八聯隊に到り、歩兵乗馬隊の馬を見る、大部分は蒙古馬である、

正午より龍江ホテルの食堂にて歓迎午餐会あり、参謀長等も出席の予定であったが、十八日より団体長会議の為め、遺憾ながら欠席のとのこと、

午後一時半、黒龍江省蹶兵部に至り、野砲、山砲隊の馬を見る、此処にても検閲の如く、山砲隊は気を付けの姿勢を取り、更に砲の操練振りまで見せる、

其れより騎兵第二十聯隊、砲兵第二十二聯隊を訪問、各隊の優劣馬及び蹄鉄工場等を見る、砲兵聯隊の古野聯隊長は、現在の火砲は野砲一噸七百、重砲二噸の重量なるも、近く新たに配給せられる山砲は二噸余とあり、重砲と変りなき重量となり、同時に馬も何等差違なきことになる、と語る、馬の体高は五尺二寸より三寸、重量百三十貫より四十貫まで理想

157

であるとも和田獣医が言ふ、
午後四時半帰る、

【五月十八日】

午前七時、矢野獣医の自働車〔ママ〕にて龍江飯店を出発、十分余にて斉々哈爾郊外の飛行場に達し、待合室にて休憩、体重を計量した後、同三十分、満洲航空会社の六人乗り旅客機に搭乗出発、約五百メートルの高度にて西に向ふ、茫漠たる平原は耕地に化し、縞模様の畦畔、箱庭の如き満洲部落、八時近く遙か遠く山岳を望見して、次第に近く、大波状形の丘陵の上を飛び、樹木疎らにある、白樺の如し、時に紫の花の満開にて眼の醒むる如きものある、

八時半頃いよ〲興安嶺の頂上附近に達し、荒木大尉の碑を見る、十時到着の予定は東の順風に追はれて約二十分早く、九時四十分、海拉爾飛行上〔場〕に着陸、

十時、呼倫ホテルに入る、馬政局第一科長安達誠太郎氏等に迎へられ、午後、宇佐美中将、中山少将を始め、騎兵第十三、第十四両聯隊長その他を訪問、挨拶し、又、安達氏の購買した蒙古馬五十頭を見る、

夜、多田獣医正の訪問を受く、

【五月十九日】

午前六時十分〔ママ〕、自働車にて出発、蒙古内陸に向ふ、空曇り、風稍や冷涼、暫くして雨ポツ〲降り来る、

ガンジュノール街道を走ること約一時間、それより右に入るや、牛、羊、馬の群を見る、更に道路より離れて馬群に到る、馬群は約三百とのこと、其れより七、八里離れた所に一千の馬群ありとのことにて出発、一の道路を発見して行くこと約十分にして砂丘に達す、然るに自働車〔ママ〕は砂丘に埋没し動かす、止むなく下車して自働車〔ママ〕を引上げる、案内のブリヤード人は恰度アイヌの如く責任あってない如く、且つ地理も充分知らぬ如し、雨も稍々強くなった為め引返し、帰途に就く、途中、馬、牛、羊群を三、四見る、

又、往く途中にて野七面鳥その他種々の鳥を見る、

平原の広漠たること今更ら云ふの要なし、草は一、二寸伸び居る、

帰途、海拉爾市街背面丘陵の松樹林の鬱蒼たるを見る、相当年数を経たるものの如く古木多し、北満の涯に斯る松林のあるは意外とす、十時二十分帰る、

【五月二十日】

朝来豪雨、午前九時、自働車〔ママ〕にて騎兵第十三聯隊に至り、草野獣医正の案内にて厩舎内に於て各中隊別に優劣馬を見る、更に騎砲隊に行き、同じく優劣馬を見た後、騎兵第十四聯隊に至り、多田獣医正の好意に依り、将校室に於て午餐の饗応に預る、幸ひ雨漸く霽れる、

午後一時より之亦各中隊別に優劣馬を見、更に興安北分省警備軍司令部を訪ひ、各旗別の馬と蒙古騎兵の操練を見て、四時帰る、

午後六時より中山旅団長の招待に臨む、

第7章　史料紹介　北海道釧路地方の馬産家神八三郎の満洲・朝鮮視察日記

【五月二十一日】
午前三時二十分、海拉爾発、北満鉄道にて満洲里に向ふ、途中の地形は草原と砂丘、往々松樹の点々するを見る、馬群、牛群は沿線数ヶ所に於て見る、其の大なるものは一千頭以上に及ぶと思はれる大馬群ありて、壮観を極む、殊に此干、乍拉諾爾附近に馬群、牛馬多し、
車内寒冷甚だし、亦動揺多し、七時十分、満洲里着、小雨降る中を日本ホテルに入る、
午前十時、日本領事館に田中領事を訪問、同領事は本年三月の着任の由なるも、曩に露支事変当時在任せることあり、又、前任は南露オデッサとのことにて、大のロシヤ通、南露のドン、コサック地方は曩つて馬の産地なりしも、国営五ヶ年計画に依り大農組織並に機械化され、三十馬力のトラックを始め、種々製造せるも、一方食料の不足から馬を食ひ、其の結果、一昨年は最も不足せるも、ロシヤ軍当局も之に気付きて奨励方針を取り、又、機械も忽ち破壊し修繕し得ず、労力の不足から再び馬を奨励するに至り、昨年は余程回復した模様とのこと、同領事は更にロシヤ事情に就き語られた、
午後三時、日本警備隊に司令官古賀中佐を訪ひ、同隊内にあるロシヤ時代の厩舎及び馬を見、帰途、市内を散歩して六時帰る、
之より先き、特務機関を訪問せるも、機関長桜井少佐留守にて会見するを得なかった、
騎兵集団司令官宇佐美中将、和田第十三聯隊長の一行、前日海拉爾を自働車〔ママ〕で出発、満洲里に向ったとのことであったが、途中、多くの困難を極めて一泊し、本日満洲里着、同じ日本ホテルに投宿せらる、

【五月二十二日】
天候回復、快晴となる、風猶冷し、
同宿の集団長宇佐美中将に挨拶す、同中将は七時国境方面視察の為め出発に際し、答礼せらる、
午前九時、ホテル主人を案内として北方墓地背後の高台に至り、国境を展望す、哨兵小屋散見す、国境の緊張状態察せらる、此の墓地背後高台は曾つて七年前の露支事変当時、支那側が塹壕掘った所と其の跡蜒々としてある、附近に寸余にして花を付けたあやめ、菊等あり、黄のあやめ一本を採取す、其れより更に市内の一方を散歩視察す、
午後四時十分満洲里出発、車窓より牛、馬、羊群を屢々観る、
海拉爾八時着、同駅より安達馬政局第一科長同車、新京に向ふ、森橋氏亦、哈克の種馬所設置候補地調査の為め、同じく同車す、
九時、寝台に横臥す、

【五月二十三日】
午前七時三十二分昻々渓着、安達氏と別れて下車、其れより馬車を駆り、鉄路総局の同じく昻々渓駅に至り上車、更に斉々哈爾にて乗替へ、北安に向ふ、
此の北安廻りは、曩に大連に於て畑第十四師団長訪問の際、北満の穀倉にして

159

将来の我が移民発展地たる此の地帯を見るの必要ありと奨められたるもの、
泰安を中心として農耕地、部落相続く、土地は緩波状を為し、地質は全く黒色の植土と化し肥沃を察せらる、農家の周囲には多くの殻類積まれあり、南満地方農家と趣きを異にす、泰安、克山等の大駅には今猶ほ特産物の積まれ居るを見る、真に此の方面は穀倉の言に違はざるを覚ゆる、
午後七時、北安に着し、歩兵第九聯隊附渡辺一等蹄鉄工長に迎へられて大同ホテルに入る、

【五月二十四日】

午前六時、北安発、哈爾浜に向ふ、天気快晴、北安は最近の発達にして人口一万、内邦人二千と称せらる、歩兵第九聯隊の本部あり、立派な兵営望見せらる、
地形前日と変らず農耕地続く、只だ、馬、牛、甚だ少く、全く居らず、豚は相当居るが如し、通北駅にて枕木の造材を見る、同所より十五、六里にして小興安嶺の大密林あり、冬期搬出し来れるものといふ、通北駅を通過後、暫らくして地形起伏多く、矮少なから樹木を見る、樹種は主として白樺、白楊、柳、楢等なり、次の李家駅より再び平坦な耕地とし、海北駅近くには朝鮮人の水田を見る、地形何処まで行くも平坦、耕地にして全く驚くの外なし、
午後五時十五分、浜江駅着、国立賽馬場受川金次郎、哈爾浜特別市八魯街生科技正秋山治郎氏その他の出迎を受け、新市街日の丸旅館に入る、

【五月二十五日】
〈欄外注記〉
「屠宰総場は南崗区文廟街にある」

午前八時、国立賽馬場受川氏の案内にて哈爾浜特別市公署経営の屠宰総場に至る、同署主任秋山氏及び第三師団獣医部長西城一等獣医正その他待ち受けて居られる、同屠宰場は二十余年前の創立にてロシヤ人の経営なりしも、何等の統計なく過去の実績は知り得ないが、本年度の屠殺見込は大牛一万一千、中牛一万五千六、七百、小牛八千、大羊六千、小羊八百、豚五万四、五千、計約九万五千頭の予定である、屠殺場は外に第一分場あり、従来は全く統一なかりしも、最近漸く宗教を異にする回々教徒〔ママ〕も説得し、場内に特別室を設けて行ふに至り、目下、設備拡張計画中にして将来三十万円を投じ、防疫場の拡大、生畜検査所、家畜市場等を設備する計画を有す、屠殺される牛は蒙古牛最も多いとのこと、之等の説明を聞いた後、場内を視察す、
其れより孔子廟及び極楽寺を参拝す、極楽寺は北満第一の伽藍にして、曽つて排日の本山たりしも、我が特務機関の人が死を以て潜入感化し、今や大の親日派たらしめたとのこと、結構壮大、僧は最も多い時は三百名も居るとのこと、
次いで埠頭区新城大街の市立獣医院を視る、多くの畜類入院、或は診察を求めて来て居れり、

第 7 章　史料紹介　北海道釧路地方の馬産家神八三郎の滿洲・朝鮮視察日記

更に支那人街の伝家甸大道街の浜江馬市場を見る、最も閑散の時期とのことで閑散、盛況を呈するは旧二月といふ、値段は馬百円より二十円、駄七十円前後、驢二十五円位、市場内に税損局の出張所あり、税金百円に付五円、手数料同二円であるといふ、

其れより自働車〔ママ〕は哈爾浜の銀座街ギタイスカヤに至り、最大の百貨店秋林洋行に留めて其の内部を見る、

正午、松花江岸のヨット倶楽部経営食堂にて午食を饗せらる、有名な松花江、風景佳く、眼も覚むる如し、

午後一時二十分より馬家溝の露人シヤローフ、プールギン両氏の馬匹養成を見る、次いで沙曼屯の同じく露人のチエラスサーエス、トリヤース両氏共同経営の馬を見る、露人の愛馬心には敬服す、

更に沙曼屯にあるマッチコーフ氏の乳牛牧場を見る、シンメンタール種にして乳量一日ビール瓶にて二十八瓶、値段は一本十二、三銭とのこと、

猶ほ、バターの値段は満洲里七十銭、哈爾浜国弊六十銭である、

午後五時より旗亭梅の家にて更に晩餐会開らかる、賽馬場嘱託にして特務機関の岡田猛馬氏も特に出席せらる、岡田氏は真の国士的にして極楽寺を親日派たらしめ、横川、沖両志士の碑を建設し、或は通北に共産党鮮人を入れて水田四千町歩の耕作を為さしむる等、其の活躍目覚しきものあり、談と興尽きず、帰来せるは十時、

〈欄外注記〉
「受川氏より日本乗馬倶楽部定款送附方依頼さる」

【五月二十六日〔ママ〕】

午前八時半、此の朝新京より到着した堀尾馬政局第一科長と共に、受川及び岡田両氏の案内にて出発、先づ、横川、沖外四志士の碑に到り詣で、碑前に於て岡田氏の講話を聴く、碑は銃殺された市郊外にあり、岡田氏の熱の籠った講話は感動せしむ、

其れより附近にある賽馬場を見る、好適地にして、目下、観覧台の永久的建造物の工事中である、現在は主として日本人相手に止まり、本年春競馬は昨年の二十六割増加の二十八万円売上げに止まるといふも、将来頗る有望と見られる、哈爾浜特別市長呂栄寰氏の厩舎並に馬を見た後、同氏を訪ふ、氏は将来の満洲国総理を以て目せられる人物、又大の馬通にて、赤誠を以て語り、遂に満洲馬改良の為め是非来て貰ひたい、出来る丈けの便宜を計る、とまで言はれた、

更に若山第三師団長を訪問、且つ、佐藤参謀長その他にも会ひ挨拶す、正午、日満倶楽部に於て師団側主催の午餐会に招かれ記念撮影す、

午後二時、野砲第三聯隊を訪問、八木聯隊長は、日本の馬もよくなった、此の聯隊付であった独逸オット大佐も馬は之でよいと言ったが、更に今後は馬格のある馬を希望する、民間の馬は八十パーセントまで軛馬である、一旦徴発の場合は其

161

れが兵の徴募の如くなって欲しいものである、と語る、営庭にて優劣馬を見る、優良馬に北海道馬多い、

次いで騎兵第三聯隊を訪問、山本聯隊長と語り、同じく優劣馬を見る、未だ匪賊討伐及び実戦の経験なき為め、馬を見ること多少異なるものある、

帰途、露人ウールソン牧場を見る、サラブレット牧場で三十二頭を有すと、頗る優物もあるに驚く、又、サラブレットで蒙古馬にかけて仔を取り居るを見る、香港方面に競馬用に売るものであると、折柄雷雨あり、五時過ぎ帰る、

堀尾氏九時五十分夜行にて新京に帰る、

【五月二十七日】
前夜の雷雨晴れて天気晴朗、午前九時三十分、哈爾浜出発、南下す、駅には受川氏その他見送らる、

哈爾浜駅頭に殪れた伊藤公の箇所を弔ひ、当時を回想す、伊藤公も現今の我が発展を地下に見て喜ばん、

哈爾浜の現住人口は邦人一万五千、ロシヤ人十三万、支那人三十万、その他五千、計四十五万と言はれ、邦人の進出目覚しく、殊に哈爾浜市政は市長呂栄寶氏の下に実権を全く掌握し、三ヶ年計画二千万円を以て大都市計画を行はんとしつゝある、更に北満鉄の売買交渉成立し、満鉄経営の暁は、邦人の進出一段目覚しきものあらん、

邦人小学生徒一千を突破す、

双城堡駅はお寺のやうな伽藍作り、珍らしいもの、附近農村は耕地整然たるも、畑に出でしの労働者見当らず、

松花江左岸に砂丘を見る、其れより以南低湿地帯多く、往々馬の放牧を見るも其の数少し、此の附近の奥が濃安地帯となる、

午後三時二十五分、新京駅着、堀尾、重田両氏出迎へらる、向陽ホテルに十五日振りに帰り、落付く、〔ママ〕

【五月二十八日】
午前九時、重田氏案内、馬政局の自働車〔ママ〕にて関東軍司令部に渡辺獣医部長を訪ひ、更に特務部に赴き、吉田、岸両氏と語る、吉田氏は、

農具の発達せざるは張学良時代苛斂誅求の為め落付かず、転々せる結果で、〔ママ〕家屋も小屋、作物も大豆の如き簡単なものに限られて居た、

上海、香港、天津等へは一ヶ年六千頭近くの馬が行く、一人で最も多いものは六、七十頭も買ふ、良い馬であれば天津で五千円する、本年海拉爾から四百頭を送った、何れも天津の合同競馬一、二着を取った、馬はタイムで売る、一哩二分六秒で二千円、今の記録は二分を割って居る、雑種馬はクラスを分けるが、二哩以上になると此の雑種馬は駄目になる、馬の売買されるときの体高は一四三米に制限されてある、現在の馬市場は北は海拉爾、南は多倫である、清朝時代は張家口で行はれたが、今は多倫である、

支那の歴史は馬の歴史である、良い馬の持ったものは天下を取り、元、秦皆

な然り、馬は現今の飛行機以上の武器である、元時代の騎兵は現今の騎兵以上に発達して居らしい、其れが為め、清朝時代は蒙古馬の生産を制限したのが因習となり、今猶ほ騸馬多く、牝馬少い所以である、又、張家口以南には生産力ある馬は出さない方針を取って居た、

濃安馬といふも濃安は生産地でなく、ウジムチン馬が入って来たものである、支那馬の名称は産地でなく、集散地から起って居る、云々と語る、

更に馬政局に至り挨拶し、正午、国都ホテルの食堂で午餐の饗を受け、午後二時半から馬政局員に対し、会議室に於て約一時間に亘り講演（通訳付）し、終って座談的質問に答へ、五時帰り、七時より堀尾氏と共に渡辺獣医部長を訪問す、講演概要、左の通りである、

私はお話する程の資格あるものでない、只だ馬が好きで生産する者に過ぎない、満洲国に於て今回馬政局を設置せられ馬を改良するとのことである為め、是非その馬を見たいと来たものである、順序として申上げると、市街の馬を見、満洲国警備軍の馬を見―、チヽハルで六百の馬を見た―、更に農業の使役馬を見、其れより海拉爾では蒙古騎兵隊の各旗別に見た、又、恰も第一科長安達氏は競馬馬の購買に出張中で、其の購買の五十頭も見、且つ、其の好意で森橋氏も加はり、蒙古広野の放牧馬群も見るを得た、其れより引返し、昂々渓から農業の最も盛んな北安を廻り、

哈爾浜に出で、其の間、産業と馬と就いて見たことは非常に愉快である、

私の最も深く感じたことは、農業に馬と牛と巧みに使役し、少きも三頭、多いものは五頭、七頭、八頭を並べて居る、之は私の地方と事情を異にするが、あれ程馬を使用せねばならないかと、当地方の農業に就いて講究したいと思ふ、

今までは実地に就て申上げたが、之からは馬格と改良に就いて想像を申上げる、当地方の馬は非常に頑丈で粗食酷寒に堪へ、斯る馬は日本に絶対になく、且つ、他にも満洲以外なからうと見た、之は何千年来人工を加へたものでなく、自然に委して繁殖した、只今の如く青草が出れば之を食って太り、雪が降れば自由に食料を得られず、四、五十度の酷寒に際し漸く生命を繋ぎ、又、人間の如く寒さを凌ぐ為め運動する、随って現在の頑丈の馬は決して人工の為めでなく、自然の侭である、

一つの判断を下せば、馬は最初の満洲、蒙古馬は相当大きく、巾のあったものであったが、長い間右の如き状態に置かれた為め小いさくなり、四尺乃至四尺三寸になったものと思ふ、斯る馬の体重は約六十貫、六十五貫、大は体高一米三〇―、八十貫位よりなからうと思ふ、馬の力を何んで計るといへば体重である、随って蒙古、満洲馬は粗食寒気に堪ゆるも、真の力、実力はないと判断した、

利用は全馬数を挙げて産業にある、第

一満洲は農業国として馬力を利用する、耕作面積は日本約六百万町歩なるに対し、満洲は千五百万町歩を有し、今後更に現在以上のもの開墾されるといふ、利用状態は第一農業、次は貨物の運搬、交通上に利用である、現在の馬格で宜いかといふと、馬政局を設け、善点を損しないで徐々に徐々改良するにあると聞き、当を得た穏健な改良と信ずる、此の二週間以上に亘り、満洲の在来種、ハルピンのロシヤ馬、満洲里のロシヤ系等も見たが、実際の利用に堪へる今後の改良はロシヤ系は考慮を要する、失礼な申分だが、急激な改良を為さず、当地方の気候に堪へ、五頭のものは三頭、三頭のものは二頭にするにある、当局の意見も其の通りであると聞いた、我々日本の馬の改良は急激に行った結果、種に失敗した、失敗したといふは、改良そのものに失敗せず、順調に進行したが、改良の方針は産業に基礎を置かず、競馬、軍馬に偏したにある、一朝事あれば軍馬となるが、平時は産業である、然るに促進し過ぎ、為め今や却って縮めなければならないことになった、実用馬、競馬々、乗用馬、国防馬とは結局一である、然し競馬となれば走るに重きを置く、巾の広い、力の強い卓のやうな馬は鈍い、走る馬は狭く、足の長い、気分のよいもので、其利用は少数である、当地方から上海、香港等に向けるなら格別であるが、満洲国内に如何に競馬場を設けても、一万頭あれば足り、一年の補充二、三千頭あれば充分と思ふ、然るに競馬々を産業に利用せば不合理である、馬政局は厳選の上行ふと聞いて、誠に結構と思ふ、

日本軍馬を視察した結果をお話すると、日本の改良は本年を以て二十九年、明年を以て第一期の三十年計画が完了する、当時の馬は蒙古馬に似て居た、満洲事変前は軍隊は五日、十日間の演習に使用したに過ぎない、然るに当地方に於て三ヶ年前から使用した結果如何なる馬がよいか、之を見に来た、然るに自分の考へて居たとは正反対となって居る、

実地利用した結果、従来要求した馬は一殆ど競馬々の如き見栄のある軽いものであつた、然るに実際利用し、用を為したものは巾のある頑丈な、背の大きくないものであった、湿地、急坂等を重い負担して十五日、二十日も行軍し、一千七百里の長距離に及んだもの
〔ママ〕
ものもある、其れ等は重鈍、首の太いものは良かった、当地方の改良方針は蒙古馬を基礎とし、体高の最高を四尺八寸とし、現在の体と足とを損しないと聞いて感服した、実用上、産業に重きを置き、体重二、三十貫伸ばせる、巾を持せる、之は誠に敬服する、産業を基礎とし、国防を考慮し、徐々に行はれたい、

【五月二十九日】

実業部に松島農務局長及び興安総署等を訪ひ、午後、新京競馬を見る、七時から

第7章　史料紹介　北海道釧路地方の馬産家神八三郎の満洲・朝鮮視察日記

大陸春に於て送別宴開らかる、出席者は左の通り、
　　関東軍獣医部　　　渡辺中、加藤赳夫、庄司武助、石坂九郎治、
　　関東軍特務部　　　吉田新七郎、
　　旅順関東庁農務課　岩朝庄作、
　　大連満鉄本社農務課　実吉吉郎、
　　満洲国実業部　　　岸良一、
　　満洲国馬政局　　　浜田陽児、堀尾正朔、安達誠太郎、中島潤身、岡正、金子嘉一、重田恒輔、

【五月三十日】
旅程を変更し、午前六時三十分、新京を発し、吉林視察の途に就く、前夜の雨霽れたが風冷し、且つ雨は八時頃から再び降り出し、吉林着の九時三十分には本降りとなって居た、
地勢は新京より第二駅の興隆山附近から稍や変化し、遠くに山丘を望まれ、関東州内を出でし以来、全く山を見なかった眼には頗る愉快に感ずる、地味良好にして、加ふるに列車の進むに随ひ雨量の多きを加ふるものゝ如く、畑地に雑草あり、又、農家は泥建築全くなく、草葺の屋根勾配あり、四囲も草□[判読不能]に囲ひ居るもの多く、内地農村に似た感を深くす、営城子よりいよ〳〵山近く、樹木も多きを見る、耕地も狭まる、土們嶺を過ぎてトンネルを通過す、興安嶺以外にてトンネルを過ぎたのは、之が最初である、
営城子には石炭砿あり、附近一帯薪の産地なる如く、北満と趣きを異にし、此の

地方居住者は燃料に恵まれ居るものと見られる、
九站には石山あり、線路敷用として多くの採取行はれて居る、
吉林にては自働車[ママ]にて雨中の市内を見物す、人口十八万、内邦人五千と言はれ、吉林省庁は松花江岸に臨みに、頗る堂々たるもの、其れより北山公園に至り、関帝廟に詣で、且つ、吉林市街を俯瞰す、満洲の京都と言はれる丈けに風光明媚、満洲の広漠たる地に斯る山岳都市あるかと想はれる位、関帝廟は信仰者多く、線香を捧げて参拝し、附近一帯には掛茶屋多し、天気の良い日は日々人で埋り、通行困難の有様であると、
午後一時吉林発、四時新京帰着、森橋氏の出迎を受け、星憲兵分隊長を城内に訪問し、五時帰る、

【五月三十一日】
午前九時、新京発の急行はと号にて出発、停車場には馬政局浜田大佐、堀尾、重田両氏、王貫三氏、関東軍獣医部加藤獣医正その他多数の見送りあり、関東庁の岩朝氏同車せらる、更に車中に特務部の吉田氏あり、発車後間もなく食堂に行き、奉天着近くまで歓談を続く、
午後一時四十五分奉天着、停車場に国立賽馬場長上原猛雄、同場員高野善之助氏等の出迎ひあり、駅前の大丸旅館に入る、少憩後、三時から自動車にて附属地、商埠地及び城内を一巡す、流石に曽つて東三省の首都にして張学良の根拠地なりし丈けに広く、且つ殷賑を極む、忠魂碑に

165

参拝し、四時半帰る、七時より料理店粹山に招待せらる、

【六月一日】
午前十時、賽馬場高野氏の案内にて奉天競馬倶楽部を訪問し、次いで満鉄獣疫調査所に至り、井上辰蔵、持田勇氏に会ひ、種々意見を聞く、調査所は目下、鼻疽の研究に最も力を注いで居る、獣疫は鼻疽の外、たん疽、羊痘、豚コレラあり、馬に血液の中に侵入するダニでピロプラジマーがあり、山海関、哈爾浜の軍隊が悩まされた、腺疫、伝貧は見当らない、

〈欄外注記〉
「北大営の鼻疽は五百頭を診た、第一次二百五十頭の内、半分罹病し、更に第二次調査の際、二百五十頭の内、同じく半分罹病して居た、其の後見ないが、恐らく五百頭の全部罹病したものと思ふ、北大営は無謀にも此の残りの馬を民間に払下げた、」

鼻疽の最も甚だしい例は、張学良時代に北大営にあったとて、其の当時の調査研究したパンフレットを呈された、其れは斉々哈爾の軍牧場から持って来た七百頭余の馬はどん／＼斃死するので、遂に調査方を依頼して来た、其の結果、獣疫調査所と軍の獣医とが行き、診た結果、鼻疽で殆ど全部罹病して居た、当時まで北大営には日本人を全く入れなかったが、此の為めに入ることが出来、事変の際は少なからず利便を得たと云はれる、又、

調査所では三十頭を解剖研究し、其れが為め、一人の所員が感染、遂に犠牲となった、鼻疽は未だ治癒の方法なく、人に感染すれば臨床状態は恰度ホーソ(天然痘)に似て居る、赤峰の軍馬には五〇％の罹病で困って居る、公主嶺では十日間に十頭に伝染した実例もあると、

其れより市政公署、実業部等を訪問し、午後一時、北陵に至り、午食を取り、見物の後、附近にある賽馬場を見る、来る八日より開催されるとて鋭意工事を進めて居る、賽馬場の総面積二十三万坪、観覧台、事務所等を始め、諸施設工事費三十万円、北陵の松林を背景とし好位置を占めて居る、更に同所に繋がれて居る競馬馬約二百五十頭を見て、五時帰へる、

【六月二日】
昨夜来の雨は猶ほ猛烈にて、遂に撫順行の予定を変更中止す、午前九時頃、奉天競馬倶楽部の松井隆弐氏来訪、種々談話の後、其の案内にて先づ国立賽馬場事務所を訪問挨拶し、更に奉天競馬倶楽部の競馬場に至り、牝馬並に馬場を見る、此の時雨全く晴る、

奉天競馬倶楽部は社団法人にて会員八十五名、国立賽場場設置されたるも、馬の優秀のものを揃へる為め、目下の所殆ど影響なく、本年は四回にて五十万円売上げの計画である、抽籤馬は春秋二季海拉爾から買ふ由、

午後、撫順に行く筈なりしも之亦中止、夜は柳町一流亭にて松井氏の招待を受く、

第 7 章　史料紹介　北海道釧路地方の馬産家神八三郎の満洲・朝鮮視察日記

【六月三日】
錦県行は当初日程に依れば四日の予定なりしも、熱河行飛行機に関し、新京馬政局重田氏より関東軍の知らせであるとて電報あった為め、一日繰上げ、この日、午前六時五十分奉天出発、奉天の次駅の皇姑屯駅附近から朝鮮人水田あり、地形、地味とも良好の如し、樹木もなか〴〵多し、

新民駅の次に大河あり、濁流逆巻く、砂丘もあり、暴風の際は砂飛んで線路を埋むとのこと、時に驟雨あり、天候不順、趙家屯附近より右方山脈横はる、熱河省境ならん、

午後零時五十四分錦県着、駅には伊田警備隊の神谷副官、錦県公署の小笠原経男氏出迎へらる、直に警備隊自働車〔ママ〕にて部隊司令部に到り、伊田少将、沢村副官等に会見、何れも大歓迎にて喜はる、部隊司令部は張学良の創設せる交通大学跡である、同大学は排日の首謀を為せるものとか、

一旦、錦州ホテルに入り、小憩の後、小笠原氏の案内にて市内並に有名な喇嘛塔のある大広済寺を見物、更に屠場二ヶ所を視察す、二ヶ所あるは〔ママ〕、回々教徒の為め、特に一ヶ所を設けた為めである、

錦県は人口十一万、南満に於て奉天に次ぐ大都市、畜産生産物の集散、気候も温和、邦人の居住四千と称せらる、

午後六時半より、新京より帰途の浜本参謀長と共にホテル内にて伊田旅団長の招宴あり、秋山第二十八聯隊長、沢村副官等も参加せらる、

【六月四日】
午前六時二十分、伊田警備隊の神谷副官は自働車〔ママ〕にて迎へに来られ、浜本参謀長と共に飛行場に向ふ、天気快晴、一片の雲もなく、風もなし、絶好の飛行日和、恵まれた日和である、午前七時、錦州飛行場離陸、貴族院議員浅田陸軍中将、同田所美治氏等一行同乗せらる、飛行機は小凌河の上空を飛び、大凌河の流域に出で、凌源に着陸、休憩十分の後、再び離陸す、

熱河は、山又山の層を為し、遠く望めば金屏風を並べた如く絶景、直下は耕地殆ど山の頂上まで帯の如く段を為して連続し、部落は川に沿ふて打ち続く、時に牛や豚の頂上に放牧され居るを見る、土地の意想外に利用され、人口の多きに驚く、午前九時、承徳飛行場長着〔ママ〕、杉原師団長その他多数出迎へらる、浅田、田所氏等一行は休憩十五分の後、再び飛行機にて帰途に就く、

今渕師団副官の案内にて梅屋旅館に入り、少憩、鈴木一等獣医も来り、共に師団司令部に至り、蟻川獣医部長その他にも会ひ、更に鈴木獣医の案内にて満洲国側の熱河省警備独立砲兵〔ママ〕隊司令部、同顧問部を訪問、次いで、同独立砲兵隊の馬を視察す、警備隊の全熱河にある馬の頭数は五千六百頭、改編の結果、八百不要となる、砲兵は官馬なるも其の他私馬、私馬は大切に取扱ふも官馬は顧みない為め、営養も著しく劣る傾きあり、鼻疽は猛烈にて少きも三十％、五十％、多きは八十％にも上り、民間は到る所にありと、

第一部　日中両国における研究成果

正午、師団司令部にて午食の饗応に預り、一時半より野砲第七聯隊に至り、優劣馬を見、更に輜重の藤本部隊を訪問、主として支那馬を見る、支那馬は第七師団管下にて一千五百頭を有し、役馬として使用、二頭曳にて六十貫を輸送すと、

午後六時半より離宮紀恩堂にて歓迎の会食行はる、離宮は清の乾隆帝の造営せるものにて風光絶佳、松樹あり、池あり、紀恩堂は最も景色のよき所にある、当夜の出席者、左の通り、

　　師団長　　　杉原美代太郎
　　参謀長　　　浜本喜三郎
　　獣医部長　　蟻川隆敬
　　野砲第七聯隊長　速見広吉
　　経理部長　　石田寿男
　　参謀　　　　馬渕逸雄
　　参謀　　　　笹路太郎
　　野砲七、一等獣医　佐々木茂
　　副官　　　　今渕重雄
　　輜重中隊長　藤本慈雲
　　司令部一等獣医　鈴木冨治

【六月五日】
午前八時半、鈴木一等獣医、自働車〔ママ〕にて迎へに来る、其の案内にて承徳郊外の喇嘛寺を見物す、承徳離宮の城壁約四里の長きに亘り、其の内外に多くの喇嘛寺あり、現在何れも荒廃し、殊に湯玉鱗の逃亡に当り、仏像の良きもの、或は宝物等持ち去り、見る影もないとのことであるが、先づ普降寺を見物す、此処には七十三尺の大仏あり、立像であるが、奈良の大仏より十尺大であるとか、其れより札什倫布、仏達拉廟、殊像寺等を順次見る、札什倫布には金色燦然たる屋根を有する二棟あり、仏達拉廟は最も規模大にして、城壁の如き中に寺院あり、多くの金仏あり、殊像寺には五百羅観〔漢〕あり、見事な出来栄へである、

午後一時発、古北口行の目的にて自動車で出発す、断崖絶壁、一上一下の急坂甚だしく、途中、トラックの転覆し居るなどを見、漸く灤平に着す、其れより道路は前日までの降雨にて破壊杜絶とのことにて、古北口行きを断念す、

灤平に於て谷少将を訪問、軍状を聴取するとに〔ママ〕馬を見、且つ、谷少将は大いに喜はれ、特に官邸に招き、ウキスキーを抜いて御馳走せらる、沿線一帯は山頂近くまで殆ど余す所なく耕され、馬は小格の驢馬を何れも使用、牛や豚は禿山の頂上に放牧せらる、其の利用恐るべきものあり、五時半帰来す、

【六月六日】
午前九時過ぎ、蟻川獣医部長、自働車〔ママ〕に迎へに来られ、一旦、師団司令部に行き、部長室にて意見交換の上、其の案内にて離宮内を見物す、此の日、恰も満洲国皇帝登極記念の日満聯合から成る承徳市民の運動会が離宮内広場にある、司令部に於て特に此の日に限り庭内の一部を解放〔ママ〕したもので、市民は運動会と共に離宮庭園も見られる為め続々と押し寄せ、なかく〵の大賑ひである、恐らく承徳始まってのことであらうと、

離宮内奥にある喇嘛塔は、之亦荒廃し居

るも、十一階の高楼、下部周囲に仏像の描出あり、破壊されて殆ど原形を止めない、更に歩を転じて銅御殿の如き廃墟の喇嘛寺を見る、同寺は小丘にあり、之から庭内を眺めると、鹿遊び、鶴飛び、前方の山々と其処にある同じ喇嘛寺との配列、恰も一幅の画を見る如し、

正午を過ぎる四十分頃、蟻川部長私室に帰ると、鈴木一等獣医が待って居られ、午食を共にす、一時四十分より更に鈴木獣医の案内にて、乾隆皇帝の行在所、最近は湯玉鱗の居たといふ正殿を見る、同所には宝物、仏像等の良いもの掠奪されたといふも、未だ相当乱雑に貯蔵され、特に衣類の或るものの如き、宝玉ちりばめられ燦然たるものある、午後四時宿に帰る、

六時半より宿の別室に於て蟻川部長、鈴木一等獣医、今渕副官等と会食歓談す、

【六月七日】

前日まで兎角不定不順の観あった天候は全く定まり、快晴無風、絶好の飛行日和、午前九時四十分、浜本参謀長、蟻川獣医部長、助川、今渕両副官、鈴木獣医等の見送りを受けて承徳飛行場を離陸、途中、凌源に着陸、朝陽に郵便物を投下して、予定より早く、十一時十五分、錦州飛行場に着陸す、上空些の動揺なく、且つ往航の際よりも展望雄大良好、

錦州飛行場には野砲の阿部二等獣医、県公署の小笠原氏出迎ふ、其の案内にて野砲の桑原部隊に至り、種々意見交換の上、午食の饗応を受け、一時半から隊内優劣馬を見、更に秋山部隊を訪問、挨拶すると馬を見る、

其れより伊田警備隊本部を訪ふや、恰も伊田少将が地形偵察より帰り来るに会ひ、別れの挨拶を為す、次に錦州市街より約一里を離れた小嶺子に行き、奉天省農事試験場を視察す、途中、小凌河を渡ってより道路いよ〳〵悪く、遂に警備隊の自[ママ]働車を返し、馬車で行く、附近の景色は恰も内地の農村に似たものある、

農事試験場は、事変前まで張作相の別邸なりし所、支那式豪社なもの、場長鴨脚光朝氏より話を聞き、且つ、其の案内にて視る、試験場は用地約二百町歩を有し、昨年四月より開始す、主として棉花の改良に努め、在来棉を陸地棉化せしむる目的にて、原種圃を作り、追って第二次改良種を作くる計画、又、煙草等の特殊作物試験、陸地棉は在来棉に比し約三倍、収量の一反歩百斤乃至百二十斤の収量あ[ママ]り、繊緯も良好と、陸稲も昨年試験の結果、一反歩四石以上の収量あり、頗る有望と、

小笠原氏の言に依れば、附近小作料十七、八円から二十円、高い所は四、五十円、売買地価は一反歩三百円といふも、いざ日本人が買ふとなれば馬鹿高い由、

午後七時より錦州ホテルにて阿部二等獣医、小笠原氏と会食、十一時五分発の夜行にて出発、停車場に伊田警備隊の神谷副官、小笠原氏等夜半近くなるに拘はらず、特に見くらる、

【六月八日】

午前五時四十五分奉天着、大丸旅館に入り朝食、九時単身撫順に行く、飯田悦子氏を訪問、炭砿を見学、午後八時帰来す、

【六月九日】
日程の都合にて殆ど休養状態となる、午後、奉天市内の視察に止む、

【六月十日】
午前七時、釜山行急行列車にて奉天出発、京城に向ふ、安奉線は満洲諸鉄道沿線と全く趣きを異にし、奉天より約一時間にして山岳地帯に入る、屢々トンネルを通過す、匪賊の巣窟と云はれる鶏冠山、鳳凰城附近は線路の両側に山丘迫まり、如何にも彼れ等匪賊の出没自在なるを思はしむ、

安東を通り、鴨緑江の鉄橋を越ゆれば朝鮮、更に風物異なり、鉄道沿線水田開らけ、白衣の朝鮮人男女田植に忙殺され、其の勤勉なるを想像せしむ、殊に曽つて禿山の名で知られた朝鮮の山々は松樹伸びて、殆ど緑化され居るには驚く、我が統治二十年余の治績、大いに挙かれるものと言はねばならす、

午後十一時二十分、京城駅着、柏獣医部長、立原一等獣医、沢山同等に迎へられ、柏獣医部長官舎に案内せられ宿泊す、

【六月十一日】
午前十一時、軍司令部に赴き、獣医部長室に於て恰も鮮内獣医部長会議中にして、増尾第二十、海野第十九両師団獣医部長とも会ス、柏部長より先づ朝鮮の馬事状況を聴取し、次いで満洲馬に就き座談的に語る、柏部長の述べた概要は、

朝鮮は農家が片手間に馬を使用し居るのみで馬産事はない、総督府は大正六年より新朝鮮種を作くる為め、蒙古牝馬を輸入改良に努めたるも、遂に失敗に終はり、昭和四年之を廃止し、馬匹は李王職に移管するに至った、蘭谷牧場はそれである、然し其の後に於ても熱心努力しつゝあるは好成績と言へない、一方、総督府は、昭和七年末、咸鏡北道に道府経営の種馬牧場を移管直営としたが、牝馬が甚だ貧弱で、未だ云ふに足らない、又、競馬に依って五分の手数料の内の三分の二を馬事費に投ぜしむる計画であったが、之れも不充分にて未だ馬事に使ふ資金がない有様である、

朝鮮内の現在馬匹総数は約五万三千頭にして、内、五万頭は朝鮮馬、二千五、六百頭が内地馬、其の他、支那馬、新朝鮮馬である、

然し国防上、産業上、馬は必要なるを以て年々年々二十万円を投じ、牝馬を入れたい、又、国境方面は原野広く、未開の地多く、馬産上好適し居る為め、牛疫予防の上に於ても、馬の奨励は必要である、

蒙古馬は改良前途遼遠にして、其の成績は三回雑種位になる、形体大となるも、智能、発育不充分、胸囲率低下、持久力不充分である、

新朝鮮馬の軍馬育成補充は三〇％、地方の馬事と牛事では逐年馬事が増加の

第 7 章　史料紹介　北海道釧路地方の馬産家神八三郎の満洲・朝鮮視察日記

傾向ある、諸経費を計算すると、屠殺するに当り、牛は利益なるも、十年を通ずれは、馬が一ヶ年平均五十五円の利益となる、咸鏡北道の農家に馬耕を奨励して居るが、馬を知るもの甚だ少い、

正午より各獣医部長と午餐を共にした後、川嶋軍司令官、大串参謀長と会談、其れより軍の自働車〔ママ〕にて南大門日華ビル内の競馬協会を訪問、鈴木常務理事と会談、河野理事も加はり、総督府に渡辺農林局長を訪問、更に競馬場、家畜市場視察す、家畜市場は牛で一ヶ月の内、日を定めて開催し、内、八割の取引出来を見る、一ヶ年の取扱高約三万頭に達し、遠く国境方面よりも来ると、其れより京城神社に参拝、市内を俯瞰して、午後五時半帰来、七時より軍司令官に邸に招かる、渡辺農林局長、大串参謀長、柏獣医部長等を始め、歓談す、

【六月十二日】
午後一時競馬協会に赴き、鈴木、河野両氏の案内にて李王職に至り、会計課長佐藤明道氏に会ひ、更に佐藤氏の案内にて、宮殿、神苑等を見る、神苑は老松老樹鬱蒼として青鷺巣あり、その他鳥類多く、自然の庭園は五百年前の昔を想はしむ、それより植物園、動物園、博物館の昌慶苑をも見る、何れも李王家の経営にして立派なものである、

午後五時過ぎ、鈴木氏宅に到り休息、其の間、鈴木氏より馬産地及び馬事の苦心談を聞く、鮮南地方にて揩宿病に似た流行病にて馬の殆ど全滅せる話などあり、同病は未だ病原不明にて、鮮南方面は之が為め、到底馬産地たる能はずと、

午後七時より旗亭咲良喜に招かる、出席者左の通り、

　　渡辺農林局長、柏獣医部長、荒井初太郎、油井総督府技師、佐藤李王職会計課長、鈴木竹麿氏、久保薫一氏、河野栄氏、

席上極めて歓談湧き、時に論議もあり、十時半、辞して帰る、

油井氏は最近豪洲より二千六百頭の羊を購入、五千四百噸の汽船を傭船、輸入し来り、其の牧場行の為め、同夜出発とのこと、

【六月十三日】
午前六時四十七分、龍山駅出発、競馬協会河野氏の案内にて金剛に向ふ、午後一時四十分着、内金剛旅館にて昼食の上、草鞋にて金剛見物す、松、樅の常緑樹、その他闊葉樹に包まれた深山幽谷の中に長安寺、表訓寺あり、更に万瀑洞を遡れば、いよ〳〵壮観を極む、普徳窟に達せるは五時、それより引返して、七時帰館、流石に金剛の偉大なるを思ふ、途中、帰途、小雨に遭ふも却て妙趣を加ふ、

【六月十四日】
午前十時二十五分、内金剛駅を発して、蘭谷の李王職牧場に向ふ、

171

第8章

中日共同研究における
日本開拓移民問題に関する思考について

朱　宇・笪　志剛（翻訳　胡(猪野)慧君）

はじめに

　中日両国は一衣帯水の、長きに渡る友人であり、両国は経済貿易にせよ、文化交流にせよ、いずれも非常に密接な関係にある。しかし、前世紀の90年代以降、中日両国で歴史問題、海洋の権益、台湾問題をめぐる相違と論争がしだいに増え、特に日本政府要人の靖国神社参拝、東シナ海の境界区分およびガス油田の開発、日本の安全保障理事会の常任理事国加入など、慎重を要する問題における相違は、両国の関係を国交樹立以来の谷間へと突き落とし、国民感情もまた国交樹立以来の最低点まで下がった。窮地に陥り、もう先はないと思われたが、苦境にも希望の光はあった。中日関係が不確定な要因の増加する状況に直面し、両国首脳の度重なる訪問が、双方の相互理解と信用を深め、両国はこれをきっかけに未来に向けての戦略的互恵関係を築き、経済と貿易の領域における協力も絶えず強化された。中国はすでに米国に取って代わって日本の最大の貿易相手国となり、日本もまた中国の第二位の外資の供給源となり、中日関係は新しい発展期を迎えている。

　上述の背景の下で、中日の歴史問題についての共同研究も日に日に増加して

第一部　日中両国における研究成果

いる。例えば、政府間首脳会談で成立した合意によって、中日韓の三国は歴史問題をめぐる共通の研究グループを組織した。共同研究を通じて、東北アジアと東アジアの近代史の発展の道筋を明確にし、歴史認識問題の論争についてしっかりと整理して、後の世代に平和と正しい歴史観を伝えることに尽力している。また、三国の学者や専門家によって編集出版された『未来をひらく歴史―日本・中国・韓国＝共同編集　東アジア3国の近現代史』は、日本の侵略の歴史をより深くまで暴き出し、一部の右翼の人々の言論に反駁し、相応する概念を定義することにプラスの役割を果たした。また、例えば、現在進められている中日共同歴史研究プロジェクトでは、両国の学者が共に努力することを通じて、歴史的事実に対する客観的な認識も深まっている。

　中日の数多くの歴史問題研究の中で、日本から中国東北地区への"開拓移民"についての研究は他と比較すると特別だと思われる。このことは、主にその研究成果がかなり豊富であることに体現されている。研究者の大部分は学術的な態度で歴史に取り組むことができ、歴史事実の認識に対して客観的であり、しかも学術交流の常態化を維持できている。もちろん、中日には歴史観の相違があるため、歴史の細部に関する把握と解釈にはまだ一致しない見解も存在している。本論は歴史を正視し、未来に向かう態度を持って、日本から中国東北地区への移民侵略研究に存在する方向性の問題について、自らの考えを示すことを試みるものであり、今後の共同研究に有益な助言となることを企図している。

1. 研究における"開拓"という概念についての中日の学者の理解

　中日の"開拓移民"の問題をめぐる研究は絶えず進展と打開を遂げてきているが、両国の学者が研究において使用している"開拓"という概念、とりわけ"開拓団"の定義の問題については、まだいくつかの相違が存在している。例えば、日本の学者が"侵華戦争"、"東北14年淪陥史"、"9・18事変"、"戦敗"、"抗聯戦士"を"日中戦争"、"15年戦争"、"満洲事変"、"終戦"、"馬賊"と称するように、一部の日本の学者は"開拓団"が日本の植民政策の産物である

ことを無視して、いつも自分の解釈による自説を論じている。これに鑑みて、中日歴史共同研究において、対応する概念とその属性をしっかりと整理する必要がある。

(1) 日本史学界の"開拓"という語の意味に対する態度留保

日本における国語辞典の"開拓"の説明によれば、"開拓"には二つの意味がある。一つは、開墾の意味で、開発に近い。二つ目は、未知と新しい領域を開拓する意味である。ここにおいて、開拓は中性の言葉に属しており、良い意味も悪い意味も無いと言えるだろう。日本の"開拓移民"問題の研究において、多くの日本の学者の"開拓"という語の使用とその理解は歴史に対する尊重を具体的に表していて、"開拓団"の持つ侵略的な属性について比較的客観的な認識があり、中国の学者と交流する際にも、慎重に"開拓"の概念を使用することができている。しかし、筆者は研究討論の中で、一部の日本の学者が依然として日本語の"開拓"という語をそのまま使用し、"開拓"を"開発"とだけ定義してさえいることがわかった。特に指摘しなければならないのは、一部の日本の学者は中国人の感情を顧みず、日本の"開拓移民"が客観的に見て中国東北地区の農業の発展を促進したと考えており、更には日本の中国における"侵略"、"略奪"を"開拓"と"開発"と言う極端な人もいることである。彼らがなぜ白黒を逆転させるのか、その目的はこのような歴史的事実をぼかそうとしているに過ぎない。いわゆる"開拓移民"は、実質的には日本軍国主義政府が中国に対する侵略政策を推進し拡大するための重要な一環であり、その実施は中国人民に深刻な被害をもたらしただけではなく、同様に自国の民衆にもその苦しみを深く味わわせた。事実、"開拓"の「荒地を開墾する」という表面上の意味とは相反して、当時の日本の"開拓移民"は中国東北で、そのほとんどが現地農民の耕地を略奪し、現地の農家を駆り立てて、自分たちのために荒地を開墾させることで歴史の幕を開けた。いわゆる"拓荒満洲"と"百万人移民計画"の背景には、日本の軍国主義による中国東北の農林資源に対する見境のない略奪と、中国の農民の利益に対する巨大な侵害があったのである。このようなことから、中日の歴史共同研究においては、"開拓"などの語句の特

定の意味と歴史的な属性について改めて整理と定義をする必要があり、そうすることで、ある歴史の細部からその時代の基本的な特徴を解釈することができるようになるのである。

(2) 中国史学界の"開拓"という概念に対する定義と使用

中国は日本の軍国主義が始めた侵略戦争の被害国で、たとえ知識人出身の中国人だとしても、あの振り返るに忍びない歳月のこととなれば、彼らの持つ学術的態度も度々歴史の痛みに侵される。まして、未来に向けて中国の学者は後世代に正確な歴史観を伝承する責任も負わなければならないので、たとえ歴史の細部の問題だとしても、彼らもそのこととあの戦争の性質をどうしても関連させずにはいられない。しかし、指摘すべきなのは、日本の学者が"開拓移民"問題研究において表した保留や随意といった態度とは違い、中国の学者は"開拓移民"などの概念の定義と使用について、大部分は歴史事実から出発することができ、持っている態度も比較的に客観的かつ慎重だということである。

多くの中国の学者の眼中においては、日本の軍国主義政府があの中国侵略戦争の中で産み出し、実施した"百万人移民計画"自体はいかなる誇示すべき歴史的価値もなく、"満洲開拓移民"は元々、日本の軍国主義が強行した中国侵略拡大政策のための歴史の茶番劇である。事実、"百万人移民計画"およびその実施は、決して日本の一部の学者が吹聴するように、"五族協和"あるいは"王道楽土"を作り上げるためでなく、"百万人移民計画"の背後には深刻な時代背景と明らかな政治的な意図があり、中国東北地区の農林資源に対する略奪や、当時の日本国内の人口増加と土地資源の不足との矛盾緩和、全面戦争の要求への奉仕などすべてが、移民侵略政策の概念のあるべき意味である。したがって、日本の中国侵略戦争について言えば、いわゆる"開拓"や"開拓団"は、本質は略奪や侵略を背景とした"移民団"なのである。故に、中日歴史問題の共同研究を絶えず進めてきた今日であっても、たとえ歴史の細部の問題のことであっても、中国の学者は客観的な立場に基づいて、慎重な態度を持つべきであり、特に"開拓"、"移民"、"満洲事変"、"入植地"などのような概念を元のまま型どおりに使用してはならない。これらの概念の理解と定義は、双

方が共同研究を行うことができるかどうかの認識の前提と仕事の基礎とされるべきである。

(3) 中日の"開拓"問題共同研究における新変化

　近年、中日関係の好転に従って、両国の政府間では歴史問題についての共通認識も絶えず増えており、両国の外相が推進した中日共同歴史研究プロジェクトはこの点を力強く物語っている。これに限らず、両国の学者の東北アジアの歴史、日本の"開拓移民"などの問題をめぐる協力研究と共同研究も不断に拡大している。とりわけ喜ぶべきことは、歴史問題研究の不断の深化、特に両国の学者の交流と協力が日増しに頻繁になり、拡大していくにしたがって、日本の史学界が元来持っていた"開拓"とは"開発"であり、"侵略"とは"進出"であるというような頑固な認識について、あまり支持されなくなってきており、徐々に多くの日本の学者が歴史事実から出発し、客観的に"開拓"は即ち略奪、侵略であり、"開拓団"は即ち"移民団"であるということを認めるようになってきていることである。いずれにしても、これは称賛に値する新しい変化であることを認めるべきだろう。なぜなら、中日の歴史観に依然として多くの相違が存在する今日において、両国の学者が学術的な立場を保ちながら、日本の中国に対する移民侵略問題について歴史的な考察と客観的な認識を保つことができ、双方の歴史認識と感情表現を具体的に表す方法を用いて交流することができることは、まさに高く評価されるべき理性的な選択である。これは、両国の学者が共同し、双方のいずれもが大きな関心を持つ歴史問題の探求を継続的に深化させるのに役立つだけでなく、中日の学者がその他の歴史問題についての協力研究や共同研究を行うにも有益な参考を提供することになろう。

2. 中日の共同調査研究において注意すべきいくつかの問題

　上述の"開拓"概念の定義と使用とは異なるが、中日が歴史問題を協力研究する中で、特に中日課題グループが共同で調査研究を行うときに、どのように"歴史の記録"と"感情の記憶"の関係をとらえるか、また"亡くなった当事

者"と"当事者の子孫"が歴史の真実の問題をどのように伝承し、両国関係の改善が民衆に引き起こした歴史認識と国民感情についての変化をどのように認識するか、などの問題がまだ存在している。なぜなら、これらはすべて中日歴史問題の共同調査研究における真実性と成果の質に直接、間接に影響するからである。

(1) "歴史の記録"と"感情の記憶"の関係について

　一部の日本の学者が、中国側は南京大虐殺の研究に対して体系性と正確性を欠いていると非難するとき、"歴史の記録"と"感情の記憶"の関係について言及し、中国側があまりにも"感情の記憶"を重視し"歴史の記録"をおろそかにしているとし、また南京大虐殺の死者数の正確性と信憑性について疑う[1]。実は、このような非難には事実の根拠がない。なぜなら、中国人が歴史を認識し、過去を総括するときに、両者を対立させたことはこれまでないからである。私達からすると、"感情の記憶"や"歴史の記録"はどちらも歴史の法則の発現であり、歴史学研究の中でとても強い相補性互いに補う関係を持っている。そもそも南京大虐殺や日本の"開拓移民"問題の研究において、両者、すなわち"感情の記憶"と"歴史の記録"を対立させようとする認識と思考は無益であるばかりか、有害でさえある。なぜなら、いわゆる"歴史の記録"とは、通常言われる文献記録を指すとは限らないし、前者は後世の人が調査の基礎の上に、歴史的なできごとに対して行う"追記"を指し、歴史の過程についての再認識に属する。例えば南京大虐殺での、死者の姓名、身の上の記述などである。実は、共同調査を行う中で私達は、日本の学者も決してただ"歴史の記録"だけを重視して、"感情の記憶"を軽視しているのでないことに気付いた。状況は正反対で、日本の学者はいつも"感情の記憶"の支配下にある当事者や当事者の子孫の話に過度に関心を持ち、より歴史の真実を反映するかもしれない"記録"、特に日本占領期の東北地方誌の関連記載については、あまり"重視"していなかった。日本の学者のこのような"研究方向"は一部の中国の学者に多少なりとも影響を与えるに至っている。まさに溝口雄三が言っているように、中国は深い歴史責任を有する国家で、世界で中国人のように歴史に対する強い

第 8 章　中日共同研究における日本開拓移民問題に関する思考について

責任感を持つ民族はそう多くはない[2]。中国人は歴史を一種の責任と見なすだけではなく、その上"歴史を鏡とする"ことを提唱して、歴史と現実を結びつけて考える傾向がある。もちろん、多くの中国人からすると、歴史感のない民族は人に信頼されにくい。筆者は、日本人が責任感に欠けていると妄言することはできないが、しかし溝口雄三が言うように、個人の行為についての判断が多くは当時の状況によって決定づけられ、"歴史"との関連がより少ないということになるのではないだろうか？[3] もし本当にそうであるならば、一部の人の南京大虐殺から中国東北への移民侵略問題に至るまでの、前述のような認識と態度も不思議ではない。実は、中日関係によく現れる反復は、多くの場合、両国の歴史認識に存在する相違と関係がある。中日関係の問題において、中国人は遺恨にこだわらずにいられるが、しかし相手には歴史を尊重することを必ず求める。歴史は過去に発生したできごとであり、ひいては研究の対象とすることもできるが、しかし歴史的事実は討論することができない。日本の学者と違い、中国の学者は、当時日本の移民侵略の危害に遭遇した当事者あるいは当事者の子孫の"感情の記憶"から過去を知るための手がかりを得ることはできるが、このような手がかりにはやはり限界があると考えている。なぜなら、中日関係が重大な転換へと向かっている今日、特定の主題の当事者あるいは当事者の子孫の"感情の記憶"は、過去が雲煙の如く速く過ぎ去るために、はっきりと見えなくなったり、あるいは中日の関係が改善されたために、気付かないうちに"実用的な色彩"と融合してしまうからである。故に、筆者は、日本の移民侵略問題の研究を歴史の真実に回帰させようとするならば、必ず歴史的事実から出発し、文献記録を証拠とし、"感情の記憶"と"歴史の記録"は相互補完の位置に置くことを堅持しなければならないと考えている。なぜなら、特定の主題の当事者あるいは当事者の子孫が口述する"感情の記憶"は、鮮やかで具体的であるかもしれないが、しかし口述資料の真偽の区別と取捨選択は常に歴史学者を悩ませている問題であり、他方では"歴史の記録"は信頼できるけれども、しかし完全であることはなく、"歴史の記録"を作り上げるには、必ず越えることのできないたくさんの障害に直面するからである。

(2) 中日関係の改善が両国の農家の相互理解に与える影響

　中日の歴史問題の共同研究において、健在な当事者あるいは当事者の子孫を訪問することは、課題の実証性を強め、研究の客観性への要求を満たすための鍵である。中国側の代表として、筆者は何度も中日共同調査に参加し、このような証拠収集方式の訪問調査の有効性を認めると同時に、同様に軽視してはいけない問題にも気付いた。即ち中日間の交流と協力が拡大し深まるにしたがって、民衆が互いに理解し合うことが増え、両国関係の発展が順調であるか困難であるかということが、どちらも特定の主題の当事者あるいは当事者の子孫の所在地での調査結果に対して、ある種の影響を及ぼすのである[4]。

　前世紀の80年代は中日関係の"蜜月期"であり、当時、中国は日本から現代化建設に必要な先進技術と設備を導入した。そして日本を通じて欧米と協力する門戸を開くために、日本の軍国主義に対する批判を放棄しただけではなく、ひいては"日本に学ぶ"というスローガンを出した。結果として3つのブームが現れた。即ち、日本の管理と技術を学ぶ全国的なブーム、日本政府の肉親探しの活動を背景とした東北地区の残留日本婦人および残留孤児である二世の帰国ブーム、そして改革開放後の第一次日本留学ブームである。これらの歴史の流れに沿って動き出した新しい傾向は、かつて日本の"開拓団"が入っていった東北の農村にも、いくらかの軽視できない影響を及ぼした。例えば、調査された一部の農家と、かつて日本の"開拓団"で雇用人だった農家の証言は無意識のうちに両国関係の友好の印となり、一部の農家は一方では課題グループに証言をして、一方では昔の日本の"大家"を通じて子女の日本行きの保証人になってもらうことを望み、当時の両国の農家間の雇用関係は、"友好的な模範"として宣伝されるまでに至り、それによって日本開拓移民の正当性などの非客観的な歴史観の出現を招いた。

　前世紀の90年代に入ってから、特に今世紀初めから、中日関係が摩擦と矛盾の時期に入るに従い、中国社会では、歴史を否認する日本の言行に対する抵抗感が遍く現れ、両国の関係は微妙な心理的対立の状態となり、両国の国民感情もますます悪化した。日本社会はバブル経済の崩壊で現れた焦慮などから、

第 8 章　中日共同研究における日本開拓移民問題に関する思考について

両国の歴史認識をめぐる論争が増し、関連する歴史問題研究も微妙な時期に入った。この時期、多くの歴史問題研究を目的とする共同調査は証拠取材が困難となり、たとえ歴史の証人を探し当てたとしても、多くは上述のような両国の関係の背景の下で、歴史的事実を誇張されたり、または縮小されたりした。"開拓移民"問題に関する研究は、矮小化または巨大化され、抽象化または具体化され、悪化した両国の関係に巻き込まれる状況にまでなった。

　近年、両国首脳が頻繁に訪問しあうようになり、中日関係は大幅に改善され、両国は戦略的互恵関係を作り上げて、歴史問題をめぐる協力研究と共同研究は再度、良い循環の軌道に乗った。しかし、前世紀の 80 年代と違うのは、現在、中日歴史問題の協力研究または共同研究は、日本側が高い立場から一方的に課題を援助をし、研究テーマは日本側がリードし、中国側の学者が多くは協力し歩調を合わせるという局面でなくなったことである。また、史実を客観的に評価することのできる、双方が平等な学術協力の状況となっており、特定の主題の当事者あるいはその子孫の証言もより当時の歴史の真実に近づけることができるのである。

（3）"亡くなった当事者"の事跡と"当事者の子孫"の叙述

　近年、日本の"開拓移民"と共に働いたことのある当事者が高齢になったり、次々と亡くなったりすることが多くなるに従って、この領域の関連調査と証言などの生きた資料の緊急救助が現実的な困難と直面することも多くなり、当事者の子孫に対する調査取材が有効な補助手段の一つとなっている。上述の"亡くなった当事者"の事跡と"当事者の子孫"の叙述は追憶という一定の価値を持つが、しかし当事者の子孫の先祖への追憶には"想像"や"回想"である部分があるため、仮に調査やアンケートの方法が不適切であったり誘導的な傾向があったりすると、その結論と歴史的な真実は近いのか遠ざかっているのか、学術界と実証研究の疑念を受けやすい。

　特に当事者の子孫はほとんど戦争の体験を経ていないので、本人はあの戦争の侵略的な性質や関連のある知識についてあるべき認識と理解が不足しており、日本の"開拓移民"自体の背景と多くの影響についても共通する感情を持ちに

くい。このため、課題グループが共同調査研究と証拠取材をするときに、その本人の陳述はせいぜい参考とすることしかできず、"歴史の記録"に組み入れて整理することはできない。筆者が参加したいくつかの"開拓移民"に関する中日の共同調査でわかったのは、現地の多くの農民は日本の"主人"と中国の農家の間にいた朝鮮移民をたいへん恨んでおり、ひいては嫌悪してそれを"二鬼子"と呼び、彼らのことを日本の"主人"より更に憎らしいと思っていた。年長世代の生前の話と現地に広く伝わる様々な類似した話は、上述の言い分の"信憑性"を"実証"できる。しかし、大きな歴史的背景から見れば、朝鮮移民もかつて当時の日本"開拓移民"の組織者に利用された道具であり、彼らも日本の"満洲移民開拓"の直接あるいは間接的な被害者だった。こうした認識は、普通の農家では理解できず、効果的に伝承することもできないだろう。この他に、前述のように、農家などの追憶は両国関係の変化にきわめて影響されやすいため、中日関係の全体が良い趨勢にあるときは、農家の話が両国のこうした友好関係の要素に"同調"や"解釈"をすることは避けられない。同時に、日本の経済貿易協力と人や文化の往来の程度によって同じでない、残留孤児と残留婦人が集中した一部地域の農家の日本に対する"好感度"は明らかに他の村・鎮より高く、日本へ行って働く希望も比較的多く、日本への評価についてもより"親日"に近い。このような歴史知識、国家関係と地域協力などの要因が日本に対する認識の相違をもたらし、当事者の子孫の話と追憶が多くの学者に"感情の記憶"と理解される原因となっている。この他に、注意すべき動きとして、歴史の経過に従って、多くの当事者家族が保存していた日本"開拓移民"と関連のある物が、多くの場合、経済利益に交換できる商品とされ、かつて移民侵略の証拠として博物館に寄贈されるべきであった文物が、歴史の風化にともなって徐々に骨董市場の商品となってしまっていることである。

3. "共通点を求め相違点を保留する"中で中日共同研究を強化する

たとえ日本の移民侵略に関する研究には多くの遺憾な点があっても、両国の学術機関と研究者が協力することが、依然としてこの領域の研究を推し進める

有効な道であり方法である。これに限らず、共同研究もすでに中日が各領域において理解と協力を強化することを促進する有効な形式となっている。

(1) 共同研究は両国の歴史認識の相違を解決する有効な手段である

　北海道開拓記念館の寺林研究員をリーダーとする、日本学術振興会の重大な課題である日本開拓移民研究に参加することは、近年の我が院と日本側学術機関との協力の継続であり、また、我が院の学者と日本の学者および関係者がこの領域の研究成果の交流を拡大する重要なプラットフォームでもある。中日共同や協力研究が両国の歴史認識の相違を解決する有効な手段であることは、事実が証明している。すでに中日韓の共同研究成果として出版された『東北アジア歴史教科書』は、3つの国家の間の論争を緩和し、歴史の真実の軌跡を探るためのプラットフォームを提供し、また若い世代が歴史について互いに信頼を促すための交流の可能性を提示した。もちろん、現在の状況について言えば、短期間のうちに鳩山首相が提起した中日韓が主導する東アジア共同体を作り上げる構想を実現することはできないが、相互の信頼と"一体化"の感覚を通じて、相互理解の目的や方向性に達することは、新しい試みであり、称賛すべきである。グローバル化と多元化が提唱されている今日、「あなたの中に私がいて、私の中にあなたがいる」ということは、経済貿易協力の上で体現されているだけでなく、歴史文化を支えとする人文領域においても体現されている。中日共同研究はすでに証明された有効な道であり方法である。

(2) 中日の歴史問題に関する共同研究を深める新しいきっかけ

　中日関係の大幅な改善は、両国の上述の歴史問題共同研究に更なる現実的な可能性と、より多くのプラットフォームを提供した。中日関係の発展の過程から見ると、冷戦時期、日本は米国に追随して中国を敵視したため、中日関係は真の交流と言えるものがないだけでなく、経済と貿易の往来も両国関係の趨勢に縛られ、民間レベルから推し進めることしかできなかった。この時期、両国には正常な人文交流がなく、歴史問題の共同研究については話しようもなかった。中日が国交を樹立した後、中日の政治と外交関係は回復したが、事実上両

第一部　日中両国における研究成果

国関係の位置付けは依然として経済と貿易の提携の領域に限られた。残念なことに、中日歴史問題の共同研究は、中日の経済と貿易の関係における相互依存が深まり、両国人員の往来が徐々に激しくなるにつれ、歴史問題をめぐる確執が増大し（このことは両国の国民感情と相互理解に影響した）、"政冷経熱"が両国の善隣友好関係の大幅な退行を背景として確立され発展した。言い換えれば、両国の指導者と有識者は上述の歴史の論争をもっぱら回避するよりも、双方が率直に誠意を持って向き合うべきであることにすでに気付いており、共に疑念を解いたり、相手の立場に立って問題を考えたりしてきたのだ。現在、中日の戦略的互恵関係の成立と発展は、双方が理性的かつ客観的に歴史の疑念と結論に向き合い、偏りや誤りを改めるために、より深い機会を提供している。

(3) 歴史問題の共同研究は中日両国の代々の友好への助けとなる

　ある人は、中日関係は永遠に理想の域に達することができないと言う。両国には非常に多くの歴史的な恩讐と現実的な対立が存在するため、両国の 2000 年余りの古代からの友好的な交流の中で、中国は古代文明の堂々たる大国として、日本を見下していたことを除けば、近代の中日関係史は、日本が中国を圧迫し統治していた悲しい歴史であり、また、日本が地位を上げ恩を仇で返した侵略の歴史、周辺国家に対する植民の歴史でもある。日本は、明治維新以来の"工業の日本"と"農業の中国"、"海洋の日本"と"大陸の中国"という見方を取り除くことができないでいる。中国経済は急速に成長しており、将来は日本に代わってアジアや世界の経済の指導者になるかもしれず、たえず日本は安心できず、受け入れがたくさせている。歴史問題に対する固執や誤った理解は、恐らく一部の日本人の最後の抵抗のための障壁となっている。それゆえ、歴史問題の共同研究は、論じるほどに明らかになっていく歴史学を整理する作用があるだけではなく、さらに歴史の筋道を通じて両国がなぜ対立しているのか、なぜ仇となっているのか、なぜ対立を友好に、干戈を玉帛に、論争を和解に変えることができないのか、ということを探ることもできるだろう。歴史は日本に復興の機会を与え、また日本に壊滅に近い懲罰を下し、同様に、歴史は両国に戦略的互恵関係を作り上げる新しい機会を与えた。歴史を鏡とし、未来に向

かって、歴史の共同研究をすることは、必ずや中日友好の足どりを更に着実で穏健なものとし、21世紀を切り開いていくことになろう。

●註
1)［中］孫歌「感情記憶：面対相互纏繞的歴史」――当代文化研究網 www.cul-studies.com
2)［日］溝口雄三「文化与中日関係」――在北大的演講、世紀中国網 2005-6-6
3) 同上。
4)［日］清川弘二「満蒙開拓移民研究会報告」2000 年 5 月

第9章

日本北海道から中国東北へのかつての移民と二つの開拓団の情況に関する日本の学者との共同調査研究報告書

辛培林（翻訳　胡（猪野）慧君）

はじめに

2002年、日本の北海道開拓記念館の研究員である寺林伸明先生の御一行が中国黒竜江省ハルビン市で見学訪問と学術調査研究を行った際、黒竜江省社会科学院歴史研究所を訪問され、私は幸運にも寺林先生と会見することができた。そして、日本が中国を侵略した期間に行った移民侵略活動という歴史問題について学術交流を行った。その後、双方は、この問題について共同研究を行うことに関して共通認識を持つに至り、そして日本の北海道地方から中国の黒竜江地区に移住した二つの開拓団、即ち現在の寧安市鏡泊郷にある元鏡泊湖義勇隊と鏡泊学園、および現在の阿城市の亜溝鎮に位置する元八紘開拓団について、さらに深く実地調査研究を行うことを決めた。この期間、中日の学者の間で行うこの学術活動に対して、黒竜江省社会科学院は大いに支持し、曲偉院長は寺林伸明先生などの日本の学者に会い、上述した共同研究に同意し、そして北海道開拓記念館が招聘した辛培林研究員の訪日調査の"同意書"に署名してくれた。

2007年8月2日－9日、共同研究課題の計画にしたがって、私は日本北海

道開拓記念館および札幌、山形、仙台などの場所を訪問し、そして北海道大学で『"東北沦陥十四年史"研究の現状と今後の展望』という題で講演を行った。また、日本の友人に付き添われて、北海道大学図書館、北海道立文書館などで関連資料を閲覧したのだが、その書類、文献の豊かさや、閲覧の便利さ、サービスの周到さ、そして環境の良好さに羨望にたえない気分になった。これもまた、行った甲斐があり、すこぶる収穫があったということである。この点だけとってみても、我が国の一部の資料館や図書館はこれらの面で比較してみると、まだかなり大きな差がある。数年来、中日関係史の研究のために、何度も日本の東京、大阪、京都、奈良、新潟などを訪れたが、今回、世界的にも有名な北海道に足を踏み入れ、格別の興奮を感じ、視野が広がり、日本の北国の姿を理解し味わうことができた。ここに、私は寺林伸明先生などの日本の友人たちの周到かつ親切な接待に感謝を述べたい。

その年の9月、寺林伸明先生、北海道大学の白木沢旭児教授、山形大学の劉含発先生が中国にいらして、私達は共に黒竜江省寧安市鏡泊郷に行き、元鏡泊湖義勇隊開拓団と鏡泊学園を調査し、関連資料を探し集めた。2008年9月4日、寺林伸明先生、三浦泰之先生、札幌医科大学の竹野学先生、劉含発先生の御一行が再度、黒竜江省ハルビン市にいらして、黒竜江省社会科学院を訪問、朱宇副院長と会見し、そして学術交流と資料収集作業を行った。6日－10日、私達は既定の共同研究計画にしたがって、阿城市亜溝鎮で、元八紘開拓団の状況について詳細な調査を行った。

共同研究計画に従い、共同調査研究に参加した研究メンバーは2009年に共同調査研究報告書を書いて完成させなければならない。この要求に従って、ここに私の共同研究調査成果を次の通り報告する。

1.

今回の共同調査研究の過程で、大量の貴重な資料を獲得した。その中でも、北海道大学付属図書館所蔵の《旧外地関係資料目録―朝鮮・台湾・満州（東北）―（明治－昭和20年)》は、日本から中国東北への移民についての資料と

第 9 章　日本北海道から中国東北へのかつての移民と二つの開拓団の情況に関する日本の学者との共同調査研究報告書

日本方面が所蔵した傀儡満洲国時期の政治、経済、文化など諸方面の歴史文献資料の目録を含むだけではなく、その上中国の台湾および朝鮮、韓国、東南アジア諸国などの歴史文献資料の目録もあり、全面的かつ系統的で、東北アジア国際関係史、中日関係史、東北地方史の研究にとって非常に貴重で得難い手がかりを提供している。この他にも、北海道開拓記念館が 2005 年に編集した《18 世紀以降の北海道とサハリン・黒竜江省・アルバータにおける諸民族と文化―北方文化共同研究事業研究報告―》がある。更に多いものは、北海道から中国の黒竜江地区に移住した二つの開拓団についての資料で、第一次鏡泊湖義勇隊開拓団の《鏡泊の山河よ永遠に》、《満洲鏡泊学園鏡友会創立 60 周年記念志》と《満洲八紘開拓団史》、《満洲開拓団哈密会五十年略史》および寺林伸明先生が著した《黒竜江省における北海道送出 " 開拓団 " の関連史料について、特に現地農民との関係史研究の側面から》、《黒竜江省における北海道送出 " 開拓団 " と現地農民―鏡泊湖義勇隊と阿城・八紘開拓団の事例報告―》がある。これらの資料に記されたこの二つの日本開拓団の歴史状況は非常に詳細であり、日本の北海道から中国東北への移民活動の研究にとって非常に価値があるものである。

2.

　今回の共同調査研究において、集中して大量の専門的な実地調査および面接調査を行い、より多くの感性的な認識を得て、日本の移民活動について更に深く理解することができた。
　十数年前、私は鏡泊湖の南湖頭で、鏡泊学園など、日本移民のこの地区での活動について調査を行ったことがあった。しかし、当時は、時間や経費、交通機関および資料が限られていたために、三つの村と五、六人の老人しか訪問することができなかった。研究と調査は深さと全面性に欠けており、また具体性においても欠けていた。しかし、2007 年 9 月の今回の調査では、訪問範囲は目に見えて拡大し、人数も増え、相次いで張万林（寧安市志辦公室主任）、李平文（83 歳、1943 年に房身溝、即ち柞木台子で " 満拓 " のために農作業をし

ていた)、王珍（83歳、当時は湖南地方に居住し、后魚屯、即ち以前に南湖頭と呼ばれていた日本開拓団本部で農作業をしていたことがある)、趙海臣（77歳、父親が日本開拓団の漁民協同組合で親方をしていた)、趙徳新（79歳、学園村、即ち現在の鏡泊郷所在地の義勇隊開拓団で仕事をしていた)、韓福生（78歳、后魚屯で開拓団のために養豚、馬の放牧、農作業をしていた)、宋会臣（84歳、后魚屯開拓団の牧場で乳牛を放牧していた）を訪問した。このほかに、開拓団で仕事をしたことはないが、鏡泊郷に住み続け、当時の開拓団についてもいくらか知っている、李増財（81歳)、王占成（79歳、弯溝即ち現在の褚家屯で生まれ、父親は腰嶺子で開拓団のために馬車を走らせていた)、そして、日本人残留孤児の張景芳（女性、64歳、今なおまだ正確な身分証明がない）を訪問した。この期間、私達は寧安市档案館、市政治協商会議の文史辨公室なども訪問した。概算では、今回、私達が訪問した関係者は二十人あまりに達し、十数村に至った。

　2008年9月の、黒竜江省阿城市亜溝鎮の元八紘開拓団についての訪問と調査は、比較的に全面的で詳しい。この期間に、訪問したのは、吉興村大三家子の李財（78歳、自身は開拓団で臨時雇いで働き、父親は日本開拓団で長期労働、即ち農作業や車の運転をしていた)、白秀蘭（84歳、満洲族、夫は一年中開拓団で仕事をしていた)、常国（84歳、開拓団で長期労働をし、農作業を5年間していた)、馬鳳林（81歳、満洲族、開拓団で農作業を4年間していた)、姜家屯の姜文（78歳、父親は排長で、開拓団で農作業をしていた)、李家屯の劉子芳（80歳、開拓団で二、三年農作業をしていた）などである。このほかに、数人、当時、現地の日本開拓民の情況を知っている方も訪問した。例えば瓦房屯の王鳳雲（女性、80歳)、劉玉（75歳）と姜家屯の趙文（79歳）などである。亜溝鎮では、現地政府と農家の皆さんの協力の下、私達は元八紘開拓団の団員のいた所をすべて回り、現在も健在で事情を知っている方々をすべて訪ね歩いたと言えるだろう。

3.

　2007 年、2008 年の二年間の共同調査研究における、最も主要な収穫は、20世紀の 3、40 年代の日本の中国東北への移民侵略活動、および日本の北海道から黒竜江地区の寧安、阿城への二つの開拓団について更に具体的な認識を持ったことである。

　第一に、日本の中国東北へ移民活動の本質についてより深く認識した。日本の国策の一つとして、日本は中国東北への移民という形式を利用して、いわゆる経済開発と開拓を看板に植民侵略と略奪を行った。日本の開拓団や青少年義勇隊などの移民団体は、日本の侵略の道具である。日本の移民達は、中国の土地に足を踏み入れたその日から、中国人民への加害者となった。しかし、日本の移住侵略活動の結果から見ると、彼らはまた被害者でもある。寧安市市志辨公室主任の張万林によると、日本開拓団が寧安で略奪した土地は 4 万垧（1 垧は 0.72ha）あまりで、土地総面積の 29％を占めている。略奪方式としては、一つ目は強制的な占有、いわゆる"公用地"であり、二つ目は無償での徴用、三つ目は強制買収で、1 垧あたり地価 60 元の耕地に 10 元だけが、一棟の家にも 10 元だけが支払われた。実は、私の知るところによれば、黒竜江地区には、ほかにも多くの地方の日本開拓団が不法占拠した土地が、寧安より更に多くあり、例えば密山は 60％以上に達している。鏡泊郷褚家屯の王占成は、当時、自分の家は湾溝で農業をしており、3 － 4 畝（1 畝は 6.7a）を持っていたが、いい土地は全部開拓団に取られた、と語った。亜溝鎮吉興村大三家子の李財は、彼の家は開拓団が来る前には土地を持っていたが、日本人が土地を全て取り上げて日本人に与えたので、自分達はもとの村からこの村まで引っ越してきて開拓団の土地で農作業をしたと語った。吉興屯の常国も、あれ（日本の開拓団）が来て、土地はすべて取り上げられた。つまり国家（傀儡満洲国）に取り上げられたのだ。日本人のために買ったのであって、誰かのために買ったのではないのだと語った。中国の農民の住宅もまた同様に開拓団に占領された。姜家屯の趙文は、日本人が家に来て、自分たちを小楊木（大朱家）まで追い払い、一

年に何度も引っ越しさせられたと語った。李家屯の劉子芳は、開拓団の中川家が来て、温という姓の中国人一家を追い払った。彼らがそこに住もうと考えたら、すぐにそこを渡さなければならなかった。別の日本開拓団民が住んだ家は朱玉林（すでに死去、後代の人が現在大朱家屯に居住している）の家の住宅だったと語った。

　このほかに、今回の日本への訪問、寧安、阿城の二つの元開拓団についての調査、および日本の学者との交流は、日本の中国東北への移住侵略活動という歴史問題に対しての私の再研究、再認識でもあった。この過程の中で、私は自分の過去の研究の不足と薄弱な部分を発見することができた。例えば、前世紀の3、40年代に日本が中国東北への移住活動を行ったきっかけは、政治的なものだけではなく、いわゆる日本の軍国主義の対外侵略政策の産物であり、その上、更に深刻な社会背景と経済的理由もあった。これは、当時、日本は世界的な経済不況の中で、経済が急激に衰退し、企業は破産、銀行は倒産、労働者は失業し、農民は貧しくなり、社会は動揺し、矛盾が激化していたということである。このような情況下で、日本の軍国主義政府は危機や矛盾を転嫁するために、中国東北へ移住侵略を行うという国策を形成した。また、まさにこのような情況の下で、飢えと寒さに悩まされ窮地に陥り苦しい立場にあった日本の農民は中国東北へと土地と生活の活路を探す流れを形成した。このような視点から出発して、この方面の調査研究を強化してこそ、日本が中国東北へと移民活動を行った理由と、軍国主義政府の国策と民衆の流れが形成された歴史的かつ根本的に内在する原因をより深く理解することができる。このことは、この歴史的事件の本来の姿に接近し、還元するのに役立つだけではなく、なおかつ、歴史の教訓を総括することもできる。危機を転嫁し、他人に害を加えることは、一つの国家と民族が発展を求めるべき道ではなく、日本の移民侵略活動の失敗や日本移民が大きな苦難を受けた根本的な原因もまたそこにあると歴史が証明している。

　第二に、日本からの移民と中国の農民との関係についての認識が深まった。全体的に言えば、日本開拓団、日本人移住者自身もまた日本の対外侵略政策の産物であり道具であった。彼らと中国の農民との関係は侵略者と被侵略者、抑

圧者と被抑圧者の関係で、これは疑う余地もない。しかし、それぞれの日本移住者個人について言えば、情況は異なっている。一部の日本人移住者が軍国主義の影響を受けて、いわゆる高等民族を気取り、中国人民を差別し、奴隷のように酷使した。これは普遍的な現象である。もちろん、多くの日本人移住者と家庭は、現地の中国の民衆と共に一つの村に居住し、生活し、そして彼らのために働く中国の農民を平和的に扱った。例えば、鏡泊郷学園村で日本開拓団民の芳島家のために働いていた韓福生は、彼らがくれるお金は少なくなく、一日1角で、食事や住居が与えられ、肉体労働者の住む家もあり、不義理なことはせず、困った時には給料をくれた、と語った。私は、これは何らおかしくないことだと考える。というのは、日本の民族はそもそも東方の文化伝統を持っている民族であり、その上これらの移住者もまた一般の貧しい農民であって、その境遇は中国の農民と相似する部分が多く、それに加えて、異国の地にあって、いくらかの同情心と善良さが表されることは理解できる。したがって、彼らが中国現地の一部の農民とわりによい付き合いができたのも普通のことである。このような現象と、日本人移住者と中国現地の農民との間の侵略者と被侵略者、抑圧者と被抑圧者、酷使者と被酷使者という関係は別の次元の話だとも言えるが、当然、そのことは後者のこの基本的な関係を変えることはできない。

　第三に、寧安、阿城の二つの元開拓団の現場といくつかの史実について、より深く理解することができた。一部の史籍の中の不詳な記載についてはある程度補足し、不確実な記載についても事実を確かめて修正することができた。例えば、阿城県志編纂委員会辨公室編《阿城県志》（黒龍江人民出版社1988年出版）の"大事記（年表）"の中の八紘開拓団に関する記載では"1939年（傀儡満洲国康徳6年）2月に日本の八紘開拓団（代表者：大有春三）が荒溝地区に入る。"とある。"第四編農業"の中の、日本開拓団の土地の占有に関する記載では"康徳6年、阿什河東岸の大小荒溝一帯の耕地1,000垧あまりを取り上げ、日本八紘開拓団の用地とした。"とある。日本開拓団の移入状況に関しては、"（団名）八紘（団種）集合（部落）9（原籍）北海道（戸数）120（人数）565（占有面積）1,485"とある。これらの記載は、日本の学者が提供した資料や実地調査と基本的に一致していて、明らかな相違はない。不確実な部分とし

ては、《満州八紘開拓団史》および、その"八紘開拓団員名簿"の記載によると、八紘開拓団の団長は大友春三で、"大有春三"ではないということがある。このほかに、寧安鏡泊郷后魚屯などの元鏡泊学園、義勇隊開拓団および半截河開拓団の所在地についても、一つ一つ実地調査を行い、かつて日本開拓団民が居住したいくつかの村や部落の名称と現在の名称との照合も行った。例えば、日本の香川県の移民である"半截香川開拓団"がいた半截溝（または半截河）は、いわゆる房身溝（または柞木台子）であり、現在の慶豊郷の所在地である。

4.

今回、中日学者が共同して行った、日本の北海道から中国東北へと移住した二つの元開拓団の実地調査研究に参加する中で、以下のいくつかの感想を持った。

第一に、日本の学者の仕事ぶりはとても厳格で、真剣であり、実務に励んでいると深く感じた。彼らには十分な準備と具体的な調査研究計画があり、例えば、《寧安市鏡泊郷調査に関する請求書》には、ハルビン市での文献調査、寧安・鏡泊郷の現地調査、鏡泊郷の体験者に対する聴き取り調査、寧安市鏡泊郷の現地調査事項など十三の具体的な内容が列挙されていた。《黒竜江省阿城市調査票》には、"9・18事変の前後、満洲傀儡政権時代（中日戦争中）"と"八紘開拓団移民と地元住民との関係"の二つの面について二十の具体的な内容が

写真1 亜溝鎮にて訪問調査。右は寺林伸明氏。　**写真2** 亜溝鎮の農家の庭での食事。

列挙され、調査された中国の人に当時の八絋開拓団の跡地の略図や写真を見せることを通じて追憶させることも含まれていた。それだけでなく、寺林伸明先生などの日本の学者は調査の間、現地の中国の民衆に対してとても友好的で、相手をたいへん尊重し、彼らに贈り物や記念品を贈呈するだけではなく、農民の家で共に食事をし、うち解けた雰囲気であり、とても喜ばしく感じた。

第二に、日本の学者は、日本から中国への移民の侵略性の問題における観点が明確である。この点は、日本の学者の、今回の共同調査研究計画書や実地訪問作業の中でもはっきりと体現されている。例えば、彼らは、"満洲傀儡政権"の集団部落を作り上げて現地の農民を"強制移住"させた問題や、満洲拓植会社の現地の農民の土地に対する"強制買収"の問題を取り上げていた。

"侵略性"という問題に関して、以前、一部の日本の学者の調査の中に、如何に科学性や正確性を上げるか、という問題が確かに存在していた。一部の日本の学者は物事の本質的な特徴やマクロな歴史背景の分析を往々にして重視せず、ただ具体的で個別的な事例の探求だけを重視した。しかし、このような事例は基本的な史実とはしばしば大きな相違がある。このような研究方法には大きな欠陥が存在すると言うべきだろう。これは往々にして人を誤りへ導き、誤解を生じさせやすい。例えば、中国に友好的で、日本の中国侵略戦争に反対しているある日本の進歩的な学者が、日本から中国東北への移民の問題についての"調査表"の中で、"地価は合理的であったか否か"、日本の移民は中国の農民に対していかに"友好"的であったか、新しい農機具を広め、新しい品種を導入し、"現代化"を助けたなどの事例をわりと多く収集した。これに対して、1997年に私は《必须正确认识日本的移民侵略問題（日本の移民侵略問題を正確に認識すべきである）》という文章を書き、"実証的な研究を重視しながらも、実証主義の誤った道に陥らない。歴史の重要な細かなことがらの研究を軽視せず、また、様々な無意味で些細なことがらで大きな問題を覆い隠してはならない。"と、科学的に調査研究を行うべきであることを強調した。

日本の中国東北への移民活動は、日本が中国を侵略するための重大な布石と計画であり、日本の中国東北への移民は侵略、略奪であって、開発ではなく、当然、開拓でもないということは、歴史的事実がすでに証明している。しかし、

第一部　日中両国における研究成果

　日本にはまだ折につけ、あれこれと中国侵略戦争の歴史を否定し美化する声がある。このような情況で、この歴史問題についての認識も、ただの学術的な問題というだけではなく、中国の学者を含む各方面の人士が非常に敏感に関心を持つような、日本の中国侵略の歴史をどのように認識するか、という問題となった。このため、この問題はしばしば双方が学術交流を行う時にまず明らかに述べなければならない問題であり、ひいては双方が共通の認識に達し、協力して研究を行えるかどうかの基礎と前提でもある。私は今回、日本の学者との共同調査研究の中で、日本の学者も既にこの点について理解していると感じた。だから、今後、他の日本の学者が中国方面と、この件に関連する学術交流や協力を行う際には、この問題に注意を払うことができるよう願っている。

　第三に、今回の共同調査研究は、日本が中国東北で行った移民侵略活動についての口述史料にとって貴重な価値を持つ発掘と緊急救出である。寧安と阿城の二つの元日本北海道開拓団についての実地調査の中で、当時の日本開拓団の活動を自ら経験し、自ら見てきた現地の中国の老人は既に非常に少なくなっていることが、容易に見てとれた。わずかな現存者もすでにみな80歳前後の高齢で、また体が弱く病気がちな老人であり、彼らを探すことも、彼らを調査することも、非常に困難な事である。だから、彼らを訪問し、そして彼らの見聞を記録することは実に容易ではない。彼らのこれらの口述もきっと、ますます貴重な史料となっていくに違いない。実地調査の過程で、日本の学者は録音、録画などの設備を利用して彼らの口述を保存していた。これは必要なことであり、また、時が経つにつれて更に価値を持つ。このような現象とそれに関連する口述史料の発掘と救済は、中国の学者も早くから気づき、何度も呼びかけたが、様々な原因や条件の制限のために思い通りにはいかなかった。これについては、今後とも引き続き努力して、多くの仕事をしなければならないだろう。

　最後に、数年来、私との学術交流および課題共同調査研究において、快く協力してくれ、訪日期間中は友好的に、暖かく接してくれた寺林伸明先生などの日本の友人に心からの感謝を表し、そして心からの祝意を申し上げる。

第 10 章

日本の移民政策がもたらした災難
――日本 "残留婦人" についての調査――

高　暁燕（翻訳　胡（猪野）慧君）

　いわゆる日本 "残留婦人" とは、日本が中国に対して侵略戦争を起こした時期に、日本から中国に渡り、戦後、中国に残留して帰国することができなかった日本人女性のことを指す[1]。戦後残留問題の一つとして、日本 "残留婦人" は前世紀の 80 ～ 90 年代から中国と日本の研究者に関心を寄せられている。私はかつて日本の帝京大学の教授である小川津根子先生や、日本《ABC 企画委員会》の代表である山辺悠喜子先生などに同伴して、黒竜江省の日本残留婦人について訪問調査を行ったことがある。後に "東北占領史" の研究においても、ずっとこの課題は放棄しておらず、手がかりを探すことに注意を払い、調査を深め、いくらかの原資料を探し集めた。折良く日本の北海道開拓記念館の寺林先生が主宰する "日本移民調査" の課題に出会い、この調査報告をその中に組み入れることができ、長年の調査成果を発表する機会を持てたことを喜ぶと同時に、これによりこの課題の研究がさらに深化することを希望するものである。

1. "残留婦人" が発生した背景

　日本の帝国主義者が中国の東北を分不相応にも手に入れようとしたことには、長い歴史がある。日露戦争後、日本は帝政ロシアが持っていた中国の "南満"

権益を受継ぎ、旅順、大連の租借地と"満鉄"および附属地の経営を手がかりに、東北に対して移民侵略をはじめた。"国防第一線の永久安全を確保"するためには、迅速に"相当数の大和民族を配置し、満洲に定着させることが極めて重要である。そのため、10年50万人の農業移民の入植実施を求める"ことが必須と考えていた。最初の満洲農業移民であった山口県玖珂郡愛宕村と川下村の18戸村民は、大連市金州一帯の肥沃な地区への移住を選び、元の村名の愛宕村と川下村の一字ずつを取って、新しい村名を"愛川村"とした。その後、さまざまな原因により、満洲事変まで、日本は中国東北への移民計画を期限どおりに実現することができなかった。

満洲事変後、東北は日本の植民地となり、日本政府は、目的を持って計画的かつ組織的に東北への移民を開始した。最初の東北移民は主に在郷軍人で、1932年から1936年までの計5回で一万余人であった。彼らは"武装移民"といわれた。1936年、日本の広田弘毅内閣は、20年間で東北への移民を100万戸500万人とする膨大な移民計画、即ち"百万戸移民"計画を提出した。その目的は、植民統治を強化し、"国防と治安の確立、安定をはかり"、"ソ連に対する東北の戦略地位を強化する"ためであった。1937年、偽満洲国首相の張景恵は、日本侵略軍の満洲駐屯関東軍司令官兼大使であった植田謙吉と、"満拓公社協定"に調印した。日本はこの協定を根拠として、1938年から1943年までに約8万戸、約50万人を移住させた。1937年末、日本はまた"満蒙開拓青少年義勇軍"の移民を決定した。決定では、"目下の満洲国の現状をみれば、日本の内地人を迅速に満洲に移すべきで、所期のごとく、壮年移民の移入が需要を満たさなかったことに鑑み、政府は昭和13年度より更に多くの青年移民を極力送り込み、非常の時局に適応させる"と指示していた。1939年には、満洲開拓青年義勇隊訓練所が29ヵ所、収容人数が60,500人に達した[2]。

日本の移民政策の継続につれて、中国に来た移民のおおくが男で、女は少なく、しかも青少年義勇軍の大多数が未婚だった。移民の情緒を安定し、移民政策の"成果"を強固にするため、日本政府は1938年から"花嫁"政策を開始する。国内では、"満洲は日本の生命線"と強力に宣伝し、"満蒙の大地に行け"、中国にある開拓団の"拓士"と結婚し、"大陸の花嫁になる"よう、女子青年

第 10 章　日本の移民政策がもたらした災難——日本"残留婦人"についての調査

を動員する。1938 年 4 月、大日本連合女子青年団は"義勇軍配偶者問題"の協議を締結する。5 月、日本政府の外郭団体—満洲移住協会は、"大陸の花嫁"2400 人を募集した。10 月、大日本連合女子青年団の指導者は、42 人の視察団を組織し、"大陸の花嫁"養成計画の一部として、中国に赴き、代表して実地調査をおこなった。この年、日本の拓務省は 23 府県で"拓殖講習会"を催し、毎回の参加者は 30 - 50 人であった。1939 年 1 月、日本の拓務省、文部省、農林省が共同で"花嫁百万人大陸送出計画"を制定した[3]。このような"国策"精神の鼓舞のもと、ひじょうに多くの日本少女が"大陸に行く"ことを人生の崇高な理想とした。日本全国で、女子青年が国家のために"大陸の花嫁"になるというブームが起こった。

　千葉県に住む平井文子は、その年ちょうど 20 歳で、宣伝に惑わされ、自ら県庁に走っていき、名誉ある開拓青年になりたいと志願した。県庁の事務室の壁には、すでに"満洲開拓"に参加を志願した"拓士"の写真がいっぱいに貼られており、政府の職員はそれらの写真を指して、"あなたはどの人を選ぶ？"と聞いた。彼女は何も考えずに、自分の家とわりに近くに住む青年の梅太郎を選び、自分の結婚を決めた。彼女は、「間もなく遥か遠い中国大陸に立つ時、心の中にわき起こったのは、"東アジアの平和"を実現するために開拓するんだという激情で、とても誇らしく感じた」と語る。こうして幻想をいっぱいに抱いて、無邪気で幼い日本の女子青年たちが、中国東北に送られていった。

　1945 年 8 月、日本は敗戦し、降伏する。日本の関東軍は慌ただしく中国から撤退して、多くの日本開拓民を置き去りにし、おびただしい数の日本人が中国に留まることになった。その大部分は"開拓団"の婦人と子供たちで、戦乱の中、彼女たちは、身内が散り散りになる苦しみを経験した。戦後、彼女たちのある者は転々としたのち、祖国に帰り着く。しかし、一部の者は様々な原因から祖国に帰ることができなかった。この人たちは、子連れや病弱で生活できなかったので、多くが中国人の助けで過ごし、ほとんどが中国人と結婚して、後半生を中国で送ることを選んだ。

第一部　日中両国における研究成果

2."残留婦人"の調査実録

(1) 平井文子

　平井文子は1941年に新婚の夫にしたがい日本の千葉県を離れた。彼らが参加した"開拓団"は天乙公司開拓団といい、現在の黒竜江省の建設農場の一帯に位置している。二年目に、彼らの第一子になる平井博文が生まれた。

　1945年の日本敗戦後、"開拓団"団長は知らせを早く聞いて、先に帰国したため、平井の夫が"開拓団"団長の職務を代行することになった。あげくの果て、団内のある人が武器を隠していたため、平井の夫はその巻き添えで命を失ってしまう。夫を亡くす悲痛を体験した後、文子は身重の体を引き摺り、3歳の子を抱えて開拓団を離れ、ある収容所にたどり着いた。その後、収容所で次子を生むが、その子は6ヶ月も生きられず死ぬ。この時、帰国できることを知るが、彼女は体が弱っていて動けず、ただ収容所の地に残るしかなかった。まもなく中国国内の解放戦争が勃発した。「若く、丈夫な人はみな去っていったが、私達は行くことができなかった」という。収容所の周囲はいつも銃弾が飛び交ったので、"私はある橋の下に身を潜め、子供を自分の体の下に隠しながら震えていた"と語っている[4]。

　彼女が行き場を失った時に、北安市海興鎮陽光村の農民の劉顕華が、彼女を引き取った。劉顕華はかつて日本開拓団のために運送の仕事をしたことがあり、日本人についても、全く理解していなかったわけではなかっただろう。平井は彼と結婚し、やっとまた一つの家庭を持つことができ、子供もまた拠り所ができた。彼女は自分の中国人の夫を"誠実で信頼できる人で、博文にもよくしてくれる"と誉めている。結婚して間もなく、夫の兄嫁が亡くなり、文子は二つの家庭で11人の生活の面倒を見るという重責を負うこととなった。平井博文は平井文子と日本人の夫の子供であり、中国の黒竜江のこの黒い土地で育ち、中国名は劉忠福という。数十年来、母親が彼に日本語が身に付くようにさせたことはなく、彼を一人の本物の中国農民に育てた。彼は非常に母親孝行で、彼女の側から一歩も離れずに面倒を見ていた。改革開放後、彼らの生活は改善さ

れ、母子二人は日本に親族訪問で帰ったこともあった。文子は「私は現在、中国にも、日本にも親族がいて、幸せに暮らしており、衣食の心配もなく、子供や孫もとても孝行で、私は満足している。」と言った。何か要望はあるかという話になった時、彼女は興奮しながら"中国政府は私をたくさん助けてくれたが、日本政府は何もしてくれない。彼らは私達の老後の問題に対して責任を負うべきだ。そうしてもらって初めて私達は日本人であることを後悔せずにすむのである。"と言った[5]。

（2）石田友枝

石田友枝は日本の新潟県の出身で、彼女は色が白く、眼鏡をかけており、高い文化素養の持ち主である。両親は彼女を含め、兄弟姉妹9人を育てた。中国に来る前、家の生計はとても苦しかったので、日本政府が開拓団への参加を促した時に、石田の長兄と次兄は先にチチハルの開拓団に行った。後に、二番目と三番目の姉も続いてチチハルの付近に行った。その時、石田友枝はまだ青年学校（二年制の農業専科学校）で勉強をしていた。学校の校長は女子学生に大陸に行って開拓団員の妻になるよう促し、教師はいつも学生に開拓団に参加するという思想を注ぎ込んでいた。当時の石田は聡明で美しく、夢見がちで、まさに宣伝の影響を受けやすい年齢だった。学友達はみな「大陸の花嫁」になることは光栄なことだと考えていたので、学校が石田を選んだ時、彼女はためらわなかった。両親は子供が遠く離れることには心を痛めたが、しかし家の逼迫した生活を考えると、娘の選択にも賛成するほかなかった。

日本はその時"国民精神総動員"の時代で、"大陸の新婦"を育成するために、各県は争って"女子拓務訓練所"を創立した。この育成訓練は大陸政策を大いに宣伝し、青年の精神に対するコントロールを強化したほか、彼らに中国東北の状況を理解させ、生活、生産の基本的な技能なども身に付けさせた。石田も学校で"満洲開拓実践知識、開拓精神育成"という訓練学習に参加した。

石田の夫の田中富治はすでに1940年に、黒竜江通北の東火犁開拓団（現在の趙光鎮東北の紅星農場）に先に移住していた。1941年、石田は夫のもとに身を寄せるために東北に来て、その後、石田友枝の両親も一家全員で中国の東北に移った。敗戦直前に、石田の夫は軍隊に召集され、それから音信はない。

第一部　日中両国における研究成果

　日本が敗戦した時、命を守るために、石田は3人の子供を背負い、抱き、大雨の中を数キロメートルも走った。後に彼女たちは集められ、ソ連の赤軍のために1年間働いた。彼女たちが再びもとの"開拓団"に戻った時には、家の中にはすでに何もなくなっていた。非常に苦しい生活の中で、彼女は中国の農民王鳳祥の助けを得ることができ、彼らは一つの新しい家庭を作った。王鳳祥は元々3人の子供がいて、石田と子供達の仲はとてもよく、子供達もこの日本の継母によくした。

　私達は彼女の家で、1棹のとても大きな本棚に中国語で書かれた日本の小説や、『漢和辞典』や古く黄ばんだ日本語の書籍が並べてあるのを見た。石田は"私は読書が好きで、今70数歳になったが、暇な時には、やはり本を読む"と言った。石田と日本の親族は連絡を取り続けており、親族訪問で帰国したこともある。日本の厚生省はかつて彼女に帰国するように促したが、彼女は中国のこの大家族と離れがたい。彼女は、自身は帰国しないけれども、中国にいる他の日本人が日本の身内と連絡できるように助けている[6]。

(3) 水野満江

　日本の群馬県生まれの水野満江は、6歳の時に両親と一緒に中国に移住し、黒竜江省北安地区の九道溝"開拓団"で農業に従事していた。家族は、両親と3人の娘の、合わせて5人で、5.6晌（シャン）（1晌は0.72ha）の土地を持っていた。水野は毎日、姉と一緒に小学校に通っていた。日本敗戦後、開拓団は人員と財物を一カ所に集め、男性が順番で夜回りをして警備した。水野満江の父はある日、夜回りをしている時に殴られて重傷を負い、回復せずに亡くなった。この時、水野はわずか12歳だった。母親は3人の娘を連れて開拓団でなんとか1年ほど辛抱したが、2歳にもならない妹は流行チフスで亡くなった。生きていくために、母親は2人の娘を連れて通北県に移り、後に王という絵師と知り合い、そして結婚した。絵師は中国農村では多くない手工業の職人で、自分の腕で一家の生活を支えることができる。これで、水野と母親、姉にやっと拠り所ができた。水野は、継父は彼女たちによくしてくれたと言っている。後に、母親はさらに2人の妹を生み、一家6人で、静かな日々を過ごしている。母親はかつて中国の夫と子供を連れて一緒に帰国することを望んでいたが、しかし日本政

202

府に拒絶された。1990年に、母親は病気となり、悪化の一途をたどって、この世を去った。水野姉妹はまた身内を失ってしまった。

　水野は日本の親戚とずっと連絡を取っていないため、依然として"臨時帰国"することのできる身分だが、本当の日本人として日本に戻って生活することはできない。現在、水野には中国人の身内である夫と子供、そして清貧だが、あたたかい家があるだけである。彼女は世の変転を経験したため、健康状況が悪く、140センチの身長で、両足がひどく曲がっていて、歩行が覚束ない。今日の水野には、日本女性の面影をわずかも見出すことができず、彼女の人生はほとんど中国で過ごしたものなので、一言の日本語さえも話せないのである[7]。

(4) 愛島孝子

　ハルビン市の動力区鄧家屯にも一人の日本"残留婦人"、愛島孝子が住んでいる。彼女は1920年に日本の鹿児島で生まれ、家には兄、弟と2人の妹がいた。1944年、孝子が高校を卒業した後に、栄江禎恕と結婚して、大阪で生活をしていた。この時はちょうど第二次世界大戦の末期で、結婚してわずか3ヶ月で、夫は召集されて軍隊に入り、中国侵略戦争へと参加し、黒竜江省の安達県に駐留していた。1945年、日本が始めた侵略戦争がすでに絶体絶命の状態まで陥り、米軍が日本の本土への爆撃を始めた頃、真相を知らない一部の日本国民は"満洲"へ行けば、戦争の災難を避けることができると考えていた。この年の4月9日、孝子は夫の妹や弟（栄江愛子、栄江島子、森田文恵）を連れて夫のもとに身を寄せるために中国に向かった。紆余曲折を経て、彼らは黒竜江省の"大阪安達開拓団"に到着し、夫を探し当てた。久々の再会の喜びは彼らに旅行中の艱苦を忘れさせ、一家は再び共に生活することができるようになり、未来にも新しい希望を持った。

　日本の敗戦に伴い、孝子の夫の栄江禎恕は部隊と共に日本に撤退していたが、孝子らは中国に残された。彼女と夫は、結婚から別れるまで、一緒に生活したのは全部で1年にもならない。その時、彼女は帰国したくとも手段がなく、衣食のめどが立たず、苦しい状況に陥っていた。戦争のまっただ中で、妊娠3ヶ月の彼女は不幸にも流産してしまい、夫との唯一の肉親を保てなかったことは、彼女を非常に辛い気持ちにさせた。1945年8月20日、孝子は義理の妹、義理

の弟を連れて日本開拓団の避難隊列に入り混じって、ハルビンに移り、南崗区の難民収容所（現在の馬家溝小学校）に一時滞在した。そこの状況は非常に厳しく、最年少であった義理の弟の森田文恵はここで不幸にも病気になり、回復することなく亡くなった。孝子は永遠の別れの苦しみに耐えながら、一家の生活の重責を勇敢にも担うほかなかった。

　苦難に満ちた日々の中で、彼女は貧しく苦しい中国の農民の劉勝礼に出会い、劉勝礼は孝子を受け入れ、同時に彼女の2人の小姑の生活も負った。長い生活の中、孝子は日本や身内に対する思いを黙々と抑え、自分より十数歳も年上の中国の夫との言葉の溝、生活習慣の大きな違いなどの様々な内心の苦痛を耐えて、劉家に嫁いだ後は、家庭の主婦としての生活の重責を担った。

　孝子の日本人の夫の栄江禎恕は帰国した後、ずっと自分の妻を忘れず、方々探し続け、ひたむきに10年もの長い間待った。彼は孝子の行方がわかると、わざわざ彼女に会いに中国に渡った。この時、孝子はすでに3人の子供の母親だった。孝子は長年想い続けた日本の夫に会って、気持ちがなかなか落ち着かず、彼女は栄江と一緒に日本に帰って、再び小さな頃から慣れ親しんだ生活を過ごそうと思ったが、しかし彼女は自分の肉親を捨てることができず、中国の夫を傷つけることも耐えられず、彼女は残って、中国の自分の家に留まることを選んだ。彼女は自分の心身をすべて子供達に注いだ。今では、子供達は彼女の養育のもとで各方面の人材へと成長し、また母親の日本の親戚を通じて、日本で自分の居場所を見出し、それぞれの仕事に従事すると同時に、常に中国と日本の間を往復し、中日の文化交流の使者となっている。

　前世紀の90年代になり、孝子の夫である劉勝礼が亡くなった後、孝子はやっと初めての帰途につき、日本に帰って、久しく会えずにいた身内と会った。自分の一生を振りかえって、彼女はしみじみと「私は哀れな人だ」と言った。もちろん、あの罪深い侵略戦争がこの普通の日本女性をひどく苦しませ、貧しい流浪の身とさせたのである。

　今日、孝子老人はすでに80数歳になったが、彼女の慈悲深く優しい顔にはかつての若かりし頃の美しさが窺える。彼女は元気だが、ただ耳が少し遠くなった。驚くべきことに、彼女は中国で半世紀余りも生活しているのに、中国

語がまだ上手に話せなかった。私達が話をする中で、興奮するといつも彼女は日本語を話しだすので、私達は中国語と日本語半々で交流するほかなかった。幸いにも彼女の長男の劉長義が母親の言っている意味がわかったので、側で通訳をしてくれた。その上、彼女は上手に漢字を書くことができ、彼女は度々ペンを使っていくつかのわかりにくい日本語を書いてくれたので、今回の訪問を順調に終わらせることができた。

残念なのは、私が取材してから間もない 2001 年元旦に、この世の変転を経験し尽くしたこの老人が病気によってこの世を離れたことである。彼女は最期まで日本に帰ることはなく、ハルビンの彼女の中国人の夫のそばに埋葬された[8]。

(5) 川本春子

ハルビンの太平区に居住している日本人女性の川本春子の原籍は日本の熊本市にあり、20 歳の時、"開拓団"の一員として、姉、姉婿に従って中国の大慶一帯の農村に来た。日本が敗戦した後に、混乱の中で姉一家と離ればなれになり、春子はたった独りでハルビンに来た。後に中国人の夫である耿伝英と結婚した。耿伝英はハルビン製革工場で働いており、高級技師であった。彼らには一人娘がいて、家の暮らしは常に比較的良い方であった。彼女は人柄が良く、近所の人と仲良く付き合っている。川本春子は 2 度日本に帰ったことがあり、日本の身内とも密接に連絡を取っており、本来ならば日本に帰って生活することもできたが、しかし彼女は中国の身内と一緒に中国で生活することを選んだ。

2007 年 9 月 16 日、日本の東京経済大学の藤沢教授は十数人の学生を連れて中国で歴史考察を行った。日本軍の七三一細菌部隊の跡地と東北烈士記念館の見学を通じて、日本の大学生達は日本軍の侵略による様々な罪を目にし、日本が起こした侵略戦争が中国にもたらした災難を直に感じた。ハルビンに、日本の侵略戦争のために中国に残された日本人の老人がいることを知って、彼らは一目会いたいと望んだ。しかし川本春子はすでに高齢であったため、病気で動けず、面会に来ることができなかったので、彼女の娘の耿玉芳が来訪した教師や学生達と座談会を行い、母親の中国での経験を述べた後に、彼女は「私は物心ついた時から母が日本人であることを知っていて、いつも異様な視線を目に

しましたが、しかし私達はやはり中国での生活がいいと思っていました。私が今日の座談会に参加したのは、私が知っている日本"残留婦人"の中国での本当の状況を日本人に伝えたいと思ったからです」と言った[9]。

さらに……

2004年秋、私は日本の弁護団一行と吉林省敦化市で日本軍が遺棄した化学兵器の問題を考察して、大橋郷の河東村で、一人の日本人"残留婦人"を訪問した。彼女の名は完山春美といった。

1933年、完山は開拓団の一員として中国の東北に来て、戦後、家族と離ればなれになり、各地を転々としたが、後に中国の農民の宋福清に出会い、やっと吉林敦化に落ち着いた。結婚した後、二人には子供ができなかった。今ではもう80数歳になってしまって、働くことができず、夫婦二人で一軒のぼろぼろの平屋に住み、村の年金保障で生活している。

前世紀の90年代には、ハルビンの外僑老人ホームには、まだ数人の日本人"残留婦人"が生活していたが、近年だんだんと亡くなっていった……

2009年8月25日、黒竜江省社会科学院東北アジア研究所で、日本の広島県竹原市の内山姉弟二人と彼らの中国での経験を取材した。日本が中国侵略戦争を行っていた時期に、彼らは父親について中国の東北へ来て、日本の"開拓団"で生活していた。敗戦した時、姉は弟を背負って戦乱の災難から逃れ、転々としながら日本に帰ったので、姉弟の情は深い。彼らは私が日本人残留婦人について調査していることを知り、とても意義があると考えてくれていた。彼らは"もし私達が幸運にも日本に帰りつくことができなかったら、中国に'残される'ことになったでしょう"と言った。まさに、あのような戦争の歳月を経験し、戦争の残酷さを体験したからこそ、彼らは戦後、積極的に日本の侵略戦争を反省し、平和運動に従事して、日本軍の毒ガス武器の生産地の大久野島に"日本軍毒ガス研究所"を作り、無報酬で日本の次世代が戦争を忘れないよう教育し、そして中国の日本が遺棄した毒ガスの被害者のために寄付を募った。

第 10 章　日本の移民政策がもたらした災難——日本"残留婦人"についての調査

3."残留婦人"という現象に対する認識

　日本人残留婦人に行った調査の体験は忘れがたく、戦争の苦しみをいやというほど味わい、肉親や故郷から遠く離れているあの日本人の老人達は、久しぶりのお国なまりで半世紀余りも閉じ籠めていた心の声を口にした。長年の調査研究を通して、私達はこれらの中国に「残された」日本人女性の人生経験にはたくさんの共通部分があることがわかった。
　1、日本から中国に来た開拓民として、彼女たちは無意識のうちに日本が中国を侵略するための道具となった。同時に戦乱で大変な苦難を味わった。日本人として中国の文革時期に生活しており、みな程度は違えど攻撃を受けた。
　2、戦後、大部分は中国人と結婚した。このような婚姻は、最初は生存のためのやむを得ない選択だっただろう。しかし共に生活するに従って、彼女たちは自分の家族を非常に慕わしく思い、中国の夫に感謝し、一部の人は日本の身内を見つけたにもかかわらず、依然として中国に残ることを選び、立ち去ることが耐えられなかった。
　3、年を取るに連れ、ますます故郷を懐かしく思い、故郷に戻りたくなる。故に彼女たちの晩年は、内心の感情は非常に複雑で、葛藤してもいる。一方では、彼女たちは心から中国政府と人民が与えた配慮と理解に感謝し、今日ある落ち着いた生活に満足している。しかし交流する中で、その輝くような笑顔の裏に、彼女たちの内心の苦しみと寂しさを読み取ることができた。彼女たちは中国に自分の家と親戚を持ったが、しかし故郷を遠く離れたという喪失感は年齢を重ねるに従ってますます深まり、故郷に戻りたい気持ちもますます切実になってくる。
　しかし、当時政府の呼びかけに応えて日本を遠く離れたこれらの女性達は、晩年には自分の国から得られるべき待遇を受けていない。このため、1993年に"成田空港"の事件が発生した。1993年9月5日、中国に残された12人の日本人"残留婦人"はグループで突然帰国し、日本の成田空港に降り立った。彼女たちのうち、最も高齢の横田は80歳で、団長は70歳、最も若い者は56

歳だった。一行はみな疲労と緊張のせいで、健康状態がとても悪かった。彼女たちは手に、白地に黒字の横断幕を掲げていた。横断幕には"細川首相、我々を自分の祖国で死なせて下さい。我々を祖国に帰らせて下さい！"と書かれ、落款は"中国残留婦人"であった。その日の晩、日本のテレビは繰り返しこの事件を放送し、画面にはソファーに横たわる疲れきった老婦人達、それから彼女たちを看護する人々の慌ただしい状況が映し出されていた。団長は「私達はずっと待っていましたが、祖国に帰ることができません。中国にはまだ2000人もの帰国ができないために涙を流している人たちがいます。早く彼女たちの帰国の希望を実現させて下さい。」と説明した[10]。実際には、これらの女性が手に持っているのは日本政府が発給した旅券で、日本には自由に出入りすることができるはずである。しかし彼女たちは一時帰国しかすることができず、長期にわたって日本で生活することはできない。なぜなら、日本の規定によると、中国に残された日本人女性が定住帰国を望むならば、必ず直系親族の保証がなければならず、問題は多くの人がこのような保証書を得ることができないことである。

　日本側はこれらの中国に残された"開拓団"の女性を"残留婦人"と称したが、この呼び方は多くの日本の学者に批判された。彼らは"残る"という語の概念には、自発的で自主的であるという意味が含まれると考えるが、しかし、これらの女性達は誰もが自ら"残る"ことを望んだのではなく、彼女たちは異国の地に捨てられて、日本の帝国主義が起こしたあの侵略戦争の犠牲となったのである。

　日本人"残留婦人"の問題は中日関係史の課題の一つである。"残留婦人"の不幸続きの運命は日本の移民政策がもたらした災難であり、別の側面から侵略戦争の人間性や人道に反した残酷さを反映してもいる。日本の中国侵略戦争の歴史を研究し、戦争中、日本軍が中国で犯した罪を深くまで暴き出すことは、中日関係の健全な発展と、中日両国の永久の平和にとって重要な意義を持っている。

第 10 章　日本の移民政策がもたらした災難——日本"残留婦人"についての調査

●註
1）日本厚生省の規定によると、ソ連が東北出兵した時、中国にいた 12 歳以下の両親と離別した日本人が残留孤児に属し、12 歳以上は孤児の範囲に属さなかった。このため、当時中国に在留した 12 歳以上の日本女性は残留婦人に属することになった。
2）【日】笠森伝繁『満州開拓農村』、東京巌松堂書店、1940 年、55-57 頁。
3）【日】小川津根子『祖国よ──「中国残留婦人」の半世紀』、岩波新書、1995 年、104 頁。
4）同上、7 頁。
5）黒竜江省社会科学院日本移民調査課題組インタビュー記録、時間：1993 年 10 月 28 日、場所：黒竜江省北安市通北鎮政府。
6）同上。
7）同上。
8）筆者のインタビュー、時間：2000 年冬、場所：ハルビン市動力区鄧家屯。
9）筆者のインタビュー、時間：2007 年 9 月 16 日、場所：黒竜江省対外事務弁公室会議室。
10）【日】小川津根子、前掲書、1995 年、14 頁。

第11章

ハルビン市日本残留孤児養父母の生活実態調査研究

杜　頴（翻訳　胡(猪野)慧君）

はじめに

　中国の東北地区には、一群の特別な人々がいる。彼らは戦争がまだ終わらず敵対していた時に、敵国の子供を引き取って育て、また苦労をなめ尽くしてこれらの幼くて無知な子供を成人に育てた後に、苦痛に耐えてかれらを自分の国家に返した。しかし彼ら自身は老後の孤独と寂しい生活の中で過ごさなければならない。彼らは即ち日本残留孤児の中国養父母である（以下は残留孤児の養父母と略す）。

　関連調査によると、中国では、彼らのような残留孤児の養父母がおよそ10,000人いる（中国国内の残留孤児に関連した統計数字の5,000人から推測した）。その中、黒竜江省が最も多く、ハルビン市は健在の残留孤児養父母がもっとも多い地区である。残留孤児が帰国した後の20数年間、残留孤児の養父母はどのように過ごしただろう？　これまで数年間、彼らの生活にはどんな変化があっただろう？　また彼らが望んでいることは何だろう？　これは以前の研究の盲点で、養父母と残留孤児がすでに高齢になることから、早急に行なわなければならない緊急救助すべき研究課題でもある。関連部門の協力により、

第一部　日中両国における研究成果

筆者は 2008 年 10 月から 6 名の健在の養父母と、亡くなって間もない 9 戸の養父母家庭に対して追跡調査を行った。

1. 調査研究の経過と方法

当調査の目的は、日本の残留孤児が帰国した後に、残留孤児の養父母というこの特別な人々の生活状態および在日の残留孤児と、日本政府の戦争責任の認識との関連を探求することにある。調査の課題は"養父母が残留孤児を引き取って育てる状況"、"養父母の生活状況"、"残留孤児と養父母およびその家庭関係"などの問題をめぐって展開したものである。"養父母が残留孤児を引き取った状況"については、主に残留孤児を引き取った時期、年齢、健康状況、引き取った時に子供がいたか否か、教育を受けさせる状況などを調査する。養父母の生活基本状況調査については、主に養父母の年齢、健康状況、居住状況、社会活動状況、精神状況についての調査を含む。"残留孤児と養父母およびその家庭関係調査"に対して、主に家庭での共同生活する親子の状況（年齢、健康状況、仕事状況、扶養状況）の調査で、残留孤児の在日生活状況については、（年齢、健康状況、仕事状況、帰国状況）などの調査を含む。

研究の中で、筆者が知りたい 20 項目の質問について、15 戸の養父母家庭について入念な調査と取材を行った。被調査者には調査表に書き込んでもらうほか、養父母個人、親子および家庭の主要メンバーについて個人取材を行った。その中の 6 名のまだ健在な養父母について、二次取材を行った。被調査者の表情と表現などについて詳しく記録した。そのほか、この 1 年余り、筆者はまた何度も関連団体の残留孤児養父母の慰問活動や彼らをめぐり催される友好活動などに参加したが、これらは調査の分析にあたっては、重要な補足となった。

今回、調査対象に選んだ 15 名の養父母は、すべて残留孤児の養父母がもっとも多い黒竜江省のハルビン市に集中している。そのため、この調査はある程度代表的なものと言える。

第 11 章　ハルビン市日本残留孤児養父母の生活実態調査研究

表1　ハルビン市の日本残留孤児養父母の概況（2008年10月1日）

姓名	年齢	健在、死亡の別	職業
張菊桂	89	健在	医者
羅夢蘭	83	健在	工場労働者
栗笑君	94	死亡 2008.8.19	無職
沙秀清（回族）	83	健在	工場労働者
李淑蘭	82	健在	工場労働者
方秀芝（回族）	82	健在（注）	工場労働者
魯万福	93	死亡 2008.7.11	農民
謝桂琴	82	死亡 2008	獣医
劉淑琴	81	死亡 2005.6.20	小売店経営
馬風琴（回族）	84	死亡 2007.12.17	工場労働者
鐘慶蘭	79	健在	農民
宋梅蘭	80	死亡 2004.3.22	工場労働者
姜雅賢	89	死亡 2006.1.3	幹部
唐文玉	90	死亡 2002	農民
竜宝珠	84	死亡 2006	工場労働者

注：方秀芝はこの後 2009 年 1 月 7 日に脳梗塞を患って亡くなった。

2. 日本残留孤児の養父母の現状および残留孤児を引き取った当時の概況

　今回調査した 15 名のハルビン市の残留孤児養父母のうち 8 人は、現在道外区に住んでいる。その他は、南崗区 4 人、開発区 1 人（2 人は道外区からここに移転）、方正県 2 人（すべて現在は方正鎮）という分布を示している。その中の 1 人は、もとはこの県の会発鎮に住んでいたが、現在は方正鎮に引っ越している。

　この 15 名の養父母の名前は、方秀芝、沙秀清、李淑蘭、羅夢蘭、張菊桂、馬風琴、栗笑君、謝桂琴、魯万福、劉淑琴、鐘慶蘭、宋梅蘭、唐文玉、姜雅賢、竜宝珠である。その中、方秀芝、李淑蘭、羅夢蘭、張菊桂、鐘慶蘭の 6 人の老人は健在で、ただ張菊桂老人だけは脳血栓を患いすでに正常な交流をすることができなかった。馬風琴、沙秀清、栗笑君、謝桂琴、魯万福、宋梅蘭、唐文玉、

213

第一部　日中両国における研究成果

表2　養父母の残留孤児引取と養育の状況

姓名 項目	兄弟の長幼	引取年月	引取年齢	引取時の状況・場所	引取時の健康状態	最終学歴
張菊桂	長女、孫淑英（原田福子）	1945.11	5歳	牡丹江	身体弱く、多病	大学
羅夢蘭	長男、劉晶嶠（宮下明男）	1945.秋	2歳前後	家に物乞いに来た日本人女性の連れ子	足、凍傷	高校
栗笑君	長女、黄宝珠（水野郁子）	1945.9	4歳	道里区工廠街難民収容所	疥癬、高熱で息が絶え絶え	専門学校
沙秀清（回族）	長女、洪静茹（鈴木静子）	1945.12	1歳未満	牡丹江東京城		中学校
李淑蘭	長女、田麗華（池道順子）	1945.11	5歳	南崗区花園街難民収容所	痩せていて弱く立てない	小学校
方秀芝（回族）	長男、楊松森（青木弘基）	1945.12	4歳	道里区頭道街難民収容所	高熱で、鼻水、全身疥癬	専門学校
魯万福	次女、魯徳坤（丸沢栄子）	1945.秋	2歳	方正県	立てられなく、大小便失禁	小学校
謝桂琴	長男、張広信（山下稔夫）	1946.正月	3歳	哈爾浜収容所	痩せていて弱く立てない	高校
劉淑琴	長男、石金峰	1946.4	4歳	道里区兆麟街難民収容所で人に頼まれた	身体弱く多病下痢で8、9歳になってやっと治った	小学校
馬鳳琴（回族）	長女、郭新華（新井花子）	1945.11	4歳	阿城東南・亜溝西南の黄溝開拓団	凍傷、栄養失調	高校
鐘慶蘭	長男、魯永徳（？）	1945.8	8歳	方正県砲台山	びっくりして物言えない	小学校
宋梅蘭	長女、（小島登美子）	1945.11	3歳	親戚から引き取った	身体弱く多病下痢、立っていれない	高校
姜雅賢	長女、石暁梅（内藤南）	1945.秋	3歳	小学校からなった難民収容所	全身疥癬	中学校
唐文玉	長男、盛向臣（田村英行）	1945.9	1歳未満	牡丹江	小児麻痺	大学
竜宝珠	長女、竜鳳云（橘高弘子）	1945.12	3歳	瀋陽の汽車レールのそば	疥癬	小学校

　姜雅賢、竜宝珠らは、いずれも亡くなって間もない。

　養父母達の家庭から見ると、大部分は工場労働者と農民の出身である。その中、工場労働者の出身は50％以上を占める。しかも大部分が高齢者で、最も高齢なのは94歳である。

　15名の養父母が残留孤児を引き取って、育てる関係になったのは、すべて

214

1945-1946 年の間である。日本の敗戦により、残留孤児を含む大量の日本移民は中国に残され、女性と子供が最大の被害者になった。ハルビン市街区（道里区、道外区、南崗区と香坊区を含む）だけでも、6 カ所の難民収容所があった。幼い生命に対する同情から、あるいは一時の約束により、多くの養父母達は残留孤児達に援助の手をさしのべたのだった。この 15 名の残留孤児のうち、7 名は難民収容所から養子にもらわれてきた。1 名は山の中から連れ帰られた。5 名は親戚の手から養子にもらわれてきた。1 名は友達の所から養子にもらわれてきた。1 名は外地で引き取り育てられた後にハルビンに引っ越してきた。筆者の調査では、彼らが引き取られた時、最も小さい残留孤児が生後数ヶ月で、最も大きいものでもやっと 11、12 歳であった。彼らの大部分は体が弱く病気がちであった。

養父母たちの記憶によると、引き取った時に彼らが生きられるかどうかあまり自信が持てなかった。しかし、"努力は必ず報われる"、養父母たちはあちこちでよい医者を探し、あれこれと介護し、心のこもった世話をした。残留孤児達は、骨と皮ばかりにやせて立つのもやっとの身体から、色白に太り日に日に丈夫になって、奇跡的に新生を得た。

3. 日本残留孤児帰国後の養父母の生活実態調査

（1）経済状態

表 3 が示したとおり、15 名の養父母の収入源は主に 4 つの方面がある。1 つは老人の年金収入である。その中、最高なのは人民元で 800 元（もとは 600 元だったが、2008 年に 800 元まで増加した）、最低なのは 300 元である。総体的に見たところ、都市住民収入の中でわりと低い層にある。農民と自営業者の年金収入項目には "0" になっている。たとえば魯万福老人である。第 2 の出所は同居している養子女である。中国の法律と伝統によれば、老人を扶養するのは子女の義務である。しかし、前世紀 80 年代から、黒竜江省の国有企業改革が進むにつれて、もとの国有企業で働いた養父母の実の子女は大部分が退職させ

第一部　日中両国における研究成果

表3　養父母の収入源

(単位：人民元)

項目 姓名	養老年金	同居の実子の収入	養子女からの金品	日本政府扶養費 （1986-2001）
張菊桂	400	実子の離職金月500-600	2007年より月生活費300から不定期の補助になる	60
羅夢蘭	800	同居の養子が離職され、糖尿病で無収入	養子は見舞いに来るときは毎回少しくれるが、来なかったらくれない	60
栗笑君	0	実子が白血病で無収入	養母の介護費、弟の医療費を負担している	60
沙秀清 (回族)	800	一番上の孫が運転手で月収入2000-3000	金品を送ってくる、毎回会うときには3000-5000	60
李淑蘭	800	実子が喫茶店を経営し、月300-400	金品を郵送してきていたが、96年以降は連絡なし	60
方秀芝 (回族)	800	外孫が運転手で月収入2000-3000	正月と節句にはいつも金品を送ってくる	60
魯万福	0	三女月収入800	娘が戻ってきたら、お小遣いをくれる	60
謝桂琴	300	無収入	2004年日本に行ったときに孫から1000	60
劉淑琴	380	次男月収入約2000-3000	2003年より養子は月300の生活費をくれる	60
馬風琴 (回族)	500	娘が離職され、離婚し、無収入	いつも金品を送ってくる	60
鐘慶蘭	0	息子が三輪車を運転している	息子は足を怪我したため、月収入数百元で、生活困難	
宋梅蘭	0	息子と同居している	毎年正月に金品を送ってくる	60
姜雅賢	500	双城で単独生活している	常に連絡をしている	60
唐文玉	0	娘と同居	正月と節句に金品を送ってくる	60
竜宝珠	500	娘と同居	金品を送ってくる、毎回会う時に数千元をくれる	60

注：1）李おばさんの残留孤児の養女は、1996年日本帰還後に夫が亡くなり、自分も鬱病を患い、現在は大分市の精神病院に入院中。
　　2）羅おばさんの残留孤児の養子は、重い脈管炎を患ったが、すでにほぼ安定したという。この数年はあまり帰ってこない。
　　3）中国政府が劉おばさんに最低限の生活補助を支給したが、受給できたのは半年だけで亡くなった。

られ、固定の職業についていない。故に、例えば羅夢蘭、李淑蘭、馬風琴など、実の子女と同居している老人の生活水準は全体的に低い。第3の出所は、残留孤児が定期あるいは不定期に養父母に金品を郵送するか持ってくる。しかし、これらの金品は養父母の家庭全体の収入に占める割合はひじょうに限られている。第4の出所は、残留孤児の帰国時に、中日両国の政府協議で、日本政府が

第 11 章　ハルビン市日本残留孤児養父母の生活実態調査研究

表4　居住状況

姓名＼項目	居住階数	居住面積	間取り	暖房、採光	家屋の所有者
張菊桂	6	24㎡	1DK	良い	実子
羅夢蘭	6	21㎡	1DK	悪い	養母
栗笑君	7	30㎡	2DK	良い	実子
沙秀清（回族）	4	32㎡	2DK	良い	残留孤児の養女
李淑蘭	7	32㎡	2DK	悪い	養母
方秀芝（回族）	8	60㎡	2DK	悪い	養母
魯万福	5	100㎡	3DK	良い	実子
謝桂琴	6	30㎡	2DK	悪い	残留孤児の養子
劉淑琴	1	60㎡	3DK	普通	実子
馬風琴（回族）	4	40㎡	2DK	周辺環境、悪い	養母
鐘慶蘭	1	30㎡	1DK	悪い	実子
宋梅蘭	6	40㎡	2DK	普通	実子
姜雅賢	1	60㎡	2DK	普通	実子
唐文玉	6	40㎡	2DK	良い	実子
竜宝珠	6	40㎡	2DK	悪い	実子

承諾した 1986 年から 15 年間の月 60 元の扶養費支払いである。指摘すべきは、この種の扶養費はただ最初の数年だけ機能するにはしたが、2001 年までに支払い停止となってしまったことである。

(2) 居住状況

居住条件から見ると、養父母の居住条件は都市住民の中で中または下のレベルに属する。しかし、以前の閉塞して混み合った平屋に比べると、15 戸の家庭の居住条件は全体的に、明らかに改善された。これは中国の都市住民全体の生活レベルの向上と一致する。取材で分かったのは、養父母の収入が比較的低いために、現在の家はほとんどすべて道外区（ハルビン旧市街区）から立ち退き、移された後の家である。地方政府は比較的優遇する政策で住居を提供したけれども、平屋からビルに引っ越す過程で、大多数の家庭はいくつかの困難に出会った。1 つは経済条件の制約で、6 割以上の養父母が理想的な階を選ぶことができず、みな外出活動するのに不便を感じている。2 つ目は居住面積が比

第一部　日中両国における研究成果

表 5　食事内容と健康状態

姓名 \ 項目	食事内容	健康状態
張菊桂	牛乳、ケーキ、卵、果物	脳血栓、2007 年寝たきり
羅夢蘭	お粥などの柔らかいもの	心臓病、三叉神経痛、医者に診てもらっているが治らない
栗笑君	お粥などの柔らかいもの	2006 年に老年性の症候群、車いす
沙秀清（回族）	お粥などの柔らかいもの、豚肉は食べない	心臓病、胃病
李淑蘭	ご飯、麺類いずれも食べる	気管支炎、高血圧
方秀芝（回族）	柔らかいもの、豚肉食べない	喘息、2008 年に足骨折、段々悪くなっている
魯万福	柔らかいもの、毎日果物を食べる	脳血栓
謝桂琴	柔らかいもの	2004 年脳血栓、後遺症で知覚と意識がはっきりしない
劉淑琴	お粥などの柔らかいもの	脳血栓
馬風琴（回族）	柔らかいもの、豚肉食べない	脳血栓
鐘慶蘭	ご飯、麺類いずれも食べる	重い白内障、足の腫れ
宋梅蘭	お粥などの柔らかいもの	重い胃病
姜雅賢	お粥などの柔らかいもの、果物を食べる	老化による衰弱
唐文玉	お粥、ご飯、饅頭	心臓病、胃病
竜宝珠	家の人と同じ食事	気管支炎、高血圧

注：張菊桂おばさんの息子の嫁が、離職して家におり、専門に義母を世話する。

較的小さいことである。15 戸の家庭状況を見ると、居住面積 40 平方メートル以下の家が 80% を占める。3 つ目は採光が比較的悪いことである。60% 以上の部屋が光線がさえぎられるか届かないなどの問題があることである。4 つ目は一部の家の暖房施設、周辺の環境も比較的悪いことである。例えば、馬風琴の家はセメント工場からとても近いため、風が吹けば大通りや樹木が粉塵に覆われて、時には普段の外出にも影響が出ることもある。

（3）健康状態

養父母の大部分は苦しい生活条件で生きて来たため、多くが若い時に持病をもち、そのため彼らの健康状態はみな悪い。残留孤児が去ったあと、特にここ 10 年来、多くの老人は疾病に悩まされながら過ごしている。養父母が言うには、北の寒い天気のため、毎年春先と冬は特に耐えられないとのことである。毎年

表6　社会活動の状況

項目 姓名	哈爾浜赤十字会の活動参加の状況	日本への観光
張菊桂	病気になる数年前二回参加	無
羅夢蘭	全部参加	無
栗笑君	2007年以前はよく参加した	86.91.93年の3回
沙秀清（回族）	全部参加	91.98.04年の3回
李淑蘭	全部参加	無
方秀芝（回族）	よく参加、2008年11月病気になっても参加	01年の1回
魯万福	地元の活動にはよく参加	91年の1回
謝桂琴	2004年以前数回参加	93.04年の2回
劉淑琴	2004年以前数回参加	86.90.97.01年の4回
馬風琴（回族）	何回か参加	87.91.01年の3回
鐘慶蘭	たくさん参加した	無
宋梅蘭	亡くなる前に1回参加	99年の1回
姜雅賢	数回参加	86年の1回
唐文玉	1回参加	81.84年の2回
竜宝珠	よく参加	1回

何ヶ月かは病院で過ごすことになる。薬、注射、入院はよくある事で、毎年少なくても3,000-5,000元の医薬費がかかり、多い時は1万元にもなる。なかでも発病率が最も高いのは脳梗塞である。事実、4人の老人は脳梗塞を患いすでに他界してしまった。現在も1人の老人が脳梗塞を患って病床にある。客観的に言うと、上述のほか、養父母の健康状態がよくないのには、様々な原因がある。一部の家庭では、経済状態の不良、食生活のバランス不良、老人達自身の消化機能の減退、また同居する実の子女があまり面倒をみないこと、などである。

(4) 社会活動

社会活動状況は、主に養父母たちと町内の隣人たちとの接触、および黒竜江省とハルビン市の赤十字などの関係団体、組織の活動に参加する状況を指す。老人達と接触した時、筆者は彼らの人となりが穏やかなうえに実直、善良でしかも控えめに生活し、言いふらさないこと、などに気づいた。隣近所の人との接触の中でも、在日の養子女のことについてはあまり話題にしない。養父母の

主要な社会活動は、主に日本の友好的な人々の来訪を受けるか、中国赤十字会・ハルビン養父母の友好会が催す観光旅行や無料診察の活動に参加することである。これはほとんど彼らの養子女帰国後の生活になっていて、日本友好団体の来訪を知る度に、たとえ自分の行動が不自由でも、必ず子ども達を同伴させて向かう。憂慮すべきことは、健康上の理由で、彼らがだんだんこの舞台から抜けていくことである。調査が示すように、最近5～10年間、これらの老人の外出活動はますます少なくなっている。日本へ親族訪問や観光に行ったのも、主に前世紀の80年代末から90年代に集中していて、2000年以降で日本に行ったことがあるのは5人だけである。

(5) 残留孤児との関係

①自分が産んだ子と等しく見なす

　調査で分かったのは、15人の養父母が養子女を引き取った時、有り様はそれぞれ違うが、1点だけは似ていたということである。すなわち引き取った当初、"老いた時の面倒を見てもらうために子を養う"という考えも無いわけではなかったが、より多かったのは人道的な気持ちで残留孤児に同情したからである。"引き取らなければ彼らは死んでしまう"というのが、多くの中国養父母が残留孤児を引き取り育てた、最も単純で最も真実の理由である。そのため引き取った後、養父母は養子女を自分が産んだ子と等しく見なした。1つは、彼らを引き取った時、過半数の養父母には子供がなかったので、中国の伝統のとおりに、家庭の中で"一番上の人（長男・長女）"の地位を彼らに与えたことである。養父母は自分の子供を産んだ後も、養子女に対する関心と愛情を変えることなく、衣食の面でも養子女を優先した。調査した15戸の家庭のうち、謝桂琴おばさんの一人子を除き、9戸は子どもの多い家庭である。弟妹が小さい頃のことを思い出すと、両親は残留孤児の兄姉をひじょうに偏愛していたと感じる。2つ目は、養子女に教育を受ける機会を与えたことである。表2に示したとおり、15戸の家庭のうち、過半数の残留孤児が中学校以上、6人は高校以上の教育を受けていた。養子女に教育を受けさせるため、自分の実の子を中途退学させた例さえあった。3つ目は、養子女が帰国した後でも、養父母は

ずっと彼らを気にかけていることである。たとえば、彼らの言葉が通じているか、仕事は見つけられるか、などと心配している。だから、いつも人からこう言われる、"血縁関係のない息子（娘）に、かえって実の子より良くしている"、"実の子ではないが、実の子に勝る"と。栗笑君、馬風琴、張菊桂などのおばあさんの家で、養父母の実の子達から母親に対する称賛や感嘆を聞いた。実は、養父母の残留孤児への偏愛については、実の子達にも不満の声がないわけでない。馬風琴おばさんの一番下の娘は言う。家の経済が困難だったため、養女の郭新華を進学させるのに、ついには、とても聡明な自分の長兄を中途退学までさせた。ところが後に、長兄が日本で子供を働かそうと願っても、お姉さんは手助けさえしてくれなかった。あげくの果て、肝臓病を患っていた長兄はショックで病状が悪化し、母より先に他界してしまったと。

②命を助けてくれた大きな恩

　残留孤児を取材した時、筆者はよくこのような話を耳にした。"養父母がいなければ私の今日もない、養父母には私達の命を助けてくれた大きな恩がある"。これは決して過言でなく、彼らの心底からの言葉だと思う。日本帰国後も、残留孤児達の圧倒的に多くが、養父母とその家庭との親族関係を忘れず、さまざまな方法で家との連絡を保っている。しかし、言葉が通じないために生活の圧迫も大きく、彼らは養父母に対する感謝の念があるにもかかわらず、多くの原因から、双方の連絡はますます少なくなっている。一部には、養父母とその家庭からの扶養要求に応じたり、兄弟姉妹に援助をできないため、逃避を選んで、養父母家庭との連絡を中断してしまった人もいる。

　表7で示したとおり、残留孤児が帰国した後の20数年間、80％以上の残留孤児は中国に養父母を見舞うことができたが、回数は総体的に多くない。調査した家庭のうち、20数年間でもっとも多い者は、養父母との面会が30回に達する（養父母を日本の親族訪問に招待し、息子や娘の家で短期滞在したものを含む）。帰国してから中国に一度も戻らなかったり、戻って来たとしても養父母に面会しなかったりする残留孤児もいる。帰国後の2つの10年間、残留孤児が中国に養父母を見舞った回数を対比すると、帰国直後の10年と最近の10

第一部　日中両国における研究成果

表7　帰国後の残留孤児と養父母との面会回数

姓名＼項目	帰国直後の 10 年	最近の 10 年
張菊桂	2 回 1987-1997	5 回 1998-2008
羅夢蘭	4 回 1985-1995	7 回 1998-2008
栗笑君	11 回わざわざ来る 1984-1994	17 回 1998-2008
沙秀清（回族）	5 回 1985-1995	12 回 1998-2008
李淑蘭	1 回 1981-1996	0 回 1997-2008
方秀芝（回族）	3 回 1992-2001	4 回 2002-2008
魯万福	4 回 1972-1982	4 回 1998-2008
謝桂琴	3 回 1987-1997	4 回 1998-2008
劉淑琴	4 回 1986-1996	1 回（墓参り） 1998-2008
馬風琴（回族）	5 回 1987-1997	11 回 1998-2008
鐘慶蘭	1 回 1983-1993	0 回
宋梅蘭	3 回 1980-1990	4 回 1998-2008
姜雅賢	18 回 1984-1994	4 回 1998-2008
唐文玉	3 回 1978-1988	2 回（墓参り） 1998-2008
竜宝珠	3 回 1978-1988	10 回 1998-2008

注：日本帰国後の残留孤児と養父母との面会頻度、傾向を見るため、帰国直後の 10 年と 2008 年までの最近の 10 年とを比較対照の期間とした。

年、特に最近 5 年間では、養子女の中国に来る回数が増えていることはすぐ分かる（特殊な一例を除く）。最近、残留孤児の中国に来る回数増加を促した主な原因として、1 つは養子女の日本での生活がやっと安定してきたことである。特に 2007 年 1 月 30 日、2,212 人の日本残留孤児が、人権、自由と尊厳のある晩年生活の実現をめざし、日本政府を相手に 5 年間に及んだ国家賠償訴訟の活動が、やっと政治の道を通じて一部解決が図られ、"新支援政策法" が日本の国会で通ったことである。この法は、"満額給付老齢基礎年金（残留孤児の全員を対象に、毎月 6.6 万円）、生活補助（給付金、住宅補助金、医療補助金と介護補助金）、その他の補助" の 3 方面について支援対策を出した。そして残留孤児が中国の親族訪問をする期間についてもある程度ゆるめた。この政策の登場により、残留孤児の生活が改善にむけて展開しはじめた。2 つ目は、彼らの大部分が退職年齢に達したので、より多くの暇な時間を持てるようになったことである。彼らは中国で 40 年余りの生活を経験し、大多数の人は生きてい

第 11 章　ハルビン市日本残留孤児養父母の生活実態調査研究

表 8　養父母が気にかけることと求めること

姓名 \ 項目	最も心配なこと	最も喜ぶこと	最大の願いと要求
張菊桂	病気で養女に経済的な負担を掛けたこと	娘が家に来てそばにいること	毎月家に送金し、よく帰って来てこの家の面倒を見ること
羅夢蘭	養子が人から差別されること	息子が私達未亡人の養母を世話する能力があること	日本政府は冷酷、無情でなく、彼ら同胞にもっと親切にすべき
栗笑君	養女が不公正な待遇をうけたこと	娘「伊香」が帰って来ること	兄弟間が仲良くすること
沙秀清（回族）	地震などの自然災害が生活に影響すること	娘が来て一緒に春節を過ごす	日本政府は戦後処理問題に明快な姿勢を持ってほしい
李淑蘭	中国の養母を忘れてはいけない	1996 年に娘が会いにきたこと	残留孤児と養父母達に精神面、物質面での実質的な世話をしてほしい
方秀芝（回族）	息子の健康	息子がそばに来て「母さん」と呼ぶこと	日本政府は真面目に戦争の責任を反省し、両国人民を傷付けないために二度と戦争をしないでほしい
魯万福	娘の足の病気	娘が帰ってくる	日本政府はこの得難い中日友好を重視し、残留孤児問題の解決にもっと力を入れてほしい
謝桂琴	息子の身体と生活	日本で久しぶりに息子と会ったこと	日本政府は残留孤児を大事にし、養父母の見舞いに帰られるようにして欲しい
劉淑琴	息子が中国人に申し訳ないことをする	生きているときに息子に一度会いたい	日本政府は私に養女と会って話す機会を作って欲しい
馬風琴（回族）	娘の喘息	娘がそばにいてくれる	日本政府は将来私の死に目に会えるよう離婚し、子を亡くした不幸な五女の世話をして欲しい
鐘慶蘭	良い人には良い報いがない	初めて帰ってきた	養子はどんな手続きをして帰って来なくなったのか、どんな困難があるか聞きたい
宋梅蘭	養女が人から差別される	息子が日本のお姉さんの助けで自立した	子供達が日本で無事に過ごすこと
姜雅賢	ない	娘のレストランと電線ケーブル工場を経営すること	娘、子供がお金を持ってきて、工場に投資してほしい
唐文玉	息子「吉祥」が日本でやりきれないこと	息子の気持ちは実母よりもまだ親だから、絶えず「母さん」と呼んでくれる	息子に会いたいときいつも会えるようにして欲しい
竜宝珠	娘の日本での生活	娘が日本で全て順調であること	日本は真面目に戦争の責任を反省し、両国人民が傷つかないために二度と戦争をしないでほしい

注：劉おばさんの養子・石金峰は、日本の海上自衛隊の隊員になっているため、彼が中国人をつかまえないかと心配している。

223

る内に何度も帰って、養父母の恩に報いようと考えている。3つ目は、帰国しての観光、住宅購入、子どもの婚礼参加、看病など、ついでに訪問する機会も多くなったことがある。しかし、いずれにせよ、養子女が帰って来さえすれば、養父母とその家庭はみな大喜びする。これは、残留孤児の帰国行為が中国の一部家庭の範囲を超えて、実際はすでに町内や隣近所の一大事になっているためである。残留孤児が養父母を見舞いにくる時、養父母達は精神的な慰めを得るだけでなく、町内や隣近所の関係でも大きな満足を得られる。これに反すると、養父母はうつうつと楽しめなくなり、とてもメンツがないと感じる。このような精神状態は、彼らの心身に悪影響をもたらす。指摘すべきことは、中国の養父母が受ける残留孤児からの扶養や孝行の面で、ある程度の格差が存在することである。都市は農村より良く、養女は養子より良い、教育を受けた者は受けない者より良い、などの現象がある。筆者はまた、農村に居住する養父母には養老年金を受けていない事例も聞いた。

③気にかけることと訴え求めること

　養父母が"最も希望すること"の調査では、回答は一様でない。しかし、15人にはひとつの共通点があった。すなわち"最も心配なこと"を答えるとき、多数の養父母が思うのは残留孤児の日本での生活で、回答が最も多いのは"養子女の日本での生活情況の良否、健康状態はどうか"である。"最も嬉しいこと"の回答は、ほとんど全てが"養子女が自分の見舞いに帰って来るか、日本に行ったとき、養子女と一緒にいる時間"である。"最大の願望と要求"の項目では、より多くの養父母が自身と日本での残留孤児の生活困難な現実をもとに、"日本政府ができるだけ早く政策を制定して、残留孤児と養父母の生活困窮を適切に処理する"などの要求をした。これは養父母が、残留孤児の日本での仕事、生活と帰国して親族を訪問する面での一連の障害が、日本政府の残留孤児に対する帰国後の支援政策が不十分なことと直接の関係があると思っているからである。こうした全てのことが、残留孤児の養父母孝行と養父母の心からの要求を満たすのに、良くない影響を生み出している。

4. 調査に関するいくつかの課題

（1）残留孤児の養父母問題は残留孤児問題の重要な構成部分

　残留孤児の問題は、日本敗戦政府の「棄民政策」に発する。敗戦後、日本の大本営参謀部（朝枝繁春参謀）は、『関東軍方面停戦状況ニ関スル実視報告』を作成した。この報告によると、"満洲移民"などの海外同胞に対する政策は撤退させるのでなく、現地定着の方法をとっていた。日本政府の現実離れした考えは、東北地区の送還作業を遅らせることになった。結果、逃避行での死亡や、収容所などの避難所で大量の残留孤児や残留婦人が発生した。残留孤児が帰国した後に、日本政府が一連の問題を遅延、停滞させたやり方は、残留孤児の生存に深刻に影響し、残留孤児を再び遺棄することになった。養父母と残留孤児の感情的なもめごとは、まさにこうした背景があって形作られた。今の中国養父母と日本残留孤児との間には、このように偉大でもの寂しい感情的な体験をもたらした。

（2）戦争の傷はまだ彼らの身の上に継続している

　まず、残留孤児帰国後の 30 年間で、当初、日本政府が残留孤児の生活改善をした後に、養父母についてもその立場を考慮し改善に向けた取り組みは、今になってもまだ実現していない。事実、長い歳月にあって、多くの養父母がみな孤独で寂しく、恋しく思い、心配し、気にかけながら過ごしてきたので、精神的な苦しみも二倍受けてきた。そして、養父母とともに生活する実子の多くも、病気や失業などでほとんどの家庭の収入が低く、物質的な生活条件も悪い。養父母と残留孤児がいつも会うための援助や、養父母の生活補助もできないでいる。2007 年 1 月 30 日に通過した新政策の支援法が、残留孤児が養父母に会うための中国帰還制限をゆるめたけれども、この政策の恩恵を受けられる養父母はすでに少ない。養父母と家庭の状況を改善するため、中国政府の民政部門が、困難補助の形で必要資金と物資支援を提供したが、養父母問題の特殊性は、

決してこの政策で完全に解決できることではない。つまり、かつて戦争の苦しみを受けた養父母達は、今また日本政府から傷付けられ、堪え忍んでいることになる。

(3) 日本政府は、残留孤児に尊厳を与え、残留孤児とその子孫との生活改善、養父母と残留孤児との家庭関係の改善に、適切な対策をとるべきである

残留孤児が帰国して 20 年余り、特に最近 10 年、養父母と家庭の変化が多かった。しかし、日本政府の無作為な姿勢のため、ここ数年、養父母の生活問題はほとんどすべて中国政府に押し付けられてきた。もちろん、日本の民間組織からの支援活動が、養父母に精神的な慰めを与えたことは指摘できる。たとえば "中国帰国者連絡会" "扶桑同心会" "中国養父母謝恩会" などの組織が、過去何回も中国にきて養父母を見舞った。しかし、残留孤児問題を解決する上で、日本の民間組織の力だけでは足りないので、日本国家の関心と支援が必要である。事実、半官半民機関の財団法人・中国残留孤児援護基金が、養父母と残留孤児の交流を促進する面で多くの仕事をした。しかし、援護基金の資金源が募金であるため、金額は限られ、特に日本経済が衰退した状況では、養父母への支援活動はもっぱら形式に流れてしまう。そのため両国政府は、中日関係の健全な発展をすすめる大前提から出発し、こうした問題についてあるべき関心を与えることが、早急に必要である。たとえば、両国政府のリードで組織機構をつくり専門人員を組織して、養父母とその家庭状況について詳しく調査研究し、彼らの困難や要求を理解、掌握して、すぐに関連の支援政策を登場させるなどである。

(4) 養父母問題の研究は、日本政府に戦争責任の反省を促す積極的な意義を持つ

関連報道(『大衆新城』2009 年 11 月 30 日)によると、日本経済の衰退によって、日本社会の右傾化傾向が激化している。金融危機を背景として、日本の一般民衆はただ衣食問題に関心を寄せ、社会で起きている多くの出来事に無関心な者が増えている。こうした事態は、日本社会の右傾化傾向を放任し、戦

争責任認識の形成にもきわめて不利になる。事実、今の日本人の 70% 以上はみな、第二次世界大戦後に出生しており、日本の侵略の歴史知識はとても少ない。ゆえに、養父母の生活実態調査をとおして、より多くの民衆が、歴史的に特殊な背景のもとで作られた、両国人民におけるこの種の特別な関係を知るだけでなく、平和の貴さを理解し、さらに相互理解を増進し、両国の友好関係の深化、発展を促進するうえで有益である。

補論

日本の中国東北に対する移民の調査と研究

孫継武（翻訳　胡(猪野)慧君）

　日本帝国主義が「九一八事変」（1931年9月18日の柳条湖事件のこと）を起こした後に、わが国東北地区に対して大規模な移民侵略を行った。中国東北への移民をとおして、東北の人口構成を変え、東北を植民地化、日本人化して、永久に東北を占拠し、東北を日本の一部分とする目的であった。

1. 日本の中国東北への移民の概況

　日本の中国東北への移民は、日本の中国侵略の国策であった。日本の中国東北への移民の由来は古く、はやくも日露戦争後、日本帝国主義は、東北への移民を中国へ拡張するための重要施策とした。「九一八事変」以前の1915年、日本は満鉄附属地に鉄道予備隊の除隊兵を農業移民として配置することとし、金州に愛川移民村をつくり上げた。1928年、満鉄は大連農事株式会社をつくり、また公主嶺と熊岳城の2ヶ所に「農事試験場」をつくって移民活動をすすめた。
　「九一八事変」の後、日本は中国東北を武力占領して、中国東北に移民政策を行う道をひらいた。1932年から日本の陸軍省、拓務省および関東軍は、日本内地からわが国東北への大量移民計画とその方策案づくりを開始する。32年9月13日、関東軍特務部は「満洲に於ける移民に関する要綱案」を制定す

る。この「要綱」は、日本農業移民があわせもつ政治、経済、軍事など4項の目的を明確に示した。それは「日本移民をもって、満洲国内における日本の現実勢力として扶植すること、日満両国の国防を充実すること、満洲国の治安を維持すること、あわせて、日本民族を指導として、極東文化の成就追求を重点として建設すること」[1]を規定する。

　日本帝国主義による中国東北に対する移民の目的は、以下の諸点である。第一は政治的目的である。何としても、「満洲国における日本人人口の迅速な増加」を求め、それを中国東北に永久に在住させ、中国東北における日本人の優勢をもたらし、日本の中国東北における実力を増大させることである。日本の外務省が言うように、「現在の満洲国の人口は約3,000万人、20年後には5,000万人にちかく、その時、満洲に移入して一割を占める500万の日本人が民族協和の中心になる。すなわち、わが国の満洲に対する目的は自然に達せられる」のである[2]。これは日本農業移民を指すものであるが、さらにその上、中国東北にいる日本人「満洲国」官吏、軍人、職員、労働者、教師、商売人と雑業者を加えるならば、20年後には1,000万人を超すことが可能になる。まさに「満洲国」人口の5分の1以上を占め、「満洲国」の人口構成を大改変することができ、日本帝国主義が中国東北を併呑する「領土延長」の野心を実現することになる。

　第二は軍事的目的である。すなわち東北人民を鎮圧し、その植民地統治を強固にし、あわせて「対ソ国防」を担当するという重要任務である。移民運動推進の急先鋒である関東軍東宮鉄男は、移民には「満洲国軍を支援して、地方治安の維持、恢復をし、もって新国家の建設作業を促進することを求める」、「満洲国内にあって、関東軍の治安維持の一部任務を担任させる」などと指摘していた[3]。つまり、関東軍が担当する東北人民鎮圧の任務に協力させることであった。関東軍統治部が制定した「日本人移民案要綱説明書」には、「かならず満蒙をわれらの手中に完全掌握して、南に渤海を統制し、西に興安嶺を守るべきである」、「満蒙は軍事的な要地であり、すぐにわが国防の第一線となる。こうした形勢のもとに、いっさいの努力をつくしてわが国の内地移民を最大限に動員し、満蒙の要地に定住させ、平時は文化と資源の開発をすすめ、一旦有

事となればすぐに鋤を捨て武器を手に身を挺する」[4)] など、日本が制定した移民の目的には「対ソ国防」の内容がすでに書かれており、ゆえに日本移民の主なものはみな中国東北の東部と北部およびソ連隣接地区に置かれた。

　第三に、日本は農業移民を通じて、中国東北の資源掠奪を求めた。「日本人移民案要綱説明書」には、「わが国の内地人を未開の満洲に移植すること、移民運動を起こすことは、われわれの双肩に課された天賦の使命である」、「この処女地を開拓することは、豊富な農、牧、林、鉱産等の資源を獲得でき、わが国の食料問題、工業原料問題を解決する鍵である」[5)] と日本帝国主義移民の経済的目的を明かしていた。

　第四に、日本国内における階級矛盾を緩和する企みであった。日本帝国主義は「国土が狭く」、「資源が乏しく」、「土地がやせている」ことを理由に、国民を中国東北への移民として動員していった。日本帝国主義がいうところの「国土狭小」「人口過剰」の実態は、ただ、日本国内における政治的経済的危機と階級矛盾を緩和するためであり、封建的な帝国主義の統治と圧迫に対する日本農民階級の反抗をある程度緩和し、もって本国人民に対する統治を維持するものにすぎなかった。

　「九一八事変」後における日本の中国東北への移民は、主に三段階に分けられる。第一段階は、1932〜1936年で、政府筋が組織的、計画的に中国東北への試験移民を行う段階である。この期間には、武装した農業移民を治安維持に当たらせ、東北人民の抗日闘争を鎮圧する関東軍に協力させるものであり、そのため武装移民段階という。

　第二段階は、1937年以後の大規模移民の段階である。当時、各種の大規模な移民計画が濫発された。最終的に、関東軍が「20年100万戸移民計画」（1937年から1956年）を立案、提出し、そのうえ広田内閣が日本の七大国策の一つに加えた。偽満洲国傀儡政権も日本の移民政策を三大国策の一つとした。

　大規模移民の要求に応じるため、日本はまた新たにさまざまな移民方式を採用したが、そのうち最も主要なものが「分村分郷」移民であった。「分村分郷」移民とは、日本の一つの村あるいは一つの郷を「母村」として、その中からいくつかの農家により一つの「開拓団」を構成し、中国東北に一つの「分村」あ

るいは「子村」を建設して、移民の数と安定を確保するものであった。第六次移民以後、「分村分郷」形式の移民は年ごとに増加していく、最後には「分村分郷」形式の「開拓団」に占める比率は95％に達した[6]。その次に多く見られた方式が「満洲開拓青少年義勇軍」方式であった。すなわち16～19歳の日本の青少年が「満蒙開拓青少年義勇軍」を構成した。「満蒙開拓青少年義勇軍」は、まず国内で三ヶ月の訓練を受け、その後に中国東北の訓練所に入所して三年間の訓練を行った。訓練期間中、隊員は軍隊編成に準じて組織され、訓練の重点はこれら日本の青少年に帝国主義、ファシズム思想を注入して、彼らを日本帝国主義の侵略の道具に養成することだった。1945年に廃止されるまでに、訓練を受けた人数は86,530人で、日本人移民総数約30万人の約30％を占めたのである「満蒙開拓青少年義勇軍」には、一般の農業移民の役割は与えられず、軍事的な役割が特に突出していた。青少年義勇軍の隊員に求められたのは、一般移民の後備能力だけでなく、より重要だったのが関東軍の後備兵力源ということだった。戦争末期には大部分の隊員が従軍して、火薬庫や軍事工場、鉄道線路の守備の任務を負わされ、東北人民の鎮圧にも直接当たった。1945年8月、ソ連の東北出兵後は、関東軍の命令により青少年義勇隊訓練生のすべてが戦闘部隊に参加し、戦場に送られて侵略戦争の犠牲になった。

　第三段階は、1941年以後の移民衰退期である。太平洋戦争の勃発にともない、青壮年の労働者を中心に応召者が増加し、日本国内の軍事工業が拡大するにおよんで、農村の余剰労働力も枯渇していき、この時期における日本農業移民団の計画数と実際の移住数には顕著な差が生じた。1942年の移民の移住率は50.2％に激減し、1943年には、一般「開拓団」計画戸数19,680戸に対して実際の移住戸数は2,895戸となり、移住率は二割以下の14.7％に激減した[7]。そのほか、関東軍の南方戦線への大動員にともない、移民団員の応召数は急速に増加し、300戸を単位とした移民団は、日本敗戦直前、婦女や高齢者を除くと病弱な青年が20～60名いるだけとなった[8]。日本の移民政策は、事実上すでに失敗を宣告されていたのである。

2. 日本移民地の実地調査におけるいくつかの問題について

　日本の中国東北への移民に関する研究は、この半世紀来、中日両国の学者が非常にこの問題を重視し、豊富な科学的研究の成果が得られるとともに、いくつかの専門著作や論文、文書資料、回想録なども出版、発表されてきた。その中には、当時の実際の状況を反映した正確な視点もあれば、不正確なものもある。はなはだしいものは移民の侵略性を否定するものがあったり、移民の手記や回想録にあってもただ移民の経歴を描くにすぎず、日本移民が中国東北に来た前後の中国農村と中国農民の状況を反映したものはない。さらに、日本の中国東北に対する移民の本質を指摘するならば、われわれは実地調査、訪問調査をとおして、中国東北農民から日本移民到来前後の状況について多くの証言を得てきた。これは非常に有意義であり、また非常に重要な課題でもあった。われわれは1980年代末に始まり90年代末まで、吉林省磐石、樺甸、舒蘭、黒竜江省樺川、樺南、依蘭、湯原、北安、綏棱、甘南、遼寧省大窪の各県および内蒙古東部地区の科右前旗など当時の日本移民地について広く深く実地調査を行い、日本移民侵略の被害者とその証人100数名に取材を行った。ここで日本の移民侵略のうち、主要ないくつかの問題を整理すると、以下の通りである。

(1) 移民用地に対する掠奪

　日本の中国東北への移民には、まず移民が必要とする土地の確保が必要であり、そのために土地の掠奪が行われた。中国東北農民は最大の被害者である。日本移民のために土地を準備することは、一般的な意味での合理的な購入ではなく、強制的に現地の農民の土地を掠奪することであった。当時の日本は、東北農民の土地に対して狂気じみた掠奪を行い、中国農民から土地「買収」を強行した。移民用地の「買収」は、関東軍による直接管理を受けたうえ、「土地収用委員会」も成立する。1933年から1934年の間に関東軍は日本の東亜勧業株式会社に委託して、東北の三江平原一帯の土地「買収」をすすめた。当時の「満洲国｜哈爾濱警察庁長から民政部警察係長への報告」によると、当時、阿什

河沿岸の上等耕地の地価は200元で、中等地は160元、下等地は130元であった。東亜勧業株式会社は、その上等地を56元、中等地を40元、下等地を24元で買収する契約を強制して、現地農民に強烈な不満を引き起こした。ただし、当時関東軍第十師団の浜田大尉は管轄ではなかったが「農民はその他どんな反対策動でもするし、軍側もまた断固として安定方針をすすめたり、買収もする」と語っている[9]。また、「牡丹江憲兵隊長から関東軍司令官への報告」には、「湯原県にあった第六次移民団が買収した移民用地は42万垧（1垧は0.72ha）で、毎垧の買収価格は、一等地32元、二等地25元、三等地12元、一等荒地8元、二等荒地4元、三等荒地2元、四等荒地1元、とこの地の買収価格はすべて抑えられた」と記されている。農民はこのことに対してはなはだ不満であった。一般農民の反応は「手に入れた土地のために20年以上も辛苦をなめつくしてきたのに、いまは収穫してまもなくすべて売るように命令されるなど、われわれはいきなり小作人に変えられてしまった。20人以上の家族全員の生活はみな切迫し、ただ餓死を待つほかなかった」、「そして、今の生活の唯一の源は耕地をすべて売ることだけで、実に理不尽な条件にある」という[10]。あるところでは、「実際は熟地（耕地）と荒地を平均して定価1元で買収した」[11]という。さらに甚だしいのは1933年に第一次武装移民が樺川県永豊鎮に移住したとき、そこの99戸400人あまりの中国農民をすべて追い出し、この村全部の土地を掠奪したことである。もし農民が土地の提供契約を拒否すれば、関東軍はすぐに高圧的な手段で農家の壁を打ち壊したり、契約を強制した。そして、これら土地を失った農民たちは、荒れた山野や山奥の荒地に追いやられた。

　樺川県中伏郷中伏村の傳才（1992年に81歳）は次のように語っている。「「開拓団」の土地を準備させられ、土地引渡を日本人に強制され、この地の人すべては命令で地券を渡し、富錦県に行かなければならなかった。」、「われわれの土地はなくなり、「開拓団」に行って雇い人夫（日雇工）になるしかなかった。」、「その後、また日本人はわれわれを集賢県に行かせて「県内開拓民」とした。さらにわれわれはいくつかの部落に編成されることになり、わたしは「官部落」に組み込まれて天青屯に住み、そこの荒地を開いた。ただ、われわ

れが開墾地として示され、与えられたのは一面の大草原で、何年かは大水のために見渡す限り水がつき、まったく開墾の手だてもなかった。当時は天青屯だけでも 10 数人が餓死した。われわれは天青屯近くの大きな沼の恵みで生き延びることができた。魚を食べて多くの人が命拾いをし、ヨモギも食べた。」[12]と。

また、陶平昇の記録によると「われわれは元々璦琿県に住んでいたが、別の屯に農民として移された。康徳 6 (1939) 年 5 月、偽黒河省次長の中井久二が省公署開拓庁と県公署の役人をわれわれの村に派遣し、全村の住民を 6 月 1 日までに立ち退くように脅迫し、全村の土地を取り上げ、家屋をみな日本開拓団に使用させた。われわれの再三の哀しい願いを受けても、最終の回答を 12 月 1 日まで延ばし、結果的には（家財道具を）運び出すこともできず、まもなく村から追い出された。12 月 1 日、全村の老幼男女は村から追い出され、居住を指定された地に移住したが、そこには食料も家もなく、わずかに配給される米糠で飢えを充たすほかなかった。われわれの全村 200 人以上は、飢餓から逃れるためやむを得ず各地に散っていき、1,000 垧以上あった耕地はみな日本の武装開拓団が占領したのだった。」[13]とされている。

1936 年 1 月、偽満洲国は移民用地の「買収」と経営を専門とする法人・満洲拓植株式会社を設立した。移民用地の「買収」は、「未利用地主義」を旗印にしていたけれども、実際は耕地の掠奪を主としていた。吉林省舒蘭県の四家房地区は「既耕地が 3,600ha、そのうち水田が 1,000ha、27% と水田の占める比率がはなはだ高く、その上にまた自給用の薪炭林が 4,080ha という状況だった。可耕地 4,100ha のうちで既耕地は 88% を占め」そのすべてが日本の「大日向開拓団」に占拠された[14]。1937 年 8 月、「20 年百万戸送出計画」の実施にともなって、関東軍は移民用地の掠奪をより強化し、また満洲拓植株式会社は「日満合弁」の満洲拓植公社に形を変えた。1941 年までに、日本の植民地統治者が移民用地の名目で奪取した東北の土地はすでに 2,000 万 ha に達していた。これは当初の奪取目標 1,000 万町歩の 2 倍以上で、当時の日本の耕地総面積約 600 万町歩の 3.4 倍にもなったのである[15]。彼らはさらにまた、1943 年に移民用地をさらに 650 万 ha 取得することを計画した。こうして、移民用地は 2,650

万 ha にも達したのである[16]。

(2) 日本移民の「四大経営主義」について

いわゆる「四大経営主義」は、自作農主義、自給自足主義、集団経営主義、農牧混合主義のことである。これは 1934 年 11 月、新京（長春）の第一次移民会議において、日本が制定した移民経営方針である。事実上、この経営方針を実現することは不可能であった。日本の移民は、一戸当たり 2 町歩の水田と 10 町歩の畑、およびその他とあわせて合計 20 町歩の土地を獲得できた。農業経営をする日本移民にとって、日本から中国東北にやって来て、地域が違い、農耕方法が異なり、さらには労働力の不足もあって、このような大面積の土地を経営することはできなかった。その結果、大部分は土地を区分けして中国農民に小作させ、みずからは地主化した。われわれの調査では、「開拓団」の土地で小作したのは中国農民が大半だった。第三次瑞穂村移民団の例では、1940 年 3 月、中国東北に移住して 6 年後の既耕地を見ると、移民自営地 1,367 町歩で、その水田と畑は総面積の 32.2% を占めるにすぎず、残りの 67.8% にあたる 2,870 町歩はすべて小作農地だった。

さらに甚だしいのは、1941 年に中国東北に移住してわずか 3 年の第八次大八浪移民団で、自営地は総面積のわずか 10.3%、残る 89.7% の土地すべてが小作農地だった。1942 年 3 月の調査資料に明らかなように、日本移民が小作に出した土地は、最低のものでも所有地の 1/4、普通で約 1/3 から 1/2、多いものでは 100 分の 60、70、80、90 を占め、最高では約 95% に達したものもあった[17]。

移民のいわゆる「自営地」さえも、主には中国の年雇や月雇、日雇を使って生産させていた。たとえば偽三江省弥栄移民団の移民 301 戸のように、「自営」の土地は 1,250ha で、年雇 400 人、日雇 18,000 人を雇っており、偽東安省永安屯の移民 283 戸は、「自営」の土地が 2,727ha で、年雇 150 人、月雇 20 人、日雇 9,000 人を雇っていた[18]。われわれの訪問調査の過程で、非常に多くの人が、当時「開拓団」の年雇、月雇、日雇の労働者にさせられていた。舒蘭県水曲柳鎮林家油房屯の林泉老人がいうには、

　　日本人が来る前に、ここの土地はみな"満拓"（満洲拓植公社）の帰属となった。

補論　日本の中国東北に対する移民の調査と研究

1垧単位で中国人が支払われる額としては、市場価格からはるかに離れた安い金額だった。われわれはこの何戸分かの日本人用の土地に残った。日本人がいる家で飯を食べ、いない家を宿として住んだ。労賃は800元、先払いだと400元で、冬場の牛馬の飼養や山上の木材切り出しなどをした。数年で山の木は無くなった。私は福羽の家で二年間の常雇いをし、彼の家の宿舎で一年間住んだ。日本人の家で働いたら強制連行、強制労働をさせられなくて済むので、強制連行、強制労働を免れるために彼の家で二年間の常雇いをした。日本人は自分では、わずかの土地しか耕作しないので、主に牛や馬などの家畜のための飼料しか作らなかった。残りの土地は全部中国人に貸していた。1垧（小垧）の小作料は500キロの食料であった。[19]

舒蘭県水曲柳鎮哈馬塘屯の鄭懐禄は次のように語っている。

哈馬塘の土地、住宅、山林などすべて日本人に占有され、中国人が追い出されて、よそで開拓に従事させられた。中国人の中では土地を取られてもよそに行かない人もいた。彼らは残って、日本人開拓団の土地を賃貸して農業をしたり、あるいは開拓団に雇われて生活を維持していた。私は9歳から豚を飼い、14歳から常雇いになった。日本人は常雇いをせず日雇いだった。私は土を作ったり、収穫したり、たばこを包んだりしていた。賃金は時給できちんともらった。時には仕事が終わったときにすぐに払ってくれた。日本人は食事を提供してくれた。おかずはジャガイモ、瓜で、主食は米ととうもろこしが混ざったものだった。日本人の土地を賃借して農業をした人もいた。…一家で3～5垧を賃借し、小作料は1垧につき穀物2石だった。[20]

日雇いは仕事が終わるとすぐに賃金を支払われるか、あるいは何日間かの仕事が終わってからまとめて支払われていた。日雇いの一日の賃金は1.5元～2元だった。これらの証言からわかるように、日本人開拓団の「自作農主義」をはじめとする「四大経営主義」は実行できなかったのである。

(3) 日本移民の「加害」と「被害」の問題について

日本移民の大多数は貧困な農民で、日本では、社会の最底辺に生きる労働者であった。中国人の面前では、彼らはいくらかの民族的な優越感を持ったが、

第一部　日中両国における研究成果

大部分の移民は中国農民と普通に交際し、平和に共存することができた。しかし、たとえそうだったとしても、彼らは中国の土地を侵略、占拠し、中国人民を使役、搾取し、日本帝国主義の侵略の道具になって、中国人民に甚大な災難をもたらしたのである。そのため客観的には、彼らは加害者でしかなかった。加害の実例がとても多いので、ここではいちいち挙げない（詳細は日本版『近代民衆の記録 6 満洲移民』収録の満州国最高検察庁「満州国開拓地犯罪概要」1941 年を参照されたい）。

　しかし、他方では大多数の日本移民はまた、日本帝国主義による侵略戦争の被害者であった。彼らのうち大多数は騙されて、あるいは強制され、または生活の必要に迫られて中国にやってきた。中国で、彼らは東北人民を鎮圧するために日本帝国主義に使役され侵略戦争の食料生産を担うために無理に送られてきたのである。戦争の末期、日本移民の青壮年男子はみな続々と前線に送られ交戦し、幸運にも生還した者は非常に少なかった。残されたのは婦女や老人、子供、病人、障害者ばかりだった。たとえば、依蘭県紅星郷紅字村の王緒義は次のように語っている。

　　私は当時、「開拓団」で農作業をしていた。「開拓団」はしだいに衰退していった。成年男子はみな軍隊に行った。残されたのは老人、婦人と児童であった。日本の婦人はとても勤勉で、農業も家事もしなければならなくなり、みな痩せていて、足首は紫色になって腫れていた。婦人は水くみ、薪割りなどの重い家事労働もしなければならなくなった。私は当時大柄だったので、日本人の住む場所によく遊びに行った。彼らとは親しくし、私は婦人たちに水くみや薪割りを頼まれた。彼女らもまた私にタオル 1 本とかマッチ 1 箱とかをくれた。[21]

　1945 年 8 月の日本敗戦後、日本政府は日本移民の生死を顧みることなく放置した。日本移民は恐慌を来たし、困惑し、どうしようもない状況で集団自殺をしたり、逃亡中に病死、餓死するなどして大量の死に見舞われた。第二次千振移民団の元団長、宗光彦はこのように回想している。

　　当時の情勢はきわめて混乱しており、移民団団員は戦禍を避けるために見境なく逃げまわった。…ただこれらの避難者たちは、まっさきに自殺したり、渡河中に溺れ死んだり、復讐に来た人々に殺されたりした。その中で、子供はみな

移動に不自由だったので、つれ歩くのが困難になり、父母と生き別れたり死に別れたりして、異郷に逃避することになった。方正県方面に避難した移民団団員のうち、400人は栄養不良で弱ったり、病人が多かった。また、腸チフスの感染による死亡も非常に多かった。昭和21（1946）年2月、哈爾濱に着いたとき、残っていたのはわずか100余名だった。[22]

日本が敗戦したとき、「開拓団」の幹部が焼身自殺をはかったが、ある「開拓団」は婦人や児童を大きな部屋に閉じ込めて爆破し焼死させたという。樺川県東宝村の田志老人（1992年に80歳）は言う。当時の日本移民はみな自ら望んで死んだのではなく、追い詰められて自殺するか、殺されたのだ、「当地の移民団本部の指導によって、女や子供は自殺させられ、また、これに同意しない者は大きな部屋に集められ焼死させられた」[23]と。

日本移民は、最終的には侵略戦争の殉難者であった。当時の中国人民は素朴な感情と無私の思いで、日本移民に援助と友誼の手を差し伸べたのだった。彼らはありとあらゆる辛苦を経験し尽くし、死線上でもがき苦しむ数千人の日本残留婦人と孤児を収容救助して、生存と健康な成長を得せしめたのである。二つの例を挙げよう。

阿城県日本農村「開拓団」は爆発させられ焼身自殺させられたとき、少女・石丸美智子は当時6歳で、彼女の母と姉は爆発の中でいなくなった。彼女は負傷していた。地元の村民、張松耀は彼女を家に連れていった。張の妻は強く反対した。張の妻は「あなたは忘れたのか、私の両親が三人も日本人に殺されたのよ、早く彼女を捨てなさい」と言った。張松耀は捨てるどころか、逆に妻に対して「あなたも現場に行ったらわかる、自殺させられた婦人や児童に罪はない、軍国主義が彼らをここで死なせたのだ、この子に何の罪があるのか」と説得した。妻は引き取りに同意し、彼女の傷を治し、彼女が大人になるまで扶養した。後に彼女は日本を訪れ、実の父である石丸正吉に会った[24]。

もう一例を挙げてみよう。依蘭県紅星郷光明村の胡万林は、1938年に日本兵による虐殺を免れるために子供の一人を甕の中に入れていたが、しかし、その子は甕の中で死亡した。その後、日本兵は胡の家の地下壕に休息していて、一人の日本兵は地下壕の上で見張りに立っていた。うっかりして地下壕の上の

第一部　日中両国における研究成果

木を倒し、ちょうど遊んでいた胡のもう一人の子供にぶつかり、子供は倒れた木の下敷きになって死亡した。胡は二人の実子を日本兵によって死なせた。1945年8月、日本が投降した時、「開拓団」の「大谷の家の子が沸騰した湯で火傷して、大谷はその子が生きられないと思い、その子を中国人に預けたいと思っていた。胡は二人の子供を亡くしていたので、大谷の子を引き取り、成人になるまで扶養した。数年前、大谷の子は日本に帰り、1989年、胡は日本に行き育てた大谷の子と一度会った」[25]という。

過去の事を忘れないで、我々の戒めとする、中日両国人民は永遠にその不幸な歴史を記憶にとどめ、歴史の悲劇を二度と繰り返してはならない、これがわれわれの歴史研究の真の目的である。

●註
1) 満鉄経済調査会『満洲農業移民方策』(立案調査書類第二編第一巻第一号)、1936年141頁。
2) 満洲開拓史復刊委員会企画編集『満洲開拓史』全国拓友協議会、1980年復刊 (原本は1966年刊)、182頁。
3) 喜多一雄『満洲開拓論』明文堂、1944年、92頁。
4) 満鉄経済調査会編前掲書、24頁〜25頁。
5) 同上、24頁。
6) 満洲国史編纂刊行会編『満洲国史　各論』満蒙同胞援護会、1971年、832頁。
7) 満州移民史研究会編『日本帝国主義下の満州移民』龍渓書舎、1976年、99頁、103頁。
8) 同上、101頁〜103頁。
9) 中央档案館等編『日本帝国主義侵華資料選編　第14巻　東北経済掠奪』中華書局、1991年、714頁〜716頁。
10) 同上、718頁〜719頁。
11) 満洲国史編纂刊行会編、黒竜江省社会科学院訳『満洲国史　総論』1990年、440頁。
12) 孫継武、鄭敏主編『日本向中国東北移民的調査与研究』吉林文史出版社、2002年、54頁〜55頁。
13) 中央档案館等編前掲書、740頁〜741頁。

14）長野県開拓自興会満州開拓史刊行会編『長野県満州開拓史』1984 年、359 頁。
15）喜多一雄前掲書、364 頁。
16）満州移民史研究会編前掲書、91 頁。
17）偽開拓総局統計委員会編『第一次開拓団勢調査報告書』（孔経緯編『新編中国東北地区経済史』吉林教育出版社、1994 年、553 頁）。
18）満州移民史研究会編前掲書、450 頁〜 451 頁。
19）孫継武、鄭敏主編前掲書、279 頁。
20）同上、276 頁〜 277 頁。
21）中国人民政協佳木斯市文史委員会編『開発与掠奪』（佳木斯文史資料第 11 輯）、1990 年、122 頁。
22）同上、165 頁。
23）孫継武、鄭敏主編前掲書、57 頁。
24）同上、162 頁。
25）同上、123 頁。

本稿は、孫継武氏が 2007 年 8 月 5 日に北海道開拓記念館にて行なった講演の記録である。孫継武氏は本共同研究では重要な役割を果たされたが、2007 年 11 月に急逝され本書への寄稿がかなわなかったので、「補論」として収録させていただいた。（編者）

第 12 章

傀儡満洲国「新京」特別市周辺の日本開拓団

李　茂杰（翻訳　胡(猪野)慧君）

1.「新京」近郊の日本開拓団の分布

　日本は傀儡満洲国において移民政策を推進し、多くの日本農民を移住させ、辺境地域や、鉄道沿線一帯に多くの日本の「開拓団」を設立したほかに、傀儡満洲国の首都である「新京」市の近郊にも、1937年から日本の「開拓団」が陸続と侵入した。1943年までに、全部で力行村、清明村、出雲村、浄月村、芙蓉村、美濃村、豊栄村、美焉村、雲井村、三家子村など十個の「開拓団」があったが、傀儡満洲国首都の周辺地区にこれらの「開拓団」を配置した目的は、傀儡満洲国のその他の地方に「開拓団」を配置した目的とは異なる部分がある。傀儡満洲国が日本「開拓団」を配置したのは、日本軍に食糧を提供するためであり、日本軍に兵を提供するためであり、東北の抗日運動を鎮圧するためであった。しかし、傀儡満洲国の首都「新京」市の周辺に配置された「開拓団」は、「農業を中心とする国家の首都新京として、理想の現代都市の周囲に農村を育成し、そして農村地区には開拓団を配置し、優秀な日本の農民をそこへ移らせて定住させ、彼らを民族協和の中心とし、同時に、畜産や農業のある高等園芸と農産品加工を重点とする。都市近郊の合理的な営農組織を拠り所として、

第一部　日中両国における研究成果

近いうちに満洲の農民の指導と啓発のために努力をしよう」[1]）というものであった。このために、日本は「新京」の周囲で、日本各地から飢えた農民の組織した「開拓団」を、土地の肥沃な地方に移動させ、当地の農民の土地を占領し、「開拓村」を設立した。

傀儡満洲国の時期、「新京」は計16区に分けられ、そのうち市区は10個、すなわち敷島区、寛城区、長春区、大同区、順天区、安民区、西陽区、東光区、和順区、東栄区であり、また市区の周囲には6つの農業区があり、これらが浄月区、南河東区、北河東区、合隆区、大屯区、双徳区であった。日本の「開拓団」は「新京」周辺の各区に配置された。

日本「開拓団」を移住させるため、傀儡満洲国「新京」特別市役所は、日本「開拓団」の受け入れ計画を制定し、農村各区の区長会議を召集し、「日満一体」の強化を宣言し、「民族協和」を実践して、特に農村の生産技術の改善、向上のため、「新京」特別市周囲の農村各区に、日本「開拓団」の受け入れを決定した。あわせて、「開拓団」の定住と農業生産に従事する土地を準備した。同時に、「開拓団」が必要とする土地を決定し、市役所の出資で買い取った。

傀儡満洲国「新京」周囲の農村は、たいへん早くに開発された地区の一つであり、土地は肥沃で、蔬菜や農作物の耕作に適していた。そして、日本「開拓団」がここに移った時には、「開拓」を要する荒地はまったくなかったのである。これにより、ひたすら「民族協和」および「有畜農業による高等園芸や農産品加工」を掲げながら「満系農民に対する指導と啓発」を名目として、日本の移民政策を実施した。

傀儡満洲国が「国策」の実践である日本移民の受け入れを発表したことで、「開拓団」が近郊の農村に定住するという情報および土地を提供するという情報が伝えられた後に、「開拓団」用地として指定された農村の中で土地を持つ農民は公然と反対することができず、特に傀儡満洲国政府、警察、協和会の嘘の宣伝と強制的な措置の採択、これに加えて日本傀儡当局が土地の購買を承諾したことで、このような状況の下では、土地を持つ農民は、土地を譲らないわけにはいかなかった。

2. 何家屯「浄月開拓団」の部分的実情

「新京」特別市浄月区何家屯は、日本の「開拓団」のために土地を準備する村の一つとして指定され、1940年4月に、日本の「開拓団」はここに侵入し、当時は「浄月開拓団」という名であった。傀儡満洲国の資料の記載によれば、何家屯は日本の五十戸の「開拓団」の用地をあてがわれており、傀儡満洲国の規定によって、日本人一戸につき平均で5垧（1垧は0.72ha）の土地を準備する必要があったので、250垧が必要であった。もし、「新京」近郊の10の開拓団、270戸をすべて計算の中に入れると、1,350垧の土地を占領することが必要になる。

傀儡満洲国「新京」近郊の日本移民の状況を理解するために、私は古い友人である郭航を訪ね、彼に事情を知る人の手がかりを提供してくれるよう頼んだ。彼はすぐさま「私には楊桂林という古い友人がいて、彼はかつて脳血栓を患っていましたが、かなり回復しているし、彼の記憶力はとても良いです。彼は浄月開拓団の状況をいくらか知っています」と言った。その上「楊桂林はもともと浄月の何家屯に住んでいて、そこの古い一族です。そこには傀儡満洲国の時期にちょうど開拓団がいました」と言った。そこで、そのお年寄りに会ってみることに決めた。2008年9月8日に、郭航と彼の連れ合いの陳叔芳の引き合わせで、私は同僚の鄭敏さんと共に、楊桂林さんにインタビューを行った。

楊桂林さん、当時76歳、彼は背丈が高く、顔色はつややかで、彼の容貌を見ても、脳血栓を患ったことがあるようには全く見えない。我々がこちらのお年寄りに意図を説明すると、彼はすぐに彼の知る何家屯日本「開拓団」の状況を思い出し始めた。

まず、彼は、彼が経験した日本傀儡当局が「開拓団」のために土地を準備した時の状況を語った。「傀儡満洲国当時、私の家は貧しくて、土地も無く、父一人が他人のところで働くことだけで家族全員を養っていました。父は楊国棟といい、日本の「開拓団」が何家屯に来ると、すぐに日本人の家で働きました。春には植え付けをし、夏には土地をならし、収穫になると、稼いだお金に頼っ

第一部　日中両国における研究成果

て生活を維持しました。家が貧しかったので、とても小さな頃から、私はしっかりしていました。私が7歳の年（1939年）に、私の家があった何家屯に、日本人が移住して土地を占領しだしたのを覚えています。ここの土地はどこも良い土地で、当時、1垧の土地につき500元、つまり個人が土地を売る価格よりも高い額を払う、と聞きました。現金を渡すのではなく、土地売却の札を渡し、自分で札を持って銀行に金を取りに行くようにさせていました」。

彼はこう続けた。「私は、当時、占領されていた土地には、何万山の家の2垧あまりの土地、楊国生の家の1垧半の土地、劉万良の家の半垧の土地があったのを覚えています。これらの土地は日本人の福士英魁が占領しており、全部で約5垧を占領していました」。「王恩栄の家には20垧の土地があり、任海の家には20垧の土地があり、劉万有、劉万良兄弟は二人で10垧の土地を持ち、何四爺の家には2、30垧の土地がありましたが、すべて占領されました」。

楊桂林さんのこれらの記憶に基づけば、何家屯では、日本人に80垧近くの土地を占領されており、占領を計画されていた土地の総面積と、ほぼ変わらない。これは、楊桂林さんが当時とても小さかったので、何家屯の占領されていた土地の全ての状況を記憶に留めることはできなかっただろう。

楊桂林さんは続けて言った。「ここの土地が占領されてから、間もなく日本人がやってきて、開拓団だと言いました。日本人は何家屯に来てから、すぐに家を建て始めのですが、これは日本式で、一家族に一つの家でした。ある人は中国人がもともと持っていた家に住みました。日本人が新しく建てた家は、地元の中国人が建てる家とは違っていて、日本人の家は室内に便所と大きな鍋のような風呂がありました。家は日干し煉瓦で築かれていて、屋根の上に被せてあったのは油製紙（防水加工紙か）で、煉瓦を使って押さえつけてありました」。彼はまた言った。「中国人の家にはオンドルがありましたが、日本人が住んでいたのはベッドで、ベッドというのは、地面の上に骨組みを組んだもので、ベッドは高くなく、掛けていた布団はとても厚かったです」。続けて彼は説明した。「私は小さい頃に、日本人の家に入ったことがあって、だから、私ははっきりと覚えているのです」。お年寄りはこうも言った。「彼ら日本人が家を建てるのに誰が金を出していたのかは、わかりません」。

第 12 章　傀儡満洲国「新京」特別市周辺の日本開拓団

　私は彼に告げた。「日本政府には規定があって、戸数の違う開拓団は、補助される資金にも違いがありました」。傀儡満洲国が公布した資料によれば、何家屯にいた日本「開拓団」はいわゆる『集合開拓民』であり、一般に一戸につき満洲国貨幣 630 元が補助されていた[1]。

　私が楊桂林さんに日本人の名前を覚えているかどうか尋ねたとき、彼は一気に何人かの日本人の住居とその主人の名前を口にした。何人かは呼び名を覚えているだけであった。

　「開拓団の家は北から南に向かって、連なって建てられていました。北側の一つ目の家は福士英魁で、50 歳過ぎの年寄りで、彼は大工をして暮らしていました。彼の息子はもともと新京の裁判所で働いていて、後に奥さんを連れて家に帰って農業をしていると聞きました」。「二つ目の家は大金牙という呼び名で呼ばれている日本人で、日本名が何というかはわかりません。彼は金歯をはめていて、話し出すと、金歯が現れたので、地元の中国人は彼を大金牙と呼んでいました。彼ら二人には子供がいて、子供は唇が裂けていて、兎唇でした。大金牙が家を建てた土地は、元は何さんの家の墓地でした。彼は何さんの家の先祖代々の墓を平にして、そこに家を建てて住んだので、地元の中国人はずっと彼についてあれこれと話し、誰も彼を構いたいと思わなかったし、彼のために働きたくもありませんでした」。「三つ目の家は小林で、彼は若く、農業が上手くなかったので、彼の家の作物は、収穫が少なかったです」。「四つ目の家は和田で、彼の父親はそこに住んでおり、彼には弟もいて、呼び名を『老虎哨』と言いました。和田はそこの日本人小学校の校長で、彼の帽章の上には『京』の字がありました」。「五つ目の家は「葡萄野（プータオイエ）」という日本人でした」。「六つ目の家は渡辺で、彼は福士の甥でした」。上述の六戸の日本人の住宅は、彼らが来た後に建てられたものである。

　お年寄りはまた言った。「これらの日本人の住宅の西側に、日本人が一家族住んでいて、小関といい、彼らが住んでいた家は、中国人の于さんの家でした」。「何家屯にいた日本人で、私が覚えているのは以上の 7 家族で、どの家も人が多くなく、ほとんどが二人の人が子供を連れていて、子供はまだ十数歳でした」。傀儡満洲国の資料の記載によれば、何家屯では、「開拓団」50 戸の移

247

第一部　日中両国における研究成果

住を計画していたものの、実際は、27戸だけが移住し、合計で107人であった。彼らは日本の各府県からやって来ていて、開拓団長は後藤清吉であった[2)]。

　日本「開拓団」の農業の話になった時、楊桂林さんはこう言った。「これらの日本人は、どの家の占領地も多く、主に野菜を植えていました。野菜の種類はじゃがいも、ネカラシナ（カラシナの一種）、かぼちゃ、ヘチマ、トマトなどでした。日本人はかぼちゃを植えると、みな蔓を切りつめるので、瓜のなる量が多かったです。日本人が言うには、彼らが植えているじゃがいもの種芋は、北海道から来たものだそうでした。日本人が植えていたトマトは、中国人を雇って摘心させていて、一本のトマトの苗に五、六本しか残さないので、成熟するのが速く、わずか数日で車一台分摘むことができ、新京まで運んで売っていました。日本人の野菜を作る技術は中国人より優れていました」。

　「開拓団はどの家も鶏を飼っていて、これは白い鶏でした。普通はどの家でも四、五百羽の鶏を飼っていて、品種はレグホンで、卵を産む量が多かったです。日本人の飼っている鶏は、伝染病を起こすものは稀でした。鶏の飼料は配給されていて、飼料は豆かすとふすまを一緒にしたものでした」。「野菜と卵を売る時になると、日本人は馬車を使って卵と様々な野菜を引っ張って、新京の南湖一帯まで運んで、日本人の家庭に売っていました。そこは日本人が比較的集中して住んでいるところでした」。「私は開拓団はどの家も借金をして家畜を買う、主に馬を買うと聞きました。和田の家は十数匹の馬を買っていました」。

　「日本人の家庭の人数は少なく、そのため耕作、植え付けに地元の中国人を雇って仕事をしていました」。「何家屯の中国人には50戸あまりの農民がいて、大人はみな日本人のために働いたことがありました」。「私の父はよく福士の家で働いていて、主に日雇いをしていました。日雇いは稼げるお金が多かったです。夏は日本人のために土地をならし、日本人の留守番をすることもありました。父は人柄が誠実で、日本人のために留守番をする時も、物を無くしたことがなく、日本人は彼を信頼していました」。

　「日本人が中国人を雇って仕事をしている時、一部の人は中国人を信頼しなくなっていきました。中国人が働いている時、日本人はまだこっそりとその中国人を見ています。もし必要がなくなれば、その人は中国語を使ってその人に

『你房子的回去吧（あなた、部屋、帰りなさい）』と言うのです」。「日本人のために働く時、日雇いは一日1.5元で、中国人のために働くときよりも稼げるお金が多かったです。当時、中国人のために働くと、給料は一日ちょうど1元でしたが、食事付きでした。日本人のために働く時には、ご飯は付きませんでしたが、毎日8時間働くだけでした。もし日本人のために働く時、車を引いて遠くまで行く場合は、昼間に家に帰ってご飯を食べることができないので、1元多く飯代をくれました。あの頃は、市場で売っている大きな煎餅（ジエンビン）（クレープの皮のような物）が一斤（500グラム）2角5分でした」。

日本開拓団の生活状況の話になると、お年寄りはこういった。「日本人は主に米やじゃがいもなどを食べていて、我々中国人は卵を食べるのに火を通してから食べますが、日本人は生卵をご飯に混ぜて食べていて、おかずは様々な漬け物でした。日本人は野菜を植えるのは上手でしたが、彼らが食事をする時、料理はあまり上手ではありませんでした」。

「日本人はここへ来て畑を耕し、鶏を飼っていました。日本人はどの家庭も多くの土地を手に入れましたが、彼らはどの家庭も人数が多くなかったので、あんなにも多くの土地は、彼ら自身ではまったく耕作しきれず、付近の中国農民を雇うしかありませんでした。したがって、彼らと地元の中国人との関係は、つまり雇用関係だったのです。私は彼らと中国人の関係が悪かった時があったというのを聞いたことがありません。もし日本人が地元の中国人にとって関係が悪かったとしたら、中国人はきっと彼らのためには働かなかったでしょう。これまでに私が話したここの開拓団の日本人は武器を持っていませんでした」。

「我々のこの屯は何家屯という名で、そもそもは何万春という中国人がいて、彼には斉文という義理の弟がいました。彼がこの村で店を開き、その後、斉文は何万春の妹を連れて行ったので、何家が引き継いでその小さな店を経営しました。このため、ここは何家屯とも、何家店とも呼ばれるのです」。

3. その他の「開拓団」の概況

楊桂林老人は話し終わった後に、「何家屯の西の芙蓉村にも、日本の開拓団

がありました」[3]と言ったが、状況ははっきりしなかった。傀儡満州国の資料の記載によれば、「芙蓉村開拓団」は南河東区にあり、孫屯と境を接していた。1940年4月に移住し、この団は本来50戸を計画していたが、実際には33戸、116人だけであった。団長は藪崎鷲次で、団員は静岡県から来ており、集合移民に属していた。

「出雲開拓団」は、北河東区の楊家店に位置し、1940年に移住し、本来は50戸を計画していたが、初めは26戸、48人しかおらず、後に各家庭が続々と増え、合計で103人になった。団員は島根県からきており、やはり集合移民で、団長は吉田軍蔵であった。「美濃開拓団」は合隆区崔家営子に位置し、1941年4月に移住、50戸を計画していたが、初めは21戸、41人が来て、後に46戸165人に増えた。彼らは岐阜県海津郡から来た集合移民で、団長は野村宇吉であった。「信磨開拓団」は、1943年4月に日本の長野県から派遣された集合移民で、計画どおり50戸、188人で、孟家屯に移住、団長は小澤潤一であった。「雲井開拓団」も、1943年4月に移住してきたもので、この団は北河東区の金銭堡村に位置し、本来は50戸を計画していたが、実際には25戸82人が移住してきた。彼らは高知県からやって来ており、集合移民に属し、団長は山岡勇であった。「力行村開拓団」は、浄月区の浄月村に位置しており、1938年4月に、熊本、長崎、岡山県から分散移民の方式で移住し、計画は30戸だったが、実際には26戸、189人で、この「開拓団」は日本の「新京」近郊への移住のうち、平均家庭人口が最も多かった。「清明村開拓団」は、双徳区双徳村に位置し、1939年4月に日本の各府県によって組織された分散移民団で、本来の計画は50戸で、実際は21戸、86人しかいなかった。この団長は小室寧であった。

「三家子村開拓団」は、「京連線」付近の三家村に位置し、1941年2月に移住してきて、日本各地で20戸を招集することを計画していたが、実際には2戸2人しかおらず、1943年に1戸4人だけとなった。団長は高橋康順であった。「豊栄村開拓団」は双徳区双徳店村に位置し、1941年12月に移住してきた分散移民で、日本各地で20戸を招集することを計画していたが、実際は11戸34人だけで、団長は矢野実秋であった。

第 12 章　傀儡満洲国「新京」特別市周辺の日本開拓団

　以上、日本は傀儡満洲国「新京」近郊に合計 10 個の「開拓団」を移住させた。計画に基づけば 420 戸であるはずだったが、実際には 1943 年 12 月までに、合計 267 戸、1,072 人が移住した[4]。

　日本が太平洋戦争で逼迫するに従って、新しい兵を不断に補充することが必要になり、1945 年 8 月までに、これらの「開拓団」の男性のうち、大多数は招集されて入営し、どの家にも女性、子供、老人だけが残された。日本が敗戦した時に、これらの人々は関東軍に見捨てられた。日本の移民政策は徹底的に失敗したのである。

●註
1)（日本）天野良和『満洲開拓年鑑』、満洲国通信社、1942 年、196 頁。
2) 同上、196 頁。
3) 楊桂林のインタビューの記録は、本稿の作者が個人で保存している。
4) これらのデータは前掲の『満洲開拓年鑑』、『国都新京』および黒竜江省档案館『档案資料選編・日本向中国東北移民』に記載の統計表に基づいて、合わせて整理したものである。

第13章

占領時期の中国東北における農業経済の植民地化

鄭　敏（翻訳　胡(猪野)慧君）

　中国東北部は農業経済を主とする地区で、肥沃な黒土と豊富な物産を有する。九一八事変（柳条湖事件）の後、東北は日本帝国主義の独占植民地に成り果てた。日本の植民統治者は売国奴や地主勢力と結託し、東北の農業経済に対して一連の統制と略奪の政策を実施し、東北の農業経済を急速に植民地化していった。

1. 日本の傀儡は公然と土地を略奪し、植民統治の基礎を築いた

　土地は農村経済の基礎であり、それゆえに、東北の土地に対する略奪は日本帝国主義が東北の農村において植民統治を遂行した重要な目的であり、名目であった。早くも九一八事変の前に、日本は東北においてすでに租借地、貿易港、鉄道附属地、商工業占有地、林産権占有地、鉱業占有地、農業経営占有地、および不動産権などで東北の多くの土地を占拠していた。九一八事変の後、日本は東北の土地の略奪を加速するために、傀儡満洲国政府内に順次、土地局、臨時土地制度調査会、地籍整理局などを設立し、様々な方法をとって公然と土地を略奪していった。

　1. いわゆる「地籍整理」を通じて大量の土地を占領した。1936年、日本は

傀儡満洲政権を利用して東北において「地籍整理」計画を実施した。この計画は、6,000万元あまりの経費を投入し、延べ550万人を動員し、8年間で総面積約130万平方キロメートルあまりの東北の土地のうち、72万平方キロメートルについて地籍整理を行い、整理した件数は3,000万件にものぼった[1]。「地籍整理」の目的の一つは、すなわち日本が各種の非合法な手段を用いて強奪した土地を合法化することであった。9月21日、傀儡満洲政権は『商租権整理法』を公布し、その中で「過去に日本人が取得した商租権は、一般の国内法（民法）の権利である土地所有権として、承認を与える」と規定している[2]。「関於日本人取得土地権利手続的訓令（日本人が取得した土地権利手続きに関する訓令）」の中では「康徳三年七月一日以降は、日本国の臣民は土地所有権、地表権、永佃権、土地使用権、典権、貸借土地権などの一切の土地に関する権利を取得する」と規定している[3]。このように、1936年9月末から1937年9月20日まで、わずか一年の間で、日本人が土地整理を申請して登記の証明書を獲得した件数は18,840件、獲得した土地は6,083,258.78垧（1垧は0.72ha）であり[4]、1942年までに、日本人が土地商租権を土地所有権に変更した件数は63,879件にのぼった[5]。二つ目の目的は、さらなる土地の略奪であった。地籍整理を通じて、日本の傀儡統治者は旧来の「官有地」、「公有地」などの処理を名目とし、吉林省清室残留地、吉林旗属官有地、吉林宿駅官有地、吉林官倉の田地、奉天省官官有地、東省特別区官有地、「国有荒地」、「国有林」などの土地を占領し、さらに「逆産地」、「無産土地」を没収し、その上農民の「私墾地」、「廃耕地」、「浮多地」などの没収を強行した。

2.「帰村併戸」を実施し「集団部落」を設立する政策を通じて土地を奪取した。日本の侵略者は治安維持の名目で、武力を用いて農民に代々居住していた土地や家から離れるよう強制し、「集団部落」に移住させ、「無人区」を作り出し、これによって大量の耕地を荒れ果てさせ、その後、「地主不明の土地」という名目で占領を強行した。

3.「買収」を強行した。中国人民を直接統治し抑制して、その植民統治を強固にするために、日本の移民が東北の農村に移住することを通じてこそ、植民統治をより深く実現することができ、経済面での略奪、特に農業についての略

第 13 章　占領時期の中国東北における農業経済の植民地化

奪を確保できる、と日本の侵略者は考えた。このため、1932 年から 1936 年に、日本政府は組織的かつ計画的に中国東北に四度の試験移民（武装移民）を行い、後に「二十年百万戸移民計画」（1937 年～ 1956 年）をまた制定し、20 年間で中国東北の農村に 100 万戸 500 万人が移住すること、ならびに東北に向けての移民政策を日本七大国策のうちの一つとして施行することを示した。この政策の中で、「農耕地を選定し取得することは、満洲における日本からの農業移民の結果との関係が極めて大きい」とされた[6]。これにより、農村の土地の略奪はさらに狂気じみていき、横暴さを増し、中国の農民の手から土地の「買収」を強行するに至った。移民用地の「買収」は関東軍によって直接管理され、併せて「土地収用委員会」も設立された。1933 年～ 1934 年の間に関東軍は日本東亜勧業株式会社に委託して東北の三江平原一帯の土地について「買収」を行った。当時、阿什河沿岸の上等の耕地の地価は 200 元、中等地は 160 元、下等地は 130 元であったが、東亜勧業株式会社は上等地 56 元、中等地 40 元、下等地 24 元で買収契約の締結を強行し、当地の農民の強い不満を引き起こしたが、農民が「どのような反対行動」をとろうが、この会社は依然として「断固として規定の協定価格によって買収を行った」[7]。ある土地では「実際には耕地と荒地は平均価格 1 元で買収された」[8]。さらにひどいものは、1933 年に日本の第一次武装移民が樺川県永豊鎮に移住し、その鎮の 99 戸、400 人余りの中国人農民をすべて追い出し、さらにその村のすべての土地を略奪したというものであった。農民がもし土地売買契約書の提出を拒めば、関東軍は高圧的な手段をとって農家の壁をたたき壊し、力ずくで土地売買契約書を奪い取り、結果、当地の農民の抵抗を引き起こし、1934 年 3 月に国内外を震撼させた土龍山農民反日大暴動が勃発した。

　これ以降、関東軍は手法を変え、改めてその統制下にある傀儡満洲国政府によって移民用地の提供に責任を負った。満洲国民政部内に開拓科を特設し、その後さらに拡大して拓政司とした。1936 年 1 月に傀儡満洲国の法人である満洲拓植株式会社を設立し、移民用地の「買収」と経営にもっぱら従事させた。移民用地の「買収」は「未利用地主義」と銘打たれていたが、実際は耕地の掠奪が主であった。本書の孫継武・補論に示されたように、吉林省舒蘭県四家房

地区では買収された土地4,100ヘクタールのうち88％が既耕地であり、大日向開拓団によって占領された[9]。1941年までに日本の植民地統治者が移民用地の名義によって奪取した東北の土地はすでに2,000万ヘクタールにのぼり[10]、これは当時の日本の耕地総面積約600万町歩[11]の3.4倍にも達したのである。

2. 植民地主と現地の売国地主は搾取のために結託し、多くの貧しい農民を圧迫した

日本の植民統治者が中国の封建地主勢力と結託し、共に多くの貧しい農民を圧迫し搾取したことは、農村経済の植民地化の主要な特徴である。その主な現れ方は以下のとおりである。

(1) 東北の農民の小作農化と雇農化の激化

日本による無遠慮な土地の略奪と地主による土地の併合によって、多くの農民が土地を失った。日本傀儡政権の当時の統計によれば、1940年、「南満」（おおよそ遼寧省域内に属する）10県10屯の非土地所有者は32.5％を占め、「中満」（おおよそ吉林省域内に属する）10県10屯の非土地所有者は48.9％を占め、「北満」（おおよそ黒竜江省域内に属する）16県17屯の非土地所有者は63.2％を占めていた[12]。一方、北部の食糧生産区16県10,085戸に対する調査によれば、土地を持たない農民は7,272戸にのぼり、農家の総数の72.12％を占めた[13]。土地を持たない農家の増加は、農村の借地経営と雇用経営に更なる発展をもたらした。統計によると、傀儡満洲国前期の東北の小作農と半小作農は農家の総数の約26％を占め、雇農は約30.3％を占めていた。傀儡満洲国後期になると、小作農の占める割合が34％まで増えて、雇農は更に49％まで激増した[14]。東北北部の日本移民が集中している地区では、小作農家と雇農の増加の割合がさらに速かった。例えば富裕県李地房子屯は1934年には13戸の農家があり、雇農は5戸、農家の総数の38.5％を占めていたが、1938年になると、農家は54戸に増加し、雇農は33戸に達し、割合は急に61.1％まで上昇し、1934年に比べてほぼ倍に増大した[15]。

（2）売国地主の形成

　日本が東北を統治していた 14 年の間に、農村の封建勢力は決して排除されていたわけではなく、農村の封建地主階級を助成するような策略が採られ、元からあった地主経済と富農経済は日本の植民地経済体制の中に取り込まれ、植民統治と経済略奪のために働いた。いくつかの地区では一部の地主の土地が併呑され、「満拓」(満洲拓植公社の略) 及び日本からの移民の用地となったが、これは地主階級の存在を脆弱化させたことを表すものではない。これらの地主は「満拓」の「土地経理人」に変身し、日本の移民がまだ来ていない時に、土地の賃貸権と雇用権を管理した。彼らは完全に植民統治者に付き従う「二地主（又貸し地主）」であり、植民統治者の共犯者となった。1940 年、「満拓」には全部で 936 名の「土地経理人」がおり、彼らを通じて 87,755 戸の小作農を支配した。佳木斯の一つの地区だけで 287 名の「土地経理人」がいて、20,379 戸の小作農を管轄していた[16]。これらの人々の大部分は同時に県、村、屯の政権、警察のスパイ及び協和会、興農合作社などの植民機構の中で要職を担い、日本帝国主義が農村で植民統治を行う支柱となり、そうして売国地主の階級を形成した。

　売国地主はその主人の指示のもとで、以前よりもずっと勢力を増した。例えば、宝清県の地主李士玉は旧中国では 100 垧の土地を持っていただけであったが、土地を「満拓」に帰属させてから、彼は「土地経理人」となって 5 つの村の土地所有権、約 1,900 垧あまりを管理し、自分で 200 垧強を植えたが、一切の租税を免除され、その上小作農に無償で植え付けを行うように強制し、当地の一番の大地主となった。鶏寧県の地主郭海亭は土地を差し出した後に、土地経理人となり、自ら 100 垧あまりの良い土地を使っていた。彼によって管理された土地面積は約 800 垧あまりで、その上 400 垧あまりの土地の賃料を陰でもらっていた[17]。1939 年、日本の侵略者は地主勢力とさらに結託して、「満拓」が占領していた一部の荒れ地を「小地照（小さな登記証書）」という名義で個人に発給し、「買回地（買い戻し地）」と称し、このほかに、土地を失った者が別の地域で荒れ地を受け入れることを許可し、「小地照」を発給し、「換地（交

換地)」と称した。その結果、売国地主はこの機に乗じて公然と農民の土地を併合した。例えば鶏寧県の大地主沈子釣は小照地が売られるときに仮名を使って三つの村で 557.2 坰の土地を買った。また、密山県馬家崗区劉家村には 714 坰の小照地があり、そのうち 3 家の地主が 680 坰を占めていた。さらに、黒台地区の地主王兆桐はもとから 200 坰の土地を持っていたが、日本移民が侵入してから、彼は黄家店で同じくらいの広さの「換地」を獲得したほかに、機に乗じて一部の農民の「換地」と合併して蘭嶺に 200 坰の領地を増やし、土地は一気に倍増した[18]。日本の侵略者と売国地主が結託した結果、植民当地に付随する地主経済は更に強化された。これと同時に地主の多くの農民に対する搾取はいっそう深まり、範囲はより拡大し、その搾取の方法もどの時期よりも更に横暴で露骨であった。まず小作料の不断の値上げがなされた。黒竜江省を例にとると、1934 年の平均小作料は 29.1％、1938 年は 40.1％にまで上がった。このうち、富裕県李地房子屯の 1934 年の小作料率は 13％であったが、1938 年には 29.3％に増えて、倍以上も上がった。青岡県董家店屯の 1934 年の小作料率は 25％であったが、1938 年には 45.1％に達し、農民は収穫のほぼ半分を地主に手渡していた[19]。

(3) 日本からの移民の地主化

日本からの移民は一般に各戸 2 町歩の水田、10 町歩の畑及びその他の土地を含めた合計 20 町歩の土地を貰うことができた。しかし、そのうちの一部の移民はしだいに農業生産から離脱し、農業以外の労働、例えば事務所、医院、訓練所、種畜場などの様々な移民団に付属する機関の仕事に従事した。またある者は農業生産にも従事せず、その他の職も持たず、ぶらぶらと遊んでいた。1939 年 7 月に日本の第一次から第四次の移民団に対して行った調査によれば、農業以外の職に従事する移民の戸数が移民の総戸数に占める割合はそれぞれ 28.9％、28.2％、21.6％、20.3％で、平均 2 割の日本の農業移民が農業を離脱している[20]。傀儡満州国後期には、これらの移民団員が農業放棄する状況がいっそう顕著になった。第三次瑞穂村移民団を例にとると、移民は全部で 204 戸で、1939 年 7 月以前に農業以外に従事していた戸数は 44 戸で、総戸数の 21.6％を

占めていたが、1939年以降83戸、総戸数の40.7％を占めるまでに増加し、農業を離脱する移民は4割に達した[21]。これらの移民は自分に配給された土地を小作地として貸し出して、座して小作料を徴収する移民地主となった。また農業経営に従事する日本移民は、日本から中国・東北の農村に来たので、地域の違いや農耕方法の違い、加えて労働力の欠乏から、このような大きな面積の土地を経営する方法をまったく持たなかった。その結果、やはり土地を中国の農民と朝鮮族の農民に小作させるために貸し出して、自身を地主化した。本書の孫継武・補論に示されたように、第三次瑞穂村移民団では6年目に既耕地の67.8％が小作地として貸し付けられ、第八次大八浪移民団は3年目にして89.7％を小作地としていた[22]。移民が言うところの「自営地」もそのほとんどは年雇い、月雇い、日雇いの中国人によって耕作されていたのである[23]。

3. 農産物に対して実行された全面的な経済統制

1932年8月、傀儡満洲国政権が成立して間もない頃、日本の関東軍特務部と満鉄経済調査会は『満洲国経済建設綱要』を制定し、いわゆる「日満経済一体化」の方針と「経済統制政策」を打ち出した。「日満経済一体化」とは、東北の経済を日本経済の一部分に、すなわち日本経済に付属させようとするもので、いわゆる「経済統制政策」の目的は日本がなんとしても東北の経済をコントロールし、独占することにあった。実質は、東北の経済を植民地化するものである。日本の植民統治者も同様に経済統制の政策を農村まで広げ、その上、農産物に対する統制を不断に強めた。

傀儡満洲国初期には、日本の植民者はまだ農業生産を直接管理しておらず、主に商業貿易と価格政策によって農産物を搾取しており、その搾取の重点は、東北の特産品である大豆であった。大豆は、傀儡満洲国の輸出による外貨獲得の主要な産品であり、日本の求める重要な戦略物資でもあった。七七事変の後、日本は軍事工業、重工業、化学工業を急速に発展させる必要があり、産業開発五年計画を実行するために、大豆を輸出することと引き替えにドイツからの重工業資材の輸入を確保し、1937年10月に傀儡満洲国政権を利用して大豆に対

して統制を行い、主要特産品の輸出量を増加させた。1939年10月に傀儡満洲国政府は大豆と搾油用食物を統制する『主要特産品管理法』と『満洲特産専管公社法』を公布した。10月20日に、「満洲特産専管公社」が設立されると同時に、もとは特産市場で統治者の地位を持っていた特産品定期市場が解消され、特産品専管公社が大豆などの特産品について一元的に買収と輸出を行った。『主要特産品管理法』は統制対象を大豆、荏胡麻、小麻子、大麻子、落花生、胡麻、綿実、亜麻仁、ひまわりの種などの9種類（これらは油料作物）に定め、農民は指定された交易所の中でこれらの特産品を売らなければならないと定めた。三井、三菱などの日本の特産商社は特約買い付け人に指定され、特産専管公社に代わって買い付け業務を引き受けた。

戦争の不断の拡大にしたがって、日本の植民統治者が大豆などの特産品に対して統制を行うのと同時に、また、東北においても各種農産物に対する全面的な規制が行われ始めた。1937年、傀儡満洲国は棉花統制法を制定し、満洲棉花会社を設立し、まず綿花に対して一元化した統制を実行した。1938年5月、傀儡満洲国農業政策審議委員会はまた米、小麦、大豆、綿花などの主要な農作物の生産と販売に対して統制を行うことを決定し、農産物の輸出や、種類の指定などはすべて「国家」によって管理された。また、11月7日には『米穀管理法』が公布され、1939年に満洲糧穀株式会社を統制機関として設立し、日本人の主食である米の生産、分配、価格に対して統制を行った。これに従い、傀儡官吏、売国奴を除き、中国人は米を食べることが許されず、違反した者は経済犯として処罰を受けた。同時に、『小麦和製粉統制法（小麦および製粉統制法）』を公布し、満洲穀粉管理公社を設立し、小麦の統一的な買い付け機関とした。中国人の主食と考えられていた高粱、とうもろこし、粟などの3種の主要な雑穀は、1939年11月に公布された主要糧穀統制法を通じて、糧穀会社によって統制が行われることが定められた。

1940年、日本の植民統治者は傀儡満洲国の中央政権に対して、第三次機構調整を行った。その特徴は農業の増産をめぐって行われたということであった。もとの「産業部」を「興農部」と改め、農産と農政の二つの司と一つの特産局を設置して、農産物に対する行政統治を強化する機関とした。このほかに、農

村金融合作社と農事合作社を基礎として、1940年から興農合作社を上から下まであまねく設立し、農産物の植え付け、買い取り、保管、調達、輸送、配給などの任務に責任を負う経済統制機構とした。

　1940年8月、武部六蔵が傀儡満洲国総務庁長官に就任すると、東北の農産物の略奪をさらに強化し、日本に対する援助を拡大するために、農産物に対して強制的な全面統制を行うことを決定した。9月30日に新たに制定された『特産物専管法』と『糧穀統制法』は、これまでの『主要特産品専管法』と『主要糧穀統制法』に取って代わった。『特産物専管法』に基づいて、ほぼ全ての搾油用作物は一手に管理された。『糧穀統制法』に列挙された統制品種には、大麦、オート麦、稗、蕎麦、小豆、緑豆、豌豆などの全ての雑穀が含まれていた。こうして満州糧穀株式会社の特約買収人制度を確立し、三井、三菱、三泰産業（三井物産の子会社）などの多くの財閥商社を特約買収人として指定した。この二つの法令と『米穀管理法』に共通する要点は、(1) 興農部大臣の許可を経ずに特産品と糧穀を買い付けてはならない、(2) 統制機関と特約買い付け人でなければ、鉄路あるいは船舶を用いて特産品と糧穀を運び出してはならない、(3) 植物油製造販売店あるいは特殊加工業者は、この統制機関が購入した原料でなければ、加工原料に用いてはならない、(4) 穀物問屋と特約買い付け人に対する政府の監督権を規定、(5) 特産品と糧穀を生産している農民と生産物地代を獲得している農民に対し、自分で消費するか消費を目的として同じ部落の住民に売り出す以外に、農産物交易市場もしくは地方の役所が指定した場所の外で売買行為を行うことを禁止した[24]。

　1941年7月、日本の植民統治者はまた満洲特産専管会社、満洲糧穀株式会社、満洲穀粉管理会社の三つの農産物統制機関を合併し、農産公社を設立した。資本金は7,000万元で、すべて傀儡満洲国政府により出資され、同時に『満洲農産公社法』が公布され、農産物に対する統制を更に集中することで、一元化を強化した。同時に、特産局を廃止し、管理官制度と糧政司常駐農産公社を新設し、農産公社が直接的に迅速に日本の植民統治者の意図を執行できるようにした。これで、宗主国である日本の東北農産物に対する統制は最初の局部統制から全面統制へと拡大し、日本の軍閥、財閥が結託してともに東北の農産物を略

奪する局面を迎えたのである。

4.「糧穀出荷」政策を推進し、狂ったように農産物を略奪した

　1941年、日本の植民統治者は傀儡満洲国の産業開発第二次五年計画の中で、石炭と農産物の増産が最重要であるとし、その上「特に農産物の増産に主力を傾ける必要がある」とし、大規模な農産物の略奪を開始した。主要な措置は「糧穀出荷」政策を強制的に押し広めること、すなわち強制的に農民に食糧を売らせることであった。このために、1941年4月、傀儡満洲国国務院会議は『康徳八年度農産品増産蒐荷方策要綱』を決定した。この政策は農産物の「蒐荷（集荷）」を実行することの高い計画性を強調し、興農部次長の結城清太郎が提出した「出荷予約金制度」を取り入れたもので、すなわち該当年度の「出荷」予約数量を指標として、各地区に分担させるというものであった。各地区の分担数が期日どおりに達成されるようにするために、100キログラムごとに1元の手付け金を払うという方法によって、農家に「出荷」の目標を提出させ、興農合作社と契約を結ばせた。収穫の時、農民は契約で規定された額に基づいて「出荷」する。このような予約購入契約の方法は日本の植民統治者が農産物を略奪するための強い武器となり、収穫の善し悪しに関わらず、農民に予約購入契約の数量に基づいて食糧を供出するよう強制した。1941年の予約購入契約量は688万トンで、実際に買い付けたのは548万トンであり、80％近く実現された。1942年、傀儡満洲国は契約制度を継続して施行し、契約量は645万トン、実際に買い付けたのは598万トンで、93％実現した[25]。

　太平洋戦争の勃発以降、日本の軍用と人民用の食糧の需要は急激に増加し、関東軍は「満洲国の農業政策は、国内の自給自足に止まらず、東亜の食糧供給の基地となり、特殊農産物の供給の源とならなければならない」[26]と考え、傀儡満洲国が太平洋戦争のために積極的に貢献することを求め、宗主国の食糧と食物油の原料となる農産物の供給を保証させた。これについて、1942年12月、傀儡満洲国国務院は『戦時農産品出荷対策要綱』を発布し、「軍民が一体となり共に努力し、農産物の徹底的な徴収を強制的に行うこと」[27]を要求した。

第 13 章　占領時期の中国東北における農業経済の植民地化

　同時に、傀儡満洲国興農部は予約購入契約量で買い付けた「出荷量」だけでは所要量を満足させることができないと考え、そこで 1943 年に予約購入契約制度を廃止し、その年の「出荷量」を前年度実際に徴収した「出荷量」598 万トンより 134 万トン多い 732 万トンと定めた[28]。その後、年初に傀儡省長、次長を招いた会議で、指標を各省に割り当て、各省の実業庁が各県の耕作面積に基づいて「出荷数量」を分配し、最後は村まではっきりと定めて、多くの農民の頭の上にまで割り当てを強行した。

　「糧穀出荷」政策は植民主義が経済力を超える強制的な政策で、中国東北の多くの農民の骨の髄まで搾り取るものであった。多くの農民は市価の 1/10 〜 20 の価格で、生産した食糧の半分近くを「出荷」することを強制され、残ったものも租税で納めなければならず、結果的に、農民のところに残る種、飼料、自家用食糧はほんのわずかで、災害のあった年には、種や自家用食糧さえも差し出さなければならなかった。農民の食糧を搾り取って、「出荷量」の達成を確保するために、傀儡満洲国総務庁は「糧穀出荷督励本部」を設立し、各省、県にも「出荷督励本部」を設立し、傀儡省長、県長を本部長とし、指揮権を日本人の次長によって担わせ、省内の「糧穀出荷」の状況も次長によって傀儡中央本部に報告させた。本部は督励班を管轄し、督励班のトップは傀儡省、県の科長、協和会、興農合作社の指導員によって担われ、地方行政機関、協和会、興農合作社の三位一体の「出荷」を強制する陣形が作られた。「出荷期」になると、各地区の督励本部は本部長直属のもとに若干の督励班を設置し、本部長、副本部長によって督励班を連れて各村屯に赴き、農民に「出荷」を強制した。「出荷糧」が未納であったり不足であったりする全ての農民は、一軒ごとに捜査され、徹底的に食糧を奪い取られた。農民は少しでも不満を抱けばこっぴどく殴られ、ひどいものは家を焼かれた。1942 年傀儡林甸県の県長盧賢徳、副県長の中島栄夫、実業股長水野義行はそれぞれ三人の督励班を率いて分担している地区に赴いて農民に「出荷」するよう督励し、自らもしくは班員に命令して農民を殴打した。中島栄夫は木の棒を使って農民を殴打し、王という名の農民を意識不明にさせ、また農民が住んでいた家を焼き払った[29]。「捜荷」（中国では蒐＝捜）の過程では、警官の暴力までも用いて、その間に参与した。例

えば、1942年から1943年まで糧穀の収穫の季節が来るたびに、間島警務庁長は所轄の数百名の警官を派遣して督励班が農民に対して「糧穀出荷」を強制するのを助け、逮捕、監禁、拷問などの方法を用いて4万トンの食糧を強制的に略奪した[30]。ある省では「出荷量」が達成できず、民間用の食糧の配給を減らす方法によって足りない分を補った。ある省では任務を達成することができたものの、日本の統治者が見逃してくれず、例えば吉林省では1943年は豊作だったので、「出荷量」が前年の160万トンから170万トンに引き上げられ、12月末に任務を達成したが、傀儡省次長である飯沢重一が各県の日本人副県長と裏で結託して、傀儡協和会に民意を捏造させるよう画策し、作柄は豊作でまだ余剰食糧があり、農民は喜んで国家のために報恩「出荷」をしたいと言い、そして、農民から更に10万トンの糧穀を搾り取り、多くの貧しい農民に豊作の年に食うや食わずやの生活をさせた[31]。以下の表は、1943～1944年度の東北の食糧生産量と「出荷量」である。

　表から算出できるように、1943年と1944年の実際の「出荷量」は計画の「出荷量」の105％と109％であり、それぞれ総生産量の39.5％と45.6％を占める。また、ある省の出荷量は平均数をはるかに超えている。例えば、1942年、1943年の傀儡北安省の「出荷率」（生産量に対する出荷量の比率）は55.1％と53.5％の高さに達している[32]。

　日本の植民統治者が搾取した食糧は、大量に日本に輸出され、統計によれば、日本の傀儡満洲国の食糧に対する要求は、1942年度は220万トン、1943年度は250万トン、1944年度は270万トン、1945年度は300万トン[33]であった。しかし実際には日本は毎年「報国糧」や「増産即出荷」の上納、売りなどの名義で公然と農民の手の中の食糧を搾取し、結局1942年に日本に運ばれた食糧は260万トンで、1943年には320万トンになり、1944年には390万トンといずれも規定の需給量を超えており、三年で合わせて970万トンの食糧が日本に運ばれた。このほか、1942年から1944年には朝鮮にも100万トンが運ばれ、関東州に21万トンが運ばれ、華北の傀儡政権に110万トンが運ばれた[34]。朝鮮に運ばれた食糧は朝鮮の米と交換して日本に供給するためであった。関東州に運ばれたものは胡麻、落花生と交換されて日本に供給され搾油された。華北

食糧生産量および「出荷量」

(単位：万トン)

年度	生産量	計画「出荷量」	実際の「出荷量」
1943 年	1941	732	767
1944 年	1929	803	879

参照資料：満洲農産公社総務部調査科『満洲農産物関係参考資料』、『東北経済小叢書』農産、生産篇、流通篇。

に運んだのは華北の綿花、綿布、石炭と交換するためで、このうち綿花、綿布の大部分は関東軍に手渡されて軍用物資に充てられ、石炭は全て日本に運ばれた。このほかに、関東軍は毎年東北の農村から 100 ～ 120 万トンの軍用食糧を搾取した[35]。

東北の農村経済の植民地化は、東北の人民、特に多くの農民に尽きることのない災難をもたらした。中国東北の農村の再生産能力に極めて大きな打撃を与え、生産力の発展を厳しく阻害したのである。

●註

1)【日】満洲国史編纂刊行会編『満洲国史』分論（上）、79 頁、東北淪陥十四年史吉林編写組訳、1990 年。
2)【日】満洲国史編纂刊行会編『満洲国史』分論（上）、90 頁、東北淪陥十四年史吉林編写組訳、1990 年。
3)『関於商租権整理諸法令集』、朝鮮人民会連合会会報第 44 号付録。孔経緯『新編中国東北地区経済史』445 頁を再引用、吉林教育出版社、1994 年。
4) 偽満地籍整理局『商租権整理中間報告書』、35 頁、姜念東など『偽満洲国史』339 頁に載る、吉林人民出版社。
5)【日】満洲国史編纂刊行会編『満洲国史』分論（上）、91 頁、東北淪陥十四年史吉林編写組訳、1990 年。
6)「満鉄」経済調査会第 2 部第 1 班『選定並取得水田対策案』、1932 年 8 月、孔経緯『新編中国東北地区経済史』444 頁を再引用、吉林教育出版社、1994 年。
7) 中央档案館など編『日本帝国主義侵華資料選編』第 14 巻、『東北経済略奪』714-716 頁、中華書局、1991 年出版。
8)【日】満洲国史編纂刊行会編『満洲国史』総論、440 頁、黒竜江省社会科学院歴史所訳、1990 年。

9）長野県開拓自興会満州開拓史刊行会編『長野県満州開拓史』（総編）、359頁、東京法令出版株式会社、1984年3月、『苦難与闘争十四年』巻中256頁を再引用、中国大百科全書出版社、1995年。

10）【日】喜多一雄『満洲開拓論』364頁、明文堂、昭和19年2月（1944年）出版。

11）町歩とは、日本の土地面積の単位で、1町歩は99.17アールに相当し、およそ14.87市畝あるいは1.5坰に等しい。

12）『満洲農業要覧』、48-90頁、康徳7年（1940年）12月、孔経緯『新編中国東北地区経済史』564頁を再引用、吉林教育出版社、1994年。

13）佐藤武夫『満洲農業再編成研究』、昭和17年5月再版4頁、『苦難与闘争十四年』巻中197頁を再引用、中国大百科全書出版社、1995年。

14）烏廷玉著『中国租佃関係通史』466-468頁、吉林文史出版社、1992年出版。

15）「満鉄」調査部編『北満における雇農の研究』、6頁。

16）満拓公社『業務概要』、1940年出版、218頁。

17）孔経緯『東北経済史』539-540頁、四川人民出版社、1986年。

18）王承礼など主編『苦難与闘争十四年』巻中197頁、中国大百科全書出版社、1995年

19）満鉄調査部編『満洲経済年報を研究する』62頁、1941年出版、孔経緯『新編中国東北地区経済史』565頁　吉林教育出版社、1994年出版を再引用。

20）『満洲開拓年鑑』361頁、昭和15年度出版。

21）『瑞穂村綜合調査』、191-193頁、【日】満州移民史研究会編『日本帝国主義在中国東北的移民』429頁、黒竜江省人民出版社、1991年出版を再引用。

22）『第八次大八波開拓団綜合調査報告書』（1943年）、【日】満州移民史研究会編『日本帝国主義在中国東北的移民』432頁を再引用、黒竜江省人民出版社、1991年出版。

23）【日】満洲移民史研究会編『日本帝国主義在中国東北的移民』450-451頁。

24）中央檔案館など編『日本帝国主義侵華資料選編』第14巻、『東北経済略奪』509-510頁、中華書局、1991年版。

25）【日】満洲国史編纂刊行会編『満洲国史』分論（下）、106頁、東北淪陥十四年史吉林編写組訳、1990年。

26）中央檔案館など編『日本帝国主義侵華資料選編』第3巻、『偽満傀儡政権』、288頁、中華書局、1991年版。

27)【日】満洲国史編纂刊行会編『満洲国史』分論（下）、111頁、東北淪陥十四年史吉林編写組訳、1990年。
28)【日】満洲国史編纂刊行会編『満洲国史』分論（下）、108頁、東北淪陥十四年史吉林編写組訳、1990年。
29)"竜江省次長が国務総理大臣に致す公文書"（1942年6月6日）、中央檔案館など編『日本帝国主義侵華資料選編』第14巻、『東北経済略奪』566頁、中華書局、1991年版。
30)"竜江省次長が国務総理大臣に致す公文書"（1942年6月6日）、中央檔案館など編『日本帝国主義侵華資料選編』第14巻、『東北経済略奪』566-567頁、中華書局、1991年版。
31)"竜江省次長が国務総理大臣に致す公文書"（1942年6月6日）、中央檔案館など編『日本帝国主義侵華資料選編』第14巻、『東北経済略奪』546頁、中華書局、1991年版。
32)【日】満洲国史編纂刊行会編『満洲国史』総論、764頁、黒竜江省社会科学院歴史所訳、1990年。
33)【日】満洲国史編纂刊行会編『満洲国史』総論、761頁、黒竜江省社会科学院歴史所訳、1990年。
34) 満洲傀儡政権の興農部大臣黄富俊の口述（1954年8月21日）、中央檔案館など編『日本帝国主義侵華資料選編』第14巻、『東北経済略奪』549頁、中華書局、1991年版。
35) 古海忠之書面供述（1954年6月13日）、中央檔案館など編『日本帝国主義侵華資料選編』第14巻、『東北経済略奪』502頁、中華書局、1991年版。

第14章

満鉄と日本の中国東北への移民

孫　彤（翻訳　胡（猪野）慧君）

　南満洲鉄道株式会社（略称「満鉄」）は日本の「国策会社」であり、日本の東北への移民侵略政策の初期の首謀者で、日本で移民が国策と確定された後も、日本の中国東北に対する移民侵略活動に積極的に参与し、大いに協力した。移民政策・理論の確立や、移民のための資金の提供や、移民の文化教育の扶助などで大いに尽力した。満鉄の初代総裁である後藤新平は早くも1908年に日本政府に進言し、積極的に中国東北への移民を行うことを主張した。満鉄産業部が編纂した『満鉄現状』の記載によると「（満洲国の）鉄道建設と資源開発は移民とは常につかず離れずの相互依存の関係にある。特に満鉄は国家の使命に立脚して、創立後は、日本の移民を誘致するために、絶えずたゆまぬ努力を行っている」、「全力で『国策精神』を貫徹している」とある[1]。

1. 満鉄は移民政策の調査の実施に参与した

　満鉄は日本の「国策会社」として、日本の侵略政策を推進すると同時に、東北の政治、経済、文化、社会などのすべての方面について情報収集と調査の任務を負っていた。このため、多くの調査機関を設け、各種の情報調査活動を行っていた。関東軍の要求に応えて設立した満鉄経済調査会（略称：経調会）

第一部　日中両国における研究成果

は、当時の最も影響力のある調査機関の一つであった。前後して何度か名称を変えたが、しかしいくら名称と規模をどのように変えようとも、関東軍の主導のもとで、日本の傀儡当局のために多くの「調査立案」を行い、傀儡満洲国の各種の政策計画、特に経済政策計画の起草と関連する調査業務を担当し、その上、日本の中国東北への移民侵略という問題において重要な役割を果たした。満鉄が「経調会」を設立した任務の一つは、すなわち日本の東北への移民政策を推進することである。「経調会」の下には五つの部（後に一つ増える）を設置して、部の下には班を設けた。主に農業移民方面の調査と政策の起草を担当したのは第二部の第一班（農）で第五部も参加した。それ以外に、地方部農務課と各地の農事試験場員もある程度介入した。経調会が前後して起草した日本の中国東北への移民政策に関連する方案と資料は全部で15冊あり、その中には農業移民法案、関連資料、拓殖会社の設立、視察報告などを含む[2]。調査員は移民の農業経営、農産物の加工、処理、租税の負担、農業収支の計算方法、移民の補助などの問題について、具体的に詳細に論述し、調査研究を行った。

　この期間、関東軍は第二回移民会議を開き、1936年5月11日に正式に『満洲農業移民百万戸移住計画』、すなわち20年間で100万戸、500万人を傀儡満洲国に移住させるという計画を提出した。経調会がこの計画書の起草作業に参加したかどうかは確認できていないが、しかし、過去の調査結果はこの計画書の起草について重大な役割を果たしたという、この一点について疑いの余地を与えない。説明しておかなければいけないのは、経調会の時期は軍の「少数の専門家」が調査方針を指示し、経調会に「立案」を、あるいは軍のための資料提供を命令し、さらに、すでに完成した「立案」について審査と決定を行っていたということである。1934年以降は日本の「満洲」における機構改革にしたがって、いわゆる「三位一体」から「二位一体」に変わった[3]とはいえ、上述の政策決定と実行体制は終始一貫していた。つまり、関東軍が根本的な方針を決定し、経調会はそれを基礎にして計画あるいは方案を制定し、傀儡満洲国政府と満鉄は計画や法案を実行するのである。軍部と終始密接な関係を保った満鉄に対して、関東軍の小磯特務部長は「満鉄会社は非常なる情熱と固い決心で、軍部から受けた莫大な信頼に応えるために、経済調査会を設立した」[4]

と盛んに賞賛した。満鉄と関東軍との積極的な協力関係はここからも知ることができ、満鉄は日本関東軍ないしは日本傀儡当局の移民侵略政策のために尽力した。

　北満経済調査所（略称：北満経調所）は満鉄のもう一つの重要な調査機関である。1935年に満鉄が中東鉄道を接収した後に、ハルビン鉄道局内にハルビン経済調査所を設立して、元からあるハルビン事務所の北満情報調査業務を引き継ぎ、その年の11月に北満経済調査所と改称した。北満経調所には5つの班を設置し、第3班は一般の農業調査、すなわち畜産、水産、林業と移民調査を担当した。その調査業務の内容は、北満移民の動向と対策調査、移民の時事問題調査、農業経営法と機械農法の調査、農家の経済と農村の実態の調査などを含む[5]。北満経調所の調査成果は主に不定期の形式で『北経経済情報』、『北経経済資料』、『北経調査刊行書』などの一連の刊行物として公表された。

2. 満鉄の投資で移民会社を設立した

　満鉄は満洲傀儡政権の社会調査と経済政策や計画の起草を引き受けていただけではなく、その上、直接あるいは間接的に移民関係の会社を計画し、投資し、日本の中国東北への移民事業に積極的に参与し、大いに協力した。

(1) 大連農事株式会社

　大連農事株式会社は満鉄の単独資本で設立されたものである。その主旨は関東州内で土地を開墾し、日本の移民を募集し、扶助し、移民の事業発展のために投資を行い、移民の生活のために資本の貸し付けを行うことで、このことによって全東北部へのさらなる大規模な移民事業の基礎を打ち立てた。

　1927年、田中義一内閣は積極的に中国の東北を侵略する政策を推進し、農業移民問題はまた日程が繰り上げられた。満鉄は以前の経験と教訓を総括して、移民事業が失敗した主要な原因は、「定住者に土地を獲得させる機関と事業経営者が利用しやすい適切な金融機関が不足していたためだ」[6]と考えていた。そこで、満鉄の全額出資で、職員も全て満鉄が選んで派遣して、1929年4月

15日に資本金 1,000 万元で大連農事株式会社を設立した。これ以外に、また公主嶺、熊岳城の両地でそれぞれ農事試験場を作り上げて、移民の現地訓練などの任務を担当した。会社が設立された当初は、500 戸の移民（自作農 400 戸、小作農 100 戸）を計画していた。1930 年に第一回目の日本の移民 60 戸を募集した[7]。のちに、様々な原因で、移民作業は順調に進まず、予期していた計画は到底達成できず、1939 年には、入植者はわずか 66 戸だけが残っていた[8]。この時期の移民は主に以下の二方面から来ていた。一つは日本国内からの直接募集、二つ目は早期、中国の東北に居住していた日本農家である。彼らは満鉄の退職社員、農業実習所の卒業生、退職した官吏、商人などで構成され、これらの人々は移民の中の大多数を占めていた。一方、土地は 1928 年 2 月から「九一八」事変（柳条湖事件）の前まで、いわゆる「買収」という方式で、民間用地、官有地合わせて 3,928 町歩を獲得していた[9]。日本政府の移民政策の変化に伴い、日本移民は大量に「北満」の地区に移住し始めた。関東州は会社が成立した当初の「国策」上の意義を失い、大連農事株式会社が 1937 年に再度制定した 326 戸を移住させる計画も無くなった[10]。この機関の役割も次第に満洲拓植公社などの移民機構に取って代わられた。

（2）東亜勧業株式会社

1921 年 12 月に満鉄が 1000 万元を出資して、東亜勧業株式会社（略称：東勧）を設立した。「九一八」事変（柳条湖事件）以前、東勧は日本が中国の東北で土地を搾取し、経営を行うための統括的な機関で、その目的は日本移民の中国東北における水田事業の大規模な発展を促進することであったが、効果は芳しくなかった。「九一八」事変（柳条湖事件）の後、1933 年 3 月に、関東軍は日本人移民の実行機関を設立する前の臨時案を制定し、東勧が移民事務を代行することを決定した。東勧は満洲拓植株式会社が設立される前の、日本の中国東北への移民の代行機関となった。1934 年、関東軍の第十師団の第一線の兵団長の責任のもとで、軍事の「討伐」を行うと同時に土地を「買収」した。日本政府の許可により、満鉄から 300 万円を借りて、東勧の移民用地の必要資金とした。関東軍、傀儡満洲国政府、満鉄、東勧の四者協定により、上述の

300万円の貸付金の中から200万円を取り出して、東勧は人を派遣し、従軍しての討伐や、「買収」事務および購入した土地の管理を担当させた。その後、関東軍はまた満鉄に200万円を追加するように求めた。1933年7月から1935年6月まで、東勧は満鉄からの貸付金を利用して、関東軍の指示のもとで、中国東北の北部で130万垧（シャン）（1垧は0.72ha）あまりの土地の「買収」を強行した。この中には6万垧の耕地を含む。この130万垧あまりの土地に支払った金額はたった287万円あまりで、1垧あたり平均2.18円もなかった[11]。

1936年9月に「満鮮拓植会社」が設立されると、東勧の全ての業務は接収され、東勧はその使命を終えた。東勧が買収した土地は日本拓務省の第一次から第三次までの武装移民に用地を提供しただけではなく、後に正式に移民侵略機構を設立するのに十分な物資の基礎を打ち立てた。

(3) 満洲拓植株式会社と満洲拓植公社

当時、日本政府が長期的かつ安定的に中国東北への移民侵略政策を推進するために、関東軍の特務部は1933年4月に『満洲拓植会社設立要綱案』を制定した。満鉄は積極的に応えて、傀儡満洲国、日本財閥（三井、三菱株式会社）と合同で資本を出し合って（満鉄が500万円を出資）、1935年12月23日に満洲拓植株式会社（略称：満拓会社）を設立した。傀儡満洲国の特殊法人としての満拓会社は、設立の当初から、臨時の移民実行機関の役割を担っていた。日本移民の用地の取得、経営、管理、分配、資金の貸し付け、補助施設などの任務を担い、さらに10年間で中国東北への2万戸の移民を計画した。満拓会社の設立で、日本の中国東北への移民侵略の足並みは加速した。1936年1月から1937年8月の間で、日本の拓務省が組織した第一次から第五次までの集団移民を合計2785戸を誘致した。「満洲国」政府の協力のもとで、満拓会社は日本人移民の用地を2,352,855.07ヘクタール略奪した。

1936年5月、関東軍は新京（長春）で第二次移民会議を開いて、『満洲農業移民百万戸移住計画』を立案・決定した。それを基礎に、日本政府は1937年7月に『二十年百万戸移民送出計画』を決定して、さらにこの移民政策を当時の日本の七大国策の一つとした。これは日本の中国東北への移民活動がいわゆ

る「試験的移民期」から「正式かつ大規模な移民期」に入ったことを示している。日本の関連方面は、大規模な移民期の到来に対応するために、組織と実力がいずれも「百万戸移民」の実施に叶い、さらに政府の保護を受けながらも強固な経済的土台を持つ、日満共同経営の助成機関を設立しなければならないと考えていた。1937年8月、日本と「満洲」は『関於設立満洲拓植公社的協定（満洲拓植公社設立に関する協定）』を締結して、9月1日に「満洲拓植公社」（略称：「満拓公社」）は正式に満拓会社の営業財産を受け取り、同時に満拓公社が業務の機能を行使し始めること、満拓会社が即日解散することを宣言した[12]。満洲拓植公社の資金は5,000万元で、日本、「満洲」両国の政府はそれぞれ1,500万元を引き受け、残りの部分は満鉄、東拓、三井、三菱、住友などが出資した[13]。

満拓公社は一室三部、すなわち総裁室、建設部（移民の調査と建設を担当）、経営部（移民の経営、金融、および助成を行う）、管理部（移民用地の取得と管理を負う）を設けて、移民の現地での一切の事務を全権をもって担当した。

日本の中国東北への移民は農業移民が主体であった。そのため、日本傀儡当局は土地の多寡が移民の成功の鍵を握っており、まず解決しなければならない問題は土地であるとはっきりと認識していた。満拓公社は日本移民用地の獲得という重大な任務を負っていた。これもまたこの公社が移民のために必要な施設と資金の貸し付けを提供すること以外の主な取り扱い業務であった。日本関東軍が発表した『日本人移民用地整備要綱案』の中では「移民の用地の買収は、満洲国政府の斡旋のもとで、満拓が担当する」[14]と定められていた。日本と「満洲国」の政府との間で締結された『関於設立満洲拓植公社的協定（満洲拓植公社の設立に関する協定）』の第二条にも、満拓公社の重要任務の一つは日本の「移民の用地」を得ることだと明確に規定されていた。満拓公社は「迅速」かつ「廉価」、さらに強制的な手段で土地の「買収」を行った。1938年11月末までに、略奪した集団移民用地の面積は5,378,791ヘクタール、自由移民用地の面積は91,729ヘクタール、自警村用地の面積は5,480,673ヘクタールになった[15]。満拓公社がわずか1年あまりに略奪した土地の総数量は満拓会社が略奪した土地と比べて4倍近くも多かった。このほかに、日本の移民用地の

略奪、どの機関によってあるいはどのようなルートで「買収」した土地であろうと、日本の移民用地でさえあれば、最終的にはすべて満拓公社が一括して管理、経営、分配を行った。満拓公社は、1941年初めまでに、すでに1,172万ヘクタールの土地を持っており、さらに、「満洲国」政府が同時期に日本移民のために購入した土地を加えれば、合計して2,002.6万ヘクタールになった。この巨大な数字は日本が予定していた「百万戸移民」1000万町歩の土地の2倍であり、日本内地の耕地面積の3.7倍であった[16]。『日本人移民用地整備要綱案』が規定していた10年で1000万町歩を完成させる計画に照らせば、満拓公社はわずか3年で超過達成しており、満拓公社の土地略奪の迅速さがわかる。1945年までに、日本が中国東北で満拓公社と「満洲国」政府の手によって、略奪した土地は3.9億市畝（約2,600万ヘクタール）になっていた[17]。

太平洋戦争のさらなる拡大により、大量の日本人青年、壮年が強制的に軍隊に入れられて、移民源が枯渇し、さらに戦争の消耗が加わり、日本の経済は苦しい立場に追い込まれていた。そのため、1943年に、日本の中国東北への移民計画はほぼ停止して、満拓公社も日本の敗戦に従って、解体を宣言して、その使命を負えた。

3. 鉄路（道）自警村、満鉄輔導義勇隊開拓団およびその他

満鉄は上述した移民関係の活動を主宰あるいは参与したほかに、さらに自身の特徴を持つ鉄路（道）自警村と満鉄輔導義勇隊を直接組織して作り、その上その他の方面から大量の移民を援助する措置をとり、日本の移民が中国東北に定住するのを助けた。鉄路（道）自警村とは、すなわち満鉄が満洲傀儡政権の「国有」鉄道の沿線で農業を経営しながら警備を兼ねる目的で設立した「移民村」である。その構成員は日本の退役軍人を主とする。1935年3月に第一期の10戸の移民が奉山線の女児河村に入植したのを始めとして、1937年までに続々と25個の鉄道自警村が設けられ、全部で403戸1,654人となった[18]。これらの移民村は鉄道沿線の産業を開発し、鉄道を守るという二重の任務を負っていた。満鉄はこの過程の中で、終始運営、指導、管理を担当し、自警村の村

民に警備手当を支給していた。1937年7月以降、戦争が拡大したため、日本国内の労働力が逼迫しはじめ、移民の給源問題が顕在化し、満鉄は鉄路自警村の設置を一時停止して、転じて鉄路自警村訓練所（後に満州開拓青年義勇隊満鉄訓練所と改称）を設立して運営した。

1938年から1941年には、2万人近くが満鉄開拓青年義勇隊訓練所で訓練を受けた。1944年、満鉄開拓青年義勇隊の人数が最も多かった時には、満鉄は31ヵ所の訓練所を設置していた。これらの満鉄開拓青年義勇隊訓練所で三年間、訓練し修了した日本の青年たちは、満鉄輔導義勇隊開拓団に移された。1941年から1944年の間に、全部で4回に分けて、20個の満鉄輔導義勇隊開拓団が置かれた[19]。この開拓団と自警村は完全に満鉄の補助と指導の下で、また、鉄道沿線に設けられることを前提に、鉄道を直接警備する任務を負っていた。

満鉄は鉄道総局の殖産局拓殖課によって、その管轄下の鉄道自警村と訓練所を設置して運営するほかに、そのほかの面から多くの移民補助措置を採っていた。1936年4月、満鉄は牡丹江の横道河子に開拓科学研究所を設置して、農業従事者と農業指導者を育成して、日本の移民の農業労働と生活様式に対して科学的な指導を行った。その他に、満鉄は奉天（瀋陽）医科大学と沿線各地の鉄道病院、分院、診療所などに、移民のための保健、疾病治療などに補助を提供することを指令した。同時に、移民と関係のある鉄道輸送の方面でも様々なサービスを与えた。例えば、集団移民とその家族、また日本国内からやってきて定住した青少年義勇隊の訓練生は、無料で乗車させ、荷物（5トン以内）を無料で運搬した。その他の日本移民と必要な貨物の運送については、運賃を半減するなどの補助措置を採っていた。これ以外に、満鉄は上述の「直接補助措置」を採ったほか、また農業、畜産業、林業などの関連産業部門で農畜産試験所、獣医研究所を設けて、移民のために、土地の開墾、優良な品種の育成、病害虫の予防と治療、家畜の防疫などを行い、その上、移民村に向けて普及と宣伝をするなどの様々な「特殊」補助措置を行って、日本の中国東北への移民事業に協力した[20]。

総括すれば、満鉄が「国家代行機関」として、日本傀儡当局のために移民政策を樹立するための理論的な根拠を提供していたことにせよ、移民関連の会社

第 14 章　満鉄と日本の中国東北への移民

を設立し、日本移民を補助する様々な措置を採っていたことにせよ、どちらも満鉄が日本の中国東北への移民活動の中で取って代わることのできない決定的な役割を果たしていたことを意味している。また、日本政府、日本軍事当局との特殊な従属関係も、日本の中国東北への移民侵略活動の中で首謀者、執行者、共犯者という役割を担うことを必然的としたのである。

●註
1) 満鉄産業部『満鉄的現状』昭和 12 年 10 月、19 頁。
2) 『経済調査会立案調査書目録』第一巻、立案調査書類文献目録、1996 年、複製版、本の友社、15-18 頁。
3) 1932 年 8 月、日本の臨時議会は傀儡満洲国の決議を承認することを通じて、日本軍部が人事の大幅な調整を行った後に、武藤信義が関東軍司令官となり、関東長官と駐満大使も兼任した。これがいわゆる「三位一体」制である。1934 年 7 月、岡田内閣が斎藤内閣に取って代わってから、1933 年 8 月 8 日の決議が執行され、「二位一体」制が実現された。すなわち、関東長官職が廃され、関東軍司令官が駐傀儡満洲国大使を兼任するというものである。
4) 昭和 7 年 9 月 22 日『経済調査会事業概要──新任小磯関東軍特務部長之説明速記』。
5) 『昭和十一年一月　北満経済調査書業務概要』吉林省社会科学院満鉄資料館蔵 00217。
6) 『大連農事会社創立綱要』
7) 『満州開拓年鑑』1944 年版、7 頁。
8) 細川嘉六著『植民史』東洋経済新報社、1941 年 9 月、488 頁。
9) 満鉄文書、甲、昭和 5-7 年、総体、管理、監督、一般、第 15 冊 3、第 22 号。
10) 蘇崇民『満鉄史』中華書局、1990 年 12 月、305-306 頁。
11) 『満鉄農業移民方策』（立案計画編撰書類第 2 編第 1 巻、第 7 号）143-144 頁『日本人移民用地面積商租租金及各種費用明細表』。
12) 『満州開拓年鑑』1940 年版、78 頁。
13) 稲垣征夫『満洲開拓政策に就て』開拓文庫刊行会、1940 年 4 月、86-87 頁。
14) 関東軍参謀長『日本人移民用地整備要綱案』1936 年 11 月 1 日。
15) 満洲拓植公社編『招墾地整備業務須知』1938 年、54 頁。

16）喜多一雄『満洲開拓論』、明文堂、1944 年 2 月、231 頁、376 頁、364 頁、121 頁。
17）『東北日報』1947 年 8 月 15 日。
18）『満州開拓年鑑』1944 年版、131 頁。
19）同上、60 頁。
20）『満州開拓年鑑』1940 年版、79 頁。

第二部
日中関係者調査の研究報告

第1章

鏡泊学園、鏡泊湖義勇隊、八紘開拓団の概要について

寺林　伸明

はじめに

　現在の中国黒竜江省の最南部に位置する鏡泊湖沿岸にはいった日本「開拓団」の一つに、鏡泊湖義勇隊がある。そのはじまりは、1938（昭和13）年に募集された第一次の満蒙開拓青少年義勇軍にあった。茨城県内原の国内訓練を終えて渡航の際、北海道と長崎県、静岡県出身者で約300名の中隊が編成されたことによる。その後、寧安、鏡泊湖と約3年間の訓練ののち、41年10月に義勇隊開拓団に移行する。この鏡泊湖義勇隊の訓練所、開拓団にかかわる引揚者の組織として"鏡友会"がある。設立や運営に関する資料がないため詳細は不明であるが、出身者が多かった北海道と長崎県、さらに現住者がおおい東京でも集まりが開かれて来たようである。また毎年4月の第二日曜日には、東京の聖蹟桜ヶ丘に全国から数百人が集まり、死没者の慰霊祭（拓魂祭）がおこなわれてきた。鏡友会には、義勇隊関係者のほかに、鏡泊湖に先にはいり、義勇隊の誘致にかかわった鏡泊学園の関係者もいた。本書に掲載するアンケート調査と訪問調査の結果は、1994年に鏡友会員を対象におこなった科研調査に基づくものである。ただし、日本人関係者のみの調査では、日中戦争下における

現地住民との関係を明らかにできないと考え、発表を断念したものである。その後 2002、2004 年に、北海道開拓記念館の北方文化交流事業の一環で黒竜江省調査に着手し、黒竜江省社会科学院の辛培林先生、吉林省社会科学院の故孫継武先生よりご協力をえられることになった。2006 〜 09 年、本科研の日中共同調査により、2007 年に鏡泊湖、翌年には阿城と 2 ヶ所の現地住民に対する調査を実施した。黒竜江省の省都・哈爾浜市の東南 40km に位置する現阿城区（当時は阿城県）は、もう一つの北海道関係として、八紘開拓団が移住した地区であったことから、あわせて調査するにいたったものである。

　以上の調査で収集した資料をもとに、日本人関係者の移民団の概要を紹介する。まず鏡泊湖義勇隊に先行した 1）鏡泊学園、義勇隊の過半を占めた 2）北海道の第一次満蒙開拓青少年義勇軍に触れて、3）鏡泊湖義勇隊〜開拓団について記載する。あわせて、もう一つの北海道関係として 4）八紘開拓団を紹介し、最後に中国側の両地域史として、5）『寧安県誌』と『阿城県誌』の関連記載を取り上げる。なお、1）3）4）については、「黒竜江省における北海道送出「開拓団」と現地農民――鏡泊湖義勇隊開拓団と阿城・八紘開拓団の事例報告――」[1]、5）については、「黒竜江省における北海道送出「開拓団」の関連史料について――特に、現地農民との関係史研究の側面から――」[2] より、それぞれ関連記載を抜粋、転載する。

　注
1) 北海道開拓記念館『18 世紀以降の北海道とサハリン州・黒竜江省・アルバータ州における諸民族と文化――北方文化共同研究事業研究報告――』2005 年所収
2) 北海道開拓記念館『「北方文化共同研究事業」2000-2002 年度調査報告』2003 年所収

1. 鏡泊学園

（1）鏡泊学園と山田悌一

第一次の満洲開拓青年義勇隊 1 個中隊が、寧安訓練所から鏡泊湖沿岸に移住

第1章　鏡泊学園、鏡泊湖義勇隊、八紘開拓団の概要について

し、のちに義勇隊開拓団を開設するには、先行の鏡泊学園がかかわっていた。鏡泊学園は、満洲国文教部の第一号として、1932（昭和7）年10月に設立が許可される。その発端は、国士舘の理事長・柴田徳次郎、理事・山田悌一、理事・大林一之らが、「新満洲国の建国に貢献する人材養成の大学設立」を提唱したことにはじまる。学園構想から現地移住まで、中心的な役割を果たしたと考えられる山田悌一と、設立の経過・目的を見ておこう。

　山田悌一は、1892（明治25）年宮崎県都城に生まれ、1912年東洋協会専門学校（拓植大学の前身）の支那語科に、また13年から私塾・善隣書院にも学ぶ。専門学校を卒業する15年に中国山東省に渡航し、翌年4月には満洲、東蒙古を旅して、川島浪速らの第二次「満蒙独立運動」にかかわる。帰国後、山田は国士舘の創設に関係し、19年11月の設立時に理事に就任、そのご国士舘中学、同商業学校、同専門学校の経営にたずさわる。満洲における学園づくりは、右翼の大物だった頭山満から間接的に要請されたとする話があり、31年9月の満洲事変直後から、たびたび山田は陸軍元帥の上原勇作を訪問していた。

　満洲国の成立後、山田は総務長官・駒井徳三（北海道大学前身の東北帝国大学農科大学出身で、満鉄の元農事担当）あてに次のような運営方針をおくる。「大地に根ざす勤労生活によりて」、「自給自足と協力とをモットーとする学園を中枢とする、社会即ち学園村の建設を期す」。また建設趣旨書には、「大亜細亜主義を抱懐せる青年を陶冶鍛錬」し、「併せて満洲国農業開発に資せん」としていた。32年5月上旬以降、山田、大林の両理事は、大連の内田康哉満鉄総裁、奉天の本庄繁司令官ほか関東軍幕僚、長春の駒井長官、文教部当局などと懇談し、学園設立の諒解をもとめる。候補地の鏡泊湖（当時は吉林省域）は、吉林陸軍特務機関の示唆をうけて、6月2日以降、現地踏査のうえ決められた。33年3月になって、学園建設地は鏡泊湖南湖の松乙溝（のちの鏡泊学園）に決まる。学園生は中等学校の卒業者を対象に、新聞各紙をつうじて全国で募集され、200名が選抜される。入学金は300円で、結果的に九州出身者がおおかった。4月、東京世田谷の国士舘内に訓練所（高等拓植学校）をもうけて訓練を開始するが、うち11名は満洲公主嶺の満鉄農事試験場に委託して満洲農業の大要を学ばせる。拓務省は、鏡泊学園を「自由移民」として許可するが、

実際は在郷軍人の武装移民とかわらず、全員が武装していた。8月1日、満洲にむけて出発するが、鏡泊湖が「匪賊（抗日勢力）」の拠点だったため、吉林省の敦化で待機になり訓練をつづけた。

つぎに、鏡泊湖における学園開設から解散、その後の学園村と学園村塾について、『満洲鏡泊学園鏡友会60周年記念誌』（結城吉之助編、1994年）と、『人柱のある鏡泊湖』（紀元二千六百年記念出版・大陸開拓精神叢書第3輯、満洲日日新聞社、康徳7・1940年5月）にもとづいて整理する。

1934年・学園1年目　2月24日〜3月中旬、交戦しながら鏡泊湖へ移住する。到着後、「満人（満洲国以前からの漢族住民）」家屋を買収して事務所とし、「湖沿（地名）の民家に鉄条網張り分隊ごとに駐屯」した。雪が消えるとともに警備、家屋建設、水田42町歩、畑地70町歩の開墾、灌漑水路と堰堤の構築などに着手する。日本内地の「満洲熱」低下のせいで、二期生は30名にとどまる。5月5日の入学式後、二期生はすぐ満洲にむかった。ところが、学園指導者として、生徒の人望をあつめた山田総務が、5月16日、大廟嶺で「匪賊」襲撃にあい戦死する（享年43歳）。この事件で、職員2、学生5、守備兵5、通訳1をふくむ14名全員が戦死する。一行はカーキ色の制服に銃器を携帯し、トラックを待ち伏せされて襲われた。二期生も学園到着まで5回の襲撃をうけ、守備兵5名の犠牲をだす。その後、湖畔一帯には1,500（3,000とも）の抗日勢力が集結し、全員が塹壕や望楼で襲撃にそなえた。9月までの4ヶ月間は、付近の朝鮮族の米を購入して食糧難を凌いだ。4分の3がアミーバ赤痢になり、100人あまりが3ヶ月間も病床についた。

1935年・学園2年目　栄養不良による夜盲症が続出した。7月、関東軍との折衝の結果、つぎの学園処理方針が発表される。学園の問題解決まで関東軍が経営する、応急食料費として拓務省補助金1万円で食いつなぐ、学園負債約10万円は学園財産を処分することとして近く実現する移民会社に買収させる（12月創立の満洲拓植株式会社）、学生は希望により拓務省第四次基幹移民として入植させ一般移民の農事指導員とする。こうして11月21日、第一回の卒業式をおえて**鏡泊学園は解散**する。150名余の青年定着は不可能なため、第四次開拓団に45名（城子河）、自由開拓民20名、他へ転ずるもの60名、残留30名

に決まる（三河組5名・海拉爾（北方）15名・その他入隊就職など60〜80名の記載も）。一、二期生をあわせて230名の学園生のうち、6名が死亡したほか、約70名がすでに学園を去っていた。

(2) 学園村・村塾と義勇隊

1936年・学園村1年目　「恩師と盟友の墓」を守るという残留者（22、3歳の39名）の意向がみとめられ、4月から、**学園村の建設**と営農を開始する。実験農家として、「満系の徐一家」を畑作に、「鮮系（朝鮮族）の印一家」を水田にそれぞれ雇い、全員が現地農法を習得することに努める。また、湖沿屯の催さん（朝鮮族）に解散前に手がけた尖山子の水田予定地20町歩（1934年整地、灌漑水路2km）の耕作指導をたのむ。秋には畑作、水稲とも自給して余剰がでるほどの豊作になり、現地自活の自信がつく。冬期、房身溝おくの頭道溝で木材伐採をし、運搬する。住民に働きかけて地域産業組合を設置する。学園村の出入りがはげしく、常在の村員は20名を割る。5月ころから約一年半、治安維持に新たに一個中隊が駐屯し、外部との交通が確保される（樋口部隊→鈴木部隊→楠畑部隊、この年から実施の「集団部落」に関係か）。翌年にかけて、学園村の附属として漁屯（学園と後の義勇隊との間の部落−漁沿屯）が容認されたほか、「満鮮人雑居」の集団部落として、学園屯、仙山子、湾溝、南湖頭、房身溝などが最初にできる（自然屯5、6ヶ所を強制合併、現地住民は「集屯」と呼称）。

1937年・学園村2年目・村塾1年目　学園再興の支援組織として、卒業者と牡丹江省の関係者で鏡友同志会ができる。石頭河に新田10町歩をひらく。漁業、木材、畜産加工、購買販売組合にも取りかかる。特に、漁業は漁屯を中心に組合をつくり、寧安県や満鉄の後援で稚魚放流や魚類生態の調査をする。5月、学園村に**村塾を設立**し、「日系少年6、満系7（漢人）、鮮系3（朝鮮人）」を収容する（「東京城守備隊長後藤中尉の紹介で優秀な趙治幡少年を預かり、これを嚆矢に満系6名増員、日系7名、鮮系2名がこれに加わり」の記載も）。塾舎を中心に個人家屋12、畜舎4、使用人宿舎1などが完成する。南湖頭の水田経営地にも2戸建て4棟をつくる。12月21日ころ、学園商舗の安武、同行

の佐藤が東京城から馬車輸送の途上、大廟嶺で「共匪」・陳翰章の一群（30名）におそわれ、後続の小松が殺害、孫楊も捕らえられるが逃げ帰った。

1938年・学園村3年目・村塾2年目　1月ころ、第一次青年義勇隊6,200名を収容する大訓練所の設営のため、豊島、岡村、田島の3教師を龍江省嫩江県の伊拉哈に派遣する。先遣隊の訓練生300名とともに伊拉哈訓練所を建設し、3月25日から40名ずつが嫩江、勃利、寧安、鉄驪、孫呉の5ヶ所にわかれる。南湖頭に20町歩を買収して開田する。村員はもっぱら水稲にあたり、畑作は満系家族や労務者が主になる。「間島省」とソ連との境界でおこった軍事衝突（張鼓峰事件）にともない、大廟嶺から北湖頭にかけて共産ゲリラが占拠し、鏡泊湖は20日間あまり孤立する。15、6名ほどの学園残留者は一戦を覚悟した。4kmさきの石頭河の水田が危険にさらされ、鏡泊丸（船）に食糧、衣類、農具等をつみこみ、昼間は作業、夕方は船上の生活になった。塾生らによる南湖頭の水稲は大収穫で、在来種の赤毛芒種、北海一号を籾のまま貯蔵した。

1939年・学園村4年目・村塾3年目・学園義勇隊訓練所1年目　冬期漁業は大拉網二套組（漁夫90人）でおこなう。2月19日、鏡友同志会で寧安県副県長が主唱し、義勇隊誘致をきめる。3月、拓植委員会の富永大佐が来園し、誘致が具体化する。下旬、義勇隊先遣隊として、喇叭鼓隊が到着する。6月、寧安訓練所から義勇隊石山中隊の先遣隊が到着し、**鏡泊学園義勇隊訓練所が開設**される。所長には鏡泊学園の西津、指導員には豊島、島田、向井の3名が出向となった。また7月には、石頭河地区に秋田漁業開拓団が入植する。人夫200人、馬車隊60台、保安隊50名が湾溝奥の褌襠溝で伐採作業をおこなう。馬糧用豆餅を製造する搾油工場（油房）の増設、配給用商舗の拡張、村個人住宅建設のため、製材・煉瓦づくり、大工、左官なども募集する。併行して、訓練所、塾、村づくりがすすめられた。

1940年・学園村5年目・村塾4年目・学園義勇隊訓練所2年目　1月現在の学園概要を引用する（『人柱のある鏡泊湖』（1940年）より、体裁を改めた）。

　1　学園内の人員

　　学園同人20名（内4名は訓練所幹部）、同人妻4名、同人子女1名、塾生20名、義勇隊訓練生300名（→288名）

2　昭和十四年度作付面積及収穫　（表省略）
3　着手事業の種類
　木材 14 年度は満拓関係開拓団用材として 1 万 3,000 石伐採（→ 28,800 石の書込）漁業、油房（14 年度着手）、精米、加工（味噌・醤油・魚肉燻製）、購買組合（満人集団部落内に開店）（→学園屯か）
　昭和 15 年は山田総務等の七周忌に当たるを以てその記念碑その他の建立を計画。

　学園用地が義勇隊訓練所に転用されたことから、新たに**学園村を北に移転**した。湖畔沿いの飛行場跡地約 30 ヘクタールに個人住宅 17 棟、合同宿舎棟 3 棟、南湖頭に 3 棟、ほかにも倉庫、牛舎、豚舎、鶏舎、羊舎、管理者住宅 3 棟等など、建築ラッシュとなった。その外側の広い範囲を鉄条網や内堀で囲み、治安対策を備えた集落ができあがる。家族招致も可能となり、花嫁が来るようになった。『人柱のある鏡泊湖』刊行、「今や東満一帯は日本人の民族移動」と記載。8 月、故山田総務以下の大廟嶺殉難地に頭山満筆の「嗚呼殉国十九烈士之碑」、湖畔の学園敷地に徳富蘇峰筆の「興亜烈士之碑」をそれぞれ建立する。

1941 年・学園村 6 年目・村塾 5 年目・学園義勇隊訓練所 3 年目　3 ～ 4 月頃、学園屯内に村公所をおき、村長に「満系」の程万玉、副村長に鈴木五郎がえらばれ、村政が行われる。家族招致もすすみ、婦人が 10 人を越え子供もふえた。5 月ころから、「関特演」の召集で、東満の図佳線一帯が渡満日本兵であふれ、学園村も景気の波にのる。12 月 8 日、所長を交代し、鏡泊学園義勇隊訓練所は鏡泊湖義勇隊訓練所となる。

1942 年・学園村 7 年目・村塾 6 年目　南湖頭に香川県から半載河開拓団が移住する。開戦直後の日本勝利で現住民も「反米欧、アジア団結」の大合唱となるが、やがて増産・供出命令が出だすと面従腹背になった。日本からの旅人や疎開者で村人口もふえた。

1943 年・学園村 8 年目・村塾 7 年目　学園村の員数は定住 12 ～ 3 名、村塾は日本人が 8 名以上、「満鮮系」が張劉方ほか多数（常住 5 ～ 10 名）。酒石酸が兵器になると、ブドウの葉採集に現住民も動員される。増産・供出・徴用・軍事訓練など、日本・満洲国の戦時体制は鏡泊湖沿岸にも及んできた。

1944 年・学園村 9 年目・村塾 8 年目　日本の物資不足で、満洲に移ってくる人がおおくなる。村長ほか部落有力者 40 余名が、反満抗日の国事犯嫌疑をうけて連行される（鏡泊湖通匪事件）。学園とも交流があり、正業のある人々のほとんどが検挙監禁された。村員をあげて釈放運動をおこなう。

1945 年・学園村 10 年目・村塾 9 年目　3 月末ころ、鏡泊湖から敦化の山間地帯に重深陣地構築ということで、赤鹿部隊約 300 名が湖畔にくる。国事犯の死刑は中止になるものの、再審、釈放はなかなか進展しなかったが、全員の無罪釈放を勝ち取る。7 月の最後の召集令状で根こそぎ動員され、学園村は危機に瀕した。

「昭和 21 年（1946）8 ～ 10 月における学園村員の引揚状況」によると、村員 21、子ども 13 の計 34 名が帰国したが、現地死亡者が老人 4 をふくむ大人 9、子供 11 の計 20 名あった。ただし、出征や内地療養のために不在の在籍者が 8 名（うち 3 名塾生）おり、塾生出身者の日本人が 11 名以上いた。また「満系鮮系」の在塾者が 8 ～ 10 名いたが、20 年 8 月 23 日に解散・帰郷していた。したがって、最終の学園村員は不在の在籍者、塾生をふくめて日本人の大人 49 以上、子供 24 の計 73 名以上に、漢族と朝鮮族の塾生がいたことになる。

2. 北海道の第一次満蒙開拓青少年義勇軍

名簿掲載数：　先遣隊 122 名、第一次本隊 100 名　計 222 名
出　発　日：　昭和 13 年 5 月 3 日　札幌駅発
訓 練 経 過：　茨城県・内原訓練所→牡丹江省・寧安訓練所→鏡泊湖訓練所
　　　　　　　～開拓団

『北海タイムス』によれば、北海道の第一次満蒙開拓青少年義勇軍 222 名は、1938（昭和 13）年 5 月 3 日に、札幌神社に参拝して、札幌駅より出発している。同日付の名簿では、この 222 名は、先遣隊 122 と第一次本隊 100 よりなる。札幌神社前で撮影された壮行会写真には、参列者、引率者、一部家族とともに 204 名程が写り、18 名程の欠員があったようである。先遣隊と第一次本隊の違いが、募集時期によるか、その後の訓練期間や役割によるかは定かでない。た

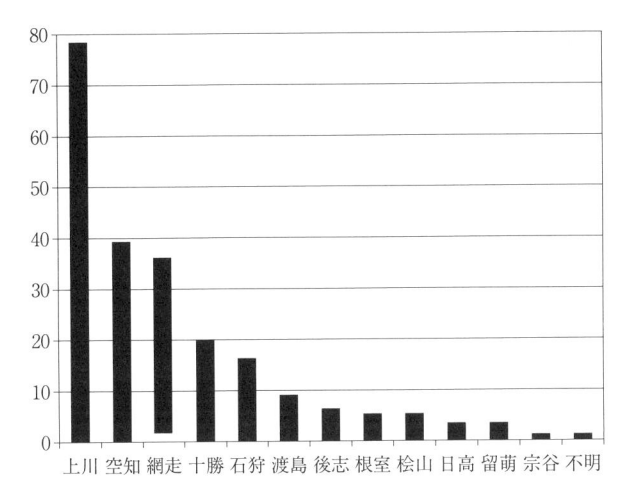

第1章　鏡泊学園、鏡泊湖義勇隊、八紘開拓団の概要について

	人数	比率
上川	78	36%
空知	39	19%
網走	36	16%
十勝	20	9%
石狩	16	7%
渡島	9	4%
後志	6	3%
根室	5	2%
桧山	5	2%
日高	3	1%
留萌	3	1%
宗谷	1	0%
不明	1	0%
総計	222	100%

	人数	比率
寧安	189	85%
勃利	33	15%
総計	222	100%

だし、北海道の第一次参加者に、茨城県内原の国内訓練所に2月に入所し、寧安の現地訓練所に6月に入所する先遣隊と、秋に後続する本隊がいた。また、先遣隊の現地到着時、訓練所の施設は未整備で、先遣隊が本隊の渡航までに施設づくりに従事した。このことから、北海道の第一次義勇軍名簿は、5月3日の本隊出発までに確定した先遣隊と本隊のそれぞれを掲載するが、一部の先遣隊はすでに2月に出発しており、遅れた先遣隊が5月出発の本隊に合流したものと考えるのが妥当であろう。

　北海道の第一次義勇軍参加者を出身地別に見ると、上川の78名（36%）、空知の39名（19%）、網走の36名（16%）と、上位3支庁で153名、69%を占める。なかでも上川と空知で過半になることは、この2支庁が早くに移住し、農業適地の開拓をほぼ終えていたことがある。つまり、明治大正に移住した第1世代が、農業を継がせる時に、農地を長男には引き継げても、2、3男には近隣や周辺に見出すほかなく、その余地、資力も限られたことがある。また北海道開拓の先行地としての蓄積や、その後継世代であることも応募を促す要因であったろう。これに対し、網走の場合は、気候、土壌など、農業環境が明らかに厳しい条件がある。4、5位の十勝、石狩は、やはり農業適地が広く、早く

289

に開拓が進んだことから、上川、空知と同様な傾向と考えられる。その他の地域の場合は、上位支庁に比較して、農業適地が狭小か、あるいは農業環境の厳しさが、要因であろう。

　その他、「満洲事変」(9.18) 前後のころ、北海道は水害、凶作が相継ぎ、農村の婦女子身売りが社会問題になっていた。また全国的には、昭和恐慌の危機感から、右翼、青年将校の政財界に対するテロやクーデター事件、陸軍による「満蒙生命線」のキャンペーンがあり、昭和11年 (1936) には、「満洲開拓」を国策として、義勇軍や「開拓団」の募集が官民を挙げて進められ、未知の中国東北地域に北海道農民をみちびく世情、時代背景を形づくっていた。

　なお、北海道の第一次義勇軍は、内原訓練所に入所後、長崎県 (70名弱)、静岡県 (10名弱) の出身者とあわせて300名の第七中隊になる。さきに触れたように、6月には先遣隊が現地へと渡航し、本隊は秋に渡航するが、なぜか北海道の222名は2グループに分けられてしまう。189名が寧安訓練所に移される一方、33名は勃利訓練所に回される。証言によると、内原訓練所の期間中に、北海道出身グループが問題視され、意図的に分けられたということである。

3. 鏡泊湖義勇隊〜開拓団

(1) 第一次満洲開拓青年義勇隊から鏡泊湖義勇隊開拓団へ

　北海道出身の第一次満蒙開拓青少年義勇軍222名は、1938 (昭和13) 年5月5日茨城県東茨城郡下中妻村の内原訓練所に入所する (現内原町)。入所後に、長崎県出身者 (約70名) とともに総勢291名の第2大隊第3中隊になるが、北海道の33名は第9中隊にわかれる。その後、静岡県出身の9名がくわわり、約270名の中隊編成ができた。各中隊は19〜14歳の第1〜5小隊にわけられた (14歳が12、3名)。中隊長には、山形県出身の石山孫六が着任する (27歳、加藤完治の薫陶をうけて義勇軍の幹部要員募集に応募)。6月初旬ころ、訓練生は約7,000名になった。ただし、入所者の過半は農作業が未経験だった。

第 1 章　鏡泊学園、鏡泊湖義勇隊、八絋開拓団の概要について

重労働にたえず、訓練所をさる者もいた。軍事教練は、基礎訓練から部隊訓練となり、月に何回か土曜日には行軍がおこなわれた。「満洲」に出発する前日、各自に義勇軍手帳、浅黄色の制服、桜の帽章がついた同色の戦闘帽、リュックサック、水筒と鍬の柄がわたされた。1ヶ月半の訓練をおえて、6月22日、第10中隊（再編か）は5ヶ中隊・1,500名で出発する。東京では皇居・靖国神社・明治神宮をめぐり、25日に釜山上陸、26日東京城に到着する。東京城からは、前年11月に伊拉哈訓練所入所の先遣隊5名が小銃を手に先導し、16kmさきの寧安訓練所に向かった。約4時間の行軍で胡家焼鍋から1km手前の訓練所につく。

　内原の第10中隊は、寧安訓練所では第7中隊になった（渡航後は、満洲開拓青年義勇隊と呼称）。翌日から、塹壕を掘り、鉄条網をはりめぐらし、中隊支給のチェコ製小銃と軽機関銃で警備についた。6、7月は晴天つづきで、大根畑を開墾し、その他の普通作物は既耕地を利用した。生水は禁止だったが、井戸水を飲んでアメーバ赤痢が続出し、7月中旬には2名が病死した。各地に、30～50名の「匪賊」出没の情報がでていた。越冬用宿舎を建設するため、「満人」部落で土煉瓦づくりの講習をうける。幅6m、長さ30mの1個小隊50名用の宿舎（ペチカ付）5棟をつくった。そのほか、中隊本部、炊事場、糧秣倉庫、医務室、衛兵所、農産加工場などを建設するため、農耕班を除くほとんどは土煉瓦づくりの毎日だった。寧安訓練所には、われわれと相前後して12個中隊3,600名が入所した。本部をふくめて、150棟の倉庫のような建物をつくるため、建築班は柱や窓枠の製材におわれた。7月末ころ、約4km西の沙蘭鎮にあった本部が7中隊の場所に移動することになり、7中隊も約4km東の練家焼鍋まで約2kmの地点に移動する。8月下旬、全員が新7中隊に移動を完了する。10月早々、各小隊宿舎のほか中隊本部、炊事場、講堂、加工所、幹部宿舎などがほぼ出来上がる。冬服を準備するころ、訓練生は14中隊4,000名になっていた。後続部隊の建設資材と燃料を確保するため、「満人」による伐木作業をおこなうが、「匪賊」の活動域に入るため警備隊を編成し、1、2小隊からも65人が選抜される。沙蘭鎮経由で約50kmの地点にキャンプし、各中隊からも分散作業の警備についた。建築材はトラックで本部へ、また燃料用

291

は和盛屯（各警備隊の補給基地）に集積して馬車ではこんだ。警備隊とまちがえて、「匪賊」が「満人」作業班の宿舎を攻撃した。12月頃までに、全満の訓練生は1万5,000名に達した。

1939年・寧安2年目～鏡泊湖1年目　2月中旬、第二中隊の隊員2名が監禁されているので実弾が支給され、中隊長以下80名が練家焼鍋部落にむかった。沙蘭鎮駐在の日本人警察官によると、2名は部落で主婦に悪戯しかけたので大勢の部落民に捕まえられたのだった。もし攻撃したら部落と7中隊の問題ではおさまらないと云われ、翌日、川守田大隊長、石山中隊長、第二中隊長の3名が部落民に謝罪し、2名をもらい下げた。5月、雨が降らず表土は乾ききっているのに、解けていく凍土（2m以上）が発芽に必要な湿気となった。作業は、午前は11時半まで、暑い最中は昼休みを延長し、午後は2時半から6時半までとした。鏡泊湖移住の話があったが、鏡泊学園との同居が懸念されたので、模範中隊を選ぶことが条件だった。石山中隊長はひそかに7中隊の移住を決め、5月下旬に隊員に伝えた。そして6月には先遣隊、秋には本隊の鏡泊湖移住となった。なお、1939年頃より、関東軍は大小訓練所の所長を民間人から陸海軍予備役軍人に変えていった。寧安訓練所長も、城子河開拓団長の佐藤修から、陸軍中将の栗原小三郎にかわった。

鏡泊湖への移住　1939年3月26日、最初の義勇隊として喇叭鼓隊28名が鏡泊湖に移住する。永住を条件とする甲種訓練所は、満洲拓植公社の直属になり、東京城出張所から物資供給をうけるため、5月には東京城駅前の旅館明治屋の1室を訓練所東京城出張所とする。輸送トラック1台が配備され、運転手1名・助手2名が勤務した。物資の供給は、満拓出張所をとおして国際運輸の倉庫から受領した。6月3日、1、2小隊の約60名が先遣隊になり、牡丹江市つばめ運輸のトラック2台に分乗して鏡泊湖にはいった。本隊移住は、9月10日頃から5小隊、3小隊と1個小隊ずつ移動した。第一陣の5小隊は、やはりトラック2台で東京城を経由して65kmさきの鏡泊湖にむかう。北湖頭の波止場から朝鮮族が操縦する連絡船（6トン）に乗り換え、約40kmの湖の南端まで2時間乗船する。下船して、雑木林の細道を登りつめると、湖を一望できる訓練所についた。南に南湖頭の現地人屯が見えた。甲種鏡泊湖義勇隊訓練所の

第 1 章　鏡泊学園、鏡泊湖義勇隊、八紘開拓団の概要について

移行は、第一次甲種訓練所 68 個団の一つとして、10 月下旬には全小隊 260 名の移行を完了する。鏡泊湖移住までの 1 年 3、4 ヶ月で、すでに 10 名ほどが減少していた。これまでの年齢別の小隊編成は解散し、28 名の喇叭鼓隊も合流して、第 1 ～ 5 耕作班を編制する。訓練所の指導体制は、所長に鏡泊学園の西津袈裟実がつき、ほか数名の学園関係者が指導者になり、石山中隊長は教務担当だった。11 月、夜半に非常呼集があり、1、2 小隊の 50 名（19、20 歳）が武装して緊急出動した。鷹嶺麓にキャンプしていた鉄道測量隊が、「匪賊に襲撃され目下交戦中、急援を乞う」と満警討伐隊から要請されたのだった。着いた時には戦闘もすでに終わって、犠牲者、負傷者はなかった。その後は、鏡泊湖訓練所ちかくでの「匪襲」は皆無だった。12 月、鏡泊湖訓練所分として激励袋がとどく（昨年暮れは激励文）。

1940 年・鏡泊湖 2 年目　満鉄測量隊の「匪襲」事件があったせいか、1 月下旬には、東京城駐屯の独立守備隊木村隊に 50 名が入隊して 2 週間の軍事訓練をおこなう。例年になく雪が多いと「満人」部落の長老達が言っていた。訓練所から 300m 程はなれた学園屯に虎があらわれ、高さ 3.5m の土塀を飛び越えて豚をくわえたまま逃げ去った。その虎を 8 名の白系露人の狩人達が射止め、満警討伐隊の広場に運んできた。春には、建築技術講習小隊から復帰した 1 名が鏡泊湖神社（対岸の大頂子山頂）、加工場、鷹嶺郷と共栄郷の建設に従事した。新たに農産加工場、装蹄所、縫工所、写真班等が設置される。10 月、石山中隊長が帰国する。

（2）鏡泊湖義勇隊開拓団の概況

1941 年 1 月から、開拓団移行の準備がはじまる。耕作班は解散し、年齢差を平均化して 15 名単位のグループに再編した。水田、畜産、蔬菜等の専門を考慮し、約 200 名が本部と移行地になる共栄郷、青葉郷、大和郷、鷹嶺郷に別れた。各郷の地区割は、航空写真を拡大しておこなった。移行地は、すでに訓練所幹部と現地人との話し合いがついていた。

共栄郷　訓練所にもっとも近い。灌水蔬菜グループが日輪兵舎をつくって一番先にはなれ、ついで畜産・酪農主体の興農班、実験農業（4 人の共同、在来農

法と北海道・北欧農法を加味する改良農法を採用)、水田・蔬菜主体のグループが加わった。

青葉郷 訓練所から6kmの尖山子山麓にあり、抗日勢力にもっとも悩まされる所だった。見渡す限りの草原中央に小川が流れていた。2月に草葺きの仮宿舎を作って移り、仮畜舎をたて壕をほり、耕地整理をする。陽炎が燃え出すころ、朝鮮族数戸をたのみ宿舎を建築する。土塀をつくり、壕をおおきく掘り直して部落の形にした。普通作物に酪農と、一部水田もできた。馬4頭に、後には牛2頭をくわえ、耕地は40町歩あった。麦類、馬鈴薯、豆類など、無肥料でもどれも見事なできだった。朝鮮族のところで、玉蜀黍からつくったマッカリ(どぶろく)や飴をご馳走になった。

湾溝 訓練所から約12km(人口約500人の約3分の2が漢族、3分の1が朝鮮族、義勇隊開拓団は移住後に大和郷と呼称)。部落から100mくらいを松乙溝がながれ、肥沃で草原もあった。現地住民の一部家屋・土地を買収し、2月上旬、第一陣5名が小銃・弾薬を携行して移住した。蔬菜と水田の併用で、秋にはマス釣りもした。本部から湾溝までの開拓道路は、日本からの大学生が夏期休暇の勤労奉仕で作業にあたった。1942年にタコ足式籾蒔器を導入したときは、部落民が総出で見物し、水田班アドバイザーの朝鮮族の李さんも驚いていた。若い連中は張屯長の家に遊びにでかけ、奥さんにほころびを縫ってもらったりもした(元隊員の川原氏は、8歳くらいの漢族の子供とともに暮らしたという)。

鷹嶺班 訓練所と湾溝をつなぐ道沿いのやや学園屯よりで、果樹園が主体だった。

　義勇隊開拓団全体の動きを見ていくと、1941年5月、「鏡泊学園再建案計画書」に「義勇隊を利用し」の表現を目にした隊員がいて、西津所長と学園出身幹部の総退陣を迫ることになった。新京の満拓本部理事長に面談した結果、信頼できる指導者を派遣することが決まる。訓練所を調査した満拓副参事の岩崎安忠が、6月下旬、訓練所長に着任し、学園の主な幹部が去ることになった。岩崎は、奉天市郊外の北大営訓練所に派遣され、蔬菜栽培・野菜貯蔵の権威として関東軍や各地開拓団の指導にあたった人だった。この間、6月上旬には、

第 1 章　鏡泊学園、鏡泊湖義勇隊、八紘開拓団の概要について

元 2 小隊を主とする 40 名ほどの徴兵検査（3 回目）がおこなわれる。10 月 1 日、訓練期間終了式および開拓団結団式が挙行される。来賓には、満拓牡丹江地方事務所長、寧安県公署署長、警察署長、学園屯・南湖頭・湾溝屯（いずれも現地民の集団部落）の各屯長が参列した。住民は当初、開拓団を軍隊のようにおもい警戒したが、もっぱら作物づくりをする団員に彼等から近づいてくるようになった。団員を子供のように思って、結婚話さえするほどになった。団員の家族や花嫁が招致され、応召者の不足をおぎなう縁故者・補充団員も募集された。1943 年には、各郷隊員、本部勤務者、応召者など全員に、1 人当たり 10 町歩の農地（水田・畑・未開地・山林を含む）を配分し、土地台帳に記録した。1944 年、鏡泊湖義勇隊開拓団の領内に開設されていた国民学校は、義勇隊開拓団縁故の子弟と鏡泊学園の子供達合計 20 名程……。8 月、牡丹江第 5 軍の指示で、酒石酸でレーダーをつくるため、山葡萄採りに 1 月ほど山でテント暮らしをする。1945 年 7 月〜 8 月 4 日の根こそぎ動員で補充団員のおおくも入隊し、義勇隊開拓団には岩崎団長のほかわずかと花嫁、縁故者だけになった。

　（8月）16 日より団は避難の準備に取りかかり……共栄郷、青葉郷、大和郷には残留者全員団本部と引揚ることを指示されたが……大和郷のある湾溝地帯にはソ連軍が進撃していた。17、18 日頃は国境に近い開拓団員や在満日本人が家族ともども続々と避難入鏡してきて、その数は **2 万余名を超えた**。団本部では、避難してくる在留邦人に食料等の配分援助をせざるを得ない状況であった。（ソ連軍の支配下で分けられた）家族の約半数は数里はなれた尖山子や吾鳳楼、その他現地住民の部落に散在し……健康な者は病人や子供達を護るため現地住民の雇い人としてそれぞれ働く。1946 年春…家族の救出につとめ…コロ島に着いたのが 9 月下旬、博多に上陸したのは 10 月上旬だった。ついに救出ができず、鏡泊湖に残留した婦人 2 名子供 4 人と不明者（生死）があった。

（3）鏡泊湖義勇隊開拓団についての現地住民（漢族）の証言

　鏡泊湖義勇隊開拓団の現地取材は、2004 年 9 月 15 日（水）、寧安市の開拓団があった鏡泊郷のうち、団用地ではもっとも東の「大和郷」があった湾溝村

でおこなった。同村の元会計で、現在は『湾溝村史』を執筆中の蔡清満さん（63歳）に、通訳を介して10〜15時にお話をお聞きした。途中からは実際に村内に出て、集団部落だった当時の状況と開拓団についてご案内いただいた。以下は、その取材要旨である。

- 湾溝村は、抗日活動の盛んな地域で強制的に合併された5つの「集屯」（湾溝、半截溝、金家■溝（聞き取りによるが、発話文字の判別不能）、霍家屯、小湾溝）のうちの1つだった。
- 小湾溝では1940年に烈士・陳翰章ほか30余人が、金家脸溝でも烈士・韓志和がそれぞれ殺害された。
- 湾溝村には100軒・500人がおり、うち3分の1が朝鮮族で吉林省から来た。
- 開拓団の用地は「集屯」のときに確保されていた。用地に立入ることは禁止だった。
- 壕と土塀で囲まれた「集屯」は、300m四方を十字の道路で4区画とし、4ヶ所の門に監視人をおき、出入りには良民証の確認を求められた。門は日の出にひらき、夜間は閉鎖された。日没前に帰村しなければ、「通匪行為」と見なされ逮捕された。
- 特に、水田作業のあとの検査は厳しかった。
- 食糧は、漢族には米と小麦粉が禁止され、トウモロコシなどを食べた（団員と朝鮮族は米・小麦粉を食べていた）。
- 勤労奉仕隊として、農場や工場にいかされた。
- 学園村も現地民の村につくられ、のちに訓練所、警察派出所がおかれた。なお、同村には配給所があって、塩や布、食用油などを配給券と交換した。
- 鏡泊湖東南岸には、義勇隊のほかにも南湖頭、房身溝、石頭河などいくつかの開拓団があり、団の逃亡時には30人の捨て子があった。その後、みな中国人と結婚し、家族をふくめて70人になり、すべて日本に帰国した。
- 団逃亡後、漢族は団用地をつかい、朝鮮族の3分の1は残り、あとはバ

ラバラになった。
・土塀はその後、自然にくずれた。

4. 八紘開拓団

(1) 前史―八紘学院と創設者・栗林元二郎

　八紘開拓団の概要にはいる前に、この移民団を組織するもとになった開拓民養成学校・八紘学院と、その創設者・栗林元二郎について触れる（注「創立五十周年記念　学校法人八紘学園　北海道農業専門学校」パンフレット（1981年）所収「八紘学園のあゆみ」と、『追想記　栗林元二郎』（1983）所収「年譜この一生」を中心に、栗林元二郎『斉藤子爵　学院　私』（1936年6月）、栗林元二郎述『八紘学院の教育』（1936年7月）を参考とした）。

　栗林は、1896（明治29）年秋田県雄勝郡稲川町川連に生まれ、尋常小学校卒業後は家業の農業に従事し、青年団長をつとめた。1919（大正8）年（大正7年との記載もある）、弱冠23歳で移民団長になり北海道十勝の芽室村上美生に入植する。移民勧誘者が失踪したことから、移住希望者におされて栗林が団長になった。入植後は短時日でプラウ馬耕をならい、初年度には農耕馬7頭を買い入れ30ヘクタールの作付にも成功する。22年、北海道庁長官から開拓功労者として表彰され、その故か翌年からは北海道庁殖民課の嘱託となり、関東・東北の各県を移民募集にまわる。その後、真駒内種畜場で酪農技術の研究生になるが、盲腸炎を悪化させ、手術5回、闘病は150日におよんだ。この大病がきっかけとなって、開拓青年の教育をこころざす。26年4月、元道庁内務部長の服部教一が開設した日本殖民学校（25年設立）の講師となり、28年11月には、北海道海外移住組合の理事にも就任する。しかし、栗林は独自の農業実習を主体とする学校設立をもくろみ、27年春、秋田県出身で内務大臣をつとめた水野錬太郎、さらに朝鮮総督だった斉藤実の後援をうける（注・斉藤自身、シーメンス事件で海軍大臣を辞してから、十勝に約600町歩の土地を購入し、みずから農場を営み、青年の農人に体験させる計画があった）。同年

11月、札幌市近郊の豊平町月寒村にあった種畜場の隣接地310ヘクタールを農林省から購入する（第二農場）。ひきつづき栗林は、東月寒の校舎適地を購入することに着手するが、不調におわる。しかし、30年3月には「八紘学園」の設立が認可される。学園の名称がえらばれた経緯は、栗林が「殖民教育の大望を抱いて橿原神宮に参拝した際」、宮司が神武天皇の「肇国の詔りを引いて、八紘—八方の境土即ち世界を家とするこの開拓の精神こそ、我が日本精神であると諭され」たことによる。30～32年ころは、組織・施設がととのわない八紘学園と、栗林が講師であった日本殖民学校との関係があいまいであり、生徒の立場も微妙だったようだ。校舎適地として28年に購入を計画し、はたせなかった東月寒の吉田牧場113町歩（陸軍第25連隊付近）の買収が、33年3月、管理委託された拓銀との間で契約成立する。4月末日より、仮校舎の建築をいそぐとともに、5名の定夫をやとい、14、5名の生徒と開墾にも着手する。7月20日に落成式をおこない、34年4月には、財団法人「八紘学院」の設立が許可される。総裁には、当時首相の斉藤実、学院長に元北大学長の佐藤昌介、理事長に元海軍大臣の財部彪、評議員に道立農事試験場場長の安孫子孝次、水野錬太郎、元第七師団長の渡辺錠太郎などが就任している。八紘学院は、中等学校卒業以上の学力ある者を対象とし、修業年限は2ヶ年であった。その教育目的は、39年の「八紘学院経営案」によると、「有志青年をして農業に関する学識・実地に通ぜしめて以て拓植報国の真価なる人物を養成し、率いて共に皇威を八紘に宣べ皇道を四海に弘めん」というもので、「八紘一宇の精神を養ふ、農道を基とし、真価徹底の体験教育、天道至教を奉ず、実学尊重・実行第一（実践的創造的人格の確立）」を根本方針とした（『北海道教育史　全道編四』引用の『北海道教育』1939年8月掲載・坂井喜一郎著）。

　栗林は、1940年4月以降、北部軍（43年2月11日より北方軍、44年3月10日より第五方面軍）から現地部隊の自活農耕の指導を委嘱され、青年たちをひきいて北千島にわたる。殊に、傷病兵の栄養源として、自作農業のほかに乳牛、養豚の飼育や酪農を奨励してまわるなど、大車輪の活躍で将兵を感激させたという。42年の夏から秋にかけては、アッツ、キスカ守備隊への物資補給にダイコン、カブ、玉葱など、寒冷地に適した種子を多量におくる。43年4

第 1 章　鏡泊学園、鏡泊湖義勇隊、八紘開拓団の概要について

月からは同様の役目で、大本営の委嘱もうける。44 年には、樋口北方軍司令官の査察に同行し、樺太部隊の指導もおこなう。この間、43 年 1 月に学院は火災でほぼ全焼するが、樋口の指示で工務隊が出動し、木造二階建ての校舎二棟が再建されている。

(2)「満洲」における栗林と八紘開拓団

　栗林は、1936 年 11 月～ 37 年 2 月、拓務省の委嘱により、満洲農業開拓団の営農状況調査をおこなう。その結果、在来の犁丈式農法では将来性がなく（浅耕で無肥料）、北海道式大農法によらなければ成功せず、と報告した栗林に、拓務局長の安井誠一郎と満洲拓植委員会事務局長の稲垣征夫らが、模範的な村造りをするよう強く要請する。こうして 1 戸あたり 14 町歩、600 戸の入植計画（8,400 町歩）がつくられ、38 年 1、2 月、阿城県玉泉村の大荒溝・大亜溝・海溝地区で現地調査をおこない入植交渉をするが、陸軍の進駐予定地だったため、大荒溝・小亜溝地区に縮小となる。39 年 2 月、名称を「酪農八紘村」として、濱江省阿城県の約 5,000 町歩に入植が許可される。同年 3 月 1 日、大友春三をリーダーとする先発隊 5 名が設営準備に着手する。ついで、募集・選考された先遣隊 50 数名が 4 月半ば出発しようという時に、満洲国開拓総局から「現地問題解決せず入植一時見合はせられたし」の電報がとどく（岡野浩政「忘れられないあの日「満洲八紘村先遣隊の危機」」『追想記　栗林元二郎』所収）。「現地問題」がなにをさすかは明らかでないが、「満洲国開拓地犯罪概要」に、荒溝の北海道八紘開拓民と海溝の山形県大谷開拓団の入植に関連して、朝鮮人農民約 500 人の立ち退き強制が問題になっていた（前掲「黒竜江省における北海道送出「開拓団」の関連史料について――特に、現地農民との関係史研究の側面から――」）。ところが、「入植認可中止の通達あるも之を強引に黙殺して先遣隊は渡満を決行し四月二十九日天長の佳節に日満両国旗を掲げて阿城県大荒溝区朱家屯に入植を断行した」という（『満洲八紘開拓団史』1969 年、以下『団史』）。11 月になって、なぜか団本部は朱家屯から三大家屯に移転する。12 月までには、先遣隊の隊員家族 23 戸を招致し、朱家屯に小学校（児童 16、職員 2）を開校する。

299

1940年・2年目　2月、満拓の自由移民課と省・県公署の開拓状況調査がおこなわれ、入植許可戸数は68戸に決定する。本隊受入のため、3月には「満人」部落の家屋接収をおこない、4月7日には、第一次本隊・45戸が家族同伴、家畜農機具類を携行して移住する。また、八紘在満小学校も三大家屯に移転する。6月、「開拓団法」の公布により酪農八紘村は集合開拓団の指定をうけて「八紘開拓団」に改称する。8月15日、八紘開拓塔を建立する。10月、開拓道路を施工する。

1941年・3年目　1月、「地区全域の解放許可、農地仮配分測量実施」になり、入植順に土地選定をすることとし、2月に希望部落に分散移動を開始する。4月11日、第二次本隊38戸の入植で総戸数は106戸になり、「開拓農場法」制定の農地配分が完了するまで大量入植を見合わせ、以後は縁故者を順次入植させる方針とする。5月、稲垣満洲国開拓総局長の視察、蛸足式水稲直播器をつくって全満に普及する。6月、阿部前首相の視察。8月、共栄、生長の2部落に新家屋を10戸建設する。9月、二宮満拓総裁の視察。10月、岡田満洲興銀総裁の視察。11月、明治神宮神嘗祭に新穀を献納（全満開拓団中より5ヶ団指定）。

1942年・4年目　5月、日本文芸協会派遣の満洲開拓団事業調査に真船豊来団（『中央公論』12月号に「北斗星」掲載、新橋演舞場・築地小劇場で上演）。6月、八紘在満国民学校の新築落成式。8月、北海道の乳牛80頭を団員・学院生が輸送、到着する。9月、岸日本馬政局長官・遊佐満洲国馬政局長視察、黒沢北海道興農公社社長視察・講演、安孫子北海道農事試験場長・沢道庁畜産課技師視察、「建国十周年記念大博覧会全満開拓団プラオ競技大会」にて黒田重人優勝。10月、貯蔵用野菜類の供出、馬政局長交替により和田新局長が来団する。12月、水稲・糧穀の供出。

1943年・5年目　4月、第一次「馬産開拓団」への移行認可、農産物の供出割当制が強化される。5月、牛乳加工場・精穀工場・配給所・倉庫・鍛工蹄鉄所などを全部石造に建築着工する。10月、砂利取専用の引込み線で野菜類の強制供出、沢庵漬の供出も本格化。11月、水稲雑穀類の供出。

1944年・6年目　3月、国防婦人会八紘開拓班の結成式、満拓家畜診療所を開

設。4月、「開拓協同組合法」に基づき開拓団から「八紘開拓協同組合」に移行。7月、「開拓農場法」に基づき県公署より農地配分、追加入植分30戸800町歩余の買収計画が認可される。10月、野菜供出。12月、亜溝駅より供出水稲を出荷する。

1945年・7年目 1月、精穀工場に供出大豆300屯収容。3月、アルコール原料として玉蜀黍を阿城製糖工場へ出荷。5月、第二国民兵役者召集により大量入隊。7月、大動員の根こそぎ入隊により団機能は全くの停止状態、有事に備えて本部機構を改める。

8月9日ソ連参戦の報。10～14日満洲中心部へのソ連軍進撃を現地「満人鮮人」の態度で知る。15日全面降伏の詔勅下るを聞く。16日県公署より全団の一切を放棄して急遽避難の指令でる。合議のうえ徹宵準備、17日現地引揚を決定する。現住民の絶大な協力で馬車を総動員（列は4里に）してもらい、阿城まで見送られる。18日阿城駅に到着するが浜綏線の列車不通、県公署の指示で阿城駐屯第2000部隊へ避難。9月、旧阿城陸軍病院に移動。栄養失調で乳幼児があついで死亡。10月、食糧確保を計画し、ソ連軍の付添で大谷・高柴（開拓団）両地区へ稲刈に出動。11月、越冬のため旧軍官舎に移動。働ける者は全部労工として、「満人」宅へ住み込み開始。ハルビンに避難した奥地開拓団難民が阿城収容所に合流。12月8日、元阿城県副県長ほか2名の日系人？が戦犯として銃殺される。発疹チフスにより壮年者の死亡がつづく。46年2月、食料底をつくが、県公署より高梁260屯の特配をうけて餓死を免れる。4月、自活のため婦女子は煉瓦とりをし、壮年男子は強制分散させられる。南満地区（遼寧省方面）より引揚開始の朗報がとどく。5～6月、婦女子の大半が労工として元の現住民宅、部落の住み込みとして働く。8月、引揚命令くる。

なお、八紘開拓団の入植時に設営準備をした小原悌次郎は、44年5月、第二八紘開拓団の設営者として新京（長春）郊外にも単独入地していた。終戦になって、第一、第二の八紘酪農開拓団の人たちとともに月寒（札幌）に引き揚げたというから、第二八紘開拓団も団員が移住し、開設されたことは間違いない。帰国後、小原はさらに学院開拓代行者に命じられ、引揚者の一部とともに十勝更別の原野にはいったという（46年、大友春三に同行か）。

八紘開拓団のほかに、栗林がかかわった新京（長春）の牧場計画にも触れておく。満洲国の首都とされた新京特別市では、人口急増にあわせて大牧場の招致を計画するが獣疫問題もあって苦慮していた。その対策を栗林が提案したところ、37年頃に実施を委嘱されたものである。40年6月ころ具体案がまとまり、浄月潭地区に約430ヘクタールくらいを買収し、函館市郊外の牧場主・斉藤雄之助を招聘することになる。社長に高橋康順（元満洲国実業部総務司長で岸信介の前任者、退官して満洲生命社長）、副社長に新京特別市副市長、常務取締役に斉藤雄之助、平取締役に栗林がついて、新京酪農会社が発足する。11月には、牛舎5棟とサイロ10基、ミルクプラントが完成し、乳牛110頭も学院の2年生と助手、農手ら17名で小樽から輸送された。また、関東軍司令部獣医部にいた学院の卒業生・山田秀人によると、「先生は何時も満洲へ来ると軍司令部の第四課（第四課は情報関係の仕事をしていた）に立寄ってい」たと語るように、関東軍との関係も密接だった。

(3) 八紘開拓団の経営状況

『団史』によると、最終的な団用地の内訳は水田148町歩、畑1,223町歩、放牧地2,000町歩、山林地1,000町歩、河川沼沢地500町歩、総面積は4,909町歩であった。『濱江省第二回開拓団長会議事録』（1939年10月）所収の「濱江省内各開拓団現況報告」から、八紘開拓団の移住初年度、1939年秋における状況は以下のとおりである（引用にあたり体裁を改めた）。

　◎八紘村酪農開拓組合
　一、団員移動状況
　　総入植団員52名、入植後退団団員2名、入植後死亡団員1名、家族招致のため帰国団員22名（10月末渡満10名、11月末渡満2名、12月末渡満3名、3月末渡満7名）、病気静養帰国中団員6名、現在団員数21名。総入植家族員数5名、入植後退団家族4名、入植後出生家族1名、現在家族員数2名。
　二、建築関係
　1、新建築

第 1 章　鏡泊学園、鏡泊湖義勇隊、八紘開拓団の概要について

共同厩舎 150 坪 1 棟、飼養人宿舎 13 坪 5 合 1 棟、共同井戸場・風呂場・便所計 9 棟、共同井戸計 3 眼、野菜貯蔵庫 1 ヶ、共同漬物用室 1 ヶ

2、在来家屋改造修理

家屋用 9 棟、籾及穀物貯蔵庫用（三間房子）2 棟、精穀工場用（三間房子）1 棟、小学校仮校舎用（三間房子）1 棟、事務室用（五間房子）1 棟、外雑使用（三間房子）1 棟

三、営農関係（表「農耕自作面積及予想収量」省略）

四、農耕馬飼養頭数、在来馬現在頭数 12 頭、在来馬 22 日頃入厩予定 20 頭（軍貸下馬）、日本馬買付完了 36 頭（25 日小樽港発ニテ現地到着ハ月末予定団員持馬及新購入馬）

五、労働力之需給状態　必要ニ応ジ附近部落ヨリ日雇トシテ雇時期ニ依リ多少、不足セル場合アルモ概順調ナリ

六、労賃関係　右記ノ如ク時期及作業ニ依リ変動アリ

1、播種期（大人 1 人）食事無 1.50 － 1.80 円水田耕トス、但大人 2 人馬 3 頭ニテ 7.00 円以上

2、除草期（大人 1 人）食事無 1.80 － 2.30 円

3、収穫期（大人 1 人）食事無 2.00 － 3.00 円　但シ此ノ期ニ限テ刈取外作業ハ大体 2.00 円ニシテ、女ハ其全期ヲ通ジテ半額ナリ

4、馬車作業（馬 4 人 2 人）食事無全期 10.00 － 13.00 円

5、月　　雇（大人 1 人）食事附 20.00 － 25.00 円

七、共同施設関係

　　精　穀　工　場　　精米、籾摺共各 1 台目下準備中
　　防疫清浄 1 号地区　本春来申請、過ル九月指定セラル
　　地区内耕地面積実測　本春入植後直チニ満拓地方事務所ニ願出完了ス

　　開　拓　道　路　　目下省、県満拓ニ申請、本冬マデ設計準備ノ見込
　　仮　小　学　校　　九月一日開校予定ナリシモ其ノ後家族招置ノ渡満、諸種ノ事情ニテ遅レ十一月五日ヨリ開校致スベク準備ス

入植から 4 年目までの経過を、「北満を拓く屯田魂　八紘開拓団の記録」上下より摘録する（『北海道新聞』1943 年 4 月 27・28 日）。

・退団者続出、五〇名は遂に十八名にまで減少、開拓団の総退却さへ懸念された
・十八名のこの先遣隊は遂に眩野の中に著々（ちゃくちゃく）と開拓拠点を築いて行った
・営農成績は、村全体としても赤各戸毎に見ても数多入植し（た）満洲開拓団中の第一位にある
・北海道農法があり、各入植者が郷土から伴った役畜があり農具があった
・役畜の数からいって、一戸十町歩では飼料栽培に不自由を感じている有様である
・今年度は米、大豆、馬鈴薯共に満洲国の増産計画による割当量は完全に供出を了へ、同時に畜産模範指定村にもなっている
・内地の小規模農業に慣れた人の耳には、信じ難い様な大きいことばかりいふため相当強い反感をもたれ、一面退団者も続出していた時だけに、成績が悪いとか苦力に委せ切っているとか、或ひは満人に小作させているといったデマが飛び、開拓総局、省開拓庁でも半信半疑の様子でなか〳〵八紘開拓団の希望を容れぬのみか場合によっては解散さへ命じかねない様子であった
・開拓総局長の視察があり団全員が村の入口迄出迎へた処……防寒帽を目深にかむり男と思はれた人々が、髪を束ねて男装していることが分り、総局長も驚き且喜んで、爾来八紘村の受けは非常によくなった
・北海道と異なり季節と気候の関係が一定しているため、播種反別からの収穫量も大体一定してをり時季的に若干播種が遅れても大体に於て平均作は確保できる
・病虫害も極めて少なく恐らく駄目であろうと思っていた稲作が立派に成功した
・（一団員）北見の海岸で十数年常ならぬ豊凶に不安な農業生活を続けたが満洲へきてホツと安心した
・雪が殆どなく草原の草は枯れたとは言へ十分営養価をもってをり、冬季

は特に快晴の日が大部分であるため安心して放牧することが出来る
・水稲、馬鈴薯、大豆に就いては、興農部主催共進会で優秀賞を獲得
・各戸平均収入は、年度末に於て三、五〇〇円乃至五、〇〇〇円の剰余金を出す程度となっているが、勿論これは建設に振向け・・・
・来年度には協同組合制を布き、満拓からの借入れ資金の返済を始める
・農具と役畜に重点を置いた本団の開拓政策は、見事に奏功した
・遠からず諸々の日系開拓団に「右へならへ」をさせるであらう可能性が明瞭に看取
・(団長・大友春三)我々は決して北海道農法そのもので押してきたのではなく、一応の基礎はそこに置いても謙虚になって原住民の農法の長所を採り入れ折衷農法を編み出したそして原住民を遙かに凌ぐことが出来た
・来年の天長節迄には現在仮宮である八紘神社の造営を完成し、農地の区画、堰止工事を了へ、用排水路、幹線水路を直して耕地整理を行ひ、進んでは共同放牧地〇〇〇ヘクタール位の土地を手に入れ、燃料、建築材植のため伐採した跡への植林事業も計画
・馬車を走らすこと一時間半で浜綏線亜溝駅へ出られ、そこから一時間半汽車に乗ればハルピンに着く
・八、九歳の少年達は、長上に会へば必ず不動の姿勢をとり「今日は」と元気にいひながら挙手する
・学校は昭和十四年九月先遣隊の入植と同時に先づ寺子屋式で開始……開拓団本部のある八紘部落に立派な煉瓦の校舎が建ち……校長先生以下四人の訓導
・開拓園の少年少女らしい特徴は子供ながらも全部がプラウを握る腕をもち、牛馬等家畜に特別な親しみをもっている
・全団員の精神教育の中心は本部の近くの丘上に祀られてある八紘神社
・「塔ヶ丘」と呼ばれる丘があるがこれは八紘村の共同墓地である……卒塔婆が四十数基、しかもこれが話をきけば殆ど全部親に抱かれて満洲へ来た幼児の奥津城

・初めの年にあんなに大勢の子供を死なせたのは気候、風土の関係もありますが、一つには我々がいけなかったのです、田畑で働きながら、もう一畝除草してからとか、もう少し種を蒔いてからと思ひながら子供を泣かせておいて、さて乳をのませると……子供にも溜めておいてやる乳は悪かったのです
・鮮農（朝鮮族）、満農（漢族）、或は露農（ロシア人）の自由移民を見れば……彼等には何の補助施設もなければ保護も加へられていない、にもかゝはらず一度入植すれば、ガッチリ定着して短日月の間に自給自足をしている
・馬政局では馬の増殖さへすれば大豆や米は無理に増産しなくとも良いといふし、興農部ではいくら畜産を励んでいようがお構ひなしに米を、大豆を出せといって来る

八紘開拓団の末期、「本部の下に七部落実行会制を組織」した後の概況は、以下のとおりである（『団史』、体裁を改めた）。

昭和十九年度に於ける供出実績（1944）

蔬菜類（貯蔵用の馬鈴薯、甘藍、大根、白菜人参、沢庵漬）1,000 屯、水稲（籾）240 屯、大豆 300 屯、雑穀類（玉蜀黍、高粱）100 屯

昭和二十年（終戦時）に於ける家畜飼育状況（1945）

日本馬（手持携行馬、優良牝馬、移植日本馬、特牝馬等）300 頭、現地生産馬（2 歳馬）85 頭、同（当歳馬）170 頭、乳牛（成牛）120 頭、現地生産犢牝 70 頭、豚（現地生産分）300 頭

団の機構及び本部施設概況

本部事務所、倉庫、配給所、精穀加工場、乳牛加工場、鍛工蹄鉄工場、家畜診療所、種畜厩舎、公共集会所等

国民学校、青年学校の本校舎完成、診療所、神社、布教所の本工事着手

更に昭和二十年より電灯施設に着手し二月に電柱の配給をうけ運搬を完了していた。

第 1 章　鏡泊学園、鏡泊湖義勇隊、八紘開拓団の概要について

（4）八紘開拓団の位置

　八紘開拓団は、ハルビンから東南に 40km、濱綏線の亜溝駅から約 4km 南の地点にあり、西の阿什河と東の小丘陵にはさまれた用地の範囲は、南北約 10km、東西約 8km の長靴型をしていた。『団史』掲載の「八紘開拓団地」（図）と「八紘開拓団員名簿」から、開拓団があった屯名とそれぞれの戸数を確認すると、本部・学校があった三大家屯（15 戸）を中心として、北から共栄部落が馬家屯（17 戸）、北栄部落（13 戸）が北王栄屯、その西側の第一部落（11 戸）が瓦房屯、生長部落（15 戸）が計験屯、本部南の開進部落（10 戸）が朱家屯、その西側の大和部落（11 戸）が南王栄屯楊木林、最南端となる平和部落（21 戸）が薫家屯、老山頭屯、李家屯、王煥忠屯に及んでいた（計 113 戸、総戸数 120 戸より 7 戸少ない）。取材させていただいた蘇艶芳さんと息子の崔英さんに確認したところ、吉祥村には吉祥、三姓、姜家、三大家、馬家、王栄、瓦房の 7 屯があり、八紘開拓団はこの内の 4 屯のほか、南の交界鎮朱家村に属すと思われる小朱家、楊林子、山河、朝陽などの 4 屯にも及んだようである。したがって、八紘開拓団の団地は、亜溝鎮西南部の吉祥村から交界鎮西北部の朱家村にかけて、両鎮両村の境界をまたぐほぼ 10 ヶ屯（1 屯は日本の小字規模）にわたったことになる。なお、本部の南に位置する開進部落が朱家屯だから、移住当初の開拓団はこの地区から始まったのであろう。

（5）阿城・八紘開拓団についての現地住民（漢族）の証言

　八紘開拓団の現地取材は、2004 年 9 月 10 日（金）、阿城市（当時、濱江省阿城県）亜溝鎮の開拓団の主要部があった吉祥村のうち、中心部で本部や学校があった三大家屯でおこなった。屯長の崔英さんの母親で 83 歳になる蘇艶芳さんに、通訳を介して 13 〜 17 時にお話をお聞きした。なお吉祥村と三大家屯の現況について、崔英さんにもお話をいただいた。以下は、その取材要旨である。
　　・開拓団の用地で覚えているのは、王榮屯、小朱家屯、楊林子屯、山河屯、
　　　朝陽屯などで、西の方に朝鮮族がいた。

307

- 開拓団の施設には、食料庫や加工場、農機具工場などがあった。
- 開拓団の用地にされたムラ人の土地はすべて没収された。その後、土地を与えられて小作人になったり、生活のために雇人として仕事をした。
- 雇いの仕事は、田植えやコウリャン、トウモロコシの種まき、馬つかいなどで、夫の弟は5～6頭の馬を管理していた。
- 冬場は仕事がなく、食糧や衣類に困った。
- 三大家屯には、団員が10数家族と漢族が10数家族いて、混住していた。
- 団員のダイユウ（団長・大友春三）、カトウ（加藤近雄）、ツチダ（土田末治）さんたちとは、子供が同じ年頃だったので、家族同士のつき合いがあった。
- 食糧は米や小麦は禁止され、粗食だった。
- 米や小麦を隠したものは没収され、銃や刀で打たれ、「果食犯」として逮捕された。
- あちこちで抗日活動があり、10～20人単位の組織がたくさん活動していた。
- 山中（北大頂）には盗賊がいて、金持ちだった団員は狙われた。
- 1945年8月（9日か）、団避難の命令があった夜は雨で、叫び声が聞こえた。団員家族は、家畜や家財道具をそのまま残し、一晩で全ていなくなった。
- その後、ロシア人がきて、開拓団の馬・牛のほか、金目の家財道具を略奪していった。
- 団の収容所は阿城の北にあり、そこで半年から1年して帰国した。
- 開拓団がいなくなり、ロシア軍も去って、土地は広く（使えるように）なり、生活は良くなった。ただ、生活が楽になったのは建国（革命）後のこと…。
- 開拓団が去ってから、以前住んでいた人たちが次々と戻ってきた。
- 当時7歳で帰国した（開拓団員の）娘が2002年に訪れて、団の墓地があったところ（現在は畑）の土をもちかえった。
- 現在の三大家屯は、人口460、70人で、84戸のうち20戸が出稼してい

る。農業のほか養殖をしている。高校・大学への進学は少ない。
・吉祥村には、姜家屯、馬家屯、瓦房屯、吉祥屯、三大家屯、三姓屯、王榮屯があり、現在の人口は 3,000 人以上。

5.『寧安県志』と『阿城県志』の関連記載

寧安県の地理位置

寧安県（現在は市）は、黒竜江省の東南部にひろがる才嶺と老爺嶺にはさまれた牡丹江上流のくぼ地に位置し、南北 100km、東西 140km、総面積 7,856km^2 の県である。東を穆稜県、西を海林県、西南を吉林省の敦化県、東南を吉林省の汪清県にそれぞれ接し、東北に牡丹江を隔てて牡丹江市温春郷を臨む。県内は長白山系の山間部に属し、西部に広がる才嶺と東部の老爺嶺を牡丹江が画している。西南方に高く、東・南・西の三方は海抜 1,000 メートル以下の山地である。牡丹江は西南より東北に向けて全県を貫流する。西南部の渤海と、東北部の寧安の二つの沖積平原がある。また、寧安城から 50km 西南の県境には、海抜 351m、湖面長 45km、湖面積約 95km^2 の南北に細長く湾曲する鏡泊湖がある。

『寧安県志』（寧安県志編纂委員会編、1989 年）（抄訳）

附　録

二、日本偽満洲国統治下の罪行録

1931 年、日本帝国主義は長期にわたる画策ののち、「9.18」事変を強暴に発動した。わずか数ヶ月の間に、わが国東北の 130 万平方キロの美しい山河は、関東軍の鉄蹄のもとに完全に踏みにじられた。1932 年 3 月 9 日に一つの傀儡劇が上演され、大砲がいわゆる「満洲国」をつくりだした。この傀儡政権は、日本帝国主義の直接の操縦下にあって、ファシズム強権統治と軍事鎮圧を実行し、中国人民に対する狂気じみた掠奪と、残酷な圧迫を 14 年の久しきにわたりおこなった。この間、寧安県をふくむ東北人民は、腹を満たす食もなく、身

につける衣類もなく、肉体は痛めつけられ、精神的な苦痛を受け、亡国の奴隷生活を強いられた。

　日偽の寧安における統治機構には、駐屯日本軍と憲兵隊、偽政権機関と警察署、監獄などがあり、その統治に合わせて「協和会」、「興農合作社」等の組織があった。協和会は中国人に対するファシズム統治をおこなう機構であり、政治上の統治と経済上の掠奪活動に広くかかわり、興農合作社は生産と流通の両面から農村と農民に対する植民略奪をすすめる機構だった。この二つの偽機構の頭首は、みな日本人の副県長が兼任していた。

　日本帝国主義のわが国東北侵略の実行者だった関東軍は、偽満の14年間、血眼で中国人民を虐殺し、鎮圧する中心にあり、その首切り役人として、人民鎮圧の主要機関になったのが各地方にもうけられた憲兵隊だった。14年間、日偽の軍、警察と特務が連合するか、あるいは単独で、寧安県人民を虐殺、鎮圧する暴行に、関東軍憲兵隊が参加しなかったものはなく、すべてで中心となり指揮する地位にあった。

　日偽の人民迫害の手段は極めて悪辣なものだった。捕まった人の多くは、軽いものは鞭やくわの柄で打たれ、重いものは線香や焼けた鉄で焼かれ、皮を剥がれ、老虎凳という拷問具で責められたり、感電させたり、ガソリンやトウガラシの水などを鼻に流し込まれたりした。また体の上からガソリンをかけられて生きたまま焼き殺されたり、冬に衣服をはぎ取られ外で冷水を浴びせられ生きたまま凍死させたり、麻袋をかぶされて生きたまま落とされて殺されたり、犬の囲いの中に置き去りにして生きたままかみ殺させたり、大きな梁や大木につり下げて生きたまま縛られて殺されたり、何度も斬られて殺されたり、あるいは生き埋めにされた。

　日偽が寧安人民の中にあって犯した罪行は数限りなく、それらは至る所で見聞きされた。以下は常に見られた罪行である。

　（一）　土地の併呑

　日本帝国主義は、最大限度の植民掠奪とファシズム強権統治をおこなうために、あらゆる方法で東北人民の大量の土地を占領し、剥奪した。その手段は、

　1.いわゆる「新国家主義の土地制度」の宣伝実行、すなわち日本ファシズム

第 1 章　鏡泊学園、鏡泊湖義勇隊、八紘開拓団の概要について

の偽反動政権支配下の土地制度である。この制度を実行するため、偽満洲国政府は、大同元（1932）年 5 月 23 日に民政部直属の土地局を設け、まず旧官制と公地の処理策として、国有荒地と国有林等のいわゆる清室残留地を無償占拠し、その後、地籍整理の名目で地籍を制定し、地権審査をおこない、ついで農民の土地を剥奪する目的に到達した。偽満洲国が残した『寧安県農村購買力吸収対策調査報告』の記載によると、偽康徳 10（1943）年末までに、このような無償占拠の未耕地は 159 万 141 ヘクタールに達し、当時の全県未耕地総面積 173 万 9,643 ヘクタールの 91.4% を占めた。

　2. 強制「買収」。これは日本侵略者が大量の土地を剥奪し、占拠する主要な手段だった。その罪悪目的を達成するため、偽康徳 3 年（1936）1 月と 9 月に、日本国内では満洲拓植株式会社と満鮮拓植株式会社が前後して成立していた。偽康徳 4 年（1937）8 月、満洲拓植株式会社は満洲拓植公社に拡大した。土地買収を開始した時、1 ヘクタールを一律 1 元とした。当時耕作地の地価は、上等が 121.4 元、中等が 82.8 元、下等が 58.4 元だった。

　それ以来、日本侵略者は、民心を安撫し危急と統治の混乱を招くことを防止するために、買収の過程で、一方では時価の半額にも満たない地価に引き下げ、また一方では土地を多くの等級に分けてできるだけ等級を下げるようにした。その結果、耕作地が市価の 20 〜 40% を超えることはなかった。『寧安県農村購買力吸収対策調査報告』の記載によると、偽康徳 10 年（1943）12 月、満拓が強制買収した耕作地は 4 万 5,804 ヘクタールとなり、当時の全県耕作地総面積 15 万 3,325 ヘクタールの 29% を占めた。買収の方法は、偽政府が正式文書により各区、保、甲へ下達して、決まった期日までに土地の鑑札と「出売土地内容申告書」と「証明書」を揃えて保甲長に提出させ、保甲長はさらに偽県公署に提出して登記し、その後、面積を測って地価を決定し、土地原簿を抹消した。もし登記されないままの場合、その土地は無主の土地として処理された。

　寧安県当時、「満洲拓植公社」に強制買収された土地の区域：
　　　第二区：臥龍屯保、臥龍甲、二道溝甲、弧家子甲、腰三家子甲、喇叭屯甲、干溝子甲、蘭崗甲、西崗甲、楡樹林子甲、東三家子甲、八家子甲、羅成溝甲、蘆家屯保全部および二区無住人地帯

第三区：渤海保、阿堡河子保、西荒地甲、下村甲、胡家溝甲、七間房甲、上馬河保全部および無住人地帯

第四区：新安保、密江甲、楊木林甲および以西無住人地帯、海浪保、海浪甲、敖東甲、藍旗甲、牡丹甲および以西無住人地帯

第五区：磨刀石全部および無住人地帯

第六区：五河林保、北甸甲、五道崗甲、馬橋河甲および無住人地帯（図佳線以東）

第七区：沙蘭保全部および無住人地帯

第九区：鏡泊湖保全部および無住人地帯

「満鮮拓植株式会社」買収の区域：

第五区：敖東北溝地区一帯、顔家屯地区一帯と林家房身地区一帯

第八区：道林地区一帯

強制買収された土地は、日本開拓団がわずかを耕作し、ほかは大部分が1ヘクタールあたり旱田16.50元、水田19.00元で、土地がないかわずかしか持たない地元の中国農民に貸し出され、耕作された。

（二）屯村を合併し、「集団部落」を建設する

日本偽統治者は、抗日武装勢力と人民群衆の間の連携を切断し、さらに抗日武装勢力を消滅させる罪悪的な目的を達するため、偽康徳2年（1935年）には、寧安県で屯村合併を全面展開する「集団部落建設」の活動を開始した。全県農村の各地に散居している民家すべてを追い払い、「集団部落」内に居住させるにいたった。この工作は、偽康徳4年（1937年）までに全部完成した。全県で105ヶ所の「集団部落」を建設し、農家1万4,512戸、7万0,777人を収容した。

屯村を合併して「集団部落」を建設する過程は、日本帝国主義が中国人民群衆に対して猛威をふるい、驚くべきファシズムの大惨事をおこす過程だった。彼らは小村庄の人民を強迫して長い間居住した土地と家庭から引き離し、指定の部落内に遷し、もとの村庄に対しては一律に焼きつくし、殺しつくし、奪いつくす三光政策を実行した。缸窯溝の「集団部落」は、68戸の内20戸以上が、決められた日までに旧居を処分して生活道具を運び出さなかったので焼かれた。

第1章　鏡泊学園、鏡泊湖義勇隊、八紘開拓団の概要について

花脸溝の一つの自然屯では「集団部落」へ移るのを拒んだために、30人以上が殺害された。

「集団部落」は山間地を避け、できるだけ平原に設けられた。その規模は各地で同じでなく、通常5〜6垧の占拠地で正方形か四角形だった。外周りに土の壕（深さ10尺、上幅10尺、底幅3尺）を掘り、その土を内側に返して土塀をつくる。土塀の高さは8尺で、塀の頂きに鉄条網を一筋に設けた。南北あるいは東西に二つの門をもち、門内には歩哨所をおき、門外には馬よけを設け、四隅のそれぞれに洋炮を一つずつおいた。

「部落」内には、警察署と自衛団があって、3〜5人の警察がおり、自衛団は30〜40人だった。住民に対しては、一律に「居住証明書」が発給され、出入りの際にはかならず持っている証明書を検査された。農民の耕地については、「部落」から4km以内の距離に制限され、遠い場合は諦めるしかなかった。「部落」から半km以内の地域は、高粱やトウモロコシなどたけの高い作物を植えることを許さなかった。農民は必ず遅く作業に出て、早く作業を終えなければならない、さもないと「通匪」行為が有ったと見做される。住民の来客はかならず警察署に報告しなければならない、さもないと「戸籍や証明書のない人」として逮捕される。

(三) **移民をおこない、拠点を建設する**

移民政策は、日本帝国主義の中国大陸に対する侵略政策の重要な組成部分であった。偽大同元年（1932年）より偽康徳12年（1945年）にいたる日本偽統治の崩壊前、日本から中国東北の各地にやってきた日本移民は20万戸近い数だった。武装移民、集団開拓民、集合移民、鉄道自警村移民などが前後してきた。武装移民は、日本在郷軍人から選抜されて、1人1丁ずつの歩兵銃のほか、1ヶ団ずつには迫撃砲2門、機関銃3丁が配備されるなど、実際のところは関東軍の別働隊だった。集団開拓民は、1936年に日本関東軍の百万戸移民計画の中に規定された甲種移民であり、政府がおおくの補助費を支出して直接組織し、200〜300戸の開拓団あるいは開拓班をつくった。集合開拓民は、百万戸計画の中に規定された乙種移民で、民間により組織され、政府の補助は少なかった。鉄道自警村移民は、3、5、10戸を1単位として、主に鉄道沿線に配

313

置され、鉄道保護の任務を兼ねていた。

　この他に、もう一つ義勇隊という移民があり、16～19歳の日本青少年ばかりを募集して、3年間の訓練をおこない、その後、義勇隊開拓団の移民になった。この義勇隊開拓民は、一般開拓民の補助力だけでなく、さらに重要だったのは軍事上の後備力としての役割であり、それは日本侵略軍の現地における兵源、あるいは戦時における鉄路や軍用施設の守備、中国人民の抗日闘争を鎮圧する別働隊だった。

　寧安県に侵入する日本移民のはじまりは、康徳元年（1934年）2月に、日本の陸軍中将筑紫熊七（鏡泊学園名誉総長）、将校大林一之（鏡泊学園総務）、林昌虎（鏡泊学園総務代理）などの指導下に、職員（武装軍官）13名、学生（武装兵士）217名が、寧安県鏡泊湖畔の松乙溝に武装侵入し、そこに長く暮らしてきた農民を追い出し、鏡泊湖南の広大な地区（東西約12km、南北6km、総面積72平方キロ）を占領し、一つの移民訓練所を建設したもので、「鏡泊学園」と称した。

　この一群の侵入者は、1人1丁の歩兵銃のほか、機関銃、砲と無線電話の設備をもち、自動車・軍馬等の交通手段ももっていた。彼らが最初に住んだのは、農民を追い出した後の住居だった。1934年8月に「学園」建設を開始するにあたって、付近農民を捕らえて労工とし、75室の平屋建ての軍事訓練場（日本人が称する武道場）、車庫、炊事場、馬小屋等を建てた。

　鏡泊学園の名目は、日本移民の指導者と専門研究家を養成する学校の一つとされたが、実際上は、中国人民の中に深く入り込んだ日本侵略基地であり、中国人民を迫害するための拠点であって、彼らはたえず日本関東軍のわが抗日集団「討伐」にくわわったり、周囲村屯に対する大捜査も常におこなった。内部事情を知る于寿存が話すには、「1936年に、鏡泊学園を拠点とした日本侵略者は野蛮性を発揮した。小沙灘屯（今の湖西大隊）甲長の死後まもない息子の嫁の死体を、棺を開けて辱め、運び出して学園地にあった穴に隠し、酒を飲んでさらに集団で陵辱した」という。

　偽康徳3年（1936年）4月、日本関東軍第二次移民会議が「満洲農業移民百万戸移住計画」の草案を提出した。偽康徳4年（1937年）より20年間を4期

（5年ごとを1期とする）に分け、日本から東北に100万戸500万人が移民するというものだった。この後、毎年寧安に日本移民の侵入があり、偽康徳10年（1943年）までに、2,419戸、6,993人を数えた。彼らは寧安県内に開拓団本部14ヶ所、支部40ヶ所、自警村2ヶ所を建設した。具体的な分布状況を表で見る（表5省略）。

日本関東軍の東北移民は、侵略的な政治目的だったばかりか、土地併呑の手段の一つでもあった。統計によると、日本移民（開拓団）が寧安県で占拠した土地は1万3,143ヘクタール（公頃）で、当時の全県総土地面積の0.7%を占めた。その占拠地のうち、耕地面積は1万425ヘクタール、荒れ地面積は2,718ヘクタールであった。

〔省略〕（四）糧穀出荷と糧食配給、（五）「勤労奉仕」、（六）労働者の強制連行

（七）強制移住

偽康徳10年（1943年）、日本侵略者は、「危険地」、「部隊用地」、あるいは「治安維持」などさまざまな名目をつけて、寧安県内にあった20以上の村屯の1,500戸の農民を黒河一帯に強制移住させて荒れ地を拓かせた。追い出された移民達は遥かとおく郷里をはなれ、向かったのは黒河、呼瑪、烏雲、瑷琿、遜呉など、ほとんど人煙のない所だった。そこに行ってからは、生活の保証はなく、生産もできず、ドングリの粉（飢饉時の非常食、筆者）を食べ、ツギハギの服をまとい、穴蔵に住んで長年お日様を見ることもなかった。わずか2年の間に、半ばは凍死、餓死、病死した。『呼瑪県志』の記載によると、「呼瑪県では、1943年、寧安から500戸余り2,000人以上が移住した。開拓大隊長の倪福合は、移民をしぼりあげて財をなした。人民は餓えと寒さから、長い時間が経つ内に体は痩せ衰え、家家に病人がでて死人がでた。病人は黄色い水を吐くと、長い場合で数時間、短い場合だと数分間で悲痛な死をとげた。王学山一家の場合、8人のうち残ったのは1名だけだった。傳春和の全家族20人のうち、17人が死亡した。謝連慶の全家族11人のうち、死んだのは9人だった。趙吉祥一家5人うち、残ったのは子ども1人だけだった。呉永和家には12人いて、ただ1人だけがようやく生き残った。孟伝守一家17人は全員死亡した。傳春

祥家は、6人のうち1人も残らなかった。死亡がもっとも多いときには、(遺体を) 外に運び出すこともできないほどだった」。海浪郷羊草溝村では、18戸、73人が黒河に移住させられた。解放後に戻った時には、9戸13人だけになり、残りの9戸は家族すべてが死絶した。趙殿山、張徳林は孤児になってしまった。李樹山、楊志啓は一人ぼっちになった。石岩鎮の団山子、民主、臥龍河、官地、東和などの村屯農民は、黒河と瑗琿県に700戸（団子山1ヶ屯140戸のうち132戸だけがいった）が強制移住させられた。指定された地点に到達するまでに真冬になってしまい、2尺の積雪地にアンペラ小屋を掛け、ドングリの粉や凍ったジャガイモを食べ、雪を溶かして水を飲んだ。2年目には克山病がはやるが、移民達には医者も薬もなく、餓えも加わって、わずかな内に10のうち6、7人までが死亡した。陳秀貴全家族6人のうち、1人だけが残った。呉国臣家は7人のうち、5人が残った。孫玉林家では5人のうち、1人だけが残った。于老四家7人、翟富貴家6人、陳為龍全家族5人と、丁富貞、冷在志、武万有などの全家族は、すべて死絶した。日本が中国侵略に失敗した1945年の秋、移民達は瑗琿県から逃げ出し、道中を泣き叫びながら老人を助け、幼い者をたずさえて昼夜なく郷里へと向かった。移民たちは、九江泡と小九駅で三度も盗賊にあい、わずかだった牛馬、衣類、金品を奪われてなに一つ残らなかった。途中で、赤ん坊をだいた人や病人のほとんどが、死亡した。呉貴合の母親、魯徳濱の弟、丁海貞の妹、張全貴の父親などは、みんな途中で死亡した。統計によると、帰郷するまでの死亡者は30余人になった。彼らは、拝泉、北安、蘭西、尚志、葦河など7ヶ所の市県をとおり、長い道のりを跋渉すること1,500km、ようやく寧安県内に帰り着いた。県委書記の蘇明親は、逃げ帰ってきた移民達を出迎えにいき、さらに人を付けて郷里まで護送してやり、家庭を再建させたのだった（以下、省略）。

阿城県の位置

阿城県（現在は市）は、黒竜江省の南部に位置し、南北84km、東西75km、総面積2,680km^{2}の西側にひくく東側が山がちの県である。県城は哈爾濱市区

の東南 28.5km にある。東北を賓県、東南を尚志県、西南を五常県、西を双城県、西北を哈爾濱市区に接する。北は松花江の南岸にいたり、江を隔てて呼蘭県を臨む。県中部を南から北に阿什河が縦貫し、浜綏鉄道が西北から東南に向けて走る（現面積、2,900km^2）。

『阿城県志』（阿城県志編纂委員会弁公室編、1988 年）（抄訳）

第四篇　農業、第一章　生産関係変革、第一節　土地開墾と占有
二、土地占有
（三）日本関東軍、日本開拓団占拠地

1. 日本軍の占拠地：日本関東軍は阿城に侵入し、偽康徳 3（1936）年県城東の大区画の土地を占拠した：鉄道駅東の阿什河右岸から東藍旗嶺まで、北の拉古屯から南の半拉城子屯の鉄道西までの総面積 6km^2。200 戸以上の農民の火焼藍旗と拉古屯の 2 つの自然屯を強制的に移転させ、耕地 300 ヘクタール以上を占拠して、陸軍医院（392 部隊）、軍官学校（307 部隊）を建て、砲兵、戦車兵などの部隊を設置した。藍旗嶺東、缸窯溝、大小海溝一帯 1,000 余ヘクタールの荒れ山と耕地を占拠して、砲兵演習射撃場とした。藍旗嶺東から焦家崗山にいたる荒れ山 300 ヘクタールを占拠して、軍需物資倉庫を建てた。亜溝鎮の砬子溝口から奥にむかい玉泉鎮石虎嶺北にいたる 10 余 km の山谷の連なりを占拠して、3 つの自然屯の 150 余戸の農民を移し、占拠した 300 ヘクタール以上の耕地に軍用弾薬倉庫を建てた。

2. 満洲拓植会社の占拠地：偽康徳 3 年、料甸村の小紅旗、月牙泡、三家子と前后郭霍などの村屯 3,000 ヘクタールの耕地を 3 等に区分した。平均で 100 元（偽幣）以下の低価格で強行占拠をおこない、さらに土地に小作人を入れて耕作させ、村ごとに一人の経理担当者を設けて、拓植会社の租税徴収を代行させ、農民搾取をおこなった。

3. 日本開拓団の占拠地：日本帝国主義者は、康徳元年（1934）より康徳 10 年（1943）まで、阿什河両岸と阿城県内の松花江南岸一帯の水稲作付に適した肥沃な良田を日本移民の開拓用地にさだめ、低価格で強制買収した。康徳元年、天理村の阿什河左岸、松花江南岸一帯の 1 万ヘクタールの土地が、日本移民地

として収用された。日本移民 500 戸、小作人として漢人農民 150 戸と、朝鮮人 200 戸の移民を入れて、旱田 4,000 ヘクタール、水田 3,000 ヘクタールを耕作させた。康徳 6 年には、阿什河東岸の大小荒溝一帯の耕地 1,000 ヘクタール余を占拠して、日本八紘開拓団用地にした。同年また、阿什河西岸の双河村官旗屯 1,300 ヘクタールの耕地を占拠して、日本大谷開拓団用地とした。康徳 7 年も、阿什河西岸の八戸張屯近傍の 2,000 ヘクタールを収用占拠し、日本高柴開拓団がやってきた。同年また、日本山梨県開拓団 60 戸が平山村四道河子屯に進入し、占拠した。康徳 10 年、日本奈良・岡山の 2 個開拓団が、また天理村移民地にやってきた。10 年間で、移入した日本開拓団は 9 個、704 戸、2,496 人、占拠地は 1 万 5,000 ヘクタールにおよんだ。

日本関東軍、日本開拓団は、軍国主義的拡大と植民地計画を実行した。原住の農民は土地を失い、離郷を余儀なくされ、山深い荒れ地を開くことになった、日本人はこうした農民たちを「国内開拓民」と呼んだ。偽康徳 8、9 の両年、偽県公署は土地をなくした農民を 10 個の部落にわけ、平山村、達営村の頭道河子、二道河子などの山間に強制移住させて荒れ地を開かせた。総計は 264 戸、1,507 人をかぞえた。調査によると、双河村官旗屯の日本大谷開拓団に占拠された原住農民 30 戸は、平山村八里川に移住させられ、寒冷な天候と慣れない水土によって多くが病気になった。婦女や児童のおおくが克山病に罹るなどして、行くときに 183 人だったものが、1945 年の 9.3 解放時には 115 人になってしまった。

第 2 章

「満洲開拓団」の日中関係者に見る"五族協和"の実態

寺林　伸明

はじめに

　本稿は、北海道関係の「満洲開拓団」として、第一次鏡泊湖義勇隊開拓団と八紘開拓団をとりあげ、日本人移民と中国人住民の関係について、両国の当事者の証言から分析するものである（「日中関係者調査一覧」）。日本人関係者については、鏡泊湖義勇隊と先行した鏡泊学園の引揚者団体である、鏡友会員に対するアンケート調査と訪問調査を 1994 年度におこなった（アンケート「回答の分析」・「回答」、「鏡泊学園、鏡泊湖義勇隊の日本人移民」）。アンケートから、日本人関係者の応募や移住の動機を見ると、小学校の勧誘・推薦、役場の募集によるものが 36.4%、自身の積極的な理由をあげたものが 31.8% と合計 68.2% おり、そうした動機に深くかかわる"五族協和"、"王道楽土"を信じたものは 90.2% など、中国東北を占領した日本側の一方的な状況に導かれたものであった。その後の現地住民との交流では 88.6% がなんらかの関係をもったが、中国人住民のおかれた状況については予想外に乏しく、当時の交流がかなり限られ、偏ったものと思われた。ただし、日本人関係者のおおくは、敗戦や家族、仲間の離散、死別をとおして当時の国策を否定し、残された課題に解

第二部　日中関係者調査の研究報告

決をもとめ、日中の関係改善を望むものに、戦後はおおきく変化した。以上のアンケート・訪問調査のほかに、「鏡泊学園、鏡泊湖義勇隊、八紘開拓団の概要について」として、日本人関係者の移住や滞在（占領）の経過をまとめた（以下「概要」と略）。

日本人関係者の調査では、状況がつかめなかった中国人住民については、北海道開拓記念館が交流していた中国黒竜江省文化庁の諸機関、さらに黒竜江省と吉林省の両社会科学院研究者の協力が得られ、調査が可能になった。2007～08年、日本人関係者の移住地となった黒竜江省の寧安市鏡泊郷と、哈爾浜市阿城区（以前は阿城市）亜溝鎮・交界鎮の2地域について、追跡調査を実施することができた。したがって、本稿では、中国人関係者の体験的記憶、歴史的認識にかかわる証言を中心として、戦争と占領をされた中国側から、日本人関係者の存在を見ることによって、日中間における「満洲開拓団」の関係を問うとともに、今日に引き継がれる歴史問題、残された課題としても考えてみたい。八紘開拓団の日本人関係者、朝鮮人関係者については、それぞれ湯山報告、朴報告にも適宜触れる。

各証言の記載にあたっては、日本人関係者は（匿名1）、中国人関係者は（氏名・鏡1）、（氏名・阿1）など、それぞれ「日中関係者調査の報告」中の取材地と掲載順番をしめす。なお、日本では「個人情報保護法」の制約があるため、日本人関係者と唯一の朝鮮人関係者については匿名とすることをお許しいただきたい。

1. 鏡泊学園と鏡泊湖義勇隊についての補足

日中関係者の本論にはいる前に、日本人関係者の鏡泊学園と鏡泊湖義勇隊については、すでに「概要」で触れたが、両組織の引揚者団体である鏡友会の会員取材で、鏡泊学園と義勇隊訓練所の建設、北海道の第一次義勇軍の訓練状況、学園・義勇隊と関東軍、満拓との関わりなどについて、補足事項があったので追加する。

まず学園の関連では、教師3名が、1938年1～3月に伊拉哈、ついで寧安

第 2 章　「満洲開拓団」の日中関係者に見る"五族協和"の実態

など 5 ヶ所の訓練所の建設に協力しているが、この時が義勇隊とかかわる最初であった。この協力が、義勇隊関係者に人気を博し、その後、何人もが学園を訪れたという（TG2）。こうした経緯が、のちに寧安訓練所の一つの中隊を鏡泊湖に移し、新たな義勇隊訓練所を開設する背景になったのであろう。また、協力のきっかけは、前年から関東軍が中心となって義勇隊をつくり、先遣隊を入れていて、同年末から翌年にかけて本格化するとき、学園に協力要請があったためという。

　また、義勇隊の関連では、北海道出身の第一次義勇軍の先遣隊は、募集が早く、本隊とマークも違った。内原訓練所の受け容れ体制ができなかったために、2 月入所の一部をのぞき、おおくは本隊と一緒の入所になった。それにもかかわらず、現地への渡航は先遣隊が先発することになった。現地の寧安訓練所でその先遣隊を指導したのが、学園からの指導員であった（TM5）。寧安訓練所の義勇隊は、農業の勉強が少なく、軍事訓練が主だった。その軍事訓練は、東京城駐屯の独立守備隊だった木村隊 1 個中隊で、小隊ごとに、冬場年 1 回 2 週間おこなわれた。兵舎にはいって、兵隊の生活をした（WM6）。ノモンハン事件のときは、軍隊にいき、訓練の大学にはいり、〇〇特別守備隊といって補充的な治安維持みたいなものだった（TM5）。突発的に起こって、やられたから、現地の兵隊が全部動員され、内地の兵隊が間に合わなかったので、8 〜 11 月の 3 ヶ月、留守と警備についた（WM6）。

　鏡泊湖訓練所は、当初、誘致した学園がかかわって鏡泊学園義勇隊訓練所としてはじまるが、学園幹部と義勇隊訓練生との考え方があわず、訓練所長が学園関係者に代わったときに問題となった。1941 年、満洲拓植公社から新たに所長を迎え、鏡泊湖義勇隊訓練所に改称するとともに開拓団へと移行している。

　鏡泊学園の場合は、特に 1933、4 年の移住時と 35 年の解散時に関東軍の後援を受け、翌年の学園財産の清算については満拓の後援を受けていた。また義勇隊も、開設時や訓練にあたって、国内では拓務省や陸軍の後援を受け、現地ではやはり関東軍や満拓の後援を必要な時に受けていた。義勇隊と軍隊とのかかわりは、訓練時を除くと日常的なものでなく、ノモンハン事件や末期の根こそぎ動員など、非常時の対応に限られた。ただし、『寧安県志』には、鏡泊学

園が関東軍の抗日集団「討伐」に加わったり、周囲村屯の大捜査も常におこなったとしている。学園が鏡泊湖に移住した1934年には、湖畔一帯に抗日勢力が集結したことから、4ヶ月間にわたり襲撃に備えた時期のこととしたら、十分あり得る話である。

二つの移民団の実情については、つぎの関係者証言に譲ることとしたい。

2.「満洲開拓団」における日中関係者の状況

(1) 日本軍と鏡泊湖の「集屯」

最初にきた日本人は全部軍人だったと、当時7歳で湖南に在住した王珍はいう。「満洲事変」の発端となった1931年9月18日の柳条湖事件のころ、鏡泊湖にも日本軍が来ていた。湖南は当時10世帯程度で、2、3世帯が点々とあるだけだった。治安が治まって、日本軍は鏡泊周辺に「集屯」（集団部落）をつくった。屯に集める時、山にばらばらに住んでいた人たちを集めた。山奥の方の空き家になり、誰もいない所だけが焼かれた。南湖頭では30ぐらいの世帯を、鏡泊では200世帯ぐらいを集めた（学園屯）。後には小学校、役所が置かれ、村になった（王珍・鏡3）。そうした集屯が、この村（鏡泊村か）には5つあった（宋会臣・鏡7）。学園屯には東門と西門があり、櫓もあったが見張りはなく、住民は自由に往来できた。その頃の戸数は7、80戸、朝鮮人が2、30戸くらい。鷹嶺にも朝鮮人が30戸くらいいた。漢人と朝鮮人が同じ屯にいたが、言葉も通じないので互いにあまり交流はなかった。朝鮮人はみな自分の水田を、漢人は畑をつくっていた（李増財・鏡8）。

鏡泊では1936、7年にかけて、日本軍1中隊が駐屯し、強制的な「集屯」づくりがおこなわれた。自然発生的な散居状態の住民を集めて、密居の「集団部落」とするのだが、住民は自由な出入りを制限され、監視下に置かれることを意味した。鏡泊湖の一帯が朝鮮に連なる山間部に位置し、「匪賊」とされた抗日勢力の活動が盛んな地域のため、住民との連絡を絶つ「匪民分離政策」の一環であった。そうした集団部落の一つの湾溝屯には、4区画の集落があった。

その 1 区画内に義勇隊開拓団の大和郷があり、1942 年に移住した補充団員 TK（9）によると、屯住民の満人、朝鮮人の場合は協和会があり、郷（屯内の 4 集落か）にはそれぞれ郷長がいて、自警団もあった。郷の中は、隣組みたいに 4 つの班に分かれているから、班長も 4 人いたという。

なお、集屯の規模、構造、住民の生活がどのような影響を受けたかなど、寧安県内の状況については、「概要」掲載の『寧安県志』抜粋を参照いただきたい。

(2) 鏡泊学園・八紘開拓団の移住と現地事情

鏡泊湖に日本軍が来たころ、鏡泊学園の設立にむけた動きがはじまる。学園は、構想の段階から右翼や陸軍要人との繋がりがあったようで、きわめて特異な学校であった。一期生の渡航は 1933 年 8 月になるが、鏡泊湖の治安が悪く、関東軍から入るのを止められる。敦化で待機したのち、翌年 2〜3 月に向かうときも、交戦しながらの移住となった。そして、湖沿屯の買収した民家を鉄条網張りにし、分隊ごとに駐屯する。二期生も 5 月に 5 回襲撃をうけ、守備兵 5 名が犠牲となる。さらに、学園の指導者であった山田総務ら 14 名が犠牲となり、わずか 2 ヶ月で学園は存続の危機に立たされる。その後 9 月までの 4 ヶ月間、湖畔一帯には 1,500（3,000 とも）の抗日勢力が集結し、塹壕や望楼をもうけて襲撃に備える状態であった（「概要」）。いかにも佳木斯近郊に移住した在郷軍人の第一・二次武装移民（のちの弥栄・千振開拓団）と、土龍山事件を想起させる状況が鏡泊湖にもあった。

1939 年 4 月に出発する八紘開拓団の先遣隊も、満洲国開拓総局から「現地問題解決せず入植一時見合はせられたし」と連絡をうけるが、「之を黙殺して先遣隊は渡満を決行し四月二十九日天長の佳節に日満両国旗を掲げて阿城県大荒溝区朱家屯に入植を断行した」。その後 11 月に、なぜか団本部は隣の三大家屯に移転している（「概要」）。

(3) 土地の占領、強制買収

集屯よりも早くからおこなわれたのが、日本人移民用の土地の占領、強制買

収であった。

　実家の農地は借りた土地で、小作料を払っていた。生活はギリギリで、広さは1垧（0.72ha）くらい。満拓から土地を借りた。前の地主や自作農のことは分からない（宋会臣・鏡7）。李増財（鏡8）は、農地はあったが、面積が狭く生活できないほどだった。満拓の土地ではなく、鍬でコツコツ開墾した。しかし、年末には地租を現物で払わなければならなかった（税あるいは供出か）。王珍（鏡3）によれば、学園の辺りはこの一帯の中心地で、学園が建設されたとき、まわりはすでに中国人が耕していた。そこに後から義勇隊が来てさらに開拓団になるが、開拓団がいたとき、まわりは全部開拓団の土地だったという。

　鏡泊湖の状況に対し、阿城の八紘開拓団地住民はどうであったろう。以前住んだ、山を越えて直ぐのところでは自分の土地を持っていた。まわりにほとんど住民はいなかった。ある時、日本人が来て、集住するように云われ、家は焼かれた。焼いたのは県から派遣された人だ。この近辺の土地は全部、国に買収された。親戚を頼るなどして生きる道を探し、三大家屯に越して来た。引っ越すときに祖父が亡くなり、2番目の叔父も病気で亡くなった。3番目の叔父は別のところに越して行き、1番目の叔父は家族と一緒にこの村にきて開拓団の土地を借りた。日本人が土地を全部占領したので、わたし達は自立できず、仕方なく日本人のもとで働き、生活をつづけた。仕様がなかった（李財・阿1）。日本人が来たとき、家屋ごと全部買収された。日本人がこの村に来てから、新しく家を建てることはなかった。（必要な時は）、以前からの住人から家を買収した。わたし達は住む場所もなく、働くしかなかった（馬鳳林・阿4）。結婚した夫は、元々ここで自作農だったが、日本人がきて、日本人のところで働くようになった（白秀蘭・阿2）。わたしは母と弟の3人家族だった。弟は10歳下で、働いたのは私だけだ。わたし達は、開拓団が来る直前に南の村から移ってきた。ここに住んでいた中国人は10数世帯くらいだ。開拓団が来た時、土地は全部買収されていた。わたしの家は財産がなかったのでそのまま残った。ずっと日雇いの農業をして、低所得でぎりぎりの生活だった。土地や家のある人たちは、全部売却して別のところに移っていった。まわりの土地は国に買収されて、それから開拓団に分けられた。この屯には7世帯が来て、ちょうど中

324

国人も 7 家族、朝鮮人が 2、3 世帯いた（常国・阿 3）。朝鮮慶尚北道の生まれで、1939 年数え年 6 歳の時、両親ときた朝鮮人 NZ がはいったのは、阿城県亜溝鎮の三姓屯だった。その後、日本人（山形県大谷開拓団）が移住してきて立ち退かされ、隣の瓦房屯に移り住んだ。約一年後、また瓦房屯から三姓屯に移住させられた。

　1934 年に鏡泊湖にはいる鏡泊学園は、家屋、土地を直接買収したと考えられる。山間に位置し、人口もすくなかった鏡泊湖一帯では、まだ土地の入手は難しくなかったであろう。1936 年の 2.26 事件後、広田内閣の 7 大国策の 1 つに「満洲移民」が取り上げられてから、満洲拓植株式会社（のちの公社・満拓）による日本人移民用の土地買収がはじまる。宋会臣（鏡 7）が小作をした満拓の農場用地も、鏡泊湖の土地事情を反映したものだったのでないか。「満洲開拓団」の募集、送出が本格化する 1939 年以降、「満洲国」に開拓総局が設置され、各県が土地収用の主体となってからは、「開拓団」の定着を促進する既耕地の買収が進んだ。阿城近辺では、土地は全部国に買収され、追われた住民たちはやむなく八紘開拓団などで働き、生活するしかなかった。さきの八紘開拓団の現地問題がなにを指すか明らかでないが、八紘開拓団と山形県の大谷開拓団の移住に際し、朝鮮人農民約 500 人の立退き強制が事件になっていた（「概要」）。朝鮮人 NZ もその中の一人だったのではないか。しかも、八紘開拓団の先遣隊が"日満両国旗を掲げて…入植を断行"したことは、住民たちの反感をさらに増したとしても不思議でない。土地買収には相応の代価が支払われたといわれるが、それは一方的な言い値、不当な廉価であった。なによりも、土地の売り主と買い主が対等な関係でおこなう契約や取引でなかったことは明らかである。日本移民団のための用地は、満拓や国、県により一方的に決められたのであり、土地を所有し、耕作した現地農民が拒否しようのない強制力が働いていたことは、いくつかの証言から明らかであろう。

(4) 日本移民の見た中国住民の印象

　軍隊、集屯、土地買収とさまざまな影響を受けつつあった中国住民に対し、日本移民はどのような印象を持ったであろうか。学園解散後の残留者が 1937

年に村塾をはじめる時、親がなかなか用心をして現地の子弟は入らなかった（TG2）。義勇隊の指導員だったHM（3）は、現地住民たちが非常に疲弊していたと感じた。鏡泊湖か以前の寧安訓練所かは不明だが、義勇隊訓練生だったUT（4）が休みに現地部落に行くと、若い娘などは絶対にいない、年寄りか子供しかいない。日清日露、支那事変、ノモンハンなど、戦場によくなったから、現地の住民はもの凄く日本人を警戒する。日本人は恐怖感を持たれた。また、満人を1、2階級下の人間と半分舐めていた。彼等の生活レベルが低いから、そういう風に見た。ただ義勇軍の時は、あまり朝鮮人、漢人との接触はなかったともいう。1942年に遅れて補充団員になったTK（9）が、部落に配属になり住民と付き合うようになって、いちばん感じたのは朝鮮人や満人で配給の量が違うこと、どうしてこう差別するのかということだった。また部落に兵隊が鉄砲を持って来ないと、住民はすでに日本の劣勢を知っていた。住民の情報は早く、身近に接していると雰囲気で分かったという。

　日本人関係者の取材では、意外にも中国住民に対する印象がすくなく、深く接した例は学園の残留者と義勇隊開拓団の補充団員くらいであった。ただし、学園残留者の場合は、教育者として働きかけようとする意識が強いせいか、住民の置かれた状況を受け止めるには至らなかったようだ。開拓団に遅れて参加した補充団員と、あとで触れる八紘開拓団員の娘だけが、中国住民の状況を感じ取っていた。結局、住民の生活にかかわる交流を経験したものだけが、彼らの状況に共感することができたということでもあろう。

(5) 在来農法からはじめた学園、義勇隊と雇いの住民

　それでは、学園残留者と義勇隊訓練所～開拓団で、住民の雇用と接触、交流のあり方にどのような違いがあったろうか。農業の取り組みを中心に見ていく。

　1936年、学園残留者たちは、実験農家として「満系の徐一家」を畑作に、「鮮系（朝鮮族）の印一家」を水田にそれぞれ雇い、全員が現地農法を習得することに努める。また、湖沿屯の催さん（朝鮮族）に解散前に手がけた尖山子の水田予定地20町歩（1934年整地、灌漑水路2km）の耕作指導をたのんでいた（「概要」）。義勇隊でも開拓団への移行にあわせて、現地農民から耕作法を

第 2 章　「満洲開拓団」の日中関係者に見る"五族協和"の実態

教わっていた。このように鏡泊湖では、現地住民の在来農法を知ったうえで日本の耕作法を応用しようとしたようである。

　働いた住民たちの仕事、付き合いを見よう。兄たちが学園の除草などの短期の仕事をした（李増財・鏡 8）。父が、学園の TG（2）が指導する漁業班の班長で、20 数名の網漁のリーダーだった（趙海臣・鏡 1）。学園の芳島と石川が責任者をする農場で仕事をした。農場は住宅の近くで、2 垧くらいの広さにトウモロコシと大豆をつくった。きちんと時間通りに働いて、休んだ。豚や馬、綿羊の世話をする人は、朝が早かった。働く人は 10 数人で、一緒に生活し、食事も自分たちでつくった。芳島は、男の子 1 人女の子 1 人の 4 人家族で、子どもはわたしより年下だった。仕事が早く終わった時や働けない日に、一緒に遊んだ。お正月や節句にご馳走をつくる時はよばれてご馳走になった。みんなわたし達に優しかった、両親みたいだった。石川は短気で、何かあったらすぐ怒りバカヤローといった。殴ることはないが、1 年間働いて覚えた日本語はバカヤローだけだった。あまり話さない人で、外出もあまりせず、厳しい人だった。家族は 3、4 人くらいだった（韓福生・鏡 5）。

　開拓団本部の農作業をした。朝仕事に行き、夜帰る時に現金でもらった。開拓団には会計がいた。いつも開拓団の担当者について働いた。10 数人を集めて働きにも行った。開拓団の偉い人はわたしを小王（シャオワン）と呼び、貧しいのを見て服をくれた。わたしもよく働いた。湖南の中国人は、開拓団に働きに出たので、日本人と接触があった。開拓団の人たちとの付き合いは、主に除草、種蒔き、収穫の時期くらいだった。一緒に農作業をしたので、親しい関係だった。仕事が終わってから一緒に遊んだ。わたしは 16 歳くらいで、遊びながら日本語を覚えたが、もう忘れた（王珍・鏡 3）。

　わたしは 16、7 歳の時に、開拓団本部の家畜農場で働いた。本部のすぐ裏に家畜農場があり、鶏、羊、綿羊、豚、馬、牛などの世話をした。最初の 1 年は団員が世話をし、2 年目からわたしは馬の世話をした。1 人ずつ分担があった。人数は 5、6 人だった。わたし達は子どもの扱いで月 30 元、いい方だった。大人はもっと良さそうだった。わたし達は、開拓団の人たちと離れて、みんな同じ寮に住んでいた。開拓団の世帯持ちの人たちは、よそにバラバラに住んで生

活していた。開拓団の人たちとは仲良く付き合った。開拓団の農業のやり方は、中国人と違っていた。たとえば、プラウは中国の形と違った。使った馬も日本馬で、背が高かった。作物の品種も違うようだったが、農作業をしなかったのでよく知らない。開拓団には醸造所があった。建物の東側が醤油工場、西側が食料の加工場になっていた。開拓団の人たちとのトラブルはよくあった。11、2歳くらいの同じ屯の子が開拓団の豚の世話をしていた。ある日1匹がいなくなり、開拓団の人がひどく殴ったので、子どもは逃げて10日間くらい出て来なかった。それで開拓団の人たちが実家に行き、その子を出すようにいった。両親は、殴ったせいで家の子が見つからなくなった、と云い争いになった。結局、警察署に行くことになり、杉山副署長が出て子ども相手のことだからと開拓団の人をひどく叱ったそうだ。杉山副署長はとても公平だった（宋会臣・鏡7）。

学園残留者と住民たちの農漁業は、産業組合にならった組合組織のようだった（「概要」）。TG（2）によると、漁業の場合は地元住民の求めがあってはじめたという。これに対し、義勇隊開拓団の方は一般的な賃金労働の雇いだった。

（6）団員によって違った八紘開拓団の対応と雇いの住民

八紘開拓団で働く住民たちは、どのように決められたか、まず体験者の例から見ていく。

働くところは自分で探した。日本人があちこちで探していて、たまたまわたしがその家になった。日本人は子供だけを探していて、年とった人を必要としなかった。せいぜい2、30歳くらいまでで、それ以上は要らなかったようだ（馬鳳林・阿4）。日本開拓団が入ってきて、働く人を探してわたしの所にもきた。わたしは両親がなくて淋しく、時々中川の所に遊びに行った。中川からは、ただ開拓団だからここで生活すると聞いた。だんだん付き合っている内に、そこで働くことになった。その時、中川は37、8歳くらい。中川家は母親と男3人、女1人の4人兄弟が未婚の5人家族だった（劉子芳・阿7）。

雇い主との関係では、ムチで殴られたり、叱られたりすることもあったが、間違わなければ、悪いことをしなければ虐められることはなかった。この村で

は、日本人の家庭で働いて、虐められたという話を聞いたことがない。給料はちゃんと貰ったが、少なかった。わたしの場合は、冬と夏の服ももらった。結局、お金は貰わなくなり、その代りに自家用として1坰の土地をくれた。食事は1日3食出された。日本人の家族と同じ食卓で、まったく一緒のものを食べた。日本人のところで働く人はみんな、日本人の家族と食事をした。食事について、何も制限されなかった。お米も食べた。日本人の食事も、ぜんぜん抵抗がなかった。ミソ汁も飲んだことがある。よその日本人の子供と一緒に遊んだ。子供とは仲が良く、大人とも悪くなかった（前掲・馬鳳林）。

　夫が団本部で年雇いの炊事係をしていた。のちに、馭者にかわった。団員家族との付き合いもあった。時々、日本人の家に遊びに行った。でも、言葉はほとんど通じなかった。長く付き合ううちに、互いに少しずつ言葉が分かるようになったが、付き合いはそんなに多くなかった。ただ、お互いに家庭を訪問した。子供を抱いて訪問したら、アメ玉をもらった。お正月に中国人は餃子を作るが、日本人の子供にあげるよう夫に云っても、受け取らないとのことだった。日本人は自分の作ったものだけを食べていた。中国人が食べ物をあげようとしても、いっさい受け取らなかった。なぜ受けとらないのか、よく分からなかった。みんな知っていたので、日本人にはあげなかった（白秀蘭・阿2）。

　祖父と叔父が、日本人のところで働いた。叔父は、日本人のリーダーのところで働いた。父が玉泉に越してバクチで擦り、1年足らずでもどってきた。もどる時は家もなく、大友（団長）のところで働いていた叔父を通じて頼んだ。大友は了承したが、家の空きがないので、ある朝鮮族の家族を追い出して入れてくれた。叔父との関係で、団本部から0.5坰の土地をもらった。十分食べることができた。（瓦房屯の団員名簿を見て）、吉元の家族は子供が多いからよくいった。その頃は、日本人の子供たちと一緒に遊んだ。遊びの勝ち負けは、日本人と中国人の子どもとであまり変わらない。楽しく遊べた、喧嘩もない。日本人の子供は、家のご飯を内緒で持ってきて、わたし達に食べさせてくれたことがある。一緒に遊んだのは4、5人だった。毎日一緒だから、当時はけっこう日本語ができた。日本人の子供も中国語を同じようにできた。その頃は、中国語と日本語を混ぜて話していた（劉玉・阿9）。

第二部　日中関係者調査の研究報告

　まだ子供で住み込みの雇いの場合には、同じ年頃や家族との関係も密だったのに対し、年輩で通いの場合には、雇い主との関係が難しかったようだ。証言者では最年長で、敗戦時に20歳だった常国（阿3）によると、次のように、「開拓団員」との接触は常に緊張をしいられる矛盾する関係だったことが明らかとなった。

　働きはじめのころ、言葉が通じなくても、開拓団員はみな一様に威張っていた。むこうは国が強いので、土地や家屋は全部開拓団のものになっていたから。わたし達はいつも、日本人の下で働くとき、不安で緊張していた。気にいらなければ、殴られたり、罵られたりすることがよくあったからだ。日本人は男だけでなく、女も同じように叱った。なにか間違えるとすぐバカヤローと。最初にまず覚えた日本語だった。わたし達は、国が弱いのでずっと我慢していた。中国人は数世帯だけで、ずっとそこで働き、差別されても何も抵抗しなかった。もし怠けなければ、なにも馬鹿にされない。間違えると、やはり言われる。わたし達がどんなに優しく接しても、向こうはいつも退屈そうに見えた。日本人の大人はいくぶん中国人を馬鹿にしたが、子供はそういうことはなかった。日本人の開拓団が来たとき、地元に残った人たちは、最初ぜんぜん言葉も通じなかった。日本人開拓団のメンバーは、とても早く中国語ができるようになった。日本人の子供はもっと早くできるようになった。1年足らずして、だんだん日本人も中国語を話せるようになり、むこうから声をかけてきた。でも、わたし達はすすんで覚える意欲がなく、あまり日本語ができなかった。わたし達中国人は、すすんで開拓団に近づこうとはしなかった。日本人と中国人と朝鮮人で、交流はほとんどなかった。わたし達はみんなまじめに働いただけで、親しい関係になった人はいない。家庭を訪問し合うこともなかった。中国人の間では、お互いによく行き来して、日本人に虐められた話をしていた。やはり中国人は心底から日本国が1日も早く退散するように願っていた。何度も虐められたりしたために、そう思うようになっていた。

　そうした日中の関係を第三者的に見ていた朝鮮人関係者の証言をつぎに紹介しよう。

　まわりの他の村でも、日本人と朝鮮人、漢人がいっしょに雑居する村が多

かった。当時、日本人が一等国民、朝鮮人が二等国民、漢人が三等国民だった。日本人は、朝鮮人と漢人に別な態度を取っていた。自分の叔父は日本語ができたためか、日本人からの差別は受けなかったという。三大家屯には、日本人の本部があった。そこには、病院、学校、警察署があった。学校に入るのに、人数制限があった。自分は通えなかったが、学校で運動会を開いた時はよく見に行った。三大家屯には、桜が植えられて、景色はきれいだった。学校に行くのは、日本人と一部の朝鮮人に限られていた。漢族は学校に行くことはできなかった。三大家屯に住むある幹部のような日本人は、よく馬に乗って三姓屯に来た。叔父は日本語ができたためか、その日本人は自分の家にもよく来た。毎年、三大家屯の附近で日本軍による軍事演習が行われた。軍事演習の時、たくさんの日本軍がやって来た。砲弾を発射する場面も見たことがあった。日本の敗戦が間際になったある日、日本人が家に来て一番上の兄が徴兵された。兄は吉林省の四平で日本の敗戦を迎え、戦場には行かなかった（朝鮮人 NZ・阿）。

　八紘開拓団では、本部と団員ごとの年雇いがあり、団員に雇われる場合には雇い主個人によって対応にかなりの差があった。ただ、常国のいた吉祥屯（当時は計験屯、団・生長部落）では、漢人は数世帯でよく虐められた話をしたというから、その屯の団員雇いに共通する体験だったとも考えられる。また、当初は賃金雇いであったものが、いつの間にか一定の土地を与えられて、無給になる例があった。団員の出征後、残された家族が窮迫した結果かも知れない。

(7) 鏡泊湖周辺の「抗日活動」と学園の協和会協力

　鏡泊湖周辺では、抗日ゲリラ何百人を率いた于学堂の活動があったが、日本守備隊との戦闘で重傷を負い自決した。その後、部下たちはバラバラにゲリラ戦をつづけた。金日成もこの辺りにいた。抗日活動家は、農家から食料をもらったり、とりに来た（王珍・鏡3）。

　抗日活動のメンバーだった宋会臣（鏡7）の姉は、1931年、15歳で活動に入った。後に分かったことだが、7、80人のグループで所属は「抗聯二軍」、金日成が連隊の連長だった。1932年にソ連で学習し、組織を整えてからは金家屯の北溝に駐屯した。特務（特高）に気づかれ小家吉河の谷間の板石場に移

るが、そこも密告され日本軍1個連隊と偽満武装警察1個連隊に夜襲された。1941年、25歳で姉は犠牲になった。姉は、家族に迷惑をかけないよう名前を変え、村にはもどらず、連絡もとらなかった。だから、わたしが日本人と関わったことを知らない。姉が犠牲になった消息も人から聞いた。家の者は恐れて亡骸を取りに行かなかったので、屍体もお骨もなかった。村の人びとは、姉とグループの抗日活動を神秘的で神聖なことと思い、ひそかに彼女らを心配し、応援していた。亡くなったとき、みんなは姉を英雄婦人、女の中の豪傑といった。おしいのは若くして戦場に倒れたことだ。

　鏡泊学園は住民との融和を目的とする「住民工作」をおこない、OK（1）はその担当だった。1938年に協和会ができたとき、学園に依頼があり手伝った。寧安県は、鏡泊湖を含めて治安が悪く、「匪賊」が非常に多い。そんなことで匪賊対策があり、県本部では九江、張文華の匪賊を解散させるところまでした。それで治安が非常に良くなったという。

　柳条湖事件のあと、鏡泊湖からも抗日活動家がでていて、住民の密かな応援もあった。学園関係者は、寧安県の協和会本部に協力して、住民からも参加していた活動の弱体化をはかる治安活動にかかわっていた。協和会活動とのかかわりはOKだけであるが、一般の「開拓団」にはない、鏡泊学園に特徴的な事例である。

(8)「勤労奉仕」の強制労働（市県旗に割当の「供出労工」か）

　日本人関係者がかかわらず、「満洲国民」にだけ割り当てられた強制労働の事例をあげたい。李増財（鏡8）は、沙蘭鎮近くの日本軍飛行場に15歳でいった。飛行場の建設、地均しの肉体労働を1年間くらいした。勤労奉仕かどうかはわからない。屯長が屯内の各家をまわり、労働力があれば選んで強制的にいかされた。6人兄弟（全部男）で6番目のわたしが選ばれた。その頃は粗末な服だったが、そのままで働きにいった。食事が出されたほかは、何ももらえなかった。

　宋会臣（鏡7）は、日本人の開拓団で3年働き、兵役年齢になったので強制的に辞めさせられた。満洲国軍の徴兵検査に落ちて、3年間の勤労奉仕になっ

第 2 章 「満洲開拓団」の日中関係者に見る"五族協和"の実態

た。牡丹江の方に連行され、強制労働をさせられた。川の堤防工事を 2 年間させられ、敗戦を迎えた。工事は政府の事業だった。凍土がとける 3 月から 4 ヶ月間を動員された。ちょうど種蒔きの時期で、一番大切な時期を全部とられた。終わると実家に戻り、8 ヶ月は農作業をした。トウモロコシと大豆をつくり、また翌年集まらなければならなかった。兵役と勤労奉仕は、期間が同じ 3 年間でセットだった。兵隊か、勤労奉仕に出るのは兄弟のうち 1 人だけで、長男は家業をするから、主に次三男がいった。学園屯（村か）から勤労奉仕に出されたのは、70 人くらいだった。

「満洲国」における兵役と、建設工事等の労役が一体となった制度であった。「満洲国民」だけに課された強制労働、従事者について、日本人関係者からの証言はなかった。

(9) 八紘開拓団の解散と住民

八紘開拓団の日本人関係者によれば、日頃より地元住民との関係がよく、団引揚のときも絶大な支援をうけて、全員が無事に避難できたという。以下に、中国人・朝鮮人関係者の証言を列記するが、避難を助けたのは雇い人であり、それもみんなではなかった。

開拓団が出るとき、地元の中国人は何もしなかった。わたしはただその様子を見ていた。開拓団が去った後、元ここにいた中国人がもどってきて、日本人が使わなくなった土地を耕作した（李財・阿 1）。

離れる前に、帰国すると伝えてくれた。上の子が 6 歳、下の子が 3、4 歳で、母親に連れられ、日本に帰りたいと…。この村で日本人はそれぞれ馬と馬車を持っていたので、全部財産を載せて馬車で集まり、わたし達が送っていった。働いた人たちだけが行き、働かない人は行かなかった。夫が兵隊にとられて、送らなければ可哀相だから、仕方なく送った。夕方ここを出て、阿城の北、小紅旗という所で 1 泊した。小紅旗に収容されたほぼ 1 年間、働いた土地の持ち主が何回も来た。泊まったこともある。来た時に、何もなくて野菜くらいをあげた。長年そこで働いて親しい関係になっていたから（馬鳳林・阿 4）。

日本人がいたとき、わたし達中国人が持っていた土地は狭かった。日本人が

333

帰った後に、元の自分の土地を取り戻した。土地を取り戻すときに、特に手続きはしなかった。日本人がここを去ったので、前の持ち主がみんな自分の土地を取り戻した（白秀蘭・阿2）。

　引き揚げるとき、中川の家族は教えてくれた。小紅旗に集まるが、そこには日本軍の倉庫があったので送らなかった。家族は身の回りのモノだけを持ち、持っていけないモノを全部現地の人に譲った。その後、中川一家が1度もどってきた時、雉が多い時期だったので2羽お土産に持たせた（劉子芳・阿7）。

　この屯の漢族や朝鮮族は、日本人が去っていくのをただ見ていた。日本人はみんな持てる物だけを持ち、残りの衣類や食糧を現地の人に配った。現地の住民はみんな貧乏で服もなかったのでもらった。わたしも子供の服を全部もらった。とつぜん遊び相手がいなくなり、淋しく懐かしく思っていた。小紅旗に収容されたのち、団長の奥さんが那さんのところで働いた。2ヶ月足らず、家の手伝いみたいなことだけをした（劉玉・阿9）。

　日本人は三大家屯に集合し、夜になってから暖気（現在の継電器工場）に避難した。わたしの家族も、日本人と一緒に避難した。その際、おおくの苦力たちが報復に立ち上がって、棒で日本人を殴ったりして2人が死んだという噂があった（他の開拓団か）。苦力たちが報復したのは、日頃日本人に抑圧され、恨んでいたからだろう（朝鮮人NZ）。

　日本人関係者は、無事に避難できたのは住民との関係がよく、絶大な支援があったからと、八紘開拓団のやり方が正しかったように語る。しかし、中国人関係者の証言では、支援をしたのは雇い人の一部にすぎず、その者達ももどってくると思い、可哀想だから仕方なく送った、あるいはただ見ていただけと、かなり食い違う。そうした中国人住民のことを、団員家族でありながら感じとっていた稀な例を本書の湯山論文（第3章）から紹介する。当時、小学校の高等科（13、4歳）だったMさんは、農地を略奪したものと、行ったときから感じていた。そのことは学校の教師たちの考え方や購入してくれた図書からも知ることができた。それだけでなく、家で働く人夫頭に信用されて中国人の集まりに参加するようになり、1944年には共産主義者の集会にまで立ち会っていた。まず、開拓団雇いの中国人がそうした集会を開いていたことに驚かさ

れる。しかも、日本人には秘密だったのに、なぜか団員の娘 M さんだけは参加して、彼らの心情に直接接したことは、このうえなく貴重な事例といえる。鏡泊湖義勇隊開拓団の補充団員 TK が接した住民の話とともに、八紘開拓団の中でも、「満洲国」の農村支配における破綻を予見させる状況が芽生えていたといえるのでないか。

(10) 鏡泊湖の敗戦と中国住民の追及

　敗戦時の鏡泊湖における日本人関係者から見よう。1945 年 11 月に、樺林の収容所からもどってから食糧難が激しかった。ソ連兵と「満人」、八路軍が 1 週間くらいの内に入れ替わりに来るなど、45 年中は危険がいっぱいだった。終戦と同時に、一般の農民も銃を持つようになり、軍隊みたいになった。義勇隊に関係があると殺されるので、身近な農民は一時どこかへ避難し、大分落ち着いてから帰ってきた。中国人を苛めた日本人は殴られた。苛めた義勇隊の人がいたから、身近な中国人でも恨んで反抗したものもいたはずだ。中国人の土地を勝手に取って、だんだん奥（地）へやったのだから、誰も日本人を良くは思っていない（TM5）。

　危機に見舞われたのは日本人関係者だけでない。地元の秩序を保ってきた立場の人びとは、住民や共産党の追及をうけることになった。警察官とか村長とか、偉い人はみんなあちこちに逃げた。その人たちが別の所でどういう目にあったか、わたし達はわからない。一人の警察官がここで処刑された。彼は漢族で、満洲国時代に、地元の共産党や反日思想を持っている人たちをいつも真っ先に捕まえた。生きてもどった人はほとんどいない。一人だけが帰ってきて彼を告発し、まわりの住民が集まって殺した。地元住民は、彼が密告や悪いことをして、日本の警察の手先をしたと見ていた（李増財・鏡 8）。李平文（鏡 2）の父親は、開拓団がいた時に村長だったので、敗戦直後に反革命者として共産党に処刑された。おおくの人が殺されたのは知っているが、具体的に誰かまでは知らない（王珍・鏡 3）。父が警察官だったので、敗戦後、わたしの家は富農と見なされた。地主、豊かな農家ということで、批判される階級にされた。土地は多くなかった。富農にされたのは、父の仕事のせいだ。家の財産も

すべて清算という名目でとられ、貧しい人に分けられた。父が死んだので、わたし達が批判されるようなことはなかった。もし生きていたら大変なことになった。文革の時代に、ここでも高い帽子を被せられ、母がひどい目にあった（劉淑珍・鏡9、李増財の妻）。日本占領の協力者に対しては、敗戦後しばらく経った文革時代（1960年代中～70年代中）にも激しく問われたことを、日本人として明記する必要があろう。

（11）日本人残留婦人・孤児と中国人の家族・養父母

鏡泊湖の事例　ソ連軍がきて、まず日本軍が降参し、開拓団員、子どもたちはそのまま残された。開拓団の捨て子は、この村（慶豊）で数人だけだった。開拓団の婦人たちには、帰国できずに現地の中国人と結婚した例が随分あった。子どもたちも、現地の人の養子になった人が随分いた。現在、ほとんどの人は日本に帰ったけれども、1人の残留孤児がまだ村に残っている（王珍・鏡3）。

　湖南の叔母（母の妹）は、元々子どもを産めなかった。叔母は、親がどこに行ったかわからない日本人の子ども5人を拾い育てた。子どもには、食べ物だけを与えれば十分だった。その5人は湖南で結婚して、みんな日本に帰国した。叔母はもう亡くなったが、生前は子どもたちが仕送りしてきたお金で生活し、とても幸せだった（劉淑珍・鏡9、李増財妻）。

二人の兄を探す吉林省扶余県の孤児　王珍が1人残ったという孤児は、鏡泊湖の開拓団でなく、吉林省扶余県で預けられた。養父はわたしが日本人ということを死ぬ直前に告げた。父は戦死、母は病死で、2人の兄はわたしだけを預け、日本に引き揚げた。養父は引き取られるのを恐れて、ここに越してきた。兄たちの消息はわからない。名前も、親の出身地もわからない。7、8年前に養父が亡くなり、扶余県の情報はない。証拠がないと受け付けてもらえないから、関係機関、扶余県当局に連絡したことはない（張井芬・鏡4）。（この件については2010年、厚生労働省に調査を依頼済みである。）

まとめに代えて

第 2 章　「満洲開拓団」の日中関係者に見る"五族協和"の実態

　「満洲事変」と傀儡「満洲国」は、中国東北における日本陸軍の出先・関東軍の謀略と占領計画によるものだった。その「満洲国」占領下の農村部に展開された日本移民による「満洲開拓団」として、現黒竜江 2 地域の 3 つの日本人移民団を取り上げ、日中関係者が体験した"五族協和"の実情を見た。最後に、1. 日中関係者の関係性についての整理として、本文Ⅱのそれぞれの体験がもう一方にとってはどのような意味をもったかを①項目別の関係性として追補し、そのことが日中関係者の②集団・個人間の関係性からはどうだったかについても再整理する。また、本研究をとおして考えざるを得なかった点について、2.「満洲開拓団」の歴史認識に関する若干の考察として、①「満洲開拓」・北海道開拓と先住者、② 20 世紀前半における日本のアジア政策概念、③"外地"と"大アジア主義"、"五族協和"、④日本人関係者の変化、⑤「満洲開拓団」の送出と引揚、日本社会の変化、⑥国家・民族の問題か、個人・集団・社会の問題か、の各観点から記載し、まとめに代える。

(1) 日中関係者の関係性についての整理

①項目別の関係性

　1 の「日本軍と鏡泊湖の「集屯」」は、現地住民の生活に劇的な変化を与えたはずだが、学園や義勇隊の関係者はなにも語っていない。ただ一人、補充団員の TK が、屯内住民に強制された協和会の組織について触れているだけである。

　2 の「鏡泊学園・八紘開拓団の移住と現地事情」では、鏡泊学園と八紘開拓団の移住時に現地での抵抗があったが、いずれもそのことを問題視していたようには感じられない。むしろ、日本の優位を頼っての移住だったということになろうか。

　3 の「土地の占領、強制買収」では、強制買収によって追われた中国人、朝鮮人農民が開拓団で働いたことは明らかであるが、戦後になってその矛盾を認識したものがいるだけで、当時、その問題を意識した日本人団員はほとんどいなかった。

　4 の「日本移民の見た中国住民の印象」では、学園関係者と義勇隊訓練生が

異口同音にあげたことに、現地住民が日本人に対して持っている強い警戒心、恐怖感があった。それと同時に、訓練生の場合は、やや露骨な蔑視、差別感があったことも述べられた。これに対し、後から移住する補充団員 TK は、さきの協和会組織や配給のあり方（証言には、住民に対する先輩達の振る舞いも）など、日本人の側に明らかに問題があったこと、逆に、住民側は日本の劣勢を自分たち以上に知っていたことを語っている。

5の「在来農法からはじめた学園、義勇隊と雇いの住民」では、まだ若かった雇い人は団員の子供や同じ年頃の義勇隊開拓団員とともに遊んだ。その反面、学園農業班の責任者の一人からはきびしく対応されたこと、また若い義勇隊開拓団員とはよくトラブルもあったらしいことが、中国人関係者から語られた。

6の「団員によって違った八紘開拓団の対応と雇いの住民」では、やはり若い雇い人の場合には家族同様に接することができたものがいる一方、殴られたり、罵られたり、いつも緊張を強いられたという常国の証言は、いちばん年輩のせいか、日本人団員との軋轢、矛盾した関係を語った。日本人の大人はいくぶん中国人を馬鹿にしたこと、中国人は進んで日本語を覚える気がなく近付こうとしなかったこと、中国人同士ではよく虐められた話をし、心底から日本国が1日も早く退散するように願ったこと、などが語られた。また、朝鮮人 NZ の証言から、日本人が一等国民、朝鮮人が二等国民、漢人が三等国民とされ、日本人は朝鮮人と漢人に別な態度を取っていたなど、従来からいわれてきたことだが、"五族協和"の内実がこのようなものであったことが分かる。

7の「鏡泊湖周辺の「抗日活動」と学園の協和会協力」では、鏡泊湖住民の中からも抗日活動にくわわる者がおり、犠牲となるような状況があったのに対し、学園関係者の場合は抗日勢力の弱体化に協力するなど、間接的だが、住民と対立する関係にあった。

8の「「勤労奉仕」の強制労働」では、中国人関係者の語った「満洲国民」には兵役と労役の義務、強制があり、現地住民が服すことになった労働について、大半の日本人関係者はかかわることもなく、内実を知るものもなかったと思われる。

9の「八紘開拓団の解散と住民」では、開拓団に雇われた中でも、解散時に

団員家族を送ったものもいれば、ただ見ていただけのものもいた。団が避難したあとに、元の住民が土地を取り戻したことなども、日本人関係者のほどんどは知らなかったのでないか。ただ、団員の娘Mだけは、ほかの日本人関係者が想像も及ばない中国人住民の真の姿を見ていたといえるかも知れない。

10の「鏡泊湖の敗戦と中国住民の追及」では、苛めた義勇隊の人が恨まれて反抗されたはずと、敗戦時の危険について日本人関係者は語るが、それだけでなく、「満洲国」破綻の結果、中国人住民の中で起こったことも注目された。村長や警察など、「満洲国」に協力した中国人たちが、同じ中国人住民の追及をうけることになったが、それは先ず日本人に向けられても当然なことだった。

11の「日本人残留婦人・孤児と中国人の家族・養父母」では、鏡泊湖における婦人・孤児の残留と、中国人との結婚、養育が相当数あったこと、なかでも劉淑珍の叔母が孤児5人を拾い育てたこと、また鏡泊湖の孤児でないが、養父が引き取らせないよう越してきて、養父の死後、身元不明のために帰国できず、兄二人を探している残留者など、「満洲開拓団」の今日的な課題にも接した。

なお、11に関連する本書の報告についても触れておきたい。残留帰国者について取材した胡報告は、八紘開拓団の残留孤児で雇い人に預けられた事例と、鏡泊湖の移民団ではないが、同じ寧安県の東京城で雑貨店夫婦に預けられた残留孤児の事例を紹介する。中国残留から帰国後の経過、家族の状況などに、日本人残留帰国者が過ごした半生と、それにかかわった中国人養父母、家族の戦後の困難な営みが語られている。中国と日本の狭間で生きることになった本人や家族こそが、「満洲開拓団」の帰結であり、具体的な課題でもあることから、両国の関係正常化におおきな意味をもつ対象と考えざるをえない。また、日本人残留婦人について取材した高報告と、中国人養父母について取材した杜報告をあわせてご覧いただきたい。

②集団・個人間の関係性

日中関係者の集団や個人間における関係性についても問い直す。日本人移住（占領）に前後して、中国人関係者は、集屯（集団部落）への移住、監視下の生活を強制され、土地と家を強制買収された者は仕方なく開拓団の雇いとなっ

て生活する場合もあった。そんな状況でも、団員の子供や義勇隊員と年が近い雇い人は、家族同様に寝食を共にしたり、遊んだりするなど、分け隔てのない関係になったものもいた。逆に、鏡泊湖では義勇隊員とのトラブルがよくあり、八紘開拓団でも団員には殴ったり罵ったり、日常的に緊張を強いられたために、雇い住民はただ従っていても1日も早い退散を願った、というような不穏な関係もあった。それには朝鮮人住民がいうように、日本人、朝鮮人、中国人を1～3等国民と序列化し、それぞれに別な態度を見せる日本人の"五族協和"の内実があった。また、「満洲国民」の住民だけの義務であった兵役と、兵役につかない者の労役強制などは、ほとんどの日本人関係者が知らなかったであろう。八紘開拓団では、団員の娘が参加したという住民の秘密集会があったこと、団の避難に際しては、協力する者、傍観する者など、団地住民の対応が必ずしも一様でなかったこと、その後に元住民が相継いでもどったこと等など、日本人関係者が気付かなかった住民のさまざまな状況が明らかとなった。日本人関係者には直接向けられなかったことだが、日本敗戦時に、「満洲国」に協力した中国人同胞に対して地元住民が見せた糾弾の激しさは、"五族協和"の別な側面を物語るものであったといえよう。

　これに対し、日本人関係者は、移住に際しての現地の抵抗、住民を統制した協和会あるいは配給差別をさして問題視せず、仲間の住民に対する差別や日常的な軋轢、トラブルについても同様か、時には迎合する面もあった。鏡泊湖の義勇隊員は、日本人に対する現地住民の警戒心、恐怖感を直に感じとっていたが、1、2階級下の人間と舐めて見たように、優越感と差別感をもち、時に粗野な振る舞いも見せたようだ。そうした関係の最たるものは、抗日活動に参加して犠牲となる住民がいた一方、抗日勢力を弱体化するための協和会活動に協力した鏡泊学園関係者もいるなど、間接的にしろ、両者が対立的な存在であったことは注目しておきたい。

　以上から言えることは、「満洲国」農村における指導（支配）民族としての日本人移民と、従属民族にされた中国人・朝鮮人住民のいつわらざる関係、歴然とした格差、対立であった。建前としての"五族協和"の虚構性が制度の運用や具体的な人間関係にあらわれ、破綻にいたる構造的矛盾が内包されていた

ことを物語っているのでないか。

(2)「満洲開拓団」の歴史認識に関する若干の考察

　「満洲開拓団」の歴史認識を考えるにあたり、まず明治維新とともに開始された日本の辺境開拓としての北海道開拓に触れる。その辺境開拓の経験が、後のアジア政策や「満洲開拓」とどう関わり、影響したかを考える手がかりとして、膨張政策に関わるいくつかの視点をあげたい。一つ目は、政策の対象となる特定の"外地（戦地、占領地、植民地）"と異民族についてである。二つ目は、特定の"外地"に対する世論を喚起し、その時々の政策を方向づけたキーワードである。三つ目は、特定の"外地"占領を正当化するとともに、日本人の心をとらえ、全国からの移民を可能としたキーワードである。以上3点は、近代日本がアジアをどう認識し、どのような政策をすすめ、国民や"外地"異民族をどう巻き込んだかを考えるポイントでもある。アジア認識に関しては、戦前の石橋湛山（鴨武彦編『大日本主義との闘争〈石橋湛山著作集3　政治・外交編〉』）、戦後の竹内好『日本とアジア』（1966年）をはじめ、近年でも古屋哲夫編『近代日本のアジア認識』（1996年）、趙軍『大アジア主義と中国』（1997年）、山室信一『思想課題としてのアジア』（2001年）、また日中関係では小島晋治『近代日中関係史断章』（2008年）など、まとまった研究がある。ただし本稿では、「満洲開拓団」にかかわる日本の"外地"認識が、国家や民族、戦争や占領とのかかわりを主に形成され、敗戦後はそれが断絶し、当事者を除いては"外地"における過去の経験を認識し、継承する主体そのものが今日もなお形成されない点について、若干の考察を試みるものである。

①「満洲開拓」・北海道開拓と先住者

　北海道からの「満洲開拓」の特色として、近代の北海道開拓が応用された面がある。それが寒地農業や大農式経営であり、具体的にはプラウ馬耕やイネの赤毛種の移植、あるいは酪農・畑作併用の混合農法などであった。

　「満洲開拓」を考えるうえで、先例の北海道開拓と比較することは、近代日本の政策を知る意味でも有効であろう。殊に、「満洲開拓」には先住の中国東北農民がおり、北海道開拓には先住のアイヌ民族がいたことから、両先住者が

おかれた状況を考えてみたい。元来北海道は、明治維新で、アイヌ民族が先住する蝦夷地を改称し、開拓された地域であった。その結果、北海道外からの国内（内地）移民が優先され、アイヌ民族は条件の良い土地を追われるなどして苦況に立つことになった。未利用地の入植を原則とした日本移民による「満洲開拓」でも、中国東北農民の土地や家が奪われるなど、先住者が脅かされた点は、北海道開拓と共通する面があった。いずれの場合もあくまで日本国家、日本民族に関わる「開拓」政策が優先されたのであり、先住者への対応は補完的な意味でしかなく、ご都合主義の場当たり的なものになったと言える。

こうした点を考えると、「満洲国」における"五族協和"、あるいは大日本帝国における"大アジア主義"など、アジア政策や特定の"外地"「開拓」にかかわるスローガンには、北海道開拓にも共通する"植民地観"、異民族に対する征服観が伏在していたといえるのでないか。それが、近代日本が欧米より学んだ帝国主義の植民地一般にいえる属性か、または古代国家の東征までさかのぼる日本伝来の属性か、あるいは古代国家のモデルともなった中国古代の中華思想に由来するものか、それらが混在して意識形成されたものかなど、検討を要する課題でもあろう。

② 20世紀前半における日本のアジア政策概念

20世紀の前半、世界でもっとも長期に多数の国家、民族と戦った日本が、朝鮮、中国東北の占領からアジア太平洋の覇権をめざした過程で、その時々を象徴したキーワードがある。"満蒙（特殊権益、生命線）"、"興亜"、"新東亜"、"大東亜共栄圏"等など、大正後半から昭和10年代にかけて、わずか20年ほどの間に次々と使われたアジア政策に関わる用語がそれである。対象地域が漠然とした印象を受けるが、しだいに広がったことだけは理解できよう。つまり、きわめて短期間に国際関係や国政に関わる膨張（侵略）主義的な造語が拡張、流布したのである。これらは、その時々の世論を誘導し、"外地"認識や外政、外交を左右しただけでなく、戦争の拡大や戦時体制に国民や植民地人民をも巻き込むことになったアジア政策のキー概念とも言えよう。

幕末、明治以降、日本が欧米列強に抗するために、アジア諸国とどう関わるかについて、アジア主義あるいは日本主義の大小が問われることになった。そ

の具体的な対応として、19世紀末の日清戦争以後、東アジアを起点とする軍事展開にあわせ、その集約的概念ともいえる"大アジア主義"や、時々の具体表現ともいえる先のキーワードが案出された。

③"外地"と"大アジア主義"、"五族協和"

明治20年代の台湾、30年代の南満洲と樺太、40年代の朝鮮など、膨張政策による戦争と占領の結果、大日本帝国には急速に拡大した"外地"と多様な民族の存在があった。四島を中心とする内地国民にとって、新たな"外地"と多民族の存在は、はるかに自我意識、境域理解を超えるものであったろう。内地国民が、そのような存在を積極的に認知し、地域、民族間の交流をするには、言語や生活様式など、さまざまな障害、限界があったはずである。

本研究が取り上げた「満洲開拓団」の場合も、結局、自己の目的の範囲内で現地住民に接したに過ぎない。現地住民の生活が脅かされる状況にあっても、特に、移民集団として手を差し出したわけでない。そのような実情を見れば、"大アジア主義"や"五族協和"の理想は、「満洲開拓団」のどこにも実現されなかったし、「満洲国」支配の正当性を示すものでもなかった。「満洲国」は、関東軍が目的とした対ソ戦略の基地、その後のアジア太平洋戦争の基地以上の積極的な意味を持ち得なかった。そのための食料基地としての役割を「満洲開拓団」も負い、ソ連参戦に際しては、義勇隊とともに"防衛"の捨て石にされたことが明白に物語っていよう。

④日本人関係者の変化

はじめに確認した、移住時における日本人関係者の一方的な思いは、現地住民と知り合い、共に働き、交流するようになる滞在（占領）中もおおきく変わることはなかった。みずからも生存の危機に立たされ、家族や仲間の離散、死別という敗戦体験をつうじて、あるいは抑留・留用・残留といった戦後体験を経なければ、中国人、朝鮮人住民のおかれた当時の状況に思い至ることはなかった、ということでないだろうか。それ故に、それだからこそ、日本人残留婦人・孤児と中国人家族・養父母など、「満洲開拓」の今日的課題について、日本政府に早急な対応を求めずにはいられない問題意識、歴史観を獲得したのでないか。そうした意味では、日本帝国主義のアジアにおける戦争と占領の歴

史を体験し、体現する彼等の歴史認識を今日の日本ははたして活かしているだろうか。

⑤「満洲開拓団」の送出と引揚、日本社会の変化

そもそも「満洲開拓団」の募集や送出には、全国の学校や役場が深くかかわっていた。それにもかかわらず、引揚者のおおくが帰国後に差別された体験を持つ。戦時には、国策を信じ、戦勝を願って、"銃後"の義務に邁進した日本国民は、敗戦後の占領政策、戦犯裁判をつうじて、誤った侵略の一端であったことを知る。そして、同じ銃後国民の引揚者に対しては、迷惑視したり、侵略者呼ばわりもした。おおくの開拓団引揚者の場合、侵略の積極的な推進者や協力者はあまり多いといえない。「満洲開拓」の国策は建前としても、将来の自立にかけるなど、本音は個人的なものであった。それが難民となって辛うじて生き延び、無一物で帰国した引揚者に、内地同胞は冷たかった。首相の「全国民総懺悔」の表明に、庶民は"外地"からの引揚者に戦争責任を着せるように、スケープゴート（聖書の「贖罪の山羊」、身代わり）にしたのかも知れない。また、自らの生活を脅かされまいと防御反応、排除意識が働いたのかも知れない。しかし、過剰な農村人口を満洲移民とした"口減らし"の論理を、敗戦後の国民も引揚者たちに向けたと言えないだろうか。いずれにしても、かかわりの薄い内地国民から、満洲移民や引揚者は"同胞"と一線を画す存在、むしろ戦争や占領がおこなわれた"外地"的な存在と、意識的に忌避されたとも考えられる。

このような日本社会における変化が、「満洲開拓団」残留者の帰国を遅らせる原因になったのでないだろうか。中国残留婦人と孤児の帰国事業がはじまるのは、1978年の日中平和友好条約の調印後、敗戦後36年がたった1981年からであった。現地に残り帰国を果たせないもの、帰国しても生活が安定せず、中国の養父母、家族に会うことも叶わないものなど、当事者を介し、日中間にはさまざまな具体的課題が横たわっている。「満洲開拓団」の引揚者、残留者、帰国者そして中国人養父母と家族をとおして、日中両国の関係、日本の戦争と占領の歴史を見直すきっかけにする必要があるだろう。

⑥国家・民族の問題か、個人・集団・社会の問題か

第 2 章　「満洲開拓団」の日中関係者に見る"五族協和"の実態

　戦争と占領、あるいは帝国主義と植民地支配の問題は、日本では一般にアジアや国家、民族の問題として語られてきた。そこに関わる個人や集団、社会のあり方として、なにが問題かについては、国家・民族に含まれるか、従属することとして等閑に付されてきた。日本がアジアでおこなった戦争と占領の数々は、すべて国家、民族にともなう、いわゆるナショナリズム（民族主義、国家主義、国民主義、国粋主義）の問題とされ、どんな場合にも関わる人間のこと、いわば人為的、作為的な問題であることの本質が軽視されてきた。戦争と占領にかかわる国家、民族の内外いずれにも生じる犠牲や破壊について、どのような人為、作為があったかを国家や民族の内外二項の対立、利害や抗争の問題としてしか捉えず、実際にその問題に関わる個人、集団、社会がどんな意味を持つかの問題は、せいぜい権力の中枢にあった特別な地位や、特異な役割を果たした場合などに限られた。

　犠牲や破壊の当事者である個人や集団、あるいは地域や社会に対して、攻撃した側の国家、民族だけでなく、攻撃の当事者である個人や集団、さらにその個人・集団にかかわる地域や社会が、当然に存在したはずである。ある国家、民族の他の国家、民族に対する攻撃と破壊の二項対立は、それぞれの国家、民族の当事者である個人、集団、社会の問題としても考えなければ、戦争と占領の本質的な問題には接近できないのでないか。権力を中枢とする国家や、文化・伝統を共有する民族だけの観念からは、行為の意識などが生じにくい。より具体的に個人、集団、社会のレベルにまで還元しなければ、当事者としての意識にはたどり着けないのでないか。逆に見ると、国家、民族の概念、存在が大きいあまり、国家、民族の名でおこなわれる戦争や占領について、関わりあるはずの個人、集団、社会の問題が見えにくい状況があることを考慮すべきであろう。

　また、戦争の結果、勝敗にはいつまでもこだわる反面、原因や経過の問題は忘れられる。戦争や占領をする際、国家・民族の優劣や強弱、文化の先進や遅滞など、国家の正当化の論理におおくが追随したことも忘れられる。しかし、その対局にあった身近な個人、集団、社会における人権や民主主義が踏みにじられて、戦争や戦時体制が準備されたことだけは、昭和の 15 年戦争と前史で

345

ある大正期の動きとして想起すべきことを指摘しておきたい。

換言すると、人権、人命を軽視するものは抑圧や暴力をこととするものであり、軍隊や警察がどんな暴力装置として機能するかは権力のあり方の問題であるとともに、対局にある国民の人権や民主主義のあり方の問題でもあることを、あわせて指摘しておきたい。

第 3 章

阿城・八紘開拓団の日本人引揚者

湯山　英子

はじめに

　本稿は、八紘開拓団の 5 人に聞き取りを行った内容を時系列にそってまとめたものである。協力していただいたのは M さん（1929 年生まれ・女性）、T さん（1926 年生まれ・女性）、U さん（1928 年生まれ・女性）、名児耶幸一さん（1931 年生まれ・男性）と弟の名児耶養吉さん（1934 年生まれ・男性）の 5 人で、渡満の経緯と開拓団での中国人との関係を中心に聞き取りを行った。聞き取った内容はテープに収録し、それを文字データに起こした。本稿ではそのデータを要約し、なるべく本人の語りの部分を挿入するようにした。

　5 人の渡満時期は異なるが、八紘開拓団を拠点として幼少時代を親・兄弟と共に過ごしていた。彼らは、終戦後に引き揚げ、北海道日高郡静内町高見地区に戦後緊急開拓事業で入植している（現・新ひだか町）。しかしながら、その高見地区は、1964 年 1 月に全戸が離農し、今はダムの下に埋まっている。それぞれの離農時期は異なり、現在の居住地も違うが、互いに連絡を取り合っているようである。ここで、簡単に 5 人の経歴を紹介しておこう。

　M さんは 1929 年に樺太で生まれ、1941 年に家族全員で満洲に渡った。開拓

団内の小学校高等科に入り、学校が休みのときは開拓団購買部でアルバイトをしていた。その関係で農耕馬の買い付けに奉天（瀋陽）まで同行することがあり、当時の馬籍作成状況に詳しい。終戦後は、中国共産党軍の野戦病院へ看護婦として留用される。1946年9月末に日本に引揚げ、父の故郷である茨城県常陸太田の親戚の下に身を寄せた。数ヵ月後には弟と2人で札幌の月寒学院（八紘学園）へ行き、戦後緊急開拓事業の開拓地である十勝の更別に移った。しかし、土地事情が悪いので1年ほどで見切りをつけて静内高見地区に移動した。

　Tさんは1941年12月に樺太から渡満した。樺太の留多加町では前述のMさんと顔見知りだった。Tさん一家は八紘開拓団に入り、Tさん自身は乳搾りなど家業の手伝いをしていた。引揚げ後は、母親の故郷である福島県の親戚を頼って行ったが、すぐ北海道に移った。静内高見地区に家族で開墾に入った。

　Uさんは、1928年に北海道紋別郡藻興部村（現・興部町）に生まれ、1939年12月に家族と共に渡満した。八紘村では家業である農業の手伝いをした。日本に引き揚げてから徳島に一ヵ月ほどおり、北海道の興部村に一時滞在、その後静内町高見に行き、1927年に札幌、東京、神奈川県へと移転した。

　名児耶幸一さんは1931年に樺太で生まれ、九州、朝鮮、東京、朝鮮と転々として、父親に呼ばれて満洲へ渡った。しかし、ハルビンの中学へ行くために八紘開拓団から離れて一人暮らしをしていた。弟の養吉さんは、1944年に渡満し、八紘開拓団でひと冬過ごした後で終戦を迎えた。

　本稿は、2007年～2009年にかけて聞き取りを行い、2010年に報告書として提出したものである（2013年2月）。年齢については、2010年時のままとした。また、今回の書籍化に伴い連絡・確認を取ったところ、Tさんが2011年2月30日に亡くなっていた。協力に感謝するとともにご冥福を祈りたい。

　ここで使用する静内町は、2006年3月31日に三石町と合併して「新ひだか町」となったが、入植当時のままの地名で表記する。

1　聞き取りMさん（女性）
＜Mさんの経歴＞

1929 年　樺太留多加郡留多加町生まれ（7 人兄弟の長女）。
1941 年　9 月末に渡満。浜江省阿城県八紘村に入植（前年に父が先発隊として入植）。
1946 年　日本に引揚げ。
1948 年　北海道日高郡静内町高見地区に入植（1947 年 11 月には更別村から静内町に移る）。
1949 年　結婚。
1962 年　高見離農。静内町市街地（現・新ひだか町静内）に移転。

＊概要

　M さんは現在、81 歳になる。新ひだか町静内に在住し、自宅に高校生の下宿人を受け入れて一人でその世話をしている。1929 年に樺太で生まれ、小学校高等科 1 年のときに家族全員で満洲に渡った。満洲では、八紘開拓団の高等小学校（八紘在満尋常高等小学校）に入り、学校が休みのときは開拓団購買部でアルバイトをしていた。その関係で農耕馬の買い付けに奉天（瀋陽）まで同行することがあり、当時の馬籍作成状況に詳しい。日本の敗戦後は、中国共産党軍の野戦病院へ看護婦として留用される。1946 年 9 月末に日本に引揚げ、父の故郷である茨城県常陸太田の親戚の下に身を寄せた。数ヵ月後に常陸太田駅から弟と 2 人で札幌の月寒学園（現・八紘学園）へ行き、緊急開拓事業で十勝の更別村に移った。しかし、土地事情が悪かったため 1 年ほどで見切りをつけ静内高見地区に移動した。高見で結婚し、2 児をもうけながら農業を営み、1963 年に離農し静内町（現・新ひだか町静内）市街地に移転した。

　本稿では、樺太から満洲へ行ってからの生活と、終戦後の引揚げの様子、戦後緊急開拓事業の開拓地である更別、そして静内町高見地区での体験を語ってもらい、その内容を時系列にそって要約した。一部、本人の語りの部分を入れている。聞き取り 1 回目は本人の希望で録音せずに筆記のみで（そのため他の引用文と口調が異なる）、2 回目以降はテープに収録し、すべてテープ起こしをした。

●聞き取り／日時：1 回目、2007 年 2 月 28 日。2 回目、2008 年 5 月 29 日（2 人）。3 回目、2009 年 9 月 24 日。●テープ起こし協力：伊藤猶正、佐藤悦子。

第二部　日中関係者調査の研究報告

＊渡満まで

　1941年、Mさんが樺太の小学校初等科を卒業し、高等科1年のときに家族で渡満した。父親は、王子製紙の下請け会社に勤務（帳簿担当）していた。父親は樺太から兵隊として日中戦争に出征し、中国から戻った翌年春頃に単身で満洲に行っている。渡満へのいきさつは父親からは直接聞いていないが、樺太ではすでに物資が配給制になっており、今後の生活に不安を覚え、満洲での生活に活路を見出しての移動ではなかったのではないだろうかとMさんは推測する。当時、八紘開拓団の募集が樺太であったらしい。1941年9月末に、両親と子供5人の計7人が満洲に渡った。その時、同じ地区で渡満したのは2軒だけだったが、次の年には樺太での顔見知りの人たちが大勢、八紘開拓団にやって来た。

　　うちの父さんがね、警察に呼ばれたのよ。満洲、満洲ってみんな騒ぐけど樺太も開拓地だからあんまり大きな声で騒がないでほしいと、それでこっそりと行ってくれって言われたの。樺太で飼っていた馬を売り、満洲に渡ってからそのお金でまた馬を買った。

＊中国人を雇う

　満洲行きを周囲に止められるのではないかと思い内緒で樺太を後にした。八紘村では家族7人が朱家屯に入植した。中国人が住んでいた家を開拓団が日本人用に空け、Mさんたちが住めるようにしてあった。秋に行ったため、すでに米は収穫した後だったと記憶している。

　　中国人の使用人を雇って、田を2町、畑を10から20町（正確にはわからない）を耕作していました。荒地ではなく、すでに耕作してある既存農地に入りました。荒地などはぜんぜんありませんでした。私はもう高等科でしたから、略奪したものだと行ったときから感じていました。樺太から行く前は、そういう土地だとは知らなかった。

　略奪したと感じていたのは、通う学校の教師たちの思想やその先生たちが購入してくれた図書のおかげだと言う。本に関しては購入規制が少なく、多くの本からいろいろな思想や知識を吸収し、自分なりに置かれた状況を分析していた。

350

Mさん一家は、中国人と朝鮮人を雇い、田畑を耕していた。Mさん自身は、最初それほど中国人とのつき合いは無かったようである。

　家には、馬係り1人、畑管理1人、臨時雇いがたくさんいました。臨時雇いは、朝や昼ご飯を出さないと集まりませんでした。中国人の奥さんにも来てもらって、ご飯を作ってもらっていました。その家によって違うようです。日当を払わないと、「あの家には行かない」という中国人もいたので、日当をちゃんと払わない日本人農家もいたようですが、そういう家には中国人も行かなかったようです。私の親は、中国人に対していじめたり、叩いたりはしなかった。ボロを着ていると、お下がりをあげたりしていました。

　田んぼは、中国人が水の中を嫌がるので、朝鮮人を使っていました。田んぼの中にいるヒルを嫌がっていました。川から水路を作っては、田んぼを増やしていきました。

　家の隣には中国人の家がありましたが、学校が違っていたので、あまり付き合いはなかったです。学校でドッチボールをするときは、中国語でしていました。普段からよく中国語を使って遊んでいました。そうそう、学校には朝鮮人がいました。半島人と呼んでいました。近所の中国人に「てんそくを見せて」と、紐を解いて足を見たら、その中国人が泣いてしまったことがあります。足の爪を切ってあげたりしていました。

　Mさん一家では、田畑のほかに牛を飼い、バターを作っていた。撹拌機を使い、クリーム状にして冬には凍らせておいた。ほとんどが組合に集められていたが、ときどき組合の仕事をしている父親に内緒で白系ロシア人に売ったりしていた。売ったお金はお小遣いになり、ハルビンに出かけては買物や映画を見たりして遊ぶのが何よりの楽しみだった。

　父さんに言ったら怒られるから、父さん組合だから。母さんは怒られるので、私なら怒られないので、ロシア人が来るので売ろうってことになりました。高く買ってくれるので、「お前、絶対言ったらダメなんだよ」って内緒で売りました。

　そのほかに、朝鮮人が米を買いに来ていた。父親に内緒で分けてあげ、飴と

交換していた。朝鮮人の食生活が厳しいことを見て感じていた。満洲での生活が長くなるにつれ、Mさんは、家で働く人夫頭に信用されて中国人の集まりに参加するようになっていた。

　人形劇の集まりにも行った。父さんは部落長だから「家に帰ったら、絶対父さんに言うな」って口止めされました。それも内緒でやるから。もし、日本人が聞きつけたら大変なことになる。それこそ憲兵でも何でも入り込んだら大変でしょ。だから日本人を絶対入れないんだわ。それでも終戦の前の年まで参加していました。

Mさん自身も活動的で、高等科2年のときに、学校で弁論大会を開催しようと企画したことがあった。しかし、開催当日にサイドカーに乗った憲兵隊が来て中止させられたという経験を持つ。

　実は、昭和19年に人夫頭のニイヤに「どこへ行くの？」とたずねると、「親に言うな」と連れて行ってもらったのが、共産主義者の集まるアジトでした。集会の途中で「日本人が入っている」って誰かが言うので、「私だ」とどきっとしました。「このクーニャンは、何でもない」とニイヤが隠してくれました。その頃の中国人は、下からも運動していたんですね。

＊馬の払い下げ

学校が休みになると、組合購買部のアルバイトをするようになっていた。奉天に行き、馬の買い付けに同行していたため、馬籍作りに携わることもあった。軍から軽種馬を買い、バンバを掛けあわせて農耕馬（中間種）にしていた。組合には種馬場があり、書類上で馬籍を偽装することが頻繁に行われていた。

　亜溝から阿城までは4里ほどだったでしょうか、馬で行っていました。阿城には関東軍の司令部がありました。開拓団には牛はあまりいませんでしたが、プラウで農耕馬をよく使いました。農耕馬は関東軍の払い下げです。関東軍は自然交配して、その馬を開拓団に払い下げしていました。自然交配ですから、馬籍がないわけです。夏休み、春休みになると購買部のアルバイトで奉天（瀋陽）によくかばん持ちで主任について買い付けに行っていました。父やおじとも行きました。村に帰ってから、馬籍を勝手にこしらえるわけです。馬籍がないと交配しても売買はできませんから。関東軍

はいいかげんなことをしていましたね。

馬群にものすごく馬を集めていました。廃馬って言ってね、結局妊娠した馬とか怪我した馬っていうのはいっぱいいるから、それをみな払い下げするわけです。だからあらゆる開拓団が行って馬を買っていました。

奉天までは列車で移動し、泊まりがけで出張していた。Mさんのような女子学生も馬の払い下げに同行していた。

開拓団では青年たちが慰問隊をつくり、軍隊への慰問を行っていた。軍隊がトラックで開拓団まで迎えに来て、それに乗って軍隊の運動会などに参加していた。Mさんたちは踊ったり、歌ったりすることがほとんどで、軍隊内の酒保で二銭の餡パンを買うのが楽しみだった。ほかの開拓団からの慰問団を見かけたことはなく、八紘開拓団だけだったと記憶している。また、Mさんは第二八紘開拓団を訪問したことがあった。

開拓団にいたときは、列車に乗ってあちこち行きました。長春、奉天、旅順へは修学旅行で行きました。また、第二八紘開拓団の見学にも行ったことがあります。亜溝から指導員がよく行っていました。こう言っては何ですが、亜溝と比べると農業のやり方はヘタでした。畑や田んぼよりも、酪農が多かったです。私たちは、第二八紘開拓団でアイスクリームを食べた記憶があります。

開拓団の栗林元二郎について、Mさんは「栗林先生」と呼ぶ。栗林元二郎は札幌から軍用機でハルビン間を移動していた。皇族、北大の先生などを連れて開拓団を見学させることもあった。その度にMさんたちは出迎えていた。満映が八紘開拓団を訪れて、映画を撮影したこともあった。また、北海道新聞の取材を度々受けていた。

栗林元二郎は、軍と密接な関係にあって、そうでもしなければ開拓団として大きくなれなかった。軍用機（戦闘機）でハルピンと北海道を行き来していました。終戦が近づくと、状況を理解していたのでしょう、来なくなりました。

近くの開拓団の人たちは本州からの移民で、それほど交流はなかった。一度だけ、運動会に行っている。彼らのことは、自分たちと比較して閉鎖的だった

353

と感じていた。

> （ここでの農業は）できないべさ。山形とか岩手の人だもの。（本州には）これぐらいの田んぼしかないしょ、だからあんな広いところ行ったらどうにもならんと思うよ。

> 閉鎖的だった。私らは中国（語）だか朝鮮（語）だか訳のわからない言葉使ってあれしてたのに、そんなことは一切しない。

> やっぱりね、樺太あたりに人夫の人達が沢山いたっしょ。使用人使うのもなんともなかったし、（一緒に）働くのも何とも思わない。

　Mさんは、川向こうの開拓団の人たちが、中国人と良好な関係を構築できなかったと感じていた。自分たちが日本の植民地樺太で、いろいろな地域から人が集まって暮らしてきたことに起因していると言う。それを出身地である「樺太という土地柄」だと表現する。また、広い土地を耕作するには、機械を使うか、人を使って耕すしかないと思っていたし、それを実践していた。

＊敗戦とその後

　日本の敗戦は、開拓団で聞いた。8月16日には村を出ている。阿城に着いてからロシア兵からの強姦に怯える日が続いた。

> 牡丹江からロシア軍が攻めて来て、父から青酸カリを持たされました。辱めを受けたら自殺するように言われました。阿城の収容所で一冬越しました。

> ウチらの父さんなんか、（開拓団の女性が）とっても強姦されてどうにもならないから、だから慰安婦に頼みに行った。「私はどっちみち日本に帰れないから、だから私らが犠牲になるからって」言ったって。

> 阿城の慰安婦は、朝鮮の人も大分いたみたい。（今も）慰安婦の問題になったら思い出す。いやぁ、本当にああいうことがあったんだなと思ってね。

　自分たちとそう年が違わない彼女らのことを思うと、申し訳なかったと言う。いつ殺されるのか分からない状態だったとその時の様子を振り返る。またMさんは、阿城の収容所で、満洲生まれの妹2人を病気で亡くしている。

　Mさんは、それから中国共産党軍から留用されて野戦病院で働き、危篤状

第 3 章　阿城・八紘開拓団の日本人引揚者

態の傷病兵の付き添いをした。野戦病院では、日本人の医者も多く、同胞ゆえに仕事に対しては厳しかった。しかし、Mさんは野戦病院を逃げ出して、引揚船に乗る。

　　日本人同士だからよく叱られました。「何やってんだ」「恥ずかしいことだけはするなよ」って。「一発で入らなかったらどうするんだ」って注射もさせられ、最初は「大根だと思え」って言われ、次は「大根や人参じゃないんだぞ」って叱られ、変なことを言うなと思った。

　Mさんは逃げ出したが、その野戦病院に留用された日本人が帰国したのは、それから5、6年後だと言う。Mさんは移動するときに友人と一緒に逃亡するが、捕まったら銃殺される恐怖から、そのときのことが今でも夢に出てくる。

＊茨城県の親戚の家に身を寄せる

　1946年9月下旬に博多港に到着した。帰国した家族は、両親、弟と妹、Mさんと7人だった。引揚援護局から一人1,000円、合計7,000円をもらい、父の故郷である茨城県常陸太田へ向かった。父親の兄弟は3人で、本家の兄が亡くなっていたため、分家へ身を寄せた。1ヵ月ほどいてMさんは、すぐ下の弟と一緒に常陸太田駅から北海道行きの切符を買い、2人だけで札幌に向かった。水戸藩のしきたりや樺太や満洲から比べて本州での生活が封建的だと感じ、そこから出て北海道に行きたいと思った。

　　札幌には月寒学院（八紘学園）っていうのがあったから。そこを目当てに行きたかった。栗林先生がまだ生きていたから、助けてもらおうと思って。開拓団本部の人も皆、そこにいた。

　Mさんは、その年の11月に月寒学院（八紘学園）に着き、同学院の炊事係として短期間だけ働いた。後に家族も北海道に移った。12月はじめには、十勝の更別に移転し、事務所の会計係として働いたが、父親が帯広の病院に入院したため、会計係を辞めて父親に付き添うことになった。母親は更別の共同住宅に住み、末の子の面倒をみていた。満洲での野戦病院の経験を知った父親の入院先の病院関係者から、帯広の高等看護学校入学をすすめられた。受験し、合格するも弟や妹のことを考えると、断念せざるをえなかった。

　　十勝の更別ムガン坂（通称）の防風林に入りました。ガスが多く、何も見

355

えないところでした。大樹の方からは風が吹き、何も出来ないところでした。父が死にそうになり、1 年後に静内の高見に移りました。昭和 22 年 11 月です。高見は、もともとアイヌへの供与地でした。その頃は、すでにアイヌはそこに定住していませんでした。

弟や妹の学校のことを考えると、行けなくなってしまう。今、考えると「あの時な」って思うことがたまあにあるの。(その時) 私は絶対学校には行けないんだなと思った。

戦後緊急開拓事業の開拓地だった更別には 1 年ほどいて 1947 年 11 月、静内町にすぐ下の弟を連れて移った。高見地区には八紘開拓団の人たちが入植していたのは知っていたが、特段、誰かに勧められたわけではなかった。

だから人間っていうのは、育ったところが同じだと、同じようなことを考えるかなと思う。不思議だなあと思うことがあります。引揚者は、皆同じところに集まるのかなあと思う。ハガキを出したり、新聞を見たわけでもないのに、同じ行動を取るものだなあと思う。

高見地区には樺太出身者が多くいた。更別から行ったのは M さんだけだった。すぐに家族を呼び寄せることにし、歌笛の木工所からトラックを借りて更別から病気の父親を連れて越して来た。すぐに高見地区には入れず、三石町の炭焼き小屋に仮住まいをする。そこで父親が亡くなった。

そのうちに父は死んでしまった。父が死んでも泣いてなんていられなかった。それを見て、「姉さんは冷たい人間だ」って兄弟に言われたのが悲しかった。炭焼き小屋では、井戸がないので川から水を汲んでいて、「おばけでもいいから出てくれ」って一人で泣いたのを覚えています (涙声)。兄弟は、「姉さんは冷たい人間だから涙一つもこぼさなかった」っていつも言っているみたいだけど、川へ行って誰もいないとこで泣いた (涙声)。あんな悲しい思いをしたことはない。

火葬後、翌年の春に高見地区に入った。水道も電気もないところで生活が始まり、そこで単身で入植していた男性 N さんと 1949 年に結婚した。夫は母親と同じ新潟県出身である。結婚後の 1951 年には、M さんは手に職をつけようと単身で札幌のナショナルカッターという洋裁学校に入学し、昼間部と夜間部

の両方で 1 年間、学んだ。1953 年に長男、1957 年に二男が生まれ、1962 年には高見を離農した。一緒に引揚げた母親は、静内で 93 歳まで生きた。

　小中学校はありましたが、子どもたちの教育の問題もありました。離農前にはハッカを作っていましたが、畑が痩せてしまって。北電の測量も入っていて、「湖がなくなる」と北電の人が正直に言っていました。静内町で高見地区を買って、北電に高く売ろうという話もあったようです。そうこうしているうちに離農資金も出ました。60 万円くらいです。私は、高見に入植した海軍出身の人と結婚していまして、昭和 37 年頃に高見を出ました。

＊戦後、中国を訪ねて

　M さんは 2001 年 9 月に、引揚げ後 56 年ぶりに中国を訪問した。八紘開拓団の関係者、その親族など総勢 34 人で阿城と亜溝へ行っている。M さんの住んでいた朱家屯を訪れた。

　開拓団の人たちとは、5、6 年に 1 回集まっています。75 歳のときに現地に行きましたが、私と同年代の人はいませんでした。中国の人は、60 歳から 65 歳が寿命なので私のような 70 歳代は「長生きだ」とびっくりされました。開拓団のあったところは、地形までも変わってしまい、家もレンガ建ての家屋に変わっていました。

2　聞き取り T さん（女性）

＜T さんの経歴＞

1926 年　福島生まれ。
1928 年　2 歳のときに樺太に渡る。樺太留多加郡留多加町。
1941 年　12 月　渡満。
1946 年　日本に引揚げ。
1947 年　北海道日高郡静内町高見に入植

＊概要

　T さんは 1941 年 12 月に樺太から渡満した。樺太の留多加では M さんと顔見知りだった。T さん一家は八紘開拓団に入り、中国人の住んでいた家を開拓

団が空けてあり、そこに住み始めた。仕事は、乳搾りなど家の手伝いをしながら家族と暮らしていた。引揚げ後は、母親の故郷である福島県の親戚を頼って行ったが、すぐ北海道に移った。静内高見地区に家族で開墾に入った。本稿では、渡満までと開拓団での生活を中心にまとめた。

●聞き取り／日時：2008年5月29日（2人）。●テープ起こし協力：伊藤猶正。

＊渡満まで

14年間樺太で暮らし、家も建てていたが、水害、米の配給などが重なって父親が満洲行きを決めたらしい。Tさん自身は、内地から外地に行くという認識が強い。

> 米が配給になったの。15年の3月だった思うんだけど水害があって、連絡船が来ないとかなんだとかでね、大騒ぎしたことがあります。ご飯が食べられなくてうどんばかり食べたの。イモのデンプンは沢山あるんだけど、食べたくないんだよね。そしたらウチの父親が、「いや、ここにいたら米食べられないから子どもたち連れて満洲へ行こうか」って言ってそれで行くようになったんだと思う。

> あの頃はもう統制が始まっていたから、税関でも何でもやかましかったの。税関は何か持ち出したら大変だって厳しかった。内地から外地に行くんだからね。だからたいへんだったけど、開拓という理由があったから、荷物は特別のあれだった。

満洲へ行ったのは、家族6人で、Tさんは長女。実の父親（福島県出身）は亡くなっており、母親の再婚相手（樺太で再婚・青森県出身）に10歳下の妹、2人の弟がいて、その子らと全部で6人が渡満した。

＊開拓団での生活

樺太からの荷物はほとんど持って行くことができた。八紘村では、中国人が住んでいた家を開拓団が空けてあり、そこに住んだ。牛を3頭、馬を2頭飼っていた記憶がある。その牛の乳搾りをし、その牛乳から脂肪をすくってカメに入れ、近所の撹拌機を持つ家に行ってバターを作っていた。組合に売るよりも白系ロシア人に売った方が倍の値段で買ってくれた。白系ロシア人はよくバターを買いにきていた。樺太にいるときは、牛乳など飲んだことはなかった。

満洲に来て乳搾りをするようになったが、匂いが嫌いで、今も牛乳やバターは苦手である。また、日本の兵隊が来たら牛乳を飲ませてあげようと、母親と大鍋に沸かして牛乳を差し出すと、「これ白水か」と牛乳を知らない兵隊もいた。

　Ｔ家の隣には中国人の家が一軒あって、そこの家族5人がＴ家で働いていた。中国人の一軒がうちの隣にいて、中国人でもいろいろな階級があってね、そこはとっても貧しい家だった。その人達が小さい家建てて、そこに親子5人でいたの。その5人をそっくりウチで働かせていた。そして一人だけすごく頭のいいのがいたのよ。そしてウチの父さんが「こいつ頭いいなあ」って。そしてその子を学校にやったの。

　婆さんと5人はね、ウチで働くことにしたんだけど、爺さんと婆さんはもう年だった。米は大概ウチから持って行って、爺さんと婆さんを食べさせ、あとはウチで働いてもらった。学校のお金を払うようになると、ウチの父親に貰いに来るんだ。父親が封筒に入れて渡してやると、それで喜んでね。その子。頭が良くてね。それで学校だけは入れてやれってね。あとの2人はダメなのよ。だから牛追いばっかりさせられたの。上の兄貴がもう22、3になったんだろうけれども、まだお嫁さんもらってなくて、よく働く人でさ。

　Ｔさんの部落には、中国人と朝鮮人が住み、水田を作っていた。朝鮮人と仲良くなり、よく朝鮮漬けをもらうなど交流があった。しかし、彼らの待遇の悪さについては認識していた。

　ちゃんと正月になったら餅つくのね、向こうも。餅ついてね、本国から送ってきたものだって梨やらいろいろついたあれをお膳に入れて、そしてお正月になったら持ってくるんだよ。あの人達は、供出されるのは多いんだわ。日本人と違ってね。

　朝鮮人の収穫した物を牛小屋にワラをかけて隠してあげていた。たくさん採れたといっては供出されてしまうので、朝鮮人が夜に収穫物を持って来たのを隠してあげていた。検査官がＴ家にも来るが、「牛や馬にたくさん食べさせなければいけないから、たくさん置いてある」と納得させて帰ってもらっていた。そして、夜になると朝鮮人が、預けてある食料を持って帰っていた。

第二部　日中関係者調査の研究報告

＊川向うの開拓団のこと

　八紘開拓団では日本軍の部隊に慰問に出かけていた。ほかの開拓団の人たちが慰問している様子には遭遇していない。川向うの開拓団の人たちが、農業を教えてほしいと何度も見に来ていた。水田や畑もうまく作れず、「中国人をうまく使い切れなかった」のがその理由だと言う。中国人が近寄ると家の中に入ってしまうのを見ていた。

　また、種を蒔くにしても播種機を使いこなす自分たちと比較し、本州での小規模農業の方法では、この地で耕していくのは難しいと感じていた。

　　私らのところは、（農機具）を満洲に行く時から全部持って行った。壊れたら直して使っていた。

＊終戦とソ連兵

　8月16日の夜には阿城に移動した。同じ開拓団のKさんが移動前の朝に子どもを出産し、阿城の収容所までは連れて来たが、体調が悪くなって中国人に子どもを預けている。17日か18日には、ソ連軍が収容所に入って来た。収容所は日本軍の兵舎を利用したもので、兵舎の倉庫には物資が山ほど入っていたが、その物資はソ連兵が全部持って行ってしまった。

　父親が収容所に酒を隠したものの、ソ連兵に押収されてしまった。そして父親が開拓団の人が持ってきた得体の知れないアルコールを飲んだ瞬間に体調が悪化し、そのまま死亡してしまった。母親とTさん、妹と弟と2人が残された。

　阿城の収容所となった兵舎には、運よく炭が山積みになっていて、それを家に運んで暖を取り、冬の寒さをしのいだ。収容所生活をしながら、Tさんはロシア人の家に行き、乳搾りをして働いていた。しかし、乳搾りの最中に中国人の飼う犬に噛まれてしまったため一ヵ月半ほど歩けなくなり、仕事が出来ない時期があった。

　阿城では、慰安婦の女性たちがソ連兵に差し出されたのを見ている。

　　朝鮮の人たちもいたし、それに日本人の（人も）ね、私ら犠牲になるから女の子達、上に上げてやってくれってね。そしてあの人達が犠牲になってくれたんだね。本当にかわいそうだったよね。そして我々の犠牲になってくれたんだって、私それいつも思い出す。

360

そして、1年ほど阿城にいて、敗戦の翌年の8月30日にハルビンに移動した。

＊福島から北海道へ

　1946年9月に日本に引揚げた。Tさんは北海道に行きたかったが母親は故郷である福島を希望した。秋には塩炊きをし、冬には山で薪や葉っぱを拾って燃やし、炊事をした。そして、翌年の3月のはじめには北海道に移った。更別に来ないかと誘われたが、浦河に母親の姉がいたので、静内の高見地区に入ることにした。高見の山に入る前に、石綿工場跡に住み、山に上がる準備をしているときに、周囲にOさんとの結婚を勧められた。長女のTさんは、年寄りの母親と妹や弟だけでは山に入るのは難しいと言われ、結婚を承諾した。祝儀は、山に入る前日に、ホウの木の葉っぱに食べ物を並べてお祝いをしてもらった。ホウの葉を見ると、そのときのことを今でも思い出すと言う。夫となったOさんは福岡出身である。

＊高見に入る

　静内町高見地区までは道路も無く、三石町から荷物を背負って高見に入った。後に、上の弟が高見に来てから白血病で亡くなっている。静内高校の学生だった。生活も困窮し、来年のハッカを担保に農協からお金を借りた。静内町よりも三石町歌笛の人たちに世話になったと言う。

3　聞き取りUさん（女性）

＜Uさんの経歴＞

1928年3月　北海道紋別郡藻興部村生まれ。

1939年12月　渡満

1946年　引揚げ

＊概要

　Uさんは、1928年3月に北海道紋別郡藻興部村（現・興部町）に生まれ、1939年12月母親と長女家族とともに渡満した。U家では農業を営んでいたので、その手伝いをした。終戦後、日本に引揚げ、徳島から北海道静内町高見地区へ行き、1952年には札幌、東京、神奈川県へと移転した。現在、神奈川県相模原市に在住している。本稿では、満洲での生活を中心にまとめた。

第二部　日中関係者調査の研究報告

●聞き取り／日時：2009 年 3 月 15 日。●テープ起こし協力：佐藤悦子。

＊渡満まで

　Uさんは、1928 年 3 月に北海道紋別郡藻興部村（現・興部町）に生まれる。1939 年の 12 月に渡満した。当時、小学校 6 年生で 2 学期の途中で家族と一緒に満洲へ行った。家族といっても父親は 1937 年に亡くなっているため、母親と 5 歳上の姉と 2 歳上の姉、長女夫婦とその息子 1 人の 7 人とで行った。

　亡くなった父親は、大工と兼業してデンプン工場を営んでいた。父親が亡くなったことで、長女夫婦が藻興部に戻って来て工場を継いでいたところに、翌年、台風に遭い、デンプン工場が全部川の増水で流されてしまった。母親は、四国は徳島県の出身だったが、藻興部村には兄弟が住んでおり、旅館や劇場を営んでいた。デンプン工場を継いだ長女夫婦が、藻興部村に来た矢先に水害に遭ってしまったことから、満洲へ行くことを決断したのではないだろうかとUさんは推測する。

　　栗林先生って方が、北海道だけじゃないんでしょうけど、新聞か何かでね
　　満洲移民の働きかけがあったんだと思うんですよね。

1939 年の 12 月はじめに八紘開拓団に到着している。義理の兄（長女婿）が先に行って後から家族を呼び寄せた。Uさんが到着したとき、まだ 4、5 軒ほどしか入っていなかったと記憶している。その後、大勢が入植した。

　　渡満する時は私のうちはまったく個人で、団体じゃなかったんですよね。
　　そして翌年にその本隊っていうのが 4 月に向けて入ってきまして、何十戸
　　かまとまってきました。それは多分皆さん団体で渡っていると思います。

＊満洲での暮らし

　開拓団では先遣隊で行っていた家族連れのHさん宅にお世話になった。まだ数軒しか入植しておらず、北海道からの荷物も届かない状態で生活が始まった。幸いに床がオンドルになっていたため、室内では暖かく過ごすことができた。早速、学校に通い始めた。児童は 5～7 人くらいだったと記憶している。

　　もちろん道具は一切ありませんのでね、ミカン箱みたいのを置いて。こう
　　板を置いてね、そこで勉強しましたね。さきほど満州はあったかいって言
　　いましたけれども、行った当座は、（ストーブの）焚き方に慣れていませ

んから、お部屋をあっためるなんてことができなかったのかもしれません。その時は寒くてねえ、それこそ勉強してても、鉛筆持っても手からこぼれるくらい冷たくて大変でしたね。ええ、そういう記憶があります（笑）。
（地図を見ながら）これが新校舎なんですね。ここに団の本部がありました。ここのすぐ通りがありまして、この奥、左のところにですね、学校がありまして（旧校舎）。それも中国人の家を開放させて作った学校ですけれど。

学校や家は中国人が使っていたところを空けて、使用していたようである。

3学期になってからだと思います。多分、お正月はこちらだったと思うんですよね。まだね。このねえ、最初よそのお部屋を借りて住みました。ここもやはり全部（地図を見ながら）、この辺も全部、みんな中国人のお家を開放させているんですよね。これ全部ですよね。

Uさんの土地は川の近くまであり、かなり広かったようである。大豆、小豆、トウモロコシ、米、野菜を栽培していた。馬も飼っていた。プラウなどの農機具を使い、馬にひかせて畑を耕していた。

（農機具の）木の部分は自分たちで作ったのかもしれませんが、あとは本州から送ってきたんじゃないでしょうかね。向こうには売ってないし、中国人が使わない道具ですからね。中国にない日本の進んだ部分を取り入れて、畑を耕すことによってね。中国人は、浅くしか土を動かせないような作物の作り方だったんですね。中国人はね。それをこう、日本のは馬や道具を使って、プラオとかっていっていましたけど、馬に引かせねえ、こう起こしてこう裏返しに回転して上下入れ替えて行くような、そういう道具なんです。それを馬に引かせて、1頭では土を引かせない、重いから2頭に一つの機械を引かせるっていう感じで、みなさん畑を耕していました。馬はまとめてたくさん本州から送ってきますので、馬は抽選なんですよね。優秀なたくさん働きそうな体格のいい馬がどこに当たるかなって、大人が話すのを聞いていましたけどね。（我家に）ものすごく立派な馬が当たりましてね。すごく手入れさせられたのを覚えています（笑）。

Uさんは、1941年秋の遠足で裏山に上り、落石事故に遭ってしまった。半

年ほどしてから頭蓋骨が裂けているのがわかった。化膿していて、ハルビンの赤十字病院に運ばれ、手術をしたもののしばらく頭痛が止まらなかった。何度か通院してレントゲンを撮ってもただの「おでき」だと言われ続けた。1942年3月に高等科を卒業してからも頭痛がおさまらず、ハルビンの市立病院でその年の9月に手術をした。2年間ほど髄液が出る状態で、包帯が取れるまで3年ほどかかった。それまでは畑仕事などはほとんど出来なかった。

　思い出としては、運動会や学芸会がある。学芸会では歌を独唱した。本人が歌好きだったこともあるが、放課後になると先生から練習をさせられた。そのほかにカルタ会の思い出がある。八紘開拓団には本州の人もいたが、北海道の人が多かったので「下の句カルタ」（北海道で行なわれる百人一首の一種）だった。

＊中国人との関係

　Uさんの家では、2組の中国人家族を雇っていた。そのほかに農繁期のときは、使用人だけでは間に合わないので2、30人ほどの中国人を短期労働者として雇っていた。農繁期には、独身者が団体を組み、短期労働者として各農家を回っていたようである。特に除草作業が多かった。

　　ええ、雇っておりましたね。年中使っていたのは2家族で、ちょうど30代くらいの働き盛りの、すごくいい人たちでした。よくやってくれましたねえ。どちらの家族も子ども2人ついたようでしたけどね。
　　農繁期の一番忙しい時は（中国人を）、2、30人は入れていましたね。お昼は、こんな大きなお釜でご飯を炊き出していました。中国人のクリー、人夫というか。家族も持てない貧乏人は、所帯持てないんですよね。だから独身者が多いんですよね。農繁期にそういう所をグルグル回るんですね、団体で2、30人まとまってるんですけどね。
　　持って来るものはクワと、それからクルクルっと薄い綿の入った布団を巻いて、クワに引っかけてね、ひもでしばって引っかけて担いで来るんですよね。柄が長い、こんな長いクワ、寝袋の布団があの、要するに、さっき言いましたオンドルの上で寝るからお布団なんか厚くなくても暖かいから薄いのでいいんですよね。夜はどこに寝ているのかは全然知りませんけど

も。そういう人が 1 週間とかね。そういうグループは、まとまって除草します。草取りの時期、一番忙しい時期になると普段使っている使用人だけじゃ間に合いませんので、そういう人たちに除草してもらっていました。

雇っていた中国人の 2 家族は同じ敷地内に住み、給料を払っていた。

お給料もお食事のお米とか、豊富に採れますから、もうふんだんに与えてましたね。ですから、よくやってくれましたね。ええ。で、お米のご飯は普段向こうの人は全然食べられませんからね、もっともっと大変なものを普通の人は食べていますからね。

そのほかにも部落内には、朝鮮人が 5、6 軒住んでいた。場所は定かではないが、朝鮮人の学校があった。

*食料の供出

日本軍に野菜、大豆、餅などを供出していた。開拓団本部に勤めていた S（のちに義理の兄）は、豊富に採れる大根をタクアン漬けにして出荷していた。

タクアンっていってもその漬け方がおもしろいんですよ。あの、お家みたい、お部屋作るみたいに土に穴を（掘って）。すごく深くお家ぐらいの高さに掘りましてね、そしてあの、それ自体がその樽の役目ですか（笑）。当時はビニールってのありませんでしょ、それで漬かったんですね。

*引揚げてから徳島を経て北海道へ

1946 年、10 月末か 11 月はじめに博多に到着して、その足で母親の故郷である四国の徳島に向かった。一ヵ月ほど滞在し、11 月に北海道の興部に移動した。農家でデンプン工場を営む親せきの家に行き、デンプン工場で寝泊まりする労働者の食事の世話をした。そこで年越しをし、2 月には静内町双川に向かった。しかし、雪解けまで待たなければならず、八紘開拓団で一緒だった人たちと双川で共同生活をして過ごし、春になってから高見に上がった。姉夫婦が高見に行くことを決め、それに追随したようだった。高見までは道のないところを上り、大曲にある造材の人たちが使う小屋に一旦、荷物を運ぶのに一週間を要した。そしてさらに山を上って高見に向かった。高見に入植したのは 1947 年の春、5 月頃だったと記憶している。高見一帯は白樺の木が生え、それを切り倒すことから始まった。切り株の間を耕し、作物を植えていった。

そうしているうちに、夫となる N.K さんが 1948 年に高見にやって来た。N.K さんは戦時中、中国部隊で将校をしており、1946 年に引揚げている。N.K さんの両親は樺太を生活基盤としていた。軍隊に入る前は、東京四谷の三菱銀行に勤め、20 歳で入隊した。引揚げ後は姉のいる京都にいたが、就職先も無く、高見にやって来た。マラリアに罹っていたこともあり、高見に着いたときは体も弱っていた。1949 年に U さんと結婚した時は、腸を患って、毎日おかゆを食べる生活が続いていた。農家の仕事はしたことが無かったため、高見での生活は苦労したようだった。U さんの夫となった N.K さんの兄が高見の組合長をしていたが、高見を去ることになり、その後を引き継いで夫の N.K さんが組合長となった。組合長の仕事で、度々出張することが多くなった。

しかし、夫は慣れない農作業で再び体調を崩していまい、1952 年に高見を出ることになった。U さん家族は高見から札幌に移り、U さんだけ二男出産のために一時は高見の母の下へ行ったが、その後、夫と子どもとともに東京へ移転した。ほとんど無一文のまま東京の親戚の家を借りて移り住み、子どもたち、さらに甥っ子の面倒を見ながら暮らすことになった。1959 年、現在の居住地である神奈川県相模原に移転した。

4　聞き取り　名児耶幸一さん・名児耶養吉さん

<聞き取り対象者>

・名児耶幸一さん　1931 年生まれ

・名児耶養吉さん　1934 年生まれ（幸一氏の弟）

　　注：八紘開拓団および静内高見地区への入植において、「名児耶」姓が頻繁に登場する
　　　　ため、幸一氏の了解を得て「名児耶」姓については実名とした。以下に関係を記す。

<系譜>

●名児耶代吉（新潟県長岡出身）→樺太・留多加町で料亭経営→満洲へ

その子ども・・・・忠治①・・・幸一、養吉
　　　　　　　　　政四②・・・正一
　　　　　　　　　桂六
　　　　　　　　　喜七郎（高見小学校初代校長。東京から呼ばれて高見へ）

●名児耶忠治①（1945年に戦病死）
　樺太→福岡で金山経営→朝鮮天安で金山経営→朝鮮温湯町へ移転し金山経営→満洲・八紘開拓団へ（1945年死亡）
●名児耶政四②
　引揚時に団長→高見地区に入植
＊概要
　名児耶幸一さんは1931年に樺太で生まれ、2歳のときに九州、その後に朝鮮、東京、朝鮮、そして父親の忠治に呼ばれて満洲へ渡った。しかし、八紘開拓団から一人離れてハルビンに住み、中学校に通った。弟の養吉さんは、1944年に渡満し、八紘開拓団に住みそこでひと冬過ごした後で終戦を迎えた。両者は日本に引揚げ後、静内町高見地区に住んでいたことがある。
　幸一さんが高見で暮らしたのは僅かで、進学のために上京した。弟の養吉さんは、のちに静内高校を卒業し、高見小・中学校の助教員をしながら、日大の通信教育を受けていた。本稿では、渡満までと、終戦時の様子を中心にまとめた。
●聞き取り／日時：2008年3月4日。●テープ起こし協力：伊藤猶正。＊途中から弟の名児耶養吉氏が同席したので後半部に養吉氏の語り部分を加えた。
＊渡満まで
　名児耶幸一さんは、2歳から九州（小学校4年まで）、朝鮮（小学校5年の1年間）、東京（小学校6年）、朝鮮へと転々とし、父に呼ばれて満洲の八紘村に行くが、開拓団での生活は僅かでハルビンの中学校に通うため単身でハルビン市松花江街に下宿していた。父親は技術者でもあり、金山経営をしていたようである。

　　親父の職業の関係なんですけど、樺太の留多加町ってところで私も生まれているわけ。それで2歳の時に、親父が金山のどうも技術者だったらしくて、福岡の星野村に金山があってそこへ引っ越しているんですよ。2歳から小4まで。で、小4から朝鮮いっているわけ。これも全部親父の職業の関係なわけです。金山を経営していたから。私の伯父がどうも出資者のようで、金山を経営していた（正確ではありませんが）。

第二部　日中関係者調査の研究報告

　　なぜ朝鮮に行ったかって話になると、ここの金山がもう出なくなったみたいね。金がね。朝鮮に行って、朝鮮でも金山２つ変わっているのね。（小学校）４年まで九州にいたけど、５年は朝鮮に行っている。５年で今度は親父が朝鮮の学校なんかじゃダメだと、東京行けって言われて、家族はここにいるんだけど、ボクは東京へ行き、小６の１年間だけいました。

　しかし、親元を離れて東京に住むが、戦争が激しくなり、再び親元に戻ったものの、経営していた金山が閉鎖になったため、次に満洲へ行くことになった。八紘開拓団では、父親（忠治）の弟・政四が副団長をしていたため、そこへ行くことになったようである。

　　この金山が、戦争が激しくなって金は贅沢であると、それから金山の施設、設備は石炭や何かと共通ですよね。だから炭鉱の方の設備に国が徴収したみたいね。だから金山は閉鎖されたんですよ。そんな関係でここから、親父のやっていた金山が閉鎖しちゃったので、満洲に行ったんだね。
　　だから開拓団の殆どの人がその国策に沿って満洲を開拓しようということでいったのとは全然違うわけだ。だから後から合流しているだけなんですよ。あのウチの一家はね。ただ、なぜかっていうと、弟が団長をやっていたから、ここへ兄貴である私の親父と私の一族がここへ合流したということ。だからそれで満洲に行った経緯は他の人とちょっと違うということ。

　農業や酪農経験がないまま八紘開拓団に入っている。小学校６年で東京から疎開し、朝鮮、そして満洲へと渡った。満洲の八紘開拓団に家族は住んでいたが、幸一さんはハルビンの中学校へ通うため単身でハルビンに下宿していた。
　朝鮮から満洲へ行くときは、1943年の春に鉄道を利用したと記憶している。祖父である名児耶代吉が朝鮮まで迎えに来た。

　　鉄道で行きました。鉄道で行ってね、面白い思い出が一つあります。おじいさんが迎えにきてくれて、朝鮮からずっと国境越えて、ハルピンまで来たんですけどね。当時は、まだ食堂車があったんだな、それで食堂車に行ってご飯食べていたら、ちょうど対面に鼻髭を生やした紳士がね、カレーライス食べていたの。あんまりメニューが無かったんじゃないかな、ボクのもカレーライスだったから。

第3章　阿城・八紘開拓団の日本人引揚者

そしたらその紳士がね、カレーライス残したのね。カレーライス残して、煙草吸い出したらウチのこのじいさま、その紳士に向かって「ご飯を残すとは何事だ」と、私百姓だと嘘をついて「苦労して百姓が作ったご飯、綺麗に食べてくれ」って言いました。子供心にね、ウチのじいさん、「すげえこと言うな、見ず知らずの人に」って思った。その紳士は、じいさんに謝って、残りのカレーライス食べたのね。子供心に、ウチの爺さま、負けたなって思ったのね。この紳士偉いなぁって思ったものね。その記憶が一つあります。じいさんが見ず知らずの人にカレーライス残すなと文句つけていた。当時は、戦争たけなわの頃だから、子供心に、謝って食べるって凄いなぁって思ったの。小学校6年だけどそう思ったの。

天安から平壌、旅順、奉天を通り、列車を乗り継いで阿城駅に着いた。奉天で下車してご飯を食べた記憶がある。阿城駅から馬車に乗せられて、八紘開拓団に着いた。

馬車にのせられて。スプリングも何もない鉄の轍のね。満人がムチで棒の先に皮か何か着いたのでバチッとやりながら、馬を走らせていたのを覚えています。当時の満人って日本語ペラペラしゃべれたからね。

春に到着して、初めての冬に「学校のドアの取っ手を素手で触ってはいけないよ」と言われていたにもかかわらず、素手で触ってしまい慌てて離したら手の皮がむけてしまった。零下3、40度にもなる寒さをこう記憶している。

＊牛を飼い、大規模酪農経営をしていた祖父

祖父の代吉は、多くの牛を飼い、大規模な酪農経営をしていた。隣の部落は遥か向こうに見えていたのを記憶している。移動には馬を使っていた。

私の祖父（代吉）が経営していたところは、個人ではかなり有名な牧場、大きなホルスタインが何頭もいた。乳牛をいっぱい飼って、中国人が馬に乗って、西部劇じゃないけど、牛を牧草地に朝、連れて行く。夕方になると馬何頭かでその牛を集めて、また牛舎に連れてくるという生活をしていましたから。あの八紘村の中では乳牛をいっぱい飼っているという意味ではおそらく裕福だったんだろうと思うんです。

朝鮮からの荷物も多く、幸一さん家族が移り住んだところは、中国人が以前

住んでいた家だった。

　満人が住んでいた家にそっくりそのまま住んでいたね。あのオンドルつきの一部改造したぐらいのところに住んでいた。ところがうちがね、貨車一台分くらいの引っ越し荷物持って行っちゃったのね。当時にしてみたらえらい珍しかったと思うんだけど、八紘開拓団まで、亜溝の駅から何台も運んだ記憶があるわけですよ。ところが家財道具が入れるところないわけですよ。支那人の土づくりの小さな家ですから。ボクの記憶ではね、家財道具を山積みにしてね、外側に家を建てた記憶ある。要するに家を建てたっていうか、囲ったっていうか。あれだけの家財道具山積みにして、シートかけて、それに今度は足場建てて（荷物を置いた）。

祖父の名児耶代吉、叔父の政四は、中国人を大勢使い、苦力と一緒に食事をしていた。また、幸一がハルビンで聞いた話によると「八紘開拓団の名児耶代吉といったら、個人経営の牧場ではベスト3だよ」と言う。

　ホルスタインとかをいっぱい飼っていた。支那人の使用人のことを苦力って呼んでいるんだね。苦力ファンズっていうのがあってね、ファンズっていうのは家ですよね。だから従業員の家が一軒あってね。そこにみんないました。

　そんなに大勢人使っていたのはウチだけだったみたいなのよ。その牧場やっていたからでしょうけどね。今、思うと非常に現地の人達といい関係だったんじゃないかと。なぜなら、その苦力達とご飯を一緒に食べていました。おじいさんが真ん中になってね。だから僕らも苦力と一緒に並んで座らされてご飯を食べさせられた記憶があるもの。同じもの食べていたという記憶があるね。晩ご飯だけ一緒に食べた。というのは、朝早いから確か苦力ファンズでもご飯食べていったから、きっとそうなんだな。おそらく朝・昼は彼等が食べて、晩だけ一緒に食べていたのかな。

　（養吉氏）作っていたのは、バターにチーズ、冬になると餅だった。暮れには、餅つきを何百回となくついていた。ベニヤ板のように餅を凍らせ、それを軍のトラックが取りに来ていた。酪農と農業と両方経営していた。

＊終戦日の様子（養吉氏）

第3章　阿城・八紘開拓団の日本人引揚者

　養吉さんは、終戦となった8月15日のことを、「子供の目で見ていたので」と前置きして、次のように記憶を語った。

　　終戦の日は何も無くて、その翌日の朝、連絡が来ました。だから終戦の日ではなくてその翌日だと思うんですけどね。夕方までに急遽、部落民が本部に全員集結ということになりました。朝、そういう方針決定になって（家では）夕方までに立ち退く用意をして集まったわけです。その頃にはもう暗くなっていましたね。それから馬車に乗って一晩かけて阿城へ向かいました。女、子どもは馬車に乗り、若者、足の丈夫な元気な人達はみんな歩いて向いました。出征しないでいる若い人たちは馬に乗って猟銃を背中に担いで、騎馬隊みたいな形で護衛をしながら、一晩かけてここへ行ったわけです。
　　阿城には関東軍の二千部隊があり、兵舎ですから全部鉄条網に囲まれていましたから、その中へ行ったわけです。
　　最初はどこに入ったかというと、兵舎に一旦数日いたらその後どうするかっていうと、その軍隊の中にまず病院があるわけですよ。病院があってそして兵舎があって、それから練兵所があって、そして今度はこの敷地の金網で囲まれ防御された別のところに将校官舎があるわけですよ。将校官舎だけじゃない、将校官舎から一般の軍属の官舎がズーッと広大なところにあるわけですよ。
　　まず兵舎に入り（収容され）、そしてそこで数日のうちにこのDさんの奥さんが脳溢血で朝起きたらもう亡くなっていました。これが第一号の死亡者なんです。それからその後、兵舎から病院に移るんですよ。病院に全員が。広い病院を開放して我々の収容所の八紘開拓団の人々をここへ収容してくれるわけです。だから長い長い廊下を子供達はかけずり回って遊んでおった記憶があるんです。それがどれくらい居たか、期間はわかりませんけれども。
　　この病院に収容されている時にロシア兵が入ってくるわけですよ。それでこの日本軍は全部武装解除で、銃や機関銃らを山のように全部一ヵ所に集めて軍人は全部武装解除された形で、向こうにそこを引き渡すわけですよ。

371

そうすると数日のうちに軍人はさよならと言いながら何百メートルも連なってロシア兵に引率されて、そこから出て行くのを我々、子供達は見送ったわけです。その後どこへ移ったかというと、今度は将校官舎に移りました。今度は塀のないところに移ったのです。塀がないのでロシア兵が夜中に侵入して貴金属を奪って行きました。

兄の幸一さんはハルビンで終戦を迎え、弟の養吉さんは、八紘開拓団の皆と行動を共にして阿城へ向かった。

＊ハルビンで敗戦（幸一氏）

母親に聞いた話では、敗戦を知った八紘村の家族は、阿城に向かったが、そのときに祖父が家財道具に火をつけて全部燃やしてしまったらしい。鉄砲の火薬を使って導火線を引き、家財道具を燃やした。日本の敗戦はハルビンで知った。そのとき、ハルビンの日本人が住む大きなアパートに一人で住んでいた。早々に日本人が引き揚げていたため、空き部屋が多く、日本人が置いていった家財道具を売りに歩き、そのお金でパンを買ったりして食いつないでいた。亜溝駅から開拓団が来るのを毎日、ハルビン駅に行って待った。そこへ、弟が迎えに来てくれた。

> ハルピンの駅前にいろいろな集団が、かたまっているわけですよ。都会から引揚げてきた人の集団っていうのはね、何となく清潔なのね。白（色）が多くて。それから僻地から引揚げてきた人達はね、何となく薄汚いわけ。それでわかるわけ。こういろいろな集団が駅前にいるんだけれども、開拓団はなんとなく汚いわけ。集団の色がね。弟が迎えに来てくれて合流したんですけど、八紘開拓団の引揚者っていうのはその中間ぐらいだった。きれいでも汚くでもない感じでした。まあ、そんなことで、ボクは残留孤児にならないですんだのかもしれない。途中で悲劇があったんだろうけど、弟はあの兵舎にいたから、私とは違ういろいろな経験をしているはず。

＊叔父の名児耶政四が引揚げ時の団長

名児耶政四は名児耶幸一さんの叔父（父・忠治の弟）にあたる。満洲の八紘開拓団が引揚げるときには、その団長だった。また、北海道日高郡静内町高見地区への入植時の団長も務めている。政四氏の弟の名児耶喜七郎氏は、東京都

職員だったが、政四氏が高見地区に呼び寄せて、高見小学校初代校長となった。また、名児耶幸一さんの弟、養吉さんは、静内高校を卒業後に高見小・中学校の助教員として日大の通信教育を受けながら働いていた。

補　論

瓦房屯の朝鮮族関係者について

朴　仁哲

　2009年9月15日、ハルビン市阿城区の瓦房屯に住むNZ氏（男性）の自宅で約90分間に渡ってインタビューを行った。NZ氏は1934年朝鮮半島の慶尚北道英陽郡に生まれる。1939年両親と共に先に「満洲」に入った叔父（母親の弟─筆者注）を頼って渡った。「満洲」に初めて入ったのは、当時の阿城県亜溝の三姓屯である。渡満後、三姓屯から日本人によって一度立ち退かされた。そのため、NZ氏の家族は隣村の瓦房屯に移り住み、約1年後、また日本人によって瓦房屯から三姓屯に移住させられた。そして、戦後は三姓屯から瓦房屯に移り住んで現在に至る。

　朝鮮半島から「満洲」に移住した後の状況について、NZ氏は次のように回想していた。三姓屯には、日本人2戸と朝鮮人4戸のほかはすべて中国人だった。周りの村でも、日本人、朝鮮人、そして中国人がいっしょに雑居する村は多かったという。三姓屯に住むその2戸の日本人のうちの1戸は裕福な家で、苦力（低賃金労働者─筆者注）を三人雇っていた。苦力のほとんどは関里（山海関以西または嘉峪関以東の地域を指す─筆者注）からきた人たちだった。その裕福な家は人使いが乱暴だったため、村人たちはその家の家主に「悪い奴」とあだなを付けた。朝鮮語でいったので、相手は分からなかった。「悪い奴」は苦力たちをよく殴ったり、罵ったりした。苦力たちは殴られても黙って従う

第二部　日中関係者調査の研究報告

瓦房屯で村民と事例を探す様子。
筆者撮影。

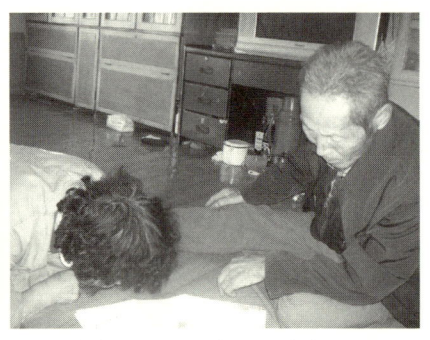

NZ氏（右）にインタビューを行う場面。
筆者撮影。

しかなかった。「悪い奴」の家に精穀工場を持っていたので、自分の家も精米しに「悪い奴」の家を度々訪れたという。

　もう一戸の日本人の家族は心優しかった。その家族には、自分と同じ歳の「まっちゃん」という男の子がいた。「まっちゃん」といっしょによく遊んだ。「まっちゃん」には、他に日本人の友達がいなかったので、よくお互いの家を行き来したという。「まっちゃん」の家に遊びに行った時、「まっちゃん」の母親はよく日本の餅を作ってくれた。日本の餅は甘くて美味しかった。「まっちゃん」の苗字は分らないが、小さい時、「まっちゃん」といっしょに遊んだことを、今でも懐かしく思っているという。

　三姓屯の近くに三大家屯という村があった。三大家屯には、日本人開拓団の本部があり、村に警察署、学校、病院があった。小さい時、蛇に噛まれて兄に背負われて、三大家屯の病院に行って治療を受けた。病院で蛇に噛まれた患部を切り取ってもらい、傷は数日間で治った。その病院には日本人医者が3人勤務していたという。当時、学校には人数制限があった。学校に行けるのは、日本人と一部の朝鮮人に限られていて、ほとんどの中国人は学校に行けなかったという。自分は入学したくて、一度兄に連れられて学校に行ったが許可されなかった。兄は学校に行けたが、自分は敗戦を迎えるまでは学校に行けなかった。学校に行けなかったが、学校の運動会の時にはよく見に行った。三大家屯には桜が植えられて、景色はきれいだったという。

376

補論　瓦房屯の朝鮮族関係者について

　三大家屯に住むある開拓団の幹部のような日本人はよく馬に乗って、三姓屯にやって来た。叔父は日本語ができたためと思うが、その日本人は自分の家によく寄ってきた。その時には、卵を出してもてなした。その人は生卵をそのまま飲んだ。当時、日本人は一等国民、朝鮮人は二等国民、中国人は三等国民だった。日本人は、朝鮮人と中国人にそれぞれ違う態度を取っていたという。

　毎年、三大家屯の附近で日本軍による軍事演習が行われていた。軍事演習の時、たくさんの日本軍が村に集まっていた。砲弾を発射する場面を見た。砲弾が落ちた跡は、今でも残っているという。日本の敗戦が色濃くなったある日、一人の日本人が自分の家にやって来た。一番上の兄は呼び出されて徴兵した。兄は吉林省の四平で日本の敗戦を迎えたので、戦場には行かなかったという。

　敗戦直後、開拓団の日本人は全員三大家屯に集合し、夜になってから暖気（現在の継電器工場―筆者注）に避難していた。自分の家族も日本人といっしょに避難したという。その際、多くの苦力たちは報復し、避難する日本人を棒で殴ったため、日本人2人が死んだという噂があった。苦力たちが報復したのは、日頃日本人の抑圧に対して、怨みが蓄積されていたのではないかという。暖気に避難した日本人たちは、戦争の時に使ったヘルメットを鍋にして、ご飯を炊いて食べていた。冬を過ごした翌春、中国政府はほとんどの日本人を日本に帰国させたが、帰国できなかった日本人女性と子供が数人いた。そのうち子供の一人が朝鮮人の家に引き取られ、「イ・シュンセイ」と名づけて育てられた。シュンセイはいい人だった。戦後、イ・シュンセイは、村の生産隊の隊長を務めたこともあったという。イ・シュンセイは、数年前に日本におじさんを見つけたので、日本に戻った。日本語を忘れて、朝鮮語を使って生活していたので、日本語が通じるかなと心配していた。

　当日、インタビューは、八紘開拓団に関連する論文や資料を持参し、その資料を示しながら、NZ氏の記憶がよみがえるように工夫をした。インタビューは朝鮮語で行い、調査対象者の了承を得たうえ、ICレコーダーでインタビュー内容を録音した。現在、孫娘二人が日本に留学していることもあり、NZ氏は日本に対する関心が高かった。筆者が移民三世であるため、お爺ちゃんと孫との対話という形で、良い雰囲気のなかでインタビューを行うことができた。当

日、NZ氏は波乱の人生を歩んできたにもかかわらず、感情の起伏はほとんどなく、終始穏やかな口調で、淡々とインタビューの質問に答えてくれた。

　補論は、鏡泊湖義勇隊開拓団と阿城・八紘開拓団について、現地関係者の取材により、漢族、朝鮮族を中心に、諸民族と当該開拓団との関係比較をする目的もあった。しかし、取材できたおおくが漢族、一部が満洲族であり、最後に瓦房屯で予定した朝鮮族の取材も直前で中止になり、朝鮮族関係者に対する取材は断念することになった。
　その後、北海道大学大学院教育学院博士課程（多元文化教育論）に在籍の朴仁哲さんが、哈爾浜市出身の中国朝鮮族で、"中国東北の朝鮮族"を調査し、本研究についても関心をお持ちだったので、取材の協力をお願いした。この報告は、朴さんが現地取材のうえ、お寄せいただいたものである。朴さんのご協力に、心より感謝を申し上げる。（寺林伸明）

第 4 章

阿城・八紘開拓団の日本人残留帰国者

胡（猪野）慧君

はじめに

1931 年 9 月 18 日、関東軍はソ連の南下政策に対抗するために、謀略的に満洲事変を起こした。そして、1932 年 3 月 1 日、現在の中国東北地方に旧日本軍（関東軍）によって作り上げられた傀儡国家である「満洲国」が「建国」された。「建国」直後の 1932 年 3 月、関東軍は「移民方策案」、「日本人移民案要綱」、「屯田兵制移民案要綱」を作成、これを受けた拓務省が「満洲移民案の大綱」を閣議提出し、臨時議会を経て、満洲農業移民正式募集が開始された。当初は在郷軍人による武装農業移民として始められた移民事業は、1936 年 8 月に至り、広田広毅内閣により 20 年間に 100 万戸 500 万人を満洲に移住させるという「満洲農業移民百万戸移住計画」とする国策となった[1]。

満洲移民には、二つの性格があったと言われている。一つは、国内で足りない耕作地を国外に求め、零細農過剰人移住という性格であり、もう一つは、中国東北部に日本人の拠点を築くことにより関東軍の兵站を担わせるという軍事目的である。終戦時までには約 32 万人の開拓団民が送出された。

1945 年 6 月に関東軍による「根こそぎ動員」により、17 歳以上の男子を現

第二部　日中関係者調査の研究報告

地召集されたため、開拓団には老人と婦女子しか残されていなかった。1945年8月9日、ソ連が参戦した。当時、関東軍は開拓団民を捨てて、早々に撤退していた。自らを守るすべもない老人や婦女子は、ソ連軍や地元の中国人の攻撃で、または「集団自決」で亡くなった。戦闘を免れた人も、収容施設で日本への帰国を待ちながら、栄養失調や疫病などで亡くなった。このような混乱の中で、幼くして肉親と別れ、当時の満洲に残され、身元も分からないまま中国人である養父母に育てられた子ども達が「中国残留孤児」である。

1. 鎌田進さんについて

今回、私が調査した鎌田進さんは、残留孤児の一人である。鎌田さんは、この度、調査対象となった阿城・八紘開拓団の日本人引揚者である。

鎌田さんに関する調査は、彼が現在、日本語を勉強している中国帰国者自立研修センターやご自宅を訪問して、数回に渡って聞き取り作業をした。さらに、彼の許可を得て、彼が関わった残留孤児訴訟の裁判記録などを参照して、不足分を補う形で本報告書を作成した。

調査日：2009年10月30日（中国帰国者自立研修センター、かでる2・7にて）、
　　　　2009年11月27日（鎌田さん宅）

調査対象者：鎌田進氏（中国名：李国財）1945年6月12日（旧暦5月2日にハルビンにて出生）満64歳

現住所：北海道札幌市厚別区

満洲移住前の出身地（父親の出身地）：北海道厚岸郡厚岸町

日本帰国時期：1983年12月6日に身元確定のため来日、1998年3月10日に永住帰国

日本帰国前の中国住所：黒竜江省ハルビン市阿城県亜溝鎮興旺村

日本帰国前中国での職業：農民

①渡満前の状況

父親は大工をしていたと聞いていた。私はまだ生まれていなかった。

②満洲での生活

父親は満洲に行ってからも、大工をしていた。日本人の子供が通う学校なども造っていた。のちに徴兵され、戦場で死亡した。享年31歳。私は満洲で生まれたが、生まれた時に父親は既に徴兵されていたので、父親に会ったことがない。家には7、8垧（1垧は0.72ヘクタール）の土地があって、朝鮮族の人や中国人の雇工がいた。養父の叔父（母方の兄弟）の張鳳山氏がその中国人雇工だった。張鳳山氏は鎌田宅の農作業の手伝いや、父親の大工の仕事の手伝いで山から木材の運搬などの作業をした。

③敗戦時の状況

　敗戦時は、私はまだ生まれてから2か月の赤ん坊で、母親は日本人の収容所で死亡した。享年29歳。亡くなる前に、鎌田宅にいた使用人の張鳳山さんに私を預けた。彼は後に養父となる彼の甥の李明祥に紹介した。私の兄は、父と一緒に働いていた日本人に連れられて日本に帰国した。当時、兄は4歳だった。

④「残留」の体験

・「残留」の経緯

　私は生まれた時から病弱だったので、生まれてから2か月頃に養父母の家に預けられたときでも、これから生きられないのではないかと思われるくらい病弱だった。養父母には、子どもがなく、とても大事にしてくれた。養母の李白氏は私を抱いて村のあちらこちらの家から母乳や、牛乳（開拓団が残した一頭の牛、貴重なもの）をもらい、百家の餃子を食べさせてくれて、漸く生きてこられた。養父の家には、養母、そして養父の叔父の張鳳山と私の4人暮らしだった。養父は農作業の仕事をあまりせず、ほとんど生産隊の関係の仕事、所謂公共事業をしていた。たとえば、ダムの修理などである。養母は巫女で、病気を治すこともできた（迷信だとは思うが）。私が5歳の時、養母は病気を患い、井戸に身を投げて亡くなった。それから、養父と養父の叔父と三人暮らしだった。家には7、8畝（1畝は6.7アール）の土地があって、小さいときから、よく養父の叔父と一緒に農作業をした。5、6歳の頃から、近所の子供と喧嘩したとき、また抗日戦争の映画が放送される度に、よく周りの子に「小日本」と馬鹿にされた。そんなときは、養父の叔父が近所の子供を「もう言うな」と叱って、いつも庇ってくれた。悔しかったが、私は、自分が日本人だと小さい

ときからそう思っていた。

・**中国での教育と仕事**

　家が貧しくて、学費が払えず、学校には行けなかった。10歳の時にやっと小学校に入学した。教科書は全部をそろえることができず、国語と算数の教科書を持っていたと記憶している程度だ。それも、ゴミの中から拾った縄などをお金に換えて購入したものだった。学校は断続的に5、6年通っていた。

　小学校を辞めた後、トラクターの運転の技術を学ぼうとして黒竜江省の技術学校に入った。最初の学科で一年くらい勉強した。そのとき、実習もあり、若干運転できるようになった。技術学校では、卒業生を国営農場に就職させることになっていたので、学校の先生が、私の素性を調べに家に来たことがあった。それをきっかけに、養父の叔父から「お前は日本人だ」と教わった。養父の叔父の張鳳山さんとしては、私が国営農場に入ってしまうと、国の人間になってしまい、農民である私たちの家から離れることになるので、自分たちの面倒をみてもらえなくなり、生活ができなくなってしまう、見捨てられてしまうと考えて、私が日本人だと教えてくれた。養父と張鳳山さんは、産まれたばかりの私を育てるのが大変だったんだよ、だから、育てたことに対する恩を感じて将来見捨てないで欲しいと言われた。

　私は、1年くらい訓練を受けたが、トラクターの免許は取れなかった。国営農場にも入れなかった。というのは、当時はソ連から援助をうけていたので、中ソ関係の悪化により、ソ連からトラクターが来なくなったからだ。結局、家に戻って本格的に農業をすることになった。

・**中国での結婚と生活**

　16歳の頃、結婚しようと思ったことがあった。しかし、貧しかったことや、周りの人たちが彼女に「日本人と付き合っても幸せにはなれない」などと言ったため、諦めるしかなかった。

　22歳の時であったが、1967年に秦秀蓮さんと一回目の結婚をした。そのときは、養父と張さんと一緒に生活していたが、結婚したあと、養父が亡くなった。妻は何度か妊娠したが、妻の祖母が堕胎させていた。妻の実家では、妻を私と結婚させて、将来面倒を見てもらおうと思っていたようで、結婚当初は、

少しは援助してあげたが、その後は妻の実家に継続的な援助はできなかったので、また、私が日本人だということもあって、別れさせようとした。それ以外に、当時、うちにお年寄りが2人、養父と張さんがまだ存命の頃だったが、その2人と分かれて暮らして欲しいというふうに言われたが、それもできなかったので、結局は、3年後に離婚した。このとき、妻は妊娠しているようだったが、妻の祖母は「妊娠していない」とはっきり言った。

　秦さんは、離婚して実家に帰ってすぐ再婚した。1970年に女の子が産まれたことは、近所の人から聞いて知った。それは、私の子に間違いない。秦さんは、再婚して3年くらいで亡くなってしまい、子どもは秦さんの祖母が養女に出した。私は貧しくて引き取ることができなかった。

　離婚して、私は一生、一人で暮らすと思っていたが、叔父の張さんが一人ではだめだ、相手は自分が何とかすると言った。そして、1ヶ月後に今の妻と再婚した。妻は多少知恵遅れがあった。1975年と1980年に息子一人（鎌田英俊）、娘一人（鎌田恵美）が生まれた。1980年、張さんが亡くなった（享年84歳）。

　私は、結婚した後も、ずっと養父のいた人民公社で農業をしていた。自分が日本人だということを知ってからは、人が嫌がることを率先して一所懸命やっていた。寒い冬でも、生産隊の堆肥を作るために、各家庭から屎尿を回収していた。そういった仕事は誰もやりたくないので、私がやらなければならなかった。必死でやっていた。農民は自分たちの村で働かなければならなかったが、周りの人たちは、みんな収入を求めて出稼ぎに行ってしまった。しかし、私は自分が日本人であることを知っていたので、農村に残って、人の2倍、3倍も働いた。人がやらないことも自分から進んでやったので、周りの人からは喜ばれ、1973年から1975年にかけて、労働模範に選ばれた。

・一時帰国の状況

　私は、自分が日本人であることを知った時から、何となく日本に帰りたいと思っていたが、年をとるにつれて、その思いは強くなってきた。

　1982年、近所の唐さん（奥さんは日本残留婦人）の家の息子さんや、金さん（奥さんは日本残留婦人）の家の息子さんが、日本に行ってきた。周りの人たちから、日本人は日本に帰ることができるらしいという話を聞くようになっ

た。帰国事業を知った当初は、私は生産隊でトラクターを操作していたので、あまり積極的に思っていなかったが、後に、唐さんに日本大使館の住所を教えてもらって、日本大使館に手紙を出した。すぐ身上書を書くように返事が来た。身上書を作成するのに、家族構成を書かなければならなかったが、私には両親の名前が分からなかった。幸いに、近所の姜おばさんの家に私の両親の名前が保管してあった。というのは、母親が生前、姜おばさんと交流があり（両親が住んだ家が姜おばさんと道を挟んで、お向かいさん同士だった）、当時、母親は中国語も少しできたようで、姜おばさんに名前を聞かれて、教えていたらしい。姜おばさんの旦那さん（姜洪志）は私塾の先生だったので、当時、母の名前である「桜井美代」とちゃんと書いてあった。父は「鎌田」とよく周りの人が言っていたと姜おばさんが言った。身上書を出してからまもなく、中国の阿城県の外事弁の人が来て、日本に親族捜しに行けると言われた。旅費なども阿城県の外事弁が用意してくれて、1983年12月6日に東京に来た。

その時、伯父（父親の兄）、兄が会いに来てくれた。伯父が私を見た途端に、涙を流した。どうも私の容貌や、歩き方が父親によく似ていたらしい。伯父は私を見て、弟のことを思い出したらしい。通訳を通じて、伯父や兄は私が身内であることが間違いないと言ったことが分かった。親族に会えて本当に嬉しかった。

⑤永住帰国の経緯

一時帰国した後に、兄や伯父たちにあてた手紙で、帰国したい旨を書いて出したが、兄の方からは、兄嫁が今、半身不随で大変な状況にあるということで反対され、伯父の方も、私が日本語ができず、日本に来ても仕事がないだろうということで反対された。2回ほど永住帰国の手続きをしたが、妻や妻の親族にも反対されたのでかなわなかった。しかし、私はやはり日本人なので自分の国に帰ろうと思い、しかも田舎で農作業をしても大したこともできないので、1998年3月10日に一家四人で日本に永住帰国をした。最初は仙台に行って、研修センターで日本語を勉強した。しかし、妻は初めて日本にきた不安からか、日本での生活が始まってすぐ、突然、行方不明になってしまった。自立研修センターの人たちが何とか見つけ出してくれた。6月30日に保証人が迎えに来

てくれて、一緒に札幌に行った。それから、ずっと札幌に住んでいる。

　元妻の祖母が養子に出していた長女は、結婚しており家族もいたが、2000年ころに一人で日本に来て、その後、夫や子どもも来日したが、その夫が日本で働いていたことが原因でストレスがたまり病気になってしまい、また中国に戻ったため、長女も中国に戻った。

　私の戸籍は抹消されていた。私は中国で生きていたのに、死亡したことにされていたので、戸籍を回復するために半年以上かかった。

・帰国後の生活

　私は、帰国したときに53歳であったが、急性肝炎で入院もしていたので、治療を終えた後も、日本語ができないため、仕事に就くことができなかった。私と妻はずっと仕事をしておらず、生活保護で生活をしている。妻は知的な障害もあるが、中国籍なので障害年金も受けられない。日本に来た当初は、やはり生活が苦しく、光熱費やガス代、家賃などを払った後、残りが少なく、いつも安い食材しか買えず、スーパーで半額になったものばかりを買っていた。娘は来たときは中学生で、その後、高校に入り、大学に行ったが、学費は中国帰国援護基金で立て替えてもらっていた。娘は現在では就職している。今は孫と一緒に実家で暮らしている。私は帰国者支援センターで日本語を勉強している。まだ年金を受給できる年齢に達しておらず今は年金がもらえないため、生活は支援給付だけなので、結構大変である。近所に住む留学生や、中国にいる親戚にも助けてもらっている。特に、娘がそばにいなかった時には、書類などの作成はみんなに手伝ってもらっていた。

・帰国後の日本の家族との繋がり

　日本に戻ってから、兄や親族とは、仲良くしている。兄は苫小牧に住んでいて、いつも、ものや手紙を送ってくれたりしている。兄の奥さんは半身不随なので、兄は針灸の仕事をしながら、奥さんの世話もするので忙しい。毎年のお墓参りなどは必ず親族達で一緒に行っている。私も餃子などを作ってみんなにご馳走したりしている。

・「残留」体験の思い・総括

　中国の養父母や養父の伯父が今はみんな亡くなったが、もし彼らがいなかっ

たら、私はもうとっくにいなかった。彼らには大変感謝している。今は彼らの霊碑を自宅に祭っている。

⑥現在の不満

　私は日本語ができないので、いつも家に籠もっていて、とても寂しく、周りの日本人や親族との交流もできない。特に病気の時に、病院に行くのが大変である。今後、病院などに行くときに通訳を付けてほしいと思う。私は日本国籍だが、周りからはやはり中国帰りや中国人と見られて、日本人として見てくれなくて辛い。普通の日本人として生活したい。

　いつも思っているが、中国の養父母が私を育ててくれたので、中国にお墓参りに行きたいが、中国にいくと生活保護が切られると言われているので、お墓参りに行くことができない。1度だけ、必死でお金を貯めて帰国したことがあるが、その間、生活保護費はその分が引かれてしまった。中国には養父母の親戚がいて、みんな私たちの生活を助けてくれた人だが、御礼をすることもできない。

　私は平成15年に国を相手に裁判を起こしたが、裁判では、「自分が中国で大変苦労をしたことを国に分かって欲しい、また、それは日本国の責任なので、責任をとってほしい、賠償してほしい。自分の老後生活にはとても不安があるから、老後の生活を保障してほしい。生活費が足りないので、増やしてほしい。中国には自由に墓参りに行きたい、その間の生活保護費を減らさないで欲しい。生活を制限しないでほしい」という内容を求めた。札幌地方裁判所では、負けたが、……平成19年1月に、当時の安倍内閣のとき、中国残留邦人等の円滑な帰国の促進及び永住帰国後の自立の支援に関する法律の一部を改正する法律（平成19年法律第127号））が成立し、同年4月から新たな支援策が開始された。老齢基礎年金が満額支給されることになった。老齢基礎年金を補完する支援給付（80,820円）も受けられるようになった。「老齢基礎年金の満額支給」に加えて、世帯の収入の額が一定の基準を満たさない場合には、生活保護に代わって、支援給付（生活費のみならず、住宅費用、医療費、介護費用なども個々の世帯の状況に応じて対応）が実施されることになった。支援給付の実施にあたっては、老齢基礎年金等の年金収入について月額66,008円を上限に、

中国残留邦人等の収入とはみなさず、年金収入にそのまま上乗せする形で支援給付を実施する等の措置が取られた。そして、地域社会における生活支援では、市町村が主体となって、身近な地域で日本語を学ぶ場や、中国語・中華料理教室など、これらの方々の得意分野を生かしつつ地域住民の方々と交流を深められる場の提供、といった支援が行われるようになった。

2. 平下貞子さんについて

また、その他の日本人引揚者では、黒竜江省牡丹江市寧安県に居住していた平下貞子さんを調査した。

　　調査日：2008年7月23日（平下さん自宅近所の喫茶店で）
　　調査対象者：平下貞子氏（中国名：楊春蓮）1938年4月6日生まれ　満70歳
　　現住所：北海道札幌市中央区
　　満洲移住前の出身地：北海道紋別市
　　日本帰国時期：1981年に一時帰国、1988年に永住帰国
　　日本帰国前の中国住所：黒竜江省牡丹江市寧安県

①渡満前の状況

　家族構成：祖父、祖母、父親、母親、お姉さん二人、本人、弟（平下忠男、中国名：呉玉輔、1939年生まれ）で全8人家族で北海道紋別市で暮らしていた。

②満洲での生活

　平下貞子さんが4歳の時に、一家8人で黒竜江省牡丹江寧安県東京城に入植した。父親は東京城商工会で勤務、母親は主婦、祖父は畑で野菜を作っていた。

③敗戦時の状況

　当時、一番目のお姉さん（15歳）は看護学校で勉強し、二番目のお姉さん（10歳）は小学生で、自分も7歳で小学生だった。終戦時、祖父と祖母は満洲で亡くなり、父親はシベリアに抑留され、一番目のお姉さんは母親と一緒、二番目のお姉さんはお隣さんと一緒に日本に帰国し、私と弟は幼かったため、中国人に預けられた。

④「残留」の体験

第二部　日中関係者調査の研究報告

鎌田進さん（写真）　　　　　　　平下貞子さん（写真）

・「残留」した経緯

　私が7歳の時に、東京城の駅で雑貨店を営む楊玉輔（養父）と厳貴文（養母）夫妻に預けられた（後に8歳頃、弟も中国人の家に預けられたと知ったが、具体的にどことは知らなかった）。当時、養父の家にはもう一人女の子がいた（妹、養母の弟の娘）。養父は後に雑貨店をたたみ、一家4人は石炭を拾ったりして暮らしていた。当時は中国語もできず、学ぶのに苦労をした。

・中国での教育と仕事

　1946年、小学校に入り、中学校卒業まで9年教育を受けた。その後、牡丹江鉄道運輸の事務をしていた。私は日本人孤児という立場で、職場では大人しく、何事にも同僚達と争わず、一所懸命仕事をこなした。文化大革命でも無事だった。

・中国での結婚

　1965年27歳の時に、妹の紹介で結婚した（当時夫は33歳）。夫は研究施設に勤務していた。夫との間には3人の娘ができた（現在42歳、37歳、31歳）。

・国交回復前後の日本の家族との連絡

　1976年、弟が残留孤児の調査団と一緒に私を探していたが、当時私はそのことを知らなかった。ある残留孤児が私に成りすまし弟と会って、日本に帰国した。後になって、弟は自分の姉でないことに気づいた。再び私を探し、見つけられた。

・一時帰国の状況

1981 年、上の娘 2 人と一緒に 3 人で一時帰国した。当時は両親もまだ健在で、両親の家で 1 年間滞在した。私は日本に永住帰国を希望したが、両親に「中国に養母もいるし、旦那や家族もいるのだから」と、中国に戻るようにと言われた。そして、1983 年また中国に戻った。

⑤永住帰国の経緯

1988 年一番目の娘が哈爾浜で日本語学校関係者の龍田さんと知り合い、龍田さんが保証人になってくれたお陰で、旦那さんと娘と一家で 1988 年のゴールデンウィークに福島県の郡山に定住した（両親やお姉さんたちは保証人になる勇気がなかった）。

・帰国後の生活

龍田さんは仕事や日本語の勉強などの世話もしてくれた。当時夫は 53 歳で、東京で仕事をしていたため、1 年後、一家で横浜に引っ越した。私も車の部品工場でパートの仕事をした。夫は 60 歳になって退社して、中国に帰りたがっていた。後に夫とは離婚した。夫は 62 歳で中国の女性と再婚した。私は今でも一人でいる。今は、一番上の娘は横浜に在住し、二番目の娘は中国人と結婚して、今は瀋陽に在住し、三番目の娘は札幌で、近くに住んでいる。三番目の娘には 1 歳半の娘がいて、毎日私の家に来て私が一緒に遊んであげているので寂しくないという。生活上では、国民年金は全額をもらっていて、生活保護もあり、不自由はしておらず、週に 2 回帰国者支援センターで日本語を勉強していて、日常生活用語は不自由していないので、今は幸せに暮らしている。

・帰国後日本の家族との繋がり

一番目のお姉さんは札幌に在住し、時々会っている。二番目のお姉さんは紋別に在住し、年賀状のやりとり程度。弟も永住帰国したので、最初は札幌にいて、よく会っていた。2 年前東京に引っ越したので、今は電話でよく連絡する。相談事などもよくする。

・「残留」体験の思い・総括

私の一生は戦争に翻弄された。今、老後に入ってから、やっと安定した生活ができた。もし、戦争がなければ、私も二人のお姉さんのように持ち家もあって、同じ生活ができたかもしれないと思う。

第二部　日中関係者調査の研究報告

⑥現在の不満

　生活補助金の使い道が制限されていること。私は将来、もし動けなくなったら、娘一家と暮らしたいが、もしそうすると補助金は削られる。もっと、自由に使わせて欲しい。

おわりに

　鎌田さんのような引揚者は、日本人でありながら日本語が上手に話せないために、日常生活にも非常に不自由をしている。鎌田さんのような中国の農村出身者には、やはり本人が希望するのであれば国が、農地を彼らに与えて、そこで生活できるようにした方がよいのではないか。

　国策で日本から中国に渡り、そこで置き去りにされたことによって、日本人でありながら日本語も話せず、また外国人として扱われながらも、養父母と家族の中で一生懸命生きてきたこと、今生きていることが伝わってきた。

　戦争自体は1945年に終わったが、未解決の戦後問題は今なお続いている。解決されていないということである。親の代に始まった戦争は、今日まで子や孫たちにも多大な影響を与え続けている。

　歴史認識の問題では何故、過去にこだわるのかと言われることがあるが、この調査取材のように今なお現在進行形の問題であり、決して過去の問題になったと言えない。このような方々が生きている間にこそ解決すべきであり、またそうした歴史体験こそが語り継がれなければならないと、深く思わざるを得ない調査となった。

●註
1)『政策形成訴訟 2002.12-2009.10』中国「残留孤児」国家賠償訴訟弁護団全国連絡会　東京印書館　2009年11月7日　p.344 参照

第5章

鏡泊学園、鏡泊湖義勇隊の
日本人関係者（鏡友会員）アンケート調査

寺林　伸明

はじめに

　昭和13年（1938）春に募集され、茨城県内原の国内訓練所で編成された北海道・長崎県・静岡県出身の第一次満蒙開拓青少年義勇軍の中隊約270名は、現黒竜江省南端の寧安訓練所（約10名減）、さらに鏡泊湖訓練所をへて、同16年（1941）鏡泊湖義勇隊開拓団に移行する。なお、鏡泊湖の先遣隊として、各府県出身の喇叭鼓隊28名が合流して、計288名が当初の第七中隊の隊員〜団員と考えられる。設立経緯など、詳細は不明であるが、戦後に組織された団体として、第一次鏡泊湖義勇隊の訓練所、開拓団の関係者で組織された鏡友会がある。平成元年（1989）7月29日に開催された大会の名簿「鏡友会札幌大会」（札幌鏡友会事務局編集）によると、掲載会員456名の内訳は、会の中心となる上記隊員〜団員302名（66.2%、戦病死者を含む）のほか、彼らの出征にともなって参加する補充団員31、隊員及び団員家族・縁故者71のほか、訓練所当時からの団幹部・指導員14、医療関係者12等で、430名94.3%になる。その他の会員として、鏡泊湖に早くに移住し、義勇隊誘致にも関わった鏡泊学園関係者12、隣接した秋田漁業開拓団3のほか、満拓（満洲拓植公社）関係

者1、警察幹部2、旅館関係者1、記載なし7などは、鏡泊湖だけでなく、行き来のあった東京域や牡丹江方面、義勇隊〜開拓団となんらか関係があったものと考えられる。全体の出身別では、義勇隊〜開拓団の3道県関係で320名（70％）、男女別では、男399名（88％）に女57名（12％）である。

平成4年（1992）、この鏡友会員名簿をもとに、物故者、不明者を除く192名に、応募の経緯、訓練・農業の体験、従軍および敗戦後の状況等を尋ね、現在どのように考えているかなど、それぞれの経歴に基づくアンケート調査を実施した（8〜翌年1月）。その結果、回答数46（うち2名死去）、転居先不明10、無回答136で、有効回答数は44（22.9％）だった。なお、調査時に無回答の5名が、その後の電話取材、聞き取りなどで追加された（最終25.5％）。

鏡友会員のアンケート調査については、事前に配布したアンケート票の設問に参照ナンバーを付し、49名の回答結果を列記した。各個人で回答項目、分量も異なり、未記載は省略したため、掲載量にはおおきくバラツキがある。

最初に、回答者の内訳を見ておくと、

①第一次鏡泊湖義勇隊訓練所の開設、運営にかかわった鏡泊学園関係者…4名
②義勇隊訓練所〜開拓団の運営にかかわった訓練所指導員……………1名
③義勇隊訓練所〜開拓団の運営にかかわった医療・輸送関係者…………2名
④鏡泊湖義勇隊訓練所の先遣隊となった喇叭鼓隊……………………3名
⑤鏡泊湖義勇隊訓練所本隊の訓練所生〜開拓団員……………………30名
⑥出征による団員不足を補うために募集された補充団員………………4名
⑦出征による団員不足を補うために募集された団員家族・縁故者………5名

の計49名である。第一次鏡泊湖義勇隊〜開拓団にかかわる日本人関係者のおおよその傾向を比較するが、関連性のある設問について抜粋することとし、ほかは省略する。回答者の年齢を見ておくと、1994年の調査時点では65〜85歳で、早くに移住した鏡泊学園関係者と、指導員の年齢が80代と高く、戦争の拡大により遅れて移住する補充団員と団員家族・縁故者は60代後半がおおい。15〜19歳で募集された義勇隊員の訓練所生〜開拓団員は70代前半である（出身地等は、鏡友会員の項）。

第 5 章　鏡泊学園、鏡泊湖義勇隊の日本人関係者（鏡友会員）アンケート調査

1. アンケート回答の分析

　まず**設問 12、20 応募、移住の動機**の回答 22 のうち、小学校の勧誘・推薦によるもの 4、役場の募集によるもの 4（1 は花嫁募集）など、地元公署によるものが 8 と最多である（36.4%）。ついで新聞・雑誌によるもの 2、ばくぜんと募集に参加 1 と、一般的な働きかけに応じたものは半数に上る。身近な機関や報道の呼びかけによるもののほか、国策だから 2、大陸雄飛 2、希望・憧れ 1、満洲国に王道楽土を築くため 1、北海道出身者に特徴的な屯田兵と同様な夢 1 など、時流を反映したものとはいえ、自身の積極的な理由を挙げたもの 7（31.8%）が注目される。徴用されたので応募 1 と、父の薦め・食料事情・愛国心 1 の補充団員、畑 20 町歩をくれると聞いて 1 の団員家族も、個人的な理由だが、積極的な動機といえる。このほか、設問からは外れるが、義勇隊訓練所（伊拉哈）の指導に不満があり、訓練終了後に鏡泊学園生になったもの 1 がいた。

　こうした動機に深くかかわる**設問 23「五族協和」・「王道楽土」を信じていたか**の回答 41 について見ると、ただ信じていた 16（39.0%）、国策だから 6（14.6%）、訓練所の教育と開拓団長の指導 6（14.6%）のほか、訓練所の語らいから 1、子供の頃から開拓の話を聞いて大陸開拓の夢をもった 1、中国語を覚え心から接し信じ合えばできると 1 等々、理由の如何によらず信じていたもの全体では 37（90.2%）を数える（現地での交流が良好だったから 2 を含む）。そうした中でも、鏡泊学園関係者 4 名のうちの 3 名までが、満洲国のための人材育成、孫文の大アジア主義の実践、満洲建国の理想実現など、満洲国との積極的なかかわりを挙げることは、関東軍による満洲事変や傀儡満洲国の存在を積極的に支持し、早くに移住したことを物語るものであろう。以上の積極的な回答に対して、わずかであるが、当時から、家屋・畑を没収して開拓か 1、一方的で軍事を含めこれでいいのかと 1 など、明白に疑問や、批判的な見方をもつものがいたことは明記しておきたい。難しいことと思った 1 と、言葉を聞いたこともなかった 1 などは、当時としては稀でないか。戦後になって、元指導

員が、国策に惑わされ、他国に入植する是非に考えが及ばなかったとし、元補充団員が、上の言葉を信じたが、いま思うと信じられないとするように、おおくは敗戦の体験をとおして認識を改めたのでないだろうか。

設問 24（現地人と）交流したこと 35 では、先住の人々を師とし交流 1、学園村を創り農業収益を現地子弟教育に 1、現地人ほとんどが顔見知り朋友 1 のように、早くに移住した鏡泊学園関係者の場合 3（8.6％）は、交流が深かった。ほとんどは中国人（漢族）になるが、訓練所・開拓団に関するものとして、現地住民は疲弊していたので日本人に取り入った連中は多少恩恵にあずかった 1、団行事に招き、正月に招かれ馳走に 1、部落に往診して屯長より馳走に 1、（湾溝屯で）中国人、朝鮮人と同居、悪いものでなかった 1、北海道農法を取り入れた関係でいろいろと交流 1、農法を語り合い手伝ってもらった 1、耕作に協力してくれた 1、教えようとしたが高度な理解が…原因は教育水準 1、羊が増えたとき満洲族の少年を雇い横に寝起き 1 など、9（25.7％）。心の広さ 1、人間的親しみ、親切 1、義理深い 1 など、長所をあげたもの 3（8.6％）。特に親密なものでは、屯長と親しく出征の際に餞別を 1。敗戦後の難民状態に関するもので、入植以来、終戦、収容所と中国人夫妻の世話に 1、尖山子の方、東京城の農家老夫婦の世話に 1、病気のとき豆腐屋さんに豆乳を飲ませてもらった 1、冬の間世話に 1 など、保護されたもの 4（11.4％）があった。朝鮮人については、朝鮮人学校で生徒らと演奏会 1、経理関係でよく協力してもらった 1、などがある。白系ロシア人については、料理をしては招待し合った 1、音楽交流等 1。人間は国籍でなく人 1 等など、交流の度合いはさまざまだが、ある程度以上の関係をもったと考えられるのは 31（88.6％）であった。

なお、現地の部落に遊びに行くもただ見物で会話もなかった 1、特別な交友はなかった 1。中国人が主で、朝鮮人はずるく感じた 1 は、朝鮮人にはマイナスイメージをもったものがいたことになる。また、最近交信があった 1 は、当時はなかったということか。交流しなかった、あるいはマイナスイメージしかなかったものは 4（11.4％）に留まる。

主に応募・移住時、滞在時における受け止め方は、戦後どのようなとらえ方に変化したかを設問 45〜47 について見てみたい。

第 5 章　鏡泊学園、鏡泊湖義勇隊の日本人関係者（鏡友会員）アンケート調査

　設問 45「満洲開拓」を知らない日本人に望むことの回答 20 について、否定的なものから見ると、まず国策として、外国植民などしてはならない 1、このような政策は無理なこと 1、"15 歳中心の子供たちを満洲へ" はひどい政策でないか 1、巻き込まれた立場として、国の指導者に踊らされた 1、若者よだまされるな日本政府に 1、そうした結果として、"農家次三男の国策" 末路があまりに悲惨 1、関東軍のために起きた悲劇 1、日本人にではなく、残留孤児を育ててくれた中国人に感謝 1、また当時のことに限定せず、国民に社会の実態の勉強を 1、今後のこととして、仲良く永住すること 1 等など、10（50％）を数える。これに対し、政治的問題であったことの公表 1 は是非が微妙だが、屯田兵の様に義勇軍を知ってもらいたい 1、青少年が国策遂行のために渡満した事実を知ってほしい 1 などは、単に歴史的事実というよりは、いくぶん肯定的な立場であろう。より肯定的なものでは、満洲開拓は侵略でないとする 3（15％）のうち、一人は軍部が利用した、もう一人は軍に協力はやむを得ない、残りは新聞掲載に対して "侵略者のくせに" は残念とする。軍隊や占領行政のように直接危害を加えず、現地住民との交流に努めた立場からは、侵略者と自覚できないのも事実であろう。しかし、その場合であっても、現地住民のおかれた立場を考慮しない点だけは指摘しておく必要があるのでないか。さらに鮮明なものとして、愛国心一筋で臨んだ 1 のほか、鏡泊学園関係者の場合などは、今の青少年に国家に尽力する姿を見せたい 1、満洲国の世界史的意義を知ってほしい 1、ロシアより満洲を守ったのは日本 1 など、当時の推進側としての主張を変わらず持ち続けているように思われる。はたして、ロシアより守ったという日本は、満洲の住民を守ったのであろうか。この点については、中国人関係者の調査証言から考えることとする。

　設問 46 日本政府に望むこと 26 について、積極的な訴えから見ていくと、残留者問題の早期解決（孤児、婦人の調査、帰国）および中国人養父母への援助 8（30.8％）、早く戦後処理を 1、反省なく、なすべき義務を怠っている 1、二度と戦争のない平和な社会であるよう 1、戦争はしてほしくない 1、あわせて開拓関係死亡者の正確な把握 1（重複）、詳細に把握してほしい 1、また自身の求めとして年金、補償、恩給加算 7（26.9％）等など、戦争の残された諸課題

に対応を迫るものが20（76.9％）である。絶望的なものとして、開拓者に求めることはもうない1、ソ連参戦により第二の屯田兵の夢は実らず1、馬鹿野郎1などがあった。立場の異なる鏡泊学園関係者では、アジア各国青年の無償留学制度設立を1、中国主導で満洲共和国の創建を1、勝者の論理と敗者の卑屈の近視眼的歴史観は公平でない1などがある。

辛亥革命後、二度にわたり、満蒙独立運動を利用して勢力拡大をはかろうとした軍関係者の目論見が外れたことが、満洲事変の背景にあったことを考慮するならば、中国主導の満洲共和国にはどのような意義があるのだろうか。また、その時、日本はどのような立場に立つべきなのか。

満洲族や蒙古族と日本人が祖先を同じくするという理屈は、現実の国際関係にはなんらの説得力ももたない超歴史的な発想でしかない。当時においても、一部の日本人にしか通用しなかった発想を前提に、また中国各地を蹂躙した過去を清算することなく、次の回答にある、日中がアジア、世界に果たすべき使命自覚を1、という理屈がどうして今日の中国人に理解されるとするのであろうか。結局、彼らは軍人でも政治家でもなく、当時独特の思想を根拠にして人材育成をしようとした教育者でしかなかった。実際には、厳しい侵略の現場とは向き合うことなく、現地住民、子弟との関係を有意義に過ごせたことが、戦後も思想転向を強いられることなく済んだ理由であろう。しかし、中国東北における日本帝国主義の旗振り役をはたした事実を、現在の中国人が評価しえないことも指摘しなければならない。彼らの存在、教育活動を必ずしも否定しえないこととして、後の中国人証言にあるとおり、共産党書記になって活躍した人が2名いたことも付記する。

設問47 日中交流で望むこと 23については、前問につづいて両国間の懸案解決1、政府間の過去1日も早く解消1、残留孤児婦人の保護1など、戦後処理に関するもの3（13.0％）。侵略戦争の反省1、日本のために中国の方々がどれだけ苦労をされたか1、中国本土に大きな被害を与えたことは誠に申し訳ない1など、反省・謝罪に関するもの3（13.0％）。ただし最後の謝罪については中国本土に限定されており、東北を含めた責任を全うするものとはいえない。これに、誠意（真心）の交流（付き合い）3、仲良く（交流）したい2、より良

第 5 章　鏡泊学園、鏡泊湖義勇隊の日本人関係者（鏡友会員）アンケート調査

い付き合いを 1 など、素朴に望むもの 6。交流、文化、その他 1 と、広く求めるもの。よい関係を保つ 1、正常な交流 1、平和友好 1、国家の情報、教育が充実されること 1 など、努力を求めるもの 4。日中友好でも特に東北部との交流 1、同じ北方系ツングース民族、争いは不可 1 など、東北に限定的なもの 2。そのためにも、親切にしてくれてありがとう 1、中国人に思いやりを 1、中国国民の本当の良さを知ること 1 など、感謝や関心をもつべきとするもの 3 等など、表現に違いはあるものの、良好な関係づくりに関するものが 16（69.6％）、上記の戦後処理、反省・謝罪など、関係改善を含めると 22（95.7％）になる。残り 1 は、すでに触れた日中のアジア、世界に果たすべき使命自覚をであった。

　以上の設問と回答状況を比較すると、応募、移住の動機として地元公署によるものと、自身の積極的理由によるものを合わせて 68.2％、そうした動機に深く関わる「五族協和」、「王道楽土」を信じていたものが 90.2％ など、日本人関係者の一方的な移住動機、意識があったことが知られる。その後、現地住民との交流では 88.6％ がある程度の関係をもち、人間的な触れ合いもあった。しかし、おおくが敗戦と難民状態、収容と残留、留用、シベリア抑留などで、みずからの生存の危機だけでなく、家族や仲間の離別、死別を体験せざるをえなかった。そうした戦争体験を持ち続けながら、戦後を生きてきた意識を見よう。「満洲開拓」を知らない日本人に望むことでは、国策に対する否定的見解が 50％。日本政府に望むことでは、戦争の残された諸課題に解決を迫るもの 76.9％。日中交流で望むことでは、やはり戦後処理、反省・謝罪など、関係改善を含めると 95.7％ に達した。移住当初の一方的な意識は、敗戦経験をへて、当時の国策を否定し、残された諸課題に解決をもとめ、日中の関係改善へと、あるべき相互的な関係を望むものに変化してきたと見ることができよう。

　ただし、これらは「満洲開拓」にかかわった日本人当事者のうち、わずかな事例の意識傾向に過ぎない。半数以上が未回答であったことは、おおくが当時をふりかえり、語りえない心情をもち、苛酷な体験、記憶をいまも整理できないでいることの現れとも想像する。

　戦争や植民地支配の歴史認識が問われながら、こうした関係者の証言や体験史、記録類などが、有効な歴史認識の資料、情報となり得ていない現実を冷静

に認める必要がある。

2. アンケート調査結果

（1）アンケート調査票の設問および回答参照 No.

お手数ですが、該当する項目に〇をつけるか、ご記入をお願いします。

氏　　　　名：　　　　　　　　　　　　（旧姓：　　）
　　　　　　　　　（匿名を、ア．希望する、イ．希望しない）
現　　住　　所：〒
NO
1- 生　年　月　日：大正・昭和　　年　　月　　日（満　　歳）
2- 満洲移住前の出身地：
3- 帰国の時期：昭和　　年　　月（引揚・復員・帰還）、到着地：

　　1．義勇隊開拓団員および関係者の別
　　1）義勇隊開拓団員
4-　ア．幹部役員名：団長・中隊長・第　　小隊長
5-　イ．指導員：経理・警備・農事・畜産その他（　　　　　　　　　　　　　）
6-　　　幹部・指導員就任以前の職名：（　　　　　　　　　　　　　　　　　）
7-　　　就任の時期・動機：昭和　　年　　月、
8-　ウ．喇叭鼓隊
9-　エ．義勇隊員　第　　中隊、第　　小隊（　　　　　郷）
10-　　　訓練期間：国内　昭和　　年　　月～　　月（第　　次）
11-　　　　　　　　現地　昭和　　年　　月～　　月（訓練所名：　　　　　）
12-　　　応募の動機：
　　2）開拓団員関係者および鏡泊湖関係者
13-　ア．補充団員（どこの募集に応じたか：　　　　　　　　　　　）
14-　イ．団員縁故者（縁故の内容：　　　　　　　　　　　　　　　　）
15-　ウ．団員家族（現地出生の方は生年月日：昭和　　年　　月　　日）
16-　エ．医療関係者（医師・看護婦・保健婦・獣医）
17-　オ．学園関係者：分教場教師・生徒・その他
18-　カ．鏡泊湖関係者
19-　　　移住時期：昭和　　年　　月

第5章　鏡泊学園、鏡泊湖義勇隊の日本人関係者（鏡友会員）アンケート調査

20-　　移住の動機：
21-　2．訓練で、印象に残っていること
22-　3．開拓団となって、印象に残っていること
23-　4．「五族協和」や「王道楽土」の理想を　ア．信じていた　イ．疑っていた
　　　その理由は
　　5．現地人（中国人・朝鮮人・ロシア人など）との関係で、印象に残っていること
24-　1）交流したこと
25-　2）対立したこと（襲撃事件なども含む）
　　6．出征しなかった方への質問
26-　1）戦争が拡大してからの開拓団で、印象に残っていること
27-　2）ソ連参戦による逃避行（期間・経路）について
28-　3）敗戦を知った時期と、収容所（期間・場所）について
　　7．出征した方への質問
　　1）従軍期間
29-　　出征時期：昭和　　　年　　　月（志願・応召）
30-　　部隊名・入隊地：
31-　　転戦経過：
32-　　敗戦および武装解除の状況（時期・場所・収容箇所など）
33-　　復員経過
34-　　従軍中で、印象に残っていること
　　2）シベリアに抑留された方
35-　　抑留期間：昭和　　　年　　　月～　　　年　　　月
36-　　抑　留　地
37-　　帰還経過
38-　　抑留中で、印象に残っていること
　　3）中国戦犯管理所に収容された方
39-　　収容期間：昭和　　　年　　　月～　　　年　　　月、収容地
40-　　帰還経過
41-　　戦犯に問われた事由
42-　　収容中で、印象に残っていること
　　8．敗戦時に、離散、死別した家族、縁故者がいる方への質問
43-　1）離散・死別した方の続柄・縁故内容と、その時の状況
44-　2）離散者への対応
　　　ア．不明のまま

399

第二部　日中関係者調査の研究報告

　　　イ．いまも捜索中
　　　ウ．捜し当てた　昭和　　年　　月　中国・日本(　　　　　　　　　　)
　　　エ．呼び寄せた　昭和　　年　　月　中国・日本(　　　　　　　　　　)
　　9．ご自身の体験から、今後、特に望むことがあればご記入ください
45-　1）満洲開拓を知らない日本人に望むこと
46-　2）日本政府に望むこと
47-　3）日中交流で、望むこと
48-　4）その他で、特に望むこと
49-　10．満洲渡航や訓練、開拓、従軍、敗戦と抑留など、当時をしのぶ写真、地図、文書、衣類ほかの品物がございましたら、ご記入ください

（2）アンケート回答

　　回答の記載順序は「はじめに」に記した①から⑦のグループ分けによった。

・鏡泊学園関係者
　　①　鏡泊学園関係者　4 名
・義勇隊訓練所（内原→寧安→鏡泊湖）〜義勇隊開拓団関係者
　　②　訓練所指導員　　1 名　③　医療・輸送関係　　　2 名
　　④　喇叭鼓隊　　　　3 名　⑤　訓練所生〜開拓団員　30 名
　　⑥　補充団員　　　　4 名　⑦　団員家族・縁故者　　5 名
　個人情報の掲載については、冒頭の太字は、回答者の匿名アルファベット、性別、現住所を示す。
　個人情報保護のため、回答者の姓名、住所等は略記する。なお、現住所、年齢等は 1994 年調査時のものである。

①　鏡泊学園関係者

O.Z　男（現住所：栃木県塩谷郡）
 1-　明治 42 年 11 月 30 日（満 85 歳）
 2-　栃木県
 3-　昭和 21 年 9 月、到着地：博多
17-　学園関係者
23-　実現のため努力した。満州鏡泊学園は五族協和をもって王道の国、楽土の国造

400

第 5 章　鏡泊学園、鏡泊湖義勇隊の日本人関係者（鏡友会員）アンケート調査

りを進めている満州国に尽力する人材の育成を、理想の 1 つにしていました。そして亜細亜の平和と発展を願っていました。

24- 湖畔の現地では総てが新規でしたので、何事も先住の人々を師として学び、いつの間にか交流が深まり知友が多くなりました。又 S12 年村塾を開設してからは、一般の知らない生活文化の半面を塾生の親達から教えられ、何よりの勉強になりました。

25- 鏡泊湖畔に移動した昭和 9 年、種々の誤解から匪賊に敵と見なされ、大変打撃を受け、戦死者等の被害を出しました。過渡期の事で、いたし方無い事件であったのか知れません。

26- 当時私は村塾の塾頭代理方々、学園村の南湖頭水田班の係をしていましたが、朝農の方々はじめ南湖頭部落民は平常と変わりなく、終戦の日までウソのように冷静でありました。鮮系塾生のお蔭だったかも知れません。

27- 私は、ソ連軍が侵攻して湖畔に来た時、学園村の本隊と別れ南湖頭の学園分村の家屋に一人残っていました。ここで思わぬ事が起こりました。義勇隊の M 君に会ったのです（長くなりますので終わります）。

28- 私は、ソ連軍の極東軍指令官より、湖畔の日本軍赤鹿隊に差し出された降伏命令書をソ連軍軍使より受領してきた赤鹿隊の軍使、軍曹の憲兵さんより見せられ、日本の無条件降伏を知りました。昭和 20 年 8 月 17 日と記憶しています。この時の絶望感（？）手足が振い地底に体が沈む、そんな状態になりました。M 君とお会いしてから身の危険を感じ、部落自衛団の助けで部落に隠れましたが、スパイの知る所となり逮捕され、なんと日本人が一人で居るのはおかしいと、日本軍スパイであるとされ、その年の 12 月上旬まで敦化の仮獄舎に入れられ、仮軍事法廷に引き出される身となりました。

45- 現今の青少年の中には自分の行動に責任をとらず、不利になると唯権利とか人権云々と騒ぎ立てる。その様な者には…国策とは申せ、母国の安泰を願いながら大地を耕し、食料の増産（その他）に励んで働いていた、あの清々しく、逞しく、頼もしい、輝くばかりの姿を拝ませたく思います。私はあの姿を各地で見た時、この人達がいる限り日本は心配無いと思いました。

46、47、48- 種々問題はあると思いますが、むずかしい事は分りませんが、政府のお偉い方々は事ある毎に申し合わせた様に国際貢献、国際貢献を口にします。その 1 つで身近に感じますことは留学生のことであります。亜細亜各国の青年の中には、自国の発展、民族の安寧のため、新しい文化を取り入れ、何とかしたいと考えて居る向学の青年が多いと思いますので、日本の制度の中にそれ等の青年をより多く、無償で入学させる様な、より一層温かい制度を設

401

けるべきと考えます。国際貢献の1つとして村山総理に申し入れたい。
49- 三点ほど当時の物がありましたが、春の頃、全国引揚者連合会の方へ差し出してしまいました。写真など期日までに見つけられましたら（あくまで参考に）送付出来るかも知れません。

〔添付文書〕

一、私はこの鏡友会と別の同文字の鏡友会員であります。即ち、昭和8年開校した満洲鏡泊学園が昭和10年10月卒業式を前に、同志相互の連絡機関とし結成した満洲鏡泊学園鏡友会の会員で、本会は'94年10月60周年記念に当たります。

二、私は鏡泊湖義勇隊開拓団に直接関係はありませんが、義勇隊の皆様が寧安義勇隊訓練所へ入所するに当たり、その訓練所の建設に（昭和13年）龍江省伊拉哈義勇隊訓練所の隊員40名と共に、短期間協力した一人であります（引揚後現在も当時の皆様と知友としおつき合いを願っています）。

三、昭和9年学園が湖畔に、その建設に取り掛かった当時、学園の主義主張を知らなかった一部匪団に依り、学園は大打撃を受けました。その上、頼みの関東軍から湖畔退去の命を受ける状況でしたが、同じ亜細亜人だ、話し合えば分かると、湖畔に約20名程が残り、学園村を創立し、昭和12年村の全資力を投じ、学園の目的達成のため、その後継者を育成する村塾を開設しました。この事は多くの現地人に、私達の存在を親しみを持って知らせた様でした。なにしろ塾生とし、日、鮮、満（満州族、漢民族、蒙古族）の青年を差別なく無償入塾収容したのです。即ち一般の人々の口にする所謂五族協和の実現でありました。しかし私達はそんな事は特別に考えず、平和な国造りの一助になればと、共に学び共に耕したに過ぎません。

四、昭和14年寧安訓練所から皆様が鏡泊湖義勇隊とし移動されました。学園村ではこの来鏡を大歓迎し、村員4名がそのお世話に当たりました（短期間）。

五、昭和19年大東亜戦の激化と共に、湖畔の住民にもその重圧がひしひし伸掛って来ました。その最中突如とし湖畔住民を恐怖に追い込んだ大事件が起こったのです。それは反満抗日集団の一味と湖畔各部落の指導者40数名が逮捕投獄され、各部落は機能停止の状態となり大混乱となりました。これに対しては義勇隊開拓団の各位も何かと手を差しのべられたと存じますが、学園村においても全力をあげ、その無実を信じ救出釈放運動を起こし、政府関係機関並軍部にまで釈放運動の手を拡げ、各方面に進出していた鏡友会員と力を合わせ、遂に救出釈放に成功致しましたが、終戦降伏のどさくさにまぎれ、この事実を私達学園村の人達は誰も知りませんでした（後日知りました）。

六、これらの事実を現地の人々はどの様に評価したのか知りませんが、日本降伏

第5章　鏡泊学園、鏡泊湖義勇隊の日本人関係者（鏡友会員）アンケート調査

後無一物になった私達に対し、現地の人々は隣人の誼と親しみを持って庇護し助けて下さいました。そして昭和21年9月私達一行は全員（死亡者を除く）一人の落伍者も無く、無事博多へ引揚ることが出来ました。

O.K　男（現住所：長崎県北高来郡）
1- 明治42年1月19日（満85歳）
2- 京都府久世郡
3- 昭和21年10月（引揚）、到着地：博多
18- 鏡泊湖関係者
19- 昭和8年7月
20- 満洲鏡泊学園学生として渡満
23- 信じていた。孫文の大亜細亜主義の実践者として、満州国をして亜細亜の規範たらしめんと願っていた
24- 従って学園卒業後、鏡泊湖畔に学園村を創り、農業経営を学園協拓組合として経営し、収益を日、鮮、満、漢、蒙の子弟の教育に当てる。学園卒業者全員が教師となり、指導に当たる。
25- 終戦前、治安維持法に依り、国事犯として検挙された住民の救出運動を為し、全員を救出した。従って終戦後恩義を感じた現住民が保護してくれた。
26- 私は鏡泊学園の一員のまま協和会県本部事務次長として事務長（T）の補佐役をしていたので、終戦後役立った。
27- ソ連軍から樺林の製紙工場解体に連行され（カマンヂル）指導者として従事。終戦の年の12月30日、鏡泊湖畔に帰った。鏡泊湖住民から暖かく迎えられた。21年9月鏡泊湖を離れるまで保護を受けた。
28- 日本軍の兵団本部が東大泡にあったので、すぐ敗戦を知った。そして軍と共に牡丹江市まで行き、ここで樺林の解体作業に連行された（東大泡は鏡泊湖の牡丹江の上流にある）
43- 三男を亡くした。鏡泊湖畔のもとの学園に帰ってからである。
45- 私は孫文の大亜細亜主義の実践者として、満州国の世界史的意義を正しく知って欲しい。侵略者よばわりを肯定する人々の多いことを残念に思う。
46- 孫文の大亜細亜を中国人に理解せしむること。日本の維新は世界維新に連動する。孫文等が三民主義を唱えて、中国革命の実践に乗り出したのは、当時の中国人ではその任にあらざるが故に革命によって中国を変え、中国が中心となって亜細亜の建設をしようとしたのである。満州国はその意志を実践に移

したのであって、中国人と世界の人々も理解しえなかったのである。そこで満州鏡泊学園がその大亜細亜主義を体し、民族協和王道の、世界の国がまととする道義国家人文の、遍く渉る国なさむと孫文の志を教育実践せんとしたのである。

今後そこで中国に働きかけて、中国主導で、満州協和国を創建するよう運動を起こすことを提唱する。一つの地球世界は今後国連中心で動くことは間違いない。それは神の意志であることを人類は知らねばならない。行為の原理は、行為者の意志である。行為の対象は意志の対象である。知ると知るまいと、今後1000年たてば解る。神の意志が。

47- 世界の中の日中が今後どうあるべきか。特に両国民の教育に重点をおき、日中がアジアに於て果たすべき使命、世界に対して日中が果たすべき使命について両国民の教育をして、その自覚が必要。従って教育者が先ず孫文の大亜細亜主義を知ることから始めるべきである。

T.G（現住所：長崎県北高来郡）
1- 大正2年1月4日（満81歳）
2- 群馬県佐波郡
3- 昭和21年10月（引揚）、到着地：博多港
17- 学園関係者
19- 昭和8年8月
20- 大陸雄飛。
23- 信じていた。学園創立の目的は大亜細亜主義を抱懐する青年を陶冶鍛錬して満洲建国の理想である民族協和、王道楽土の建設という大業を実現するための実践的学校であり、それを信じて在満十余年を体験した。
24- 喧嘩をしたことはない（ただ官憲に楯突いた記憶有り）。現地人のほとんどが顔見知り、又は朋友である。現在も文通を続けている
25- 昭和13～14年頃共匪の襲撃があった。自衛する。
29- 昭和20年7月末（応召）
30- 在満八面通部隊
31- 20年8.9、ソ連軍侵入。12日対戦車戦、13日白兵戦後対峙、9月始め南下行、9月15日大命を知り投降。
32- 東満寧安県馬厰部落（朝鮮人）にて大命を知り降る（9/15）。その翌日ひとり鏡泊湖に向かう。途中度々の危機を経て、10月始め、鏡泊湖に帰り着く。住民

第 5 章　鏡泊学園、鏡泊湖義勇隊の日本人関係者（鏡友会員）アンケート調査

の保護を受け、学園の家族群を迎え、越冬。21 年夏引き揚げ開始、10 月 3 日博多上陸。

34- ソ連にしてやられたという印象最も強し、ソ連が謝罪しない以上、資金援助など真っ平御免。国政にたずさわる者（政治家他）は国際情勢を知り、大局を誤ってはならぬ。

43- 次男 T.A 2 歳、病死（衰弱死）東京城収容所に於て。

45- 満洲は元来ツングース系の満洲族の故地であり、扶余、高句麗、百済、倭（日本）と祖先を同じくする。清朝（満洲族）の末期、ロシア侵略に対抗するため、中国本土（主に山東省）の漢民族の移入を認めた（庇を貸して本家を取られた）。

今は中国領三省となっているがその歴史は浅い。ロシアの侵略より、満洲を守ったのは日本である。日本の特殊権益地域だったのである。

46- 日本は「侵略して大変ご迷惑をおかけ致しました」とアジア諸国に謝っているが、余り度が過ぎるようだ。ケースバイケースでアジア諸国の中には日本軍進出により、白人支配から解放されて独立している国が多い（特に東南アジア諸国）。正しい（公平な）歴史は 50 ～ 100 年経たねば出てこない。今は勝った方の論理と敗者の卑屈（卑下）より出た近視眼的歴史観が流行しているときだ。決して公平なものではない。

47- S12 年の日中衝突、その後の戦線の拡大、中国本土に於て大きな被害を与えたことは、戦争とは言え、誠に申し訳ない。日本としては初め、膺懲戦術（中国のベトナム膺懲）で済ます心積もりでいたが、次第にエスカレートして大戦争となり、遂に日本の破局となってしまった。中国の勝ちだ。

48- 悠久 5000 年の中国興亡史からすれば、一局の碁、サラッと水に流して貰いたいもんだ。兎も角、日本と中国がアジアのリーダーであることには変わりはない。

今はアメリカが世界の指導者になっているが、覇権的で押しつけが多すぎる。「王道」でなければ世界の安定、平和は保てない。日中提携が必要である。

49- 引き揚げは麻袋 1 つ故、何一つなし。

ただ、引き揚げ（船中）途上及帰郷して半年の間、在満記録をしたためていた。これが唯一の文書、「鏡泊誌」ほか

H.Y　男（現住所：長崎県北高来郡）
1- 大正 9 年 10 月 3 日（満 74 歳）

2-　山形県西村山郡
3-　昭和 21 年 10 月（引揚）、到着地：博多
9-　義勇隊員　龍江省嫩江県伊拉哈訓練所の 3 年の訓練を終了〜鏡泊学園に移住。
10-　国内　昭和 12 年 8 月〜9 月
11-　現地　昭和 12 年 10 月〜昭和 15 年 10 月（訓練所名：伊拉哈）
12-　募集は少年移民だった。昭和 13 年全満 5 ヶ所大訓練所設営。義勇隊 6200 名迎えるべく。1 〜 3 月に 40 名づつ嫩江、孫呉、寧安、鉄驪。
17-　学園関係者、生徒
18-　鏡泊湖関係者
19-　昭和 15 年 10 月
20-　指導、教育者の面で不満だった。
21-　ただ土地を得るだけでは？　教育、指導者面で欠けていたと思う。純心な 15 〜 16 才の少年にもっと真の教育者が欲しかった。
23-　信じていた。
24-　最近、中国人との交信もあった。
28-　8 月 15 日安東にて応召、通化集結、解除、解放。帰途、鉄道のポイントはおさえられ、徒歩での事が多かった。
29-　昭和 20 年 8 月 15 日（応召）

② 　**訓練所指導員**

H.M　男（現住所：千葉県千葉市）
 1-　大正元年 10 月 14 日（満 82 歳）
 3-　昭和 21 年 10 月（復員）、到着地：広島
 5-　農事指導員
 6-　内地では実業学校教師
 7-　昭和 18 年 4 月、
12-　「国策」に眩惑されて。
22-　若い団員達は国策に殉じ、1 つには自己の将来を開拓せんとして一途に、痛々しい程積極的に働いた。開拓団は現住民部落に割り込んだような立地だったが、表面的にはトラブルはなかった。
23-　当時の私としては「国策」に言う「五族協和」等に切実感は持たなかったが、さりとて疑うこともしなかった。後年になって 27 万人もの開拓民が他国の領土に入植することの是非に考えが及ばなかったことが不思議に思われた。

第 5 章　鏡泊学園、鏡泊湖義勇隊の日本人関係者（鏡友会員）アンケート調査

24- 当時は武力を背景とする日本人を排斥しなかったばかりか、開拓団に取り入って、利益を得ようとする現地人（中国人、朝鮮人）が多かった。

26- 終戦時には在籍していなかったので詳述は出来ないが、団員が次々と応召されて減少した為、他の開拓団同様に不安な日々が続いていたようである。また終戦と同時に起こった現地人の豹変、略奪（物、女性など）の激しさから見て、ここでも日本人の入植決定以来彼等が抱いていた恨みが一気に爆発している。

28- 終戦の詔勅が渙発された昭和 20 年 8 月 15 日には一兵卒として戦闘中で、「北満」の山中でソ連軍に包囲されて、命からがら逃れて基地へとたどり着いて終戦、武装解除されたのが 8 月 18 日だった。それからソ連の捕虜となったが、収容所はシベリアのコムソモリスクで抑留期間は 1 年に満たなかった。

29- 昭和 20 年 5 月（応召）

30- 当時の満州国東安省宝清県春化、1 個連隊規模の守備隊、部隊名忘失

31- 8 月 14、15 日頃本隊（十里坪）に帰投すべく行軍中、「北満」八達山嶺でソ連軍の包囲を受ける。

32- 十里坪に近づいて武装解除を受け、東安駅より貨車に乗車させられシベリアへ拉致され、コムソモリスクに抑留される。

35- 昭和 20 年 8 月〜 21 年 10 月

36- コムソモリスク

37- 21 年春、体格虚弱の為を以て同地を離れ、ハルビンに近い阿城の八路軍収容所に移動させられる。そして引き揚げ船に乗る。

38- 在ソ連中は絶えず飢えと寒さに苦しみ、栄養失調による死者が、6 万人の死亡者中大半を占めた。生還できたのは「運」が味方したものとの思いが強い。

45- 満州開拓は国策の美名の下に 27 万人もの開拓民を中国に移住させたが、結局は関東軍中枢の保身安全のための犠牲になった。交通手段の無い辺境に開拓民を置き去りにして逃亡を企てた卑劣な関東軍のために起きた悲劇を若い世代に伝えたい。

46- 帰国を希望する大陸残留者問題の早期解決の為、養父母への補償金の増額、旅費の全額支給、受け入れ体制の更なる整備強化を計り、一両年中に完全解決すべきである。

47- 日本人の侵略行為に中国人の傷は未だ癒えてはいない筈である。慰安婦問題など中断しないで善処するなど、両国間に残された懸案を解決することが望まれる。

48- 日本人の中国で犯した侵略行為の反省が必ずしも国民的なものになっていない

ようである。昭和時代だけに限定しても良いが、改めて政府から統一見解を出して貰いたい。

③　医療・輸送関係者

E.Y　女（現住所：栃木県那須郡）
1- 大正13年8月11日（満70歳）
2- 山梨県
3- 昭和21年11月（引揚）、到着地：佐世保
16- 医療関係者（保健婦）
19- 昭和18年12月
23- 信じていた。
24- 保健婦養成所の1年間の生活中、白系ロシア人との音楽交流等
27- 鏡泊湖より対岸の南湖頭に有る、日本軍司令部の診療所の家族と逃避。そこで4日位後、軍人軍属家族と一緒に〇〇所（東京城）にて収容され10月末まで過し後、牡丹江に行き、収容所にて一冬過し、春4月哈爾浜に出、東本願寺に集合し、9月末難民列車で葫蘆島に出て、佐世保に帰る。
28- 昭和20年8月20日前後。鏡泊湖義勇隊開拓団診療所。
46- 開拓者に対して求めることはもう無くなった。
47- 残留日本人（子）婦人などの国としてもう少し暖かい保護を望みます。

M.T　男（現住所：北海道日高支庁）
1- 大正9年6月10日（満74歳）
2- 北海道日高支庁
3- 昭和21年10月（復員）、到着地：博多港
21- 寧安訓練本部付輸送隊（井村先生）と云っていた幹部で、その隊、中隊でトラックの運転をしていた折、11～2月頃の寒中に東京城木村部隊の要請でトラック共（匪賊）討伐に参加したときのつらさはとても忘れられない。
28- 20年の8月17日列車で運行中、撫順の中学校で1泊した翌日早朝、練兵所に集合の合図ありて急いで整列した。その時、前部の方より泣き声ありて、師団長のカスカナ敗戦の声ありて敗戦を知る。
29- 昭和16年6月（志願）
30- 牡丹江155部隊
31- 牡丹江よりハルピン野戦造兵廠。

32- S20.8.18、新京市孟家屯に於て武装解除。
34- 私は軍属として牡丹江155部隊でしたが、20年8月軍人として召集され、撫順に向かって旅戦中であったので、現隊のハルピン3110部隊と別れたことの苦痛です。
49- 当時をしのぶ何かと思い写真等見ましたが、軍属としてあった時の写真、牡丹江155部隊当時の私の思い出です。

④ 喇叭鼓隊（訓練所生～開拓団員）

K.S 男（現住所：埼玉県比企郡）
 1- 大正12年12月12日（満71歳）
 3- 昭和19年11月（一時帰国）、到着地：石川県
 8- 喇叭鼓隊
 9- 義勇隊員　第9中隊、第5小隊（石川県郷）
10- 昭和13年5月～10月（第1次、13年6月喇叭鼓隊編入）
11- 昭和13年10月～昭和14年10月（寧安訓練所喇叭鼓隊）
18- 鏡泊湖関係者
19- 昭和14年10月
21- 将来役に立つと思った。
22- 遠大な希望があった。
23- 信じていた。国家の進歩になると思った。
24- 政治的にわからず、人間との交流があった。
25- 文化の相違があった。
26- 凍傷両足、リスフラン関節部切断。内地療養、帰国。
28- 石川県
45- 政治的問題であったことを広く公表してほしい。
46- 詳細に把握して欲しい。
47- 誠意の交流
49- 当時写真などは札幌鏡友会に配慮下さい。

Y.T 男（現住所：石川県金沢市）
 1- 大正12年12月8日（満71歳）
 2- 石川県金沢市
 3- 昭和23年8月（復員）、到着地：舞鶴

5- （農事指導員）
8- 喇叭鼓隊
9- 義勇隊員　第4小隊（実験農家）
10- 国内　昭和13年5月～14年10月（第　　次）
11- 現地　昭和14年10月～　　月（訓練所名：寧安・鏡泊湖）
12- 尋常高等小学校より推薦され義勇軍に入る。
21- 内原訓練所＝NHKホールで全国に吹奏した。東京上野ビル街で吹奏行進の響き。ドイツのヒトラーユーゲントと話し合った。寧安訓練所＝冬零下30度、牡丹江放送の屋上で全国放送。寝床の布団の口元が凍り付いていた。在満日本人子供より、日本語を話し合っている様子を見、何となく胸をついた。
22- 同志Y.H君が拉致され、山奥深く捜索したこと（訓練時代）。実験農家の家を我手で作った。直径30センチ近いキャベツが出来た。氏神のお宮が出来た。
23- 信じていた。訓練中の語らい、話し合いから。
28- 昭和20.8.14、開原兵站病馬廠で獣医下士の教育を受けている時、明日正午のラジオを聞く様放送があり、8.15敗戦を知ったが、関東軍は負けていないと力んだ。10月に新京の捕虜収容所で何日か居り、ソ連へ送られた。
29- 昭和18年2月（志願）
30- 虎林県虎頭　395？部隊4中隊
31- なし
32- ソ連軍が武器以外の私物（時計、貯金通帳等）手当たり次第もぎとられた。
35- 昭和20年10月～23年8月
36- チタより奥、地名不明、山林伐採
37- チタ～ナホトカより舞鶴
38- 入ソした時、家がなくテント生活。夜中足元あつく眼がさめ、防寒靴底焼けていた。一年中茸があった。タバコを呑む兵がパンをタバコに替えていた。食事は野草、それが毒草で死んだ兵（富山出身）がかわいそう。

Y.K　男（現住所：佐賀県多久市）
1- 大正11年8月21日（満72歳）
2- 佐賀県佐賀市
3- 昭和20年9月（復員）
8- 喇叭鼓隊
10- 昭和12年5月～10月

第 5 章　鏡泊学園、鏡泊湖義勇隊の日本人関係者（鏡友会員）アンケート調査

11- 昭和 13 年
12- 満州国に王道楽土を築くため。
21- 喇叭鼓隊在籍中、東京の愛宕山放送局で全国放送。又牡丹江の放送局でも放送したこと
22- 鏡泊湖での出来事で、仲間一人が犬をつれてノロ（鹿 – 編者）とりに行って、行方不明になりとうとう 10 年間すぎても発見出来なかった。又虎の出現で 1 週間程夜警した事もありました。
23- 信じていた。国策事業だったから。
24- 屯長と親しくなり出征する際、餞別 100 円（満州の金）をいただき、必ず便り下さいといわれた。
29- 昭和 18 年 1 月　2 年 8 ヶ月、現役入隊
30- 牡丹江
31- 牡丹江部隊より 1 年目広島へ、10 日後フィリピンのセブ島へ。
32- 広島県三原市にて除隊
33- 三原より佐賀へ無蓋車で。
34- 3 回命拾いをした。1 回目は満州に残っておれば。2 回目我々輸送船がバシー海峡で敵の魚雷にあい、不発だった。3 回目広島より三原の部隊に移動していたから原子爆弾の災難を逃れる。

⑤　訓練所生〜開拓団員

N.K　男（現住所：北海道上川支庁）
1- 生年月日：大正 13 年（満 70 歳）
2- 北海道上川支庁
3- 昭和 20 年 7 月（復員）、到着地：博多
5- （経理指導員・本部勤務）
29- 昭和 19 年 2 月
30- （黒竜江省）綏化独立歩兵隊、昭和 20 年 7 月愛暉から博多に帰還

U.T　男（現住所：兵庫県姫路市）
1- 大正 9 年 4 月 27 日（満 74 歳）
2- 北海道上川支庁
3- 昭和 21 年 8 月（復員）、到着地：広島県
9- 義勇隊員　第 1 中隊、第 1 小隊

411

10- 昭和13年5月～9月（第1次）
11- 昭和13年5月～10月（寧安訓練所）
12- 同村から4名、役場のポスターを見て同級生3人で相談し、親の反対を押し切って参加した
21- 渡満して数日後に赤痢が発生し、同村出身の者が死亡（同級生）。翌年同村の者が心臓病で死亡。自分も肋膜で病者となり、哈爾浜の病院へ搬送される。
23- 信じていた。自分たちの親は本州から北海道へと移民し、立派な土地に開拓し、子供の頃から開拓の話を聞き、大陸開拓の夢を抱いた。
24- 中国人の人間的親しみが今も心に残っている。日本人から見れば親切だった。
28- 南方スマトラ島、8月16日。収容所生活1ヶ年、スマトラ。
29- 昭和16年9月
30- 青森県八戸第6航空教育隊
31- 満州、スマトラ
32- 南方スマトラ島、20.8.26武装解除。小銃外は解除され、原住民の治安、暴動の警備のため英軍より特別待遇を受ける。
33- 21.7.12スマトラ島パレンバン港より帰途につく。
34- 私の勤務は航空隊であり、整備（爆撃機）。20.4には爆撃機がフィリピンに出撃し、帰還せず
45- 開拓に従事した残留孤児を今まで苦しい生活から育ててくれた中国人に感謝の念でいっぱいです。
46- 中国人（満州）に対し政府として何かのお礼として援助すべきと思います。
47- 侵略戦争の反省に立ち、真心のある交流をしたい。
48- 経済大国となった今日中国と仲良く互いに理解し合い平和世界であることを望む。

O.K 男（現住所：北海道旭川市）
 1- 大正9年9月26日（満74歳）
 2- 旭川市（上川支庁）
 3- 昭和20年10月（復員）、到着地：旭川市
 9- 義勇隊員　第7中隊、第1小隊（尖山子郷）
10- 昭和13年5月～7月（第1次）
11- 昭和13年8月～昭和16年10月（寧安訓練所）
18- 鏡泊湖関係者

第 5 章　鏡泊学園、鏡泊湖義勇隊の日本人関係者（鏡友会員）アンケート調査

19- 昭和 16 年 10 月
29- 昭和 18 年（応召）
30- 18 年現地にて召集入隊。
31- 20 年 4 月、連隊移動。九州の宮崎県に。
32- 宮崎県 20 年 8 月 15 日敗戦、10 月帰家、旭川市。

K.T　男（現住所：北海道旭川市）
1- 大正 13 年 3 月 5 日（満 70 歳）
2- 北海道上川支庁
3- 昭和 22 年 1 月（復員）、到着地：南富良野村
9- 義勇隊員
21- 日常の団体生活の中で共同作業・相互信頼の尊さ
23- 信じていた
24- 中国人とは主に交流があったが、朝鮮人はずるく感じた。ロシア人などとの交流は無かった。
25- たまには若いものがおおかったのであったと思う
29- 昭和 20 年 7 月（応召）
30- 敦化　20382 部隊（富永兵団）
32- 敦化飛行場に於いて武装解除を受け、天幕収容所
35- 昭和 20 年 11 月〜 21 年 12 月
36- バルナウル収容所→北鮮右茂山→光南
38- 寒さの中での作業、食事の悪さ、すべてが悪夢であった。
46- 我々は当時国策として渡満したものであり、種々戦後保障をかもす中、せめて在満年数を年金に繰込まれることを望む。
47- 日中の正常な交流。
49- 義勇隊から鏡泊湖当時の写真を少し大事にしている。

S.T　男（現住所：北海道北広島市）
1- 大正 12 年 12 月 13 日（満 71 歳）
2- 旭川市
3- 昭和 20 年 12 月（復員）、到着地：横須賀
18- 鏡泊湖関係者
19- 昭和 15 年 10 月　昭和 13 年 6 月に内原から牡丹江省寧安県沙蘭鎮寧安大訓練所

1ケ年訓練修了し、2年間の訓練の為鏡泊湖へ移動した。

昭和16年10月　義勇隊訓練期3ヶ年を終了し、義勇隊開拓として移行した月。

21- 寧安訓練所では兵舎はアンペラで、雨はザァーザァーもりで毎日兵舎建築トーピス（土煉瓦）作りで単調な作業の連続で休日をどんな方法で過ごしたか記憶にない。鏡泊湖では農事訓練が重点的に行われ、休日も毎日の生活が段々と充実していた。

22- 今まで年齢に立っての単位編成があったが分郷計画が出来上がり、1.2.3.4.5 各小隊の人員も入り混じって編成しその訓練を終えた頃、本格的な分体計画が具体化して現地人との接触も増大していった。

23- 信じていた。まさに内原時代からそう教育されてきたので、それが正しいことだと思っていた。今でも交流はそうあるべきと思っている。

24- 加害者意識は全くなく、彼等の持っている営農技術の研究と、我々が持っている生活様式及農学・畜産・貯蔵技術は進んで教えようとしたが、高度化の点になると理解力が非常に悪かった。原因は教育水準にあると思う。

25- 休日に学園屯に遊びに行った仲間の誰かが現地の討伐隊（隊長日本人、隊員中国・朝鮮系）警察隊と衝突して乱闘となり警察側は学園屯から全員離れた。主に16、7歳の年少者であり、主謀者と目される人物を義勇隊本部から4、5名警察隊に連行されて取調を受ける。その中に小生も取調を受ける。原因は不明であるが乱闘に参加した。

27- 昭和18年に志願して早く国に帰郷しようと思って入隊したが、敗戦の為家族とは別々の行動となる。家族は母、姉、姉の子、妹、弟で妹等の学校の関係で牡丹江市で生活を営み、自分が入隊してから家族で生活の方策を求めて妹が軍属として入り、官舎を与えられて細々と生活していたが、ソ連参戦の報で牡丹江～延吉～吉林と徒歩と列車の旅で吉林市の日本人女学校の収容所に入り、母がそこで病死。姉が行方不明となり、妹が弟と姉の子を連れて旭川へ帰郷。

28- 昭和20年8月10日頃、カロリン群島ポナペ島で日本製の電波探知機（レーダー）があり、本土からの報道も及んで受信していた。

29- 昭和18年1月10日（志願）

30- 東安省林口県独立歩兵守備隊第367教育隊大田隊

31- 昭和18年11月16日南方派遣要員のため、鉄嶺に集結し、釜山～宇品、串本を経てポナペ島へ。昭和19年1月10日到着。カロリン群島ポナペ島独立歩兵第344大隊歩兵砲に在隊中、敗戦を知る。武装解除、米軍が（海岸→海軍カ）

414

第 5 章　鏡泊学園、鏡泊湖義勇隊の日本人関係者（鏡友会員）アンケート調査

行う。
33- 昭和 20 年 12 月 13 日にポナペ島出港〜硫黄島〜昭和 20 年 12 月 22 日浦賀上陸。
34- 真冬の満州から 1 月始めの緑一杯の上陸地を見た時は驚きでした。途中トラック島に寄港した時、大きな島影から巨大な煙突が見えた。海軍さんに聞けば、あれは新しい戦艦武蔵（大和）と初めて聞いた。トラック島出港の折、帰港した駆逐艦の船尾が大きく損傷を受け、厚い鉄板がめくり上がっているのを目撃した。
43- S.S（母）　昭和 21 年 1 月 10 日　吉林市収容所で餓死・凍死
　　S.T（姉）　台湾に在住。
　　外務省亜い第 86 号　昭和 30 年 1 月 25 日アジア第 2 課長より旭川地方世話所に姉、S.T の居住を確認し、在中華民国日本国大使館臨時代理大使より大臣重光葵宛の文書到着。
44- 捜し当てた　昭和 30 年 1 月　中国（台湾省台北市に居住）
　　呼び寄せた　昭和 49 年 6 月　日本
45- 時の政府、政治家と開拓事業を押し進めた上層部軍部を含む現政治家も含む何ら反省すらなく、社会に顔を出して政府代表とか各団体の長等に座っている輩に腹が立つ。鐘や太鼓で送り出しておき乍ら 50 年たっても〆締り（→〆切、締切カ）の出来ない国家がなすべき義務を怠っている。官僚も積極的に行動しない。行動して呉れれば責任をとらされる事の恐れがあると思う。自分なりに小さい事でも実行して行きたい。
46- 之が正論を言える人は非常に少ない。金のみの計算で働いており、何を望んでも実現の可能性は非常に少ない。金で動く国民も悪い。政府に望むより日本の国民に望みたい。もう少し社会の実態の勉強、学習を行い、ゲートボールをする時間を節約して本を読むことを望みたい。それから選挙で議員を落とす。現在の半分以下で充分。
47- 交流して戴いた中に共産党幹部及学者民間人で旧ソ連の学校を終えた方が多い。教育は中々それを固執して新しい方向に向き難い。国家の情報、教育が充実されることを望みます。個人々々は誠を持って接すると誠で帰る。こと人民政府となると、日本と役所と同じく望み、願望を言えるか、少し程遠い感じがします。
48- もう年金生活に入り、出来得れば中国（東北部）へ渡り、自動車関係の技術を生かしたい。中国は一人っ子政策。これから中国はこの大きな人口を賄うための必要条件は、細部に渉り道路網の完成と自動車の発達しか方法がないように思います。この点に私は着目したい。

49- 訓練の様子、地図(旧満州時代、全満開拓団の入植地図)。コピーですが当時の現地発行の新聞、鏡泊湖義勇隊開拓団への移行の様子。

S.H 男(現住所:北海道上川支庁)
1- 大正12年3月15日(満71歳)
2- 上川支庁
3- 昭和21年9月(引揚)、到着地:博多
9- 義勇隊員
10- 昭和13年5月(第1次)
11- 昭和16年(寧安・鏡泊湖訓練所)
12- 新聞、『家の光』等の広告によって
21- 内原訓練所での駆け足、天地返しなどが苦しかった。満州では渡満直後、アミーバ赤痢で団員の大半が倒れ、一晩に不寝番に2回立ったことなど。
22- 早く結婚して乳と蜜の流れる里を築く事だけを夢見ていた様に思う。
23- 信じていた。訓練中そればかりの教育を受けたから。外に情報を入手する方法がなかったので信ずる以外になかった。
24- 義勇隊時代は悪いこともしたが、開拓団移行後は地域住民との争いはなかった。
25- 訓練期間中は満警と争った事もあったが、大きな事件ではない。
26- 次々と召集され、残る者は身体の弱い者ばかりとなって心細かった。20年召集される。
27- 安東市にて召集解除。鏡泊湖に家族がいた者と一緒に鏡泊湖に向かうが、哈爾浜で強制収容された。
28- 8月16日、安東市にて。香坊収容所、哈爾浜訓練所跡、市内トキワ荘。
29- 昭和20年5月(応召)
30- 寧安県 石頭 第689部隊
31- 安東市
32- 召集解除のため、武器などは原隊に置いて出た。一般地方人となり、哈爾浜で便役に従事。
43- 長崎、札幌、九州鏡友会がそれぞれ調査し、大半は生死の確認、時期、場所等は判明しており、生死不明者はないと思う。
45- 酷寒猛暑の地で、国策と言われながら開拓に取り組んできた者にとって、国策とは何だろうと考える。一部の国の指導者に踊らされた感じで、これからは正しい認識と判断、広い情報収集などを保った上で行動すべきだと思う。

第 5 章　鏡泊学園、鏡泊湖義勇隊の日本人関係者（鏡友会員）アンケート調査

49- 20 年 5 月召集の時に現地に写真など全ての物を置いて、その内帰郷できると思って入隊したので、内原訓練所以降の記録したものは一切無い。

T.S　男（現住所：埼玉県川口市）
1- 大正 11 年 2 月 1 日（満 72 歳）
2- 北海道旭川市（上川支庁）
3- 昭和 21 年 11 月　到着地：博多　松栄寮
5- 指導員（訓練期間中栄養部）
6- 炊事班長
9- 義勇隊員　第 7 中隊、第 3 小隊（共栄郷）
10- 昭和 13 年 5 月～
11- 昭和 13 年（訓練所名：鏡泊学園）
12- 希望、憧れ
21- 栄養部の立場に永らくいた為に全員の食事のことばかり考え、印象に残っていない
22- 栄養部の立場に永らくいた為に全員の食事のことばかり考え、印象に残っていない
23- 信じていた
27- 東安→牡丹江→面波→樺林→鏡泊湖
28- 20 年 8 月 16 日　樺林パルプ工場　約 1 か月
29- 昭和 19 年 8 月（応召、1 回目）、昭和 20 年 6 月 1 日（2 回目）
30- 290 部隊　荻野無線隊
31- 東安より 7 月牡丹江
32- 牡丹江より 8 月 15 日頃、面波に集結（正道河等）、面波にて降伏。牡丹江に引き返す途中に脱走も 4 回
35- 昭和 20 年 11 月～21 年 10 月
36- 鏡泊湖
37- 東京城→牡丹江→哈爾浜→新京→葫蘆島
38- 略奪、暴行、強姦
43- 父、T.T　母、T.H

D.H　男（現住所：北海道旭川市）
1- 大正 12 年 3 月 14 日（満 71 歳）

417

2- 　上川支庁
3- 　昭和21年11月（復員）
9- 　義勇隊員　第7中隊、第3小隊
10- 　昭和13年5月〜6月
11- 　昭和13年6月〜
19- 　昭和15年9月
29- 　昭和19年1月
30- 　関東軍独立守備隊　平安第2中隊
31- 　20年4月、本土転戦
32- 　九州福岡飛行場（現　平和会館）
33- 　九州より汽車で
34- 　装備と資材の差に驚いた。兵の訓練も行き届いておった。
46- 　開拓義勇軍に参加（軍隊）、8年間国策とは言へ尽くしたが、何一つ、なしのつぶてである。

N.S　男（現住所：北海道夕張市）
1- 　大正9年12月15日（満74歳）
2- 　北海道上川支庁
3- 　昭和16年11月（入隊のため帰郷）
9- 　第1中隊、第1小隊
10- 　昭和13年5月〜6月
11- 　昭和13年6月、昭和14年9月〜16年11月（寧安訓練所）
12- 　役場広報誌より応募
21- 　若少年にとっては厳しい訓練であった。2中隊のN.S氏が出版した『賭けた青春』が全てである。私は只惰性で過ごしてきたので、詳しい記憶はありません。
23- 　疑っていた。満人の家屋、畑などを没収して本当の開拓であったのか？
24- 　人間は国籍ではない、人である。湾溝部落にて軍隊現役中に親しくしていたO.Sと言う子供と2、3度文通したことがある。どうしているのか、会ってみたい気持ちです。入隊のため帰国する時は海軍大尉の家族の方々が送別会を開いてくれたのが心に残る。
29- 　昭和19年1月
30- 　九州第27連隊第1中隊、昭和17年3月満州綏芬河第229部隊第1中隊

第 5 章　鏡泊学園、鏡泊湖義勇隊の日本人関係者（鏡友会員）アンケート調査

31- 昭和 19 年 11 月老星山○○部隊へ転属
32- 昭和 20 年 6 月移動（朝鮮釜山へ）、龍山にて終戦、武装解除。昭和 20 年 11 月、仁川よりアメリカ輸送船により佐世保に上陸と同時に部隊解散、帰郷。
46- 国策でありながら何らの補償がないのが不満です。

H.Y　男（現住所：北海道札幌市）
1- 大正 10 年 3 月 17 日（満 73 歳）
2- 北海道上川支庁
3- 昭和 16 年 11 月　陸軍現役兵として入営準備のため帰郷
9- 義勇隊員　石山中隊、第 2 小隊
10- 昭和 13 年 5 月～6 月
11- 昭和 13 年 6 月～16 年 2 月（寧安、鏡泊学園訓練所）
21- 18 歳の若さであの荒野と言っても過言ではない満州で、何の設備もない野原にアンペラ小屋で生活して土の家作りの毎日、暑い夏、冷たい水が飲めず（アメーバ赤痢になる）お湯を飲んだ辛さ。
23- 信じていた。国の政策であったから
24- 医者の居ない満人部落で時々遊びに行く 10 歳位の女の子が病気になっていたので歯磨き粉を飲ませたら、翌日元気になっており、親に感謝された。
29- 昭和 17 年 1 月（現役入営）
30- 21 年 1 月まで東京 78 部隊
31- 満州→ラバウル→ニューギニア
32- ニューギニアの奥地で終戦となり、玉砕を免れ、武装解除され、ムッシュ島に全軍送られて復員を待つ
33- 昭和 21 年 1 月、巡洋艦鹿島が迎えに来て第 2 次復員として大竹に上陸
34- 初めてマラリアになった辛さ、食料がなく、草木、昆虫、蛇などを食べた、栄養失調の辛さ
49- 義勇隊訓練当時のスナップ写真。

H.S　男（現住所：北海道上川支庁）
1- 大正 9 年 1 月 26 日（満 74 歳）
2- 北海道上川支庁
3- 昭和 21 年 10 月（引揚）、到着地：
9- 義勇隊員　第 1 小隊（青葉郷）

10- 昭和13年5月～6月（第1次）
11- 昭和13年6月～（訓練所名：寧安・沙蘭鎮）
21- 義勇隊開拓団に移行当時は、鏡泊湖病院設立から医師星先生を中心に、各開拓団、現住民の防疫に力め伝染病の発生と侵入を防ぐに従事した。義勇隊生活3年を過ぎて鏡泊湖の地に移行できるとは思わなかった。
22- 山紫水明な鏡泊湖で美味しい魚が沢山取れることが思い出に残っている。
23- 信じていた。中国語をよく覚えて、人間としての心から接触し、信じ合えば王道楽土の建設が出来ると思った。
24- 農作業の時期には現地人と農法の研究を語り合って、手伝って貰ったことが良い結果であった。人間関係を更に深めた。
26- 戦争末期に召集されて鏡泊湖の地もこれで最後と思っていた。
27- 安東で終戦。9月哈爾浜市四平街地点でソ軍男狩で捕虜になった。現地人、朝鮮人手下による日本人の男狩に捕まった。
28- 昭和20年8月18日哈爾浜市香坊収容所。8月25日から12月20日頃までソ軍の使役に服した。満州国内物資あらゆる物鉄道レール貨車に積み込む作業に夜中頃まで強制労働であった。
29- 昭和20年5月（応召）
31- 石頭河
32- 8月18日　安東市
34- 訓練中鏡泊湖開拓団の行く末を思い出して行って見たかった。初年兵教育終えて南方要員を案じていた。
45- 北海道を開拓された先人の屯田兵の人達の様に、義勇軍の私たちをよく知って貰いたい。
46- ソ軍の参戦により目的を失った義勇軍の夢は、引揚等で人間としての生きる限界をきわめました。第二の屯田兵の夢は実ることはなかったのです。
49- 引き揚げ途中で転々と歩きましたので、まる裸同然で物品は有りません。

M.S　男（現住所：北海道士別市）
1-　大正10年4月1日（満73歳）
2-　上川支庁
3-　昭和21年10月（引揚）、到着地：博多
9-　第7中隊、第2小隊
10- 昭和13年5月～60日間（先遣隊）

第5章　鏡泊学園、鏡泊湖義勇隊の日本人関係者（鏡友会員）アンケート調査

11- 昭和16年6月〜36日間（寧安大訓練所）
12- 尋常高等小学校にて
21- 軍事訓練の厳しさ。
22- 本当の開拓団員となった使命感
23- 信じていた
24- 中国人の心の広さ。
26- 人手不足と其の使命の達成できぬ辛さ
27- 鏡泊湖→牡丹江→哈爾浜→葫蘆島
28- 8月18日、現地にて
47- 中国国民の本当の良さを知ること。

M.Z　男（現住所：栃木県黒磯市）
 1- 大正13年4月1日（満70歳）
 2- 北海道比布町（上川支庁）
 3- 昭和22年6月（復員）、到着地：舞鶴
 9- 第7中隊、第5小隊（大和郷）
10- 昭和13年5月〜6月（第1次）
11- 昭和13年6月〜（寧安訓練所）
23- 信じていた
29- 昭和20年5月（応召）
30- 吉林省吉林市　502部隊鳶隊
35- 昭和20年9月〜22年6月
36- 第128地区　バルナウル
37- バルナウル→ナホトカ→舞鶴

W.M　男（現住所：埼玉県北葛飾郡）
 1- 大正11年6月11日（満72歳）
 2- 北海道上川支庁
 3- 昭和23年6月（復員）、到着地：舞鶴
 9- 義勇隊員
10- 昭和13年5月〜6月（第1次）
11- 昭和13年6月〜（訓練所名：寧安、鏡泊湖）
12- 屯田兵と同様な夢あり。

421

21- 軍事訓練が重で、農事方面の勉強は少なかった。昭和14年ノモンハン事変後方勤務
22- 何時も事々に軍隊の方を向いての事であり、農業に実が入らなかった。
23- 疑っていた。物事が一方的であり、軍事を含めこれで良いのかなあと思っていた
24- 湾溝は部落内にあり、中国、朝鮮人等と同居であった。個人的には悪いものではなかったと思っている
25- なし
29- 昭和18年1月（応召）
30- 牡丹江省寧安県東寧
31- 18年1月、20年7月原隊にて教育係、20年7月黒河省山神府教育隊
32- 20年8月15日、孫呉陣地に於て戦闘中、終戦。現地にて収容され、9月上旬ソ連邦ハバロフスク地区へ。
33- ハバロフスク地区→ナホトカ→舞鶴
34- 8月9日開戦の時、黒河省山神府の教育隊に居りましたので、13日夜に孫呉の陣地に入るまで強行軍をして第一線に加わる。この間、食事は4、5回にて、寝たのは2晩で半分くらいだった。
35- 昭和20年9月〜23年5月
36- ハバロフスク地区
37- ハバロフスク地区→ナホトカ→舞鶴→旭川
38- よく生きて帰れたものだ。特に最初は伐採であった関係上、事故と栄養失調で毎日の様に死亡者あり。自分の番は何時かと思った程。
45- このような政策は無理なこと。
46- 別にない。国内に居ても同様以上の体験をした人はいる。
47- よい関係を保つこと
49- 渡満から入営までの写真等は皆さんと同様に持っていますが、それ以後のものはソ連抑留の際は一切没収され書く等の自由は認められませんでした。

T.T　男　（現住所：北海道札幌市）
2- 札幌市（石狩支庁）
9- 義勇隊員　第7中隊、第3小隊

N.S　男　（現住所：北海道旭川市）

第 5 章　鏡泊学園、鏡泊湖義勇隊の日本人関係者（鏡友会員）アンケート調査

1- 　大正 10 年 4 月 8 日（満 73 歳）
2- 　札幌市（石狩支庁）
3- 　昭和 22 年 5 月（復員）、到着地：旭川市
4- 　第 5 小隊長
9- 　義勇隊員
10- 　昭和 13 年 5 月～ 6 月
11- 　昭和 13 年 6 月～（寧安大訓練所）
18- 　鏡泊湖関係者
19- 　昭和 14 年 9 月
20- 　乙種訓練所より甲種訓練所移行のため
21- 　昭和 55 年 11 月 18 日の夕刊道新社会面にトップ記事で掲載された『賭けた青春』に道庁前から出発し、昭和 16 年 10 月 1 日迄の記録を年月日順に出版した。北海道、長崎、静岡他喇叭鼓隊を含め、全員の氏名を含め、訓練期間中の出来事及び多くあった事件も詳細に各地を訪問取材してまとめた。全国の全員に渡っているはず。
22- 　開拓団移行後のことは軍隊入隊のため、詳細は不明。
23- 　信じていた。国策の大事業であるため。
24- 　『賭けた青春』に一部発表
25- 　『賭けた青春』に発表した。
27- 　20 年 8 月 8 日から 20 年 8 月 30 日まで、東安より横道河子まで山道を逃避行
28- 　8 月 30 日、横道河子にて判明。
　　　収容所　ウオロシロフオク収容所　昭和 20 年 9 月 10 日頃～ 22 年 4 月 8 日迄
29- 　昭和 17 年 1 月
30- 　旭川第 7 師団➡綏芬河国境守備隊
32- 　武装解除 20 年 8 月 30 日、横道河子、海林兵舎跡
34- 　特別に無し。
35- 　昭和 20 年 9 月～ 22 年 4 月
36- 　ウオロシロフ
37- 　ウオロシロフ➡ナホトカ➡舞鶴
38- 　食料不足、寒さ、シラミ大量発生。
45- 　国策遂行に同調しての志願であったが、『賭けた青春』が道新に掲載された時、「何が国策だ、侵略者のくせに」と電話があった時は残念であった。
46- 　残留孤児の受け入れに積極的に取り組むこと。
47- 　中国人に思いやりを。

第二部　日中関係者調査の研究報告

49- 『賭けた青春』が手元になし。取材の時、借りた写真は持ち主に返した。

M.T　男（現住所：北海道札幌市）
1- 大正 11 年 8 月 26 日（満 72 歳）
2- 札幌市（石狩支庁）
3- 昭和 23 年 8 月（帰還）、到着地：舞鶴
4- 郷長
6- 団員
7- 昭和 16 年
21- 内原訓練所では日輪兵舎に入り、朝は 6 時（起床）から大和体操から始まり、点呼後軍隊訓練又は農業訓練を行い、規律正しい毎日が印象に残っています。
22- 開拓団は訓練所とは違い、自分らのこれからの永住の地であることで大変其の地に愛着を覚え、その地の開拓に一生懸命頑張った記憶があります。
23- 信じていた。内原訓練所や渡満後の寧安訓練所でも、学問教育では特に現住民である中国民とは仲良くすることなどの教育を受けたし、実際には交流は良かったと思う。
24- 中国人とは特に仲良くする旨の教育を受けたし、当時の中国人は教育や農法にしても日本人とはかなり遅れていたので、何かあるごとに「大人、大人」と慕われたし、又北海道農法を取り入れた関係色々な農具、種など色々と現住民との交流は行った記憶があります。
25- 特にこれと言って対立は無かったとは言えない。まだ義勇隊員は年齢的にも若かった事もあり、なまいき盛りでもあったので現住民（中国人）の人に対し、感情的に面白くない事もあったと思います。特に現住民（中国人）の中での共産党員とは会わなかった様です。
29- 昭和 18 年 3 月
30- 虎頭　佐藤隊入隊。
31- 昭和 20 年 2 月虎頭から掖河 414 部隊に転属し、5 月頃西東安の教育隊に派遣す。
32- 武装解除（昭和 20 年 10 月頃）、場所は不明。収容所（第 1 敦化、第 2 掖河、第 3 シベリア 410 分所）
33- シベリア 410 分所からナホトカの収容所に送られ、昭和 23 年 8 月舞鶴に復員する。
34- 西東安の教育隊に入隊中、ソ連軍参戦に会い武装解除を受ける。10 月までソ連軍と 9 回近く戦い、左腕を負傷し、食物不足と戦い、ついに武装解除を受け

第 5 章　鏡泊学園、鏡泊湖義勇隊の日本人関係者（鏡友会員）アンケート調査

る。
35- 昭和 20 年 10 月〜 23 年 8 月
36- ソ連（シベリア）第 410 分所
37- 第 410 分所より、昭和 23 年 8 月ナホトカ収容所に送られ、舞鶴に帰還する。
38- 特に食料の不足、寒さ零下 48 度の寒さを体験した。又徹底した共産思想教育を受け、人間扱いはされなかったし、日本軍捕虜に対する残虐なる行為は 6 万人以上の死亡した兵隊等がいまだシベリアの酷寒の地で眠っていると思うと本当に胸がいたい。
45- 日本は今後人口も増加し、海外に住む人も多くなると思いますが、その国の国民とは仲良く永住することを望みます。
46- 我々は国の政策として満州の地を第二の故郷として永住すべくすべての苦労をしのびつつ若い青春をかけてきましたが、それも戦争のため望まれませんでした。しかし国の責任とし、早く戦後処理を完全に終わらす事を望みます。
47- 日本のため、中国の方々がどれだけ苦労をされた事か、私が見たほんのわずかな事だけでも本当に大変であった事と思います。現在なお語られている残留孤児にしても自分等の苦労をいとわず、日本の子供を立派に育ててくれた暖かい心に対し、感激で胸が一杯です。今後の中国交流は仲良く永く永く続く事を望む者です。
48- 我々の開拓団の歴史の展示に対するご努力を頂き、厚く御礼申し上げます。何か調査事項がありましたら申し付け下されば参上致しますので、頑張って下さい。

H.K　男（現住所：北海道釧路市）
1- 大正 12 年 4 月 22 日（満 71 歳）
2- 北海道十勝支庁
3- 昭和 18 年 10 月（帰還）
9- 第 10・7 中隊、第 5 小隊（鷹嶺郷）
10- 昭和 13 年 5 月〜 6 月（第 1 次）
11- 昭和 13 年 6 月〜 16 年 10 月（訓練所名：寧安・鏡泊学園）
12- 上士幌小学校より強く誘われた。
21- 空腹　年々集う際に必ず出る言葉
22- 鏡泊湖は満州随一の景勝と言われる。この地を開拓地と選んだ理由が判らない。特に自分らが配属された果樹園芸班の鷹嶺地区標高不明なるも山腹に植樹す

第二部　日中関係者調査の研究報告

るが交通手段なく、幼木の搬入に非常な労苦が印象に残っている。
23- 信じていた。募集の時点、そして内原訓練での教育、現実な農村2,3男対策を見て当初は信じていた。
24- 各訓練所は外部との交流は無かった（一部の業務上の者を除いて）。日曜休日に外出して現地の部落に遊びに行くも、友人知人も無く、只々見物で会話も無かった。
25- 近辺に共産匪（金日成）による小戦闘があり、都度警式呼集があったが直接には無かった
26- 2年間開拓団として果樹栽培に従事したが、地域の水田、畑作、野菜に比べ、幼木の搬入、畜動力の使用不可で将来的に不安感があった。この後義父死亡の案内で帰国、退団。帰国後、家計を助ける為、軍属となり千歳市の第41海軍航空廠に勤め、敗戦は千歳の山腹で聞いて終戦処理（各地区より乗り入れてくる航空機の処理等）作業に従事。20年10月1日解散
45- 満州開拓は侵略の一環と言う人がいるが、自分はそう思わない。当時の国内農産物を見た者でないと判らない。只これを利用したのが軍部であったと思う。特に義勇隊の配置図を見れば判然とする。国境地帯であり、治安の悪い地区に配置されている。従って開拓の選定も軍の方針に従ったのでは…。
46- 私共は現在年金生活であるが、義勇隊時代の年数が年金年数に算入されてないのが不満である。隊員（訓練生）は駄目で指導員は可となっている。軍に召集された者は良い。私は当市OBである。
47- 昭和55年9月、在隊の鏡泊湖を訪問し、往事を偲んできたが、現地住民とは余り交流はなかった過去であるが、同じ北方系ツングース民族、争いは不可也。今9月再訪の予定あるも、私病のため同行不可で残念に思う。
48- 46で申し述べたが訓練期間を年数算入を強く望む。
49- 満蒙開拓青少年義勇軍写真集、S50.2.1発行、編著　全国拓友協議会、制作　家の光　これに義勇軍の一切が記されているので参考にされたい。
　※　私、今年3月道より委しょくされ中国より引揚者（残留婦人）一家3人を自立指導員として訪問指導しておりますが、これも5年間の在満時代の間接的にお世話になった中国へのお返しの一端と思い3年間の期限ですが頑張っております札幌のSさんは私の朋友です。

H.S　男（現住所：北海道十勝支庁）
1- 大正11年3月5日（満72歳）

426

第 5 章　鏡泊学園、鏡泊湖義勇隊の日本人関係者（鏡友会員）アンケート調査

2-　十勝支庁
3-　昭和 22 年 5 月、到着地：豊頃町
9-　義勇隊員
10-　昭和 13 年 5 月～（第 1 次）
11-　昭和 16 年 3 月～（訓練所名：鏡泊学園訓練所）
12-　北海道新聞募集を見て、勉強出来ると考えて応募する。
21-　昭和 13 年に入隊してから 1 年後、関東省旅順　明治牧場にて 2 ヶ年畜産学勉強、獣医師学を勉強し、昭和 20 年奉天獣疫研究所にて副獣医師免許・合格する。
22-　団内また近くの部落での豚コレラ、炭疽、牛疫と法定伝染発生で、血清不足で相当苦労したことが印象に残っている。
23-　信じていた
24-　義勇隊員全員中国人と特に仲良くしていて、各部落往診して屯長より御馳走になった。朝鮮人は金日成匪賊で苦しんだ。
27-　昭和 20 年 5 月奉天獣疫研究所より東寧 647 部隊召集。20 年 8 月 14 日夜、ソ連入ってきて牡丹江省よりソ連捕虜となる。
28-　昭和 20 年 8 月 18 日頃、満州牡丹江省東京城捕虜収容所。
29-　昭和 20 年 5 月（応召）
30-　満州東寧 647 部隊
32-　東寧より関門へ行軍。東京城収容所途中武装解除をして、牡丹江よりハバロフスク捕虜収容へ移動する
35-　昭和 20 年 8 月～22 年 5 月
36-　ハバロフスク収容所よりナホトカ収容所～舞鶴へ引揚。
38-　ハバロフスクでは主として製鉄工場へ行き、各森林伐採した。夏、秋イモ掘作業し、重労働で扱われた。特に食料なく、松の実を食って過ごした冬は寒く、よく戦友客死した。
45-　国策と称して募集した 15 歳中心の子供たちを集め、満州のあの荒野へ放り込み、余りにもひどい政策ではなかったか。
46-　在満時国策で 11 ヶ年もの長い年を無にしており年金加算が当然と考える。
47-　中国人は良民が多い。日本人は誠意を持って付き合うようにされたい。
49-　全て敗戦で失う。

N.T　男（現住所：北海道北見市）
1-　大正 11 年 6 月 24 日（満 72 歳）

第二部　日中関係者調査の研究報告

- 2- 北海道網走支庁
- 3- 昭和20年12月（復員）、到着地：横須賀
- 9- 第3中隊、第3小隊
- 10- 昭和13年5月〜
- 11- 昭和13年6月〜8月（訓練所名：鏡泊湖）
- 12- 国策
- 23- 信じていた。
- 24- 有る
- 25- 無し
- 29- 昭和18年1月（応召）
- 30- 北海道（367部隊）大内隊
- 31- 満州より南洋ポナペ島
- 32- 敗戦により武装解除
- 33- 米国の舟で帰国
- 34- 食料が不足

K.I　男（現住所：長崎県北松浦郡）
- 1- 大正9年11月24日（満74歳）
- 2- 現住所に同じ
- 3- 昭和21年3月（復員）、到着地：佐世保・針尾
- 5- 訓練生
- 21- 青少年の訓練は現在自分役立経験
- 23- 信じていた
- 24- 経理関係で朝鮮の人より、薪の仕入、米の仕入、よく協力して下さった。
- 25- ナイ
- 26- 現役入隊のため、なし。
- 28- 昭和20年8月18日、南支にて
- 29- 昭和16年1月（現役入隊）
- 30- 石門子　東寧108部隊（46連隊）
- 31- 19年2月。北支、中支、南支
- 32- 20年11月中支安慶（揚子江）、牧客、武装解除
- 34- 特になし
- 45- 外国植民などしてはならない

第 5 章　鏡泊学園、鏡泊湖義勇隊の日本人関係者（鏡友会員）アンケート調査

47- 交流、文化、その他
48- 日本人として外国人をおさえこまないこと
49- 従軍の写真紛失、戦地にて。訓練所関係、鏡友誌等あり。

K.K　男　（現住所：長崎県西彼杵郡）
1- 大正 12 年 12 月 19 日（満 71 歳）
2- 長崎県西彼杵郡
3- 昭和 22 年 5 月（復員）、到着地：舞鶴
21- 大廟嶺への雪中行軍で自分一人が落後して、先輩の仲間が迎えに来てくれて訓練所にたどりついた事など思い出します。軍事訓練では訓練所としていつも良い成績だったのは山本先生のおかげと思います。
22- 団本部から一番山奥の湾溝屯に入植して満州人や朝鮮人の中で暮らす事になった時、仲良くやれるのかなど考えました。
23- 信じていた。理想に心の高揚する年頃でありましたので、五族協和、王道楽土、日満一体の夢を信じて疑いませんでした。
24- 私の部落（湾溝）で竜瓜牧場から借りた羊が 50 頭位に増えた時、羊の番として満州族の季と言う少年を雇い、自分の横に寝起きさせていましたが、今頃どうしているかなあと時に思い出します。
25- 湾溝部落では対立（現地人との）はなかった様に思います。
29- 昭和 19 年 3 月
30- 西東安満州第 3759 部隊（独立輜重隊）
31- 4 月通化省柳河に移動、陣地構築に従事
32- 8 月 20 日ごろ通化省通化にてソ連軍に武装解除。吉林省吉林市の牧客、10 月ハルピン、黒河経由でシベリアへ。
33- 昭和 22 年 4 月バルナオ出発、ナホトカ経由、舞鶴に上陸
34- 兵器が足りなかったこと。
35- 昭和 20 年 10 月～ 22 年 4 月
36- シベリア、バルナオ
37- シベリア、バルナオ、クラノヤルスク、バイカル湖、ハバロフスク、ナホトカ
38- 収容所が市街地の中にあったので、収容所としては条件の良い方ではなかったかと思います。
46- 戦後日本孤児を育ててくれた満州の親たちに、日本政府はもっと手厚く報いるべきだし、そうしてほしいと思います

第二部　日中関係者調査の研究報告

47- 平和友好

S.H　男（現住所：長崎県西彼杵郡）
1- 大正11年9月14日（満72歳）
2- 長崎県西彼杵郡
3- 昭和23年11月（復員）、到着地　舞鶴
9- 第10中隊、第3小隊
10- 昭和13年5月～6月（第1次）
11- 昭和13年6月～（寧安訓練所）、9月～（鏡泊学園訓練所）
12- 大陸へ雄飛、国策に応えて
21- 炊事班として訓練生の体力維持に努めたこと。北海道と長崎、南北両地の混成でありら他中隊の模範となった。融和と団結が一番誇りに思っている。
22- 開拓団移行の後、理想郷の建設を真剣に考え実践し、希望に燃えて充実した日々が忘れられない。終戦近くに召集されたが、本部事務職員として、残った老人婦女子の安否が一番気がかりであった。
23- 信じていた。国の施策を信じているからして、私共は五族協和は可能であり、信頼の中に良い開拓村を完成し永住できるとの信念をもって行動したつもり。
24- 本部勤務の為、現地人との特別な交友はなかった。
29- 昭和20年5月（応召）
30- 東寧340部隊（砲兵）
31- 20年6月末より陣地構築、部隊全滅。砲弾輸送で後方に出発した直後、部隊は交戦している。
32- 20年8月25日東満山中にて武装解除後、ポセット湾経由、コムソモリスク収容所（18収容所、第3分所）10月下旬
33- 昭和23年11月2日　舞鶴上陸
35- 昭和20年9月～23年10月
36- コムソモリスク市　第18収容所、第3分所
37- 23年11月2日　ナホトカ経由、舞鶴上陸
38- 21年2月軍隊階級の撤廃によって新兵だった私共は命を長らえたと信じている。
45- 世界に類を見ない民族の大移動。その中で若干15-19歳の青少年が国策遂行のため、真摯な心で渡満した事実を知って欲しい。
46- 今尚中国に残留する孤児、婦人に徹底した調査、一時帰国に対する国の補助。終戦による開拓関係死亡者の正確な把握が望まれる。

47- 私共は戦前、生活の中で侵略的言動も行動もしてなく日満親善に努めた。民間友好には自信をもって努めたい。政府間の過去について1日も早く解消して欲しい。日本政府要人は言葉に慎め。
 ※ 平成4年8月4日札幌のS、M君に案内され、記念館を見学して感激しました。写真展示の中に亡きT.H君の姿を見つけてS君が事務所に訪れた日です。より良い成果が出来上がります様お祈り致します。

S.Y 男（現住所：長崎県）
1- 大正13年（満70歳）
2- 長崎
3- 昭和21年12月25日、到着地：佐世保
6- 本部 倉庫係 被服・食料・穀物担当
9- 第7中隊、第5小隊
12- 尋常高等小学校での勧誘
28- 団と軍を抜けた団員が、北湖頭から徒歩で東京城南に女子、温春に男、10～15日収容。牡丹江あたりの八達江に収容され、ソ連への牛の屠殺作業を2週間。10月中過ぎ、鏡泊湖から徒歩で来た兵と一般人が分けられる。わたしは発疹チフスになり、掖河に入院。※ 北湖頭から東京城までは森林軌道があった。
29- 昭和18年2月（志願）
30- 東寧東の満州国境守備（ソ満）→終戦3か月前、北支の河北省新郷に移動。
31- 鏡泊湖122師団（南湖頭に司令部）に転属→舞鶴
32- 東京城で停戦、南湖頭で武装解除。8月末温春飛行場格納庫に収容、脱走して鏡泊湖

T.T 男（現住所：長崎県西彼杵郡）
1- 大正11年11月15日（満72歳）
2- 長崎県西彼杵郡
3- 昭和21年2月（復員）、到着地：横須賀
10- 昭和13年 5月～6月（第1次）
11- 昭和13年（寧安訓練所、鏡泊学園訓練所）
12- 鏡泊湖畔に理想郷建設のため
21- 開拓団移行前の訓練で開拓精神の養成と、耐える心身の鍛錬に精進した。
22- 開拓団移行間もなく、農事技術習得のため満州国立熊岳城農事試験場にて勉学

第二部　日中関係者調査の研究報告

　　　に励む。昭和17年現役兵として入隊のため帰国。
23-　信じていた。
24-　交流したこと。
29-　昭和18年1月
30-　牡丹江省東寧県石門子　満州108部隊
31-　昭和19年12月南方方面転戦中、台湾海峡にて米潜水艦の攻撃を受ける
32-　昭和20年8月武装解除
33-　台湾高雄港より横須賀へ上陸、帰国。
45-　農家の次男三男が国策として満州開拓が樹立され、大東亜戦争により終戦。その末路があまりにも悲惨であった。
46-　義勇隊訓練期間を軍人恩給に加算して欲しい。

D.T　男（現住所：長崎県長崎市）
1-　大正10年12月18日（満72歳）
2-　長崎県南松浦郡
3-　昭和23年7月（復員）、到着地：舞鶴
9-　義勇隊員（青葉郷）
10-　昭和13年5月～6月
11-　昭和13年6月～（寧安、鏡泊湖）
12-　役場からの募集により
21-　若者の集団の中で毎日が楽しかったこと
23-　信じていた。ことある毎に教育されていたから
24-　朝鮮人学校で生徒らと演奏会やったこと。
25-　原因は記憶にないが満警との争いがあった
29-　昭和17年1月（志願）
30-　久留米歩兵146連隊
31-　第3国境警備隊50部隊配属
32-　20年8月15日、図們にて武装解除、図們収容所に収容される。
35-　昭和21年6月～23年7月
36-　ウズベク地区第1収容所
37-　昭和23年7月23日、内地帰還のためナホトカ港出発。26日、舞鶴上陸、復員。
38-　いつも空腹、食べ物の夢ばかり見ていたこと。
46-　国策遂行のためと言って募集した義勇軍。終戦になって苦労しているのに何の

432

第 5 章　鏡泊学園、鏡泊湖義勇隊の日本人関係者（鏡友会員）アンケート調査

補償もない。せめて終戦のドサクサで亡くなった人々に、何らかの補償を望みたい
49-　義勇軍当時の様々な思い出の写真、満州国境守備隊の兵舎及び陣地の写真。

H.T　男（現住所：長崎県佐世保市）
 1-　大正 12 年 8 月 15 日（満 71 歳）
 2-　長崎県佐世保市
 3-　昭和 20 年 8 月（復員）、到着地：佐世保
 9-　第 7 中隊、第 5 小隊
10-　昭和 13 年 5 月～6 月（第 1 次）
11-　昭和 13 年 6 月～（訓練所名：鏡泊湖）
21-　若いときの苦労を買ってした。
22-　団長を信じなかった。
23-　信じていた
24-　義理深い。
29-　昭和 19 年 7 月（応召）
30-　佐世保第二海兵団、相浦
31-　博多航空隊。宮崎、指宿、鹿屋、大村、大分航空基地
33-　20 年 8 月 22 日
45-　若者よ、だまされるな、日本政府に。
46-　馬鹿野郎
47-　我々に良く親切にしてくれて、本当に有難う

O.M　男（現住所：長崎県島原市）
 1-　大正 10 年 6 月 7 日（満 73 歳）
 2-　長崎県南高来郡
 3-　昭和 21 年 1 月（復員）、到着地：舞鶴港
 5-　（経理指導員）
 6-　隊員
 7-　昭和 13 年 7 月、指名。
21-　特にない
22-　特にない
23-　信じていた

24- なし。
25- なし
29- 昭和17年1月
30- 大村46連隊
31- 満州国牡丹江省石門子、台湾

M.K 男（現住所：東京都江戸川区）
1- 大正11年6月1日（満72歳）
2- 長崎県北松浦郡
3- 昭和21年9月、到着地：佐世保
18- 鏡泊湖関係者
19- 昭和15年10月
20- 昭和13年から3か年の義勇隊訓練を終了し、開拓団としてそのまま移行。鏡泊湖義勇隊開拓団となる。
21- 無我夢中
22- 現住民との接触が友好的だった。
23- 信じていた。現住民との関係が良好だった。例えば団内の診療所には満、鮮人及びその家族も利用していた。また団で製造の農産加工品、味噌、醤油等の販売を利用していた。
24- 団で記念行事があると部落から現地人を招いていた。また正月などには現地人の家庭に招かれてご馳走になった。
29- 昭和20年8月　8月4日入隊、15日怪我。
30- 牡丹江、部隊名は忘れる。
31- 牡丹江自動車部隊として南下。鏡泊湖地区を経て、敦化で武装解除となり、脱走して開拓地鏡泊湖に戻る。
45- 満州開拓は侵略行為だと言われてきたが、農業開拓であり侵略ではない。只軍に協力したことは否定できないが、当時のこととしてやむを得ないと思っている。では、なぜ農業開拓が必要だったか。当時の日本の事情がある。
46- 残留孤児の家族を援助してほしい。それは彼等の意志を越えてそうなった。もっと早く日本への帰国がかなえられていたのならよかったと思うから。
47- 日中友好と言っても中国側は殆ど北京、上海など中央部のことを指しているが、東北部即ち日本の農業開拓団が働いていた東北部との交流を望みたい。中国東北へ行くのに北京経由で行かねばならない現状です。牡丹江とか哈爾浜へ

第 5 章　鏡泊学園、鏡泊湖義勇隊の日本人関係者（鏡友会員）アンケート調査

の直行を望みたい。

S.Y　男（現住所：静岡県静岡市）
1- 大正 11 年 12 月 1 日（満 72 歳）
2- 静岡県
9- 義勇隊員　第 7 中隊、第 3 小隊
11- 寧安訓練所
29- 応召
　※　朋友（鏡友会）の方々の事は温めたいが、悲しみの多かった思い出は、私には全て「夢」です。

⑥　補充団員

U.S　男（現住所：北海道札幌市）
1- 昭和 3 年 11 月 1 日（満 66 歳）
2- 北海道空知支庁
3- 昭和 21 年 9 月（引揚）、到着地：博多
13- 補充団員（北海道庁）
14- 団員縁故者（K.Y の弟）
19- 昭和 18 年 2 月
20- 補充団員の募集に参加
21- 現地訓練で寒かったこと。
22- 団員が兵役の為出征し、残人員で現地人の協力で、終戦の年、広い面積の農地を耕作した事
23- 信じていた
24- 耕作に協力してくれたこと（現地人）
25- 対立したことはない
26- 団員が兵役に徴された事
27- 鏡泊湖への軍と共であった為、直ぐ武装解除となる。
28- 鏡泊湖の現地。ランコウ空港跡収容所、牡丹江自動車部隊跡収容所。終戦年一杯、昭和 20 年 12 月。
46- 残留日本人への援助。帰国又里帰りの協力と援助。
49- 義勇隊の夏服上下。

第二部　日中関係者調査の研究報告

O.K　男（現住所：北海道留萌市）
- 1-　大正 14 年 8 月 31 日（満 69 歳）
- 3-　昭和 21 年 5 月（復員）、到着地：富良野
- 9-　義勇隊員（共栄郷）
- 13-　ア．補充団員
- 14-　イ．団員縁故者（兄 T.S）
- 29-　昭和 20 年 4 月（応召）
- 30-　満州第 108 部隊
- 31-　朝鮮
- 32-　朝鮮
- 43-　父、T.S　母、T.H

S.Y　男（現住所：北海道千歳市）
- 1-　大正 13 年 5 月 23 日（満 70 歳）
- 2-　千歳市
- 3-　昭和 21 年 6 月（復員）、到着地：博多
- 13-　ア．補充団員
- 19-　昭和 18 年 2 月
- 20-　徴用されたので義勇軍に行きたいと申し出たら鏡泊湖に行く様になった。
- 23-　信じていた
- 29-　昭和 19 年 9 月（鏡泊湖より）
- 30-　独立山砲 2 連隊、門司集合
- 31-　北支洛陽より、中支南京、武昌、岳洲、長沙、衡陽、邵陽等
- 32-　邵陽付近で敗戦、1 ヶ月余り後方へ、洞庭湖付近で 10 月 5 日に武装解除。同地で収容所に入る。
- 33-　21 年 4 月末、収容所出発、岳洲、漢口、南京、上海、博多。

T.K　男（現住所：愛知県名古屋市）
- 1-　昭和 4 年 1 月 1 日（満 65 歳）
- 3-　昭和 21 年 10 月（引揚）、到着地：博多港
- 13-　補充団員（道庁拓務課村田課長）
- 19-　昭和 17 年 4 月
- 20-　小学校 6 年生時園芸農園に入り、父の勧めもあり、義勇隊開拓団に入る気持に

第 5 章　鏡泊学園、鏡泊湖義勇隊の日本人関係者（鏡友会員）アンケート調査

　　なった。当時国も食糧事情が悪く、愛国心に燃え、丁度募集があり入る決心がついた。
21-　初めての冬を迎え、往復 7 里の湖上を毎日伐採に通った。寒さがこたえた。
22-　大和郷となり、しかし S17、18、19、20 年と先輩達が兵隊入隊と団員が減り、働き手は老いた人、女性、少年、児童だけになって共同作業ですることになった。
23-　信じていた。上の言葉を信じていた。今思うと信じられない気持ちです。
24-　中国人、S.D 夫妻は大和郷に入植して以来、終戦、収容所と一時期、妹 2 人がお世話になり下の妹病気で死亡。掖河収容所より大和郷に帰り、S21.9 月までお世話になった。この間いろいろと中共軍と中華民国軍と争う度にかくまってもらう。
26-　兵隊さんが家に泊まる度に銃を持っていなかったことに気付いた。
27-　本部より連絡無く、やむなく大和郷より逃避行。S20.8.25 頃、山中に逃げる。約 1 ヶ月団員方が偶然に山中で出会い、収容所に入所するため夕方その場を発ち、山越えた所で夕食中土匪民の襲撃に遭い、3 家族 20 名中 8 人生存。私は腹部貫通、その場を逃げ、鳶嶺を夜中逃げ歩き、翌朝ようやく鷹嶺に着く。朝食後に土匪民に再びおそわれ先生、経理女性、木工部係 3 名死亡。私は頭部左もみ上貫通、奇跡的に命はとりとめた。生存者 8 名は再び大和郷に戻り S.D 夫妻にお世話になる。
28-　S20.9.25 日　東京城収容所病院入院にて診療す 9 月末
　　寧安収容所（飛行場で全団員と会う）10 月上旬
　　牡丹江満軍第 7 自動車隊収容所　10 月下旬
　　樺林、液河収容所、同病院入院　11 月中旬
　　液河収容所解散　S21.4 月　大和郷に帰る
　　錦州収容所解散　10 月上陸博多港
43-　父母、弟 2、妹 1　5 名死別
45-　当時 15 歳、愛国心一筋で開拓に臨みました。
46-　二度と戦争のない平和な社会でありますよう深く望みます
　　（歴史は繰り返すことのないよう願います）
47-　1994.9、日中友好墓参に行って来ました。小学校並びに現地の皆さん（天体望遠鏡、バレーボール、体温計他いろいろ）と心の交流を深めて、より良い付合して行きたい
48-　日中両政府が協力して、現地に居る方々は日本に一度、この目で見たい方おられる。一時帰国をさせてあげたいものです。お願いします。

⑦ 開拓団員家族、縁故者

I.S 女（現住所：北海道空知支庁）
1- 大正13年12月20日（満70歳）
2- 空知支庁
3- 昭和21年6月、到着地：博多
18- 鏡泊湖関係者　姉が鏡泊湖義勇隊開拓団長の妻、もう1人の姉は団員の妻
20- 不明
23- どちらでもない。むつかしいことであると思っていた。
24- 白系ロシア人は、姉が病気のとき私が卵を買いに行くと、病気だからといって無料で沢山下さった。ほかの（白系ロ人も）愉快でたのしく、料理をしては招待し合った。
25- ない
26- 中国人警官が兄と朋友で、日本は負けるから早く帰国する方がよいと再三勧めに来た。日本の脱走兵を一寸かくまった（かわいそうに思ったから、年少であったし）。
27- 8月9～10日汽車で東安→林口→牡丹江→ハルピン→新京→奉天（9月はじめ兄の家）
28- 20年8月16日、ハルピン駅ホーム
43- 母、兄、兄嫁の3人自決（集団）、実姉2人（鏡泊湖）、以上5人共最後を確認している人なし。あるようでよく聞くとない、さがしている。死亡したことになっている。
44- （死亡したと思われる）
　　不明のまま　はっきり目撃者なし
　　いまも捜索中　聞き歩いている…最後の様子など
　　捜し当てた　昭和50年ごろ（集団自決の時生き残った生徒7名。この中の4名生存し、今年でやっと日本に永住帰国に決定。9月29日に来日する。）
45- 知らない人に望んでも無理。残留婦人を早期に日本へ（本人の希望を入れて）お迎えして、残りの日を安心して暮らせるよう国家に保護をお頼みしたい。残留孤児も同様である。
46- （政府の怠慢）なぜぐすぐすと50年も引き延ばして戦後の始末をしてくれないのか。（日本人の不道徳）自分の国の責任も果たさず、何がPKOじゃと怒鳴ってやりたい。孤児を育てた中国の貧しい養父母が生きているうちに謝礼もして欲しい。

第 5 章　鏡泊学園、鏡泊湖義勇隊の日本人関係者（鏡友会員）アンケート調査

　　※　（　）から線引きして、本当ノコト云ヘバオコルカナ、死ぬのをまっているんじゃないかとさえ思う、たよりなさ。
47-　中国が日本を許し、日本が過ちを詫び、仲良く行き来したい。国策で捨てられた人はかわいそうである。救援の手をさしのべて下さい。
48-　来年の 50 年を迎える前に中国に残っていて帰国を希望している人全員を無条件で日本に引き取り、お世話することと、老いた養父母への謝礼をすること（日本政府として）—個人的には僅かなりとしている。
49-　当時のものは毛布の切れ端を苦難を忘れぬためもっている。母の手縫いの小さいフトン（出征の兄の無事を祈って小石を兄に見立て、母は毎朝夕その小フトンの中から石をとり出して撫でさすり、息子の無事を祈りつづけていた）。在満国民学校の日本人子供と教師の写真一枚。

S.H　女（現住所：北海道網走支庁）
1-　大正元年 11 月 22 日（満 82 歳）
2-　北海道
3-　昭和 20 年 8 月（引揚）、到着地：止別
5-　指導員：農事、その他：班長（回答者弟のこと・編者）
7-　昭和 18 年、満州で新しい土地が欲しかった。
9-　義勇隊員　（団長の名前は多分田畑さん）
10-　国内　昭和 15 年〜
12-　不明（本人の希望で—弟のこと・編者）
15-　団員家族
18-　鏡泊湖関係者
19-　昭和 18 年
20-　義勇隊開拓団の弟の引率で。
23-　そういう言葉を聞いたこともなかった。
　　ただ畑を 20 町歩くれると聞いたのでいった。
24-　班長であった弟が、有能な中国人に馬と田畑をかして、中国人に感謝された。
25-　弟の関係者　父母、妹弟 1 人が道端で兵隊と間違えられて、中国人の襲撃を受けた。
26-　戦争前はよかったけれど、戦争が拡大してから、満人とは別々になって、襲撃を受けるようになった。
28-　忘れた

43- おばあちゃん、主人、娘。路上で火を焚いていて煙が出ていたため兵隊と間違えられた。
44- なし
47- 仲良くしたい
49- 昔のことなのでもう何もない。

M.Y　女（現住所：北海道士別市）
 1- 大正9年1月5日（満74歳）
 2- 上川支庁
 3- 昭和21年10月（引揚）、到着地：博多港
15- 団員家族
19- 昭和19年4月
23- 信じていた
24- 東京城の収容所から鏡泊湖に9月の半過ぎと思います。帰って、尖山子のS.Sさん方にお世話になり、ひどい熱病にかかっても何とか助かったのはこの方のおかげと感謝しております。21年の6月頃、東京城に出て、ここで農家老夫婦におせわになりました。名前は忘れました。昭和55年に訪中の折にS.Sさんには御礼も少々ですがして参りました。
26- ソ連の兵隊、車がどんどん来て、家の中まで入って、本部に逃げました。
27- 本部から南湖頭から東京城。ここで男と女別々にされ、東城（京欠カ・編者）東の開拓者が逃げた後の馬屋に入れられ、9月末頃か鏡泊湖、東京城、牡丹江、哈爾浜、コロ島。
28- 8月18日

K.Y　女（現住所：岩手県一関市）
 1- 昭和4年7月15日（満65歳）
 2- 北海道網走支庁
 3- 昭和24年10月（引揚）、到着地：舞鶴港東埠頭
14- 団員縁故者（M.T様の身内で近所）
23- 信じていた
24- 戦後の冬の寒さにて病気になった時、或る豆フヤ（中国）の家人に豆乳をのませてもらった（鏡泊湖の部落人）。もっともM.Kさん又はI.Rさん達のおかげです。

第 5 章　鏡泊学園、鏡泊湖義勇隊の日本人関係者（鏡友会員）アンケート調査

26- 男達が次々と出征して行った時は非常に（特に）残された身内の人達にて悲しみ大であった。
27- 東京城にて軍人達と別れて、牡丹江－エッカ－鶴西炭鉱－鶴岡炭鉱（地方入植開拓団等は解散にて元の鏡泊湖に戻る）炭鉱労働にて病気になり大連より帰国する。
28- 15日すぎてソ連軍の戦車など来てから、東京城の飛行場の辺りで軍の武ソウ解除で知った。それ以降は家族は商（？―編者）
42- 牡丹江－エッカ－ツル岡鉱坑－病気になり帰される（病死が多数）
43- （死）K.N（母当時37歳だと思います。東京城にて離れた）
　　（死）T.S（母の妹）子供4人（内兄弟二人は健在）
　　T.Sさんはシベリア（現地出征）より復員後、死亡。
49- □って□、今では色々有りすぎて文書では書きかねます。

H.S　女（現住所：北海道空知支庁）
1- 大正11年1月10日（満72歳）
2- 胆振支庁
3- 昭和21年10月（引揚）、到着地：博多港
5- 農事指導員（回答者は妻－編者）
7- 昭和14年3月
15- 団員家族　北海道庁花嫁募集に応じた
19- 昭和14年3月から終戦の20年8月まで
20- 五族協和・王道楽土を希望に移住しました。
22- 大陸の彼方に赤い夕日が沈んでいく広い平野。
23- 信じていた。岩崎団長の指導により、五族協和・王道楽土を信じていた。
24- 冬の間、中国人が世話をしてくれた。
25- なし
26- 部落にロシアの戦車が攻め込んできた時。
27- 20年終戦になって東京城の収容所に秋10月頃まで居て、元の部落に帰り、21年6月頃、鏡泊湖の中国人の部落から発ちまして野宿した。中国人の家で働いたりして無蓋車に乗って港のコロトウ迄8月頃たどり着きました。
28- 8月15日、東京城郊外の収容所
43- 死別（幼児、長女）、昭和20年10月頃。乳が出なくて母乳に代る物がありませ

んでした。収容所で8月末生まれて、10月頃だと思います。まだ中国はしばれていなかった時です。死んでしまいました。生きていれば来年は50歳です。
46- 戦争はしてほしくない。
47- 日中、仲よく交流をしてほしい。
49- 終戦と同時に一時家を空けて、ロシアの戦車が突入して来たもので団本部に集まりまして、家へかえって来て見ましたら家の物は散乱して、着の身着のままでしのぶ物は残念ですが一ツもないのが残念です。

日中関係者調査一覧

No	匿名／氏名	掲載頁	住所	取材年月日	取材時年齢	備考（関連情報）
\multicolumn{7}{l}{第一次鏡泊湖義勇隊訓練所、同義勇隊開拓団および鏡泊学園等の日本人関係者（鏡友会員）}
1	O.K	～	長崎県小長井町	1994年11月16日	85	京都府出身　鏡泊学園関係者　樺林製紙工場解体に連行→20年12月30日、鏡泊湖畔に帰還→21年9月鏡泊湖を離れる
2	T.G	～	長崎県小長井町	1994年11月16日	81	群馬県出身　鏡泊学園関係者　昭和20年7月末（応召、在満八面通部隊）20年9月15日に投降→10月始めに鏡泊湖に帰還→21年夏に引き揚げ開始→10月博多に上陸
3	H.M	～	千葉県千葉市	1995年3月3日	81	出身地不明　農事指導員　昭和20年5月（応召、満州国東安省の1個連隊規模の守備隊）抑留経験（昭和20年8月～21年10月　コムソモリスク）
4	U.T	～	兵庫県姫路市	1994年11月13日	74	北海道出身（上川）第1次本隊→寧安訓練所→鏡泊湖義勇隊開拓団　昭和16年9月出征（青森県八戸第6航空教育隊）
5	T.M	～	埼玉県川口市	1995年3月4日	73	北海道出身（上川）先遣隊→寧安訓練所→鏡泊湖義勇隊開拓団　昭和19年8月出征（1回目）・昭和20年6月出征（2回目　290部隊　荻野無線隊）抑留経験（20年11月～21年10月）
6	W.M	～	埼玉県松伏町	1995年3月4日	72	北海道出身（上川）先遣隊→寧安訓練所→鏡泊湖義勇隊開拓団　昭和18年1月出征（応召、黒河省山神府教育隊）抑留経験（昭和20年9月～23年5月、ハバロフスク）
7	I.T	～	長崎県長崎市	1994年11月15日	72	長崎県出身　内原訓練所→寧安訓練所→鏡泊湖義勇隊開拓団　昭和17年1月出征（志願、久留米歩兵146連隊→第3国境警備隊50部隊）抑留経験（昭和21年6月～23年7月　ウズベク地区第1収容所）

第 5 章　鏡泊学園、鏡泊湖義勇隊の日本人関係者（鏡友会員）アンケート調査

No	匿名／氏名	掲載頁	住所	取材年月日	取材時年齢	備考（関連情報）
8	S.Y	～	長崎県長崎市	1994年11月15日	71	長崎県出身　寧安訓練所→鏡泊湖義勇隊開拓団（本部倉庫係　被服・食料・穀物担当）昭和18年2月出征（志願、満州国境警備→北支→鏡泊湖122師団）
9	T.K	～	愛知県名古屋市	1995年3月2日	65	北海道出身（上川）補充団員　昭和20年9月、寧安収容所→10月上旬、牡丹江満軍第7自動車隊収容所→10月下旬、樺林掖河収容所→昭和21年4月、大和郷に帰還→10月、博多港上陸
参10	K.K	～	北海道札幌市	1994年9月17日	72	北海道出身（空知）18年3月（入営、第59師団独立歩兵42大隊）抑留経験（昭和20年9月～25年、アルチョム→昭和25年～不明、撫順戦犯管理所）

寧安市鏡泊郷の中国人在住者

1	趙　海臣	～	后魚屯（当時、魚房子屯）	2007年9月22日	77	漢族　父親が学園残留者・田島悟郎指導の漁業組合班長だった（証言は未収録）
2	李　平文	～	慶豊村（当時、房身溝屯）	2007年9月23日	82	漢族　満洲拓植公社農場の小作人だった（証言は未収録）
3	王　珍	～	慶豊村（当時、房身溝屯）	2007年9月23日	83	漢族　当時は湖南に在住、元団本部雇として農作業などに従事。
4	張　井芬	～	慶豊村（当時、房身溝屯）	2007年9月23日	64	日本人　残留孤児　2人の兄を探しているが情報なし
5	韓　福生	～	鏡泊村（当時、学園村）	2007年9月24日	78	漢族　元鏡泊学園残留者の農業雇
6	趙　徳新	～	鏡泊村（当時、学園村）	2007年9月24日	79	漢族　鏡泊湖義勇隊～同開拓団本部雇
7	宋　会臣	～	鏡泊村（当時、学園村）	2007年9月24日	84	漢族　鏡泊湖義勇隊開拓団雇　勤労奉仕によって堤防工事に従事
8	李　増財	～	鏡泊村（当時、学園村）	2007年9月25日	81	漢族　劉淑珍の夫、勤労奉仕によって、沙蘭鎮の飛行場建設に従事。兄弟は団本部小屋雇として働きにでたことがある。
9	劉　淑珍	～	鏡泊村（当時、学園村）	2007年9月25日	75	漢族　李増財の妻、父親の劉祥は鏡泊湖の警部補であった
10	王　占成	～	褚家屯（元団、共栄郷か）	2007年9月25日	79	漢族　当時は湾溝に在住し、農作業や家畜の世話に従事。兄の嫁は残留日本人。

443

第二部　日中関係者調査の研究報告

哈爾浜市阿城区亜溝鎮、交界鎮の中国人在住者

No	匿名／氏名	掲載頁	住所	取材年月日	取材時年齢	備考（関連情報）
1	李　財	～	亜溝鎮吉祥村三大家屯	2008年9月6日	78	漢族　亜溝鎮　吉祥村　三大家屯出身　父親は開拓団の年雇であり、小作もしていた。
2	白　秀蘭	～	亜溝鎮吉祥村三大家屯	2008年9月6日	84	満洲族　夫は自作農であったが団の年雇のコックとなった。
3	常　国	～	亜溝鎮吉祥村吉祥屯（当時、計験屯）	2008年9月7日	84	漢族　年工として農業に従事する。給料として土地半シャンを雇主より貰い受ける
4	馬　鳳林	～	亜溝鎮吉祥村吉祥屯（当時、計験屯）	2008年9月7日	81	満洲族　年工として農業に従事する。給料として土地1シャンを雇主より貰い受ける
5	姜　文	～	亜溝鎮吉祥村姜家屯	2008年9月7日	78	漢族　父が排長で団小作
6	趙　文	～	交界鎮董家村朱家屯（元団、開進部落）	2008年9月8日	79	漢族　開拓団の移入と同時に家を追われ、小紅旗へと向かう。宋氏への孤児引き渡しについて言及。
7	劉　子芳	～	交界鎮董家村李家屯（元団、平和部落）	2008年9月8日	80	漢族　年工として雇われ、主に牛の世話をしていた。開拓団引き揚げの際に家畜等を貰い受ける。
8	王　鳳雲	～	亜溝鎮吉祥村瓦房屯（元団、第一部落）	2008年9月7日	80	1945年9月に嫁入り。夫は年雇として農作業に従事していたが、戦後共産党の土地再分配政策により、土地を得た。
9	劉　玉	～	亜溝鎮吉祥村瓦房屯（元団、第一部落）	2008年9月7日	75	漢族　父親などは開拓団で働いたことは無いが、土匪の被害を受けた経験有り。
補	N.Z	～	亜溝鎮吉祥村瓦房屯（元団、第一部落）	2009年9月15日	75	朝鮮族　慶尚北道生まれ、6歳で両親と亜溝鎮三姓屯～瓦房屯に、日本人と朝鮮人・漢族雑居、朝鮮人と漢族に別な態度、敗戦後に苦力が報復して2人死亡の噂（北大院生・朴仁哲の協力取材）

第6章

鏡泊学園、鏡泊湖義勇隊の日本人移民

寺林　伸明・村上　孝一

1. **O.K**　男性　85歳　　京都府久世郡　　1994.11/16　長崎県北高来郡
　　鏡泊学園1回生→学園～村塾住民係→寧安県本部で協和会活動→学園村塾教師
2. **T.G**　男性　81歳　　群馬県佐波郡　　1994.11/16　長崎県北高来郡
　　鏡泊学園1回生→学園義勇隊訓練所教師→学園村塾教師（漁業組合も指導）

国士舘と鏡泊学園（O）　私たちは、鏡泊学園という農業の高等専門学校の第1期生だ。最初、東京にあった国士舘の高等拓殖学校に入り、徳富蘇峰先生に教えを受けた。近衛篤麿がかかわった国士舘の元の学校として、ブラジルにいったアマゾニア産業研究所がずっと以前につくられた。私たちは、その末の学校に入った。私は和歌山の生まれで、京都の商業学校を出て、昭和8年23歳の時に、国士舘の高等拓植学校、鏡泊学園に入った。学園生は、みんな商業、農業、工業といろいろな学校を出た、当時としては中卒のインテリ層だ。高等拓殖学校で4ヶ月の基礎教育を受けて、満洲に渡り、鏡泊学園を何もないところに自分たちの手でつくった。鏡泊湖に入ったのは、満洲国が建国されたすぐ後だ。はじめは武装をせずに行くはずだったが、実際に行ってみると戦争状態で、関東軍から鏡泊湖に入るのを差し止められた。まだ、あちこちで戦闘をしていたから、治安が悪かった。その時は武器を関東軍から貰い受け、私たちは討伐をした後に鏡泊湖に入った。とにかく、熱河作戦をやっていたから、全満で戦闘

状態にあった。その頃は、高波旅団が北満でずっと戦闘をしていた。金日成が、日本軍と戦闘を一所懸命にやっている頃だった。そんな中を入っていき、私たちは銃を使わずに、戦闘などをせずにやった。

渡航時の意識（O）　─学問をして、行くときは満洲国の土になる、もう日本には戻らないという気持ちだった。そこは、ブラジルに行った連中と考え方が違う。
（T）　─そんな悲壮じゃなく、のんきなものだった。日本海が間にあるから、行ったり来たりは自由だと。ブラジルに行くようなものじゃない。満洲と日本の関係、大陸と日本の関係はある程度勉強していった。両民族のことを考えると、隣の国に行くのではなく、われわれの先祖の地に行くような考えを持っていた。ちょっと行ってみるかという程度の気持ちで行った。当時、「支那浪人の唄」があった、支那には四億の民が待つという。与謝野鉄幹などの歌は非常にロマンチックで、私たちはその気持ちで行ったから。

現地住民との接触（O）　私たちは学校だから、そこの歴史も研究するし、政治的なことも習って、実際に満洲国をどうしていくかということなど、教育を受けたものの責任だから、そういう研究は民族事情まで学んだ。4ヶ月の間に、言葉を日常程度は習って行った。私たちは正規の北京語を習ったが、実際、向こうに行ってみたらなかなか通じない。北京語を話すのは教育を受けた人達だけで、一般の人はなかなか話せない。山東辺りから来ている人などは方言もあって、1つも通じなかった。一応、正規のものを習うのは、そこの人達と話して、話が分かればいいのだから、そういうことが重点にあった。

　鏡泊湖に入って、私らは学生で、あなた達と同じ農業をするのだから、軍隊と一緒にしないでくれと話した。朝鮮人部落の人にも、お互いに仲良くやろうと…。開拓ということを簡単に言うけど、そこには朝鮮人、満洲人がいて、純粋な満洲国の、昔の満人もいるけれど、数はもう少なくなっている。韓国人が入っているし、それから漢人、中国人がいて、ほとんど少数民族になっている。それからロシア国民、白系ロシアの人も来ている。それから内蒙古の蒙古人がいる。

　学園は、山田先生が大廟嶺で襲撃されて亡くなり、その後は経済的に行き詰まった。だから、私たちだけが1回卒業して、解散になった。私たちは、卒業

して、そういう少数の人達のところに出向いて、その人達と繋がりをつけるというように、蒙古の方に行く人もいれば、サンガといって白系露人のところに行く人もいた。少数の人達で、大部隊では行かせないから。私たちは、だいたいあそこの鏡泊学園というのをつくるのが元なんだから。私たちは当時200名いて、卒業してからあちこちにごく少数で入り込んでいった。

　結局、開拓といってわれわれが行っても、現地の人達と仲良くやっていかなければ、成功しない。そこに住むことになれば、結局そうなんだ。

学園の解散（T）　最近出したわれわれの学園村史がある（『満洲鏡泊学園鏡友会60周年記念誌』1994・平成6所収の「鏡泊学園村」史）。これが学園解散のあとの記録だ。資料がなく記憶だけだが、だいたい間違いないと思う。昭和10年に第1回の卒業式、休校、解散と、これが鏡泊学園の歴史だ。学園を解散して、満蒙開拓の移民の中に入るようにいわれた。正式な満蒙開拓団では、城子河開拓団に45名、三河に5名などが移った。また引き揚げて、栃木の南が丘という村に入った者や、ハイラルに大学の先生がいくが解散した。それから軍隊に引っ張られたり、満洲に就職したり、ほとんどが日本でなく満洲だった。関東軍は、現地に残ることは危険だから認めないということだった。そんな馬鹿なことがあるかと、関東軍の云うことなど聞かないという意気で、20人が残った。

　3月中旬に、当時は少佐の東宮鉄男が満軍騎馬隊に護衛されて1人でやってきた。東宮さんは、一晩話し合い、お前達がそれぐらいの覚悟でやるならやってみろ、関東軍には帰ってから報告書を出すから、と云って帰った。東宮さんは、やろうという気持ちになったのじゃないか。東宮さんは、鏡泊湖は文化に遠く青年の精神指導に便なり、また山田ほか多数の犠牲者の墳墓があり、青年ら慕郷の対象なり、日本人の根拠地とするには撤退せしめざるを要す、という考えだった。それで最後に、満洲鏡泊学園更生計画案は研究の余地大なり、という風に3枚くらいの報告書を出してくれた。それが東宮報告書で、これにより、学園残留者は鏡泊湖畔の永住を追認された。

　学園の負債整理には、満拓（満洲拓植公社）の松隈さん（総務部長）がいろいろやってくれて、残った建物なんかの使用契約も結んだ。満拓は、イギリス

の東インド会社と同じような性格で、総裁をはじめ、外務省関係の人がかかわっていた。松岡洋右さんも総裁（満鉄）として一生懸命やっていたから、あの人達もみんなそうで、満洲に若い青年を入れなければという考えだった。満洲の新聞社が発行した『人柱のある鏡泊湖』（康徳7・昭和15年刊、紀元二千六百年記念出版・大陸開拓精神叢書第3輯）に、松岡さんが出ている。学園の山田先生のことは、これにほとんど書いてある。満洲日々新聞の記者で、山田先生の後輩が一緒になって書いた。

　最初、鏡泊湖に30名ばかりが残るが、実際は20名足らずになり、昭和11年には、村を結成した。現地で自給自足をするために、一生懸命に頑張った。13年に、ようやく自給の見込みがつき、14年には、もう現地の人達と仲良くなった。湖が前にあるから、漁協でも一緒にやろうということになった。現地の人たちは、資本も持っていない。それに、外部折衝もできないから、われわれにやってくれということで、現地の人と共同ではじめた。2組90人くらいの大きな網を持っていって、漁業で金を得て、水田と畑をやり、綿羊なんかもいた。それで、鏡泊湖における現地自活の方法、自給の体制が出来た。若い塾生を後継者として入れた。

住民子弟の教育（O）　学園は潰れたが、われわれの手で再興しようと、昭和12年には村塾をつくった。学園精神を継がなければいけないから、私たち残ったものが現地子弟の教育をしていった。私たちが集団でいて、その集団の中に現地の子弟を入れて、別にまた塾をつくって教育した。最初のうちは、親がなかなか用心をして、現地の子弟は入らなかった。4、5人で、日本人の少年に朝鮮人、満洲人、韓国人、あと漢人。後に、蒙古人まで来るのは、卒業したものが出て行って、クチコミで伝わったのだろう。自分たちで生活をしながら、他民族の子弟を教育した。一緒に仕事を、農業をしながら、教育した。塾生は最初の4、5人から膨れあがって、相当な数になった。現地で認められるのにあまり時間はかからず増えた。湾溝のように、満洲人と朝鮮人それぞれに学校があるところでは、小学校で教育された後に、私たちのところに集まってきた。生徒の年齢は、小学校を出て13、4歳くらいだった。

　現地の塾生は、案外優秀だったから、各機関から要請されてあらゆる方面に

第 6 章　鏡泊学園、鏡泊湖義勇隊の日本人移民

出て行った。われわれは農を基本にした国づくりということだから、国づくりとなれば、それには様々な分野がある。教育はそういう風にしたが、実際には農業でなく、いろいろな方面に出て行き活躍した。結局、私たちが教育した連中が出て行って、評価された。私たちは直接国づくりに携わらないで、その人たちが出て行ってくれた。塾だから卒業はないのだけれども、優秀だから引っ張りだこになった。満洲拓植公社とか保険会社、行政官など、あらゆる所に散らばって行った。それが満洲国だけでなく、北支とか中支（→華北、華中）まで行っているから、卒業生を寄こせといわれ、どんどん出て行くことになった。

義勇隊の誘致と学園（T）　昭和 12 年から、関東軍が中心となって青少年義勇隊をつくった。国境線沿いに、烏蘇里河と饒河というところがあって、そこと伊拉哈に義勇隊の先遣隊が入った。山形とか、東北出身の人が多く来ていた。第 1 回の先遣隊については、『ああ満州』に載っている。その時は、試験的にやったのだろう。それが昭和 12 年末から 13 年にかけて本格化する時、学園からも手伝うように云われた。訓練所の開設にあたり、3 名の指導員を派遣するということで、その中に私も入っていた。満洲に足がかりをつくるのに、学園の経験者だから行ってやれということで、われわれが臨時雇いで行った。これが第 1 回の満蒙開拓義勇隊で、義勇隊との関係はその時からだ。満蒙開拓の人は全部、日本の内原（茨城県）で訓練をしてきた。内原訓練所では、特殊な堅い訓練を受けたのだろう。日本体操（ヤマトバタラキ）、あれはあまり良くないと思っていた。当時、われわれは内地のことは何も知らなかった。16、7 の純粋な若者が来たから、じゃあやろうという気分で、私たちは建設などをやった。だから、義勇隊より、私たちの方がはるかに先輩だった。自給自足をしなければならないから、冬の間だけ、1 〜 3 月の 3 ヶ月間やった。それが義勇隊関係者には、えらい人気があり、後から何人も見に来た。内原訓練のやり方ではダメだ、大陸に来たら大陸のやり方でやらなければと云って、みんな来た。

　はじめて訓練所の関係者と接触したことが元で、学園でも義勇隊を入れようということになった。そのきっかけは、翌 14 年に開催する鏡泊湖同志会にあった。この会で、寧安県副県長の広瀬渉さんから、義勇隊を入れたらどうかという話があり、3 月には拓植委員会の富永大佐がきて、具体化することに

449

なった。私は漁業とか実際的なことをやっていたので、そのことは知らなかった。同月下旬、喇叭鼓隊28名が先遣隊としてやってきた。この時、北海道の札幌にいるSさんが隊長になって、はじめて鏡泊湖に義勇隊がきた。まあ、われわれの弟みたいなものだった。6月になり、寧安大訓練所から石山中隊300名（約260名）が入ってきた。北海道出身が198名（→189）、長崎出身が98名（→約70）、ほかが20名（→静岡出身の9名）だった。それに、喇叭鼓隊28名がいた。

　鏡泊湖に来られた人たちは、みんな一生懸命やった。最初、「鏡泊学園訓練所」と云った。T、S、Mの3人が指導員として行き、学園主事をしていた西津先生が訓練所長になった。石山中隊の300名ほどは、学園の宿舎に入った。義勇隊訓練所から開拓団になるのは昭和16年で、所長の西津先生が辞任して、岩崎さんという方が来た。内原式訓練と、学園教育との確執が原因だったのでないか。一種の学校ストライキ、先生の排斥運動で、喧嘩別れみたいになった。石山中隊長以下の幹部13人は、寧安の第9訓練所からそのまま移行してきたから、二重構造になっていた。学園に、中隊長以下全員が入ってきたから、当然問題が起きる。良くやっていたみたいだが、2年も経ってだから、なにか問題はあったのだろう。

義勇隊と学園の確執（O）　―結局、開拓ということが問題になると、私たちはただ日本的にやるというのでなく、人口や歴史、習慣のことを勉強して、そこの人達と一緒にやっていこうという考え方だ。でも、義勇隊開拓団は、集団で日本村をつくろうという考えで、根本的に違っていた。

（T）　―だいたい北海道の方は、20町歩の土地を得られることが、応募理由の主みたいだった。当時は、那須博士や橋本伝左衛門が主導して満蒙開拓を進めていったのだろう。その中に、土地の問題があった。農業をやる以上は土地が必要だ。

（O）　―人を教育する先生たちは、ひじょうに日本的な考え方でやっていくもので、私たちの考え方とは大分違っていた。それを成功させるのに、どのような段階を踏んだらいいか、実際問題としてはひじょうに違ってくる。

（T）　―学園の者には、神道的な意識があった。Mくんたちが主になっていて、

第 6 章　鏡泊学園、鏡泊湖義勇隊の日本人移民

そういう風なイメージがあっただろう皆さんに。

(O)　―あれは、学園の中でもごく少ない方だ。

(T)　―ところが、義勇隊の方にはそういう考えがあった。学園はどうも宗教的だというね。O－ああいうのを聞くと、そういう反発が出る。でも思想的に、最初はともかく、学園に入ってからは孫文の大アジア主義でやった。

(T)　―昭和16年に別れた時のことを、後から調べてみると、北海道の方々が排斥運動の主になっていたようだ。北海道の方は、学園みたいな神道を中心に神懸かり的なことをやっているのはダメだ、という考え方があったのだろう。私たちはそれほど宗教的でもなかった。西津さんは公平な立場にいた。ただ、当時だから、神道の禊ぎとかは時代的な要請だからやっただろうけども。内原訓練所では、農業にしても北海道農業でやるのでなく、昔の二宮金次郎の思想で一鍬一鍬やっていくという、農業の基本だろうけど、大きなツルハシで3尺も掘っていた。それにあまりに固執しすぎた感じがある。北海道農業を見る時に、加藤完治は反対していた。ああいう合理的な大農場系はいけない、やはり大和魂でやらねばならないと。はじめる時は、そういう精神主義的なものが出る。一面として、良いには良いのだけど、それに固執していくと…。

「住民工作」と協和会　(O)　私は学園で、だいたい住民係をしていた。みんなと仲良くしていくために、日本人のわれわれを知ってもらい、朝鮮人、満洲人という他民族の習慣も伝えなきゃいけない。お互いに知らせ、教えてもらい、はじめて人間として仲良くできる。文化の交流は、実際にそういうことで心が同質性になっていく。むこうでは朋友、友達というが、そういう気持ちを育てていく。ある教員は「工作」と云っていたが、学園の人達が一生懸命にやって、そういう風に変わってみんなに広めていくと。彼等の習慣を私がよく知って学園の人達に伝えると、そんな仕事をした。私達は、その当時から大アジア主義ということを掲げていた。同じアジア人として、国を作っているし、民族が違うので質的には違うから、それを埋めることが文化の交流なんだ。そういうことを、あの当時は「住民工作」ということでやっていた。一方では他民族の子弟を教育し、日本人の子弟も一緒に教育した。それは人間として教育した。日本人だけを教育するのじゃなく、そのことを広げていけば、アジアという所に住

んでいる人達を同じようにしていくことが出来ると。それが結局、文化の交流ということになるんじゃないかと。そうして、互いが理解しあい仲良くしていくという人間の根本的な問題を、学園の係として与えられた。

　それが中央に聞こえて、協和会ができたときに、力を貸してくれということになった。昭和13年に、協和会本部から学園に依頼があり、私が手伝うよういわれた。協和会に行ってみると、学園がある寧安県本部に行くよういわれた。寧安県は、鏡泊湖を含めて、治安が悪く、匪賊が非常に多いところだ。そういうことから匪賊対策があり、私が県本部で九江、張文華の匪賊を解散させるところまでした。それで治安が非常に良くなった。金日成も、鏡泊湖の南の沙河に共産村をつくっていた。それに工作するということで、私はプランに入れていた。そのころ、金日成と同じように北朝鮮の独立運動を、キントウカンが頑張っていた。キントウカンは帰順して、キョウドウ会というのをつくり、朝鮮人なんかに工作に来た。鏡泊湖で私が民族協和運動をやっているのを聞いて、キントウカンが訪ねてきた。キントウカンとも、いまアジアの置かれている現状はどうかと、アジア主義について話した。西洋列国がずっと、どんどん植民地にしたのを、どう救っていくのかと話した。そういう点から、金日成にも考えを変えてもらわねばということで、キントウカンからも話してもらって、私もプランの中にそれを入れていた。金日成は、沙河という鏡泊湖から近くのところに部落を作っているし、隣の汪清県の羅子溝というところにも共産部落を作っている。それで沙河を追われたら羅子溝に、羅子溝を追われたら沙河に来るという。鏡泊湖というところは、金日成にとっても非常に重要なところで、幹部会が開かれたことを私も知っていたし、金日成の記録にもある。社会党の水上という学友が、北朝鮮とよく連絡をとっているから、金日成に手紙を出してみてはどうかと云ったことがある。

「大アジア主義」と教育（O）　国士舘の教えも、孫文の大アジア主義だった。当時、宮崎滔天などは孫文を支持しようということで、私たちもそういう話を聞いていた。だから、これからの日本が進むべき道は、世界平和のためにも、まず大アジアというものを築かねばならないと。そうしなければ日本の存在も危ういし、世界を正しい方に導いて行くには、アジアが正しく団結しなければいけな

第 6 章　鏡泊学園、鏡泊湖義勇隊の日本人移民

いと教えられた。そういう点に、仏教の教えとかも入っていて、アジアの同質性を養っているという教えであった。確かに、明治時代以前には、孔子の教えがわれわれに大きな影響を及ぼしていたし、仏教もそうだ。そう考えていくと、やはりアジアは1つにならなければならないと。アジアがそれぞれに結ばれて同質感が養われていけば、大きく世界建設に影響するであろうと。孫文は、日本が同質性を長く保ってきたから明治維新を出来たと。だから、中国も三民主義で中国そのものを治めて、アジア全体を正しい方向に持っていこうというのが、孫文の考え方であった。

われわれは、関東軍がアヘンを流していたことを知らない。軍というのは、単純に最新の対処問題があるだろうから…。特にそれを教えたわけでないが、塾を卒業した者は共産主義排除にみんななった。ひじょうに力強い反共になった。アジア主義の中の動きということで、教えるのはその程度のことだった。共産主義が良いとか、日本主義が良いとか、そういうことは教えていない。とにかく、孫文の掲げた大アジア主義は、こういう考え方だった。いまは日本人だ、朝鮮人だといいながら満洲にいるけれども、本質的にはアジア人だと。だけど、心や精神、言葉の違いが文化というものをなしているから、それが同質になることによって本当の教育が出来ると。そういうことを教えていった。

（戦争の拡大で理想を実現する可能性は失われたのではという質問に）、むしろそうではなかった。ひじょうに戦争に協力して、食料の徴発にも努めた。満洲国をつくって、その中でずっと浸透していったということだ。協和会の仕事は、5年間だけだ。私たちは現地で教育をしていて、そういうことをもっと広げたいが、先のことを考えると他民族の子弟を教育していくことが根本ではないかと。戦争というのは、一時的ないつかは終わるものだが、ずっと続くのは教育だということだった。

　　※　学園村塾の教育で、塾生は「共産主義排除にみんな…ひじょうに力強い反共になった」というが、何人かが後に共産党になるなど、反面教師として作用した面もあるようだ。

「満洲」と日本について（T）　—満洲の問題は、いま中国ということになっている。ところが、鏡泊湖あたりに実際に行ってみると、満洲族というのがいる。その

453

人たちと親しくなった。いまは少数民族になっているが、500万人くらいいる。オロチョンも、われわれもみな同じツングースだ。それが清国の時代、満洲族を中心とした清が、中国本土の明を倒し、全土を押さえた。北京にいき、感化されて衰え、滅んで中華民国になった。北京で弱体化した清朝が倒れ、孫文の中華民国になったものだから、みんな逃げて、満洲に潜伏した。それでも満蒙は、独立してやっていこうという空気があったことは事実だ。だから、満洲族から言わせれば、中国では無いわけだ。朝鮮も宗主国は中国だけども…。それが満洲国ができて、清王族の人たちが復辟したわけで、満洲には満洲族がいた。中国本土から来た連中には、華北の山東省からが多かった。

　※　辛亥革命後に、日本軍や民間右翼が中国東北の勢力と関係した経過があり（「満蒙独立運動」）、鏡泊学園の指導者、山田悌一も川島浪速のもとで関わったといわれる。

(O)　―万里の長城の北限が韓国、外は別だった。

(T)　―中国は、国が敗れても、その代わりが現われると、それを取り込んで大きくなって、いまの中国になった。

(O)　―ツングース族は、万里の長城の外側だった。満洲族、朝鮮人、蒙古人だ。

(T)　―いまの中国の領土は、清の時代の遺産だ。われわれは、満洲は歴史的に中国でないと思っていた。未開の地、無主の地くらいに思っていた。ソ連が来たときには、全部満洲を蹂躙されて、その勢いで朝鮮まで来た。それで日露戦争になったわけだ。喧嘩と同じで、五分五分の理由がある。必ずしも日本が悪いわけではない。日本が仕掛けた戦争だから、日本が責任を負うというのでなく、戦争は両方に責任があって、勝った方が理屈をつけているだけだ。人間の歴史というのは、戦争の繰り返しだ。だから、誰が犯した過ちというのでなく、人間本来のことだろうから…。

　満洲に行った動機というのは、非常にフランクなものだ。行って冒険をやろうくらいの気持ちだ。土地を10町歩もらえるとかも頭にあったが、そうではなかった。そうだ行ってやろう、無主の大地を拓いてみようと。そこに現地住民がいるなら、一緒にやろうというのが基本だ。おそらく北海道に行った人は、前からアイヌの人がいた。その人達に対して、一応駆逐しろという人もいただろうし、色々あっただろう。私たちとしては、一緒になって、未開の地を拓い

第 6 章　鏡泊学園、鏡泊湖義勇隊の日本人移民

て行こうというのが根本だ。ただ、日本人だけのものをつくろうとか、そういう話ではない。

帰国後（O）　長崎県に住むのは、満洲から引き揚げてからだ。TとHが、一緒にこちらに入った。Tは、満洲のみんなと非常に仲良くやって、民族調和をして、とても尊敬された。立派な男で、これにもそのことを書いた（『満洲鏡泊学園鏡友会創立60周年記念誌』平成6年7月発行）。この冊子は、子供たちに残したいと言って、わずかに作った。

3.　H.M　男性　81歳　山梨県　1995.3/3　千葉市
農事指導員〜東安省の守備隊〜シベリア抑留

訓練所指導員に　甲府の山梨県立農林学校の農業科を出て、県立農業試験場の病理昆虫科に5、6年おり、短期間だが実業学校の英語教師をして、それから満洲に行った。当時は、国策ということで義勇軍訓練にかかわった。青少年義勇軍といっても、小学校を出た子供達を募集し、内原訓練所へ送り込むよう県の方が進めていた。県からは、機会あるごとに賞揚というか説明があった。山梨からもだいぶ出た。貧乏県で、とにかく関心があった。私は内原近くの鯉淵にあった幹部訓練所で3ヶ月程度の研修を受けた。1、2次の義勇軍訓練生募集の時で、幹部訓練を受けたのは1939年（昭和14）だった。幹部訓練所の訓練を受ける数は少なく、山梨県からいっしょに受けたのは4、5人だった。満洲では、満拓の嘱託という立場で、哈爾浜大訓練所で現地研修を受けた。その後、嫩江訓練所の職員になり、しばらく指導員をした。一般の農業開拓団に対する講習も少しはやった。それから、鏡泊湖義勇隊開拓団の本部に途中から雇われ、16〜17年の1年足らず農業指導員をした。北海道農法が模範ということで、プラウと馬を導入していこうと思っていた。体調のこともあって、鏡泊湖から公主嶺の満洲国立農業試験場へ転職し、公務員になった。国立農業試験場でも、昆虫課に所属して、病理昆虫の研究をした。

従軍〜戦闘　それから間もなく関東軍に引っ張られ、終いにはシベリア行きになる。関東軍にとられるのは1945年（昭和20）の5月だった。春化にあった1,000人くらいの独立守備隊に入隊した。ソ満国境の近くに布陣して、防衛の

ための塹壕掘りとか、とにかく慌ただしかった。終戦間際に、十里壺の本隊に合流するということで行軍中、ソ連軍と遭遇して戦闘になり、守備隊は四散した。いくらか戦闘はあったが、武器が違いすぎて戦争にならなかった。山道だったが、向こうは米軍から供与されたトラックで、とにかく機動力があった。ソ連軍がみんな軽機関銃を持っているのに、関東軍は極度に物がなく、狙撃すら充分に出来ない状態だった。旧式の短小銃か、三八銃は5発装填で、弾を撃っては充填する幼稚な方式で、それも全員どころか2人に1挺しかなかった。向こうは各自がマンドリンという自動小銃だから、戦争にも何にもならなかった。私はその時後退して、同郷の中隊長と後方陣地にたどり着いた。山中で応戦できる火力もなく、みんな散り散りになり、逃げ遅れたものはやられた。私は、とにかく敵の銃弾が飛んでこないところに後退した。そこで何人かが一緒に行動し、3日くらい野宿をしながら後方の陣地にたどり着いた。

抑留～帰国　その十里壺で、ソ連軍に武装解除された。その後、かなり道のりを野宿しながら2日くらい歩かされた。夏服のままだったので大変だった。さらに貨車に積み込まれ、コムソモリスクにある収容所に連れて行かれた。収容所は1ヶ所から動かなかった。コムソモリスクは森林地帯で、伐木が作業の中心だった。最初の冬に、多くが亡くなった。収容所によって多少の差はあったみたいだが、だいぶ死んでいる。栄養失調で死ぬのが一番多かった。食料の配給は少ない、黒パン。私は体力がなかったせいか、健康状態で分けられ、重労働でなく使役という軽作業だった。軽い栄養失調にもなっていた。結核などになる人もたくさんいた。体力のない人は、同じ収容所の中で病棟というか、弱い者を集めたところがあった。そういうグループに入れられ、帰ってくるのが早かった。仕事もそういう人達にあった軽作業で、病院で使う氷を河から運搬するとかの軽作業だった。私の捕虜生活は1年くらいで、21年の秋時分には帰ってきた。

中国、満洲が共産主義一色に変わったころ、満洲に送り返された。中共の管理に移され、中共の手で送還された。コムソモリスクから、ハルピン近郊の阿城に移された。阿城にあった元は軍隊の施設を、中共がわれわれの収容所としていた。帰国する時の出港地は何ヶ所かあっただろうが、葫蘆島に集まり、一

第 6 章　鏡泊学園、鏡泊湖義勇隊の日本人移民

般の日本人と共に帰国した。開拓団の残っていた人達といっしょに帰ってきた。帰国後は、郷里に戻った。

帰国後の関係者　鏡友会では、4 月に拓魂祭という、青年義勇隊や一般の開拓団の人たちの集まりがある。その中で、開拓については侵略の片棒を担いだとか、いろいろ反省をしているみたいだけど、懐かしいことは懐かしい。みんな少年の頃で、本当に純粋な気持ちから「五族協和」に殉ずるということで行った。だから懐かしい。そんなことで集まっている。

　また、公主嶺の農業試験場の生き残りがまだ 100 家族ほど、100 人以上いて、1 つの会をつくり、今も続けている。会員同士の一泊旅行に、私はもう 10 何年か継続して行っている。訪中することもある。その寄せ書き集のような貧弱な体裁の機関誌を作っていて、今年で 4 冊目になる。毎年、原稿を北海道に集めて、編集を私がしている。

　手記は本当に数がある。集め始めたらキリがない。東京の狛江（個人か）で 10 作品くらいの抑留者手記を集めている。

　長崎県の T さんとは、春秋の 2 回くらい文通をしている。書くのがかなりお得意のようで、学識のある勉強家だ。ただ考えていることが、反省しているか、その辺がどうかと。

いま思うこと　私たちは、当然知るべきことを一番疎かにしていた。問題になるのは、よその国に行って開拓をしたという行為だ。当時はそのへんの思慮が足りなかった。国策ということで幻惑されて、当然のように入り込んでいったが、向こうの人たちからすれば、「招かざる客」として迎えたわけだ。昔、中国を山東あたりから歩き、苦労して熟知したが、関東軍を背景に本当にやすい了見で追い出したものだ。だから、終戦後にやられたのも当然だったかもしれない。関東軍は逃げた後だったし、開拓民の残っていた連中は捕まって大変なことになった。

　未墾地に開拓団が入ったというのは少ない。それは本当に容易じゃなかった。プラウで起こしてみても、ずっと昔から人の鍬が入っていないところだから、そんなところをひっくり返してみたってすぐに熟地にはならない。温室育ちの日本人が行って、取り掛かってはみたが、不毛地だったのでまず熟地に入った。

457

水田も、畑もそうだ。だから、現地住民たちが犠牲になった。戦後は、現地の人達が水田づくりにだいぶ慣れて、面積も画期的に広がったけど、当時は韓国人がやっていて、中国人は手を出さなかった。それがもう水田づくりをやっていて、大変なものだ。満拓が安い買収金で、やっていた水田もとりあげた。力を背景にして、言い値で買えた。強制だから敵わない。貨幣価値が変わっているけど、非常にゼロに近い価格で強奪した。当時、そういうことに反省はなかった。今になって考えると、間違った道を歩んだことになる。現地住民が媚びたことはあったかもしれないが、内心ではやはり日本人に反発していたのじゃないか。日露戦争の時は友好的だったらしいが、シベリア出兵のころから反発していたのじゃないかと思う。とにかく、現地住民たちは非常に疲弊していたので、日本人に取り入った連中は多少恩恵にあずかった。住み込みの方が、安全ということもあった。

政府の統一的な見解を望む　侵略行為の反省が国民的なものになっていないので、政府の統一見解を望む。細川（護熙首相）さんの時には、かなりわれわれの歓迎するようなことをやった。（日本の戦争を肯定的に見たい政治家たちは）、本当の戦争を知らない人達だ。関東軍には一寸しかいないから、その体質にわからないところがあったけど、とにかく非常にお粗末な軍隊だった。郷里にいるころ一人前の人間が、出征で一度でると、そういう環境にすぐ同化したかもしれないが、どうしようもない悪い人間になってしまう。人殺しなんて平気だ。南京なんかも反省もなく、心を痛めることなくやったと思う。あの戦争は、負けるべくして負けたということだ。負けてよかったのだと思う。

4.　U.T　男性　74歳　　北海道上川支庁　1994.11/13　兵庫県姫路市
　　義勇隊訓練所生～従軍（満洲→南方、捕虜）

義勇軍応募まで　大正9年（1920）4月生まれで、鷹栖村の鷹栖尋常高等小学校を卒業した。学校では、ブラスバンドをやっていた。昭和13～15年（1938～40）の3年、義勇軍に行った。義勇軍になったのは13年5月だから、数えで19、満18歳だ。大通りを抜けて、札幌神社まで行進した。第1回は北海道全土から集まったから、だいたい200名くらいいたと思う。なかでも、旭川は

多かった。旭川市内、付近の旭川東栄、東川、神楽、美瑛、和寒などもいた。

内原訓練所　北海道と長崎、静岡をあわせて、300名の中隊だった。19〜16歳を1〜4小隊とした。内原では、丸い日輪兵舎に寝泊まりした。1小隊では、長崎と北海道が一緒になって、すぐ兄弟みたいになった。弥栄と言って、太鼓の音で起床した。松林で訓練を受け、満洲に行って耕す基礎を覚えた。住むというと、われわれは栄えていくという意味の弥栄と、開拓の意識を仕込まれた。何かあったらヤサカーとやる。やはり人間の心理というのは、その声、緊張で気分が燃えてくる。宗教も一緒、そういう風に仕込まれた。15〜19の無知で社会のことを知らない少年を集めていたから…。

内原から寧安へ　5月に内原訓練所に入り、5ヶ月の訓練が終わって満洲へ出発した。釜山から列車で朝鮮半島を通り、そのまま東京城まで行った。朝鮮と満洲の国境、鴨緑江の鉄橋をわたる時はぜったい窓を開けたらダメ。開けるなと言われれば見たくなる。ちょうど晩で、鉄橋はだいぶ長かった。東京城に昼近くに着き、はじめて満洲に降りた。沙蘭鎮にあった寧安訓練所までは2里、7〜8キロあった。満拓公社のトラックが迎えに来て、訓練所に着いたのが3時ころだった。丘の上から2キロくらい先に、5中隊本部の立派な兵舎が5つ6つ見えて喜んだ。近付いて見ると、板でない、コウリャンのアンペラが貼ってあるだけだ。2メートルくらいになるコウリャンを莫蓙のように織ったものだが、目が粗く隙間だらけだ。そのアンペラが、遠くから板に見えた。掘っ立て小屋の柱が合掌に組まれ、それにアンペラを貼っただけだ。なかは1メートルくらいの草がボウボウで、そんな兵舎が立っていた。その時まで、張り切っていたヤツは、これで生きていけるかと意気消沈した。兵舎は床もなく、下は泥だった。みんな布団に寝られず、藁布団になった。といっても、草を倒した上に毛布を2、3枚くらいもらって、地べたに寝た。部屋の仕切りも丸太だけで、頭の上に置いたリックサックだけが自分の財産だった。2日目に、雨が降ってきた。合掌の下に雨が漏って、流れてくる。夜中の1、2時ころ寝られなくなり、とうとう寝たか寝ないかの状態で、何とも情けなかった。その時に、一番ガッカリした。山形県の石山中隊長が、みんなに頑張ってやってくれと励ました。幹部教育を受け、何百人の責任ある隊長でも、当時30くらいだから、さ

ぞガッカリしたと思う。

　この兵舎は、先遣隊が造ってくれたものだ。北海道の先遣隊も来ていたが、わたしらのところには来ていない。山梨県かどこかの連中だ。階級はないけど、先遣隊は偉そうだった。先に行った人達は、あちこちに回されていた。北海道の先遣隊が、何処にまわっていたかは聞いていない。わたしは1期で、寧安には北海道から1期、2期が行っていた。生活の反発はあったかも知れないが、大きなトラブルは無かった。わたしらは19で一番上、幹部と云ったら27、8か30くらいで、抵抗を感じるよりもむしろ尊敬していた。

訓練所づくり　現地では、9～11月までの3ヶ月に、冬を越す家を造らなければならなかった。満洲の地元でも使っているオンドル、火をたいて床下に煙をとおす暖房設備や、外壁は全部、土だった。土に、押し切りで切った雑草と水を入れて、裸足でぐちゃぐちゃに踏んでこねた。それをレンガ状のマスに入れ、手でならして型抜きをする。それを天日で2日ほど乾かし、できた日干しレンガを積んでいく。ところが、大きな雨が来たら流れてしまう。それでも、家に造ってしまったら、若干は崩れるけど分厚いから…。トーピース（tupizi、土坯子）と言うそれを、明けても暮れても毎日つくらなかったら家ができない。柱だけは、丸太を伐ってきて入れる。その時は水田じゃなしに、全員が家造りにかかりっきりだった。

訓練所と満拓公社　満拓公社から、食料とかを受け取りに行っていた。満洲というのは、大きな道が無い。訓練所には、牛が10頭くらいいた。荷馬車で引っ張るのに3頭くらいを連れて、その糧秣を東京城の駅まで取りに行く。雨が降ったら、畑みたいなところで、荷車が泥だらけになった。大雨で滑ったらもう動けなくなるので、満拓のトラックは、冬でなくても全部チェーンを巻いていた。のちには訓練所にも配属されるが、その頃はまだトラックがなかった。牛と馬が配属され、5人くらいで荷車で糧秣を運搬した。馬車が泥にめり込んだら、荷物を降ろし、牛を引き上げて、また荷物を積み直さなければならなかった。タイヤと違って、荷馬車の重い金輪は上がらない。60キロの南京袋を降ろし、ムチを入れて牛を追い、荷車を上げた。満人はいなかった。軍隊は満人も使役するけど、義勇軍は全部自分たちでやった。年が明け、春になって、

第6章　鏡泊学園、鏡泊湖義勇隊の日本人移民

満拓公社からキャタピラー付きのトラクターが2台きた。焼き玉エンジンで、重油を入れ、トーチランプで焼いてダダダダッとかけていた。それを先遣隊が、満拓公社の直属みたいに偉そうに使った。

「匪賊（馬賊）」と歩哨　関東軍という日本の軍隊がいた。その独立歩兵隊が満洲全部の警備をやっていたが、目が届かない。匪賊が馬に乗ってくる。日本で言ったら泥棒だ。向こうは生活が苦しいから、そういう馬賊も来る。わたしらのところには出なかったが、よく出ると言われたので恐怖感があった。夏は夜が明けるのが早い。4時半ころになると薄暗い。満洲の農民が牛につけた、カランカラン鳴る鈴の音が聞こえ、びっくりしてよく起きた。信号用の照明弾、「富士山」をよく見ることがあった。その大きな光を見ると、同じような心理でいるから、こちらも信号弾を打ち上げて、馬賊が来ると知らせた。中国から分捕ったという15挺くらいの鉄砲があり、実弾を入れて備えた。そういう時は、19の一番大きいものが先頭に立った。ところが、実際は間違っていた。兵隊と違うから、鉄砲は警備用だけで、歩哨に立つ時にそれを帯びた。みんなは寝ていて、交代で毎晩、歩哨に立った。おぼろげな記憶だが、度胸がなく、何せ恐ろしかった。遠い部落で、ロバが鳴く。夜中の2、3時に、何とも云えない悲しく、絞め殺されるような鳴き声がする。寂しいのに、なお恐怖感がわく。それで、発火信号の知らせが上がるから、寝ていたのを飛び起きて、警備に立つ。ところが、馬賊などは出ていない。恐怖感があるから、そう感じてしまう。15、16の若いのも歩哨に出るから、19の先輩が支援に立つなどした。

現地で犯したこと　飯を炊き、野性の赤イモを採って食べたりしたが、とにかく腹が減る。満洲では、部落にたくさん犬がいる。豚などは怒られるから、犬を捕まえて、兵舎の裏に隠れて調理した。犬をばらし、肉を洗面器で炊き、塩を入れて食べた。

　荒野だから、木が生えていない。地元の満人は、茅みたいなものがよく生えるから、秋に刈っておいて冬の間の燃料にした。朝鮮も、全部そうやって蓄えていた。とにかく、兵舎で焚くものがなく困った。野原に、満人の土葬墓があり、棺桶は10センチくらいの厚い木だった。古いのは腐っても、2年くらいだとまだ新しい。棺桶が乾いていて、燃やすのに一番良かった。遺骨を避けて、

それを持ってきて燃料にした。いたるところに土葬墓があっても、私らが開墾するところに墓地なんてない。そんな風に取って、骨は穴に埋めた。満人の棺桶は、3日くらいもった。土葬墓や畑は、満人の部落から遠いところにあり、案外、見つからなかった。なにも抵抗もなかった。昼はみんながいるから恐くないが、晩になると、骨を見ているから恐かった。11、12時の歩哨に立つと、穴から出てくるかといい感じはしなかった。

現地住民との接触　休みの日に、現地住民の部落に見物に行った。義勇軍でお金が無いけど、ちょっと小遣いをくれたら、わたしらは部落に遊びに行った。日清日露、支那事変、ノモンハン（事件）とか、そういう戦場によくなったから、現地の住民はもの凄く日本人を警戒する。軍隊でもそうだけど、やはり日本人がいると恐怖感を持たれた。クーニャンという若い娘などは、絶対にいない。どこか裏に隠すのかも知れないけど、年寄りか子供しかいない。むこうの生活程度は低かった。満人の部落には、饅頭を売っている田舎のような店があった。豚まんは高級だけど、わたしたちは、メリケン粉（小麦粉）にコウリャンを練って、イーストを入れてちょっと砂糖でも入れた饅頭を、現地人から買った。義勇軍でも作ったけど、やはり中国人の作ったものが美味しかった。休みは日曜日だが、毎週ではなかった。たまの休みに、そうやって満人の部落に行った。軍隊に行ったら、パンパンとかピーとか（娼婦の俗称）の施設、慰安所があるが、義勇軍にはない。10代だから、そんなことも思わない。食べることだけが楽しみだった。軍隊に行くと、ガラッと違う。2年あまり満洲にいて、満語をちょっと覚えた。軍隊で同期のやつと街に出る時も、満語をつかっていた。ちょっと単語をひっつけて、普通の会話くらいはできた。そのくらい、自分は現地語が好きだった。

　朝鮮人も近くにいた。その頃は、朝鮮人も日本人みたいな扱いだから、経営者とか色んなところを見たら、満人より一歩上を行っていた。わたしらまだ若いけど、満人と云ったら1、2階級下の人間と、半分舐めていた。昔はチャンコロ（中国人の蔑称）という意識だった。彼等の生活レベルが低いから、そういう風に見ていた。今は言えない言葉だけど…。ただ義勇軍の時は、あまり朝鮮人、漢人との接触はなかった。

第6章　鏡泊学園、鏡泊湖義勇隊の日本人移民

ハルピンの病院で　わたしは昔、肋膜をやった。むこうは乾燥していて、注意しないと結核によくやられる。息をすると、何かわからないが胸が痛んだ。医務室で診てもらい、寝違えとされたが、1週間しても治らない。戦地だから、レントゲンもない。結核になったらまずいということで、ハルピンの病院に送られた。検査の結果、重くはなかった。寝るほどでもなく、薬を飲んで、とにかく栄養をつけるように云われた。2つの病院に入ったが、元気になれば、現地に返されるはずだった。秋林街にあった義勇軍の病院にいたとき、九州大分の医大出の先生から、病院で手伝うよう云われた。満人や日本人の看護婦もいたが、後方の大きな義勇軍から患者が送られてくるので、手が足りなかった。医者は、食事も良いし、ここにいたら良いと気を利かせてくれた。ある時、蓄膿の手術で、患者の頭を押さえていて、自分が貧血になり寝かされるようなこともあった。そこで半年勤務し、白系ロシア人との接触もあった。年配のロシア人女性が、白衣で掃除にきていた。また、ロシア人のパン屋もあった。寧安では饅頭しか食べないけど、ハルピンにいたら美味しい本当のパンがあって、よく先生に買ってもらった。わたしは小遣いもなかったので、その先生が油で揚げたあんパンを買ってくれた。鴨のすき焼きも食べさせてもらった。その27、8の独身の先生に、たくさん街に連れ出してもらったり、すごく可愛がってもらった。いま生きていたら、80以上だ。

　わたしが帰るとき、同郷から行っていた友達が、内地に帰るのかと聞いた。その友達はなかなか優秀で、最後には幹部になった。そこで別れて、わたしは内地に帰り、彼は軍隊に行った。戦争前に彼は病死したと、のちに長崎の連中から聞かされた。MHという男で、とうとう再会できずに終わった。

寧安から鏡泊湖へ　わたしも鏡泊湖へちょっと行っていたが、そこはもう自分らにとって別天地だった。よく魚は捕れるし、大きな琵琶湖みたいだった。寧安の訓練所を離れて、鏡泊湖の現地訓練所は自分らの将来の夢を描く土地だった。3年の訓練期間を終えて開拓団になるが、私は軍隊に行ったので、もの凄く良くなったと、残った長崎の連中から聞いた。

徴兵検査で八戸〜関東軍　鏡泊湖に移っても訓練期間は残っていたが、わたしはもう兵役年齢だった。徴兵検査は内地でも、そのまま満洲で受けても良かった。

わたしはやはり家に帰り、親の顔を見たいから、内地に帰って15年5月に徴兵検査を受けた。検査のあとは、軍隊に行かなければならない。わたしはしなくても良かったのだけど、親に会っておくために、義勇隊に脱退届を出して行った。軍に入ったのは16年だ。旭川でなく、八戸の第6航空教育隊に入った。検査の時に、耳がすごく良かったので回された。飛行機のエンジンの調子を見るのに、聴力が要求された。私らは飛行機を整備する方で、その航空隊は山形、秋田、青森、岩手、福島など、東北出身ばかりのところに、北海道もいた。はじめて東北に航空隊ができた時で、その後は、古い連中が浜松とかの教育に回された。

検査の時、希望の勤務地を聞かれていた。わたしは義勇軍にいたので、満洲の関東軍を希望した。南方の仏印に行くヤツもいて、向こうは温い、バナナもあるとか云う。でも、やはり満州が恋しい。内地でまた半年教育を受け、関東に行って、今度は牡丹江、ジャムスというところに行った。ちょっと行ったところに、千振という大きい開拓団があった。さらに、綏化というところ、ハルピンの北200キロの飛行場へ行った。そこで1年7ヶ月くらいいた。

満洲から南方へ　いまのニューギニアのアンボイナという島へ行く命令をうけ、満洲を2月20日に出て1ヶ月後に南方に着いた。満洲では零下20度くらいだったのに、35度くらいになる。第9飛行師団でシンガポールへ着いたら、満洲から直接きた部隊より、3ヶ月いるチチハルの兄弟部隊の方が慣れているからと、命令変更になって、わたしらはスマトラへ行った。アンボイナ島のセレベスへ行くはずだったその部隊は、途中、潜水艦にやられて全滅する。いまだに遺骨が眠っている。人間の生死というのは紙一重だ。行って良かったのか、行かんで良かったのか、それは結果論だ。その部隊の後に入ったとき、寝台に山本、神田、池田、刈田とか、カジタケンジという同級生の名前が残っていた。そこに寝ていたのかと思うと、懐かしい。でも、その時には死んでいる。いつ死んだかという情報は入らない。その部隊の後に駐屯して、その後はあまり移動しなかった。

捕虜、遅れた復員　終戦の翌年、5月に捕虜になって、新嘉坡のガラン島という無人島へ送られた。わたしらの部隊は全部行った。日本に引き揚げるまで、そ

こに2ヶ月いた。その収容所を管理していたのはイギリス人だ。わたしはその時、幹部になっていたから、兵隊60人くらいの部下をもっていた。戦争中はほとんどならなかったマラリアをよくやった。3日したら船が来ると待っていた港で、わたしも熱が出た。わたしは持っている自分の部隊と一緒に帰る気持ちでいた。その時の部隊長が佐藤という人で、戦争に負けて薬があるかどうかもわからない、命だけは持って日本へ帰ろうと云って、わたしは病院へ残された。みんなと別れ、わたしは病院に3ヶ月いた。しかし、熱が下がり元気になっても、1人では島へ行けない。わたしがなんで関西に来たのかというと、家内が兵庫県姫路の日赤の看護婦で、召集されてスマトラにいたからだ。そのうちに、復員が始まり、家内と一緒に病院船で引き揚げた。それで縁あって今の家に、兵庫県に来た。マラリアになってなかったら、わたしは今頃北海道にいただろう。

　引き揚げのときは、アメリカの貨物船だった。それは、即席の輸送船、貨物船で、全部ディーゼルエンジンで100隻つくられた。南方に行く時は、大正7年製の山下汽船の貨物で、エンジンは石炭の蒸気機関だった。煙突から火の粉が上がるボロ船だった。むこうは全部ディーゼルエンジンで、煙も吐かない。それで全部、前と上に大砲を備え付けていた。貨物船にそういう武器はない。潜水艦に見付けられたらいつでもボンとやられたが、偶然にやられないで着いた。

いまの思い、鏡友会　わたしらが一番上だから、軍に行ってバラバラになったけど、2、3年下の者は関東軍にいたからソ連へ抑留された者が多い。義勇軍でソ連へ引っ張られ、尊い命が餓死したり、死んでいる連中もたくさんいると思う。わたしはいろんな苦労もあったけど、今日まで命を長らえたということは、いいところに抜けてきている。

　いま自分がこれだけ長く生き、人生の裏も見て、55年を振り返れば、本当に尊い命だったという気持ちだ。社会のことを全然知らない純朴な青年だったから、国策に半分憧れ、真面目一本で、第二の天地を満洲に求めようと、若い血潮に燃えた。言葉は綺麗だけど、ガッカリしたこともあった。でも、行った以上は仕様がない。

北海道へはあまり帰っていない。長崎の鏡友会役員は、Uが義勇軍の時に私らと同期の一番上で、会長をしている。事務局は、Mが幹事をしている。Sは私より2級下で、満洲に2回くらい行っている。義勇軍のことは一番よくやっていて、残留孤児のことで長崎県とも交渉している。ここからなら長崎が近いから、新幹線で行くとみんな迎えてくれる。いま長崎に行っても、その時に苦楽を共にした仲間と交流がある。本当に、腹を割った話ができる。軍隊と一緒で、一般の人には云えない心の繋がりを持っている。人間はやはり、生死を共にすると初めて…。あの時は、下手をしたら命も共にするという、そこに言葉に表せない人間の真の繋がりが生まれてくる。軍隊でもそう思った。

会員有志が、何年か置きに鏡泊湖を訪問している（札幌周辺の会員も9月に訪問）。わたしも、4、5年くらい前に行こうと思ったが、公職があるからしばらくは行けない。それが終わったら、死ぬまでに1回は行きたい。軍隊で行ったスマトラも行ってみたい。自分の思い出の地が、あれから50年くらい経って、どれだけ変わっているか1回見てみたい。やはり青春の苦労をした思い出のところは、また見る目が違う。

5. **T.M**　男性　73歳　北海道上川支庁　1995.3/4　東京都足立区
　　義勇隊訓練所生〜開拓団員、従軍〜収容
6. **W.M**　男性　72歳　北海道上川支庁　1995.3/4　埼玉県川口市
　　義勇隊訓練所生〜開拓団員、従軍〜抑留

応募の経緯（T）　—当麻の生まれで、小学校が終わるとすぐ旭川に奉公に出た。小僧をして、大成小学校に併設の夜間の青年学校に行った。たまたま青年学校で義勇軍の募集があり、希望した。一緒に行ったのは3人か、1人はまだ生きている。その時、母は絶対ダメと云い、家族もみな反対だった。長男だから、そんな遠くにはやりたくないと。実家は農家でなく、サラリーマンだった。勤め先の旦那も、満洲などに行ったらダメだ、鉄砲で撃たれるから行くなと。だけど、その時代の憧れというか、とにかく行きたかった。満洲の地図を買いに行き、蒙古も入っている「満蒙開拓」という地図から、内蒙・外蒙を知った。そこでは羊を飼っているとか、とりあえず希望を持った。「武装移民」のこと

第 6 章　鏡泊学園、鏡泊湖義勇隊の日本人移民

は知らなかった。国が、どうやっていたかは判らない。小学校では「銃後の少年隊」といっていたが、最初に入った国境地帯はみんないいところではなかった。私は 150 人くらいの第一次の先遣隊で、募集が早かった。本隊とはマークが違った。私は旭川から出た。北海道の義勇軍は、内原の受け容れ体制ができなかったことから、先遣隊と本隊の入所が一緒になった。満洲に渡る時に、先遣隊が分かれて先発した。その先遣隊を指導したのが、鏡泊学園の指導員だった。

(W) ——わたしは、昭和 12 年（1937）に、東旭川にある旭川第 4 尋常高等小学校を出て、ゴルフ場に勤めたが、「支那事変（日中戦争）」でダメになった。将来の指導員を養成するということで、旭山にあった旭川ゴルフ場でハウスキャディをやった。1 年はやっていない。7 月 7 日に事変がはじまり、贅沢な遊びをやってはいけないということで、冬にはダメになった。当時も、ゴルフを好きな人が多かった。ゴルフ場は、私が子供の頃から覚えているので、大分早くに出来ていた。少なくても 5、6 年前からはあっただろう。佐々木という農場主が、自分の土地を使っていた。当時は 9 コースのまだ小さいゴルフ場で、医者が多かった。メンバーは 60 人くらいはいた。当時、ブルジョアの遊びというのは、大体良い思いをしていない。13 年の春先に、義勇軍の話が出た。わたしは失業状態になったから、小学校の先生が、どうだ行ってみるかと冗談半分でいった。ウチは百姓（農家）で、兄たちがいるから土地も少ないし、自分で何とかしないとならない。そんなところに話があったから、親父も、それなら行くかと賛成した。お袋も、兄弟が多いから 1 人くらいやっておいてもと。わたしは兄弟 11 人の 3 男だった。はっきり云うと口減らしだ、満洲に出しておけばということもあった。「武装移民」のことは聞いたことがあった。（親が屯田兵だから、自分もなったという人も、という質問に）、だいたい私らがそのような形だった。親もそんな気持ちだから、あまり当てにならないが、せめて子供 1 人でもやっておけばという見通しだった。

一般の見方と義勇軍の少年（T）　みんな同じだと思う。ただ頭のある人、教育を受けた人は別だ。普通一般の人は、女の人も、軍隊と同じようにしたから、義勇軍は格好いいとおそらく憧れたのでないか。時代が違うと言っても、まだ二十

467

歳前の人間が、そんなに土地を持って五族協和なんて格好いいことは言うけど…。女の顔を見たら、顔を真っ赤にして話なんか出来ない。義勇隊で鏡泊湖に来た人なんか、女の人がいたらすぐぶん殴ったという。それで気晴らしに山へ行って、鉄砲を撃ったりした。結局、そういう時代だから…。

内原～寧安（勃利）（T）　——14で卒業だから、15で入り、義勇隊では幼少隊になった。わたしは栄養補助で、食事の方を担当する炊事係になり、すぐ炊事班長になった。まだ中隊はなく、全員を並ばせて敬礼したりした。ハルピンに行っても、全部炊事をやった。ただ、みんなにご飯を食べさせる方が忙しかった。配給だから、何級というご飯をどう上手に炊くかが問題だった。本部だから、中隊に戻ってもほとんど知らない。7中隊ですか、といわれるような感じだった。だから、開拓ということをあまりしていない。

　寧安と勃利の訓練所に分かれたのは、やはり内原の上層部の命令でないか。北海道は2つに分かれた。それは、先遣隊の暴動を恐れたのだろう。あとの人は、長野県なら長野県で1つの村からそのままそっくり行っている（分村分郷移民か）。それで先遣隊は、北海道半分、長崎が半分と、わざわざ端と端とを一緒にした。だから会うと言葉がわからない。長崎の百姓は、本当に鍬一本だ。北海道はプラウを使っていて、相当な差が出た。3年間で、まず自分たちの家をつくり、ある程度の訓練をおこなった。関東軍が来ていた訳でないが、やはりそういうのを全部見ていたんじゃないか。人数が少なかった先遣隊は、自ら軍隊といっていた。その軍隊は初年兵ばかりだから、何も分からない。その点、後の義勇隊は訓練されたから凄く成績がいい。だから、初年兵の先遣隊はずいぶん苦労をした。

（W）——内原の訓練で、労働は楽だから何でもないが、やはりお腹が空いたことを一番覚えている。農家の子だから、10何杯とご飯を食べる。茶碗一杯だから、腹いっぱいは食えない、8分目だ。そういうことが一番堪えた。訓練とか労働も相当にあるけど、全然感じなかった。ヤマトバタラキ（日本体操）は、満洲に行っても、訓練の間はずっとやっていた。だんだんやらなくなった。大訓練所の訓練がどうだったか、あまりハッキリしない。寧安と勃利の訓練所に、兄弟でも分けられた。それに訓練所には軍隊が入っていたから、わたしなんか

8割は軍隊と感じた。

軍事訓練（W）　軍事訓練が主で、農業の勉強が少なかったことは不満でなく、それが実態だ。でも、開拓団になってからは、そんなことを言ってはいられなかった。いつも軍隊の方を向いて、農業に身が入らなかったのは、私の場合やはり軍隊が主だったのじゃないか。集合訓練もやるし、そこで習ったことが、日頃も必要だったのじゃないか。独立守備隊の木村隊というのがあって、本部から1個小隊で行く。東京城に行き、2週間の訓練が年1回くらいあった。だから、どうしてもカッコイイと。私らは銃剣術をやっていたから、特にそうだった。その訓練は、夏よりも冬にあったように思う。うちの訓練所だけが、そこに行った。1個小隊で行くから、結構なものと思う。演習みたいな大きいものはやらないで、軍事訓練だ。在郷軍人や、青年学校も定期的にはやっていたから、それに近いものかも。完全に兵舎に入って、兵隊の生活をする。駐屯している1個中隊に行って、訓練をしてもらう。1個中隊の義勇隊の中から、1個小隊ずつが出たから、頭数に差はある。

ノモンハン事件の補充（T）　―事件の時は、まあ補充的な治安維持みたいなものだ。〇〇の特別守備隊という、軍隊と同じだ。みんな軍隊に行き、訓練の大学にも入っている。

（W）　―事件の時、兵隊が足りなくて、わたしは徴用された。8月から11月にかけて3か月、警備とかにまわされた。戦地はホロンバイル高原だが、後方勤務なので、そこまでは行かなくて済んだ。あの時は、内地の兵隊が間に合わなかった。突発的に起こって、やられた。そういう関係で、現地の兵隊は全部動員された。だから、留守と警備の両方があった。10月で終わって、そんなに期間はなかった。

（後に）私達がやられた時もそうだが、敵砲の移動速度が問題だ。トラクターが牽引して、攻撃してくるから、日本のように歩くのとは違った。私は捕虜になり、シベリアに引っ張られる時によく見た。彼等は、大きな砲を引っ張るのに全部トラクターを使っていた。それが明日になると、畑を耕す。きちんと計画を建ててやったものだ。ノモンハンの悲惨な思い出が、全然活かされなかった。

出征と補充、家族招致（T） ——みんなが軍隊に行くと団に人がいなくなるから、H指導員やI団長が、家族を連れて来るようにいっていた。

（W）——18年に召集された時、鏡泊湖からは20人くらいいたんじゃないか。それが甲種だからまともなんだ。その前の年も、前の年も兵隊に行っている。TK（補充団員）は、私が18年秋に兵隊に出たあとの入団だ。

（T）——200人はいなかったかもしれない。私が最初の召集から帰り、下関から船が出ないと騒いだ時だから、19年の10月か11月に家族全員、親2人と弟1人を呼んだ。親からすれば、やはり長男が行っているから…。その頃、親は鉄道にいる弟の世話になっていて、長男としても面子が立たず、何度も呼んだ。だから、親はたいへん苦労した。言葉も分からず、大豆飯なんて食べたこともない。20年3月に結婚して、嫁と3か月一緒だったが、また6月には東安に召集となった。団員の何人かは家族をもたず、みなワガママで、良いヤツなんか残っていなかった。途中ちょっと軍隊に行って、帰ってきたヤツが…。

（W）——本当にちゃんとしたのは兵隊に行っている。残った者は、残っただけのことはある。

大和郷（W） 大和郷が一番大きかった。一番離れていて、現地人と一緒に暮らしていた。（T—畑が良かった）。だから、私はいの一番に大和郷に行った。（T—山が近くて、伐採したやつがあるから一番良かった。俺の共栄郷は一番酷かった）。大和郷は全ての条件がいい。住まいも満人の家を買って、安全な家に入っていた。成績優秀な人だけが大和郷に行った。班長がいて、そのボスが大和郷に人を引き抜いた。大和郷は、共栄郷から3キロくらいはあったろう。（T—本部からは7、8キロかな。ただ、それぞれに入ってしまうと、行き来が無くなってしまう）。生活の場である"郷"を分けることを簡単に考えていたけど、将来的に考えたら大変なことになる。もし、あのまま成功した場合は、凄い差が付くから。大和郷にいた者も、大分死んでしまった。

鏡泊湖の日本軍陣地（T） ——鏡泊湖というところは最後の決戦場だった。要塞重砲から全部、鏡泊湖が持っていた。だから、鏡泊湖の全ての人が知っている。わたしも大頂子山で見た。

　鏡泊湖自体が一番低いところで、周りが全部山だから、関東軍の赤鹿兵団が

第 6 章　鏡泊学園、鏡泊湖義勇隊の日本人移民

最終決戦地として一時期陣地を築いた。私は早く軍隊に行き、造るのは 6 月以降だから、関東軍の部隊とは会っていない。義勇隊のすぐ対岸に大頂子山があり、その裏手に陣地を造っていた。今は新しく、橋ができている。

W―あれは偽の陣地といって、早くから掘って築いたものだ。われわれは、側にいても分からなかった。

従軍〜収容（T）　徴兵検査は現地でやった。現役なら受かってすぐに、補充兵なら足りなくなって行くから何年になるか分からない。私の召集は、第 1 回が 19 年、2 回目が 20 年で、2 回行った。最初が 4 ヶ月で、国境の虎頭に行った。通信隊に採用され、教育召集を受けた。義勇隊で軍事教練もしたから、作業は楽だった。義勇隊は何をやっても早い。まず鉄砲をやる、生だから…。それも義勇隊の時に、雀やカラスを撃っていた。それに、満洲という外国に渡っただけあって、風土にも強い。2 度目の東安には 6 月に入ったが、危ないということでみんな南方へ移って行った。前からいた人の中には、幹部候補ということで残り、同じ級で下士官になった。ほかはみんな南方へ行った。7 月に牡丹江に結集し、そのご戦闘がはじまった。雨が降って、無線隊は山の中に穴を掘り塹壕生活をした。その時の武器は鉄砲だけで、むこうは自動小銃に、飛行機と戦車だからどうしようもない。3 日くらいして、牡丹江の街は火の海になった。空襲がかなり酷かった。夜の夜中に、格好だけは大砲の形をした、木に筵を巻いた大砲形を引っ張り、オオドバシ（横道河子橋）まで逃げた。その逃げ道にも、飛行機が機関砲を撃つ、爆弾を落とすはで酷かった。機関銃に撃たれて山へ逃げたが、ソ連兵がきて、ダワイダワイ降りてこいと…。そこで武器を没収されるが、また牡丹江の方へ逃げた。この時はまだ武装解除になっていない。ソ連兵がつけて来て、我々の部隊を収容所の方へ誘導した。途中、焼けて何にもないところに、鉄条網を張って野宿もした。私は死んでやろうと思い、部隊を脱走した。その時は 4、5 人で逃げたが、みんな途中で原隊に帰るという。私は親がいたので、みんなと違うと自分 1 人で逃げた。途中で中国人に 3、4 回捕まり、その都度、脱走した。中国人はみんな、日本人から奪った鉄砲を持っていた。中国人というのは満人　八路、おそらく現地住民もいた。満洲国軍もいたが弱い、八路の方が権力があった。お金も、八路の軍票でないと通用

しなかった。それから、ソ連兵にシュウセンセイ（→終戦せい）といわれ、遂に捕まる。

　収容所に入れられて、一週間くらいしたら盗られて何にもない。上半身なんか裸と同じ。入ってくる人、入ってくる人が、食べる物も何にもないから荷物を泥棒する。3、4日も同じ所にいると、古株になって親分格になる。収容された所は、パルプ会社があった樺林だ。そこへ毎日毎日、地方の人が引き揚げてきて収容される。ソ連の兵隊は何万人だ。そこにたまたま我々の鏡泊湖にいた人間が来た。それが見たのじゃない、声で分かった。毎日暗いところにいるから、方向もわからない。水がないから、みんな防火用水に行く。そしたら、今士別（上川支庁）にいるMが、Nと話すのが耳に入った。Mといったら、オーイと返ってくる、嬉しかった。家族も一緒に付いてきていた。男女が分けられたので、母はいなかった。それで、I団長が連れてきたことを知る。SもOもYもいた。みんな一杯背負って来た。そこで服やシャツをもらい、初めて軍隊から地方人になった。軍隊の記章がつけば、みんなシベリアに送られる。鏡泊湖の義勇隊はちょっと別だった。まずI団長がハッタリで、4大隊の大隊長の上になった。それに、鏡泊湖の義勇隊がしたがって、中国の民家から牛や野菜を盗んできて、屠殺班長になったSが全部料理する。コウリャンのフスマなどは、どんなことをしても食べられない。何でも油で焼いて食べるが、下痢をする。ソ連軍は、収容所に皮と肉を送り、血をくれる。Sが鏡泊湖の義勇隊らしく、その中に肉を入れ、隠し持ってくる。それで助かった。血は煮たら固まるので、それを食べる。嬉しかった、あの時は。Sも度胸がいい、兵隊なのに曹長かな、下士官のバッジをつけていた。I団長は少尉のバッジをつけていたから、シベリアに行かされた。俺は何にもつけてないから、行かないですんだ。

鏡泊湖に戻る（T）　シベリアに行かないから、使役が終わって、みんな帰っていいということになった。みんなで何処に行くか話したら、友達や家族を捜しに、鏡泊湖に戻ることになった。樺林の収容所から戻るのは、20年の11月過ぎだ。だから、食べ物がなくて酷い思いをした。それからが大変だった。ソ連の兵隊は来るは、八路は来るは。強姦はあるは人は死ぬは。女の人をどう匿ったらい

第 6 章　鏡泊学園、鏡泊湖義勇隊の日本人移民

いか。逃避行よりも、鏡泊湖に戻ってからが酷かった。20 年の間中は、危険が一杯あった。ソ連兵と、満人と、八路軍とが入れ替わりに来たのは、一週間くらいだ。やはりソ連が来たら、八路が入ってくる。ソ連がいなかったら、八路は弱い。戦時中に匪賊と言っていたのが八路だ。ソ連の兵隊も、何にもなかったらすぐ何処かへ行ってしまう。ソ連の兵隊は、満州の財産を全部持っていった、牛から馬から。

（W—最後には、レールまでまくっていった。ブログレチンスクのところは全部湿地だが、22 年（1947）の冬のうちに、汽車でドンドン運んだ。だから、物を降ろしたらそのまま貨車をおいてあった。湿地の中に貨車がひっくり返っている。レールを引き込んでやったから、その後始末をつけられずにいた）。

　終戦と同時に、一般の農民もみんな鉄砲を持って、軍隊みたいになった。それで八路が入ってきたら、満洲軍でも農民でもすぐ八路になった。義勇隊と身近な農民も、義勇隊の弾薬と自衛に鉄砲を持った。ただ、義勇隊に関係があると言われたら殺されるから、そういう人はみんな一時どこかへ避難した。向こうは悪いとなれば徹底しているから、日本人の手先にみたいに見られてしまう。だから、大分落ち着いてから、帰ってきたという。

　中国人を苛めた日本人は殴られた。身近な中国人でも、恨んで反抗したものもいたはずだ、苛めた義勇隊の人がいたから。誰も良くは思っていない、日本人を。中国人の土地を勝手に取ってしまって、中国人をだんだん奥へやって。過去に、土地（開拓団用地か）を作ったり、報償金を出して奥へやっている。私は貧乏人の面倒をみたから、割りに許されたというか。そういう酷い目に遭わせた人のことはあまり言わない、誰も。だから、そういう人はいるけど、中国の旅行には行かなかった。私は話だけするが、どうこう言わない。

　鏡泊湖に行ってから、札幌の白石にいる S という人は、免許もなかったけど、床屋さんをやっていた。その時に、八路軍と現地住民の頭も刈ってやって、いくらかお金をもらい、困っていた義勇隊開拓団の人の面倒をいろいろ見た。それは素晴らしい人だ。

　そこに 1 年以上はいた。

残留婦人、孤児（T）　食べていかれないのだから、どうしようもない。食べ物さ

え与えたら、中国人の嫁にいくらでもなった。一緒になる中国人も、普通の人はもらわない。嫁のいない人、飲んべえや博奕打ちだったら大変だったろう。小さい子供を金で買ったという話は、実際にある。日本人は頭が良いと言うから、みんなお金で買う。買った人は、また人に売る。だから残留孤児は、なお判らない。小さい子供で、本人に記憶が無かったらわからない。親はその子供を養ってないし、それでまた売られるから…。

帰国まで（T） 女の人と年寄りだけを引き連れ、女の人を働かせる訳にもいかないから、東京城の製材所で働いたり、畑の草取りや苦力になった。発電所でも働いて、女の人や年寄りに粟を買った。いよいよ帰られるというので、東京城駅のトラックに乗ろうとすると、お金をくれという。誰も出そうとしない。夫婦などはなおさらお金がいる。それでKとか、みんなはたいてい出した。1人でも残して行くわけにはいかない。全部で牡丹江に向かい、着いたら避難民が多いこと、多いこと。そしたら、八路が使役を出せという。何をするのかも分からず、誰も行こうとしない。また俺が行かなきゃいけない。それでまた脱走し、駅には行けない。その時は有蓋の貨車の中にいた。○○（人名か）もいて、向こうも脱走していた。使役には行くが、脱走し、探しても、みんなが毛布をかぶせて匿ってくれる。何回も汽車は止められたが、なんとか潜り抜けた。新京に着いてから、汽車が変わった。牡丹江の方から来る人が、一番惨めだった。何にも持たない。新京には日本人○○会（救援組織か）があり、そこで衣服をもらいみんなで分けた。それからは無蓋車になり、雨の降る中を毛布を屋根のように被って、足の悪い人なんか担架で担いで乗って…。今度、汽車が出ようとしたら何か出せと言う。出さないと汽車が走らない。みんな隠して、やはり持っている。それで運転手に渡すと、また汽車が走る。それを何回もする。停まる度に、何か食べるものが欲しいから、そこらへんの薪でも何でも集めてご飯をつくり、そして貨車に乗る。葫蘆島に着いたら、また使役に引っ張られ、また脱走する。葫蘆島では、もう日本に帰れないと観念した。牡丹江と○○（地名か）と後は無かったけど、停まった何ヶ所かで働かされた。何か物を運んだりするのに、タダだから日本人を苦力に使う。何名出せ、と云ってくる。その頃はまだ私も元気だったから…。でも悲しかった、最後の銃を（取られ

第 6 章　鏡泊学園、鏡泊湖義勇隊の日本人移民

て）…。同じ年頃の男は 10 人足らずいたが、だいたい所帯を持っているから…。私は、その頃、女房と一緒でなかったから…。

帰国後の再会（T）　私は家族と別々に帰ってきた。女房は一度私を迎えに来たが、一旦、私の親元に帰ったら戻る汽車がなくなり、親と共に日本に帰った。一緒にはなったが、女房の本籍が分からなくて…。戦争中で、戸籍をつくる暇などない。届けだけは出したが、満洲国特命全権大使によると、籍だけが入っていた。葫蘆島の使役も脱走して…、私は毛布 1 枚と石油缶 1 つを持って日本に帰った。私の次の弟は、早くに軍隊に引っ張られて、朝鮮にいたので早く帰っていた。もう自分は 1 人だと思っていた。富良野（上川支庁）の鉄道にいた兄のところに、長野に来いと電報が来た。連絡がとれるまで、家族の無事は分からなかった。女房と親は 21 年で、ちょっと早く帰っていた。一緒に生活するのは兄の世話になって、帝国製麻に行く前だった。食べなきゃならないから、まずは働く場所だ。富良野の帝国製麻、むかし在った亜麻会社で、ボイラーを焚いて羽根を回した。富良野の帝国製麻は大きかった。亜麻を腐らせて、糸に全部仕上げるのは大変だった。あの匂いがまた酷かった。背負子で担いで、現場に持っていって、いくらだ。馬並みさ、俺も力はあったけど流石に堪えた。食べるモノもなく、馬のニンジンをもらったりした。

残留帰国者の世話　鏡泊湖から（残留者が）戻るのは、だいたい向こうから手紙が来て…。友達の S は（長崎）県の役員をしていて、保証人になるなど、面倒見がいい。同志の奥さんが日本に帰って、年金も何ももらえない。私も、実は 70 過ぎて一緒になった。たまたま土地と家を売ったから、何とか面倒を見られるうちに見ようと思って、脳腫瘍のこともあったが…。その友達の奥さんは、連れ帰ることが出来ず残り、40 年間、向こうで生きてきた。2 人の中国人と一緒になるが、2 人とも死んでしまい、日本に帰ってきた。日本語も全然出来なくなっていた。子供が 3 人いて、1 人は連れてきた。他の身内には、養えないから来ちゃだめと云っていた。ところが、私が軟骨炎で 2 回も入院した、心臓悪くて。お金がないと、私の病気がなお悪くなるのだけど、それを言っても分かってくれない。私にも子供がいるが、全然来ない。だけど、私は平気だ。とにかく年をとったら、子供達もある程度は成長する。私が勝手に中国、四国、

475

第二部　日中関係者調査の研究報告

長崎、北海道に行ったりして、脳腫瘍だなんて言っているのだから…、(W─お医者さんもビックリしている)。最後は、やはりお金と友達だ。あれば、うんと酷くならない限りは…。それで、向こうも娘の所に帰ってしまった。3年くらいは一緒にいた。それで、一緒に中国についていった。

　(残留孤児で、日本に帰っていい場合と、そうじゃない場合が、という質問に)、私みたいに向こうを知っている人が中にいればいい。ところが、全然外国を知らない人が、ただ労働力が足りないからといって使うとダメなんだ。私の面倒見ている人も鏡泊湖の人でないけど、おじさん、おじさんと孫まで連れてくる。ただ向こうの風土、風習そういうことを知らないと、また来る方もある程度、片言の言葉だ。それが分かれば、まず日本はいい。いま4家族を世話をしているが、みんないい性格だ。私なんか、九州に行きたいというから九州にやって、教習所に行きたいというから免許とらせて。その子なんか、自分で大型をとって、今度は二種免、バスの免許をとると云っている。やはり人を使うといっても、本人も良くなりたいから、あまり長く面倒を見ると人は使えない。

従軍～抑留 (W)　徴兵検査は、前年までは帰国してやった。我々から、17年からは現地でやった。それで18年1月10日に、日本ではどこも現役になった。私は18年に、現役で東寧に入った。ソビエトと朝鮮と、三つ巴になっているところのすぐ北だ。東寧県の第1国境守備と云うと、番号毎にずっと並んでいて、朝鮮から上がった最初の国境守備だ。私の部隊は3回くらい動員されて、南方と「支那」(華北以南の中国)の方に行った。私は教育係だから、いつも残された。南方で、みんな玉砕している。3回目の最後は沖縄だった。沖縄に移っていく時に、台湾や朝鮮で止まったものもいて、いろいろだった。私は残っていたが、20年の7月10日に、士官候補生ができたから教育にいけと、黒河の方に出された。その時の教育隊は騎兵隊で、当時の戦争では役に立たないから、歩兵に教育するために私は行った。8月9日、ソ連軍が越境して、朝になったらワーッと来た。戦闘をするよりもやられるばかりで、我々3,000名を送るために他の部隊が阻止部隊となり、相当に犠牲になった。9日に出て、13日に第2戦の陣地に入り、そこでも戦闘になった。陣地というのは、土を

掘っただけの塹壕だ。以前、国境守備で入ったような、トーチカのあるところではない。野原にただ壕を掘ったような第一線陣地に出されのだから、慌ててもどうしようもない。相手が強すぎて、戦闘をやるどころでない。にらめっこをして、終戦を待っているような状態だった。15日の晩に、その場で斬り込み隊に出るはずだった。その陣地で終戦になり、3,000名の教育隊全部が一緒に捕まった。

　武装解除をされるのは、孫呉だった。8月15日に戦闘が終わり、17日くらいには完全な捕虜になり、鉄条網の中に入れられた。そのまま孫呉の収容所にいて、9月5日には黒竜江を渡った。孫呉からずっと黒河を越えて、今度はシベリアに引っ張っていかれた。だから往復を歩いたようなものだ。9月5日の時点で、抑留になっている。後は、収容所を3ヶ所くらい回された。あまりにも酷い生活だから、何処でどういう風に入れられたかもう忘れた。3ヶ所というのは、全部、ハバロフスク地区の中だ。平坦地で、やはり材木の伐採ばかり。最初の冬に、そこでずいぶん死んだ。1年半から2年くらいが酷い時期で、1年半くらいの間に半数が亡くなった。それで、彼等も慌てて、街の方につれて行った。犠牲者があまりに多かったからだと思う。だいたい食べさせない。途中で掻っ払うのだろう。だから、こっちの口には入らない。そういう関係で、栄養失調でどんどん死んでいく。行ったのは1,000人だけど、1年半経ったら500人を下回ったのじゃないか。後はどういう方策をとったか知らないが、一緒に帰る者なんて1人もいない。1,000人の内で、私は1人で帰ってきた。帰す時に、千切るみたいだ（選別か）。私には1人福井県に戦友がいるが、履歴書があるのか、この人とは2度一緒になった。最初と、次に千切られ、3回目にもまたという感じだった。私は23年の6月に帰り、彼は9月頃に帰ったんじゃないか。まず、一緒に帰さない方針としか思えない。せっかく一緒になったと思ったら、また千切られた。帰国で、ナホトカに着いたのはわたし1人だ。他の収容所にいた人たちは、誰も判らない。酷いのは、ハバロフスク地区を出たらもうわからない。兵舎を出て、移った大きな街がロコイチェンスクか、同じ捕虜でも、収容される地域や街で食べるものが違う。我々のように末端にいると、食料が当たらない。ところが、そこは爆弾などを作っていたくらいだか

ら、給料ももらっていた。我々は一銭も給料などなかった。だから、少し請求してやろうという風な状態にもなった。最終的に、ナホトカから舞鶴だ。友達の産婦人科医は、千島にいて、本土に連れて行かれて捕虜になった。その友達が、雑誌に書いたものを一部くれた。乞食のような連中が山から出てきた、と書いているのは、我々と同じだ。

　特に最前線は、本当に酷く、死人ももの凄かった。凍傷になると、自分で治すほかない。毎日、シラミと凍傷との闘いだ。上から下まで衣類、靴下を、飯盒1つで煮る。とにかく煮て、一日干せば、夜には着られた。毎日やる。それで、凍傷だけは防げた。シラミ殺しも一生懸命やった。真っ黒にすすけた毛布が全部白くなるくらいで、シラミは零下50度でも絶対に死なない。だから、飯盒で毎日煮た。そうすると、あまりシラミに虐められないで、半分くらいは寝られる。あとはトイレにばかり起きて、眠る時間も少ない。シラミと水の飲み過ぎで、死んでいく。一番酷いのはそういうことだ。馬に食べさせろと、干草とフスマを露助（ロシア人の蔑称）がよこす。フスマは全部我々が取って、海苔のように煮て、お粥みたいにドロドロになったのを食べた。馬の餌をとったので、馬のほうが死んでしまった。冬は食べるものがなくて、木の皮まで食べた。赤松の木の上の方に、ガラガラした柔らかいところがある。それを煎餅のようにして、食べる。消化できないで、死ぬものもいる。とにかく、栄養失調で弱っているから、下痢で死んでいく。毎日のように、一緒に寝たのに朝になったら、あそこもここも起きない。簡単に逝っちゃう。仲間の遺体処理は3級がやる。1、2級は重労働、3級は云えないような労働だ。5級などは今にも逝くというヤツ、4級というのは起きてまともに歩けないような者ばかりだ。そういう等級がある。3級に行くけども、零下50度もある時に土は掘れない。だから、雪をよけて、それをかぶせて捨ててくる。その晩に、オオカミが全部食べてしまう。雪に残るのは、大きい骨だけだ。それを集めて墓などと云うけれど、聞くのも腹が立つ。死んだ人の墓など、ありっこない。
（T—シベリア抑留者は、年数によってある程度、軍人年金や恩給をもらっている）、そうはいかないんだ、その方が少ない。

引揚者の集まり（T）　北海道も釧路の方に、弥栄開拓団の人がいる。開拓の先駆

第6章　鏡泊学園、鏡泊湖義勇隊の日本人移民

者が移住して、根釧原野に大分入っている。弥栄音頭という踊りをつくり、お盆には必ず披露して評判がいいらしい。東京の聖蹟桜ヶ丘に碑が建っている。そこに弥栄開拓団の人が来て、みんな我々を呼んで、いろいろ用足しをする。それが開拓の一番初めの人だ。別に、開拓については変わったことはない。ただ、どっちかというと我々は、終戦の悲劇というのが一番身に染みた。

拓魂碑（T）　日本を発つ前に（中国旅行か）、北海道でも拓魂碑をつくる話があった。結局、話がまとまらず、出来なかった。長崎では、県営でもってちゃんと護国神社の中につくった。各県でもほとんどつくっていて、県から補助金を出している。北海道の人は気が大きいというか、そういうことをしない。

アニメ「蒼い祖国─満蒙開拓と少年たち」（1993）への協力（T）　──これは昭和16年からで、後の話だ。最初は長野県から始まり、後から全国に広がった。だいたい骨子ができていて、ひっくり返すことができなかった。もう少し身が入るはずだったが、情けないというか、心配というか。先の人、昭和13年に入った人が、もの凄い苦労をしたことが入っていない。良くなってから、出て行ったものなんだ。あまり北海道についても触れていない。

（W）　──（アニメのチラシに）感想文が書いてある。もう少し早く始めたら良かったけど、遅かった。

日本の敗戦について（T）　いちばん大変だった戦争で、負けたのはなお大変だけど、負けたお陰で平和になったというか、安定したというか。そういうところは、私はいいと思う。これが勝って、勝てば官軍じゃないけど、勝ってたらまだ大変だよおそらく。（**W**─そのあれは治らんな）。またできない日本じゃ、この小さい国じゃ。物資は何も無いんだから。鉄は出来ない、○（資源か）は出ない、石油は出ない。何にも出来ないんだから。

7. I.T　男性　72歳　　長崎県　1994.11/15　長崎市
　　義勇隊訓練所（喇叭鼓隊）～開拓団員、従軍～シベリア抑留

参加の経緯　大正10年生まれの次男坊だ。大正時代の子供時分は、私の故郷なんて、本当に裕福な生活をしている人はいなかった。学校を出て、親父の友達のミシン会社に手伝いみたいなことで入った。役場から義勇軍の勧誘があって、

その仕事はすぐに辞めた。満洲に行ってみないかと親からも言われ、とにかく行こうという気持ちになった。豊かでないから賭けてみたい思いや、満洲だから行ってみたいという気持ちもあった。家内の叔母も満洲で生活したらしく、一緒になってからはそんな話もしたが、その頃は、満洲のことを聞くことはなかった。だから、未知のところに夢を託すみたいに、とにかく喜び勇んでという気持ちだった。農家になる意欲は、当時はなかった。そんな気持ちがあれば、軍隊に志願することもなかった。とにかく、独り立ちできる可能性のあるところに行くという感じ。私は農家でも、北海道みたいな大農家、大きな農具を使ったことなんか全くないから、馬も扱いきれないし。北海道の人たちは馬は扱えるし、農具の扱いは万全だから。彼等は、本気でそういう気持ちがあったでしょう。広漠たる大地を眺めたら、やろうという気になっただろう。そんな気持ちは、私にはなかった。

　長崎の場合は、むしろ農家以外の方が多かった。結局、あそこに行って百姓をやるという真っさらな気持ちではなかったと思う。私と一緒で、ただ憧れみたいな気持ちで行ったのじゃないか。おそらく国策遂行や国のためという気持ちも、なかったと思う。私なんか、そんな気持ちは毛頭なかった。

先遣隊として、内原〜寧安　昭和13年9月（？）に、第1期で参加したときは満16歳、数え年で17歳くらい（茨城県内原訓練所入所）。年齢順で、私は2小隊だった。第1次の長崎の先遣隊は50人くらいだ。近所から一緒に行ったのは、隣町の2人と、3人だった。2人は寧安から鏡泊湖に行ったけど、1人は満洲の奥の方の鉄嶺だった。1人は同じ2小隊で、もう1人が1小隊だった。長崎も北海道も、先遣隊は一緒に満洲の寧安に行った。北と南が一緒になったからか、不思議と喧嘩というものがなかった。好奇心というのか、我々は北の人の話に、雪の北海道の話に好奇心をもった。だから、長崎の者より友達は多かった。

　先遣隊は、本隊が来るまでの準備隊みたいなものだ。だから、トーピース（tupizi、土坯子）という土を練って、四角の枠の中に入れてひっくり返す日干し煉瓦づくり、それが毎日の作業だった。家づくりの心得がある人もいた。亡くなった北海道のKも、そういう大工の心得があった。ああいう連中が先頭

に立って、家なんかも建てて行った、自分たちで。壁周りを塗っておいて、土レンガを積んでは塗る、積んでは塗るして作っていった。

　寧安に行った当初、伝染病で亡くなった人達もいた。赤痢だったんだろう、あれで大分亡くなったように思う。寧安の訓練所には診療所があって、医者がいたが、多数だったのでお手上げだった。1人や2人じゃない。収容する施設があるわけでもない。患者と寝起きを共にしているから、移りだしたらもの凄い勢いで蔓延した。

　現地に着いてショックを受けた人もいたが、バカなんだろうな私は、ホームシックなんて全くなかった。田舎育ちの大正生まれは、生活に困窮した時代だから、すごい生活に慣らされていた。実家は農家だから、身体は、健康には自信があったし、楽しくてしょうがないくらいだった。

　凍傷に、私は全くならなかった。北海道の人達よりも強かったから、(冬場に)水を使っても、私が一番長かった。凍傷知らずだった。冬場は、シラミが出る。風呂に入らないし、本当にゾッとするほど。隙間が好きだから、家の見えないところにビッシリいる。今思い出しても身震いする。寧安訓練所では、設備が行き届いてなかったから。

鏡泊湖訓練所　第7中隊は、先日亡くなった山形県出身の石山孫六という中隊長だった。私ら何10人かが先遣隊となって、鏡泊湖に行った。鏡泊湖の訓練所は、元は山形県の部隊が入っていた軍隊の宿舎だった。われわれが入ることになって、移動したのじゃないかな。それがあったから、そこを選定したのじゃないかな。義勇隊がはいる時に、新たに作るものはそんなに無かったように思う。結果的にすぐ寝泊まりできたから、修復とか何かはなくてすぐに入られた。鏡泊学園が近くにあった。山田悌一という人が指導者になって、以前から日本人がいた。秋田からの漁業移民団も入ってきた。義勇隊は学園があった学園屯に、秋田の人たちは漁業屯にいた。『鏡泊湖の山河よ、永久に』という本に、舟とか漁の写真が出ている。興亜丸は、カッコイイ名前だけど小さな舟だ。鏡泊湖の行き止まりまでいって、東京城と連絡をとるための交通船で、漁船じゃない。簡単な波止場を築いたが、今は水の底になっている。2メートルくらい増水して、全部水没してしまったらしい。最初、漁はしなかった。食料

事情が悪いから、漁をして魚で補うようになったのは、私らのもっと後のことだろう。漁をしたというのは、われわれのいた16年頃までにはなかった。他のマチに行ったのは、隣町の友達が病気になり、看病で何ヶ月か牡丹江市に行ったことと、兄が軍隊から警察官になって、黒竜江のあそこ（？）に勤務していた時くらい。

鏡泊学園と訓練所　鏡泊湖の義勇隊訓練所は、鏡泊学園が中心になっていて、最初は近づきがたい感じだった。学園から幹部が来ていて、彼等から働きかけて来たので、自然と接触はあった。あの人達は確実な考え方で、私たちは全く異なる人間という感じだった。コチコチの考え方だから、話もまったく噛み合わなかった。やることなすこと、まったく違っていた。なかには、面白い人達もいたが…。ある時、福岡出身だったか、学園の人が訓練所長になって、いろいろな問題が起きた。われわれを学園の思うままに操ろうという姿勢が見え見えで、訓練生の中から問題になった。新京の満洲拓植公社とも、もの凄い問題になり、結局、訓練生の申し入れが通じて、新京から岩崎安忠（後に団長）さんを迎え、学園の訓練所長はクビになった。私らは参加しなかったが、Hの話では、相当深刻な問題に発展したらしい。長崎県に、学園にいた人が3人いて、大分和らいできたが、今でも1人だけは学園精神というものを持っている。

住民との交流　現地での交流は、鏡泊湖に移動して、開拓団が出来る前の訓練の時からだ。S達の話では、今はバスでどんどん入って行くらしいけど、その頃は山越えして、集落が点々とあるくらいのものだった。農業以外になかったが、鏡泊湖だから、漁業に従事していたかもわからない。近くの朝鮮人部落に、朝鮮人の小学校があった。彼等がアリランを歌うような時に、こちらから聞かせに行った。小学校で、お互いに歌と演奏で交流した。何にもないから、それが我々の娯楽みたいなものだった。子供達が今日はということで、行ってみるくらいで、定期的ではなかった。朝鮮人部落の学校の先生は、歳が同じくらいだった、われわれが18、9だから。学校以外の人達とはあまり接触していない。そんなに遠くには遊びに行かなかった。

　鏡泊湖の近くで、満人の結婚式があって、呼ばれて行った。笑い話になるが、無精髭を生やして行ったら、大人（タイジン→立派な人）と言われて上座に案

第 6 章　鏡泊学園、鏡泊湖義勇隊の日本人移民

内され、ビックリした。結婚式の家とは特に親しかったわけでないが、孫揚という店があった、タバコとか酒を販売している店が。そこか別の家だったか、結婚式の記憶の中では…。よく可愛がられた、孫揚という人からは。とにかく、孫揚という人は良い人だった。満人部落の中の商人で、月の餅と書いてユエピン（→ yue bing 月餅）というのを売っていた。店がないから、義勇隊そのものが外出して行く。孫揚さんは訓練所の中に入って来ない。そんなことは許されない、歩哨がちゃんと立っていて…。

満洲警察との争い　争いがあった時、その場にいた。とにかく凄い争いだった。2人や3人でなく、誰でも知っている。鏡友会で話せば、あれは凄かったということになる。鏡泊湖に移ってからで、争ったのは満洲警察の満洲人だ。発端は私もハッキリしない、何でそういう喧嘩になったのか。結局、知らなくても、義勇隊がやられれば助けにゃならんという気持ちで、そうなったんだろうおそらく。結局、若気の至りだ。どういう風に収まったか、もう記憶していない。とにかく、ワアッとなったことだけを記憶している。当時はこういう風習があった。私もやはり、若気の至りでそういう写真を撮っているが、大きな蛇の青大将みたいな長いのがよくいた。山から木刀を切り倒してきておいて、それに皮をはめる。その蛇の模様があるものをほとんどが拵えていた。そんなものを持ち出して、やっただろうね、おそらく。

隊員の失踪事件　（土地を取り上げられた地主が抗日勢力のリーダーになった話に）、共産匪でも匪賊でも、日本人を1人殺せば何円だという話があった。匪賊が農民に化けているということもあっただろうし、日本人からすれば、匪賊でないかと疑ったかもしれない。どう判別していいかわからない、そういう行動を目撃する以外は。そういう裏付けとして、鏡泊湖で鹿狩りに行き、Yが行方不明になる事件があった（→『賭けた青春』によると、昭和16年4月、湾溝の大和郷宿舎の裏山で銃声があり、山本幹部と偵察に出たと）。ああいうのは、自分で怪我をして死んだわけではない。もの凄い吹雪いた日だった。捜索した連中が、つい先程焚き火をしたような跡があったと言っていた。Yは、今は小樽の方にいるらしい山本という幹部と行ったらしい。

開拓団への移行　私がいた時に、青葉郷と言ったかどうか…。開拓団への移行が

16年10月なら、私もいたことになる。大東亜戦争勃発の時、私は釜山の旅館にいたから、12月まではいたはずだ。青葉郷とか大和郷という分散の記憶がないのでわからないが、1つ覚えているのは、移行して山の中に入り、住宅として日輪兵舎みたいなものを拵えたことだ。北海道の人達の発案だろう、おそらく。アマッポといって、縄を張り、鉄砲を仕掛けて、触れたら引き金が引かれるようになって、バンと出るようにしたことを覚えている。猛獣でも匪賊でも、接近した場合はそれで感づいて処置をとるというのは、確か北海道の連中が発案してやったことだ。日輪兵舎のような建物は、確かに各郷に移行した時に作ったから、郷に1つのはずだ。(2小隊は青葉郷だが、開拓団をつくる時に年齢を混ぜたとの質問に)、そのようだが、私は全然しらなかった。青葉郷だか何だか、全然忘れてしまった。鏡友会で集まった時に、いま福岡にいる人に何郷だったかと言ったら、あれ青葉郷だった、私も一緒だった、大分いじめられたと。俺、青葉郷だったのかと思ったような状態だ。

従軍〜抑留　軍に入るのは16年で、志願した。どうせ行かなきゃならないのなら、1人で早くに行って、上の方に行かなくてはと。私の場合は、現地で志願して甲種合格になり、昭和16年12月に出発して、内地の久留米の48部隊に入隊した。結局、一期の検閲を終えてまた、満洲の国境守備隊に転属した。場所は東安省の半截河で、第3国境守備隊満洲50部隊という。8月9日は結局、急襲だ。上部の人達は予想していたらしいけど、我々には予想外だった。偉い人たちは、いち早く逃げた人達もいるようだけど。事前に知らせると、動揺して収拾がとれないだろうが、放ったらかしで惨いことだ。戦車が突破してきた時、いち早く牡丹江の方に移動して、河を挟んでめちゃくちゃにやられた。最後に中隊長が、抵抗しても命を捨てるだけだからと、自由行動という風に散開した。好きなように散開しろ、というような命令だった。目に見えて死ぬことがわかったから、蜘蛛の子を散らすようにさせた。牡丹江周辺は、入隊当時のところで大体わかったから、南下するためにいち早く避難した。途中で行動できなくなり、鏡泊湖に行く前にお手上げした。昼間は山にいて、夜行動した。鏡泊湖の近くで昼寝をしていて、いつの間にか包囲され、降伏した。

三道溝にある、ロシアの小隊くらいの部隊に連れて行かれた。そこで何を希

第6章　鏡泊学園、鏡泊湖義勇隊の日本人移民

望するかと聞かれ、日本軍のいるところに合流する。図們に連れて行かれて、武装解除になる。そこにはわが部隊だけでなく、日本兵がウジャウジャいた。ソ連軍がやってきて、腕時計や万年筆とかを狙って、まず死体を掘り起こして調べる。持っている露助（ロシア人に対する蔑称）のヤツらは、いくつも腕時計をはめていた。当時のロシアは、石けんなんかも貴重品で、時計なんかは猶更だった。図們の収容所から、ウズベクにシベリア抑留になる。

　収容所での作業は、ダム工事だった。来る日も来る日も、鍬でおこした土を麻袋に入れ、よたよた担いで運んだ。ノルマだから100％以上やらないと、当たり前のご飯が盛られることはない。缶詰缶に4、50％くらいしか当たらなかったら、もう汁だけだ。それに豆が何粒か入っていて、二口くらい食べたらなくなってしまう。真っ黒なパンも薄いものだけ、100％だったら厚い。働きに応じてだが、1人ずつではなく、班単位で何％だ。栄養失調の可能性はあった。結局、％が上がらなかったら、水みたいなやつでしょ。馬も痩せるとお尻が出てくるが、人間でもあんな状態になる。肉がなくなって、石を持つだけでもフラフラしていた。下痢や、赤痢なんかの伝染病はあったけど、私は罹らなかった。

　日本人の中では、モロトフの名を持つ「モロトフミオ」というのが主立った人物だった。この人達の指図で相当ピンハネされた。そんな人は幾らもいた。ソ連の手先になって、同胞を苦しいどん底に陥れたりする連中も多かったらしい。そういう連中が、帰ってくる船の中で行方不明になった。仲間からやられる。聞くと亡くなったという。共産主義に臣従したと、実際に共産党員のように装って、日本人を苦しめた。自分が早く帰りたいばっかりにそういうことをして、帰ってきた。共産主義に臣従したヤツは、お前等も帰りたかったら一生懸命やりなさい、といっていた。とにかく、共産化しようという意図が、そんな風に影響していた。活動家としての評価は、表面だけでなく、ある程度勉強もしなかったらダメだった。ノルマで良い飯を食いたいがために、そんな風にした。班長になれば責任があるから、強制的に無理をさせた班長もいた。班長は、軍の階級には関わりなかった。語学に長じた人や、収容所でロシア語を教わる人もいた。そういう人達が、お前はロシア語が上手だから班長、小隊長と

いう風に指名される。

　抑留中の教育には、あまり参加しなかった。共産主義に臣従したような類の話し合いや、演説をしたりすることはあった。私は影響されなかった。そんな振る舞いもしなかった。

　食べ物も満足に食ってないのに、そんなことをやる気力などあるものか。ただ夢を見るとか、思うのは食べ物のことばかり。寝ればとにかくご飯が浮かんできて、食べる夢をみる。目が覚めればガッカリして、ああ食べたいという思いばかり。食べる時に目が覚める。私はある時、作業場でパンを拾った。その時は、身動きできなくなるほど、大きいパンをガッと食べた。普段の生活では、とても食えたものでない。黒くて味も素っ気もないが、そのパンを拾ったおかげで一息つけた。

　ウズベク地区第1収容所の近くで、大きな街と言ったらタシケントくらいだ。ウズベク人というのは、日本人に近い。衣類は日本の着物を連想させる。むしろアイヌ人によく似た着物で、帽子をちょこっとかぶり、髪の毛も真っ黒だ。トルコ人に似た人達も中にはいた。収容所は街から近くないが、けっこう地元の人達が来た。石けんや布、食べ物など、貴重なモノを物々交換しにくる。風が吹くと土煙が舞うような中を、覆いもない汚い容器に入れて、モノを持ってくる。空腹だから、汚いことなど気にならない。あの時は嬉しかった。今でも忘れられない。

　シベリアの収容所は、1ヶ所だけだった。帰る時に、途中で下車させられて、ハバロフスクかどこかで、鉄道作業をちょっとさせられた。行く時は、ポシェットから貨車に詰め込まれ、何度も乗り継いでウズベクまで23日間かかった。帰る時は、ナホトカから23時間乗りっぱなしだった。抑留から帰るのは、結局23年の7月でした。

　兄は警察官だったために、私より1年遅れて、やはり抑留された。抑留中は知らなかったが、警察官だから抑留されているだろうと思っていた。そして、一年遅れて帰ってきた。

帰国後　抑留から帰って、実家にすぐ戻った。日本での生活は親と一緒だった。ナホトカから帰ってくる時に、身体の調子をおかしくした。飯も食べられない

第 6 章　鏡泊学園、鏡泊湖義勇隊の日本人移民

状態になって、舞鶴に上陸した時にはやせ細っていた。あるところが腫れて、痛みを感じるような状態だった。舞鶴で、赤飯と鯛の尾頭付き、お酒がちょっと出た。抑留者の帰国船で、上陸した時だ。何食も食べてなかったけど、お酒はいける方なので、お酒とご飯を交換した。お酒の酔いで、しばらくその痛みと具合が悪いのを忘れていられた。結局、長崎病院で診察を受け、1日も早く手術をということだった。しかし、親の顔も見ずに入院なんて出来るかと、家に帰った。しばらく我慢したけど、どうにもならず地元の病院で手術をした。そうしたら、腸のケソウ（？）の両脇にデキモノが出来ていた。そして、空気に当てておけばすぐに良くなるということで、大丈夫かと思ったが、そのまま良くなった。

帰国後に知ったこと　義勇隊の仲間たちと会うようになったのは、抑留から帰国して、大分経ってからだ。末期には、全然会っていない。私自身、生まれ故郷がこの市内でなく離れていたから、そういう点でも近くなかった。長崎市に来て、鏡友会という組織があることを知った。会社勤めで、食べ物を扱っていたから、人が休んでいる時に忙しい。鏡友会は、休みの日を利用して会を催すから、なかなか参加できなかった。誰がどういうところで殺されたとかは、その会合に参加するようになってから知った。先に言った、北海道の外国語の心得のある、あの人の弟さんなんかがやられたらしい。襲われて、隠れていてもやられたという話だ。やはり湾溝に最後まで残った人は、とにかく悲惨な目にあっている。若い人や除隊した人、いちばんは年齢の上の人達だ。私らが軍隊に行ったあとに、縁故者を呼んだから、家族とかでいた人とか、それがほとんどだ。大分お年寄りの人もいた。その点、北海道から来た人たちには、呼び寄せた家族が多かった。あまり長崎からは行っていない。（アンケート回答で2人ほど、ソ連参戦後に、残した家族が心配で部隊を脱走して鏡泊湖に戻ったと）、どこかで聞いた。バラバラになる前でも、状況が状況だから軍隊も、強く引き留める余裕もなかっただろう。長崎県は、一度、鏡泊湖にもどってから帰国した人が多い。鏡泊湖時代のことなら、S（長崎）が最後までいたので、大抵のことは判っていると思う。最近もあそこに行ってきた。広島町（現北広島市）のSから、北海道の鏡友会が新調した名簿を送ってきた。

487

当時の教育　われわれの若い時の教育は、日本を主体とした、日本は偉いんだ、強いんだ、よその国に先んじて何でも出来る国だ、という教育だったから…。だけど常に、俺たちは日本人だという意識はあっただろう。

土地取得について　だから今思うと、結局、（土地を）金を出して買ったわけでもないのだろう。訓練所で農耕をやるにも、地元の人達が耕作していた土地を、金を出して買ったという訳でもないのじゃないか。定額で買収することがあったにしても、彼等にしてみれば、自分たちが耕作した畑をそうですかと快く渡すはずがないと思う。おそらく強制的なものがあっただろうと思う。そういう風な声を、私は聞いたような気がする。1枚が何10町歩という畑で、農作業の時など、昼食を馬で走って知らせるような広さだった。馬に跨るのは、長崎の人はできないから、おそらく北海道の人だろうが。ああいう畑を渡す気持ちにはなれないだろう。おそらく満足するようなことはしていないだろう。

抑留、北方四島とロシア人　何と言っても、私はこの憎たらしい外交面（抑留決定の交渉）からでも、今の北方四島の問題でも、いろいろずる賢くするのを許せない気持ちになる。とにかく北方四島を楯にして、日本から何とか経済的な利益を引きだそうとチラつかせる。

　今はそういう感情だけど、私はロシアという民族の非常に良い点も見た。

　捕虜時代に、農作業に行けば、タバコをのむ人はタバコを買う金もない。あそこのタバコはお茶みたいで、いつも新聞紙でくるくるっと巻いて、葉巻タバコみたいだ。現場の監督や監視する将校に、タバコが無くなったからくれと言うとくれる。いつも一方には紙を持っていて、お茶の葉みたいなのをくれる。それで無くなると、またくれる。自分が無くなったら、捕虜にタバコをくれないかと言う。また、とにかく水が無いところで、そこの民間人が遠くまで水汲みをする。そして、作業をしている中を通るとき、水を飲ませてくれと言うと捕虜に飲ませる、1人や2人じゃない。そして、無くなったらまた水汲みに行く。こういう点を、私はひじょうに忘れられない。

8. **S.Y**　男性　71歳　長崎県　1994.11/15　長崎市
　　義勇隊訓練所〜開拓団・本部倉庫係〜従軍

第6章　鏡泊学園、鏡泊湖義勇隊の日本人移民

応募の経緯　大正13年生まれの71歳。実家は農家でない。長崎県の第一次義勇軍に参加した時は15歳。県から学校に割り当てがあって、割り当てを消化するために、各学校の担任の先生方が相当努力されたようだ。尋常高等小学校の時で、私は一番年下だった。その頃は歳が若いから、軍事訓練といっても何が何だかわからなかった。

　参加者は農学校を中退したり、Sなどは札幌一中だった。上級学校を出てきた人が大分いた。その証拠に、向こうで工業大学とか、医科大学とかに試験を受けてみな行っている。蒙古の軍官学校といったら、日本でいう士官学校クラスで、そういう所にも入った。それぞれがやはり、思い切って行こうという気持ちになった人が集まったのじゃないか。家族のことはよくわからないが、まあ反対をしなかったから行けたのだろう。

義勇隊～開拓団　第7中隊で、私は本部にいた。本部の倉庫係で、燃料、食料、穀物、被服とかをいろいろ扱った。日高出身のHが弾薬庫、農具倉庫はT、愛別出身のNが経理をやっていた。農具と被服はTもやったが、私は全部に関わっていた。

鏡泊湖と周辺人口　湖は、長さが45キロ、幅が6キロ、水深が70メートルある。湖の魚は、鯉や鮒の大きいのが沢山いる。その頃は、釣り針なんかを使って、原始的な捕り方だった。例えば、皮が厚い竹の、真ん中の皮だけを残して使う。先にネギの輪切りを付け、獲物が来たらサッとあげると、大きな鯉が食いつき、ネギが破けてパッと開く…（？）。

　湖の周辺は、住むのであればどこでも住める。昭和13年に行った頃、人口は数千人くらいしかいないはずだ。朝鮮族が非常に多い。朝鮮族は、日韓併合当時から反対者がみんな向こうへ渡り、今日までずっと根を下ろしてきている。わたしの行った東京城というところは、70％は朝鮮族だという。満洲族は本当にわずかだ。漢民族が2割くらい、満洲族は1割くらいしかいないと、そのような話を聞いてきた。2回目に行った時（戦後）の人口は15,000人、今度行ったら30,000人に近いだろう。出て行く人より、入って来る方が多い。

住民との接触　鏡泊学園は、現地人との接触が非常に多かった。塾生には日本人、満洲族、漢民族など、5、6人ほどがいた。塾生は、必ずしも接触のあった住

489

民子弟ということでなく、全然関係ない人も入っている。学園も、農業技術の伝習が基本と言っていい。王道楽土と五族協和が旗印だ。当時は、学園の人達との接触もあまりなく、私も積極的でなかったから、住民との接触の機会もそんなになかった。自分たちの団地の経営が主だから、他の民族にどういう講義をしたか聞く機会はなかった。開拓団では、軍隊のように現地の大人を雇うことはなかった。当時は、13、4歳の子供を雇っていた。

　元からいた人は結構いるが、私の知っている人は少ない（2回目）。たまたま私を知っている人がいて、写真を撮ってきた。今度行ったら、また会ってくる。

従軍　軍隊には、18年2月に志願して入隊した。満洲の現地入隊で、ソ満国境の東寧、それから東綏の守備についた。その後、北支那（→華北）の北支方面軍に移り、河北省新郷にいた。終戦の3か月前に、122師団（文字符号は舞鶴）に転属になり、鏡泊湖に移る。軍隊には数字符号と文字符号があり、秘密を保持するため、部隊令を見ないとわからない。鏡泊湖に来て2か月半ほどの間に、開拓団には1回行った。軍がいたから、義勇隊を出てはじめて開拓団に行き、それきりだった。

　ソ連軍は、東寧、綏芬河の国境から戦車を先頭に入ってきて、主力は真っ直ぐハルピンの方に向かってきた。日本軍は、掖河（牡丹江北1kmの隣駅）東方の磨刀石に相当の地雷を撒き、入ってきた戦車部隊を攻撃した。この時、東京城そばの石頭（崗）に予備士官学校があり、生徒を全部もどすが、ここでもう全滅してしまう。3、4日して、軍司令部は横道橋（横道河子橋）に移る。横道橋は、森林地帯に入る手前で、昔から白系露人が住み着いていた。ここに各師団が集結し、一戦やるということだった。山岳地帯で、鏡泊湖の方も山だから、自然の要塞になっていた。ところが、あまりにソ連軍の侵入が早く、日本軍は体制を立て直せなかった。泳げない人までがみんな、川に飛び込んで死んだ。また、追われて来た人もみんな、橋の上で亡くなった（牡丹江か）。さらに、陸軍病院のある掖河まで来たが（不明）。私たちは横道橋手前の山市まで行って、停戦になった。

　122師団の司令部は南湖頭にあって、その裏に124師団がいた。湖の北岸の

第 6 章　鏡泊学園、鏡泊湖義勇隊の日本人移民

吊水楼という滝の側に、満鉄経営のホテル、リュウセンソウがあり、師団司令部はここを前線基地として指揮をとった。師団の主力が大廟嶺の辺りまで出たところで、ソ連の戦車が予想より早く掖河に突入したという情報が入った。東京城まで行く間に、向こうは牡丹江を突破して来るということで、そのまま元の位置に戻り、戦闘態勢をとった。ソ連軍の戦車は寧古塔（寧安）を通り、122師団、124師団の方に突っ込んできた。学園屯や、開拓団があったところにもそのまま入ってきた。結局、師団は戦闘もないまま停戦となる。停戦協定は東京城で結ばれた。停戦から2、3日かして、師団長、参謀長もみんな東京城に来いということで、赤鹿中将、岩本参謀長などが出張した。ここでソ連の、日本で言えば少将くらいの人と、停戦協定の細部にわたり、武装解除その他について話し合われた。それから4、5日して、8月15日以後に武装解除となった。場所は、南湖頭の師団司令部そばで、兵器を全部一ヶ所に集め、家の高さぐらいになった。小銃、弾薬のほか、122師団は山砲、124師団は野砲が主力で、それらの砲も全部集められた。ただし、兵器は15日以前に使えないようにして、引き渡された。撃鉄なども、弾を込めて使えないようにした。無線機でも5号機、4号機、3号機とあったが、一番悪いのを提出した。良いのはまた来る時に使えるよう、色々仕組んだ。秘密がばれないよう、川の深いところなどに埋めた。

収容　ソ連の司令部から、122師団は全部東京城まで出て来いということで、開拓団のみんなも一緒に軍と移動することになった。東京城まで出たら、ウラジオまで行き、乗船できるということだった。現地で強姦されてもいけないから、軍と共に行動しようと、みんな大発に乗って寧古塔まで来た。ここは元シキツウという所で、寧古塔から東京城まで森林鉄道があった。これを利用して、軍は食料、弾薬、兵器などをみんな、大発の発動機をつけた上陸用舟艇で全部もたせた。この時は、私達の避難民だけが乗った。兵隊と一般人とは別だったが、私達は軍隊から抜け出して、仲間のところに全部集まった。軍の上司から、「君はこの辺は詳しいから」といわれ、「みんな若者がいるからここで放してください、解放してください」というと、仕方ないということで私はみんなと合流した。もう軍には何人もいなかった。だから、私なんかが一番最後まで残っ

491

て、後のことが良くわかっている。開拓団のみんなと合流してからも、相当に苦労した。その鉄道のトロッコも無くなっていて、ここから2日がかりで歩き、東京城が1、2里のところまで行った。ここでソ連軍の指示があり、男性と女性に分けられた。東京城のバレンムラというところの中間に、開拓団の後を収容所にして、女性と子供、年寄りもみんなここに入れられた。

　その他の者は、東京城を通って、寧安と牡丹江の中間にあった温春の飛行場跡の格納庫に収容された。武装解除されて、4、5日から1週間くらいだった。そこは、開拓団の男性も一緒だった。飛行場には8月末か9月初めまでの10日か15日いた。さらに、牡丹江から2里くらい離れているところに移された。牡丹江市は、日本軍の兵営が遠巻きにあった。連隊とか師団司令部、方面軍司令部があり、周りが全部兵舎で包囲され、厳重な守りができていた。ここの一番西にあった、八達溝という日本軍の輜重隊の跡に入れられた。そこでは、特別な作業で屠殺場の班長をやった。開拓団で飼っていた牛を、露助（ロシア人の蔑称）が全部徴発してくる。それを屠殺して、全部解体する。身と皮を別々にして、皮には塩をまぶして、たたみ込んで保存する。積み上げたら、人夫の払った努力で、何日分も溜まっている。肉は肉で、また塩をふりまいて積み上げていく。それを全部本国に送っていた。日本軍の捕虜に食べさせたのじゃない。全部持って行ってしまった。その時に面白い話がある。捕虜になって、重労働をさせられる中に、私は屠殺の方の専門だから、肉も上手く持って来られる。毎日、使役が50人くらいいる。兵隊と、一般人で25人ずつ出した。みんな帰りには、肉を持って帰った。それが見つかり、二度としたら銃殺という。そこで名案が浮かんだ。そのころはもう霜が降り、毎日寒かったから、誰かの知恵で血がとっても栄養になると、中国では血を捨てたりはしない。よしわかった、肉のロースのところをおおきく千切って石油缶に入れ、その上に血を流し込む。血はいいかと聞くと、OKという。検査の時に、血は手を突っ込んで検査しないからわからない。それで収容所の人達に持って行って、仲間に全部食べさせる。肉を毎日食べる。その上、ソ連の兵隊が警備しながら、監視の中に飼育員（？）かな、寒くなるもんだから燃料がいる。燃料がないから、日本人が建てた官舎とか、建物を壊しに行く。壊したら柱とか、材木がたくさん

第 6 章　鏡泊学園、鏡泊湖義勇隊の日本人移民

出る。それを担いで帰る。ところが、その家が中をそのままにして逃げている。中国人がどれも漁っているけれども、地下室があるところはそのままにしてある。米でも砂糖でも何でもある。みんな持ってくる。私は肉があるものだから、みんな私のところに集まるわけだ。それで食べ物が充分あるから、まるまる太った。銀飯を食べて、肉を食べる。腹一杯食べられる。これはもう秘密でやった。だから私たちは、鏡泊湖にいた人の中では今東京にいるＴあたりが知っている、私が班長で大分幅をきかせたことを。八達溝には 3 か月くらいいた。

　10 月の半ば過ぎ、今度は兵隊と一般人を分けた。そこから初めて、作業大隊というのが出てきた。一般人は軍隊でないから、みんなは牡丹江から歩いて鏡泊湖まで入っている。それからが非常な苦労をする、一冬を越すわけだから。
入院～帰国　その時、私は発疹チフスになり、牡丹江の掖河の陸軍病院に入院した。通院をできるようになって、東京城に来た。牡丹江に出たときに、Ｍという医者が開業していた。この人が逃げる時に、家が略奪にあい、下士官からもらった銃で 5 人を殺している。牡丹江に逃げてきて、そこの警察署長、地区の保安局長という人が拳銃で撃たれ、Ｍが治療していた。たまたま私が中国語がわかるということで、頼まれたことがある。彼には妻と 3 人の子供がおり、うち 1 人は生活に困って現地人に売った。その子を 300 円で買い戻してくれ、ということだった。1 週間ぐらいして、ソ連軍のトラックに乗って行き、その子を買い戻してきた。その現地人は農家だった。日本人は頭が良いと、医者の子供なので直ぐに飛びついたという。その子は孤児にならず、今東京にいる。父は亡くなった。一度会いたいと言われたが、私は会いたくなかった。そんなことで、子供を牡丹江に連れ帰り、Ｍ医師と一緒に生活した。その後またＭ医師から、「家族を連れてハルピンの方に逃げてくれないか、私も後から追いかけていくから」といわれる。その事情が、八路軍のマという司令官が共産党の本拠、延安に転勤することになり、そこに行くには足の治療があるから一緒に来いと。そこに行ったら帰って来れないから、後で逃げるので、家族だけを連れて逃げてくれということだった。それで私は、ハルピンの方が状況はいいだろうということで逃げた。日本人が多く、入り込んだらわからないと。

493

そこまで逃げて、私はM医師の家族と別れた。
　一般の避難民が内地へ行く第2次の病院列車が出るので、私はその列車の所属になった。病院の引き揚げ列車で、葫蘆島まで行った。葫蘆島で、キトウさんという英語通訳と交代した。ハワイ生まれの奥さんで、ご主人が陸軍大尉という。交代した途端、向こうの方は、アメちゃん（米国人に対する蔑称）の待遇は特別に良い。それまで私は一番苦労した。途中で、駅と駅との中間で停まって、2日も3日も動かない。お金が要求される。それから屍体を処理するのに、中国人だけの駅もあるが、日本人の満鉄社員がいる駅に止める。そして、屍体を出して、お金を出して、現地人に納得してくれと。そのようにして、ずっと払ってきた。海の上なら水葬が出来たけど、途中で出来ないものだから払った。葫蘆島まで来て、ようやく帰れるという気持ちになった。開拓団の人達とは、まったく別に動いた。帰ってきたのは21年の12月25日で、佐世保に着いた。

団員の襲撃事件　松乙溝というところで、現地人に襲撃された事件がある。夕方に女子供を連れて、湾溝から軍がいるところに行こうとした。一晩、山の中腹で野営することになり、飯盒でご飯を炊く準備をしていた。その明かりが目標になって襲撃され、ここで大分亡くなっている。名古屋のTさんがこの時に負傷し、収容所（八達溝）に来た。露助に治療をしてもらって、後から来た。弾がかすって、その時は気絶したと、Hさんから聞いた。我々にはわからない、捕虜の身だったから。それで、気絶して目が覚めたところ、みんなやられていた。それで、フラフラしている間に露助に捕まり、負傷しているから南湖頭で治療を受けたと。露助の部隊がいて、治療を受け、東京城に送られて何日間かいたのだろう。本に出ている（『鏡泊の山河よ永遠に』）。

残留、留用　自主的に残ったのではSという人がいたが、本人かどうかは判らなかった。Isという人の消息がわからない。軍の関係ではなくて、現地に残って生活していた人がわからなくなった。八路軍に入って、5年か10年後に帰ってきた人がいる。私の所では、名古屋のTYが八路軍の兵隊で長く残っていた。鏡泊湖の開拓団員だ。ずっと長かったKKという人が、八路軍に入って大分苦労したようだ。特に思想的とか、中国人と一緒にやろうという何かがあったの

じゃない、強制的にやらされた。いま秋田県にいる YT が八路軍に入っていた。八路軍でいろいろ待遇されて、小銃とか砲の操作を教えて優遇された。特別な技術があってかわれた。

残留者の世話　残留された方たちを呼び戻すのは、私だけじゃなく S も入っている。私は 15 年前からで、一番最初の方だったろう。それは東京の M さんが、そして長崎出身の人が日本に帰ってきたから、ちょっと会ってくれということだった。私は長崎出身だから、色々と話をして、現地にどれくらいの方がいるかとか状況を聞いた。その時が初めてだった。それまでは、自分の生活をしていくだけで一生懸命だった。色々話を聞いて、何とかやってみようということになった。田中首相の国交回復以降、1974 年の前後になる。それで今度は東京に来て、どうしても帰ると、中国へ帰った。もう帰らないで残ることはできない。今日のことは忘れて、頑張らないと仕方ない。いろいろ主人もいるし、などと云って…。

　開拓団で残った方は、行方不明でわからない。わたしの方はいろいろと捜索してみると、5、6 人はいたのじゃないかと思う。だいたいは帰ってきた。後は、関係者ではよその開拓団にいた人なんかはまだ何人かいるかもしれない。私の方の鏡泊湖の人達では秋田、香川、それから自分の仲間達。義勇隊の仲間では、秋田はこの前帰ってきたあの人だけがいた。これは開拓団の仲間で、そういう方もいる。それともう 1 人、これは行ってみないとわからないが、写真も撮ってきたけど…。

いま思うこと　当時は精神教育を受けて、なんとか国のために生きようとしたが、戦争で日本の国が破れ、一緒に帰れなかった、満洲の土と化してしまった同志、家族のみなさんには、自分達だけが戻ってきて本当に申し訳ないという気持ちだ。

略奪でない？　王道楽土とか、五族協和ということは、間違っていないと思った。目標、目的は立派なモノだと思う。ただその過程で、たとえば 100 万戸、500 万の移民というのは、中国の貧しい者達から、現地人から耕作地を安く買収して、それを分配したことになっている、表面上は。本当は記録を見ると、満洲拓植公社が買収した 20 万町歩の中で、実際、開拓団に譲渡したのは 3 分の 1、

4分の1もない。公社は買収しても、そのまま放置して荒れ地にしてしまっている。というのは、地力が無くなっているところを買収し、作ってもある程度になったら伸びない。そんな無駄なことをして、現地人からは略奪という烙印を押されることになった。実際はそうじゃないと思う。

本当は、中国人が全然作っていないところは肥沃だ。そんなところを開墾して、作ったら良くできている。そんなところに移動させられた。建前は、日本に耕作地を買収されたと言っているけれども、本音は、こんなところに移動させられたけど、豊作でとても良く出来たと。こういう矛盾がある、色んな物を読んでみると。

　※ 『寧安県志』には、「日偽罪行録」として下記13項目を記載する。
　　（1）鯨呑土地、（2）帰屯并村、建立 " 集団部落 "、（3）搞移民、建据点、
　　（4）粮谷出荷与粮食配給、（5）" 勤労奉仕 "、（6）抓労工、（7）強行遷移、
　　（8）抓経済犯、（9）抓 " 嫌疑犯 "、（10）大捜査、（11）大屠殺、
　　（12）強財物和強奸婦女、（13）奴化教育
　　　この様々な " 罪行 " の一つとして、強制移住の概況と被害の具体事例が記載される。
　　（寺林「黒竜江省における北海道送出「開拓団」と現地農民」に（1）〜（3）、（7）を抄訳、『18世紀以降の北海道とサハリン州・黒竜江省・アルバータ州における諸民族と文化―北方文化共同研究事業研究報告』2005年所収）

水稲栽培などについて　今日においても、寒地の農業というのはそうだ。北海道の旭川の緯度と、牡丹江は同じくらいだ。どうして向こうの人達がトウモロコシとか、いろいろな野菜の種子を頼むかと云うと、水稲なんかもそうだけど、その頃はまだ出来なかった。今度行ったら、みんな水稲栽培をしている。あの種子は、みんな北海道などから行ったものが使われている。大陸農法の場合でもそうだ。

朝鮮族が開いて、作った水田を買収したというのはある。満洲拓植公社が買収したから、義勇隊開拓団でも少ないけどある。あの人達の話をすると、そういうところがあるようだ。

それでも初めての水稲栽培が、あれだけ広範囲に、湿地帯で何も出来なかったところでもやってきている。日本から行って、三江平原というところなどは

不毛の地だった。日本の開拓民が全然手を付けていないところが、今は黄金の稲穂が見渡す限りというくらいだ。それは北海道から移植したものが定着したと、私は思う。栽培は確か、秋田県かどこかの人が行って、種子は北海道のを持って行っている。

（農業技師、実験農家が渡航して、北海道の農法や寒地作物を移植したことについて）、本当の地道な教育によって、水稲栽培というのは、収穫量でいえば世界一になっている。日本の倍以上くらいの収穫量がある。中国の人口は10数倍だから、10人に1人しか食べられない。それでも昔は、水稲栽培はある程度寒いところでは出来なかった。それが今日では本当に驚くほど、ハルピンと云ったら大分寒い。ハルピンに行っても、そのずっと北の方でもみな水稲を作っている。

そういうところを見れば、やはり日本の農業技術は…。カボチャなども、今の北海道の品種などは優れている。（最近、持参した種子について）、今回はマタビ（？）、トウモロコシ、水稲、カボチャとシラシド（？）などを持って行った。これが一番喜ぶ。外来種というのは、例えばマタビ（？）などでも、皮が厚くて中の方だけしか甘くならない。その種子は、政府の方から渡してもらう。本当は直接、現地の人に会って親交を深める方がいいのだけど…。

思い出のもの　当時、収容所に入れられて、現地人が針でグッと底の方なんか一針ずつ縫って作ってくれたクツを持ってきた。それから義勇軍の作業外套とか。この前、平和祈念事業特別基金に食器を全部送ったから、食器とか防毒面の袋とか義勇軍時代のものを収容所でもらったりした。それから義勇軍の防寒服、私が着たものなども持ってきた。引き揚げ船が長崎の方に来てくれたから、残すことができた。厚生省が、引き揚げ者、恩給欠格者、強制抑留者をあわせて、平和祈念事業特別基金というのをやっている。その展示資料館に陳列するために、私なんかが引き揚げ船の時のものを出している。地元の展示会などには、貸し出したりしていない。ソ連軍に捕まると、女は強姦されたりするので、全部髪を切って男の子の格好にした。その髪を持ってきたりしている。もう76、7になる方が、黒いままだけど、栄養失調だったのか切れる。そういうものも記録として残しておいてくれということで…。

9. **T.K（旧姓：S.K）　男性　65歳　北海道上川支庁　1995.3/2　名古屋市**
　　補充団員〜寧安→牡丹江→掖河の各収容所

補充団員　札幌の山鼻小学校（→国民学校）の高等科を出た。小学校6年の時に、当時は食料事情が悪かったので、満洲開拓義勇軍というのがあるのでどうだと、父から云われた。私も小学校で農園をちょっとやっていた。また、友達の母親が道庁に勤めていたので、拓務課の方へ声をかけてもらった。昭和17年、高等科2年を卒業してだから14歳だった。父は炭礦汽船、北炭で道庁のすぐ裏の角にあった。幾春別、幌内の監督というか、そのようなことをやっていた。父は当時、町内の隣組長をしていたので、率先して息子を出したというようなことだ。どちらかと言うと、父は堅物というか、義侠心みたいなものがあった。母は普通の人だが、本人が行くというから気持ちが動いたと思う。満洲には、本当に夢があった。道庁の村田さんが拓務課長になった時で、面接の時、必ず成功して帰ってきてくれと懇々と言われ、はいはいという感じだった。また、札幌市役所の拓務課長からも懇々と言われ、いよいよ行くことになった。その時は、札幌から3人が行くことになるが、1人は兵隊に、1人は途中で体調が悪いと帰った。Htさんという方は札幌で、兵隊に行ったのはKwさんと言って、豊幌だかの方だった。とにかく3人の出発に、同級生や親戚が幟をたてて、兵隊の出征と同じように駅まで見送ってくれた。

満洲へ　新潟を発つときは、しばらく日本とはお別れと思って、やはりちょっとしんみりした。テープをもって別れを惜しんでいるのを見ると、そんな気になった。羅津（北朝鮮）に上陸し、はじめてだから変わった人がいるなと感じた。羅津の街は一本道で、日本軍が駐屯していた。えらい大きいコンクリの映画館がぽつんとあった。それに、食堂が2、3軒あったくらいだ。開拓会館というなかなか立派なところに泊まり、2日後に2人の先輩が迎えに来た。Oh指導員と、TKという北見の方の人で、いまも健在だ。AFとか、HEとかも一緒に行った。いまは千歳の方で、牧場をやっている。

　札幌から行った3人は、黒竜江省の孫呉訓練所に入った。孫呉では3人だったが、鏡泊湖では10何人かになった。札幌から一緒のHtさん、Kwさんも、

第 6 章　鏡泊学園、鏡泊湖義勇隊の日本人移民

鏡泊湖まで行った。はいった部落は別々で、Ht さんが一番手前の共栄郷、学園村手前の部落だったが、すぐ病気になり、嫌になって帰った。屯墾病（ホームシック）というやつだ。

　この他に、だいぶ後に行った SY はもの凄い背の高い人、それから KS。これは帰ってきた人しか書いてないから、Kn さんなんかは全然知らない。知らないうちに来ていた。KI は家族と一緒に来た。家族で入ったのは北海道からばかりだった。Mr さんは元気で名古屋にいる。それから Yi さんという人が、僕より少し下だった。

団本部〜湾溝　16 年頃、各部落に配属になった。各部落に別れる前は、みんな本部にいた。

　補充団員にも、訓練期間が多少はあった。17 年の 3、4 月一杯、本部で一応の訓練をして、各部落に配属された。私の場合は、本部から 3、4 里くらいの湾溝という一番奥だった。そこの大和郷という部落だった。その頃には、開拓団として本格的になった。当初はまだ先輩が 1 部屋に 10 人くらいいた。1 〜 4 班だから、5、60 名はいた。住所は、東満総省の牡丹江省寧安県東京城鏡泊湖と長くて困った。

農作業　それこそ街の真ん中から出て来たり、学校を卒業して直ぐだし、百姓（農業）の仕方もわからなかった。農具の使い方も、プラウの付け方も全くわからない。いろいろ先輩に教えてもらい、プラウを使った。当時、プラウと言ったら最高の農具だ。中国人や朝鮮人の農具を見ていると、木で作った、在来式の自分で作ったものだった。畑を起こすのでない、ただスゴウ（土？）をかするような感じで、そこへ種を植えていく。日本人みたいに、プラウで起こしたりしない。それでツメバラ（？）使って、チョウサハラ（？）使って全部…。いい所に行けばトラクターも使っていたけど、われわれの所ではそこまでいかず、プラウで牧草なんかも作っていた。プラウは改良するほどでもない。ただ粘土質で、うちの開拓団では部落ごとに鍛冶や農機具の専門がいた。父も、釧路で木工所の機関士みたいなことをやっていたので、本部勤めになってから各開拓団を回っていた。赤鹿師団に行くこともあった。

東京城との往来　経理係をやった方が、東京城によく行ったと云っていた。色ん

な人がやっている。Uk さんという人の旦那さんが、東京城の出張所の所長をやっていた（満拓か）。その前に、Ma さんもやっていた。時々変わる、半年か1年おきくらいに。東京城から鏡泊湖へ物資を輸送するのも、いろんな者が来ていたらしい。先輩の話でチラチラと聴いた。

学園、軍隊との繋がり　（義勇隊と鏡泊学園とのトラブルについて）、僕もそこら辺まではよく分からない。どうしてか知らないけれども、義勇隊本部と学園とが2つあって、どうもおかしいと薄々感じていた。何かのトラブルがあったということは感じとれる。だから、こういう本を読んで、義勇隊と学園の生い立ちを照らし合わせると、そこに何かが浮かんでくる。義勇隊員同士でも、なかなか肌の合う奴と合わない奴がいたらしいから。

　（義勇隊から学園に移った方について）、OY という人はそうかな。だから、やはり思いというのがあっただろうと思う。この OY、那須高原に牧場を開いた人も。TK、TC、やはりこれをざっと見たけども（『満洲鏡泊学園鏡友会創立60周年記念誌』）、軍隊と学園と義勇隊というのは繋がりがずっとある。こういうことを知っておかないと、やはり他国に行っても、自分のしたいだけのことを振り回すと、とんでもないことになる。向こうの人で、思っている人はこういうことも思っているから、色んな事が思い浮かんでくるから。

団員の減少　私ら補充団員が入ったのは17年だけれど、まだ先輩達もたくさんいた。各部落はだいたい同じくらいの規模だが、20年に近くなるにつれてだんだん団員がいなくなり、大和郷は20人足らずになった。結局、私の Sa 家と、Mo さんという家族がいて、年寄りと女性、若い者は私1人だけになった。

末期の家族招致　僕らが行った頃はまだ良かった。でも19年頃になると、みな口には出さないけども、様子がおかしいと感じていた。団員がいなくなり、兵隊さんが家に泊まっても鉄砲がない。僕は本当は昭和3年生まれだけど、満洲に行っている間に、親父が戸籍を一年ずらした。だから、僕はきわどいところで兵隊に行かずに止まった。19年に、私が家族を迎えに来る手紙を出した時、父はこういう状況だから止めようと言っていたらしい。だが、成功して迎えに来るのに、行かないのもということになった。それでも父は、やはり行きたくないと言っていたようだ。虫が知らせたということか。結局、20年に帰って

きて、私は家族を連れて行った。今考えると、何で行ったのかと思う。なんと言ってもお国のためだったとしか云えない。結局、団員がみな兵隊に行くため、私らが補充することになった。

補充団員数　やはり何だかんだ言って12、3名はいたか。行ったのは14、5人くらいと思う（開拓団全体か）。そのうち生きているのは少ない。僕とUe兄弟とTh、名前が変わったからTkさんか。その人と5人しかいない。あと途中で兵隊に行って、帰って来たのか来ないのかわからない。札幌のKaさんだって、どうなったのかわからない。札幌の引揚者名簿を見れば、大体のことはわかると思うけど。この人等が残っているっていうのも（？）。

　とにかく学園と部落（団本部と大和郷か）へ一緒に行ったIK（ITか）という人は、学園（団本部か）にいる間に病気になって、この間40年ぶりに会った。お兄さんも、満洲に行く時に一緒に来ていた。

住民との接触　各部落に配属になって、住民ともお付き合いをするようになった。はじめて湾溝に行った時、先輩はみんな満人の服装をそれぞれしていた。向こうの人に成りすまして馴染むというか、KKさんなんかヨレヨレの満服だった。だから、親しみを感じる人は、そういうことから接したのだろう。私の部落は、西の方に満人（傀儡満洲国成立時に在住した漢族、満族等）、東の方に朝鮮人が住んでいて、よく遊びにも行った。湾溝に来てから、長崎のMtさんによく街（学園村か）に遊びに連れて行ってもらった。満人、朝鮮人の場合は協和会があり、（湾溝屯の4つ）郷にはそれぞれ郷長がいて、自警団もあった。郷の中は、隣組みたいに4つの班に分かれているから、班長も4人いた。行った当初いちばん感じたのは、物資配給といっても朝鮮人や満人で配給の量が違うことだった。そういうことが、中国人なり朝鮮人から聞こえてくる。どうして同じ人間なのに、こうまで差別するのかと感じた。

　住民と接してみると、何かおかしいと感じた。部落に入ってくる兵隊さんが鉄砲を持っていないし、そういう風になってくると、すでに住民は分かっている。われわれより知っている。そういう情報というのは、向こうは本当に早い。身近に接していると、雰囲気で分かってくる。住民はそういう読み取りが早い。僕らはまだ若いから、余計に分からない。ただ、おかしいということぐらいは

わかる。まさか、ここまでになるとは思わなかった（日本の劣勢）。やはり…本当に…もう中国から、部落の方があれだっていうことは、僕なりに感じた。行ってみたら、われわれ歳の若い人間でも感じた。2年ちょっとの間、僕らは見て見ない振りをしていたけど、先輩達の皆やった行為はやはりそういうところが多少あった。だから、日本という国はやはり、軍隊が幅をきかせると、皆がそれを追って幅をきかせたというのが、そういう素振りが見えるんだ。

　接する機会は、この半年の間が一番あった（敗戦までか）。一緒に寝起きしていた。この韓伝発（チョンドファ）という人は、顔を見たらモンゴル系、中華的なものも入っていると思う。今思い浮かべても、肌の色が土色と言うのか、奥さんもそんな感じだった。一緒に生活していても、よく冗談を言った。ひらけた人間だった。韓も、家によく連れて行ってくれた。韓伝発の家には、KKさんもよく行ったはずだ。言葉をだんだん覚え、親近感というのか、馴染みも深くなっていった。団員がみんな兵隊に行っていなくなっても、面倒を見てくれたり、親しくしていた。先輩の話を聴くと、韓は、当時としてはかなりの金を出して嫁を迎えたという。かなりいいところの嫁という話だ。だから、この部落ではかなり名を売っていたし、他の部落に行ってもなかなか幅もきいた。それだけ信頼感というか、好かれた。面白い人間だった。配給に砂糖でもあった時、お乳がでるからと、牛とか綿羊を売った（に替えた？）。満人の中に自警団の団長がいて、若い奥さんをもらって子供ができた。子供はできたけど、おっぱいが出ない。困って言ってきた団長に、牛乳を分けてあげた。百姓のことから、妊婦のことまで、韓のところにはいろいろと頼みにきた。そういうコミュニケーションがあって、仕事でもなんでも親しみを感じるようになった。

中国人のケシづくりに　中国人のケシの実づくりに、湾溝の奥に2週間ほど行ったことがある。中国人が食べるのに困るからだった。その後、男3人くらいで手が回らないくらい大きなアカマツの木を伐採して帰ってきた。使われている中国人と、もう1人、私の3人だった。真冬の真っ暗な時で、恐る恐る銃器は持って行ったが、2度とそこには入らなかった。中国人も困ると、一時そういうことをやった。ケシを隠れて栽培し、流した。昔から中国では、精神の良くないのは、遊んで楽をして、そういう生活をするという。敗戦で逃走する時、

第 6 章　鏡泊学園、鏡泊湖義勇隊の日本人移民

おふくろが亡くなった場所よりも更に奥だった。

「**匪賊**」について　鏡泊湖というところは匪賊の巣だと、先輩から聞いた。言い換えると、共産党、国民党、金日成の勢力などが、周辺の山間部に潜伏していた。それだけ、周辺は深い自然があった。僕は知らない所だけれども、東京城から鏡泊湖に入ってくる途中に、ヤママガリ（→七曲、大廟嶺）というところがある。ここで色んな事件が起きた（山田学園総務等の襲撃事件など）。そこに碑も立っている（「嗚呼殉国十九烈士之碑」）。

　大分前の先輩の写真を見た。「匪賊」が入ってきて撃ち合いをし、首だけが3つか4つ台の上に並べて撮った写真を持っていた。家族には見せたくなかったので、もらったものは焼いた。先輩達がやった、そういう写真もあった。やはり相当に無理があったということは、感じだけはあった。僕がいた時も1回あって、兵舎から30分くらい撃ち合いをしたことがある。あの時はじめて、鉄砲というものを触って、しかも戦った。軍事訓練の時に実弾演習もやるけど、弾は入れても実際は発砲しなかった。「匪賊」が来た時に、はじめて撃ち合いをした。

　　※　ここでは、先輩が戦ったとされる「匪賊」の首級写真と、証言者が経験した撃ち合いについて語られる。証言者は補充団員であり、撃ち合いの経験も不穏になる末期と考えられる。はたして先輩は「匪賊」と戦って、そんな写真まで撮ったであろうか。というのは、事変直後の鏡泊学園の場合でも、戦闘に参加させないよう関東軍が部隊を出動していた。義勇隊が移るのは、数年の軍駐屯を経て、「匪賊」の活動が治まった時期である。学園生は20代の在郷軍人が主だったのに対し、義勇隊員は10代の徴兵前で、本格的な訓練も受けていなかった。こうした点を考慮すると、先輩隊員が斬首までして写真を撮ったとは考えにくい。おそらく軍人などから入手して、後輩に見せびらかしたとする方が妥当でないか。当時、軍人が、惨殺した写真を持ち歩いたり、日本に持ち帰ったことなどはよく知られているからである。

日本軍の備え　18年の終わりくらいから、松乙溝の山、鴬歌嶺の裏に師団が要塞を築いているのは知っていた。私服の憲兵もしょっちゅう入っていた。松乙溝の木橋は、戦車などが通れるところでない。結局、湾溝まで回り込んで行こうとしたが、とにかく道が悪い。雨が降ったら、粘土だからドロドロで田んぼ

と一緒になる。それで立ち往生するし、露助が待ち構えることになる。赤鹿師団はここでくい止めるつもりでいたが、結局、出来上がる前に終わった。僕らは2、3日使役に出され、お袋なども引っ張り出されるような形勢だった。兵隊がたくさんいたから、みんな任務で外していても、一般の人には一番安全だった。タチの悪い奴なら、一般の人でもすぐ殺そうとするから。そういう混乱が起きていた。

ソ連軍からの避難　ソ連軍は、牡丹江東側の国境、東寧とか綏芬河からいきなり戦車で入ってきた。とにかく、兵隊は武器もなく、お手上げだった。一部は応戦したけど、すぐダメになった。8月9日か、15日を過ぎてか、もう本部との連絡も取れなくなっていた。露助（ロシア人に対する蔑称）が入ってきて、暴行がはじまった。最初は、みんなを天井にあげていた。男は私と兵隊に行けない父や隣のおじさんくらいで、女性は全員天井にあげた。だけど、Mrさんの奥さんが子供ができて幾月も経っていない。赤ちゃんはお腹が空けば泣く、おしっこすれば泣く。それが一番気がかりで、赤ちゃんが泣くとヒヤッとした。日本人ばかりでなく、満人や朝鮮人もみんなそういう暴行に遭ったり、いろんなことをされたので、いられなくなって逃げた。満人や朝鮮人とは別々に、僕たちだけで逃げた。

最初は東京城まで出たが、飛行場が燃え、石頭の方からはロシアの戦車がどんどん来るのが見えて、慌てて逃げ帰った。本部からも探しに来たらしいが、私らはもうすでに湾溝にいなかった。いつも伐採をしている山中に逃げ込み、そこで半月くらいいただろう。その間に、部落の戦友（？）が探しに来て、食事なんかも心配してくれた。私も夜になると部落と行き来し、味噌や醬油をもらって来るなどした。終戦は大分経ってから知った。

二度の襲撃に遭う　ある日、東京（城）のSyさんが満人の格好をして私たちを探しに来た。本部の人間にあうのは、その時がはじめてだった。本部の連中もみな、南湖頭に集まり東京城の収容所に入るということで、一緒に来るよう云われた。湾溝から行く途中、私たちは山中で物盗りにあった。そこで両親と兄が死んだ（母は終戦の前年、心不全で亡くなった？）。17、8名いたが、生き残ったのは私と妹2人、それからMrさんの家族3人、とにかく6、7人しか

残らなかった。朝は国道を戦車が走っているので、夜を待って、そこから川越え、山越えをして行った。鷹嶺という山に農事試験場の1つがあり、そこに来るよう云われ、山伝いに行き、朝になる前についた。そこには学校の先生、Khさんと弟（兄は健在）、経理をしていた女性の3人がいた。さらに、近くの南湖頭に集合ということで、また山越えをする時に狙撃された。沢があって、夕食の準備をしていたら、向こうの斜面から撃ってきた。Yn先生とMKさん、Khさんの3人がやられ、最後に私もやられて、頭部を銃弾が貫通した。

　妹や生き残った人は、また湾溝に戻り、しばらく留まった。騙されてロシアに連れて行かれるというような、流言蜚語がとんだという。

治療、収容、入院　私は陸軍の病院で治療を受ける。陸軍の人は粗くて凄い、消毒ガーゼを3、4回交換しただけだ。それからは湾溝に戻らず、東京城に出るため、妹達をつれて学園村に来た。日本語の達者な中国人が、危ないから行かないよう止めたが、帰りたい一心で、東京城の様子を見に行くことにした。湾溝（屯）から学園（村）を出て、東京城にずっと歩いていく途中、通りの脇には日本人だか支那（「秦」の転訛）人だかわからない人の死体がゴロゴロしていた。移動中は、ほとんどまともに食べられなかった。その辺にある大根、にんじん、大豆とかを生で食べるくらい。生の大豆は最初、青臭くて食えなかった。生きるために食べられるようになった。何が何でもという精神力だ。秋田開拓団のところで、露助と朝鮮人とが道路工事をしていた。10軒ほどの朝鮮部落を抜けようとして、露助に空砲を撃たれた。中国人の子供が、日本人と告げらしい。中国服に変装して1人でここまで来たが、バレて捕まってしまう。翌日、露助のトラックで東京城まで連れて行かれる。妹達が追って来たらしく、偶然にもここで落ち合うことができた。しかし、東京城では別々に収容され、湾溝に戻るまで別れ別れとなった。

　東京城の収容所には、そんなに人はいなかった。間もなくそこを出て、寧安手前の蘭崗飛行場に移された。ここに本部と団の連中がいた。1週間くらいいて、寧安、牡丹江に行くことになった。牡丹江の収容所に移る時は、傷がずいぶん痛んだ。寧安から、長崎のSYさんと一緒になり、牡丹江の近くで、私は歩けなくなった。荷物を荷車に積んでもらうが、SYさんもやっとの状態で、

車に乗せてもらい収容所までいった。牡丹江北側の駅裏に満軍の自動車隊があり、うちの団の者全部がまとまった。私は牡丹江の収容所に着いた時に治療しただけで、あとは掖河の収容所でも全然やっていない。それでも化膿することなく、傷口は塞がり、知らないうちに治ってしまった。ご飯を食べられるようになって、身体はメキメキ回復した。ただ、今でも天候不順な時に頭が痛む、横腹も針を刺したように痛む。

収容所では、使役に行ったりいろいろしている内に、団長も先輩も何か分からない内にみんないなくなった。SYさんも、その後どうしたか分からない。結局みんな騙されて、ロシアの兵隊に付き添われ、シベリアに抑留された。収容所の中では、いろんなデマがとんだ。牡丹江の先の樺林というところで、鉄材積み込みの使役をした。やはり帰りたいし、早く日本に帰してやるということからだった。ところが私は、下痢をして体を壊してしまった。牡丹江そばの掖河に、陸軍兵舎だった収容所があり、その隣の病院に入れられた。病室には4、50人ほどがいた。ただ重湯みたいなものでは死んでしまうと思い、とにかく食べ、がむしゃらに起きて部屋のみなさんの世話をした。衛生兵が足りないということで、手伝うよう云われていた。その内に、衛生兵が露助のデスパメラという消毒車で衣服消毒の仕事をしないかと言い、行くことになった。その頃は、ロシア軍が病院の運営も全部管理していた。なかには、日本の軍医のほか、一般人も兵隊さんも軍属もいろいろいた。ただ、開拓団や軍属はもう主力でなく、末期に召集された軍人や満鉄の人などもいた。鏡泊湖にいた人もよく入ってきた。見習い士官で、熱病になった人がいた。すっかりやせ衰え、神経もおかしくなったのか、声をかけてもぽうっとしていた。私が露助と仕事をするようになって4、5日で、その人は亡くなった。毎日毎晩、死人が出た。デスパメラの横に小さな掘っ立て小屋があり、死んだ人をみなそこに運び、翌日にはカチンカチンになった。それをまた、露助に使われている日本人が、トラックに積んでどこかに捨てて来る。そういうことが繰り返されていた。

21年の春3月ころ、収容所が全部解散することになった。解散するということは、一般の人はまとまって日本に帰る。元気な人はロシアに引っ張られたりと、いろいろあった。収容所にいる間に、どこからどう聞えて来たか知ら

いけど、みんな生き残った連中が湾溝に戻っている、学園村に残っている人がたくさんいる、という話が聞こえてきた。

鏡泊湖から帰国まで　翌年、湾溝にもどった時、妹 2 人は韓伝発さんの世話になっていた。Mr さんの妹の M さんが、1 人を東京城の収容所から連れ帰り、2 人を韓さんに預けていた。Mr さん本人は、別の人の世話になっていた。韓さんの世話になっている時に、下の妹が亡くなり、1 人だけを連れ帰ることになった。6 ヶ月くらい世話になっている間に、Mr さんの兄の T さんと 2 人で、土饅頭を掘り起こして、両親の火葬をやった。ただお骨は持ち帰ることができなかった。Mr さん夫婦がどこに行ったか知らないうちに、私は湾溝で一番最後になっていた。湾溝を出る時は、地元の自警団がついて来てくれた。各部落には、満人の自警団が組織されていて、任務にあたっていた。この自警団に見守られながら東京城に歩いて向かった。途中で、自警団は用事ができていなくなり、その後は、自分たちだけで東京城まで行った。ここの収容所で待機して、列車で牡丹江まで行った。牡丹江の花園小学校で、Mr さんとは一緒になり、5 人になった。それから列車でハルピンに向かうが、松花江の鉄橋が落とされていて、一晩野宿して舟で渡った。さらに、ハルピンから無蓋車で新京（長春）、錦州に向かう。新京を過ぎて、もの凄い土砂降りになったことが一番記憶に残っている。錦州で約 1 か月くらい収容所におり、21 年 10 月に葫蘆島を出て、博多に上陸したのが 10 月終わりだった。上陸してからも、発疹チフスとかでとにかく DDT をかけられた。Mr さんとは、牡丹江から博多まで一緒だった。僕の妹は現在、苫小牧にいる。両親と 7 人家族だったが、5 人兄弟のうちの 3 人だけが生き残った。

蒙古にも　満洲にいった人の中には、分かれて蒙古（東部内蒙古）に行った人もいる。小学校の時も、同級生にいた。父親が警察官の関係で行った。小学校の時に別れて、それきりだ。警察官とかは、特に狙われやすかった…。

従軍看護婦の留用　従軍看護婦がこんなことになろうとは…。死ぬとは言わないものの、なって当たり前の時代だから…。そこの土地に入ったら、そこの人間にならなきゃいけない。生活していかなきゃいけないようになってしまう。生きていかなければならない。

引揚後の生活　引き揚げてから、札幌の親戚に一晩泊まった。当時は食べるのが大変だったので、すぐに中湧別にいる父方の叔父のところに世話になった。といっても、食べるのに四苦八苦だったからどこでも同じだった、本当に大変だった。妹は、叔父のところに預けた。私は札幌にもどり、3、4つ上の従兄弟にまた百姓をやるというと、中島公園の拓殖会館で満洲引揚者の援護をしていると教えてくれた。その紹介があって、日高に入ることになった。日高で農業をしていろいろあったが、静内のItさんという牧場で…？

　天理に行って、それから今の名古屋に来た。その時からずっと天理教とお付き合いしている。北海道にいたのは28年までだ。それまでは転々とし、日高に入って1、2年、函館に行き3年働いた。妹は、Tiさんの母親に引き取られ、成長してから天理に行った。いま、妹との縁は切れたことになっている。妹は、引き揚げの時に胸を悪くし、ワクチンで余計に悪くした。子供が出来ない身体になってしまった。いまは電話で連絡をとっている。

　札幌に、お袋の一番下の叔父がいる。満洲に行く前、その叔父は爺さんを連れてよく遊びにきた。その叔父は、樺太の炭鉱に行き、炭鉱の分隊にとられて、終戦で札幌に来た。叔父が札幌にいるのは35、6年になって分かった。私はもう32年から天理にいたし、36、7年からは名古屋で会社勤めをして、一昨年に退職した。その勤め先は、教会長の弟が経営していたところで、姉弟で天理教と繋がりがあった関係で、勤めることになった。仕事は自動車関係で、トヨタ、三菱とかの電気関係だった。

　樺太から引き揚げた叔父とは、ただ電話で話すくらい。妹の世話をしてくれた養母の葬式には行った。余裕も無かったし、用事が無いかぎり、北海道に行くことはほとんどない。そろそろ1回は行かないと、と思っている。いまは子供達もみんな片付いて二人きりだから、毎月天理に帰って、"ひのきしん"という勤労奉仕をやっている。

残留者の弟探し　弟でないかと東京に会いに行った。血液検査に1ヶ月くらいかかり、結局、違っていた。一番下の弟は、当時まだ1歳くらいで、お袋（お骨？）と一緒に背負っていたんだけど…。

引揚者に対する補償　あれは亡くなった人や遺族金と言うか、一時金で大して良

第 6 章　鏡泊学園、鏡泊湖義勇隊の日本人移民

くない。

引揚者の交流　東京の聖蹟桜ヶ丘に、満洲に行った人ら全部を祀る拓魂碑があり、その周辺にズラーッと関係の碑が並んでいて、鏡泊湖関係者の碑もある。長いお付き合いをしている人が、三鷹に 1 人いる。家内の方の知り合いもいる。東京の MK さん、Ta さん、Mr さんの妹、長崎の SY。SY さんは、いまは帰国者の世話を一生懸命している。確か名簿帳を出したのに来ないから、1 回電話しなきゃと思っていた。元気にしているんだ。

中国訪問　みんな年をとり、この機会を逃したら行けなくなると思い、今回は参加した。前々から、終戦 50 年を気にはしていた。1 回は帰って、墓参りをという思いでいた。ほとんど九州の人が多かった。寧古塔（寧安の古名）の病院は、今も病院のままで立派になっている。新しい建物の横に、元の古い建物がある。反対側にもう 1 つ、陸軍の兵舎が昔のまま残っている。東京城駅のホームも昔のままだ。お城があった東京城の遺跡、上京龍泉府。遺跡は駅からだいぶ入ったところだ。この辺りは、日本と同じ名前のお寺がたくさんある。やはり繋がりがあって、興隆寺には、遣渤海使が行き来したころの "御駕籠" も展示してあった。乙姫さまの竜宮伝説があり、鏡泊湖の町の食品というのは全部竜宮だ。鏡泊湖周辺の道路は、一応、舗装している。しょっちゅう大型トラックが通るところは、厚くて良い。自分の住んでいた湾溝にも行って来た。当時の道は全然変わってしまった。昔は周囲に "集団部落" の土塀があったけど、今じゃどの部落に行ってもない。

　湾溝に行ったら、学校もできていて、部落の人がワッと出てきた。私らがいたところを探していると云うと、女の人が頼んでくれたらしく、みんなで探してくれた。学校の先生も出てきたので、昔いたということが分かったのだろう。小学校には天体望遠鏡、バスケットやサッカーのボールを持っていった。土産物をもって行って接したけど、やはり現地の人とは仲良く行き来したいと思う。私の一番の目的は墓参だったが、部落の人に会って、これからも長くお付き合いをしたいと思っている。

　部落で世話になった人がいるかと思い、探しあてたらみんな亡くなっていて、仕方ないと思った。参加者では、Sm さんと Uy さんが湾溝にいた。兵隊に行

509

くまで部屋が一緒だった人や、衛生兵として中国をあちこち北京の奥まで回って歩いた人などもいた。上川の Nt さんは（本部）まだしっかりしている。Kk の兄が、1 個中隊で一緒に行った。娘さんを亡くしていて、寧安で別れる時は本当に辛かった。息子さんを亡くした人もいる。とにかくお墓参りが目的だったので、山伝いに歩いて西の方、山の西側で墓参りをしてきた。

　たくさんの死体をどこに埋めたのか、とにかく山の沢には違いないが、全然分からない（牡丹江の収容所関係か）。行ったものでないと分からない。だから今回、掖河の病院に行った時、満人がいて聞くが全然分からない。代が変わっているし、お年寄りはあまり出て歩かない。ちょっとくらい聞いたって、全然分からない。名前も分からない、もちろん住所も分からない。ただ日本人というだけで、山奥の沢に埋め、土を被せる。そのままのところも、その辺、その辺に重ねたというようなことも、聞いている。だけど、その人もどこに行ったか分からない。本当に惨めなものだこの距離は…。

現在の鏡泊湖　鏡泊湖は、ちょうど黒竜江省と吉林省の境目にあって、今は吉林省でない。朝鮮の長白山に近く、黒竜江省の森林地帯だから林産資源を供給する。鏡泊湖の周りはずいぶん変わった。いまは植林をして、森林を再生しようとしていた。一時期、材木泥棒があったようで、木一本も通れないよう守衛が立っていた。そのせいで、どこに行ってもストップをかけられた。昔もあったが、今は立派な発電所ができ、全部に電気がついた。満洲国のとき、建設をやりかけて終戦になった。昔は、僕らですらランプの生活だった。だから、この辺は立派になった。ハルピンとか牡丹江、長春から海水浴に来て、周りにはもの凄いホテルがずっと立っている。観光化はもの凄く進んだが、まだまだ不十分だ。

　私らも作ったけど、いまは田んぼだらけになっている。昔はトウモロコシや大豆だけだったのに、いまは鉄道沿線にずっとトウモロコシ、大豆に、お米も作られるようになった。トウモロコシと大豆は、昔の半分以下に減った。コウリャンもあるが、昔みたいには多くない。お米は、終戦からずっと同じ品種をつくっている。この前は、Sa さんが北海道から籾殻を持っていった。

中国人について　中国の人というのは、日本とまた違う面もあるけれど、学ぶ面

もある。いろいろあるけれど、百が百みんな憎んでいるというわけでもない。なかには憎む人もあれば、この人は（違う）という人もいる。その人、その人の思いというのがあると思う。だから、その見分けはちょっと簡単にできない。個人個人で見た時にはいいけども、全体的に見渡して、向こうから見た時は、やっぱり日本人はあまり良く思われてなかったということは確かだろうね、その当時は。だけど、個人的なお付き合いとなると、やはりお互いの信頼感というのはあった。だから、いまだに東北の漢民族の人達は案外親日派だ。なかには憎む人もいるけど、ごく一部の人だけだ。何処に行ってもそうだと思うけれど、それはやはり個人差があるからやむを得ない。

　まあ僕の場合は信頼されたというか、僕も信じて接していた。だから、妹の帰る時は、着物でも何でも、靴の果てまで全部まっさらに作ってくれた。だけど、途中で全部はぎ取られてしまった。その尽くしてくれた気持ちは忘れられない。

当時の日本と、これから　とにかく昔の日本軍はかなり悪いことをしているし、義勇隊もかなり悪いのもいた。みんなではないけど、一部は同じようなことがいえる。誰か日本人が中国人に悪いことをすると、みんながそういう風に見られる。そういう意味では、海外にドンドン進出していかなければというのは、気を付けなければいけない。やはり人間、平等に誰でもいいように物事を考えていかないと、必ずしっぺ返しがくる。

　これからの若い人は語学を勉強して、狭い日本に止まるのでなく、他国に行って一生懸命にやらないと。恐い面もあるけど、悪さをしなかったら、信用さえ作れれば信頼される。私の世話になった中国人もそうだった。

付・北海道出身北支従軍者の戦中・戦後体験

参 10. K.K　男性　72歳　空知支庁　1994.9/17　札幌市

　独立歩兵第 42 大隊第 5 中隊として山東省警備→シベリア抑留→撫順戦犯管理所→帰国、中国帰還者連絡会員

徴兵まで　1922 年（大正 11）3 月 1 日、炭鉱のあった栗沢の美流渡で生まれた。兄が鉄道、父がお焼きや餅などを売っていた。私が農業学校に入って 1 年後、

兄が急性肺炎で亡くなった。私は岩見沢の空知農業（現・岩見沢農業）を出て、蘭越青年学校の教員を2年間した。農業担当だが、小学校も兼務したので全部教えられた。空農には、農村の模範青年を養成する日本高等国民学校が別棟に併設されていて、冬期間の3か月くらい開講した。

北満への派遣　学生の時、満洲に行ったことがある。1942（昭和17）年頃、開拓団や青年学校関係の臨時教員養成ということで派遣された。北満（現黒竜江省域）のケイアンというところからずっと回ってきた。その時に、開拓団の実際を見てきた。

　あそこは全部略奪だ。土地を取り上げた。まあ酷いものだ。日本の農民を入れるためと云われたけど、実際は、食料や軍備をあれする（確保、補完）ために取り上げた。なにも、農民に楽になってもらおうとかいうのではない。実際的な問題は、戦争に全部つながっている。占領のため、食料を確保するため、そして軍事教練も教えている。集団生活だから、個人に土地を配ることができない。ぜんぶ割り当てるけど、そうなったらいつ襲われるかわからない。その時、抵抗したのが金日成だ。ずっと抗日を続けていた。だから、集団で生活するしかなかった。そこで使われている人たちは、その土地の地主（自作農）だった。可哀想です、水呑（百姓）みたいに使われて…。そういうことを見てきた。写真も撮ってきた。今も持っています。

従軍体験　1943年3月に、21歳で北支要員として現役入営した。北支部隊の班長が旭川に受け取りに来て、山東省の済南へ連れて行かれた。いったん済南に集まって、青島の方の臨清に行った。第59師団の独立歩兵42大隊第5中隊の所属になった。勤務地は、最初の臨清についで堂邑、博興と移った。最初は年2回、以後は年1回ずつ変わった。何のための警備かが問題だった。華北には、日本軍寄りの傀儡政権が作られていて、そうした中国人との接触があった。1943～4年、渤海地区で「うさぎ狩り」（労工狩り）の体験が1回ある。政府の保安隊が一緒にやった。その保安隊を日本軍の曹長クラス、上級下士官が指揮した。捕まえて大きな街へ行き、あとは車と馬で連れて行ったが、どこかはわからない。八路軍の捕虜兵もいれば、逃げてくる農村や街の人もいた。とにかく、行き当たりばったりで、男は全部捕まえ、若い人は全部日本に送った。

年寄りは向こうの炭鉱やダム工事に使った。年寄りというのはだいたい 50 過ぎぐらいだ。

（北海道のタコ部屋と朝鮮人労働）　これは多かった。私は小さい時から知っていた。多くなったのは戦争が始まってからで、集団で強制的に連れてきた（1939 年〜朝鮮人強制連行）。

そのずっと前から、私は知っていた（タコ部屋の朝鮮人労働）。

日本敗戦の時　博興の後、今度は済南の要塞づくりをやった。天皇が入るということで、20 年春 2 月ころ、白馬山に移った。わたしは留守担当で、残務整理をするためヘキトウに残り、中隊の者は白馬山で要塞をつくることになった。要塞づくりをしていて、日本の情勢が良くないと聞くようになる。いよいよ状況が危なくなり、すぐ移動するということで白馬山へ行った。本土防衛のために、今度は本土に行くということで移動した。6 月の終わりから 7 月の始めにかけて、満洲を経由し、朝鮮の釜山近くまで来た。そしたら、海上が全部封鎖されて、日本に渡れないとストップがかかった。それで今度は、対ソ戦に向けて北鮮に…。その時にはじめて対ソ戦という言葉を聞いた。そして咸興です。行った時にはもうソビエトがやってきた。対ソ戦争です。海岸縁に陣地を築く。ナニ、穴です。穴を掘って、そこに隠れるタコツボ式。それで磁石の円盤を、戦車がきたらキャタピラにつけて爆破させる。地雷攻撃の訓練をやっていた時に敗戦です。

8 月 15 日は雨がショボショボ降っていた。伝令がきて、重要な発表があるから中隊に帰れと。そしたら、飛行場や何かに煌々とその日に限って明かりが付いている。いつもなら灯火管制で真っ暗なんです。変だなと思った。中隊に帰ったら、戦争は終わったと。敗戦という言葉は聞いていない。兵器は大事にしておけと。（日本での放送を上官から知らされた）、そうです。ただ、当日の放送は全然聞いていない。次の日、兵器を全部持って興南に行く。やたらに兵器にこだわっていた。戦争は終わったというから帰れると、一番最初に思った。まず生き延びることができると、それまでは生きるなんて全然考えていなかった。だから俺は生きた、つぎは家に帰れる両親に会える、結婚できるぞと、この 3 つです最初に出た感情は。

女学校に集結したら、ソビエトの兵隊が門のところで立哨している。その服装たるや、汚れて酷い。俺はこんな奴らと戦争をしようとしたのか、コテンパンにやっつけてやろうぐらいの気持ちでいた、その時は。なんでこんな所に来なきゃいけないのか。はいったら体育館に兵隊が並んでいて、1ヶ所に兵器を置けという、16日です。全部渡した。すぐに、部隊長とソビエトの女の将校がわたし達の前をずーっと行った。閲兵というやつ。なんでソビエトの女の将校と、俺たちが会わなければならないのか。それで毎日することがない。わたしはいわゆる手柄話を、小隊や分隊の手柄も全部書いて、小隊にいた兵隊に配った。題名を「くつあと」として、厚さ1.5センチくらいを綴じた。わたし1人で書いて、刷った。「くつあと」というのは、軍靴の跡を散らばして…。みんなに配った、ソビエトに行くとは思わなかった、日本に帰るんだと思っていたから。

シベリア抑留に　ところが、移ったところはウラジオストク。20年9月、ウラジオ近郊のアルチョムという炭鉱地帯から、森林鉄道でカメノシタという山奥の収容所に行った。翌日から、伐採をやって、森林鉄道に積み込む。50人を指揮しての積み込みが、仕事だった。戦争が終わった時の階級は軍曹。1ヶ月くらい前に、見習い士官の内命が出ていた。わたしはいつ服やなんかをくれるんだと催促した。もう少しと云われ、10日以上したらそういうことになった。カメノシタの収容所で、お前は将校だといって聞かない。その時は、軍曹の襟章をつけていた。向こう側は、別のデータを持っている。日本の軍隊から行ったんじゃないか。そうでなかったら分かる訳がない。曹長は見習士官の階級章で、丸い星形の座金がある。座金はなかったけど、それをよこして、曹長の肩章…。間違いない、将校だと言う。俺は受け取ってない、違うと。宿舎も別になって、それでも違うと。（結局、指揮官に）、そうです。曹長は小隊長だから、実際は将校の役割です、50人を預かっているから。

　収容所全体では200人いた。わたしの中隊と、なかには師団から来た連中もいた。飢えと寒さで、一冬に半分が死にました。最初の冬がいちばん酷かった。そのことや何かも、全部書いています（札幌郷土を掘る会『戦争体験　庶民が支えたあの戦争は…』1993年）。その収容所は、死亡率が高かった方でしょう。

ほとんどが栄養失調です。シベリアに60万行って、6万人が死んだと言います。その状態を見たらそれできかない。シベリアはどこでもそうなんだから。まだまだ多かったでしょう。死んでも、着の身着のままで埋められた。どこにどんな墓があるかわかりません。大きな都市なら別ですが…。(今も噂で掘ったりするらしい)、だから集めたら大変な数です。(周りに収容所は何ヶ所か)、ありました。行ったりは出来ません、道もわかりませんし。あとで判った。シベリアには丸5年いた。

ピンハネを止めさせる　将校連中をやっつけた。彼等が炊事の兵隊と組んで古参のヤクザものと一緒に、われわれのピンハネをしていた。ここに全部書いて、絵も描いた。食料のピンハネは許せない。これで日本の軍隊の本質がわかります。わたしは将校宿舎にどなり込んだ。そしたら「気でも狂ったのか」と、「わが国の軍隊はまだ健在である」なんていう。バカヤロウ、貴様の腰の物(軍刀)はどこへいったと、そしたらなにも言えなくなった。隠していたわれわれの食料を出させ、アメリカ製の牛缶を5つくらいよこした。ソビエトにはなにもない。乾パン300グラムさ、黒パンです。もう腹減って、腹減って…。肉なんか、そうやって奴らが食べた。バターも砂糖もあったのに、全然そういうものがない。酷いものだった。しかも、炊事の奴らは仕事から帰った時、平気で砂糖をかじっていたり、ばらまいて歌を歌わせた。こんな奴ら許せないと、時期を狙っていた。雪が降っていたから12月の末です。(亡くなった方はすぐに凍る)、そうです放っておけば。土も凍ってツルハシが跳ね返されるから、すぐに雪をかき分けてそのまま埋める。毎日です、1人2人と。収容所で朝になったら冷たくなっていた。それで、このままじゃ許せないとやった。われわれも後1週間で死ぬかもしれない。坂道を行くと、丸太か何か、木の切った奴が横たわっている。それを越えようとして、ひっかかって引っ繰り返る。もうダメかと思ったら、自然に涙が出てきた。その1週間後、もう死ぬかもしれないと思った時にやった。その翌日から1ヶ月間、有給休暇を与えると、暖かい食事と衣服を渡すと云って、それで生きのびた。(ソビエトも都合がつく時には物資を支給する)、そうです。ソビエト自身にはない。2年目に変わった2ヶ所目の収容所でも、2対20でやっつけた。わたしの相棒に強い奴がいた。札

幌です、もう亡くなりましたけど。ソ連軍も許可してくれて、軍隊をひっくり返した。

楽団と共産主義　井上頼豊という、まだ生きているはずだ。新日本交響楽団の第1チェロです。日本の大事な宝だからと、わたしが頼んで作業を辞めさせてもらった。バイオリンを弾かせたらビックリして、すぐに楽劇団長になった。彼は呼ばれて、ウラジオストクに行った。生きて帰ってきてます。演奏に収容所を回るようなことが実現できた。黒柳徹子のお父さんも、その楽劇団にいて副団長をやっていた。2年経ち、3年目になる時に、また収容所を変わった。大きな炭鉱街のアルチョムに移った。（カメノシタからどこかへ行き、アルチョムに戻った）。そこに楽劇団がきて、はじめて黒柳とも会った。わたしを紹介してくれて、今度はウラジオにいらっしゃいと。

　ちょうどその時、ラジオで日本の炭鉱の国管法問題を放送していた。『日本新聞』というのがあって、これは共産党のままだからウッカリ乗れない。そんなことはデタラメと思っていたら、ラジオを聞き本当なんだと。（日本が共産主義になったと）、そんな考えだった。だけど、軍隊や天皇に対する考え方はあれだから…。とにかく天皇が辞めたということは、もう神でないということは分かった。アルチョムでストライキをした時、ソビエトの子供が、ミカドは首くくられて死んだという仕草をしたから、この野郎とその時は腹が立った。苦しい中で将校をやっつけた時、はじめて考えが変わった。あそこに行っても、まだ共産主義に対しては、日本にいた時と同じで「国賊」と思っていた。兵隊に行く時も、誘いに乗ったら大変と思っていた。ところが実際は違う。その共産党が指導をしている国でしょう、珍しいことが沢山あるわけだ。将校に一兵卒がガンガンがなりたてて通さない。車で将校、階級の上の奴らが来てもガンガンやる。通されないものだから帰ってしまう。それは命令なんです。将校であろうと何であろうと、自分に命令が与えられた時は絶対に譲らない。監視に来ていた兵隊が、わたしらが相撲をやるものだから、自分らにもとらせてくれと銃をおいて一緒に相撲を取る。これは面白いですね。（共産党がチェックに）、来ない。囚人が多いから、作業場には指導者がいる。わたし達の直接の監督が指導者だった。なぜ仕事をしないのかと言うから、黙って飯盒を差し出した。

これは酷い、わが国ではそんな支給の仕方はしていないはずだと。兵隊がすぐ飛んできて、作業はやらなくていいことになった。そういうのを見ると、日本の軍隊とは全然違う。理由を聞いたら、そういうことでしょ、ハアなるほどと。それでもまだ、日本新聞なんて半信半疑なの。向こうに行ってはじめて、そういうことが分かってきた。

　そしたら、ウラジオに来いという。いや行けない、自分で決定する訳にいかないからと。来て勉強しなさい、いやなら帰ればいいと。そんな調子のいいことがあるかと思っていた。楽団と一緒に歩いてとも思った。実際はそんなことでなかった。政治部員というのが来て、ウラジオで学校に行って勉強しないかといってきた。冗談じゃない、行かないと言った。洗脳というやつだ。そしたらニコニコしながら、行きたくないなら行かなくていい自由だ、行きたくなったらいつでも話してくれと。結局は行った、来たついでだから。楽団の話を聞いたら素晴らしいと、各収容所をまわって日本人と話すから。とにかくいらっしゃい、学校がわたし達のすぐ側にできると言う。宿舎から通えるかと聞いたら、それはできると。彼等と一緒ならいい、行くだけ行ってみよう、いやなら帰ればいいと言うんだから。

共産主義学校　3か月がいっぺんに過ぎた。大学出身のクラスと中等学校出身、小学校出身、デモクラティ・スコーラという民主主義学校で、あちこちの収容所から来て1クラスが40人くらい、それが3クラス。わたしは大学クラスで、ソビエトの歴史をやった。つぎに、コルホーズとかソフホーズとかを見て歩いた。ずいぶん勉強になった、なぜ革命が起きたのかと。日本については、ファシズムがなぜ起きたか。最終的には資本主義に辿り着いて、今日に至った。それが矛盾を感じた時に、指導するのが共産党だと革命が起きると、これを一通りやった。天皇については、別に云ってなかった。やっているうちに、自然と論理づけて考えるうちに、神風なんて馬鹿げているということが分かってきた。日本の物質の足りなさ、不況ということも分かってくるから、その時の国民の目をそらすために戦争をはじめたと。その時に反対した人たちは偉かったなって感心した。そして、いつでも自由に博物館に行って勉強してもいいと云うので行きました。サーカスを見たが、全部無料で驚きました。シベリア出兵の時、

日本の軍隊がウラジオに行っていた。お寺の跡の鐘突堂(かねつき)や遊郭街もあると、はたらきに行った人達が云う。博物館に行ってみると、ろくでもないことやった。日本人が、ロシア人を釜の中にくべた。その残留品が飾られている、写真も撮って。こんなことをしたのかと、ビックリした。(出兵国のなかで、日本が最多、最長)、そして狡かった、一番被害もない。缶詰の中に石をいれたことも。

　最後に帰る時、それまで学校で勉強した感想を書いてくれと。それでシベリアに来た時、今こうしている時の感想を書いた。それが向こうの目にとまり残ってくれと、47年の春。今度は本格的な共産党にならねばならん。かと云って、日本の共産党なんか分からない。日本史もやりましたから、戦争に反対して死んだということも分かりました。まだ日本にそういう考えがないから、どんなふうに思われるかと思い、断った。そこにカメノシタで苦労した奴が、第2次募集で来た。それならと思い、まだ勉強不足だからやってみることにした。(講義する)、そういう段階にないと云ったけど、よく勉強してるから心配ない。得たものをみんなに云ってやればいいということで、残ることになった。岩見沢から来た、北大出の人も残ってビックリした。偶然に知っている、その人が一緒にいれば…。(独立歩兵大隊、中隊は北海道出身兵)、そうです。収容所も同じ出身の北海道、府県でまとまって、いくつか中隊を形成していた。その間ずっと、伐採作業はおそらく続いている。ウラジオからもどり、また行って3か月やった。そしてご苦労さまと、帰っても頑張ってと云われ、帰ってきた。

囚人たちの責任者に　それからはわたしに全然歩哨がつかない。自由に各作業所を回って、見ていいと云ってくれた。民主主義が急速に発達していた。各作業場を回って、不備なところがあって怪我をしたら困るから、帰ってきて云う。あそこの作業場の足場は良くない、直して下さいと。わたしは、もっぱらそういう方向に行った。わが国の生産があまり進んでないから、生産が上がるように、そのことはあなたたちの帰国と結びついていると云う。帰国をちらつかせて、そんなことを云っていると疑いもしたけど、とにかく安全な場所にして、無事に日本へ帰ろうと思いました。

　ウラジオでは、「赤が帰ってきた」とすごかった。赤旗をだいて騒いでいる。

シベリアの赤というのが放送になった。学校から帰ってだから3、4年目くらい。わたしは、「こんなことではダメだ。意見があれば堂々と言うべきで、旗を盾に暴れるというのは感心しない」と云ってやった。アルチョムは大きな収容所で、2,000人くらいいた。みんなに推薦されて、わたしは責任者になった。ソビエトでも、君はいい、真実を伝えてくれと云われた。各収容所からは帰国する奴がくる。帰国する者には、励ましとしてそのことを話した。そして、やっぱり戦争に反対することだ、二度と戦争を起こさないことだと話した。大集団で帰る時、わたしのしてきたことを話した。罪悪は「くつあと」に全部書いているから、隠そうと云ったって隠せない。手柄話のつもりだったけど、それは罪悪だ。そのために、どれだけの人が苦しんだか。加害者の立場で、抑留中にやりました。

加害の暴露 （中国山東省の）堂邑県で、略奪作戦があった。行った時だから18年秋の作戦で、小麦の食料徴発だ。済南から車が来て、終わったら棉花も全部とった。略奪ですよ、日本に送る。戦争が略奪をする。そして石炭、鉄、石油とか、ルートが決まっている。（中国正規軍とは）、戦闘体験はあります。八路軍です。国民党は立ち向かってこない。くるのは共産軍です。八路軍とは10回近く。ゲリラ、遊撃隊、パルチザンの農民とも戦った。（無人区化）、あれは用水路を決壊させて、コレラ菌をばらまいた。むこうの野菜などを略奪して食べるから、日本兵がコレラに罹った。みんな罹り出して、「これはコレラ作戦だ」ということになった。それが将校の耳に入り、今度言ったら厳罰だと、絶対に云ってはいけないことになった。それも「くつあと」に書いた。満洲のぼくらを送ってきた奴らが石井部隊と。部隊名は分かりません。細菌を研究しているところがあると、チラッと聞いた。軍隊ですら、そういうことは云わない。わたしはそういうことも云っている。戦争を起こさせないために、自分のやって来たことを話している。あの戦争の正体がどんなものだったかをハッキリと自覚して、そういうことを辞めてくれと。だから、中国に行ってからでなく、シベリアで実際にやっていた。ソビエトの将校や何かは喜んで、君は大きな貢献をしている、その気持ちを忘れてくれるなと励ましてくれた。やってきた奴がたくさんいるから、みんなも喜んだ。わたしはそれが責任だと思う、恐れな

519

いでと話した。

中国の戦犯管理所へ　最後の年、5年目にハバロフスクに集められた。ちょうど建国記念の1周年に、わたしはシベリアから中国へ送られた。わたし達に対する中国の戦犯、その軍事裁判が行われるのだろうと思った。行く時は、その証人の1人なんだと思っていた。わたしの名前があったんでしょう、中国へ行くことを教えてくれた。本当は、教えることが出来ないはずなんです。(他の人達は帰国すると)、そう。わたしには、今すぐ中国へ行くと。だけども、何も心配することはない、必ず日本に帰れるからと。みんなは喜んでいた。そしたら貨車に乗って、変だなって。そして中国へ行った。また露助のヤローって云って。警戒は厳しいし、逃げる訳にはいかない。みんな監獄へはいった。その時に騙されたと。次の朝見たら、「撫順戦犯管理所」になっている。監獄所って張り紙が出ていて、ビックリした。俺はいつ戦犯になったんだと。戦犯分子って書いてある。わたしは証言するために来たので、何の裁判もなくおかしいと思っていた。そしたら、政治部の人がわたしを呼び出してくれた。その指導員はサイ（崔仁傑？）さんといって、京都にいたという。その先生に、(裁判もなく戦犯にされて)困っていると話したら、それはわかることだから何も心配する必要はない、ここで6年間がっちり勉強しなさいと。6年間と決まっていたかは分からないが、サイさんはそういった。先生はおそらく云ってはいけないことを、わたし達をかばって云ってくれたと思う。本当にビックリして、6年間頑張った。撫順に一緒にいたのは、ソ連のあちこちの収容所から集められた人達1,000人近い。

中国の人達は、わたし達を大切にとり扱って、人間を尊重する態度がすごい。その方たちは（日本の）留学経験がある方、それから満州で…、日本語がベラベラ。（その当時の人達がみんな（北海道札幌市に）来る。去年、一昨年も来た。5人来たり、2人来たり、私の家に寄っていく）。その時は殺してやりたいくらいだったって。当時、わたし達の変わっていく姿を見て、自分達はいい仕事をしていると、世界の平和のために役立っているということをしみじみ感じてきたっていう。最初、どんなに憎んでも憎みきれなかったけれども、そこを超越して、人間としての変わらない愛情を注いでくれた。彼等だって人間なの

だから、必ず分かる日が来ると。それは、周恩来がそういう指導をしてくれた。毛沢東じゃない。

（人類の歴史で、あんな戦争の後、戦犯をそのように扱ったことがあっただろうか）、あれが初めてでないですか。あの人の指導は非常に大きかった。

その時の収容（管理）所長が、わたしの家に来た（わたしが帰った後の所長も）。その時は溥儀がいた。ハバロフスクから、わたし達と一緒に撫順に送られた。部屋は違いますが、わたしは文化活動をやっていて、彼が歌や踊りを見に来たことを知っている。コミュニケーションはない。溥儀だけは特別扱い、ぜんぜん別。仲間はたくさんいたけども相手にしなかった。側近たちがバカにして、（みんな目覚めてきたから）コイツのためにって。

収容所長と文化大革命　文化大革命の時、収容所長が紅衛兵にやられた（糾弾された）。1ヶ月前に来た時、溥儀が真人間に帰っていく話をしてくれた。今度テレビに出て、日本でも放映されるかもしれないから是非見て下さいといった。それが1ヶ月くらいして放映され、わたしもテレビで見た。（文化大革命の時に、収容所長は立場がまずくなって汚名を着る）、売国奴だと紅衛兵にいわれた。その後、名誉回復されて、政府直轄の日中友好関係の仕事をしている。（革命直後は戦犯管理が素晴らしいのに、文革では逆転する）、わたしも納得がいかなかった。文革期に帰った仲間は、文革に賛成する。わたし達の仲間は2つに分かれた。もう腹が立って、どうしてそういうこと（分裂）をするんだと。全国的にそうだった。

中帰連（中国帰還者連絡会）の中で分かれた。日中友好と反戦平和がわれわれのテーマだったが、彼等は日中友好ばかりをいって、反戦平和をいわない。自分のやってきたことを、暴露しようとしない。わたしは両方やっている。東京でも、影響された学生が（中帰連の）事務所まで来て暴れた。それで、事務所の仲間が注意したら、中国人をチャンコロと侮辱した。本当にそんなことを云えるのかといったら、俺はちゃんと知っている、ウソだと思うなら聞いてみろと。彼がいうには、とにかく日中友好、まず中国に行くこと、それには金がかかると。わたしは、日中友好の基礎は反戦平和にある。それには、罪状を暴露しないかぎり、日本人として申し訳が立たない。なにが日中友好だ、そのこ

とをスッキリさせて、お詫びしていかなければならないと。戦争を許して、罪悪を犯した日本人がたくさんいるじゃないか。われわれが間違っていたと反省するなら、わが国の精神に適合すると、わたしは返した。その時、わたしを覆そうと、道会議員の社会党委員長だった人をつれてきた。まだ生きている。帰って来て、わたしは社会党の応援もした。岡田春夫なんて立派な人もいた。岡田春夫の後を継いだ人で、選挙の時、応援に出て話をしたりした。その人を呼んだわけだ。なんのためかが問題で、社会党は賛成していたから、権威付けで呼んだわけだ。わたしは、とにかく紅衛兵のやっていることは間違いだとハッキリ云った。なぜ、あなたたちも中国に行っていて分からないんだと。革命で苦労した人達を間違いといって、一体どういうことだと。そしたら、偉そうなことをいうな、先生どうぞとその道会議員を紹介した。そしたら彼は、どっちが正しいとかはいわない。おなじ生活をして来て、どうして分かれるんでしょう、不思議ですといった。

教員生活と戦争反対　（その当時の問題は、日本では歴史の問題にあまりなっていない）、やってない、やらない。やはり教育が悪い。だから、教員をやっている間は、やっつけてきた（平和のため頑張った）。帰ってからは、小学校の教員をした。わたしの故郷は美流渡と芦別で、芦別には17年いた。それで、芦別から迎えにきた。そして先生、約束は間違いだから栗沢へ帰ってくれって。「共産党がやってきた」という噂が流れていて、酷いんです。戦争に反対しているだけで、なにも共産党ではない。わたしは、話がわかるから社会党が強かったらいい。それが芦別に来たら、まるっきり自民党なんだ。わたしを脅そうとして、挨拶に立ったらケチつける。もちろんやり合いました。お前何者だって、もうバッチリ。そして、ケチをつけた理由を云えといったら、俺はPTA会長の何々だ、なんだお前の今の挨拶はと。引退した陸軍中尉だった。それがPTA会長をして、料理屋をやっていた。（今でも軍国少年みたいな人は）、いる。そういう人は重宝がられる。わたしがそう出たから、黙って引き下がった。終わって、座がシーンとした。PTA会長がお願いしますというから話し出すと、クルッと後ろを向く、変だなと思ったら、またクルッと後ろを向く。このヤローと思って、「おい、お前いくつだ」というと、先生より2つほど少

第 6 章　鏡泊学園、鏡泊湖義勇隊の日本人移民

ないと。わたしが聞いているのは社会的な了見の話だ、人から尊敬されてPTAをやっているんだろう、それが人に対する態度かと云ってやった。先生そのとおり、ああいうやつばかりでないからと、PTAに泣かれた。そして、新風を吹き込んでくれという。

　PTA会長になぜあんな態度をとったのか聞いたら、先生が日本の教育を否定しているからと。わたしが否定したのは戦時中の教育で、今は教育委員会もできて、教育勅語もないでしょうと。教育基本法もできたし、憲法も変わった。なぜこうなったのか、今は真実を伝える時だと。平和教育の問題が出ている。戦争の見苦しさ、自分がやってきたからこそ、もう二度と起こさないために、戦争の事実を話した。それの何が悪いかと、すると何も言えない。先生頑張れ、新風を吹き込めとわたしを応援してくれた。次の年8月で、交代になった。栗沢ではみんな分かっていて、わたしを推薦して、芦別へ行った。栗沢のそういう連中から、芦別の人が聞いていたんじゃないか。そういうことがあって、次の年、わたしを迎えに来た。先生申し訳なかった、栗沢に帰ってくれと。そして、栗沢の小中学校の教頭になって欲しいと。わたしは断りました。芦別に残るのも、栗沢に帰るのも、とにかく一教師として行きたい。わたしの二の舞を踏ませたくはないと。名誉や地位ではない。だから、わたしは受けられないと。それで、芦別で1人でベトナム戦争に反対した。3年間つづけて反対した。2年目は、芦別の先生全部とわたし。3年目には、わたしの学校の先生も含めてストに入った。それも話題になっただろうし、色々たくさんある。だから、わたしは恥じるようなことはしていない。いまは腹くそ悪いから、元号なんて使わない。

体験を絵画に　撫順戦犯管理所での生活を思い出して画いた。撫順の戦犯管理所博物館にいくつか寄贈した。これは、ソビエトに騙されたとヤケを起こしてぐれた時の絵だ。ご飯をつぶして、麻雀牌や碁石をつくった。床を外して、土を掘り起こした。看守が来たら、合図してストップするという風にしてつくった。食べ物は余るほどくれた。足りなければ、いえばくれた。入ったばかりの頃の絵だ。これと5枚が向こうに行っている。体験をもとに描いた絵は、全部で27枚。1つ1つ別のことを描き、本も出した。「札幌郷土を掘る会」の仲間

523

と一緒に、戦争体験の記事をまとめ、去年出した。それに体験をほぼ書いた。（戦後50年の展示会に、戦争の加害、戦地の実情を見せるため、展示させてほしい）、わたしのことを取り上げてくれるのは、非常に嬉しい。個人ではなかなか出来ないけど、そういう団体でやってもらえるとみんなに見てもらえる。みんなに見てもらって、事実はこうだったということを知ってほしい。

いま思うこと　（開拓団は）、悪いことなんかしていないのに匪賊に襲われたという。侵略者として行っているということが分からない。取り上げられたのは、向こうの人なんだ。若い人だと14歳くらい、義勇軍なんていうのは最も酷い。彼等は、一面は犠牲者だけれど、一面は侵略者なんだ。その2つを持っている。そうでしょう、日本人は。

　戦争を許したというのも間違いだ。だから今、日本人が果たした役割というものをハッキリと知る必要があると思う。今の若い人達は別だ、当時は居なかったんだから。わたしはそう思っている。だけども、そういう点では、日本の学生も変わってきています。東京から大学生がきたり、学校の生徒に教えたりする。わたしの話を聞きたいと来るんです。わたしの話を聞いた人達は、一生懸命になっている。

　わたしは本当に取り返しの付かないことをしたから、やはり真実を伝えて、二度と騙されないように、そういう道に外れたことをしないと心に誓ってきた。

第7章

黒竜江省寧安市鏡泊郷の中国人在住者

寺林伸明・劉含発・白木沢旭児・辛培林、(通訳)劉含発

1. **趙　海臣**　77歳　男性　漢族　寧安市鏡泊郷　后魚屯(旧魚房子屯)　2007.9/22
父親が学園残留者経営の漁業組合の班長

(証言未収録、メモによる)父は、鏡泊学園関係者が経営した漁業班の班長をしていた。学園関係者の田島梧郎が漁業班を指導し、父は漢族20数名で網漁をおこなう漁業班のリーダーだった。学園関係者の農業班も近くにあったことは、まったく知らない。日本敗戦で学園関係者は引揚げたが、後日、田島が戻ってきて、翌年の帰国まで父親が匿った。

2. **李　平文**　82歳　男性　漢族　寧安市鏡泊郷　慶豊村(旧房身溝)　2007.9/23
元満洲拓植公社農場小作人

(証言未収録)慶豊村の店先の縁台で話していた3人の老人に、つぎの王珍宅を尋ねたところ、その中の1人が満拓農場の小作をしていたと語った。

3. **王　珍**　83歳　男性　漢族　寧安市鏡泊郷　慶豊村(旧房身溝)　2007.9/23
当時は湖南在住、元団本部雇

日本軍の侵入と周辺地域　日本軍がここに来たのは7月、その時、私は7歳だった(1931年9月18日以降か)。最初に入ってきた日本人は、全部軍人だった。

その頃、この辺り（湖南）は今のように密集した屯でなく、2、3世帯が点々とあるだけだった。治安がだんだん治まってから、日本軍は鏡泊周辺に「集屯（＝集団部落）」をつくった（1936年、学園屯、南湖頭、房身溝、仙山子、湾溝に建設）。屯に集める時、山にばらばらに住んでいた人たちを集めた。家を焼かれた所もあるが、それは山奥の方の空き家になり、誰もいない所だけが焼かれた。南湖頭では30ぐらいの世帯を集めた。ここは少ない方だが、鏡泊では200世帯ぐらいを集めた（→学園屯）。後には小学校、役所が置かれ、村になった（1941年村公所）。湖南は当時10世帯程度で、いまは200世帯くらい、慶豊村（旧房身溝）は当時40世帯程度で、いまは500世帯くらいになっている。28歳の時に、湖南からこの村（旧房身溝）に引っ越した。

鏡泊学園　学園は、今の后魚屯にあった（魚沿屯、1934年湖沿→1936年学園建設・周辺で営農、1940年に義勇隊がきて移転）。学園が建設された時、周りは既に中国人が土地を耕していた。学園の辺りは、この一帯の中心地だった（鏡泊の学園屯→村）。今も郷の政府が置かれている（鏡泊郷鏡泊村）。中心地を選んで、軍隊もおかれた（1936、7年樋口→鈴木→楠畑各部隊）。学園は、日満一心一徳の生徒を養成する所だった。

　学園の卒業生には中国人もいた。卒業して、満洲国に使われた人や満洲国軍に入った人もいたが、共産党に入った人もいた。学園にいた中国人を2人知っている。2人は解放後に共産軍に入り、のちに1人はこの鏡泊湖の党の書記になり、もう1人もやはり別の所で偉くなった。1人は鏡泊湖に住んでいたけど、たぶん寧安の方に移り、もう亡くなった。そういう教育を受けることが、中国人にとってもある程度有利なところがあった。

通学の体験　私も小学校で3年間、日本語とかを勉強した。学校は南湖頭の西南にあった。その学校には朝鮮族の人もいた。日本語を教える先生は、朝鮮族の人だった。

開拓団と雇い仕事　開拓団がいた時、私の家は湖南で生活し、周りは全部開拓団の土地だった。北側に団の本部があり、他に4つの場所があった。ここにも団員がきたが、後に別の所に移っていった。私の家は、自分で土地を開墾した。開拓団の土地を小作したことはない。馬もなく、農地はわずかで、足りなくて

開拓団で働いた。

　本部の農作業をした。朝仕事に行き、夜帰る時にお金をもらった。日本人は何でも真面目、働く時は賃金をいつも現金でもらった。開拓団には会計の人がいるので、そういう人からみんなはもらった。私たちはいつも、開拓団の担当者について働いた。私は10数人を集めて、働きに行くこともあった。

　作物は主に二種類、小麦と大豆で、大豆が多かった。日本人と朝鮮族は水稲をつくり、お米を食べていた。その時につくっていた北海道のお米は明るい、赤っぽいお米だった（赤毛種か）。漢族は作らなかったから、米を食べなかった。食糧不足になって、日本人も米を食べられなくなり、私たちが食べるチャンスもなかった。日本の味噌汁はおいしい。義勇隊の本部で味噌と醤油を作って、販売していた。味噌と餅を買ったことがある。

　背の高い日本の馬で、洋式の犂丈（リージャン）、プラウをつかった。プラウは、日本人の開拓団が来てはじめて見た。中国人と朝鮮人がつかう犂丈は土を両面で掘る。日本人のものは片方だった。今の中国もやはり片方で、開拓団のものと似ている。小麦のつくり方は中国人と違っていた。最初、種を播くのは無造作にするが、ある程度まで成長したらプラウで畝をつくる。それを現地の中国人が見て、これはだめ、倒れてめちゃくちゃになると。でも後日、倒れるはずの根はそのままだった。それから、今度はきちんと畝をつくった。中国人は、最初から畝に種を播く。こういう方法に中国人はびっくりした。日本人のやり方の方が良かった。

　　※　種を条播（筋播き）し、発芽してから畝をつくり、さらに培土して発育を安定させた。

漁業開拓団　漁業だけをする中国人は、当時ほとんどいなかった。秋田漁業開拓団が移住してから、周りの中国人も漁業をするためにどんどん入って来るようになった。

日本人との付き合い　湖南の中国人は、開拓団の所に働きに出たので、日本人と接触があった。開拓団の人たちとの付き合いは、主に除草、種蒔き、収穫の時期くらいだった。一緒に農作業をしたので、親しい関係だった。仕事が終わってから、一緒に遊んだ。私は16歳くらいで、遊びながら日本語を覚えたが、

今はもう忘れた。開拓団の偉い人は、わたしを小王（シャオワン）と呼び、とても貧しいのを見て服をくれることがあった。でも、私もよく働いた。その偉い人の名前は覚えてないが、50歳前後の細くて小柄な人、開拓団の団長だった（団移行前の石山孫六中隊長か）。

　義勇隊や開拓団と現地住民との間に、特にトラブルはなかった。ただ、現地の住民が泥棒をし、捕まってひどく殴られたことがあった。悪いことをしなければ、関係はうまくいく。また、国事犯罪ということで48名が捕まったことがあったが、私たちにそういうことは一切なかった。

仏教徒と日本軍人　この近くに、仏教徒（僧か）の中国人がいた。南湖頭の町で、仏教装束の人たちにハッとして、2人の日本軍人が敬礼するのを、私は目の前で見た。仏教の信者として、お互いに民族を尊敬する気持ちをもっていた。

抗日活動　この近辺で、于学堂が抗日ゲリラ何百人を率いて活動した。于司令と呼ばれた。彼は日本守備隊との戦闘で重傷を負い、自決した。その後、彼の部下たちはばらばらにゲリラ戦を続けた。金日成、今の金正日の父親もこの辺りで戦い、ソ連の方に逃げた。抗日活動家は、周りの中国人の農家から食料をもらったりしていた。食料を取りにまわって来たり、秋には自分で畑に行って玉蜀黍を取ったりもした。

戦争拡大と開拓団　大東亜戦争や山本五十六のこととか、日本の開戦をよく知っている。徴兵の時は、日本人だけでなく、朝鮮人もとられた。団員が軍隊に行き、北海道から補充されて来た人がいた。日本で原子爆弾が投下されたとき、ちょうど21歳だった。

日本敗戦のとき　さっき会った人（李平文）の父親は、開拓団がいた時に村長だったので、敗戦直後に反革命者として共産党に処刑された。その後はいない。多くの人が殺されたのは知っているが、具体的に誰かまでは知らない。

開拓団の残留婦人・孤児　ソ連軍がきて、まず日本軍が降参（武装解除）し、開拓団員、子どもたちはそのまま残された。開拓団の捨て子は、この村（慶豊）で数人だけだった。開拓団の婦人たちには、帰国できずに現地の中国人と結婚した例が随分あった。子どもたちも、現地の人の養子になった人が随分いた。

　現在、ほとんどの人は日本に帰ったけれども、1人の残留孤児がまだ村に

残っている（次の張井芬）。その人は一生懸命に日本の親族を探しているが、なかなか見つからなくて帰国できないでいる。もし、帰国できれば、彼女の子供たちも豊かになれるはずだ。

満洲事変、満洲国について　戦争時代に軍事的な侵略があったが、同時に道路も建設され、橋も作られ、地域が開けた。逆の効果だが、屯に集住させられたことにより、学校も作られた。子どもたちは学校に行くことができるようになった。そして、日本人の開拓団の農民は、私たちと全く同じ農民だった。農業技術ももってきて、私たちはその真似をし、今も使っている。でも、その中に悪い人が確かにいた。日本人の侵略者も中国人全部を殺す考えはなかっただろう。そして、中国人の中にも悪い奴がいる。悪人は日中ともにいる。私はもうこんな歳だから、ちゃんとそのことは認める。確かに戦争の時はお互いに殺し合ったけれども、戦うのは平和や生活のためだったと思う。

文化大革命のとき　過去の日本への協力が問われることは、ほとんどなかった。開拓団で中国人の管理役をした王孫清（？）という人がいたけれど、何も罪は問われなかった。

子供たちは日本に　私の子ども7人は、みな日本にいる。3男（50何歳）はいま一時帰国している。息子の義理の母親が残留婦人だったので、帰国する時に実の娘と息子も日本にいくことになった。確かに、日本での生活はだいぶ楽なようだ。息子は父親を気にかけて、帰って来るときはいつもお金を持ってくる（こちらの生活はまだ貧しい―通訳）。

〔3男の話〕5年前に日本に行って、いま横浜の近くの綱島に住んでいる。日本語は全然覚えてないけど、「君が代」のメロディーだけは覚えている。

4.　張　井芬　64歳　女性　日本人　寧安市鏡泊郷　慶豊屯（旧房身溝）　2007.9/23
　残留孤児　日本の兄2人を探している

養父の告白　父は、私が日本人ということをずっと教えてくれず、亡くなる直前に告げた。私はここの開拓団でなく、吉林省の扶余県で残された。養父には子どもがなかった。養父は元々、同じ村（不明）で兄、母と知り合いだった。養父はそこで私を受け取り、兄がいつか探しに来ることを恐れ、ここに越して

きた。私には2人の兄がおり、日本に帰国したことも知らなかった。養父から、そういう話しを聞かされた。（吉林省扶余県の面積は広く、開拓団がいくつもあったとのこと―通訳）。

残留の経緯　敗戦の時、私は4歳だった。父は戦死し、母も病気で亡くなった。2人の兄は、私だけを現地の人に預け、他の日本人たちと一緒に引き揚げた。

身元について　今の戸籍は中国人になっている。親、兄弟のことや、預けられたときの記憶は何もない。私は日本の名字、名前も全然知らない。私の日本に関する情報は一切ない。いま2人の兄は日本にいるはずだが、消息はわからない。だから、身元をはっきりと証明できず、日本政府には認めてもらえない。7、8年前に、養父が亡くなり、扶余県に戻ったことはない。父の世代はもう誰もいないから、情報は得られない。次の世代は全然こういうことがわからない。扶余県当局に連絡したことはない。関係機関に、私が日本人であると申し出たことはない。何も証拠がないと、受け付けてもらえないから。

現在の家族　子どもは、男が3人、女が2人いる。いま2番目の娘、息子と生活していて、2番目の息子はまだ結婚していない。

> ※　吉林省扶余県に移住した日本人開拓団の関係者の女児で、1945年当時、両親を亡くし、2人の兄が帰国する際に4歳で預けられた。なお、養父の氏名は確認していない。
>
> 　扶余県は、哈爾浜市の南南西120〜140km、西南西90〜210kmの範囲にある。同県への移住開拓団として、陶頼昭鎮黒川開拓団（岐阜県加茂郡白川町黒川分村）、五家站来民開拓団（熊本県、存命者1名のみ）と、四家子屯に所在したものなどがあったようだが、詳細は不明である。
>
> 　なお、張さんの肉親探しについては、日本の厚生労働省に連絡し、詳細を調べていただくようお願いをした。以上の情報に、お心当たりのある方は厚生労働省か研究代表者の寺林までご連絡をいただきたい。

5.　韓　福生　78歳　男性　漢族　寧安市鏡泊郷　鏡泊村（旧学園屯）　2007.9/24
　当時実家は尖山子、元鏡泊学園残留者の農業雇
　証言の前に、当人が雇われた鏡泊学園関係の経過を確認する。鏡泊学園の現

第 7 章　黒竜江省寧安市鏡泊郷の中国人在住者

地活動期間は 1934、5 年の 1 年半余りであった。学園が解散した 1936 年以降は、残留した関係者が学園村の建設と、学園村塾および周辺で農漁業の経営をおこなった。したがって、当人が雇われたのは、学園解散後に残留者が経営した農業の仕事である。

尖山子から魚屯に　実家は農家で、尖山子でトウモロコシや大豆を作っていた。家族は、弟と 2 人兄弟で、親戚のおじさんと暮らしていた。后魚屯（当時は魚房子屯）の辺りは、ほとんどが日本人の建物で占められていて、私はそこで働いた。きっかけは中国人からの紹介だった。まず面接をして、採用された。年雇いで、14 歳から 1 年間だけ働いた。日給は 1 毛（＝角、10 分の 1 元）。収入は、周りの中国人に比べると結構いい方だった。住み込みで、食事や服なども提供され、条件がよかった。給料は、必要な時に出してくれた。3 歳下の弟と 2 人で、豚 40 頭、背の高い日本馬 5 頭、犬の世話をした。弟は私が連れて行った。両親がいなくて、幼かったから。仕事は普通で、そんなに厳しくなかった。まだ小さいから、そんなに多くの仕事はしなかった。少しは農作業の手伝いもした。

学園残留者の農場　私が働いたのは芳島、石川という 2 つの家だった。2 人の中では、芳島が目上のようだった。学園（村塾）の教師は、田島梧郎のほかに接触がなかった。芳島と石川の 2 人は個人でなく、1 つの組みたいな組織の責任者だった。主に農業の組だった。

〔補記〕前日、同じ后魚屯で趙海臣（77 歳、男性、漢族）より、父親が、やはり学園残留者の組織した漁業班のリーダーを務めたこと、敗戦後、漁業班を管理した学園教師の田島梧郎を帰国までの一時期かくまったこと、などを聞いていた。

　しかし、農業組織はないとの返事だったので、同じ学園関係者が近くで操業しながら、漁業と農業の組織間で、あまり連絡や行き来はなかったようだ。

年雇い、学園村塾　2 世帯で、中国人 10 数人を雇っていた。全部漢人だった。忙しい時でも臨時の雇いはなく、年雇いの 10 数人で間に合った。ただ他にも、何か仕事をさせている人がいたようだ（漁業班のことか）。豚や馬の世話は、朝が早い。私たちと同じ若い人で、綿羊の世話をする人もいた。家畜に食べさせる飼料は、みんな近辺から集めた。年配で 1 人炊事係のおじさんがいた。農

531

作業をする人もいるから、10数人の年齢はバラバラだった。農場は住宅の近くで、広さは2垧くらいだった。作物はトウモロコシと大豆、今と変わらない。仕事はきちんと時間通りに働いて、時間通りに休んだ。今の農家と同じくらい。

10数人は一緒に生活し、食事も自分たちでつくった。長いオンドルの上に、みんなで寝た。家の事情で仕事は自分から辞めた。もう雇い人はみんな亡くなり、私だけが残った。

農場に手伝いには来なかったが、生徒がいたので学園（村塾）のことはよく覚えている。土レンガの建物で、大きくなく1軒1軒に分かれていた。今の家屋とほとんど同じだった。各家の中にオンドルと風呂場があり、食事や湯沸かしなど、ほとんど日本人は自分でやっていた。

日本人との付き合い　芳島は子どもが男1人女1人の4人家族で、子どもは私より年下だった。親しく遊んだり、食事に呼ばれることもあった。日本人はよくご飯を食べ、大豆もよく食べた。ご馳走をつくる時は、私たちも呼ばれてご馳走になった。お正月とか節句の時に、ご馳走になった。おおくの人が親切で、私たちに優しかった。両親みたいだった。まる一日、仕事を休むことはないから、早く終わった時や働けない日などに、合間を見て一緒に遊んだ。この周りは全部山だから、遠くまで遊びに行くことはなかった。人口も少なく、全部あわせても3,000人くらいだっただろう。

石川はあまり話さない人で、外出もあまりせず、厳しい人だった。何人家族だったかははっきりしないが、3人か4人くらいでなかったか。石川は短気で、何かあったらすぐ怒りバカヤローといった。殴ることはないが、私は1年間働いて、覚えた日本語はバカヤローだけだった。

日本敗戦のころ　私が家に戻ってまもなく、日本は敗戦となる。ソ連軍が来たとき、日本兵は山奥に逃げ、武器を隠した。山というのは尖山子の奥で、逃げてきたのは全部日本兵だった。この辺りはほとんど平穏で、開拓に入った日本人を周りの中国人が責めたり暴行したりすることはなかった。私たちは日本兵の武器を探しに山にいき、隠された銃を集め、最後に共産党に渡した。日本兵の銃は、開拓団の銃とは違い、筒が大きかった。開拓団がどういうふうに引き揚げたかは、尖山子にいたのでよく分からない。ただ、いったん引き揚げた人た

ちが、その後、バラバラに戻ってきた。はっきり覚えているのは、田島梧郎という人。田島は、以前に親しかった人の所に戻り、身を隠した。混乱の中で、数人の日本人の婦人と子どもが残された。何人かは、中国人の嫁になった。趙さんの甥の嫁の母親が残留婦人だ。7人一緒で、日本に行った。その甥は、数日前に日本に帰ったばかりで、みんなそろって一時戻って来ていた。住まいは、大阪に近い所だという。

　後に、私は中国内戦の後方支援にとられ、吉林市の方に戦いに行くことになった。

6.　趙　徳新　79歳　男性　漢族　寧安市鏡泊郷　鏡泊村（旧学園屯）　2007.9/24
元義勇隊訓練所～開拓団本部雇

義勇隊本部の雇い　私が働いた所は青年義勇隊（訓練所）の本部だった。（訓練所写真を見て）、この長い建物の中央が入り口で、入って両側に分かれる。通路は向こう側で、この部屋に住んでいる人は全部若い人だった。この建物は、新しく建てたものでなく、元々（日本軍の）守備隊がつかったものだった。他に、診療所とバラバラに家があった。

　本部の団長は、ダンジョンと日本人にも呼ばれていた。団長の名前は知らないが妻と12、3歳の娘がいた。家族連れは全部えらい人だった（指導員、教師か）。他は全部若い人で、兵隊はまずそういう若い人の中から選ばれた。私が働いた所には4人いた。まず小野もう1人が山本、豊岡もいた。今覚えている名前はそれだけ。4人は集団で生活していた。青年義勇隊だから家族をもたない、20歳前後です（訓練所生徒）。彼らは農業の仕事をして、私たちの仕事の監督もした。私たちは10数人で、その4人の所で働いた。年配のおじさんが炊事係だった。そのおじさんが辞めて、女の人が入ってきた。その夫も、そこで働いた。朝鮮人はいなかった。

　私は14歳で、1年目に養鶏の仕事で180羽ぐらいの世話をした。2年目は乳牛の世話で、全部で11頭、うち1頭は雄だった。その後、乳搾りを教わってからは、日本人は手を出さず、牛の世話はすべて私に任された。私は日本人と一緒に食事をし、住む場所も一緒だった。日本人も家族持ちでなかったから。

その当時、日常的な日本語はよくわかったけれど、今は全部忘れた。

開拓団への移行　その後、住んでいた日本人はみんな米を分けて分散した（1941年10月から義勇隊開拓団に移行）。それで4人もバラバラに分かれた。その中の1人スリビン（？）には、日本からお嫁さんが来て、鷹嶺（子）に移った。小野はそのまま残り、山本も鷹嶺に移った。スリビンが移るとき、3頭の乳牛と豚を分けられ、私も世話をするために鷹嶺に移ることになった。16歳で移った時の給料は、ちょっと高くて月35元だった。その貯めたお金で、のちに漁業をはじめることができた。鷹嶺には、義勇隊の開拓団員が6世帯あり、みんな新婚だった。6人みんなが嫁をもらったので、独立させて鷹嶺に新しいムラをつくった。

漁業と日本軍　開拓団の仕事は敗戦直前に辞めて、自分で漁業を始めた。青年になって、開拓団の仕事より、魚捕りの方が将来性があるように思った。私は東大泡に移って、ある爺さんと2人で魚を捕った。捕った魚は、近所の日本人に売りにいった。ちょうど日本軍がどんどん撤退して来て、その辺に集まった。人が入れるくらい大きな大砲を持ってきた。

　元々そこで魚捕りは、日本人が4グループ、私たち中国人が2グループいて、みんな同じように捕った魚を、撤退して来た日本兵に販売した。そして、まもなく敗戦になった。

ある義勇隊員の事件　私たちが働いている間、若い義勇隊員たちと一緒に食事をし、付き合いもした。はっきり覚えているのは、20歳前後で、私たちとはよく話すのに、日本人同士ではあまり付き合わない人がいた。ある時、彼は開拓団から2挺の拳銃を盗み、食糧倉庫の石の下に隠した。彼は、ここはイヤだ、日本に帰りたいと云っていた。2挺の拳銃がなくなり、大騒ぎになった。彼は捕まり、牡丹江に連行された。尋問されても、彼は隠した場所を言わなかった。その場所を知っていたので、結局、私たちも牡丹江に連行された。最初、しゃべっていいものかどうか迷い、私たちは何もしゃべらなかった。しかし、責任は問わないから安心して話すよう言われ、私たちは隠し場所を教えて釈放になり、拳銃も発見された。その日本の青年はふたたび戻ることなく、その後どうなったか消息は聞いていない。牡丹江に連行されたのは、私と王慶山の2人

だった。後に、彼と私は共産党軍にはいり、私は戻ったが、彼がどこに行ったのかはわからない。私は、1947 年に正規軍の大砲隊に入り、5 年間いて、除隊してから結婚した。

敗戦と日本人　日本人が引き揚げる時、引越しのように荷物を馬車に載せて、みんな出て行ったというが、私たちは全然知らなかった。どうして出て行ったのかも、よくわからなかった。敗戦後の混乱であちこちに流浪し、帰国できずに戻ってきたほとんどが女の人だった。戻ってきたのち、彼女たちは現地の人たちと結婚した。その後、日本に帰国し、近年またこっちに戻ってきた人が何人かいた。

7.　宋　会臣　84 歳　男性　漢族　寧安市鏡泊郷　鏡泊村（旧学園屯）　2007.9/24
　元義勇隊開拓団雇

　当時、鏡泊湖の周辺住民を強制的に集めて集団部落がつくられた。その一つ、学園屯と考えられる現地住民のムラ写真から、鏡泊村内の撮影場所に案内してもらった。

〔ムラ写真を見て〕　この村のようです。その頃は、全部土の建物だった。満洲事変までは、中国の農家はみんな山奥とかにバラバラに生活していた。日本人が来て、そういう農民たちを強制的に集めた。この村（鏡泊村か鏡泊郷）には、5 つの屯があった（学園、仙山子、房身溝、南湖頭、湾溝）。

〔撮影現場で〕　西門の外側に義勇隊と学園があった。鏡泊学園は日本の開拓民の学校で、その中に日本人の学生もいるし、朝鮮人もいる。開拓団があった場所は、いまの鏡泊郷の中学校の所だ。義勇隊は 2、3 年そこにいて、それから開拓団が入ってきた（→再編された）。義勇隊は正規軍みたいだった。義勇隊が湖岸に移ってから、開拓団が入ってきた。開拓団になって、分かれた場所は鷹嶺子（鷹嶺班）、湾溝（屯内の大和郷）、水産の所（→学園残留者が漁業経営をした魚房子屯）、湖南（→学園残留者が水田経営）もあった。

　　※　日本人の鏡泊学園と義勇隊訓練所、義勇隊開拓団それぞれの違いや関係は、地元住民にはよく知られず、誤解、混同されたようなので、以下に経過を記す。

　　　鏡泊湖義勇隊訓練所の誘致には、1935 年に解散した鏡泊学園の残留者が、学園の

再興を目指した経緯があった。1939年、所長以下の幹部に学園残留者がつき、鏡泊学園義勇隊訓練所が開設される。これが後に問題となり、1941年の開拓団への移行直前に、所長以下の幹部が交代して、鏡泊湖義勇隊訓練所に改変する。なお、訓練所の開設に際しては、それまでの学園用地があてられ、学園残留者は新たに北に学園村塾を開設する。

〔訓練所写真を見て〕　玄関から見ると本部です。いまの食糧倉庫のすぐ裏、中学校とほぼ同じところにあった。

満拓農場の小作　実家の農地は、自分のものじゃなく借りた土地だった。小作料を払っていた。生活はギリギリで、広さは多分1垧（1垧は0.72ヘクタール）くらいだった。満拓（満洲拓植公社）から、土地を借りていた。満拓の土地になる前の地主や自作農のことは、よく分からない。

開拓団の雇い　私の兄弟は兄1人妹1人で、2人共もう亡くなった。私は16、7歳の時に開拓団で働いた。開拓団は、西にある鏡泊中学校の所にあった（現鏡泊村のほぼ中央）。

私は子ども（妹？）と来て、採用された。個人ではなく、開拓団本部の家畜農場で働いた。

開拓団には鶏、羊、綿羊、豚、馬、牛などの家畜がいた。本部のすぐ裏に家畜農場があり、私たちはそういう動物の世話をした。最初の1年は団員が世話をし、2年目から馬の世話をした。牛の世話をする人は、それだけで他のことはしなかった。1人ずつ分担があった。人数は馬、牛、豚、綿羊、羊、鶏で5、6人。

私たちは、開拓団の人たちと離れて、みんな同じ寮に住んでいた。開拓団の世帯持ちの人たちは、この辺でなく、よそにバラバラに住んで生活していた。私たちはまだ子ども扱いで月30元、でもいい方だった。大人は、もっと待遇が良さそうだった。

開拓団の農業のやり方は、中国人と違っていた。たとえば、プラウは中国の形と違った。そして、使った馬も日本馬で、背が高かった。作物の品種も違うようだったが、農作業をしなかったのでよく知らない。

開拓団には醸造所があった。建物の東側が醤油工場、西側が食料の加工場に

なっていた。

　開拓団で一緒だった人は、さっき話した趙徳新は健在だが、他にはもういない。炊事係もとうに亡くなった。働いている時は、一緒にいた日本人の名前をまだ覚えていたが…。

開拓団とのトラブル　開拓団の人たちとのトラブルはよくあった。こんなことがあった。11、2歳くらいの同じ屯の子どもが、開拓団のところで豚の世話をしていた。ある日、1匹の豚がいなくなった。開拓団の人が子どもをひどく殴ったので、子どもは逃げ、10日間くらい隠れて出て来なかった。それで、開拓団の人たちが実家に行き、その子を出すようにいった。両親は、あなたが殴ったせいで家の子が見つからなくなった、と云って争いになった。結局、警察署に行くことになり、杉山副署長が出て、子ども相手のことだからと、開拓団の人をひどく叱ったそうだ。やはり人間はどこでも同じ、いい人もいる。杉山副署長はとても公平だった。

1941年以降の村　鈴木（五郎）という人が、私の村で副村長になった（1941年、村公所開設）。妹は、警察署で雑務の仕事をしていた。警察署には10数人の警察がおり、署長の山本と副署長の杉山の日本人2人のほかは、ほとんどが中国人だった。屯には売店があり、そこで買い物をした。個人経営で、配給品は扱ってなかった。食料を出荷して、衣料切符がもらえた。たぶん屯の方でまとめていたと思う。衣料切符は売店でなく、指定の場所に持って行き、取り替えた。戦争が激しくなって食料不足になると、日本人も大豆を半分混ぜて食べていた。

姉の抗日活動と死　私の姉は抗日活動のメンバーだったが、ぜんぜん村には戻らなかった。家族に迷惑をかけないよう、名前も変えていた。敗戦前に山の方で、日本軍による掃討作戦があり、その戦いで姉は亡くなった。〔→末尾に補足情報を付記〕

学園関係者の墓地　ここで亡くなった日本人の一番偉い人が山田といい、松乙溝の上に石碑があった。とても偉い人という話しを聞いた、全部うわさだけど…。

　　※　おそらく鏡泊学園の指導者だった山田悌一と考えられるが、学園関係者が亡くなった事件については語られていないようなので、以下に記す。

1934 年、鏡泊学園の一年目に学園指導者の山田悌一と職員 2、学生 5、守備兵 5、通訳 1 の 14 名が大廟嶺山中で襲撃され戦死する。その結果、学園は解散するが、学園村の建設、学園村塾・農漁業の経営など、有志残留者が活動を続けた。事件後、鏡泊湖を見下す松乙溝の高台には、山田等の碑を中心に学園関係者の墓地、御霊ヶ岡が造られた。

「勤労奉仕」の労働強制　日本人のところで 3 年働き、兵役年齢になったので、開拓団は強制的に辞めさせられた。満洲国軍の検査には落ちて、勤労奉仕になった。徴兵検査に落ちた人は、勤労奉仕に行かなければならなかった。国軍に入ることができなければ、3 年間は働かなければならなかった。ちょうど国軍の兵役と同じ期間だ。兵役制度と勤労奉仕がセットになっていた。満洲国軍に入ることができれば、勤労奉仕には行かなくて済んだと思うが…。いろいろな原因で、満洲国軍に入ることができなかった。勤労奉仕になってからは、もう開拓団と離れたので、その後のことは全然知らない。

　「勤労奉仕」というのは、牡丹江の方に連行され、強制労働をさせられた。川の堤防工事を 2 年間させられ、敗戦を迎えた。堤防工事は政府の事業だった。堤防の他に、山の中に入って松脂をとることもあった。それは国防のためだったと思う。重い荷物を担いで出血したり、重労働で吐くなど、怪我や病気になる人がいた。勤労奉仕は年 4 ヶ月間で、3 年連続だった。凍土がとける 3 月から 4 ヶ月間を動員されたが、ちょうど種蒔きの時期で、一番大切な時期を全部とられてしまった。4 ヶ月の仕事が終わると、何をしても構わない。わたしは実家に戻り、あとの 8 ヶ月くらいは農作業をした。トウモロコシと大豆をつくり、また翌年きまった時期にそこに集まらなければならなかった。勤労奉仕は、農作業とどう違うといえば、実際に働くことは同じだ。ただ無料奉仕というだけだ。

　兄は、年雇いの仕事で草を刈っている時に、引き金を引く指をきった。銃を打つことが出来ないので、軍隊には行かず、勤労奉仕もしないで済んだ。勤労奉仕に出されるのは、兄弟のうち 1 人だけだ。長男は家業をするから、主に次三男が兵隊か勤労奉仕に行った。学園屯（村か）から、勤労奉仕に出された人は 70 人くらいだった。

関東軍と軍需物資　関東軍はほとんど湖の西の方、そこに駐屯地があった。大頂子山には貯蔵場所がいくつもあった。銃や弾薬、食料、被服など、洞窟ごとに分けて保管された。銃の一番大切な部分、撃鉄は外され、別の所に保管された。まだ発見されていない洞窟がある。敗戦直前に、日本兵がここに来て、駐屯するテントがずらりと並んだ。すごく大きい大砲が持ち込まれて、私たちはその大きさにビックリした。大きな大砲は、3隻の機船で1門ずつ輸送して来た。

残留婦人　男の人たちは何らかの形で帰国し、残されたほとんどが女の人だった。その後、おおくは現地の中国人と結婚し、今はもうみんな日本に帰国した。

当時からの在屯者　この屯では4人が昔のことを知っている。先の2人と私の他に、もう1人いる。その人が当時なんの仕事をしたか知らないが、ずっとここで生活してきた。今年81歳だ。他にもいっぱい年寄りはいるが、ほとんどが敗戦後に移ってきた。

付・抗日活動で犠牲となった宋会臣の姉について

　2007年の訪問時、宋会臣の姉の抗日活動について詳細を確認しなかったため、2009年12月に質問票を郵送し、翌年1月に回答のあった補足情報を付記する。なお、回答は当人であるが、すでに耳も遠く、目も大分見えにくくなったので、内容を整理し、返送してくれたのは大学生の孫娘・胡欣欣とのことである。

〔宋会臣の回答〕

当時の家族構成：5人で、父親、母親、兄、姉と自分

1. 姉について
   1)　氏　　名　女の子には正式な名前が無く、幼名は宋化鎮としか知らない。
   2)　生歿年月日、何歳だったか
   　　1917年、鏡泊湖畔に生まれる。当時、まだ村はできてなかった。
   　　1941年、小家吉河の谷間の板石場で犠牲となった。25歳だった。
   3)　どのように亡くなり、亡骸はどうしたか、弔うことはできたか
   　　特務の密告で…。さらにその特務が導いて、日本軍守備隊と偽満武装警察100人余が、夜間に兵舎を包囲し、壮烈に犠牲となった。当時、家の者は

殺されるのを恐れ、亡骸を取りに行く勇気もなかったので、屍体もお骨もなく、墓参り一つしてやれなかった。
2. 姉の抗日活動について
　1) いつ頃、何歳で活動に入ったか
　　1931年、15歳の時に活動に入った。
　2) 活動に入った理由、きっかけは
　　亡国の民になりたくないため、中国の土地が外国に侵略されたくないため、侵略者を追い出すため、それと愛国心のために、活動に参加した。
　3) 姉のグループは何人くらいで、どのような活動をしたか
　　姉のグループの正確な人数は分からないが、おそらく7、80人はいただろう。どのような活動をしたかは、ゲリラ戦をする以外に、私も分からない。彼女らが所属していた部隊は「抗聯二軍」と言った。当時、金日成が姉の所属している連隊の連長で、人々は彼を「小金連長」と呼んでいた。姉らは1932年にソ連に行って学習し、組織を整え、戻ってからは、金家屯の北溝に駐屯した。その後、特務に気づかれて、小家吉河の谷間の板石場に移るが、特務に密告され、軍隊がやってきた。その時、日本軍1個連隊と偽満武装警察1個連隊が夜間に襲撃して、姉は不幸に板石場で壮烈な犠牲となった。わずか25歳の年だった。
　4) 姉やグループは、鏡泊学園や義勇隊開拓団について、どのように受け止め、どのように関わろうとしたか
　　何とも言えないが、抗聯に密通することは死刑になるので、当時は山に入って連絡をとる勇気のある人はいなかった。抗聯戦士は、義勇隊開拓団に好感を持っていなかったと思う。
3. 村の人びとの受け止め方について
　1) 鏡泊学園や義勇隊開拓団について、どのように受け止め、どのように関わったか
　　当時、人びとはそれぞれ屯に住んでいて、日本開拓団の人も農民であっても、付き合うことはなかった。私たちは、日本開拓団の人をみんな耕作する農民と思っていた。

2) 姉やグループの抗日活動をどのように受け止め、どのように関わったか
村の人びとは、姉と彼女らのグループの行っている抗日活動について、神秘的で神聖なことと思い、ひそかに彼女らを心配し、応援していた。
3) 姉が亡くなったとき、どうしたか
姉が亡くなったとき、村の人びとはみんな姉を英雄婦人、女の中の豪傑といった。惜しいのは、若い命を戦場に散らしたことだ。姉と姉の戦友らの亡骸を取りに行く勇気もなく、ある人は嘆き、ある人は涙した。

4. 宋さんの受け止め方について
1) 鏡泊学園や義勇隊開拓団について、どのように受け止めていたか
鏡泊学園や義勇隊開拓団はみんな農作業に従事する農民で、彼らに何も恨みはなかった。恨んだのは、刀や銃を持って我が同胞を殺した軍閥と日本帝国主義だ。
2) 姉の抗日活動をどのように受け止め、どのように関わったか
姉は国の恥をそそごうとした抗日救国の英雄だ。私の栄誉で、誇りだ。とても残念だが、参加するには私は当時まだ小さく、また抗聯に密通すると一家が殺されるので、姉を何も助けることができなかった。
3) 姉は抗日活動をし、宋さんは生活のために日本人と関わったことについて、どのように感じていたか
義勇隊開拓団で仕事をしたとき、私は17歳だった。彼らのために乳牛を放牧し、馬を飼って、彼らと仲良く付き合った。姉は家族に迷惑を掛けないために、山奥にいて家族と連絡をとらなかった。姉が犠牲になった消息も、人から聞いた。だから姉は、私が日本人と関わったことを知らない。
4) いま、鏡泊学園や義勇隊開拓団の日本人をどのように思っているか
いま私は、彼らが銃も刀も持たない農民、元からの庶民であったと思う。私は彼らを恨んでいない、ある面では同情さえする。人民と庶民は無辜だ、無辜なのに、野蛮な侵略のために代価を払わされる。恨むべきは、侵略の陰謀をはじめる人と日本侵略主義の擁護者で、平和を心から愛さず、卑劣な手段で自分の目的を達しようと妄想する人だ。
5) いま、抗日活動で亡くなった姉のことをどのように思っているか

とても心が痛む、彼女の若い命に心が痛むー中華人民共和国の今日を見ることができなかったことに。父母や兄弟、家族で一緒にいられなかったことも。ひどく残念だ、敬愛する姉が。私ももう古稀の年を越えた、いつかあの世で姉に会ったら、「あなたの一生は立派だ。私たちはあなたを誇りに思う」と云う積もりだ。

8. 李　増財（劉淑珍の夫）　81歳　男性　漢族　寧安市鏡泊郷　鏡泊村（旧学園屯）
2007.9/25　兄弟が団本部雇

飛行場の強制労働　沙蘭鎮の近くの日本軍飛行場に行った。15歳で、1年間くらい働いた。仕事は飛行場の建設、地均しの肉体労働だった。6人兄弟（全部男）で、6番目の私が選ばれて強制的に行かされた。勤労奉仕かどうかはわからない。屯長が屯をまわり、各家に労働力があれば選んだ。その頃の中国人は粗末な服だったが、そのままで働きにいった。食事が出されたほかは、何ももらえなかった。終わって、実家に戻った。

家業、学園、開拓団　飛行場に行く前は、自分の家で牛、豚の世話をしていた。農地はあったが、面積が狭く生活できない程だった。満洲拓植公社の土地ではない。わずかな土地は鍬でコツコツ開墾した。そんなに広くないが、年末には地租を現物で払わなければならなかった（小作人か）。飛行場から戻って、ずっと実家で働いた。兄たちは学園にいって、除草とか臨時の仕事をした。兄達だけが、そこで短期間働いた。学園や開拓団のことは、まだ小さいので良く事情がわからなかった。ただ、ずらりと同じ家をつくり、みんな真面目に働いて、私たちとスムーズに付き合った。

住民と開拓団　その頃の戸数は70から80戸、うち朝鮮人が2、30戸くらい（学園屯）。鷹嶺にも、朝鮮人が30戸くらいいた。漢人と朝鮮人が同じ屯にいたが、言葉も通じないので互いにあまり交流はなかった。住んでいた地区の境ははっきりしない。朝鮮人はみな自分の水田をつくり、漢人は畑をつくっていた。中国人の中には、開拓団と付き合いがあるものも、全くないものもいた。付き合いがあった人たちは、みんな亡くなった。

「集団部落」の学園屯　学園屯には東門と西門があり、櫓もあったが見張りの人

はなく、地元住民は自由に往来できた。いま、この村は300戸くらい。別な所に移住したり、亡くなったりして、ずっと生活してきた世帯はもういない。いろいろな所から人が移ってきた。たとえば道路の向かい側は、全部よそから入ってきた。

　　※　周辺住民を強制的に集めてつくられた集団部落は、抗日勢力との連絡を断つために、いっぱんに壕と土塀で囲み、見張り所をおき、出入りを監視した。その一つの学園屯も、当初は同様に制限したはずである。鏡泊の拠点化を図る日本移民、日本軍の駐屯作戦、さらに屯周辺の集住化がすすんで、中心地として村化した結果、学園屯における治安の必要が薄らいだのではないだろうか。

鷹嶺まで遊びに　湖対岸の南の山は、畑も湧き水もあり良い所だった（義勇隊訓練所～開拓団の農地）。そこの木原家（木元か）には、子どもが2、3人いて、ちょうど私たちと同じ年頃だった。少し遠かったが、私たちは近所の4、5人で集まって遊びに行った。向かい側に行く時、この辺は今みたいに水が多くなかった。細い川くらいで、橋があり渡って行けた。川は浅くて、そのまま歩いても行けた。

湖周辺の樹木　満洲国時代、湖周辺は全部林だった。木がいっぱい生い茂っていたが、満洲国以降に伐られて、だんだん水が多くなった。以前は樹木で、ここから警察署は見えないくらいだった。日本敗戦後、無闇に木を伐採したので全部無くなってしまった。管理監督する者がいなくなり、みんな自由に伐採した。

日本敗戦の時　この村で殺された日本人はいなかった。まわりから責められたり、荷物を奪われることもなかった。ここで戦いはなかったので、上からの命令で日本人は集められ、一緒に移送された。ここの開拓団は皆まとまって移動し、列車で帰国したそうだ。一緒に移動したので、残ったのは戻ってきた大人だけだ。残留婦人が何人かいて、数人が現地の中国人と結婚した。この辺にもいたが、みんな日本に帰った。

満洲国支配に対する責任追及　敗戦直後に、警察官とか村長とか偉い人はみんなあちこちに逃げた。その人たちが別の所でどういう目にあったのか、私たちはわからない。

1人の警察官がここで処刑された。彼は満洲国時代に、地元の共産党や反日思想を持っている人たちを捕まえた。捕まって、生きて戻ってきた人はほとんどいない。1人だけが生きて帰ってきて、その警察官を告発した。捕まった人は、彼のことをよく覚えていた。彼は漢族で、いつも真っ先に実行した。まわりの住民が集まって、その警察官を殺した。地元住民は、彼が密告したり悪いことをして、日本の警察の案内役をしたと見ていた。

9. 劉淑珍（李増財の妻）　75歳　女性　漢族　寧安市鏡泊郷　鏡泊村（旧学園屯）
2007.9/25　父が学園村の警部補

警察官の家族　母は現在92歳で、32歳の時に未亡人になった。息子はなく、家族は私たち姉妹だけだ。父の名前は劉祥、学園村の警察署（当時の小学校の所）の警部補だった。父は18歳で警察になり、日本敗戦の時に32歳で亡くなった。病気と聞いたが、ソ連軍が帰った時で、どうして亡くなったのかは知らない。警察署の管轄はわからない。父は、主に内勤の仕事だった。県の会議に出たり、田舎の方も回ったりしたが、仕事の内容はわからない。家族には、今日どの屯に行ったと場所だけは教えてくれた。ただ、何をしたかは教えてくれなかった。黄色の制服に、肩章と長いサーベルをつけていた。父は地元でたいへん怖がられていた。その頃の家の生活は良かった。まわりの漢人は小麦や米を食べると経済犯罪になったが、家では食べ放題だった。家は漢人だけど、警察官の家族だから、ご馳走ばかりだった。父はいつも警察署から食料とか、美味しいものを持ってきた。

日本敗戦の時　1945年、私は17歳だから良く覚えている。私は湖南にいて、ソ連軍が大通りをトラック、タンクで走ってきた。まわりの中国人はトラック、タンクを見たことがなく、みんな見に来た。なぜ来たかも分からず、ただ見るだけだった。ここに来た当初、ソ連軍はたいへん礼儀正しかった。そのソ連軍が、だんだん村に入って、女性を辱めたり、品物を奪ったり、悪いことをいっぱいした。その頃、私のすぐ隣は日本人の家で、男性は軍隊にとられ、女と子どもだけが残されていた。ソ連軍が来て、まず女を奪った。日本の女たちは、山の方に逃げて隠れた。中国人も被害を受けた。ある時、湖南から、日本人が

列になって移動していった。たぶんソ連軍が、山奥から日本人を集め、鉄道の方に送った。毎日のように、日本人が護送されて、帰国していったようだ。日本人が引き揚げた後、私たち周りの中国人はみな、日本人が住んでいた家に入って、いろいろな物を拾ってきた。使われなくなった服や荷物が何でもあった。山奥の日本人家屋（軍か）はとてもきれいに作られていた。また、山奥には弾薬や銃が置かれていた。湖南の九道溝という所に、家やテントがあった。山の方には、階段も作られていた。

問われた警察官の家族　父が警察官だったので、敗戦後、私の家は富農と見なされた。地主、豊かな農家ということで、批判される階級にされた。実は、私の家に土地は多くなかった。富農にされたのは、父の仕事のせいだ。家の財産もすべて、清算という名目でとられた。豊かな家の財産は、貧しい人に分けられた。父が死んだので、私たちが批判されるようなことはなかった。もし生きていたら大変なことになった。文革の時代に、ここでも高い帽子を被せられて、母がひどい目にあった。

叔母が養母に　湖南の叔母（母の妹）は、元々子どもを産めなかった。叔母は、親がどこに行ったかわからない日本人の子ども5人を拾い育てた。子どもには、食べ物だけを与えれば十分だった。その5人は湖南で結婚して、みんな日本に帰国した。叔母はもう亡くなったが、生前は子どもたちが仕送りしてきたお金で生活し、とても幸せだった。

日本人の残留と帰国　この辺では、日本人の子ども、婦人ということで苛められることはなかった。小さい子は養子になり、年頃の人は結婚して、みんな仲良くした。家族そろって日本に行った人たちは、とても幸せと聞いている。何年かに1、2度、こっちに戻ってくる。若い人はみんな高い給料をもらって働き、年配の人はみんな生活保護を受けられる。たとえば叔母の5人の養子の中に女の子がいる。その子は結構な年齢になったから、日本政府の生活保護を受けている。残留孤児に対する生活保護の制度がある。日本の生活は楽で、みんなとても幸せに生活している、と伝えてきた。妹の息子は残留孤児と結婚したので、日本に移住した。妹が息子の所にいき、最近もどったばかりで、そっちの方がいいという話しだ。

第二部　日中関係者調査の研究報告

10.　王占成　79歳　男性　漢族　寧安市鏡泊郷　褚家屯（元開拓団の共栄郷か）
　2007.9/25　当時湾溝屯在住　父が開拓団の駅者

集団部落・湾溝屯　その頃、湾溝屯の周りは壕と土塀が巡らされていた。4隅には櫓があり、出入りの門には警備の人がいた。警備するのは日本人でなく、屯役所が屯の若者を集めた。夜になると、門は有刺鉄線をつけた丸太組の柵（二つ）で塞がれ、出入りをできなくした。朝になったら、また開けた。夜遅く帰る人たちは、門の脇にある小さな勝手口からはいった。誰が戻ってくるかは、遠くからも見えた。身分証のようなものを持たされた。父は持っていたが、子どもや女にはない（たぶん18歳以上の男はみな持たされた－通訳）。写真もついていた。

　湾溝屯には、日本人がいた、全部琉球人だった（？）。中国人は70世帯だと思う。朝鮮人は敗戦後に入ってきた（？）。開拓団の日本人は、背の高い馬をつかいプラウを引かせていた。そういう道具は中国にはなかった。湾溝の開拓団がどう逃げたか、全然知らない。ある朝気づくと、もうみんないなかった。湾溝に神社はなかった。東門の外側に、小さな木で作った祠があった。その後、洪水で全部流された。よく洪水があった。西門の方によく水が入ってきて、板で止めた。松乙溝が氾濫した。

　湾溝には、私たちと同じような年齢の人はもういない。

　　※　当時の住民構成について、誤解があるので記載する。
　　　当時、湾溝屯には約500人の現地住民がおり、ほぼ3分の2が漢族、3分の1が朝鮮族だった。1941年2月頃から、鏡泊湖青年義勇隊訓練所生が義勇隊開拓団への移行準備に着手し、10月の開拓団移行とともに団員3、40人が湾溝屯の一画に移住した。団地とした一画を大和郷と名付け、屯周辺で水田や畑作をおこなった。なお、訓練所生から開拓団員に移行する鏡泊湖義勇隊約300名の構成は、ほぼ3分の2の約190名が北海道、約70名が長崎県、約10名が静岡県で、残り約30名（喇叭鼓隊員から移行）が各府県からの出身者であった。湾溝屯内の大和郷の構成員も、北海道出身者がおおかった。

湾溝屯の暮らし　この屯（褚家）で生まれ、湾溝屯に移り、日本敗戦後に15歳でまた戻ってきた。父、母、私の3人家族だった。湾溝では、家族で農業をし

た。狭い自作地を鍬だけでこつこつと耕した。農地の広さは 3、4 畝くらい、南の河原のひどく痩せた土地で、湾溝屯の集落から 500m ほど離れていた。いい土地は全部、日本人にとられていた。私は、開拓団で働いたことはない。その頃は貧乏だから、衣服がなくボロボロで、膝もお尻半分も露出していた（子どもの服装か）。1 日の給料がだいたい 1 元で、琉球人からワイシャツ、シャツみたいなものを 1 枚買うことができる程度だった。

父は鷹嶺で雇い　父は伯父のがんへいこう［イエン・ビン・ガン、yan bing guang?］（母の兄）と一緒に 2 年間、鷹嶺に住んで日本人の家で駁者の仕事をし、敗戦で戻って来た。開拓団の琉球人のところだった。その伯父ももう亡くなった。

開拓団員との接触　衣糧廠で働いていた宮口という人は、優しくて内緒にトマトとサツマイモをくれた。琉球人たちと遊んで家に帰る時、大きなジャガイモ、トマト、カボチャをもらった。琉球人から内緒に買うこともあった。もらった種で、カボチャやジャガイモを自分でつくった。その人たちは、私より少し年上だった。琉球人の中にはいい人もおり、そんなに悪いことをされたことはない。私は琉球人に殴られたり、苛められたりしたことはない。苛められた人の話しも、私は知らない。ただ、自分の犬を中国人にけしかけて、脅かす悪い人もいた。

〔**琉球人と判断した理由**〕　琉球人とずっと付き合っている内にわかった。湾溝屯に移り、1 年くらいしてわかった、彼らは日本人じゃなくて琉球人だと。みんな同じ認識だった。

　（学園）村には開拓団の診療所があって、私たち中国人が怪我をしたら、薬を塗って包帯を巻いてくれた。

その他の日本人　本部という言葉はよく聞いた。電話をかける時に、本部ですかと云っていた。そう言っていたのは、琉球人。鷹嶺にも、数世帯の日本人がいた。南湖頭や湖南の日本人のことは、知らない。房身溝のことも知らない。水産と云っていた所が、倉庫の方にあった（鏡泊学園残留者の漁業地）。

湾溝屯で日本敗戦の頃　私の屯に、日本人はずっといなかった。全部琉球人だった。（褚家屯に）戻った時、日本開拓団が残した 14 軒の建物があった（義勇隊

開拓団の共栄郷か）。湾溝屯の開拓団はみんな沖縄の琉球から来た。鏡泊の方に日本人がいて、ここには来なかった。最初に琉球人、その後に日本人も入ってきた。敗戦の年、1945年に、日本軍がヘルメットをかぶって、4頭の馬に大砲を引かせていった。日本敗戦後、つまり1945年以降（？）に、日本人が入って来て、ここに道路を作った（→敗戦直前に移駐の日本軍の誤解か）。

　私たちは、日本人が引き揚げた後の空き家にはいった。もとの日本人の持ち主が誰か、知らない。この屯に住んでいた日本人はみんな引き揚げた。

　終戦の時に、ソ連が来たことはよく知っている。ソ連軍が入って来た時、団長などをみんな逮捕した。捕まえた日本人全部を中国政府に渡して、それから帰国した。それから、撫順という戦犯収容所に集めた（→ソ連軍は日本軍人・軍属を連行。シベリア抑留後、中国に引き渡されたことを誤解か）。

義兄と残留婦人　妻の兄は、混乱期に逃げた日本の女性を湾溝の山の中から連れて来た。その後、兄はその人と結婚する。それがこの人（写真）。兄はもう亡くなり、いまは北海道に帰った。1946年に、中国政府は、日本の残留孤児・婦人を集めて、日本に帰国させた。義姉も集められたけど、途中で逃げて戻って来た。ここで兄と5、6人の子どもを育てた。

　いま2人の息子は日本で働いている。娘の夫もみんな日本に行っている。1人は大阪に行っている。一度帰ろうと思っても、なかなかできないようだ。2人の息子はずっと日本で働いてきたが、1人は今こっちに戻っている。戻って〇年（聞き取れず）経つから、日本で働くチャンスが無くなって、いまはここで生活している。

内戦～朝鮮戦争　私はいま字がすこし書けるけれども、軍隊に入ってから勉強した。内戦の時、1947年に軍隊に入り、10年間いた。朝鮮にも行き、2年半いた。私はソウルまで行って来た。ソウルには神社がいっぱい、あちこちにあった。

付・"日軍侵占寧安罪行実物展"の紹介

　2007年9月22日、寧安市歴史文化中心を訪問した際、市内で開催中の本展を観覧する機会に恵まれた。内容は日本軍と抗日活動に関するものが主だが、

個人（女性）で収集したという実物資料には"鏡泊学園"に関するものも含まれていた。資料収集や、本展開催の経緯については明らかでないが、写真記録に基づいて概要を紹介する。ただし、展示会名と前書き、結びにあるように、抗日戦争勝利62周年を記念する趣旨であり、寧安市委員会や寧安市政府の指導のもと、寧安人民の団結を訴えていることから、党や市の指導、協力によるものと考えられる。

1. 展示会名：

    記念抗日戦争勝利六十二周年！　　抗日戦争勝利六十二周年記念
    日軍侵占寧安罪行実物展　　　　　日本軍による寧安侵略の実物資料展
    付和成個人収蔵抗日戦争実物展　　個人所蔵の抗日戦争実物展

2. 展示構成：

    前　言　　　　　　　　　　　　　前書き
    日軍侵占寧安罪証　　　　　　　　日本軍による寧安侵略の罪証
    張聞天在寧安　　　　　　　　　　寧安の張聞天
    寧安軍民在党的領導下英雄抗戦　　党指導下の寧安軍民による英雄抗戦
    結束語　　　　　　　　　　　　　結　び

3. 展示資料の概要：

    1）　実物資料

    ［日軍侵占寧安罪証］　防毒面具、投下弾信管、刑具、化学製剤（瓶）、軍刀7振、外套、憲兵腕章、信号灯、レコード、弾倉、九九銃弾、七九銃弾、戦車雷、三八銃・弾、山砲弾信管、破甲弾、九七手榴弾、鏡泊学園校旗ほか

    ［張聞天在寧安］　張聞天使用的毛布、拳銃、電気スタンド、文書鞄ほか

    ［寧安軍民在党的領導下英勇抗戦］　抗日聯軍の皮帽子、文書鞄、抗日聯軍の革靴ほか

    2）　文書資料

［日軍侵占寧安罪証］　中共党匪策動要図（昭和十六年六月調、満洲国関東軍司令部の朱印）、在満中共党匪策動簡図、土地執照（強制買収の地券）、神戸新聞、寧安県第六教育区視学委員任命状、満洲国建国之備、満洲帝国政府・国民手帳、満洲国紙幣、軍票、
鏡泊湖観光案内図、南京国民政府軍事委員会□□□、（□□□クレヨン）、学習教科書

［張聞天在寧安］　張聞天指導発行の刊行物、□□革命運動史、社会科学□□、国際知識読本、原資弾、論思想意識、歴史的偽造者、延安一学校、中国四大家族、弁証唯物論與歴史唯物論基本問題、目前形勢和我人・門的任務、

3) 写真

［日軍侵占寧安罪証］　寧安人関玉蘅、日本軍幹部、七三一部隊長石井四郎、七三一部隊、毒ガス訓練、小日本の骨を埋める地ではなかった、小日本の無条件降伏、小鬼っ子は戦友のお骨をただ抱いて家に持ち帰った、寧安鏡泊学園訓練所（後に鏡泊湖義勇隊訓練所）、寧安協和会手配の仮の姿、日軍暴行、日本に侵略された牡丹江

［張聞天在寧安］　張聞天在寧安　抗日時期的張聞天、1938年10月中国共産党在延安橋機構挙行六届六全会、1939年6月1日"抗大"建設三周年、新中華報、張聞天在寧安培養出的后備関部、張聞天在寧安的工作室、在寧安工作時期的張聞天、1945年12月至1946年4月張聞天以中共北満分属代表的身分在牡丹江寧安地区指導工作

［寧安軍民在党的領導下英勇抗戦］　烈士10名の絵と写真－日本軍の物資徴発、抗日聯軍党小組会議、抗日聯軍出発前、抗日聯軍戦士たちの篝火ほか

4) 図版

［日軍侵占寧安罪証］　東北抗日聯軍活動区域1931年9月―1945年8月（1934遊撃隊、1934-37活動、1937-45活動）

第 7 章　黒竜江省寧安市鏡泊郷の中国人在住者

前書き

　今年は、抗日戦争勝利 62 周年、世界反ファシズム戦争勝利 62 周年です。抗日戦争は、100 年以上におよぶ敵の侵略に抗して、中国人民が完全勝利を得たはじめての戦争です。もっとも偉大な最初の民族解放戦争であり、中国の歴史上も、偉大で画期的な意義があります。

　中国の抗日戦争は、世界反ファシズム戦争の重要な部分であり、東北の抗日戦争はまた中国の抗日戦争の重要な部分でした。1931 年の"9.18"事変後、寧安県のいたる所で抗日の烽火が燃え上がりました。寧安県は、中国共産党寧安県委員会の所在地として、各路の抗日義勇軍の集合地となり、東北の重要な抗日ゲリラ根拠地の一つになりました。日本の侵略軍は、この地区を"獅子身中の虫"と見て、寧安を重要な侵略目標とし、強力な軍隊を派遣して包囲討伐をしました。討伐のいたる所で、放火、殺戮、強姦など、悪事の限りが尽くされました。寧安人民は、党指導のもと、言語に絶する艱難辛苦の闘争をすすめました。党直接の指導下に抗日武装を築き、ゲリラ戦争を展開して、東北抗日戦争に重要な貢献をしました。

　抗日戦争の勝利 62 周年を記念するため、わたしは個人で、長年収集した抗日戦争期のいくつかの実物と資料を、ここで郷里の人びとに展示し、みなさんの参観に供して、これからの人に示したいと思います。

2007 年 9 月 15 日

結　び

　歴史はわたし達に、侵略戦争が人間の良心に反するものだということを明らかに示してくれました。平和と発展こそが、今日の世界の主題です。わたし達が今日この展示会を開催するのは、歴史の教訓をくみとり、戦争の悲劇を再び繰り返さないようにするためです。

　この平和な時に、寧安人民は、寧安市委員会、寧安市政府の指導のもと、愛国主義の旗を高くあげ、民族団結を実現し、すべての人が心を一つにして、実務に励み、奮闘して、わたし達の故郷、寧安のより良い建設を達成していくことでしょう。

第 8 章

黒竜江省哈爾浜市阿城区亜溝鎮、
交界鎮の中国人在住者

寺林伸明・劉含発・竹野学・三浦泰之・辛培林、（通訳）劉含発

1. **李　　財** 78歳　男性　漢族　哈爾浜市阿城区亜溝鎮　吉祥村三大家屯（元団本部）2008.9/6　父が団本部の年雇いで小作

土地買収で三大家屯に　私の家はこの村の出身で、別のところに越してまた戻ってきた。以前、住んだところでは自分の土地を持っていた。場所は火焼里という山を越えて直ぐのところだった。小作人はいなかった。家は大家族で、そのときには祖父もおり、父も 4 人兄弟だった。父は長男で、全部家族の力で耕していた。

　日本人に土地を買収されたので、そこを離れて越してきた。この近辺の土地は全部、国に買収された。住んでいたのは土の建物で、周りにほとんど住民は無かった。ある時、日本人が来て、1 戸だけで住むのはダメだから集住するように云い、家の建物は焼かれた。家を焼いたのは、県から派遣されてきた人だった。その頃は治安がすごく悪く、馬賊がよく襲ってきたので、山奥で孤立して生活することは許さなかった。家を焼かれたので、親戚を頼るなどして生きる道を探し、三大家屯に越して来た。引っ越すときに祖父が亡くなり、2 番目の叔父も病気で亡くなった。3 番目の叔父は別のところに越して行き、1 番目の叔父は家族と一緒にこの村にきて開拓団の土地を借りた。

　家は三大家屯の東の方で、土の建物に住んでいた。家の周りは全部中国人で、

向かい側に日本人の家があった。当時この屯に住んでいた中国人は10数家族だった。以前の建物は全部なくなった。この辺に大きな倉庫があったが、全部焼かれ壊された。

開拓団との関わり　私の家族は7人で、姉2人と男兄弟が3人いた。私は他所で生まれ、14歳のときにこの村に越して来た。そのときに八紘開拓団がこの村にいた。周りに中国人の土地はなく、すべて開拓団の土地になっていた。父は1埫(シャン)（0.72ha）くらいを小作し、家族が食べる分だけを作っていた。また、父は団の年雇いになり、本部で脱穀や雑作業をした。叔母の夫は、開拓団で食事を作っていた。叔父は小作として、トウモロコシ、大豆、アワなど、五穀全部を作っていた。私も開拓団で働いた。除草の手伝いなど、いろんな仕事をした。仕事をするときは、ちゃんと食事も出された。冬は仕事が無くなり、父は米の脱穀をした。付近の開拓団（員か）がみんな来たので、家族2、3人が毎日脱穀作業を手伝って働いた。穀物の強制出荷、供出などはなかった、ただ小作料を納めただけ。よく知らないが、そんなに多くは無かった。衣類や食べ物は、特に困らなかった。引っ越してから3年間くらい、八紘開拓団の仕事をした。団長、団員など、付き合いがあった人たちは知っているけれども、名前を今は覚えていない。特に仲良かった団員に背が低い人がいたが、名前は忘れた。父と同じような年齢だった。私も開拓団の人と知り合い、親しい関係になった。

　この村に通訳をできる人はいなかった。主に仕事だけの関係だったので、お互いに少しずつ言葉が通じるようになった。そこで雇われた中国人は自分だけで、日本人は馬とプラウを持っていたが、ほとんどの仕事は中国人に任された。牛は放牧しながら飼っていた。まわりに牧草地もあって、草を集めてきた。背の低い日本人が2頭飼っていた記憶はあるけれども、他はよく知らない。牛舎があったのは、その日本人のところ。農作業のやり方は中国人と違っていて、ほとんど畝を作らず平らなところに種をまいた。このあたりに、水田は無かった。ちょっと離れたところに水田があり、それは日本人が全部自分でやっていた。水田の場所は西の方だったが少ない、狭かった。西の屯に朝鮮族がいた。水田の方は朝鮮族の人が手伝っていた。

　そのとき、屯には中国人の子供が少なかった。学校は遠くて、半拉城子に

あった。正式な名前はわからない。私もそこで半年、日本語を勉強した。中国人の学校だけれども、全部日本語を勉強した。覚えている言葉は、おはようございます、数字の1〜10、全然忘れてない。祭りは特になかった。踊りや運動会もしない。日本人の子供と中国人の子供は一緒に遊んだ。珍しい遊びはない。抗日ゲリラが来たことはない。

日本敗戦の時　日本敗戦の時、私は16歳だった。開拓団が出て行くとき、私は村にいた。ロシア軍が攻めてきて、日本人が追い出された。開拓団は村を出る前に、山の方にあった神社の額を外してきて、商店の所で焼き、そのまま店も燃やしてから、みんな出て行った。

　開拓団が出るとき、地元の中国人は何もしなかった。私はただその様子を見ていた。開拓団の人たちは、自分で荷物を片付け、持ち出せない物は中庭で全部燃やした。周りの中国人が奪いに来ることはなかった。荷物を強奪するようなこともなかった。

　八紘開拓団が去った後、ソ連軍がやってきた。ロシア人はとても悪くて、豚を殺して食べられた。開拓団が持っていた家畜で、馬が数頭いたけれども、ロシア人が入ってきてとられた。牛を専門的に飼っていたけれども、それもやはりロシア人にとられた。数はそんなに多くなかった。ロシア人はものすごく悪い、日本人はそんなに悪くなかった。

　開拓団の人たちは、（阿城県の）小紅旗で収容されていた。村に戻ってきた人はいない。

　李国財（残留孤児）という人がいたが、もう日本に帰国した。

　開拓団が去った後、元ここにいた中国人が戻ってきて、日本人がもう使わなくなった土地を耕作した。元々ここに住んでいた人たちに、大きな地主はいなかった、みんな自作農だった。日本人開拓団がくる前、地元（三大家屯）の中国人は少なかった。10数戸の開拓団家族が引き上げた後、この屯は数10戸に増えた。元いた人だけでなく、他所からの人も入ってきて、多くなった。

当時について　日本人が土地を全部占領したので、私たちはもう自立できず、仕方なく日本人のもとで働き、給料を貰って生活を続けた。それは仕様がなかった。この村では、開拓団は現地の中国人を虐めなかった。関係はうまく

いっていた。正月には、米をもらうこともあった。

2. 白　秀蘭　84歳　女性　満洲族　哈爾浜市阿城区亜溝鎮　吉祥村三大家屯（元団本部）　2008.9/6　夫が団本部の年雇

開拓団との関わり　ちょっと離れたところで生まれた。この村に嫁いで来たとき、ちょうど日本人がここにいた。16歳のとき、私の両親がいなくなったので、こっちに来た。夫は最初、団の炊事係、のちに馬車の馭者をした。私は働いたことがない。夫だけが年工、年雇いで働いた。炊事係が何人いたかはよく知らない。団本部に多くのお客さんが来るときに、炊事を手伝うことはあった。臨時に呼んできた。主に、日本人が食事をしたけれども、中国人の仕事の人にも料理を出した。普段は日本人だけに料理を出した。中国人に出す食事と、日本人に出す食事は、同じだった。中国人の働いている人たちも、やはり米飯を食べた。

加藤（装蹄担当）と大友（団長）、土田（土地管理・労務・建設担当）も知っている。団員家族との付き合いはあった。私は時々自分の子供を抱いて、日本人の家に遊びに行った。でも、言葉はほとんど通じなかった。長く付き合ううちに、だんだん互いに少しずつ言葉がわかるようになったが、付き合いはそんなに多くなかった。ただ、お互いに家庭を訪問したりした。

食べ物を受け取らない日本人　子供を抱いて訪問したら、アメ玉をもらった。中国人の食べ物をあげようとしても、向こうは受け取らなかった。お正月に中国人は餃子を作るが、私が夫に餃子を日本人の子供にあげるようと云っても、夫はそれはダメ、日本人は受け取らないとのことだった。日本人は自分の作ったものだけを食べていた。夫が本部で作ったものを、日本人は全部食べたけれども、他の中国人が食べ物をあげようとしても一切受け取らなかった。なぜ受け取らないのかは、よく分からなかった。日本人が受け取らないことをみんな知っていたので、日本人にはあげなかった。

日本敗戦のとき　引き揚げる時は見ていないが、小紅旗というところに収容された。若い男たちがみんな軍隊に取られたので、女と子供だけが残されていた。そういう人たちは、なかなか自立して生活できなくなった。小紅旗では、米も

無くてコーリャンだけを食べた。そういう噂が飛んでいた。みんなそういう風に言っていた。そして、みなさん帰国した。

　李国財はお隣だ。まだ、息子がここに残っている。李は日本で上手くやっているか（→札幌在住のご本人には会っていないので、息子から聞いたことを伝えた）。

農地を取り戻す　夫は元々ここで農家、自作農だった。日本人が入ってきて、日本人のところで働くようになった。日本人が帰った後に、元の自分の土地を取り戻した。日本人がいたときには、私たち中国人が持っていた土地は狭かった。周りが全部山だから、畑は少なかった。土地を取り戻すときに、特に手続きはしなかった。日本人がここを去ったので、前の持ち主がみんな自分の土地を取り戻した。

3.　常　　　国　84歳　男性　漢族　哈爾浜市阿城区亜溝鎮　吉祥村吉祥屯（旧計験屯、元団・生長部落）　2008.9/7　団員の年雇

土地買収と開拓団　私は全く文盲だから、その頃のことは少ししか分からない。私は母と弟の3人家族だった。弟は私より10歳下で、仕事は何もしなかった。母も働きに出ないで、家事をしていた。働いたのは私だけ。私たち家族は、開拓団が来る直前にここに来た。南の村から移ってきた。日本人開拓団が来る前、ここに住んでいた中国人は10数世帯くらいだ。開拓団が来た時、もう土地は全部買収されていた。私の家は何も財産がなかったので、そのまま残った。土地は全く持ってなかった。私たちは草の粗末な小屋に住んで、ずっと農業をしていた。小作人ではなく、日雇いの低所得でぎりぎりの生活をしていた。土地や家屋を持っている人たちは、全部開拓団に売却して、その金で別々のところに移っていった。周りの土地は国に買収されて、それから開拓団に分けられた。私は聞いただけなので、誰が来て金を払って買ったのか、そこまでは知らない。日本の開拓団は5年間、ここに住んだ。この屯には7世帯が来て、ちょうど中国人も7家族、朝鮮人が2、3世帯いた。本部は三大家屯におかれて、そこに2人の偉い日本人がいた。

開拓団の雇い仕事　5年間、私はずっと日本人のところで働いた。当時は母、弟

と官舎（？）に住んで、仕事の時は日本人のところに行った。日本人は、1世帯に1人の中国人を使っていた。私が行く日本人の家で、働く中国人は私だけだ。その家族の主人、奥さん、子供もやはりきちんと働く。私が働いた日本人の苗字は今覚えていない。子供は5人で、一番上が16歳の女の子、女の子が4人で、男の子が1人だった。日本人は吉祥屯だけでなく、周りの屯にも散らばっていたが、私が働いた家はこのすぐ裏だった。その頃は、こんなに多くの家がなかった。今はずいぶん家が増えた。跡地も、建物はすべて壊され、今は何もわからない、全部変った。

　仕事は農作業で、小作人でなく、年工、年雇いだった。1日の仕事は、朝、日が昇ってから日没直前まで。日本人の家族も、みんなきちんと働く。ただ、日本人の家族は割当の土地がものすごく広いので、作業をやりきれず収穫はそれほど多くなかった。でも、自分の家で食べるのには、十分余裕があった。農繁期でも、除草や収穫をしたりする時でも、他所からの日雇いは使わなかった。日本人もそれほど多くの収穫を希望していなかったようだ。家族が食べる分と、自家で必要な分だけをやっていた。私たちは土地を持たないから、強制出荷をさせられることはなかった。私はただ働かされるだけで、そのための仕事をしたかどうか、全く知らない。

　この屯の土地全部が日本人7世帯の分、山の方もその家族のものになっていた。土地が広いから、その一画だけを私がやっていた。日本人世帯と働く場所は離れていた。私はその日本人から少しの面積、0.5坰くらいの土地をもらった。もらった土地を耕して、収穫を家族の食料にあてた。そのほかの時間は、日本人と一緒に日本人のところで働いた。労賃は貰えない。0.5坰の土地だけをくれて、向こうのいらない服をただでくれただけ。貧しかった、みんな。

　作物はとうもろこし、大豆、稲もつくった。今の中国とほぼ同じ。稲作りは朝鮮族の2、3家族だけで、やはり一緒に仕事をした。私が働いていた家には馬と牛もいた。馬は日本馬で、背が高い。牛も日本から送ってきた。日本人の牛や馬の世話をしていたのは、やはり中国人だ。家畜を飼う家庭は、雇う中国人の数も多かった。ある日本人が10頭の牛を飼っていて、この近くの馬さんが牛の世話をした。もう亡くなった。その他に、もう1人を雇って農業をやら

せていた。日本人の家にも貧富の差があった。裕福な家では馬や牛もおり、牛を10頭くらい飼っている人もいた。貧しい方はぎりぎりの生活のようだった。でも、どんな貧乏な家庭でも、私たち中国人よりはずっと裕福だった。開拓団のメンバーたちは配給を受けられたが、私たちにはまともな服もなかった。

私は17歳の時からそこで働き、21歳の時に日本が敗戦となった。

日本人との接触　日本人の開拓団が来たとき、地元に残った人たちは、最初、全然言葉も通じなかった。日本人の開拓団のメンバーは、とても早く中国語ができるようになった。日本人の子供はもっと早く中国語ができるようになった。1年足らずして、だんだん日本人も現地の中国語を話せるようになり、向こうから中国語で声をかけてきた。でも、私たちはすすんで覚える意欲がなく、あまり日本語ができなかった。私たち中国人は、すすんで開拓団に近づこうとはしなかった。

働き始めのころ、向こうは言葉が通じなくても、国が強いので威張っていた。もし気にいらなければ、私たちは罵られた。日本人の大人はいくぶん中国人を馬鹿にしたが、子供はそういうことはなかった。日本人は男だけでなく女も同じように、私たちが何かミスすると叱った。何か間違えるとすぐ叱られた、バカヤローと。私たちは日本語をできないけれども、最初に覚えた日本語は叱る言葉だった。まずバカヤローをすぐ覚えた。私たちはいつも、日本人の下で働くとき、不安で緊張していた。日本人は威張っていて、私たちは殴られたり、罵られたりすることがよくあったからだ。私たちは、国が弱いのでずっと我慢していた。中国人は数世帯だけで、ずっとそこで働き、差別されても私たちは我慢して、何も抵抗しなかった。もし怠けなければ、何も馬鹿にされない。間違えると、やはり向こうから言われる。開拓団員はみな一様に威張っていた。向こうは強いから、土地や家屋は全部開拓団のものになっていたから、我慢するしかなかった。

日本人と中国人と朝鮮人で、お互いに交流はほとんどなかった。私たちはみんなまじめに働いただけで、そんなに親しい関係になった人はいない。家庭を訪問し合うこともなかった。私たちがどんなに優しく接しても、向こうはいつも退屈そうに見えた。中国人の間では、お互いによく行き来して、日本人に虐

められた話をしていた。やはり中国人は心底から、日本国が1日も早く退散するように願っていた。何度も虐められたりしたために、そう思うようになっていた。

日本人の子供はみんな小さく、10歳前後が多かった。中国人の親たちは、子供同士で遊ぶのを嫌がったりはしなかった。親たちはなにも干渉しなかった。確かに、日本人の子供と一緒に遊んだけれども、時間はそんなになかった。日本人の子供は学校に通っていて、中国人の子供は数が少ないし、みんな学校に行っていないから、遊ぶ時間は短かった。

その頃はもちろん日本語を少しわかっていたが、今は全然わからない。少しも覚えていない。日本人の名前を、今は少しも覚えていない。

日本軍ほか　日本軍は小紅旗の辺りにいて、砬子溝というところにも日本軍の倉庫があった。演習の時に、日本軍がこっちに来て、通っていった。日本軍が来ても、私たちの住んでいる家には入らず、野宿した。川でテントを張って、屯には入って来なかった。

土匪が来たことはない。日本敗戦の直後に土匪が多くなった、土匪、馬賊。開拓団がいたときに、土匪が来たことはない。そのあとに土匪があふれるほど来た、混乱期だから。

このあたりで抗日ゲリラの話を聞いたことはない。ここまでは来ていない。

満洲国の前に鉄道はあったが、買収されて、その頃は河原の砂を毎日運んでいた。

勤労奉仕　勤労奉仕をここで募ったことがあった。兄弟が多い家庭では何人かが取られて行き、帰らなかったこともある。具体的にどの家から、どのようにとられたかは覚えていないが、確かにいた。どこで働かされたのかは、知らない。

日本敗戦のとき　日本人の家庭は働き手が軍隊にとられた後も、残された老人と婦人、子供がやはりきちんと働いていた。その頃になると、私たちは日本の敗戦が近いと思うようになった。また中国人は、日本人のものをだんだん盗むようになっていた。

8月のある日、日本に帰ると云って1日で片付け、牛も馬もここに捨てて、

第 8 章　黒竜江省哈爾浜市阿城区亜溝鎮、交界鎮の中国人在住者

みんな小紅旗の方に行った。日本人は集まってからここを出たけれども、私たちはまだ日本の敗戦を知らなかった。また日本人が戻ってくると思って、荷物を馬車に乗せて私たちは遠くまで送っていった。馬車で、小紅旗のちょっと先まで送った。そこに日本人は集まっていた。その頃は、日本人は大変苦しかった。

　日本人が残していった財産は、他所の人がきて奪い合った。私たち日本人の家庭で働いた人たちは、何も貰わなかったし、奪い合いにも加わらなかった。ほとんどが他所からで、周りから多くの人々がこの土地に奪いに集まってきた。他所の人達はとても強く、財産を奪って、また戻っていった。

ソ連軍　日本人が去って、数日後にソ連軍が来た。ソ連軍はバラバラにここに来て、1ヶ月くらい滞在した。ソ連軍はとても悪かった。ソ連軍はあちこちで日本人を探し、この村で何人かが殺された。ここに住んでいた若い人で、この村ではたぶん2人くらい殺されている。1人はこの村の日本人、もう1人は他所から来た日本人だった。中国人が殺されたことはない。私たちは言葉も通じないので、ソ連軍が怖くて外に出なかった。

土地の分配　日本人がここを去ってから、地元では土地の分配をした。私の家は、家も土地ももらった。でも、家はとてもボロボロだった。みんな平等に、土地と家屋を分配した。この村でも政府がつくられたから、だんだん治安も良くなった。元々いた人たちが戻ってきたが、ほとんど地元政府が平等に分配した。もう土地と家屋は国のものになったので、みんなに平等に平均に配った。地元に住んでいた人たちに、平等に分けた。

　今この村で、昔のことを知っているのは私の他に1人いる。馬さん81歳、この2人だけだ。私と彼が日本人の屯で働いた。他の人たちは亡くなったり、他所に移っていった。

4.　馬　鳳林　81歳　男性　満洲族　哈爾浜市阿城区亜溝鎮　吉祥村吉祥屯（旧計験屯、元団・生長部落）　2008.9/7　団員の年雇

家屋買収と日本人　私はこの村で生まれた。私は1人っ子で、3歳の時に母を亡くした。家族は父、父の兄、その妻と子ども、私の5人だった。伯父の子供は

561

学校に通った。日本人がここに来た時、私は10歳（？→12）くらいであまり覚えていない。日本人が来たとき、家屋ごと全部買収された。誰に買われたかは、もう覚えていない。私たちは住む場所もなくなったので、働くしかなかった。働くところは自分で探した。日本人があちこちで探していて、たまたま私がその家になった。日本人は子供だけを探していて、年とった人を必要としなかった。せいぜい2、30歳くらいまでで、それ以上の人は要らなかったようだ。

　私が働いた日本人の名前は忘れた。4人家族で、子供が2人だった。私が働きに行った時、まだ上の子は2歳だった。

　日本人がこの村に来てから、新しく家を建てることはなかった。（必要な時は）、以前からの住人から家を買収した。私が働いた日本人は、王さんから家を買った。

日本人の年雇　21歳（→12、3）の時に日本人のところに行き、14年間（→4、5）働いた。年雇いで、その家庭で働く人は私だけだった。そこには馬2頭、羊3頭がおり、牛はいなかった。私の仕事は、農作業と馬と羊の世話だった。そんなに大変ではなかった。仕事は馬の世話などをするから、朝早く夜遅い時もよくあった。馬を扱うのは全部私だった。羊の乳搾りもした。子供から大人まで、日本人はみんな羊の乳を飲んでいた。私1人だけで何でもやった。私が働いている時に、主人が兵隊にとられた。この村の日本人は、年齢的に軍隊にとられるものは全部採られた。

　仕事をする時は、その家に泊まることもできるし、自宅に戻ることもできた。特別の部屋が用意されたので、私は住み込みをした。住み込みといっても、ちょっと違って、私はすぐ隣の建物に部屋をもらった。長く働いたので、家族と同じようだった。日本人がはいった住宅も、オンドルを使っていた。薪を取ってくるのは、私たちの仕事だった。冬になる前に、ひと冬分の薪材をつくった。薪割りは、冬に仕事がない時、のこぎりで切った。お風呂は、各家の庭にレンガや板で風呂場をつくった。日本人が洗ってから、私が最後に入った。秋になると、日本人は大根とかを樽で漬けた。私たちはただ洗ったり切ったりして、そのあとは向こうが自分でやった。漬け方を習う中国人もいた。友達になったら、漬け物づくりを見せたり教えたりした。

食事は1日3食出された。日本人の家族と同じ食卓で、全く一緒のものを食べた。日本人のところで働く人はみんな、日本人の家族と食事をした。食事について、私たちは何も制限されなかった。お米も食べた。日本人の食事も、全然抵抗がなかった。ミソ汁も飲んだことがある。

　給料はちゃんと貰ったが、少なかった。私の場合は、冬と夏の服ももらった。結局、お金は貰わなくなり、その代りに自家用として1坰の土地をくれた。

　仕事の休みは、正月とか祭のときで、自宅に戻ってもいいし、そこに残ってもよかった。正月休みは5日間くらい。祭りは中秋のとき、1日だけ。

交流状況　日本人とは最初、言葉が通じなかったけれど、だんだん付き合っている内に半分くらい分かるようになった。向こうは中国語が少しわかる。私も少しずつ日本語が分かるようになった。ずっと使わないので、今は忘れた。鞭で殴られたり、叱られたりすることもあったが、人間は同じ。もし、私たちが間違わなければ、進んで悪いことをしなければ、虐められることはなかった。よその日本人の子供と一緒に遊んだ。子供とは仲が良く、大人とも悪くはなかった。

　中国人同士では交流した。特に、日本人のことを話題にすることはなかった。日本人の家で働いている人は分かっていても、働いていない人は日本人に全然関心がなかった。この村では、日本人の家庭で働いて虐められたという話を、私は聞いたことがない。他の屯の日本人の状況を、私は見たことがないし、知らない。

日本軍、勤労奉仕など　日本軍がこの屯に入ったことはない。勤労奉仕や労工狩りのことは覚えてないが、毎年、労工にとられる人もいた。顔は知っているけど、誰だか覚えてない。同じ村の人だ。何の仕事をしたのか、どこに行ったか知らない。

日本敗戦のとき　日本人の家族は、この村を離れる前に、帰国すると私に伝えてくれた。上の子が6歳、下の子が3、4歳で、母親に連れられ、日本に帰りたいと…。この村では、日本人はそれぞれ馬と馬車を持っていたので、全部財産を載せて馬車で集まり、私たちが送っていった。働いた人たちだけが送って行き、働かなかった人は行かなかった。夫が兵隊にとられて、送らなければ可哀

相だから、仕方なく私たちは送った。夕方ここを出て、阿城の北、小紅旗という所で1泊した。小紅旗では、誰が受け容れたかわからない。そこの建物で1泊して、次の朝に戻ってきた。ここで亡くなった日本人はいない。

　小紅旗に収容されたほぼ1年間に、働いた土地の持ち主が何回も来た。ここに泊まったこともある。来た時に、私たちは何もなくて野菜くらいをあげた。長年そこで働いて親しい関係になっていたから。

　日本人が残していった財産のうち、馬はソ連軍にとられ、羊は周りの人に奪われた。ただ服だけは、私の家がもらった。敗戦後、家が空いたので、私が住んだ。日本人たちが家を空けて、直ぐに私たちが入った。その直後に共産党が入ってきて、土地と家屋を分配した。分配のときに、私は家にそのまま残っていて、分配してもらった。その場所はここでなく、村の中心部だった。ここはその後、自分で建てた。その時の家は壊され、もう無くなった。今この屯で、日本人のところで働いた人は、南の方の常国さんと私だけだ。

　（馬耕の写真を見て）、日本馬だ。

　（小学校の写真を見て）、私は文字も読めないのでよく知らない。

5. **姜　　文** 78歳　女性　漢族　哈爾浜市阿城区亜溝鎮　吉祥村姜家屯（旧北王栄屯、元団・北栄部落）　2008.9/7　父が排長で団小作

屯と開拓団　この屯には、漢族が17戸、日本人ははっきりしないが10世帯くらいいた。朝鮮族や満洲族はいない、全部漢族だった。開拓団が入った時のことははっきり覚えているが、何歳だったかは覚えていない。日本の開拓団はここに13年間（→5、6年）いた。

　父は漢族を管理する排長だった。つまり、末端の行政の頭だった（今の屯長のような地位）。17戸の中国人を管理するだけで、日本人は権限外だ。排長の仕事は、地元の屯の日常的なことで、時間があれば農作業をした。父は開拓団で働いたのでなく、10垧の土地を開拓団から借りて、自分で耕していた。借りた土地はほとんど山の斜面だけで、いい所は全部開拓団の土地になっていた。収穫があったら出荷した。小作料はそんなに多くなかった。はっきりした数字は、小さかったのでわからない。馬車もあった。

中国人17戸のうち、日本人のところで働く人もいた。年雇いの人が数家族いたけれど、今は覚えていない。日本人は背の高い日本馬を飼っていたが、中国人は背の低い現地の馬を飼っていた。日本人は1戸につき牛1頭を、自分で飲む分として飼っていた。馬も国から配給されていた。

　私はその頃、父に勧められて、小窯溝という所にあった学校に通っていた。学校では日本語を勉強した。場所が遠すぎたのと、勉強がなかなか身に付かなくて、半年くらいで止めた。学校を辞めて、父の農作業の手伝いをした。

日本人との接触　大友が団長、土田（団の土地管理・労務・建設担当）もいた。この二人の名前は、今もはっきりと覚えている。私たちはまだ小さいから、付き合いはなかった。ただ名前だけは聞いた。

　言葉はお互いに勉強して、日本語と中国語を混ぜて話した。バカヤローという言葉をまだ覚えている。よく言われたので、私たちもよく言うようになった。普段は日本人もそういう言葉を使わないが、何か間違えたら、何か日本人に悪いことをすれば言われた。殴られるようなことはない。もし、ひどく悪いことをすれば殴られただろうが、私は見たことがない。たとえば、日本人は農具をあちこちに置くが、中国人はきちんと片付ける。もし、中国人が日本人の置いた農具を盗んだとしたら、必ず殴られる。日本人の普通の住民は、私たちと同じだ。この屯の日本人は中国人をいじめなかった。ほかに覚えているのはメシ、おはようございます、もっとできたけれど全部忘れた。

　農作業のやり方が違うので、日本人は日本人で、中国人は中国人で働いた。だから、日常的に家族同士で付き合うことはあまりなかった。どの家か覚えてないが、日本人のうちに遊びに行ったこともある。日本人の子供とも遊んだ。

　食事は、日本人も中国の食事を味わったし、こちらも同じようにした。そのくらいの交流はあった。日本の家で、私はモチを食べたことがある、モチ米を搗いたものを。日本人の家庭では、美味しいものやお米を食べられた。中国人は貧しくてほとんど粟を食べたので、日本人はほとんど来なかった。子供もほとんど食べに来ない。日本人が家にご飯を食べに来たことがあったか覚えてないが、あっても1、2回くらいだ。

日本敗戦のとき　日本人は7月（→8）の雨の日にここを去った。夕方ここを出

発し、年雇いたちが小紅旗まで馬車で送った。そこからまた日本に帰国した。その後、日本人家族がどうなったかはよく知らない。ソ連軍が何回もここを通り過ぎていくのを見かけた。いなくなった日本人が戻ってきた噂があったけれども、私は見たことがない。日本人が引き揚げてから、私たちは平坦な土地を耕すことができるようになった。その土地はただで貰ったか、分配されたかよくわからない。

6. 趙　文　79歳　男性　漢族　哈爾浜市阿城区交界鎮　董家村朱家屯（元団・開進部落）　2008.9/8

日本人との関わり　日本人が来た時、私は9歳だった。私たちは、すぐ隣の西側の部屋に住んでいた（5間続きの長屋が裏表に2棟）。1年目に、隣の部屋に住んでいたが、日本人は裏の棟に住んでいた。日本人のところで働くことになった劉文武が、元々私たちが住んでいた部屋に住むことになった（左の2間）。もう一人、蘇さんが日本人のところで働いていた。その蘇さんと、私たちの家族が一緒に生活した。同じオンドルをつかって住んでいた（中と右の3間）。真ん中の2間が、台所と居間になっていた。ご飯は真ん中の2間で食べた。2年間このような生活をした。その後、また新しく日本人がこの村に来て、私たちはこの家を追い出され、小窯旗に移った。小窯旗では3年間生活したが、それからまた亜溝に追い出された。私たちは、その後もあちこちに何回も引っ越すことになった。

　日本人の下で働くのはほとんど中国人だったが、日本人は直接言葉が通じなくて、交渉もほとんど出来なかった。日本人は下の中国人に仕事を全部任せたが、その中国人が悪くて、よく虐められた。開拓団の方はあまり悪い人はいなかったが、政府の政策が悪かった。日本人がいたとき、私たちは貧乏で、少しだけ耕作してギリギリの生活をしていた。ここに住んでいた日本人はとても優しくて、私たちにこのように接した。もし日本人に何かを上げたら、日本人はとても喜んで何かを返礼にくれた。日本人も中国人もだいたい同じで、普通の庶民は恨みを何も持っていない。

　日本はアメリカ、ロシア、中国と戦って、アメリカ人が日本に多くの爆弾を

落とした。日本人が去るとき、私は 16 歳だったが、この村にはいなかったのでよく知らない。以前のことを知っている人はもういない。1 人いるが、その人は私よりも耳が遠い。

妻―ある残留孤児について　南の山奥に住んでいたので、そこまで開拓団は来なかった。ただ、放牧の時に、山の方に日本人がきた（→第一次放牧地付近の李家屯か）。

　蘇さんが日本人のところで働いていたとき、その家の奥さんに子供が生まれた。ちょうどその時に敗戦となり、その子は蘇さんに預けられた。蘇さん夫婦は、その捨て子を引き取ることになった。私がここに嫁いできたとき、その子は小学校に入った。その子は蘇国志といい、ここで結婚した。養父の蘇顕中（忠か）はもう亡くなった。兄（長男）も以前この村に住んでいたが、病気で亡くなった。兄は村の偉い人、書記だった。蘇国志の実母は、子どもを探して手紙や連絡をよこしたことがある。兄はそのことを全部抑え込んで、本人には知らせなかった。知らせると日本に連れ帰ると思い、それが怖くてずっと伝えなかった。その後、母親が探しに来て見つけ、一時、日本に帰ったことがあった。家族で日本に行ったのは数年前だが、はっきりとは分からない。養父母も兄も亡くなり、実子の姉が阿城市にいるが、今は何処にいったか分からない。もう家族全員で、帰国したかも知れない。敗戦後、この屯にはほかに残留孤児はいなかった。

7.　**劉　子芳**　80 歳　男性　漢族　哈爾浜市阿城区交界鎮　董家村李家屯（元団・平和部落）　2008.9/8　団員の年雇い

　私はこの村で生まれた。両親が早く亡くなり、私は妹を連れて叔母（父の妹）のところに身を寄せた。その頃は中国人が 40 世帯くらいで、朝鮮族、満洲族はいなかった。この屯は広く、当時は建物がこんなに密集してなくてバラバラだった。日本開拓団が入ってきて、働く人を探して、私のところにも来た。

団員との接触　私が働きに行くことになった中川は、こっちに来て、まだ中国人を使っていなかった。私は両親がなくて淋しく、時々中川のところに遊びに行った。中川からは、ただ開拓団だからここで生活するとだけ聞いた。その頃

はまだ電気もなく、中川のところにはランプがあった。だんだん付き合っている内に、私はそこで働くことになった。その時、中川は37、8歳くらいだった。中川家は、母親と男子3人、女子1人の4人兄弟がみんな未婚の、5人家族だった。この屯に、日本人は2世帯だけだった。ほかに、嶋が西南の河のところに住んでいた。嶋は4人家族だった。妹の1人が韓国人と結婚した。その韓国人は背が高く、地元では有名だった。嶋のところで働いた同国富は、嶋と同じ井戸の水を使いよく出会う関係だったので、雇われることになった。

私は中川の住まいに住み込みで働き、妹は叔母（祖母）のところに預けた。5部屋つづきの長屋に住んだ。左から1、2番目が倉庫、3番目も倉庫みたいなもの、3、4番目の間に引き戸があり、4、5番目の半分が台所、その奥に長いオンドルの上が床の部屋になっていて、生活し寝るところだった。同じ部屋に泊まり込んでいた。5人家族と私は、何にも隔てるものがないところに並んで寝た。食事は、台所でみんな一緒に食べた。私も日本人と同じ食事、配給のお米も食べた。最初は日本人の食事になかなか慣れなかった。人参を混ぜるようにして、だんだん慣れるようになった。

日本語は、中川と出会ってから覚えた。毎日接していたら、覚えるようになっていた。その頃、私はぺらぺらで、できない日本語はなかった。向こうもだんだん中国語ができるようになったが、最初はなかなか不自由だった。私は両親がいないから学校に行ってない。

真夏の暑い時に時々、いっしょに川で水遊びをした。川はすぐ下にあった。早めに仕事を終えて、いろいろな遊びをした。私は2歳下で1番下の辰太郎を無理やり誘って、遊びに行った。まだ健在でいるはず。冬はみんなでトランプをやった。小豆をかける。ある日、暗くなって隠れんぼうをしたとき、私は布団の下に隠れ、小さい子が釜場の隣に隠れた。ほかの子が暗い所を木銃の先で探ったところ、誤ってその子の頭を突いてしまい、血を流したことがあった。

中国人の間はよく付き合いがあった。嶋のところで働いた同国富とも交流があった。ちょっと離れていたので、普段は会わない。特に、日本人のことは話さなかった。

私は日本人に何も恨みを持っていない。中川の子どもたち全員と仲が良く、

第 8 章　黒竜江省哈爾浜市阿城区亜溝鎮、交界鎮の中国人在住者

私も家族のようだったので、かえって好感を持っている。もし家族が健在なら、必ず私たちのことを忘れていないと思う。反日感情が強い人はいなかった。トラブルは特に何もなかった。

団員の年雇い　私はこの村に来た中川という団員宅で、2、3年間働いた。牛の世話をし、食事を出され、農地も少し分けてもらった。牛4頭の世話は、日が昇ってから餌をやる。そして牛乳を搾ってから、山の方に行って放牧をする。搾った牛乳は、開拓団の人が回収に来る。牛乳はそんなに多く搾らない、よく出るのは2頭だけだった。休みは取らない、ほとんど疲れなかったから。放牧の時間はだいたい7時くらいに出て10時くらいに戻り、また午後に行って3時間くらいする。放牧する場所は、近くて、北の山の斜面（元団地・第一次放牧地）。放牧する場所は、季節によってあちこちに変わる。放牧の季節は、4月からだいたい10月くらいまでで終わる。冬はただ餌をやるだけで、ほかの人も協力する。

中国人もそこで、馬と牛を放牧していた。牛や馬を持っている中国人は、40軒のうち20軒くらいいた。ただ、乳牛を飼っていた中国人はいない。

中川も農作業を少しはやったが、のちに軍にとられた。畑の仕事は、ほかの中国人が任されていた。中川宅に、最初は私だけだったが、後に中国人の記文江が雇われた。記は、家が道路一つ挟んだ近くだったので、通いだった。私が巳年で、記は2歳下の羊年だった。もう亡くなった。記は畑でトウモロコシや大麦なども作っていた。そのほとんどは、家畜の餌にした。記がつかった農具は、大体中国人のものと同じだった。ただ違うのは、家畜の餌に草を切る押切りで、中国のものとは違った。日本式は刃が上を向いており、中国のものは逆だ。土を平らに均すモノも、中国とは違っていた。

嶋のところで働いた中国人は同国富1人で、通いだった。その人はもう亡くなった。嶋の家に、牛はいなかった。

薪は山の方に行って、ほとんど自分たちだけで枝集めをする。中川家の冬場の薪は、みんなで協力して用意した。ここら辺の山は全部開拓団のもので、木を伐採するのはだめ。枝を集めるのは、どこの山でも勝手に入って自由だった。開拓団の木を切る作業をしたことはない。

（開拓団の）会議がある時は、みんな三大家屯に集まっていた。（団本部の）石の建物は数年前に壊された。ここにいた間、中川さんは何回も日本に帰国したことがある。それで日本馬を連れてきた。

私は仕事を続けたかったが、敗戦で日本人はまとめて撤退した。1945年8月の最後まで働いた。中川が去ったあと、私は叔母のところに行った。

団員家屋と元住民　中川が来る前に、もう家と土地は用意されていた。その5軒長屋は温の持ち家だった。30人くらいの大家族だったので、温は家を明け渡して、家族はバラバラに移って行った。温の家族がバラバラになったのは、（買収金額では）同じような家を買うことが出来なかったからだ。敗戦後、別の人がその家に入ったので、家族は戻ったけれど、温がこの屯に戻ることはなかった。この屯には、以前から温という世帯が多い。

その頃は、みんな草ぶき屋根の家に住んでいた。嶋は貧乏だったようで、移った家は中川よりも粗末だった。レンガづくりの家はまだ1軒もなかった。嶋が入ったのは、朱玉林の家だった。朱の家族はみんな一緒に大朱家の方に移った。戦後、朱の家族はみんなここに戻らなかった。

その他の状況　木銃は、各家庭にあった。日本人は、軍事訓練みたいなことや、夜になるとよく木銃で訓練をしていた。日本人が来て、盗賊はこっちに来なかった。この山間部で、抗日活動のことは聞いたことがない。日本軍がここで訓練するのを見かけたけれど、悪いことをすることはなかった。労工狩りのことは知らない。何人かが勤労奉仕でハルビンの方に行き、鉄道線路の土台をつくる作業をした。親戚の1人が行って、無事に帰ってきた。

日本敗戦のとき　引き揚げるとき、中川の家族は私に教えてくれた。家族は身の回りのモノだけを持ち、持っていけないモノを全部現地の人に譲った。小紅旗の方に集まるが、そこには日本の倉庫があったので、私は送らなかった。いったん三大家屯に集まったかも知れないが、私は知らない。のちに中川の見舞いに行こうと思ったが、阿城近辺はロシア人が警備をしていて、よく周りの人を殴ったり、殺したりしたので、私たちは怖くて行かなかった。その後、中川一家が一度戻ってきた時、雉が多い時期だったので2羽お土産に持たせたことがある。

去る前に、中川は馬、牛、豚など、家畜全部を私にくれた。私は家族がないので全部を引き受けることができず、親馬 1 頭、子馬 1 頭だけを受け取り、他の牛、豚はまわりの人に全部あげてしまった。私はその馬を連れて、山を越えて従兄弟を訪ねた。すると従兄弟は、日本人の馬を受け取ったらソ連軍に家族全員が責任を問われるから、早く人に譲るようにと云った。仕方なく馬を連れ帰る途中、私は劉万良という人に会って、その人に馬を譲った。劉万良はその後、敗戦で軍が残した銃を拾って、地元の人に威張ったりよく虐めたりした。共産党がきて、土地改革をしたとき、彼は罪を問われて銃殺になったそうだ。

　私のほかに昔のことを知っている人はいない。

8．王　鳳雲　80 歳　女性　漢族　哈爾浜市阿城区亜溝鎮　吉祥村瓦房屯（元団・第一部落）　2008.9/7　夫が団員の年雇

団員の雇い　私の夫は、家族とずっとこの屯に住んでいた。日本人の開拓団員が隣に移ってきて、雇われることになった。夫は団員の年雇いで、3 年間働いた。仕事は水田、畑両方の農作業だった。畑では主にトウモロコシをつくった。冬は仕事がないので貧しく、向こうが食べ物を少しくらいはくれた。

日本敗戦後　1945 年 9 月中旬、中秋の頃に、私は 17 歳でここに嫁いできた。すぐ隣の阿汁川の西から、私は来た。日本はもう敗戦になり、私が来たのは日本人が出ていった後だ。瓦房屯には多くの日本人が住んでいたようだが、私は知らない。中国人の数は少なかった。朝鮮族もそんなに多くなかった。朝鮮族はみんな水田をつくっていた。

　ソ連軍がこっちに来たのを私は見かけた。ソ連軍は阿汁川で釣りをした。

　日本人の開拓団は阿城市の東、小紅旗に集まっていた。もどって来た日本人もいたが、たぶんみんな亡くなった。女の人が戻ってきて、数日だけ働いた。那さんのところで、手伝いみたいなことをした。私が見たのは 1 人だけだ。

　開拓団が来る前、この屯に住んでいた人はみんな亡くなった。

農地の取得　夫の母は未亡人で、二人の子を連れて生活はとても貧しかった。結婚した時、夫のところに土地はなかった。たぶん、日本人が空けた土地をみんなで手に入れたと思う。その直後に、共産党が田舎に入って来て、土地の再

分配をおこなった。平等に1家族にいくらかずつ分けるのは、1946年になってからだ。

9. 劉　　玉　　75歳　男性　漢族　哈爾浜市阿城区亜溝鎮　吉祥村瓦房屯（元団・第一部落）　2008.9/7

日本人との関わり　当時はこの屯に住んでいて、日本人は7、8世帯だった。周りの屯にも全部、日本人が入っていた。本部は、三大家の大きな石の建物だった。私は若かったので、この屯のことをほとんど知らない。（日本人の）小学校は、三大家の本部のところにあった。三大家近辺の建物は全部壊された。

祖父と父の兄弟が、日本人のところで8年間（→5、6年のはず）働いた。叔父は、日本人のリーダーのところで働いた。父はその頃、商店をやっていて、日本人のところでは働かなかった。父が商売でお金をためて、玉泉の方に引っ越した。どうして越したのかは、若かったので知らない。玉泉でも商売をしたが、貯めたお金を全部バクチで擦ってしまった。今度は破産して貧乏になり、1年足らずでまた戻ってきた。戻るときは家もないので、大友のところで働いていた叔父を通じて、なんとか受け入れを頼んだ。大友は了承したが、家の空きがなかったので、ある朝鮮族の家族を他所に追い出して、そこに入れてくれた。朝鮮族の引っ越しはとても簡単で、鍋一つで済んだ。戻ってからも父は開拓団の仕事をしなかったが、叔父との関係で、団本部から0.5垧の土地をもらった。0.5垧あれば、十分食べることができた。

日本人がいた時、私たちが虐められることはなかった。

子どもの遊び　家が隣だったので、トウジ、ハイジ、マツヨ（女の子）3人の子供の名前だけははっきりと覚えている（→団員名簿には記載なし）。（瓦房屯の団員名を見て）この屯の家族だったら、たぶんわかる。吉元はこの村だ、茂、二三子。吉元の家族は子供が多いから、よく遊びにいった。他の世帯にはほとんど子供がいなかったので、全然知らない。

その頃は若かったので、日本人の子供たちと一緒に遊んだ。ビー玉や、（灰皿より少し小さい）鉄の塊を投げて、立てたレンガの上のお金を落として取り合うこともした。また、地面に1本の線を引き、向こう側に5つの穴を掘り、

線の内側から投げ入れる遊び。勝ち負けは、日本人と中国人の子どもとであまり変わらない。今日は誰かが勝って、明日はまた別の人が勝つ。楽しく遊べた、喧嘩もない。遊び相手の日本人の子供は、自分の家のご飯を内緒で持ってきて、私たちに食べさせたことがある。私たちはムシャムシャ全部食べてしまった。一緒に遊んだ子供の数は4、5人だった。ほかの屯の子供たちはここまで来ない。

　学校に行ったことはない。日本人の子供と毎日一緒に遊んでいたから、当時はけっこう日本語ができた。日本人の子供も、中国語を同じようにできた。コミュニケーションは大丈夫だった。その頃は、中国語と日本語を混ぜて話していた。ほとんど人の名前とかは、日本語でも中国語でも云えたが、もっと細かいことはわからない。でも、もう5、60年も前のことだから、ずっと使わないので…。

当時の出来事　土匪が来て、地元の農家が被害を受けたことがある。その頃は、奪われそうな物もほとんどないので、ちょっと綺麗な服までが奪われた。食料を盗られることはなかった。

　私と末の叔父、吉元の子供の3人で、南の小さな丘のうえに行き、那さんの畑からスイカを盗もうとしたことがある。ちょうど盗もうとした時に、吉元の子供だけが捕まり、ひどく殴られた。私と叔父は草の中に隠れていた。捕まえたのは今の那の父親だ。家畜を放牧する時など、ついでにちょっと盗むことがあった。もし私が捕まっても、たぶん大丈夫だと思う。私の父と那は親しい関係だから、殴られなかったと思う。知らない人だったから、殴られた。漢族だから、日本人だからというわけではない。漢族の畑に、日本人の子供だからというわけでもない。誰であっても同じだ。

日本敗戦のとき　日本人は去るとき、みんな一か所に集まり、銃を背負ってこの村を出て行った。この屯の漢族や朝鮮族は、日本人が去っていくのをただ見ていただけだ。日本人はみんな持てる物だけを持ち、残りの衣類や食糧を現地の人に配った。現地の住民はみんな、貧乏で服もなかったので、子供のいる家族から服をもらった。いつも一緒に遊んでいたので、私も子供の服を全部もらった。遊び友達から、引き揚げの話を全然聞いたことはない。たぶん子供たちも

逃げることを知らなかったと思う。日本の敗戦で、とつぜん遊び相手がいなくなり、私は淋しく、懐かしく思っていた。日本人が去った後も、この屯では特に変化はなかった。小紅旗に収容されたのち、団長の奥さんが那さんのところで少し働いた。2ヶ月足らず、家の手伝いみたいなことだけをした。男で、戻った人はいない。

ロシア人が入ってきて、ここで悪いことをした。家の豚2頭は、むりやり連れ去られた。

以前、この屯にいた住民が戻ってきたかどうかは知らない。

あとがき

寺林　伸明

　この研究の発端は、1992年にさかのぼる。寺林の勤務する北海道開拓記念館の展示がリニューアルされ、はじめて戦争の時代コーナーとして「戦争と北海道」を公開した。その中の写真"北海道出身の満蒙開拓青少年義勇軍の少年"を見た来館者から、友達が写っている、わたしも義勇軍だった、自分たちの歴史を調べてほしい、と話があった。さらに後日、北海道の第一次満蒙開拓青少年義勇軍の先遣隊・本隊「名簿」（1938年）、その関係者らを掲載する「鏡友会札幌大会」（1989年名簿）などの資料を提供されたことが、北海道の「満洲開拓団」を研究するきっかけとなった。2年後、科研費の助成をうけ、関係者の調査に着手した。この調査の過程で、義勇隊関係者の『鏡泊の山河よ永遠に』（1985年）や、鏡泊学園の関係者による『満洲鏡泊学園鏡友会創立60周年記念誌』（1994年）などを入手した。また八紘開拓団についても、北海道農業専門学校の協力がえられ、『満洲八紘開拓団史』（1969年）や引揚者らの『赤い夕日　満洲八紘村開拓団生徒の記録』（1986年）を収集できた。こうして日本人関係者の証言や記録から、当時の体験や思いを尋ねてみると、さまざまに接触したはずの中国人や朝鮮人住民のようす、関係がどうだったか、意外にも見えないカベにつきあたった。日中戦争にかかわる重要テーマであるにもかかわらず、日本人の当事者だけでは、その関係性に接近できず、この時点での報告は断念することにした。

　その頃、北海道開拓記念館は、中国黒竜江省の博物館や所管の文化庁と交流していたため、2002年になって、ようやく第一次義勇隊の鏡泊湖と、八紘開拓団の阿城を訪問し、黒竜江省社会科学院の辛培林研究員にも面識をえることができた。辛研究員に面会の際、出版したばかりの『日本向中国東北移民的調査与研究』の提供をうけて、吉林省社会科学院の東北淪陥十四年史総編室が日本農業移民の調査をおこなったことも知った。辛研究員をとおして先方の孫継

武研究員らの協力がえられ、海外調査の科研助成をえられたことが、日中共同の研究に発展する画期となった。辛、孫研究員の尽力により、両社会科学院のほかの研究者にも参加してもらうことができた。また孫研究員からは、はじめて中国農民の強制移住を明らかにした研究者、劉含発氏のことを尋ねると、山形市に住んでいることや連絡先まで教えられた。劉氏の参加は、中国の現地調査をするうえでかけがえのないものとなった。もう一人の在日の中国人研究者、胡慧君氏は、1990年頃から北海道開拓記念館と黒竜江省の関係機関とが交流する際に、翻訳と通訳にあたり、交流調査にも同行していたため、加わってもらった。

　中国の研究者との共同が可能になった段階で、日本側メンバーとしてまず北海道大学の白木沢教授に加わってもらった。白木沢氏とは、以前、北海道の朝鮮人強制連行実態調査で面識があった。その後、北海道大学あるいは札幌在住の院生および若手研究者の参加が相次いだ。そのなかでも湯山英子氏はすでに蘭信三教授の研究グループに参加し、引揚者の聞き取りをしていたため、八紘開拓団関係者の調査を依頼した。また、ハルビンからの留学生、朴仁哲氏は、ハルビン在住の朝鮮系古老に聞き取りをしていたため、「開拓団」とかかわりのあった方への調査を依頼するなどした。

　この日中共同の成果として特に強調しておきたいことは、2007年の鏡泊郷、2008年の阿城市の現地調査を辛培林氏・劉含発氏と日本人メンバーがともにおこなったことである。日中でおおきく認識、立場のことなる研究者がともに調査した意味はおおきい。さらに、残留帰国者の孤児・婦人を在日の研究者、胡さんが、いまも残留する日本婦人を高暁燕研究員が、中国人養父母の現状を杜穎研究員がそれぞれ取りあげたことは、「満洲開拓」と日中関係の歴史を考えるうえで見逃すことのできない一石を投じたものといえる。

謝　辞

　本書の刊行にあたり、つぎの個人、関係機関にご協力をいただいた。1992年、この研究のきっかけをいただいた元鏡泊湖義勇隊開拓団員の斎藤鼎輔氏、鏡泊湖義勇隊と鏡泊学園の調査では鏡友会員諸氏、八紘開拓団の調査では八紘学

あとがき

園・北海道農業専門学校、資料調査では北海道大学附属図書館、北海道立文書館、山形県立図書館、山形大学附属図書館、飯田市歴史研究所にご協力をいただいた。2002、04 年に、中国調査の機会を与えてくれた北海道開拓記念館、交流先である黒竜江省文化庁、対外文化聯絡処、博物館処、黒竜江省博物館、黒竜江省民族博物館、資料調査では黒竜江省档案館、黒竜江省図書館、哈爾浜市図書館にご協力をいただいた。

2002 年、最初に現地訪問の機会をいただいた東北烈士紀念館、2004 年の八絋開拓団地の予備調査では哈爾浜市文化局・文物管理站、鏡泊湖の予備調査では黒竜江省文化庁対外文化聯絡処、さらに現地側の機関として、鏡泊湖については牡丹江市文化局・文物管理站、寧安市歴史文化中心、八絋開拓団地については阿城市文化市場管理所、同管理委員会弁公室、亜溝鎮文化站、吉祥村三大家屯（2002 年崔瑞、04 年崔英、08 年陳格彪の各屯長）の各機関・個人、そして何よりも寧安市鏡泊郷、および阿城区亜溝鎮吉祥村と交界鎮朱家村の各証言者に、ご協力をいただいたことに心より感謝を申し上げたい。

また、本報告書に玉稿をいただいた中国側の黒竜江省社会科学院歴史研究所・東北亜研究所、吉林省社会科学院東北淪陥十四年史総編室・満鉄資料館の研究者諸氏、そして日本側の研究メンバーに感謝したい。殊に、2002 年に吉林省社会科学院の研究員を紹介いただき、2007、08 年の現地調査に同行いただいた黒竜江省社会科学院の辛培林研究員、朱宇副院長、笪志剛研究員、吉林省社会科学院の孫継武研究員（2007 年招聘後に急逝）、偽満皇宮博物院の李茂傑研究館員、在日の立場で研究メンバーにくわわり、2006 ～ 09 年の中国調査の手配と通訳のすべてを担当してくれた劉含発氏、2000 年からの中国諸機関との連絡と、本書の中日翻訳すべてを担当してくれた胡慧君氏の各氏には言葉もないほどのご尽力をいただいた。記して、感謝の気持ちとさせていただきたい。

最後に、聞き取り調査をした年度、対象者ごとに、データの整理をしてくれた協力者を付記させていただく。中国に渡った鏡泊学園、鏡泊湖義勇隊の日本人としては、"鏡友会員" に対する調査（1994）のアンケート整理、テープ起こし、さらに会員のおおくを占めた義勇軍（隊）参加者の出身地内訳、北海道

については支庁別の整理を、伊藤猶正氏（北海道大学大学院文学研究科修士課程2年）にお願いした。その鏡泊学園、鏡泊湖義勇隊（1941年10月以降、同開拓団）とかかわった中国人住民としては、黒竜江省寧安市鏡泊郷の住民に対する調査（2007）のテープ起こしを、宇居要氏（北海道大学大学院文学研究科修士課程2年）にお願いした。阿城・八紘開拓団とかかわった中国人住民としては、黒竜江省哈爾浜市阿城区（旧阿城市）亜溝鎮吉祥村と交界鎮朱家村の住民に対する調査（2008）のテープ起こしを、藤原一彰氏（北海道大学文学部日本史3年）にお願いした。3名の日本史専攻生の協力がなければ、本研究の課題に接近することもかなわなかった。

また本書刊行にあたっては、日本学術振興会2013年度科学研究費補助金研究成果公開促進費（学術図書）（研究代表者：白木沢旭児）の交付を受けた。記して感謝したい。

（寺林伸明）

人名索引

ア　行

愛島孝子　203
青木弘基　214
秋山治郎　160
朝枝繁春　225
浅田喬二　85, 90, 107
安達誠太郎　143, 158, 165
安孫子孝次　298
荒井澄夫　76, 80
新井花子　214
蘭信三　5-6, 136
飯沢重一　264
飯田悦子　170
飯田市歴史研究所　123
飯塚朝吾　22
池道順子　214
石田友枝　201
石橋秀雄　108
石丸正吉　239
石丸美智子　239
石山孫六　290, 481
市川益平　23
稲垣征夫　277, 299
井上辰蔵　166
井上頼豊　516
猪股祐介　5
今井良一　66, 84, 87
今村清　16, 17
井村哲郎　114, 123
岩崎スミ　118, 120
岩崎安忠　294, 482
上原猛雄　153, 165
上原時敬　76, 79
上原勇作　283
于学堂　331, 528
受川金次郎　160

内田康哉　283
烏廷玉　266
宇戸修次郎　154
于老四　316
江夏由樹　107, 108
蝦名賢造　121, 124
王恩栄　246
王学山　315
王貫三　153, 165
王希亮　34
王慶山　534
王承礼　266
王緒義　238
王静修　153
王占成　190, 443, 546
王兆桐　258
王珍　190, 322, 324, 327, 331, 335-336, 443, 525
王楓林　33
王鳳雲　190, 444, 571
大島久忠　155
大友春三　194, 301, 305
大場小夜子　119
大林一之　283, 314
大山口ヤヱ子　120
岡田猛　161
岡田春夫　522
岡野浩政　299
小川津根子　197, 209
小木貞一　104
小澤潤一　250
小田保太郎　70, 86
小都晶子　5
小野寺牧子　120
小野寺政巳　129, 136
小原悌次郎　301

579

カ 行

柿沼育也　110
垣本久美子　121
郭海亭　257
郭航　245
郭新華　214
笠森伝繁　209
何四爺　246
片見イソ　119
加藤完治　66, 87, 290
加藤鉄矢　96
加藤信雄　28
何万山　246
鎌田恵美　383
鎌田進（李国財）　380, 388, 555
鎌田英俊　383
何万春　249
川島浪速　283, 454
川本春子　205
姜雅賢　213-226, 216-231, 221-235
姜洪志　384
韓志和　296
韓福生　190, 193, 327, 443, 530
姜文　190, 444, 565
完山春美　206
木我忠治　76
菊川寿夫　120
岸信介　302
喜多一雄　30, 63, 74, 86, 240-241, 266, 278
橘高弘子　214
君島和彦　35
金日成　331, 426, 427, 452, 503, 540
久保田二三夫　120
倉賀野晋　151
倉重四郎　153
栗林元二郎　133, 297, 353
黒田清　70, 86
黒谷正忠　155
黒柳徹子　516
桑原真人　137
倪福合　315

厳貴文　388
玄照発　34
耿玉芳　205
孔経緯　266
高仁田　30
洪静茹　214
合田一道　116, 117, 122, 124
耿伝英　205
黄宝珠　214
呉永和　315
呉貴合　316
呉敬烈　21
呉国臣　316
小里つる子　120
小島登美子　214
後藤清吉　248
近衛篤麿　445
駒井徳三　283
小松八郎　154
小室寧　250

サ 行

柴国清　20
蔡清満　296
斎藤秀三　140, 142
斎藤実　297-298
斎藤雄之助　302
坂井喜一郎　298
栄江愛子　203
栄江島子　203
栄江禎恕　203
桜井美代　384
沙秀清　213-217, 216-222, 221-226
佐藤修　19, 292
佐藤健司　76, 86
佐藤昌介　123, 298
佐藤武夫　266
佐藤信重　76
佐藤弘　119, 124
重田恒輔　153

人名索引

須田政美	67, 84, 121-122	高田源清	62
柴田徳次郎	283	高野善之助	153, 165
柴田弘子	119	高橋康順	250, 302
島木健作	28	高橋幸春	32, 33
謝桂琴	213-221, 216-226, 221-230	財部彪	298
謝文東	22, 33	竹中延太郎	151
謝連慶	315	竹野学	121, 124
朱玉林	192	田島悟郎	443, 531
鐘慶蘭	213-224, 216-229, 221-233	田中耕司	83, 84, 87
常国	190, 324, 330-331, 444, 557	田中愼一	121, 124
白木沢旭児	123	田中富治	201
白取道博	3, 6	谷川竹行	24
秦秀蓮	382	玉真之介	65, 86, 123
神八三郎	139, 142, 150	田村英行	214
出納陽一	67, 84	趙海臣	190, 327, 443, 525
鈴木五郎	, 287	丁海貞	316
鈴木幸子	118, 120, 124	張菊桂	213-214, 216-219, 221-223
鈴木重光	67, 85	趙吉祥	315
鈴木静子	214	張景芳	190
須田洵	121	張広信	214
盛向臣	214	趙済時	5-6
石暁梅	214	張春	26
石金峰	214	張井芬	336, 443, 529
宋会臣	190, 322, 324-325, 328, 443	張全貴	316
宋梅蘭	213-225, 216-230, 221-234	張伝傑	34
宗光彦	76, 238	趙殿山	316
蘇崇民	277	趙徳新	190, 443, 533
蘇明親	316	張徳林	316
孫歌	185	丁富貞	316
孫貴芳	17	趙文	190, 444, 566
孫玉玲	5-6	張文華	332
孫玉林	316	張鳳山	381, 382
孫継武	5, 7, 240	張万林	189, 191
孫淑英	214	陳為龍	316
孫文	452, 453	陳翰章	286, 296
		沈子釣	258
		陳叔芳	245
タ　行		筑紫熊七	314
		鄭懐禄	237
大金牙	247	鄭敏	5, 7, 240, 245
田浦良子	120	程万玉	287
高嶋弘志	66, 84		

581

翟富貴　　316
寺島敏治　　148
寺林伸明　　5, 7, 123, 126, 136
傳才　　234
田志　　239
傳春祥　　315
傳春和　　315
伝野正文　　76
田麗華　　214
唐文玉　　213-227, 216-232, 221-236
陶平昇　　234
頭山満　　287
德富蘇峰　　287, 445

　　ナ　行

内藤晋（内藤技正）　　76, 77, 86
内藤南　　214
中井久二　　235
中内富太郎　　137
長岡新吉　　121, 124
中澤槇子　　120
中島栄夫　　263
長野県歴史教育者協議会　　5, 7
中野美重子　　124, 128, 129, 132-134, 136
中村孝二郎　　76, 78, 86
中村撰一　　153
中村雪子　　32, 117, 124
中本保三　　154
永山一郎　　30
名児耶喜七郎　　129
名児耶幸一　　366, 367, 372
名児耶代吉　　366, 368-370
名児耶忠治　　366, 368
名児耶政四　　127, 129, 367-368, 370, 372
名児耶養吉　　366, 367, 370, 373
並松成憲　　119, 123
西田勝　　5, 7
二宮治重　　62
任海　　246
野村宇吉　　250

　　ハ　行

白秀蘭　　190, 324, 329, 334, 444, 556
橋本伝左衛門　　450
服部教一　　297
浜田陽児　　153, 165
林昌虎　　314
原朗　　107
原田福子　　214
東山良昭　　120
平井博文　　200
平井文子　　199, 200
平下貞子（楊春蓮）　　387, 388
平下忠男（呉玉輔）　　387
広川佐保　　107, 108
馮堤　　34
笛田道雄　　76
溥儀　　521
福士英魁　　246
藤原辰史　　5
武万有　　316
古川きえ　　120
古海忠之　　267
方秀芝　　213-219, 216-224, 221-228
星野直樹　　109
細川嘉六　　277
堀尾正朔　　153, 165
本庄繁　　283
本多勝一　　137

　　マ　行

松井隆弌　　166
松岡洋右　　448
松下俊雄　　76
松田國男　　34
松野伝　　67, 81, 84, 86
松本とし　　120
松本福次郎　　155
馬風琴　　213-223, 216-228, 221-232
馬鳳林　　190, 324, 328-329, 333, 444, 561
丸沢栄子　　214

満州移民史研究会	3, 7, 240-241	楊桂林	245
満州史研究会	107	楊国生	246
三浦泰之	148	楊国棟	245
水野郁子	214	楊志啓	316
水野満江	202	楊松森	214
水野義行	263	横田廉一	121, 124
水野錬太郎	297-298	横田重彦	121
溝口雄三	178-179, 185	吉賀三郎	153
三谷正太郎	70, 86	吉川忠雄	81
蓑口一哲	117, 122, 124	吉田軍蔵	250
宮崎滔天	452	吉田十四雄	148
宮下明男	214	四ツ柳敦子	119
武藤信義	277		
武藤竜三	34		
村口ヨシ	119	**ラ 行**	
村山美都子	121	羅夢蘭	213-215, 216-220, 221-224
孟慶財	17	李春	17
持田勇	166	李財	190, 333, 444, 553
森武麿	5, 7	李士玉	257
森田文恵	203	李淑蘭	213-218, 216-223, 221-227
		李樹山	316
		李樹春	26
ヤ 行		李増財	190, 322, 324, 327, 332, 335-336, 443
安井誠一郎	299	栗笑君	213-216, 216-221, 221-225
安田泰次郎	67, 84	李白	381
安永泉	16, 19, 20	李平文	189, 335, 443, 525
矢野実秋	250	李明祥	381
藪崎鷲次	250	劉玉	190, 329, 334, 444
山岡勇	250	劉顕華	200
山際秀紀	148	劉子芳	190, 192, 328, 334, 444, 567
山下稔夫	214	劉淑琴	213-222, 216-227, 221-231
山田豪一	33	劉淑珍	336, 339, 443, 544
山田順子	120	劉祥	443
山田昭次	3, 7	劉晶嶠	214
山田悌一	282-283, 454, 481	劉勝礼	204
山田秀人	302	劉含発	3, 7
山辺悠喜子	197	竜風云	214
山本孝子	120	竜宝珠	213-228, 216-233, 221-237
山本有造	5, 7	劉万有	246
結城清太郎	262	劉万良	246
楊玉輔	388	林貴珍	17

林権一	20	魯万福	213-220, 216-225, 221-229
冷在志	316		
呂栄實	161-162		
魯永徳	214	**ワ 行**	
廬賢徳	263	若井千家子	120
魯徳坤	214	渡辺錠太郎	298
魯徳濱	316	渡辺芙美子	118, 119, 124

地名索引

ア 行

愛川村　198
瑷琿県　235, 316
青葉郷　294-295, 484
秋田（漁業開拓団）　286, 391
亜溝鎮　187, 190, 194, 307, 317, 320, 380, 553
阿城県　5, 10, 70-71, 282, 299, 301, 316, 317, 323
出雲（開拓団）　243, 250
一棵樹（開拓団）　76
弥栄（開拓団）（移民団）　75, 115, 236, 323
依蘭県　9, 22, 33, 70, 233, 238
永安（開拓団）　75
汪清県　452
大谷　299, 301, 318, 325
大日向（開拓団）　17, 28, 235, 256

カ 行

嘉陰県　27
学園屯　285, 295, 526, 530, 533, 535, 542, 544
樺川県　9, 29, 233-234, 239
樺甸県　233
樺南県　233
瓦房屯　307, 309, 325, 329, 376, 571, 572
甘南県　233
北学田（開拓団）　66, 76
吉祥屯　557, 561
九道溝（開拓団）　202

共栄郷　293, 295, 417, 436, 546
鏡泊湖　281, 284, 288, 292-293, 312, 314, 323, 392, 401, 403-404, 406, 408, 409, 411-414, 417, 420, 423, 425-426, 431, 435-436, 438-440, 445
鏡泊郷　187, 194, 295, 320
鏡泊湖（義勇隊開拓団）　71, 86, 115, 187, 189, 282, 290, 293, 295, 319-320, 378, 408, 442-443, 455
漁屯　285, 531
錦県　167
熊本（開拓団）　75
雲井　243, 250
鶏寧県　115, 257
交界鎮　320, 553
黒河県　315, 316
克山県　19
呼瑪県　315
虎林県　410

サ 行

三家子（開拓団）　243, 250
三姓屯　307, 309, 325, 331, 377
三大家屯　299-300, 307-309, 323, 331, 376-377
信濃村（開拓団）　76
信麿（開拓団）　250
朱家屯　299, 307, 566
浄月（開拓団）　243, 245

城子河（開拓団）　292
舒蘭県　16-19, 26, 28, 70, 75, 233, 237, 255
水曲柳（開拓団）　16, 19-20
綏棱県　233
青岡県　258
清明（開拓団）　243, 250
尖山子　285, 294, 412, 440, 531
仙山子　285, 526

　　タ　行

大八浪（開拓団）（移民団）　236, 259
第二八紘（開拓団）　301, 353
大廟嶺　284, 286-287, 429, 434
大窪県　6, 24, 233
高柴（開拓団）　28, 301, 318
高見　125-131, 134-137, 347-349, 356-358, 361, 365-367, 372
千振（開拓団）（移民団）　73, 75-76, 238, 323, 464
肇洲県　15
通北県　202
通遼県　10
鉄嶺県　21
鉄驪県　70
天乙公司（開拓団）　200
東火犁（開拓団）　201
湯原県　21, 70, 233
東寧県　476
東北（開拓団）　75
豊栄（開拓団）　243, 250
敦化県　60
東京城　286, 292-293, 387, 392, 408, 417, 427, 431, 440-441, 459-460, 474, 491-492

　　ナ　行

南湖頭　285, 287, 292, 295, 322, 401, 408, 440, 526
新潟村（開拓団）　76
寧安県　5, 10, 29, 58-59, 70, 115, 282, 309, 311, 314-316, 387, 404, 413, 416, 422
嫩江県　285, 406

　　ハ　行

哈達河（開拓団）　19, 76, 117
八紘（開拓団）　70, 115, 125-126, 137, 187, 190, 194, 281-282, 297, 300, 302, 304, 306-307, 319-320, 323, 325, 347-348, 350, 357, 360, 362, 364-372, 378-380
磐石県　233
半截河（開拓団）　194, 287
美焉（開拓団）　243
日高見（開拓団）　29
富裕県　256
芙蓉（開拓団）　243, 249, 250
扶余県　15, 24, 530
房身溝　285, 525-526, 529
方正県　29, 33, 214
宝清県　257
北安県　233
北湖頭　286, 292, 431
穆稜県　70

　　マ　行

瑞穂（開拓団）　75-76, 258-259
密山県　23, 70, 258
美濃（開拓団）　243, 250

　　ヤ　行

大和郷　294, 295, 421, 437, 470, 553, 555-556
山梨県（開拓団）　318

　　ラ　行

来民（開拓団）　24
力行（開拓団）　243, 250
龍爪（開拓団）　75
柳毛釧路（開拓団）　115

| 林口県　70, 414
| 林甸県　263

| ワ　行
| 湾溝　285, 294-296, 422, 429, 526, 546

事項索引

ア　行
『阿城県志』　193, 282, 309, 317
慰安婦　354, 360, 407
伊拉哈訓練所　286, 320, 406
内原訓練所　288, 290, 321, 391, 410, 424, 449, 459, 480
王道楽土　319, 393, 397, 399, 411, 420, 429, 441, 490

カ　行
開拓総局　12-13, 26, 41, 54, 67, 75, 299, 323
買い戻し（買戻）　27, 53, 60-61, 257
加害　237-238, 519
学園村　284-288, 403, 445
学園村塾　284-288, 453
"感情の記憶"　177-179
勘領実施開拓　25, 27
既耕地　3, 11-12, 18, 20, 23-24, 75, 235, 291
帰国者支援センター　385, 389
共産主義　334, 485-486, 516-517
共産党　335, 348, 354, 396, 415, 424, 485, 493, 503, 516-517, 528, 535, 572
強制労働　332, 420, 542
鏡泊学園　4, 187, 281-284, 293, 314, 319-320, 323, 391, 393-396, 400, 406, 417, 442-443, 445
鏡泊湖訓練所　72, 288, 293, 391-392, 416, 430, 433
鏡友会　115-116, 281, 319, 391, 416, 465-466
勤労奉仕　296, 332, 538, 542, 560, 563
苦力（クーリー）　79, 82, 334, 364, 370, 375, 377, 474
釧路産馬畜産組合　140

サ　行
在来農法　65, 68, 78-81, 83, 326, 338
残留帰国者　4, 475
残留孤児　4, 116, 120, 123, 180, 182, 209, 211-213, 221, 224-225, 336, 380, 388, 390, 395-396, 412, 423, 425
残留婦人　4, 119-120, 180, 182, 197, 200, 207, 209, 336, 383, 396, 438, 473, 533
自警団　501, 507
試験移民　9, 255
実験農家　16, 71, 326, 410
埫（峋）　10, 30
自由移民　10, 31
集団自決　117, 380, 438
集団部落（集屯）　58, 195, 254, 285, 295-296, 312, 322, 509, 526, 543
熟地　13, 20, 53, 55, 234, 457
招墾地整備委員会　52, 54
商租権　89-94, 97, 99-100, 102, 104-105, 107-108, 110-111
商租権整理法　94, 98, 100-101, 106, 254
神翁顕彰会　139
神馬事記念館　139
生活保護　385, 389

原住民等
原住民　10, 15, 19, 25-26, 29-31, 52-53, 305
現地住民（現住民、現地民、現地人）　11, 16, 18-20, 25-28, 31, 326, 395, 434, 446, 462
抗日活動　308, 331-332, 537, 539, 541
抗日勢力（抗日ゲリラ）　284, 294, 528
抗聯二軍　331, 540
五族協和　319, 337-338, 340, 343, 393, 397, 399, 406, 429-430, 441, 457, 490, 495

586

地名索引

城子河（開拓団）　292
舒蘭県　16-19, 26, 28, 70, 75, 233, 237, 255
水曲柳（開拓団）　16, 19-20
綏棱県　233
青岡県　258
清明（開拓団）　243, 250
尖山子　285, 294, 412, 440, 531
仙山子　285, 526

タ 行

大八浪（開拓団）（移民団）　236, 259
第二八紘（開拓団）　301, 353
大廟嶺　284, 286-287, 429, 434
大窪県　6, 24, 233
高柴（開拓団）　28, 301, 318
高見　125-131, 134-137, 347-349, 356-358, 361, 365-367, 372
千振（開拓団）（移民団）　73, 75-76, 238, 323, 464
肇洲県　15
通北県　202
通遼県　10
鉄嶺県　21
鉄驪県　70
天乙公司（開拓団）　200
東火犁（開拓団）　201
湯原県　21, 70, 233
東寧県　476
東北（開拓団）　75
豊栄（開拓団）　243, 250
敦化県　60
東京城　286, 292-293, 387, 392, 408, 417, 427, 431, 440-441, 459-460, 474, 491-492

ナ 行

南湖頭　285, 287, 292, 295, 322, 401, 408, 440, 526
新潟村（開拓団）　76
寧安県　5, 10, 29, 58-59, 70, 115, 282, 309, 311, 314-316, 387, 404, 413, 416, 422
嫩江県　285, 406

ハ 行

哈達河（開拓団）　19, 76, 117
八紘（開拓団）　70, 115, 125-126, 137, 187, 190, 194, 281-282, 297, 300, 302, 304, 306-307, 319-320, 323, 325, 347-348, 350, 357, 360, 362, 364-372, 378-380
磐石県　233
半截河　194, 287
美焉（開拓団）　243
日高見　29
富裕県　256
芙蓉（開拓団）　243, 249, 250
扶余県　15, 24, 530
房身溝　285, 525-526, 529
方正県　29, 33, 214
宝清県　257
北安県　233
北湖頭　286, 292, 431
穆稜県　70

マ 行

瑞穂（開拓団）　75-76, 258-259
密山県　23, 70, 258
美濃（開拓団）　243, 250

ヤ 行

大和郷　294, 295, 421, 437, 470, 553, 555-556
山梨県（開拓団）　318

ラ 行

来民（開拓団）　24
力行（開拓団）　243, 250
龍爪（開拓団）　75
柳毛釧路（開拓団）　115

585

| 林口県　　70, 414
| 林甸県　　263

| ワ　行
| 湾溝　　285, 294-296, 422, 429, 526, 546

事項索引

ア　行

『阿城県志』　　193, 282, 309, 317
慰安婦　　354, 360, 407
伊拉哈訓練所　　286, 320, 406
内原訓練所　　288, 290, 321, 391, 410, 424, 449, 459, 480
王道楽土　　319, 393, 397, 399, 411, 420, 429, 441, 490

カ　行

開拓総局　　12-13, 26, 41, 54, 67, 75, 299, 323
買い戻し（買戻）　　27, 53, 60-61, 257
加害　　237-238, 519
学園村　　284-288, 403, 445
学園村塾　　284-288, 453
"感情の記憶"　　177-179
勘領実施開拓　　25, 27
既耕地　　3, 11-12, 18, 20, 23-24, 75, 235, 291
帰国者支援センター　　385, 389
共産主義　　334, 485-486, 516-517
共産党　　335, 348, 354, 396, 415, 424, 485, 493, 503, 516-517, 528, 535, 572
強制労働　　332, 420, 542
鏡泊学園　　4, 187, 281-284, 293, 314, 319-320, 323, 391, 393-396, 400, 406, 417, 442-443, 445
鏡泊湖訓練所　　72, 288, 293, 391-392, 416, 430, 433
鏡友会　　115-116, 281, 319, 391, 416, 465-466
勤労奉仕　　296, 332, 538, 542, 560, 563
苦力（クーリー）　　79, 82, 334, 364, 370, 375, 377, 474
釧路産馬畜産組合　　140

サ　行

原住民　　10, 15, 19, 25-26, 29-31, 52-53, 305
現地住民（現住民、現地民、現地人）　　11, 16, 18-20, 25-28, 31, 326, 395, 434, 446, 462
抗日活動　　308, 331-332, 537, 539, 541
抗日勢力（抗日ゲリラ）　　284, 294, 528
抗聯二軍　　331, 540
五族協和　　319, 337-338, 340, 343, 393, 397, 399, 406, 429-430, 441, 457, 490, 495

在来農法　　65, 68, 78-81, 83, 326, 338
残留帰国者　　4, 475
残留孤児　　4, 116, 120, 123, 180, 182, 209, 211-213, 221, 224-225, 336, 380, 388, 390, 395-396, 412, 423, 425
残留婦人　　4, 119-120, 180, 182, 197, 200, 207, 209, 336, 383, 396, 438, 473, 533
自警団　　501, 507
試験移民　　9, 255
実験農家　　16, 71, 326, 410
屯（啕）　　10, 30
自由移民　　10, 31
集団自決　　117, 380, 438
集団部落（集屯）　　58, 195, 254, 285, 295-296, 312, 322, 509, 526, 543
熟地　　13, 20, 53, 55, 234, 457
招墾地整備委員会　　52, 54
商租権　　89-94, 97, 99-100, 102, 104-105, 107-108, 110-111
商租権整理法　　94, 98, 100-101, 106, 254
神翁顕彰会　　139
神馬事記念館　　139
生活保護　　385, 389

事項索引

戦後開拓　　125, 127, 136-137
戦後緊急開拓事業　　347-349, 356
全国引揚者連合会　　402

タ　行

大アジア主義（大亜細亜主義）　　337, 341-343, 403-404, 452-453
第二回移民会議　　270, 273, 314
大陸の花嫁　　198-199
大連農事株式会社　　271-272
高見会　　132, 135
治外法権撤廃　　97-98, 100-101, 106, 109
地籍整理局　　101-102, 107-111
地籍整理事業　　90, 97, 101, 107
中国帰国者自立研修センター　　380
帝国馬匹協会　　141, 145, 149
鉄道自警村　　10, 18, 313
鉄路自警村　　275-276
東亜勧業株式会社　　10, 233-234, 255, 272
土地局　　95-97, 99, 101, 311
土地商租権　　89-90, 92, 96, 101, 105, 107, 254
土龍山事件　　10, 22, 33, 255, 323
屯墾病　　499

ナ　行

内国開拓民（国内開拓民）　　25-26, 28-30, 318
二荒地　　53-55
二十ヵ年百万戸移民送出計画　　11, 36, 231, 255, 273
寧安訓練所　　288, 290-291, 320, 402, 410, 412-414, 418, 420-421, 423, 424, 430, 431, 435, 450, 459
『寧安県志』　　282, 309, 321, 323, 496

ハ　行

バカヤロー　　327, 330, 532, 559
陌　　11, 31
馬政調査会　　140-141

八路軍　　493-495, 512, 519
八紘学園　　4, 115-116, 123, 137, 348-349, 355
引揚げ　　115-116, 118-120, 125, 127, 333, 344, 357-358, 361, 365-366, 372, 405-406, 420
「匪賊」　　284, 291-293, 332, 401, 408, 427, 452, 461, 483, 503
撫順戦犯管理所　　520, 523
武装移民　　9, 255, 284, 323, 466-467
ブラウ（プラオ）　　65, 71-72, 297, 300, 328, 341, 352, 363, 455, 457, 499, 527
北海道農法　　4, 16, 65-66, 71, 74, 76-77, 80, 83, 304, 394, 424, 455

マ　行

麻山事件　　32, 117-118
満洲拓植委員会　　48, 299
満洲拓植株式会社　　13, 36, 235, 255, 272-273, 284, 311
満洲拓植公社（満拓）　　3, 13, 35-36, 39-48, 51, 67, 75, 235-236, 257, 274, 311, 321, 391, 443, 447, 449, 496, 536
満洲特産専管公社　　260-261
満洲農産公社　　261, 265
満鮮拓植株式会社　　42, 47, 273, 311-312
満鉄経済調査会（経調会）　　269-270
満鉄輔導義勇隊開拓団　　275-276
南満洲及東部内蒙古ニ関スル条約（南満東蒙条約）　　89, 92, 94
未利用地開発主義（未利用地主義）　　12, 25, 235, 255

ヤ　行

養父母　　4, 211-213, 221, 224-225, 336, 395, 438
抑留　　387, 399-400, 407, 422, 456, 476, 485-486, 506
四大経営主義　　236-237

587

ラ 行

喇叭鼓隊　286, 292-293, 391, 400, 409, 423, 450
犁丈　65, 299, 527

留用　354-355
"歴史の記録"　177-179
歴史問題　173-174, 177, 181, 183-184, 196

編　者

寺林　伸明（てらばやし　のぶあき）（北海道開拓記念館学芸部研究員）
劉　含発（liu hanfa）（山形大学非常勤講師）
白木沢旭児（しらきざわ　あさひこ）（北海道大学大学院文学研究科教授）

執筆者

秋山　淳子（あきやま　じゅんこ）（札幌市公文書館専門員）
湯山　英子（ゆやま　えいこ）（北海道大学大学院経済学研究科助教）
三浦　泰之（みうら　やすゆき）（北海道開拓記念館学芸部研究員）
朱　　宇（zhu yu）（黒竜江省社会科学院副書記）
笪　志剛（da zhigang）（黒竜江省社会科学院東北アジア研究所所長）
辛　培林（xin peilin）（黒竜江省社会科学院研究員）
高　暁燕（gao xiaoyan）（黒竜江省社会科学院歴史研究所研究員）
杜　　穎（du ying）（黒竜江省社会科学院東北アジア研究所副研究員）
故・孫　継武（sun jiwu）（吉林省社会科学院研究員）
李　茂杰（li maojie）（吉林省偽皇宮博物院研究員）
鄭　　敏（zheng min）（吉林省社会科学院研究員）
孫　　彤（sun tong）（吉林省社会科学院満鉄資料館副研究員）
胡（猪野）慧君（hu ino huijun）（北海道大学大学院文学研究科専門研究員）
朴　仁哲（piao renzhe）（北海道大学大学院教育学院博士後期課程）
村上　孝一（むらかみ　こういち）（北海道開拓記念館学芸部研究員）
竹野　学（たけの　まなぶ）（北海商科大学商学部准教授）

日中両国からみた「満洲開拓」──体験・記憶・証言──

2014年2月20日　第1版第1刷発行

編　者　寺林　伸明
　　　　劉　含発
　　　　白木沢旭児

発行者　橋本盛作

発行所　株式会社　御茶の水書房
〒113-0033　東京都文京区本郷5-30-20
電話　03(5684)0751(代)

Printed in Japan
©Asahiko SHIRAKIZAWA 2014

ISBN978-4-275-01061-2　C3022

印刷・製本／東港出版印刷㈱

大恐慌期日本の通商問題	白木沢旭児 著	A5判・四一〇頁 価格 七三〇〇円
満洲——起源・植民・覇権	小峰和夫 著	A5判・三二〇頁 価格 四八〇〇円
日中戦争史論——汪精衛政権と中国占領地	小林英夫 著	A5判・三八〇頁 価格 六〇〇〇円
中国セメント産業の発展	林道生 著	A5判・三三四頁 価格 三五〇〇円
中国に継承された「満洲国」の産業	田島俊雄・朱蔭貴・加島潤 編著	A5判・三六〇頁 価格 六八〇〇円
戦後の「満洲」と朝鮮人社会	峰毅 著	A5判・三〇〇頁 価格 五六〇〇円
中国東北農村社会と朝鮮人の教育	李海燕 著	A5判・二四〇頁 価格 五四〇〇円
東アジア共生の歴史的基礎	金美花 著	A5判・四四〇頁 価格 八〇〇〇円
日本の中国農村調査と伝統社会	弁納才一 編	菊判・三五〇頁 価格 六〇〇〇円
日本人反戦兵士と日中戦争	鶴園裕一 編	A5判・二九六頁 価格 四六〇〇円
留学生派遣から見た近代日中関係史	内山雅生 著	A5判・五〇〇頁 価格 六八〇〇円
近代上海と公衆衛生	菊池一隆 著	A5判・五〇〇頁 価格 九二〇〇円
死者たちの戦後誌——沖縄戦跡をめぐる人びとの記憶	大里浩秋 編著	A5判・三三四頁 価格 六八〇〇円
	孫安石 編著	
	福士由紀 著	
	北村毅 著	A5判・四〇〇頁 価格 四四〇〇円

御茶の水書房
（価格は消費税抜き）